生物质发电机组
施工安装与运维检修

《生物质发电机组施工安装与运维检修》编委会 编

中国水利水电出版社
www.waterpub.com.cn
·北京·

内 容 提 要

为实现国务院《“十三五”国家战略性新兴产业发展规划》（国发〔2016〕67号）和国家能源局《生物质能发展“十三五”规划》（国能新能〔2016〕291号）中的目标，增大生物质发电在发电使用能源中的比重，满足生物质发电工程的新要求，作者编写了本书。本书共分3篇：第一篇为生物质发电技术；第二篇为生物质发电机组施工安装；第二篇为生物质发电机组运维检修。

本书可供生物质发电工程的施工安装、运维检修技术人员和管理人员阅读，也可供高等学校有关专业师生参考。

图书在版编目（CIP）数据

生物质发电机组施工安装与运维检修 / 《生物质发电机组施工安装与运维检修》编委会编. -- 北京 : 中国水利水电出版社, 2017.11

ISBN 978-7-5170-6048-2

Ⅰ. ①生… Ⅱ. ①生… Ⅲ. ①生物能源－发电机组－基本知识 Ⅳ. ①TM619②TM31

中国版本图书馆CIP数据核字(2017)第281661号

书　　名	**生物质发电机组施工安装与运维检修** SHENGWUZHI FADIAN JIZU SHIGONG ANZHUANG YU YUNWEI JIANXIU
作　　者	《生物质发电机组施工安装与运维检修》编委会　编
出版发行	中国水利水电出版社 （北京市海淀区玉渊潭南路1号D座　100038） 网址：www.waterpub.com.cn E-mail：sales@waterpub.com.cn 电话：（010）68367658（营销中心）
经　　售	北京科水图书销售中心（零售） 电话：（010）88383994、63202643、68545874 全国各地新华书店和相关出版物销售网点
排　　版	中国水利水电出版社微机排版中心
印　　刷	天津嘉恒印务有限公司
规　　格	184mm×260mm　16开本　32.75印张　777千字
版　　次	2017年11月第1版　2017年11月第1次印刷
定　　价	**168.00**元

凡购买我社图书，如有缺页、倒页、脱页的，本社营销中心负责调换

《生物质发电机组施工安装与运维检修》编委会名单

前言
FOREWORD

生物质发电作为目前综合效益较好、产业化较为成熟的项目，对于可再生能源开发、能源结构调整、环境生态保护以及实现低碳经济都具有重要的积极意义。我国《中华人民共和国可再生能源法》和《可再生能源中长期发展规划》（发改能源〔2007〕2174号）等都对生物质发电的开发利用提出了明确要求。

为实现国务院《“十三五”国家战略性新兴产业发展规划》（国发〔2016〕67号）和国家能源局《生物质能发展“十三五”规划》（国能新能〔2016〕291号）中的目标，增大生物质发电在发电使用能源中的比重，满足生物质发电工程的新要求，作者编写了本书。本书共分3篇：第一篇为生物质发电技术；第二篇为生物质发电机组施工安装；第三篇为生物质发电机组运维检修。第一篇包括6章，依次为：概述、直接燃烧发电、混合燃烧发电、垃圾焚烧发电、沼气发电和生物质（秸秆）干馏热解气化发电。第二篇包括6章，依次为：生物质发电机组施工组织设计、生物质直接燃烧发电锅炉专业施工、生物质发电汽轮发电机组安装、生物质发电电气专业施工、生物质发电热控专业施工安装和生物质发电工程焊接专业施工。第三篇包括3章，依次为：生物质发电机组运行、生物质发电机组维护和生物质发电机组检修。

随着技术进步及产业化应用不断突破，生物质能作为世界第四大能源，正以其优越性，成为各国关注的热点之一。目前，我国生物质发电已进入稳定发展阶段。尽管行业仍面临一些问题，业内普遍认为，只要在政策、资金及技术方面给予适当扶持，生物质发电的前景非常广阔。本书可供水冷振动炉排生物质锅炉发电工程的施工安装、运维检修企业专业人员学习使用，对其他形式的生物质发电工程的施工安装、运维检修亦有参考价值。

参加本书编写的还有李禹萱、李佳辰、王晋生、王雪、杜松岩、胡中流、李军华、赵琼、田秀青、王娜、张文娟、李康、王嘉悦等。

本书编写过程中参考了大量最新有关生物质发电的论文、报告、图书、产品说明书等文献，在此谨向参考文献作者和现场施工、运行、检修文件编纂者表示真诚的谢意。

由于编者水平有限，时间紧促，书中一定会有错误和不妥之处，恳望读者批评指正。

作者

2017年10月

目录
CONTENTS

第二篇 生物质发电机组施工安装 2

第三篇 生物质发电机组运维检修 3

第一篇

生物质发电技术

第一章　概述

第一节　生物质和生物质能

一、生物质

生物质一般指任何形式（除化石燃料及其衍生物）的有机物质，包括所有的动物、植物和微生物，以及由这些生命体所派生、排泄和代谢出来的各种有机物质，如农林作物及其残体、水生植物、人畜粪便、城市生活和工业有机废弃物等。

二、生物质能

生物质能（源）就是以生物质为载体，由生物质产生的能量。生物质能是生物通过光合作用将太阳能转化为化学能而存储于生物质中的一种能量形式。生物质能储量非常丰富，地球上所有动植物和微生物都有转化为生物质能的潜力。生物质能是继煤炭、石油、天然气之后的世界第四大能源，不仅应用广泛，而且为可再生能源。生物质能按照生成方式和来源可分为两大类：一类是源于工业、农业和生活产生的废弃物，如工业有机废水、废渣，农业秸秆、林业剩余物，生活垃圾、畜禽粪便等；另一类是以获得能源为目的人工培育的生物质资源，包括能源林木和农作物。生物质能是地球上的可再生清洁能源，具有诸多优势，如储量丰富、清洁低碳和替代优势等。

我国生物质能利用的方式主要有生物质能发电、生物质沼气、生物质液化燃料和生物质成型燃料。

三、生物质燃料与生物质成型燃料

生物质燃料是指由生物质组成或转化的固体、液体或气体燃料，不同于化石燃料，是可再生燃料。其来源主要有农林资源、畜禽粪便、生活污水与工业有机废水以及城市有机固体废弃物等几大类。生物质燃料同化石燃料相比，具有低污染的特点，可以有效地减轻温室效应。典型的生物质燃料的含碳量为38.00%～50.00%，含硫量为0.10%～0.20%，与同质量煤炭的含碳量40.00%～90.00%、含硫量0.40%～0.90%相比，具有较大的减排空间。

我国最早的生物质燃料利用方式是直接燃烧，其能量利用率不到15%，既浪费能源，又污染环境。进入21世纪，国家加大对生物质原料固定成型的投入，目前，我国固体成型燃料已形成规模化生产。生物质固体成型燃料是将秸秆、稻壳、锯末、木屑等生物质废弃物，用机械加压的方法，使原来松散、无定形的原料压缩成具有一定形状、密度较大的固体成型燃料。其具有体积小、密度大、储运方便，燃烧稳定、周期长，燃烧效率高，灰渣及烟气中污染物含量小等优点。生物质成型燃料技术可将结构疏松的生物质成型后作为高品位的能源加以有效利用，是解决能源短缺问题的支柱能源之一。实现生物质成型燃料的规模化生产和应用，既能缓解农村优质能源短缺的矛盾，又是减少生物质秸秆荒烧、改善空气环境质量的有效途径。

目前，我国对生物质成型燃料燃烧所进行的理论研究很少，对生物质成型燃烧的点火理论、燃烧机理、动力学特性、空气动力场、结渣特性及确定燃烧装备主要设计参数的研究才刚刚开始，关于生物质成型燃烧理论等还没有人系统地提出，而关于生物质成型燃料特别是秸秆成型燃料燃烧装备设计与开发几乎是个空白。因此，应加强对生物质成型燃料燃烧装备的研制，并对相关空气动力场、结渣特性及确定燃烧装备主要设计参数等进行试验与研究，以获得生物质成型燃料燃烧装备各项性能指标及燃烧空气流动场、温度场、浓度场、结渣性能等主要设计参数的变化规律。

第二节　生物质发电

生物质发电是利用生物质所具有的生物质能进行的发电，是可再生能源发电的一种。它一般分为农林废弃物发电和城镇生活垃圾发电，具体包括农林废弃物直接燃烧发电、生物质混合燃烧发电、农林废弃物气化发电、垃圾焚烧发电、垃圾填埋气发电、沼气发电等多种形式。生物质发电具有电能质量高、可靠性强、技术成熟、清洁环境等优点，有逐步替代一些传统的发电和供热方式的趋势。

由于生产技术和工艺的不同，生物质发电主要包括：生物质直接燃烧发电、气化发电、沼气发电、垃圾发电和混合发电等几种形式。气化发电又可分为直接气化发电和联合循环气化发电。煤混燃发电又可分为直接混燃发电和间接混燃发电。

一、生物质发电形式

1. 直接燃烧发电

直接燃烧发电是将生物质在锅炉中直接燃烧，生产蒸汽带动汽轮机及发电机发电。生物质直接燃烧发电的关键技术包括生物质原料预处理、锅炉防腐、锅炉的原料适用性及燃料效率、蒸汽轮机效率等。

流化床和固化床燃烧是生物质直接燃烧发电的两种主要方式。固化床对生物质燃料的处理一般较低，经过简单处理就可以投入锅炉中燃烧，但燃料的利用率不高。流化床燃烧需要对大块的生物质燃料进行处理，以得到易于燃烧的燃料颗粒，其燃烧效率和强度明显高于固化床。

2. 混合发电

生物质可以与煤混合作为燃料发电，这种技术称为生物质混合燃烧发电技术。混合燃烧方式主要有两种：一种是生物质直接与煤混合后投入燃烧，该方式对于燃料处理和燃烧设备要求较高，不是所有燃煤发电厂都能采用；另一种是生物质气化产生的燃气与煤混合燃烧，这种混合燃烧产生的蒸汽送入汽轮机发电机组。

3. 气化发电

生物质气化发电是指生物质在气化炉中转化为气体燃料，经净化后直接进入燃气机中燃烧发电或者直接进入燃料电池发电。气化发电的关键技术之一是燃气净化，气化出来的燃气都含有一定的杂质，包括灰分、焦炭和焦油等，需经过净化系统把杂质除去，以保证发电设备的正常运行。

4. 沼气发电

沼气发电是随着沼气综合利用技术的不断发展而出现的一项沼气利用技术，其主要原理是利用工农业或城镇生活中的大量有机废弃物经厌氧发酵处理产生的沼气用于发电机组发电。用于沼气发电的设备主要为内燃机，一般由柴油机组或者天然气机组改造而成。

5. 垃圾发电

垃圾发电包括垃圾焚烧发电和垃圾气化发电。垃圾发电不仅可以解决垃圾处理的问题，同时还可以回收利用垃圾中的能量，节约资源。垃圾焚烧发电是利用垃圾在焚烧锅炉中燃烧放出的热量将水加热获得过热蒸汽，推动汽轮机带动发电机发电。垃圾焚烧技术主要有层状燃烧技术、流化床燃烧技术、旋转燃烧技术等。发展起来的气化熔融焚烧技术，包括垃圾在450°～640°温度下的气化和含碳灰渣在1300℃以上的熔融燃烧两个过程，垃圾处理彻底，过程洁净，并可以回收部分资源，被认为是极具有前景的垃圾发电技术。

二、生物质发电前景

世界生物质发电起源于20世纪70年代。当时，世界性的石油危机爆发后，丹麦开始积极开发清洁的可再生能源，大力推行秸秆等生物质发电。自1990年以来，生物质发电在欧美许多国家开始高速发展。

我国是一个农业大国，生物质资源十分丰富，各种农作物每年产生秸秆6亿多t，其中可以作为能源使用的约4亿t，全国林木总生物量约190亿t，可获得量为9亿t，可作为能源利用的总量约3亿t。如加以有效利用，开发潜力是十分巨大的。

为推动生物质发电技术的发展，2003年以来，国家先后核准批复了河北晋州、山东单县和江苏如东3个秸秆发电示范项目，颁布了《中华人民共和国可再生能源法》，并实施了生物质发电优惠上网电价等有关配套政策，从而使生物质发电，特别是高粱、玉米秸秆发电迅速发展。国家电网公司、五大发电集团等大型国有、民营以及外资企业纷纷投资参与中国生物质发电产业的建设运营。截至2015年年底，我国生物质发电总装机容量约1030万kW。其中，农林生物质直燃发电约530万kW，垃圾焚烧发电约470万kW，沼气发电约30万kW，年发电量约520亿kW·h。全国已建成投产的生物质直燃发电项目超过15个，在建项目30多个。

国家“十一五”规划提出的发展目标是，未来将建设生物质发电550万kW装机容量，已公布的《可再生能源中长期发展规划》也确定了到2020年生物质发电装机3000万kW的发展目标。此外，国家已经决定，将安排资金支持可再生能源的技术研发、设备制造及检测认证等产业服务体系建设。总的说来，生物质能发电行业有着广阔的发展前景。随着生物质能发电产业竞争的不断加剧，大型生物质能发电企业间并购整合与资本运作日趋频繁，国内优秀的生物质能发电企业越来越重视对行业市场的研究，特别是对企业发展环境和客户需求趋势变化的深入研究。正因为如此，一大批国内优秀的生物质能发电企业迅速崛起，逐渐成为生物质能发电产业中的翘楚。

我国生物质能资源非常丰富，发展生物质发电产业前景广阔。一方面，中国农作物播种面积有18亿亩（1亩＝666.7m^2），年产生物质约7亿t，相当于3.5亿t标准煤。此外，农产品加工废弃物包括稻壳、玉米芯、花生壳、甘蔗渣和棉籽壳等，也是重要的生物质资源。另一方面，我国现有森林面积约1.95亿hm^2（公顷），森林覆盖率20.36%，每年可获得生物质资源量8亿～10亿t。

同时，发展生物质发电，实施煤炭替代，可显著减少二氧化碳和二氧化硫排放，产生巨大的环境效益。与传统化石燃料相比，生物质能属于清洁燃料，燃烧后二氧化碳排放属于自然界的碳循环，不形成污染。据测算，运营1台2.5万kW的生物质发电机组，与同类型火电机组相比，可减少二氧化碳排放约10万t/a。前瞻网《2013—2017年中国生物质能发电行业深度调研与投资战略规划分析报告》预测，到2025年之前，可再生能源中，生物质能发电将占据主导地位。未来，利用生物质再生能源发电已经成为解决能源短缺的重要途径之一。

此外，我国还有5400多万hm^2宜林地，可以结合生态建设种植农作物，这些都是中国发展生物质发电产业的优势。发展生物质发电产业是构筑稳定、经济、清洁、安全能源供应体系，突破经济社会发展资源环境制约的重要途径。

由于我国的生物质发电行业起步时间不长，生物质燃料供应链不健全，随着生物质电厂的不断建成投入运营，一系列问题随之出现，如生物质电厂布局不规范、发电成本高和燃料收购困难等。

第三节　我国生物质发电鼓励政策

一、《能源行业加强大气污染防治工作方案》

为贯彻落实《大气污染防治行动计划》和《京津冀及周边地区落实大气污染防治行动计划实施细则》，促进能源行业与生态环境的协调和可持续发展，切实改善大气环境质量，国家发改委制定了《能源行业加强大气污染防治工作方案》（发改能源〔2014〕506号）。

1. 总体目标

按照“远近结合、标本兼治、综合施策、限期完成”的原则，加快重点污染源治理，加强能源消费总量控制，着力保障清洁能源供应，推动转变能源发展方式，显著降低能源生产和使用对大气环境的负面影响，促进能源行业与生态环境的协调可持续发展，为全国空气质量改善目标的实现提供坚强保障，总体目标如下。

（1）近期目标。2015年，非化石能源消费比重提高到11.4%，天然气（不包含煤制气）消费比重达到7%以上；京津冀、长三角、珠三角区域重点城市供应国Ⅴ标准车用汽、柴油。

（2）中期目标。2017年，非化石能源消费比重提高到13%，天然气（不包含煤制气）消费比重提高到9%以上，煤炭消费比重降至65%以下；全国范围内供应国Ⅴ标准车用

汽、柴油。逐步提高京津冀、长三角、珠三角区域和山东省接受外输电比例，力争实现煤炭消费总量负增长。

（3）远期目标。能源消费结构调整和总量控制取得明显成效，能源生产和利用方式转变不断深入，以较低的能源增速支撑全面建成小康社会的需要，能源开发利用与生态环境保护的矛盾得到有效缓解，形成清洁、高效、多元的能源供应体系，实现绿色、低碳和可持续发展。

2. 加大火电、石化和燃煤锅炉污染治理力度

（1）任务。采用先进高效除尘、脱硫、脱硝技术，实施在役机组综合升级改造；提高石化行业清洁生产水平，催化裂化装置安装脱硫设施，加强挥发性有机物排放控制和管理；加油站、储油库、油罐车、原油成品油码头进行油气回收治理，燃煤锅炉进行脱硫除尘改造，加强运行监管。

（2）目标。确保按期达标排放，大气污染防治重点控制区火电、石化企业及燃煤锅炉项目按照相关要求执行大气污染物特别排放限值。

（3）措施。继续完善"上大压小"措施，重点做好东北、华北地区小火电淘汰工作，争取 2014 年关停 200 万 kW。加强污染治理设施建设与改造。所有燃煤电厂全部安装脱硫设施，除循环流化床锅炉以外的燃煤机组均应安装脱硝设施，现有燃煤机组进行除尘升级改造，按照国家有关规定执行脱硫、脱硝、除尘电价；所有石化企业催化裂化装置安装脱硫设施，全面推行泄漏检测与修复（LDAR）技术改造，加强生产、储存和输送过程挥发性有机物泄漏的监测和监管；每小时 20t 及以上的燃煤锅炉要实施脱硫，燃煤锅炉现有除尘设施实施升级改造；火电、石化企业和燃煤锅炉要加强环保设施运行维护，确保环保设施正常运行；排放不达标的火电机组要进行限期整改，整改后仍不达标的，电网企业不得调度其发电。

3. 有效利用可再生能源

（1）任务。在做好生态环境保护和移民安置的前提下，积极开发水电，有序发展风电，加快发展太阳能发电，积极推进生物质能、地热能和海洋能开发利用；提高机组利用效率，优先调度新能源电力，减少弃电。

（2）目标。2015 年，全国水、风、光电装机容量分别达到 2.9 亿 kW、1.0 亿 kW 和 0.35 亿 kW，生物质能利用规模 5000 万 t 标煤；2017 年，水、风、光电装机容量分别达到 3.3 亿 kW、1.5 亿 kW 和 0.7 亿 kW，生物质能利用规模 7000 万 t 标煤。

（3）措施。建设金沙江、澜沧江、雅砻江、大渡河和雅鲁藏布江中游等重点流域水电基地，西部地区水电装机达到 2 亿 kW，对中东部地区水能资源实施扩机增容和升级改造，装机容量达到 9000 万 kW。有序推进甘肃、内蒙古、新疆、冀北、吉林、黑龙江、山东、江苏等风电基地建设，同步推进配套电网建设，解决弃风限电问题，大力推动内陆分散式风电开发。促进内蒙古、山西、河北等地风电在京津唐电网的消纳，京津唐电网风电上网电量所占比重 2015 年提高到 10%，2017 年提高到 15%。积极扩大国内光伏发电应用，优先在京津冀、长三角、珠三角等经济发达、电力需求大、大气污染严重的地区建设分布式光伏发电；稳步推进青海、新疆、甘肃等太阳能资源丰富、荒漠化土地闲置的西部地区光伏电站建设。到 2015 年，分布式光伏发电装机达到 2000 万 kW，光伏电站装机

达到1500万kW。促进生物质发电调整转型，重点推动生物质热电联产、醇电联产综合利用，加快生物质能供热应用，继续推动非粮燃料乙醇试点、生物柴油和航空涡轮生物燃料产业化示范。2017年，实现生物质发电装机1100万kW；生物液体燃料产能达到500万t；生物沼气利用量达到220亿m^3；生物质固体成型燃料利用量超过1500万t。积极推广浅层地温能开发利用，重点在京津冀鲁等建筑利用条件优越、建筑用能需求旺盛的地区推广地温能供暖和制冷应用。鼓励开展中深层地热能的梯级利用，大力推广"政府主导、政企合作、技术进步、环境友好、造福百姓"的雄县模式，建立中深层地热能供暖与发电等多种形式的综合利用模式。到2015年，全国地热供暖面积达到5亿m^3，地热能年利用量达到2000万t标准煤。督促电网企业加快电力输送通道建设，按照有利于促进节能减排的原则，确保可再生能源发电的全额保障性收购，在更大范围内消化可再生能源。完善调峰调频备用补偿政策，推进大用户直供电，鼓励就地消纳清洁能源，缓解弃风、弃水突出矛盾，提高新能源利用效率。

4. 促进可再生能源就地消纳

(1) 任务。有序承接能源密集型、资源加工型产业转移，在条件适宜的地区推广可再生能源供暖，促进可再生能源的就地消纳。

(2) 目标。形成较为完善的促进可再生能源就地消纳的政策体系。2017年年底前，每年新增生物质能供热面积350万m^2，每年新增生物质能工业供热利用量150万t标煤。

(3) 措施。结合资源特点和区域用能需求，大力推广与建筑结合的光伏发电、太阳能热利用，提高分散利用规模；加快在工业区和中小城镇推广应用生物质能供热，就近生产和消费，替代燃煤锅炉；探索风电就地消纳的新模式，提高风电设备利用效率，压减燃煤消耗总量。优先在新能源示范城市、绿色能源示范县中推广生物质热电联产、生物质成型燃料、地热、太阳能热利用、热泵等新型供暖方式，建设200个新能源供热城镇。在符合主体功能定位的前提下，实施差别化的能源、价格和产业政策，在能源资源地形成成本洼地，科学有序承接电解铝、多晶硅、钢铁、冶金、建筑陶瓷等能源密集型、资源加工型产业转移，严格落实产能过剩行业宏观调控政策，防止落后产能异地迁建，促进可再生能源就地消纳并转化为经济优势。结合新型城镇化建设，选择部分可再生能源资源丰富、城市生态环保要求高、经济条件相对较好的城市，采取统一规划、规范设计的方式，积极推动各类新能源和可再生能源技术在城市区域供电、供热、供气、交通和建筑中的应用，到2015年建成100个新能源示范城市，可再生能源占城市能源消费比例达到6%。

二、加强和规范生物质发电项目管理

2014年12月，国家发展和改革委员会发布了《关于加强和规范生物质发电项目管理有关要求的通知》(发改办能源〔2014〕3003号)，通知中提出以下4点要求：

(1) 鼓励具备条件的新建和已建生物质发电项目实行热电联产或热电联产改造，提高生物质资源利用效率。

(2) 加强规划指导，合理布局项目。国家或省级规划是生物质发电项目建设的依据，新建农林生物质发电项目应纳入规划，城镇生活垃圾焚烧发电项目应符合国家或省级城镇生活垃圾无害化处理设施建设规划。

（3）已投产和新建农林生物质发电项目严禁掺烧煤炭等化石能源。

（4）规范项目管理。农林生物质发电非供热项目由省级政府核准；农林生物质热电联产项目，城镇生活垃圾焚烧发电项目由地方政府核准。

三、我国生物质发电相关的财政及税收政策

1. 农林生物质发电上网电价标准

国家发展和改革委员会《关于完善农林生物质发电价格政策的通知》，确定了全国统一的农林生物质发电标杆上网电价标准。

（1）对农林生物质发电项目实行标杆上网电价政策。未采用招标确定投资人的新建农林生物质发电项目，统一执行标杆上网电价 0.75 元/(kW·h)（含税）。通过招标确定投资人的，上网电价按中标确定的价格执行，但不得高于全国农林生物质发电标杆上网电价。

（2）对已核准的农林生物质发电项目（招标项目除外），上网电价低于上述标准的，上调至 0.75 元/(kW·h)；高于上述标准的国家核准的生物质发电项目仍执行原电价标准。

（3）农林生物质发电上网电价在当地脱硫燃煤机组标杆上网电价以内的部分，由当地省级电网企业负担；高出部分，通过全国征收的可再生能源电价附加分摊解决。脱硫燃煤机组标杆上网电价调整后，农林生物质发电价格中由当地电网企业负担的部分要相应调整。

2. 垃圾发电的上网电价标准

根据国家发改委《关于完善垃圾焚烧发电价格政策的通知》，明确垃圾发电上网电价标准：

（1）以生活垃圾为原料的垃圾焚烧发电项目，均先按其入厂垃圾处理量折算成上网电量进行结算，每吨生活垃圾折算上网电量暂定为 280kW·h，并执行全国统一垃圾发电标杆电价 0.65 元/(kW·h)（含税）。其余上网电量执行当地同类燃煤发电机组上网电价。

（2）垃圾焚烧发电上网电价高出当地脱硫燃煤机组标杆上网电价的部分实行两级分摊。其中，当地省级电网负担 0.1 元/(kW·h)，电网企业由此增加的购电成本通过销售电价予以疏导；其余部分纳入全国征收的可再生能源电价附加解决。

3. 生物质发电相关扶持政策

（1）接网费补贴。根据《可再生能源电价附加收入调配暂行办法》，可再生能源发电项目接网费用是指专为可再生能源发电项目上网而发生的输变电投资和运行维护费，接网费用标准按线路长度制定，50km 以内为 1 分/(kW·h)，50～100km 为 2 分/(kW·h)，100km 及以上为 3 分/(kW·h)。

（2）电网公司全额接受生物质发电企业上网电量。根据《可再生能源电价附加收入调配暂行办法》，电网企业应当与依法取得行政许可或者报送备案的可再生能源发电企业签订并网协议，全额收购其电网覆盖范围内可再生能源并网发电项目的上网电量，并为可再生能源发电提供上网服务。

（3）税收优惠。根据《中华人民共和国企业所得税法实施条例》，生物质发电企业享

受企业所得税减免。根据条例，企业从事条款规定的符合条件的环境保护、节能节水项目的所得，自项目取得第一笔生产经营收入所属纳税年度起，第一年至第三年免征企业所得税，第四年至第六年减半征收企业所得税；以《资源综合利用企业所得税优惠目录》规定的资源作为主要原材料，生产国家非限制和禁止并符合国家和行业相关标准的产品取得的收入，减按90%计入企业当年收入总额。

第四节　我国“十三五”生物质发电规划目标

一、“十三五”国家战略性新兴产业发展规划

国务院于2016年11月29日印发《“十三五”国家战略性新兴产业发展规划》（国发〔2016〕67号），提出要加快生物产业创新发展步伐，培育生物经济新动力 。到2020年，生物产业规模达到8万亿～10万亿元，形成一批具有较强国际竞争力的新型生物技术企业和生物经济集群。

《“十三五”国家战略性新兴产业发展规划》提出创新生物能源发展模式。着力发展新一代生物质液体和气体燃料，开发高性能生物质能源转化系统解决方案，拓展生物能源应用空间，力争在发电、供气、供热、燃油等领域实现全面规模化应用，生物能源利用技术和核心装备技术达到世界先进水平，形成较成熟的商业化市场。

（1）促进生物质能源清洁应用。重点推进高寿命、低电耗生物质燃料成型设备、生物质供热锅炉、分布式生物质热电联产等关键技术和设备研发，促进生物质成型燃料替代燃煤集中供热、生物质热电联产。按照因地制宜、就近生产消纳原则，示范建设集中式规模化生物燃气应用工程，突破大型生物质集中供气原料处理、高效沼气厌氧发酵等关键技术瓶颈。探索建立多元、协同、共赢的市场化发展模式，鼓励多产品综合利用，为生产生活提供清洁优质能源。

（2）推进先进生物液体燃料产业化。重点突破高效低成本的生物质液体燃料原料处理和制备技术瓶颈，建设万吨级生物质制备液体燃料及多产品联产综合利用示范工程。完善原料供应体系，有序发展生物柴油。推进油藻生物柴油、生物航空燃料等前沿技术研发与产业化。

（3）为实现新能源灵活友好并网和充分消纳，加快安全高效的输电网、可靠灵活的主动配电网以及多种分布式电源广泛接入互动的微电网建设，示范应用智能化大规模储能系统及柔性直流输电工程，建立适应分布式电源、电动汽车、储能等多元化负荷接入需求的智能化供需互动用电系统，建成适应新能源高比例发展的新型电网体系。

（4）选择适宜区域开展分布式光电、分散式风电、生物质能供气供热、地热能、海洋能等多能互补的新能源综合开发，融合应用大容量储能、微网技术，构建分布式能源综合利用系统，引领能源供应方式变革。

二、“十三五”生物产业发展规划

生物产业是21世纪创新最为活跃、影响最为深远的新兴产业，是我国战略性新兴产

业的主攻方向，对于我国抢占新一轮科技革命和产业革命制高点，加快壮大新产业、发展新经济、培育新动能，建设“健康中国”具有重要意义。根据《中华人民共和国国民经济和社会发展第十三个五年规划纲要》和《“十三五”国家战略性新兴产业发展规划》，为加快推动生物产业成为国民经济的支柱产业，进一步夯实生物产业创新基础，促进现代生物技术更多惠及民生，着力打造生物经济新动能，国家发展和改革委员会会同有关单位组织编制了《“十三五”生物产业发展规划》（发改高技〔2016〕2665号），于2016年12月20日下发。

“十二五”以来，我国生物产业复合增长率达到15%以上，2015年产业规模超过3.5万亿元，在部分领域与发达国家水平相当，甚至具备一定优势。生物能源年替代化石能源量超过3300万t标准煤，处于世界前列。但是我国要成为生物经济强国依然任重道远。我们必须进一步提升生物产业创新能力，深化改革行业规制，不断拓展产业应用新空间，满足人民群众新需求，打造经济增长新动能。围绕能源生产与消费革命和大气污染治理重大需求，创新生物能源发展模式，拓展生物能源应用空间，提升生物能源产业发展水平。到2020年，生物能源年替代化石能源量超过5600万t标煤，在发电、供气、供热、燃油等领域实现全面规模化应用，生物能源利用技术和核心装备技术达到世界先进水平，形成较成熟的商业化市场。

1. 规模化发展生物质替代燃煤供热

重点推进高寿命低电耗生物质燃料成型设备、生物质供热锅炉、分布式生物质热电联产等关键技术和设备研发，结合大气环境治理、城镇供暖和工业供热需求，实施生物质替代燃煤集中供热工程，大力促进生物质集中供热、生物质热电联产发展，替代城市燃煤供热。发展分布式生物质燃料，积极推动生物质能与地热能、太阳能等其他新能源供热技术多元综合利用，探索建立多能互补的分布式供热应用新模式。

2. 促进集中式生物质燃气清洁惠农

适应新型城镇化用能方式新变化，重点突破推进大型生物质集中供气原料处理、高效沼气厌氧发酵、沼气净化提纯压缩灌装及输配用关键技术和设备，按照因地制宜、就近生产消纳原则，在适宜区域示范建设集中式规模化生物燃气应用工程，探索建立多元协同、专业共赢的市场化发展模式，鼓励多产品综合利用，为农业生产、居民生活提供清洁优质能源，改善城乡生活和生态环境。

3. 推进先进生物液体燃料产业化

重点突破高效低成本的非粮生物质液体燃料原料生产、处理和制备技术瓶颈，建设万吨级生物质制备液体燃料及多产品联产综合利用示范工程，推进生物质液体燃料与其他替代石油基原料化工产品的规模化生产及生物质全株梯级综合利用。完善原料供应体系，有序开发利用废弃油脂资源和非食用油料资源发展生物柴油。推进利用纤维素生产燃料乙醇、丁醇等的示范，加大油藻、纤维素生物柴油和生物航空燃料等前沿技术的研发力度，推动产业化示范与市场应用。

三、生物质能发展“十三五”规划

生物质能是重要的可再生能源，开发利用生物质能，是能源生产和消费革命的重要内

容，是改善环境质量、发展循环经济的重要任务。为推进生物质能分布式开发利用，扩大市场规模，完善产业体系，加快生物质能专业化、多元化、产业化发展步伐，国家能源局于2016年10月28日印发了《生物质能发展“十三五”规划》（国能新能〔2016〕291号）。

1. 生物质能发展基本原则

坚持创新、协调、绿色、开放、共享的发展理念，紧紧围绕能源生产和消费革命，主动适应经济发展新常态，按照全面建成小康社会的战略目标，把生物质能作为优化能源结构、改善生态环境、发展循环经济的重要内容，立足于分布式开发利用，扩大市场规模，加快技术进步，完善产业体系，加强政策支持，推进生物质能规模化、专业化、产业化和多元化发展，促进新型城镇化和生态文明建设。

（1）坚持分布式开发。根据资源条件做好规划，确定项目布局，因地制宜确定适应资源条件的项目规模，形成就近收集资源、就近加工转化、就近消费的分布式开发利用模式，提高生物质能利用效率。

（2）坚持用户侧替代。发挥生物质布局灵活、产品多样的优势，大力推进生物质冷热电多联产、生物质锅炉、生物质与其他清洁能源互补系统等在当地用户侧直接替代燃煤，提升用户侧能源系统效率，有效应对大气污染。目前我国大气治理重点逐渐从电力行业减排到非电力行业减排，工业企业淘汰燃煤小锅炉已经接连提上日程。

（3）坚持融入环保。将生物质能开发利用融入环保体系，通过有机废弃物的大规模能源化利用，加强主动型源头污染防治，直接减少秸秆露天焚烧、畜禽粪便污染排放，减轻对水、土、气的污染，建立生物质能开发利用与环保相互促进机制。

（4）坚持梯级利用。立足于多种资源和多样化用能需求，开发形成电、气、热、燃料等多元化产品，加快非电领域应用，推进生物质能循环梯级利用，构建生物质能多联产循环经济。

2. 生物质能利用发展目标

到2020年，生物质能基本实现商业化和规模化利用。生物质能年利用量约5800万t标准煤。生物质发电总装机容量达到1500万kW，年发电量900亿kW·h，其中农林生物质直燃发电700万kW，城镇生活垃圾焚烧发电750万kW，沼气发电50万kW；生物天然气年利用量80亿m^3；生物液体燃料年利用量600万t；生物质成型燃料年利用量3000万t。

3. 生物质发电发展布局

在农林资源丰富区域，统筹原料收集及负荷，推进生物质直燃发电全面转向热电联产；在经济较为发达地区合理布局生活垃圾焚烧发电项目，加快西部地区垃圾焚烧发电发展；在秸秆、畜禽养殖废弃物资源比较丰富的乡镇，因地制宜推进沼气发电项目建设。

4. 生物质发电建设重点

（1）积极发展分布式农林生物质热电联产。农林生物质发电全面转向分布式热电联产，推进新建热电联产项目，对原有纯发电项目进行热电联产改造，为县城、大乡镇供暖及为工业园区供热。加快推进糠醛渣、甘蔗渣等热电联产及产业升级。加强项目运行监管，杜绝掺烧煤炭、骗取补贴的行为。加强对发电规模的调控，对于国家支持政策以外的生物质发电方式，由地方出台支持措施。自2015年开始，我国已经接连出台政策要求力

争实现北方大中型以上城市热电联产集中供热率达到60%以上，并取缔部分地区燃煤小锅炉，鼓励热电联产替代等政策。生物质热电联产将会受益于工业园区集中供热政策加速而得到有效的释放。

（2）稳步发展城镇生活垃圾焚烧发电。在做好环保、选址及社会稳定风险评估的前提下，在人口密集、具备条件的大中城市稳步推进生活垃圾焚烧发电项目建设。鼓励建设垃圾焚烧热电联产项目。加快应用现代垃圾焚烧处理及污染防治技术，提高垃圾焚烧发电环保水平。加强宣传和舆论引导，避免和减少邻避效应。

（3）因地制宜发展沼气发电。结合城镇垃圾填埋场布局，建设垃圾填埋沼气发电项目；积极推动酿酒、皮革等工业有机废水和城市生活污水处理沼气设施热电联产；结合农村规模化沼气工程建设，新建或改造沼气发电项目。积极推动沼气发电无障碍接入城乡配电网和并网运行。到2020年，沼气发电装机容量达到50万kW。

第五节　生物质发电工程建设预算项目划分

一、一般规定

1. 概述

为了统一生物质发电工程建设预算项目划分，国家能源局于2013年发布电力行业标准《生物质发电工程建设预算项目划分导则》（DL/T 5474）。该标准适用于生物质发电工程，是生物质发电工程编制可行性研究投资估算、初步设计概算、施工图预算和电力建设工程量清单的依据。

该标准由国家能源局负责管理，由电力规划设计总院提出，由能源行业火电和电网工程技术经济专业标准化技术委员会负责日常管理，由中国电力工程顾问集团东北电力设计院负责具体技术内容的解释。

2. 生物质发电工程建设预算项目划分层次

项目划分是指对电力工程建设预算中工程项目编排次序和编排位置的规定。生物质发电工程建设预算项目划分层次是在各专业系统（工程）下分为三级，即第一级为单项工程，第二级为单位工程，第三级为分部工程。

（1）单项工程。具有独立的设计文件，建成后能够发挥生产能力或效益的工程项目。

（2）单位工程。具有独立的设计文件，能够独立组织施工，但不能独立发挥生产能力或效益的工程项目，是单项工程的组成部分。

（3）根据工程部位和专业性质等的不同，将单位工程分解形成的工程项目单元，是单位工程的组成部分。

3. 编制生物质发电工程建设预算注意事项

（1）编制生物质发电工程建设预算时，对各级项目的工程名称不得任意简化，均应按照该标准规定的全名填写。

（2）在该标准中未包含，但确有必要增列的工程项目，应按照设计专业划分，在系统（工程）、单项工程或单位工程项目序列之下，在已有项目之后顺序排列。

二、生物质发电工程项目划分次序

生物质发电工程建设预算项目划分为主辅生产工程和与厂址有关的单项工程两大类，其次序应符合以下要求。

1. 主辅生产工程八大系统划分

生物质发电工程的主辅生产工程分为以下八大系统，依次为：

（1）热力系统。

（2）燃料供应系统。

（3）除灰系统。

（4）水处理系统。

（5）供水系统。

（6）电气系统。

（7）热工控制系统。

（8）附属生产工程。

2. 与厂址有关的七大单项工程划分

与厂址有关的单项工程分为以下七大工程，依次为：

（1）交通运输工程。

（2）储灰场工程。

（3）补给水工程。

（4）地基处理工程。

（5）厂区、施工区土石方工程。

（6）厂外收购站工程。

（7）临时工程。

3. 生物质发电工程建筑工程项目划分

生物质发电工程建筑工程项目划分次序见表1-5-1。

表1-5-1　　生物质发电工程建筑工程项目划分

序号	项目名称	序号	项目名称
一	主辅生产工程	（四）	水处理系统
（一）	热力系统	1	预处理系统
1	主厂房本体及设备基础	2	锅炉补给水系统
2	除尘排烟系统	3	循环水处理系统
3	热网系统建筑	4	加药间
（二）	燃料供应系统	（五）	供水系统
1	生物质燃料系统	1	凝汽器冷却系统（直流水冷却）
2	燃油系统	2	凝汽器冷却系统（二次循环水冷却）
（三）	除灰系统	（六）	电气系统
1	厂内除渣系统（干除渣）	1	变配电系统建筑
2	气力除灰系统	2	控制系统建筑

续表

序号	项目名称	序号	项目名称
（七）	附属生产工程	2	生物质燃料供应系统
1	辅助生产工程	3	除灰系统
2	附属生产工程	4	水处理系统
3	环境保护设施	5	供水系统
4	消防系统	6	电气系统
5	厂区性建筑	7	附属生产工程
6	厂区采暖（制冷）工程	（五）	厂区、施工区土石方工程
7	厂前福利工程	1	生产区土石方工程
二	与厂址有关的单项工程	2	施工区土石方工程
（一）	交通运输工程	（六）	厂外收购站工程
1	码头及引桥	1	收购站建筑
2	厂外公路	2	收购站管理站（围墙及道路等）
（二）	储灰场工程	3	消防
1	灰（坝）场	（七）	临时工程
（三）	补给水工程	1	施工电源
1	地表水工程	2	施工水源
2	地下水系统	3	施工道路
3	补给水管路建筑	4	施工通信线路
（四）	地基处理工程	5	施工降水
1	热力系统	6	施工措施项目

4. 生物质发电工程安装工程项目划分

生物质发电工程安装工程项目划分次序见表1-5-2。

表1-5-2　　生物质发电工程安装工程项目划分

序号	项目名称	序号	项目名称
一	主辅生产工程	3	调试工程
（一）	热力系统	（三）	除灰系统
1	锅炉机组	1	厂内除渣系统（干除渣）
2	汽轮发电机组	2	除灰系统
3	热力系统汽水管道	3	运灰、渣设备
4	热网系统	4	保温油漆
5	热力系统砌筑及保温	5	调试工程
6	调试工程	（四）	水处理系统
（二）	燃料供应系统	1	预处理系统
1	生物质燃料输送系统	2	锅炉补给水系统
2	燃油系统	3	循环水处理系统

续表

序号	项 目 名 称	序号	项 目 名 称
4	给水炉水校正处理	5	调试工程
5	厂区管理	（八）	附属生产工程
6	保温油漆	1	辅助生产安装工程
7	中水深度处理系统	2	附属生产工程
8	调试工程	3	环境保护与监测装置
（五）	供水系统	4	消防系统
1	凝汽器冷却系统（一次循环水冷却）	5	雨水泵房
2	凝汽器冷却系统（二次循环水冷却）	6	调试工程
3	供水系统防腐	二	与厂址有关的单项工程
4	调试工程	（一）	交通运输工程
（六）	电气系统	1	码头
1	发电机电气及引下线	（二）	储灰场工程
2	主变压器系统	1	灰场机械
3	配电装置	2	灰场喷洒水系统管道
4	主控及直流系统	3	灰水回收系统
5	厂用电系统	4	厂外架空动力线
6	电缆及接地	（三）	补给水工程
7	厂内通信系统	1	地表水工程
8	调试工程	2	地下水系统
（七）	热工控制系统	3	补给水输送管道
1	系统控制	4	防腐
2	机组控制	5	厂外架空动力线
3	辅助车间自动控制装置	（四）	厂外收购站工程
4	电缆及辅助设施	1	收购站

三、生物质发电工程建筑工程项目划分

生物质发电工程建筑工程具体项目划分见表 1-5-3。

表 1-5-3　生物质发电工程建筑工程具体项目划分表（DL/T 5474 表 A-1）

编号	项 目 名 称	主要内容及范围说明	技术经济指标单位
一、主辅生产工程			
（一）热力系统			
1	主厂房本体及设备基础		元/kW
1.1	主厂房本体	包括汽机房、除氧间、料仓间、炉前封闭、锅炉房及单元控制室	元/m^3

续表

编号	项目名称	主要内容及范围说明	技术经济指标单位
1.1.1	基础工程	包括土石方、基础、基础梁	元/m^3
1.1.2	框架结构	框架柱、框架梁、吊车梁、其他钢结构	元/m^3
1.1.3	生物质燃料斗	生物质燃料斗（含钢、钢筋混凝土）及内衬、料斗梁	元/m^3
1.1.4	运转层平台	包括汽机平台、锅炉平台、运转层的面层及其支撑结构	元/m^2
1.1.5	地面及地下设施	包括地面、各类坑、支墩、沟道、电缆隧道、地下室	元/m^2
1.1.6	屋面结构	包括汽机房、除氧间、料仓间、炉前封闭及锅炉房的屋面板、屋面及屋架结构	
1.1.7	围护及装饰工程	包括门、窗及维护墙、砌体、隔墙及墙面装饰、金属结构及其他楼板的面层	元/m^3
1.1.8	固定端	包括汽机、锅炉间结构，抗风梁（桁架）柱，封闭结构	元/m^3
1.1.9	扩建端	抗风梁（桁架）柱，封闭用轻型墙板及砖墙	元/m^3
1.1.10	单元（集中）控制室	设置于厂房内的控制室	元/m^3
1.1.11	楼梯间		
1.1.12	其他	包括炉顶小室、框架至锅炉过桥、集控楼至锅炉房通道、电抗器小间等	
1.1.13	给排水、采暖、通风、空调、除尘、照明	设备及管道、除尘设备	元/m^3
1.2	锅炉基础		元/座
1.3	汽轮发电机基础		元/座
1.4	主厂房附属设备基础		元/套
2	除尘排烟系统		元/kW
2.1	除尘器基础及小间		元/m^3
2.1.1	一般土建	围护结构及地面	
2.1.2	给排水、采暖、通风、空调、照明		
2.2	电除尘配电室	包括土石方建筑、基础、结构、建筑	元/m^3
2.2.1	一般土建		
2.2.2	给排水、采暖、通风、空调、除尘、照明	除尘设备	
2.3	独立钢烟道支架		
2.4	引风机室或起吊架	露天布置时为基础及起吊架	元/m^3
2.4.1	一般土建		
2.4.2	给排水、采暖、通风、空调、照明		
2.5	烟道	钢筋混凝土烟道、保温及内衬、砖烟道、支架及基础	元/m
2.6	烟囱		元/座

续表

编号	项 目 名 称	主要内容及范围说明	技术经济指标单位
2.6.1	烟囱基础	包括土石方	元/m^3
2.6.2	烟囱筒身		元/m^3
2.6.3	烟囱内筒、内衬及其他	包括保温、防腐、平台、爬梯、照明及避雷针	元/m^3
3	热网系统建筑		元/kW
3.1	热网首站		元/m^3
3.1.1	一般土建		
3.1.2	给排水、采暖、通风、空调、照明		
3.2	厂区热网支架		元/m
（二）燃料供应系统			
1	生物质燃料系统		元/kW
1.1	汽车衡控制室		元/m^3
1.1.1	一般土建		
1.1.2	给排水、采暖、通风、空调、照明		
1.2	干料棚（生物质燃料仓库）		元/m^3
1.2.1	一般土建		
1.2.2	给排水、采暖、通风、空调、照明	含消防管道	
1.3	硬质生物质燃料卸料间		元/m^3
1.3.1	一般土建		
1.3.2	给排水、采暖、通风、空调、照明		
1.4	生物质燃料破碎室		元/m^3
1.4.1	一般土建		
1.4.2	给排水、采暖、通风、空调、照明		
1.5	生物质燃料输送地道	按地道编号分别编制	元/m
1.5.1	一般土建		
1.5.2	给排水、采暖、通风、空调、除尘、照明		
1.6	生物质燃料输送栈桥	按栈桥编号分别编制	元/m
1.6.1	一般土建		
1.6.2	给排水、采暖、通风、空调、除尘、照明		
1.7	转运站	按转运站编号分别编制	元/m^3

续表

编号	项 目 名 称	主要内容及范围说明	技术经济指标单位
1.7.1	一般土建		
1.7.2	给排水、采暖、通风、空调、除尘、照明	除尘设备	
1.8	生物质燃料综合楼	包括办公室、休息室、配电室、变压器间、检修间、浴室及辅助车间	元/m^3
1.8.1	一般土建		
1.8.2	给排水、采暖、通风、空调、照明		
2	燃油系统		
2.1	燃油泵房		元/m^3
2.1.1	一般土建		
2.1.2	给排水、采暖、通风、空调、照明		
2.2	生物质燃料油罐区建筑	包括围墙、道路及事故排油坑	元/项
（三）除灰系统			
1	厂内除渣系统（干除渣）		元/座
2	厂内除渣系统（水力除渣）		
2.1	渣仓基础		元/座
2.2	高效浓缩池及缓冲水仓基础	适用于水力除渣	元/座
2.3	脱水仓基础	适用于水力除渣	元/座
2.4	污水池	适用于水力除渣	元/座
3	气力除灰系统		元/kW
3.1	灰库		元/座
3.1.1	一般土建		
3.1.2	给排水、采暖、通风、空调、照明		
3.2	室外除灰管道支墩支架		元/m
（四）水处理系统			
1	预处理室	包括弱酸处理、超滤、反渗透处理等	元/m^3
1.1	一般土建		
1.2	给排水、采暖、通风、空调、照明		
2	锅炉补给水处理系统		元/kW
2.1	锅炉补给水处理室		元/m^3

续表

编号	项 目 名 称	主要内容及范围说明	技术经济指标单位
2.1.1	一般土建		
2.1.2	给排水、采暖、通风、空调、照明		
2.2	室外构筑物	澄清池、无阀滤池、水箱基础、室外沟道等	元/项
3	循环水处理系统		元/kW
3.1	循环水处理室		元/m^3
3.2	一般土建		
3.3	给排水、采暖、通风、空调、照明		
4	加药间		元/m^3
4.1	一般土建		
4.2	给排水、采暖、通风、空调、照明		
5	中水处理系统（石灰深度处理）	包括生化处理、澄清、过滤、加药等	元/项
（五）供水系统			
1	凝汽器冷却系统（直流水冷却）		
1.1	拦河坝及水闸		元/m
1.2	取水口（头）		元/座
1.3	引水渠（管/隧道）		元/m
1.4	进水间	含滤网间，与泵房分开建设时	元/m^3
1.4.1	一般土建		
1.4.2	照明		
1.5	江岸水泵房		元/m^3
1.5.1	一般土建		
1.5.2	给排水、采暖、通风、空调、照明		
1.6	直流冷却水沟		元/m
1.7	直流冷却水管道建筑	包括土方、垫层、支墩、各类井	元/m
1.8	进排水隧洞	包括阀门井、调压井等	元/m
1.9	进排水明暗渠	包括渠上桥、涵闸等构筑物	元/m
1.10	循环水井池		元/座
1.10.1	切换（联络）阀门井		
1.10.2	测流井		
1.10.3	虹吸井		

续表

编号	项目名称	主要内容及范围说明	技术经济指标单位
1.10.4	排水工作井		
1.11	排水渠（管/隧道/沟）		元/m
1.12	直流冷却水排水口		
1.13	取排水护岸		
1.14	供水区域附属建筑	包括变电站、配电室、道路、围墙、桥涵等	
2	凝汽器冷却系统（二次循环水冷却）		
2.1	循环水引水流道		
2.2	循环水泵房	如泵房间在汽机房外毗屋，仍列入本项目	元/m^3
2.2.1	一般土建		
2.2.2	给排水、采暖、通风、空调、照明		
2.3	自然通风冷却塔	包括填料、除水器、托架、配水管、喷嘴、防腐等	元/m^2
2.3.1	冷却塔水池底板及基础		
2.3.2	冷却塔筒体		
2.3.3	冷却塔支柱、基础		
2.3.4	冷却塔淋水、配水装置		
2.4	冷却塔挡风板及挡风板仓库		元/m^2
2.4.1	挡风板		
2.4.2	挡风板仓库一般土建		
2.4.3	挡风板仓库照明		
2.5	冷却塔隔声墙		
2.6	机力冷却塔		
2.7	循环水回水沟	包括冷却塔区、泵房连接区	
2.8	循环水沟		元/m
2.9	循环水管道建筑	包括土方、垫层、支墩、各类井	元/m
2.10	循环水井池		
2.10.1	切换（联络）阀门井		元/座
2.10.2	测流井		元/座
（六）电气系统			
1	变配电系统建筑		
1.1	汽机房A排外构筑物	主变压器基础、厂用变基础、备用变基础、防火墙、共箱母线支架、设备支架及基础、事故油池等	
1.2	屋内配电装置室		元/m^3
1.2.1	一般土建	含GIS基础	

续表

编号	项 目 名 称	主要内容及范围说明	技术经济指标单位
1.2.2	给排水、采暖、通风、空调、照明		
1.3	屋外配电装置构架	包括设备基础、支架及沟道	元/项
1.4	全厂独立避雷针		元/座
2	控制系统建筑		
2.1	继电器室		元/m^3
2.2	一般土建		
2.3	给排水、采暖、通风、空调、照明		
（七）附属生产工程			
1	辅助生产工程		
1.1	空压机室		元/m^3
1.1.1	一般土建		
1.1.2	给排水、采暖、通风、空调、照明		
1.2	检修间		元/m^3
1.2.1	一般土建		
1.2.2	给排水、采暖、通风、空调、照明		
1.3	启动锅炉房		元/m^3
1.3.1	一般土建		
1.3.2	给排水、采暖、通风、空调、照明		
1.4	锅炉排污降温池		元/座
1.5	综合水泵房		
1.5.1	一般土建		
1.5.2	给排水、采暖、通风、空调、照明		
2	附属生产工程		元/kW
2.1	生产行政综合楼		元/m^2
2.1.1	一般土建		
2.1.2	给排水、采暖、通风、空调、照明		
2.2	警卫传达室		元/m^2
2.2.1	一般土建		
2.2.2	给排水、采暖、通风、空调、照明		

续表

编号	项 目 名 称	主要内容及范围说明	技术经济指标单位
2.3	天桥		元/m
2.3.1	一般土建		
2.3.2	采暖、通风、空调、照明		
3	环境保护设施		元/kW
3.1	工业废水处理站	含废水调节池	元/m^3
3.1.1	一般土建		
3.1.2	给排水、采暖、通风、空调、照明		
3.2	生活污水处理站	含生活污水调节池	元/m^3
3.2.1	一般土建		
3.2.2	给排水、采暖、通风、空调、照明		
3.3	含油污水处理站	包括处理室、澄清池、围墙、沟道等	
3.3.1	一般土建		
3.3.2	给排水、采暖、通风、空调、照明		
3.4	环保水池		
3.5	厂区绿化		元/m^2
4	消防系统		元/kW
4.1	消防水泵房		元/m^3
4.1.1	一般土建		
4.1.2	给排水、采暖、通风、空调、照明		
4.2	综合水蓄水池		元/座
4.3	厂区消防管路	管道、消防栓、建筑	元/m
4.4	特殊消防系统		元/kW
4.4.1	主厂房消防		
4.4.2	生物质燃料系统消防		
4.4.3	燃油系统消防		
4.4.4	变压器系统消防		
4.4.5	电缆沟消防		元/m
4.4.6	移动消防		
5	厂区性建筑		元/kW
5.1	厂区道路		元/m^2
5.2	厂区围墙		元/m

续表

编号	项 目 名 称	主要内容及范围说明	技术经济指标单位
5.3	厂区沟道		元/m
5.4	厂区管道支架		元/m
5.5	室外给排水		
5.6	厂区挡土墙及护坡		
6	厂区采暖（制冷）工程		
6.1	采暖加热（制冷）站	含设备及管道	元/m^3
6.1.1	一般土建		元/m^3
6.1.2	设备及管道	含给排水管道	元/m^3
6.1.3	通风、空调、照明		元/m^3
6.2	厂区采暖管道建筑	管道、地沟及支架	元/m
7	厂前公共福利工程		
7.1	招待所		元/m^2
7.1.1	一般土建		元/m^3
7.1.2	给排水、采暖、通风、空调、照明		
7.2	职工食堂		元/m^2
7.2.1	一般土建		
7.2.2	给排水、采暖、通风、空调、照明		
7.3	浴室		
7.3.1	一般土建		
7.3.2	给排水、采暖、通风、空调、照明		
7.4	检修、夜班宿舍		
7.4.1	一般土建		
7.4.2	给排水、采暖、通风、空调、照明		
二、与厂址有关的单项工程			
（一）交通运输工程			
1	码头及引桥		元/t（位）
1.1	护岸及邻河围墙		
1.2	航道		
1.3	港池		
1.4	码头照明		
2	厂外公路	包括桥涵	元/km

续表

编号	项 目 名 称	主要内容及范围说明	技术经济指标单位
2.1	进厂公路		
2.2	运料公路		
（二）储灰场工程			
1	灰（坝）场		
1.1	灰坝		
1.2	灰场防渗系统		
1.3	灰场排水系统		
1.4	灰场管理站	包括办公值班室、车库、围墙、道路等	
（三）补给水工程			
1	地表水系统		
1.1	取水口（头）	从江、湖取水时	元/座
1.2	引水渠（管）		元/m
1.3	进水滤网间	与泵房分开建设时	元/m^3
1.3.1	一般土建		
1.3.2	照明		
1.4	补充水取水泵房		元/m^3
1.4.1	一般土建		
1.4.2	给排水、采暖、通风、空调、照明		
2	地下水系统		
2.1	深井及深井泵房		元/m^3
2.1.1	一般土建		
2.1.2	照明		
2.1.3	深井		
2.2	渗管、渗渠		元/m
2.3	蓄水池		元/座
2.4	补给水升压泵房	包括变配电间、值班室等	元/m^3
2.4.1	一般土建		
2.4.2	给排水、采暖、通风、空调、照明		
2.5	泵房区域附属建筑	包括道路围墙、地坪等	元/项
3	补给水管路建筑	包括土方、支架、沟道、涵管、各类井	元/m
（四）地基处理工程			
1	热力系统		
1.1	主厂房		元/m^3

续表

编号	项 目 名 称	主要内容及范围说明	技术经济指标单位
1.2	除尘器		元/m^3
1.3	烟囱		元/m^3
2	生物质燃料供应系统		元/m^3
3	除灰系统		元/m^3
4	水处理系统		元/m^3
5	供水系统		元/m^3
6	电气系统		元/m^3
7	附属生产工程		元/m^3
（五）厂区、施工区土石方工程			
1	生产区土石方工程		元/m^3
2	施工区土石方工程		元/m^3
（六）厂外收购站工程			
1	收购站建筑		元/m^3
1.1	一般土建		
1.2	给排水、采暖、通风、空调、照明		
2	收购站管理站（围墙及道路等）		元/m^2
3	消防		
（七）临时工程			
1	施工电源		元/km
2	施工水源	永临结合项目列入主体工程	元/km
3	施工道路	永临结合项目列入主体工程	元/km
4	施工通信线路	永临结合项目列入主体工程	元/km
5	施工降水		元/项
6	施工措施项目		

四、生物质发电工程安装工程项目划分

生物质发电工程安装工程项目具体划分见表1－5－4。

表1－5－4　生物质发电工程安装工程项目具体划分表（DL/T 5474 表 A－2）

编号	项 目 名 称	主要内容及范围说明	技术经济指标单位
一、主辅生产工程			
（一）热力系统			
1	锅炉机组		元/kW

续表

编号	项 目 名 称	主要内容及范围说明	技术经济指标单位
1.1	锅炉本体		元/台
1.1.1	组合安装	各受热面、钢架、汽包本体管路、吹灰器、平台梯子、各种结构、燃烧装置、本体油漆、本体排汽消音器、地脚螺栓固定架、冷渣器。不包括水封渣斗、捞渣机、碎渣机	
1.1.2	分部试验及试运	水压、风压试验，酸洗，蒸汽严密性试验	
1.2	风机	送风机、引风机、一次风机，并包括润滑油系统及管道	
1.3	除尘装置	电除尘器电气部分的安装调试不包括在内	元/台
1.4	烟风管道		元/t
1.4.1	冷风道	包括一次、二次冷风道，调温风道	元/t
1.4.2	热风道	包括一次、二次热风道	元/t
1.4.3	烟道	包括除尘器前烟道、除尘器后烟道、引风机后烟道	元/t
1.5	锅炉其他辅机	安装在锅炉及风机室的各种水箱、水泵，定期排污扩容器，暖风器系统设备，电梯、起重机、检修搬运车等。锅炉与厂房联络平台、锅炉辅机的支架、平台梯子	
2	汽轮发电机组		元/kW
2.1	汽轮机发电机本体		元/台
2.2	汽轮发电机辅助设备	凝汽器及其清洗装置，凝结水泵，凝结水补充水箱，抽真空设备，加热器及疏水泵，油系统设备，轴封冷却器，停机保护装置，开、闭式循环冷却水泵，开、闭式热交换器，电动滤水器等	元/台
2.3	除氧给水装置	除氧器，水箱，填料，给水泵及其辅机等	元/kW
2.4	汽机其他辅机	安装在汽机间生水泵及加热器，疏水箱、疏水扩容器及水泵，连排扩容器，厂用减压器，起重设备。汽机间、除氧间所有设备的平台、梯子、支架	元/kW
3	热力系统汽水管道		元/t
3.1	高压管道		元/t
3.1.1	主蒸汽管道		元/t
3.1.2	高压给水管道	减温水管道、给水杂项管道	元/t
3.2	锅炉排污、疏放水管道	不含随锅炉本体供应的管道	元/t
3.2.1	锅炉排污管道	含连排、定排扩容器有关管道	元/t
3.2.2	锅炉疏水、放气、放水管道	含锅炉储水箱放水管道、空气预热器冲洗水管道	元/t
3.3	中、低压汽水管道		元/t
3.3.1	汽轮机抽汽管道	各段抽汽管道	元/t
3.3.2	辅助蒸汽管道	含汽源管道，汽机房、锅炉房、外专业用汽管道，蒸汽管道的疏水排汽管道，厂区启动蒸汽管道	元/t
3.3.3	中、低压水管道	中、低压给水管道，凝结水有关管道，除氧器再循环管道，除氧器及锅炉上水管道	元/t

续表

编号	项目名称	主要内容及范围说明	技术经济指标单位
3.3.4	加热器疏水、排汽、除氧器溢放水管道	加热器疏水排汽管道、疏水扩容器有关管道、除氧器溢放水排汽管道、主厂房高低压疏水管道、主厂房热网疏水管道	元/t
3.3.5	汽轮机本体轴封蒸汽及疏水系统	汽机轴封蒸汽管道，轴封漏气及门杆漏气管道，轴封冷却器疏水、对空排汽管道，本体疏水管道，汽机启动有关管道，不含随设备本体供应的管道	元/t
3.3.6	汽轮发电机组油、氮气、二氧化碳、外部冷却水系统管道	含润滑油、密封油、油净化、油储存系统、事故排油管道，氮气管道，发电机氢、二氧化碳、外部冷却水管道，不含随设备本体供应的管道	元/t
3.3.7	主厂房循环水、冷却水管道	循环水、闭式循环冷却水、开式循环冷却水管道，凝汽器胶球清洗管道、闭式水换热器胶球清洗管道	元/t
3.3.8	凝汽器抽真空管道		元/t
3.3.9	主厂房内空气管道		元/t
4	热网系统		元/GJ
4.1	热网设备安装	供热用加热器、水泵、减温减压器，设备平台梯子、支架	
4.2	热网管道		元/t
5	热力系统砌筑及保温		元/m^3
5.1	锅炉炉墙砌筑		元/m^3
5.2	锅炉本体保温		元/m^3
5.3	锅炉辅机及管道保温		元/m^3
5.4	汽轮发电机组设备保温		元/m^3
5.5	汽水管道保温		元/m^3
5.6	热网系统保温		元/m^3
6	调试工程		元/kW
6.1	分系统调试		元/kW
6.2	整套调试		元/kW
6.3	特殊项目调试		元/kW
（二）燃料供应系统			
1	生物质燃料输送系统		元/kW
1.1	卸料部分	螺旋给料机、生物质燃料包起重机等	
1.2	输送部分	分包平台、链板输送机、皮带机、给料机、分料器料仓、生物质燃料粉碎机、生物质燃料破碎机等	
1.3	干料棚机械	包括吊车等	
2	燃油系统		元/kW
2.1	燃油设备	含卸油、供油、储油设备、平台梯子等	
2.2	燃油管道		元/t
2.2.1	燃油泵房管道	含卸油管道、污油处理管道	元/t

续表

编号	项 目 名 称	主要内容及范围说明	技术经济指标单位
2.2.2	油罐区管道		元/t
2.2.3	厂区燃油管道		元/t
2.2.4	锅炉房燃油管道		元/t
2.3	保温油漆		元/m^3
3	调试工程		元/kW
3.1	分系统调试		元/kW
3.2	整套调试		元/kW
3.3	特殊项目调试		元/kW
(三) 除灰系统			
1	厂内除渣系统（干除渣）		元/座
1.1	碎渣、除渣设施	风冷干渣机、斗式提升机、渣仓等配套设备	
1.2	管道		元/t
2	厂内除渣系统（水力除渣）		元/座
2.1	碎渣、除渣设施	水封渣斗、捞渣机、碎渣机、水力喷射器、渣仓，渣水冷却设备、除渣供水设备	
2.2	管道		元/t
3	除灰系统		元/kW
3.1	除灰设备	包括给料机、搅拌机、发送器、混合器、卸料器、布袋收尘器、灰库等设备	
3.2	除灰管道	除尘器供气管道、除尘器下部冲洗水管道，灰库卸灰管道、灰库防堵管道、灰库下部冲洗水管道	
4	运灰、渣设备		
5	保温油漆		元/m^3
6	调试工程		元/kW
6.1	分系统调试		元/kW
6.2	整套调试		元/kW
6.3	特殊项目调试		元/kW
(四) 化学水处理系统			
1	预处理系统		元/kW
1.1	凝聚、澄清、过滤系统	包括凝聚、澄清、过滤等	元/t
1.1.1	设备		
1.1.2	管道		元/t
1.2	反渗透系统	包括超滤、反渗透处理	
1.2.1	设备		
1.2.2	管道		元/t

续表

编号	项目名称	主要内容及范围说明	技术经济指标单位
2	锅炉补给水处理系统	包括酸碱储存、计量、输送等设备及管道	元/t
2.1	设备		
2.2	管道		元/t
3	循环水处理系统		元/kW
3.1	加酸系统	包括加阻垢剂及酸液储存	
3.1.1	设备		
3.1.2	管道	工艺设备间的联络管	元/t
3.2	加氯系统		
3.2.1	设备		
3.2.2	管道	工艺设备间的联络等	元/t
3.3	凝汽器铜管镀膜		
3.3.1	设备		
3.3.2	管道	工艺设备间的联络等	元/t
3.4	循环水旁流处理系统		
3.4.1	设备		
3.4.2	管道	工艺设备间的联络管	元/t
3.5	循环水弱酸处理系统		
3.5.1	设备		
3.5.2	管道	工艺设备间的联络管	元/t
4	给水炉水校正处理		元/kW
4.1	炉内磷酸盐处理系统		
4.1.1	设备		
4.1.2	管道	工艺设备间的联络管	元/t
4.2	给水加药处理系统		
4.2.1	设备		
4.2.2	管道	工艺设备间的联络管	元/t
4.3	汽水取样处理系统		
4.3.1	设备		
4.3.2	管道	工艺设备间的联络管	元/t
5	厂区管道	往返主厂房之间的管道	元/t
6	保温油漆		元/m^3
7	中水深度处理系统	包括生化处理、澄清、过滤、加药等设备及管道	元/t
8	调试工程		元/kW
8.1	分系统调试		元/kW

续表

编号	项目名称	主要内容及范围说明	技术经济指标单位
8.2	整套调试		元/kW
8.3	特殊项目调试		元/kW
（五）供水系统			
1	凝汽器冷却系统（一次循环水冷却）		
1.1	直流取水泵房	拦污栅、滤网、清污机、钢闸门、闸门槽、水泵、起重机等及泵房内管道	元/座
1.1.1	设备		
1.1.2	管道		元/t
1.2	渠上设施	包括闸门、闸门槽、启闭机等	
1.3	循环水管道	主厂房和冷却装置之间的循环水管道（含辅机循环水）	元/t
1.4	厂区工业水管道	从循环水管引出的厂区生水管、工业水管、热水回流管等	
1.5	排水设施及管道		
1.5.1	设备	包括闸门、闸门槽、启闭机等	
1.5.2	管道		元/t
2	凝汽器冷却系统（二次循环水冷却）		
2.1	循环水泵房	拦污栅、滤网、清污机、钢闸门、闸门槽、水泵、起重机等及泵房内管道	元/座
2.1.1	设备		
2.1.2	管道		元/t
2.2	循环水管道	主厂房和冷却装置之间的循环水管道（含辅机循环水）	元/t
2.3	厂区工业水管道	从循环水管引出的厂区生水管、工业水管、热水回流管等	
2.4	机力冷却塔设备		元/段
3	供水系统防腐		元/m^2
4	调试工程		元/kW
4.1	分系统调试		元/kW
4.2	整套调试		元/kW
4.3	特殊项目调试		元/kW
（六）电气系统			
1	发电机电气与引出线		元/kW
1.1	发电机电气与出线间	发电机及励磁机的检查接线、干燥、电气调整出线间内所有电气设备母线及支架，励磁系统设备及交/直流封闭母线	
1.2	发电机出口断路器		
1.3	发电机引出线	从发电机引至主变压器的封闭母线，或从出线小室到变压器的母线桥。包括发电机主回路及厂用分支回路离相封闭母线	

续表

编号	项目名称	主要内容及范围说明	技术经济指标单位
2	主变压器系统		元/(kV·A)
2.1	主变压器		
2.2	厂用高压变压器	厂用高压工作变压器、启动/备用变压器	
3	配电装置		元/kW
3.1	屋内配电装置		元/kW
3.2	屋外配电装置		元/kW
3.3	主变、启动/备用变至升压站联络线	主变、启动/备用变至配电装置的高压电缆、主厂房A排外架空线等	元/m
4	主控及直流系统		元/kW
4.1	主（网）控制室设备	各种屏、台盘等	元/kW
4.1.1	网络监控系统		
4.1.2	各种屏、台盘等	升压站控制保护盘	
4.1.3	系统继电保护	线路保护、母线保护、安全稳定控制	
4.1.4	系统调度自动化	远动、PMU、电能量计量、发电负荷考核、AVC	
4.2	单元控制室设备	各种屏、台盘等	元/kW
4.3	生物质燃料输送集中控制		元/kW
4.4	直流系统		元/kW
5	厂用电系统		元/kW
5.1	主厂房厂用电系统		元/kW
5.1.1	高压配电装置		
5.1.2	低压配电装置		
5.1.3	低压厂用变压器		
5.1.4	机炉车间电气设备	车间盘、操作箱、启动器等	
5.1.5	电气除尘器电源装置		
5.1.6	高压厂用母线	高压厂变压6kV进线开关柜，电缆母线、共箱母线，小离相封闭母线等	
5.2	主厂房外车间厂用电	高低压配电装置、低压变压器、车间盘、操作箱、启动器等	元/kW
5.2.1	生物质燃料输送系统厂用电		
5.2.2	除灰、渣系统厂用电		
5.2.3	水处理系统厂用电		
5.2.4	补给水系统厂用电		
5.3	事故保安电源装置	柴油发电机组及室内油管道	
5.4	不停电电源装置		元/kW
5.5	全厂行车滑线		元/m

续表

编号	项 目 名 称	主要内容及范围说明	技术经济指标单位
5.6	设备及构筑物照明		
5.6.1	锅炉、汽机、除氧器本体照明		元/台
5.6.2	除尘器照明		元/台
5.6.3	构筑物照明	包括屋外配电装置、变压器区、厂区道路广场等照明	
5.6.4	厂区道路广场照明		
5.6.5	检修电源		
6	电缆及接地		元/kW
6.1	电缆		元/m
6.1.1	电力电缆		元/m
6.1.2	控制电缆		元/m
6.1.3	桥架、支架		元/t
6.1.4	电缆保护管	电缆保护管及其他电缆保护设施	元/t
6.1.5	电缆防火		元/m
6.2	全厂接地		元/m
6.2.1	接地	包括接地沟挖填，接地极、接地网及降阻剂	元/m
6.2.2	阴极保护		
7	厂内通信系统		元/kW
7.1	行政与调度通信系统		
7.2	生物质燃料输送通信系统		
7.3	电厂区域通信线路	包括厂外水源地等处的通信线路	元/km
7.4	系统通信	厂端、对侧端光纤通信设备及厂区光纤、载波通信	
8	调试工程		元/kW
8.1	分系统调试		元/kW
8.2	整套调试		元/kW
8.3	特殊项目调试		元/kW
（七）热工控制系统			
1	系统控制		元/kW
1.1	厂级监控系统	SIS	元/套
1.2	分散控制系统	DCS	
1.3	管理信息系统	MIS	
1.4	优化控制管理软件		
1.5	全厂闭路电视及门禁系统	主厂房及辅助厂区	元/点数
1.6	辅助车间集中控制网络		
1.7	仿真系统	硬件仿真或软件仿真	

续表

编号	项 目 名 称	主要内容及范围说明	技术经济指标单位
2	机组控制		元/kW
2.1	机组成套控制装置	汽机数字式电液控制装置（DEH）、汽机本体监测仪表（TSI）、汽机紧急跳闸装置（ETS）、给水泵汽机电液控制装置（MEH）、给水泵汽机紧急跳闸装置（METS）、汽轮发电机组振动监测和故障诊断装置（TDM）、发电机氢油水工况监测、锅炉定排控制、锅炉吹灰控制、空预器控制、锅炉本体及辅机控制、烟气连续排放监视装置（CEM）、锅炉火焰检测、锅炉炉管泄漏监测、风机振动监测、锅炉飞灰含碳量在线检测	
2.2	现场仪表及执行机构	一次测量仪表，变送器，逻辑开关，风压取样防堵，执行机构，电磁阀等	
2.3	电动门控制保护屏柜		
3	辅助车间控制系统及仪表		元/kW
3.1	辅助车间自动控制装置	含化水、除灰渣、补给水、循环水、废水、全厂工业电视、热网自动系统等	
3.2	现场仪表及执行机构	一次测量仪表，变送器，逻辑开关，执行机构，电磁阀等	
3.3	电动门配电箱		
4	电缆及辅助设施		元/m
4.1	电缆		元/m
4.2	桥架、支架		元/t
4.3	电缆保护管	电缆保护管及其他电缆保护设施	元/t
4.4	电缆防火		元/kW
4.5	其他材料	脉动管、取样管、阀门及附件等	元/kW
4.6	其他材料	脉动管、取样管、阀门及附件等	元/m
5	调试工程		元/kW
5.1	分系统调试		元/kW
5.2	整套调试		元/kW
5.3	特殊项目调试		元/kW
（八）附属生产工程			
1	辅助生产工程		元/kW
1.1	空压机站		
1.1.1	设备		
1.1.2	管道	站内和厂区	元/t
1.2	制氢站	站内设备管道及厂区管道	
1.2.1	设备		
1.2.2	管道	站内和厂区	元/t

续表

编号	项 目 名 称	主要内容及范围说明	技术经济指标单位
1.3	油处理系统		
1.3.1	设备		
1.3.2	管道		元/t
1.4	车间检修设备	包括机、炉、电、生物质燃料、灰等车间检修设备	
1.5	启动锅炉		元/台
1.5.1	锅炉本体及辅助设备		
1.5.2	炉墙砌筑		元/m^3
1.5.3	烟风煤（或油）管道	燃油炉含油管道	元/t
1.5.4	汽水管道	含启动锅炉房与主厂房、水处理室之间的汽水管道	元/t
1.5.5	启动锅炉上煤管道		
1.5.6	启动锅炉除灰系统		
1.5.7	启动锅炉水处理系统		
1.5.8	保温油漆		元/m^3
1.6	综合水泵房		
2	附属生产安装工程		
2.1	实验室		
2.1.1	化学实验室		
2.1.2	金属实验室		
2.1.3	热工实验室		
2.1.4	电气实验室		
2.1.5	环保实验室		
2.1.6	劳保监测站、安全教育室		
2.2	材料库	起重设备	
3	环境保护与监测装置		
3.1	酸洗废水处理系统	设备、管道	
3.2	含油污水处理	设备、管道	
3.3	工业废水处理	设备、管道	
3.4	生活污水处理	设备、管道	
4	消防系统		
4.1	消防水泵房	设备、管道	
4.2	消防车		
5	雨水泵房	设备、管道	
6	调试工程		元/kW
6.1	分系统调试		元/kW

续表

编号	项 目 名 称	主要内容及范围说明	技术经济指标单位
6.2	整套调试		元/kW
6.3	特殊项目调试		元/kW
二、与厂址有关的单项工程			
（一）交通运输工程			
1	码头	码头设备	
（二）储灰场工程			
1	灰场机械	含推灰、碾压、喷洒设备	
2	灰场喷洒水系统管道		元/t
3	灰水回收系统	设备、管道	
3.1	灰水回收泵房	设备及泵房管道	
3.2	灰水回收处理装置	灰场灰水加酸，加阻垢剂设备及管道	
4	厂外架空动力线	厂外灰场等的架空动力线	元/km
（三）补给水工程			
1	地表水系统		
1.1	补给水取水泵房	拦污栅、滤网、清污机、钢闸门、闸门槽、水泵、起重机等及泵房内管道	
1.2	渠上设施	包括闸门、闸门槽、启闭机等	
2	地下水系统	设备、管道	
2.1	深井泵房	深井泵及泵房管道	
2.2	集水管道	由深井泵房至补给水升压泵房的管道	
2.3	补给水升压泵房	水泵等设备及管道	
3	补给水输送管道	由补给水泵房外至厂区的管道	
4	防腐		
5	厂外架空动力线	厂外水源地等的架空动力线	元/km
（四）厂外收购站工程			

第二章　直接燃烧发电

第一节　生物质直接燃烧发电基本特性

一、生物质燃料直接燃烧的过程

生物质燃料直接燃烧的过程如图 2-1-1 所示。

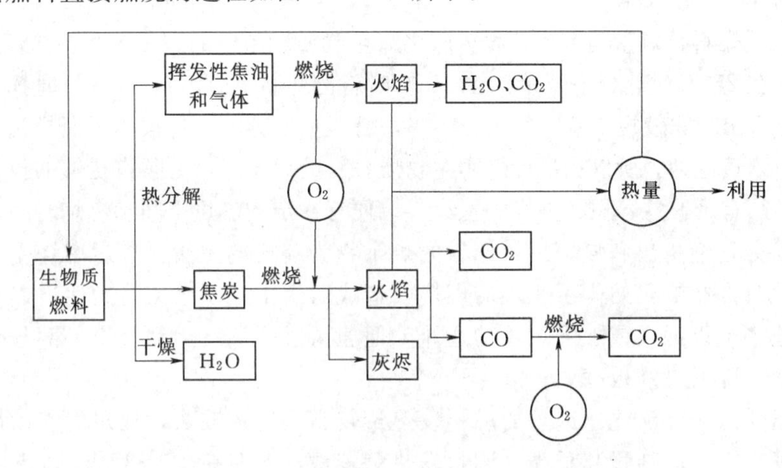

图 2-1-1　生物质燃料直接燃烧过程

生物质燃料的燃烧过程是强烈的化学反应过程，又是燃烧和空气间的传热、传质过程。燃烧除需要燃料外，必须有足够温度的热量供给和适当的空气供应。燃烧过程可分为预热、干燥（水分蒸发）、挥发分析出和焦炭（固定碳）燃烧等过程。

燃料送入燃烧室后，在高温热量（由前期燃烧形成）作用下，燃料被加热和析出水分。随着燃料温度的继续增高（250℃左右），热分解开始，析出挥发分，同时形成焦炭。气态的挥发分和周围高温空气掺混首先被引燃而燃烧。一般情况下，焦炭被挥发分包围着，燃烧室中氧气不易渗透到焦炭表面，只有当挥发分的燃烧快要终了时，焦炭及其周围温度已很高，空气中的氧气也有可能接触到焦炭表面，焦炭开始燃烧，并不断产生灰烬。由此可以看出，产生火焰的燃烧过程为两个阶段：即挥发分析出燃烧和焦炭燃烧，前者约占燃烧时间的 10%，后者则约占 90%。

二、生物质直接燃烧发电的特点

与燃煤发电相比，生物质燃烧发电的特点如下。

(1) 含碳量较少。生物质燃料中含碳量最高的约为50%。相当于生成年代较少的褐煤的含碳量，特别是固定碳的含量明显地比煤炭少，因此生物质燃料发热量较低，炉内温度场偏低，组织稳定的燃烧比较困难。

(2) 含氧量多。生物质燃料含氧量明显地多于煤炭，它使得生物质燃料发热量低，但易于引燃，在燃烧时可相对地减少供给空气量。

(3) 密度小。生物质燃料的密度明显地较煤炭低，质地比较蓬松，特别是农作物秸秆和粪类。这样使得这类燃料易于燃烧和燃尽，灰烬中残留的碳量较燃用煤炭少。

(4) 含硫量低。生物质燃料含硫量大多少于0.2%，燃烧时不必设置气体脱硫装置，降低了成本，又有利于环境的保护。

(5) 生物质燃料在不同的季节燃料成分有所差别，燃料量也随季节的不同而改变，这就要求锅炉有较好的适应性，以适应燃料的变化。

(6) 生物质水分含量较多，燃料需要较高的干燥温度和较长的干燥时间，产生的烟气体积较大，排烟热损失较高。

(7) 生物质燃料含氢量稍多，挥发分较多。生物质燃料中的碳多数和氢结合成低分子的碳氢化合物，在250℃时热分解开始，在325℃时就已开始十分活跃，350℃时挥发分解析出80%。挥发分析出时间较短，若空气供应不当，有机挥发分不容易被燃尽而排出，排烟为黑色，严重时为浓黄色烟。所以在设计燃用生物质燃料的设备时，必须有足够的扩散型空气供给，燃烧室必须有足够的容积和一定的拦火，以便有一定的燃烧空间和燃烧时间。

(8) 挥发分逐渐析出和烧完后，燃料的剩余物为疏松的焦炭，焦炭燃烧受到灰烬包裹和空气渗透较难的影响，妨碍了焦炭的燃烧，造成灰烬中残留余碳。为促进焦炭的燃烧充分，此时应适当加以捅火或加强炉箅的通风。但通风过强气流运动会将一部分碳粒裹入烟道，形成黑絮，降低燃烧效率。

(9) 普通燃煤循环流化床锅炉的燃料发热量较高，比重较大，煤炭的流动性与破碎的秸秆相比要好得多。而秸秆和稻壳等燃料发热量较低，普遍在12552J/kg以下，燃烧后灰分中碱性金属含量较高，飞灰熔点较低，容易结渣，燃料与燃料之间难以流动，生物质燃料由于颗粒之间摩擦力较大产生严重搭桥现象，造成下料比较困难。此外生物质秸秆进入炉膛燃烧以后，由于其比重较小，在炉膛内停留的时间比较短，部分飞灰来不及完全燃烧就被带入分离器，而且飞灰被分离器分离后有可能在立管和回料阀中进行二次燃料，这就是锅炉的返料器温度有时比较高的原因之一，如果温度超过其灰分的软化温度和熔融温度后，就会产生结焦现象，限制锅炉出力。

因此生物质燃烧设备的设计和运行方式的选择应从不同种类生物质的燃烧特性出发，才能保证生物质燃烧设备运行的经济性和可靠性，提高生物质开发利用的效率。

第二节　生物质直接燃烧发电生产工艺流程与燃烧设备

一、生产工艺流程

生物质直接燃烧发电的原理是生物质锅炉设备利用生物质直接燃烧后的热能产生蒸

汽，再利用蒸汽推动汽轮发电系统进行发电，在原理上与燃煤锅炉火力发电相似，其蒸汽发电部分与常规的燃煤电厂的蒸汽发电部分基本相同，工艺流程如图2-2-1所示。

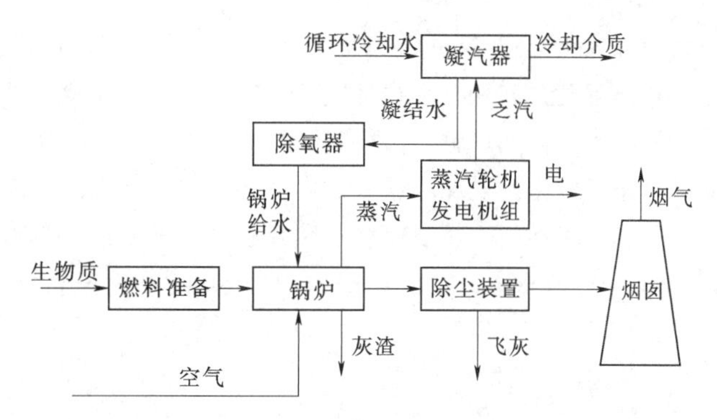

图2-2-1 生物质直接燃烧发电生产工艺流程

将生物质原料从附近各个收集点运送至电站，经预处理（破碎、分选）后存放到原料存储仓库（仓库容积要保证可以存放5天的发电原料量），然后由原料输送车将预处理后的生物质送入锅炉燃烧，通过锅炉换热，利用生物质燃烧后的热能将锅炉给水加热成为具有一定压力、温度的合格的过热蒸汽，为汽轮发电机组提供汽源、进行发电。生物质燃烧后的灰渣落入出灰装置，由输灰机送到灰坑，进行灰渣处置。而燃烧产生的烟气则经过烟气处理系统后由烟囱排放到大气中。

二、生物质燃烧设备

1. 生物质燃烧设备的作用

生物质燃烧设备的作用是供应燃料和燃烧空气，实现燃料与空气的分布和充分混合，利于燃料点燃并维持稳定连续的燃烧，实现燃料燃尽并释放出热量，并将热量传递给需要的工质，同时实现低的污染物排放，适宜的设备设计取决于燃料的类型、燃料特性以及所期望的能量形式（热、蒸汽、电力）。

2. 层燃炉

层燃方式是生物质直接燃烧中最为常用的方式。其特点是，空气从炉排下部送入，流经一定厚度的燃料层并与之反应，层燃炉燃料层的移动与气流基本上无关。燃料的一部分（主要是挥发分释放之后的焦炭）在炉排上发生燃烧，而燃料大部分（主要是可燃气体和燃料碎屑）在炉膛内悬浮燃烧。在层燃方式下，燃料不需要特别的破碎加工，有较好的着火条件，锅炉房布置简单，运行耗电少，同时炉膛内储存大量的燃料，有充分的蓄热条件保证了层燃炉所特有的燃烧稳定性。但是层燃方式下燃料与空气的混合较差，燃烧速度相对较慢，可能影响锅炉出力和效率。炉排锅炉可用于高含水率、颗粒尺寸变化、高灰分含量的生物质燃料。

层燃炉中炉排的主要作用有两点：一是燃料长度方向上的输送；二是炉排下进入的一次风的分配。层燃炉按照炉排形式和操作方式的不同，又分为固定倾斜炉排炉、往复炉排炉、旋转炉排炉、链条炉排炉和振动炉排炉等。炉排系统可以采用风冷或者水冷的冷却方式，对于农作物秸秆等灰熔点较低的生物质燃料可以避免结渣和延长炉排材料的寿命。

3. 循环流化床锅炉

当流体（液体、气体）向上流过固体颗粒床层时，其速度增大到一定值后，颗粒被流体的摩擦力所承托，呈现飘浮状态，颗粒可以在床层中自由运动，固体颗粒层呈现出类似流体状态的现象，这种状态称为固体“流态化”，这样的床层称为流化床。

循环流化床是由一个循环闭路和一个床组合构成。其中循环指的是飞出炉膛的物料被气固分离器收集，返回炉膛，循环燃烧和利用，以提高燃烧效率；流化指的是物料颗粒处于类似流体的状态；床指的是反应场所，用于支承物料。流化床指炉内燃料处于流化状态下燃烧。

固体物料随着气流速度的不同分为5种不同的流化状态，如图2-2-2所示。

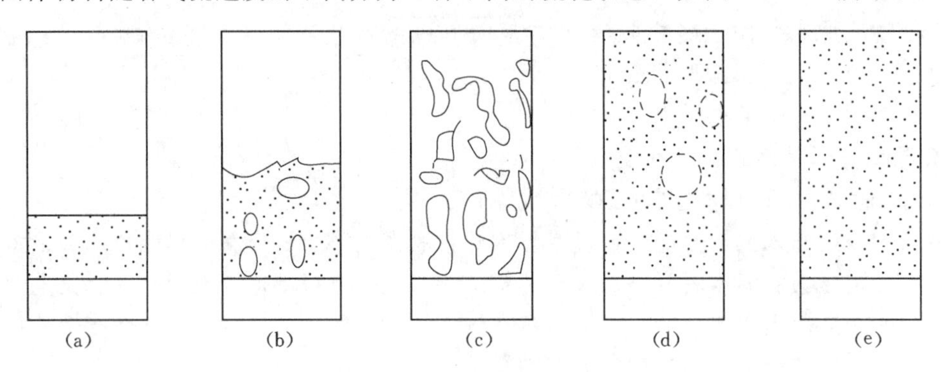

图2-2-2　固体物粒的各种流化状态

(a) 固定床；(b) 鼓泡流化床；(c) 紊流流化床；(d) 快速流化床；(e) 气力输送

第三节　生物质锅炉用水冷式振动炉排

一、水冷式振动炉排工艺流程

水冷式振动炉床燃烧技术是丹麦BWE公司开发的，主要用于燃烧麦秆类生物质的燃烧技术。图2-3-1所示为水冷振动炉排锅炉结构总图，秸秆通过螺旋给料机输送到振动炉排上，秸秆中挥发分首先析出，由炉排上方的热空气点燃。秸秆焦炭由于炉排振动和秸秆连续给料产生的压力不断移动并且进行燃烧。炉排的振动间隔时间可以根据蒸汽的压力、温度等进行调节。灰斗位于振动炉排的末端，秸秆燃尽的灰到达水冷室后排出。燃烧产生的高温烟气依次经过位于炉膛上方、烟道中的过热器，再经过尾部烟道的省煤器和空气预热器后，经除尘排入大气。

二、水冷式振动炉排锅炉技术特点

(1) 水冷式振动炉排锅炉具有燃料适应性范围广、负荷调节能力大、可操作性好和自动化程度高等特点，可广泛用于生物质燃料。在炉排设计中，燃料通过炉排的振动实现向尾部运动，在炉排的尾部设有一个挡块，可以保证物料在床面上有一定的厚度，从风室来的高压一次风通过布置在床面上的小孔保证物料处于鼓泡运动状态，使物料处于层燃和悬浮燃烧两种状态，提高燃烧效率。水冷振动炉排因表面有水管冷却，炉排表面温度低，灰渣在炉排表面不易熔化，炉排也不易烧坏。振动床的间歇振动可以根据运行的需要把燃烧完的灰输送到出渣通道，灰渣经出渣机排出炉外。符合生物质燃烧的性质，通过合理的燃料给入口设计，入口区燃烧空气和二次风的合理供应以及炉排移动，供风的良好配合，可

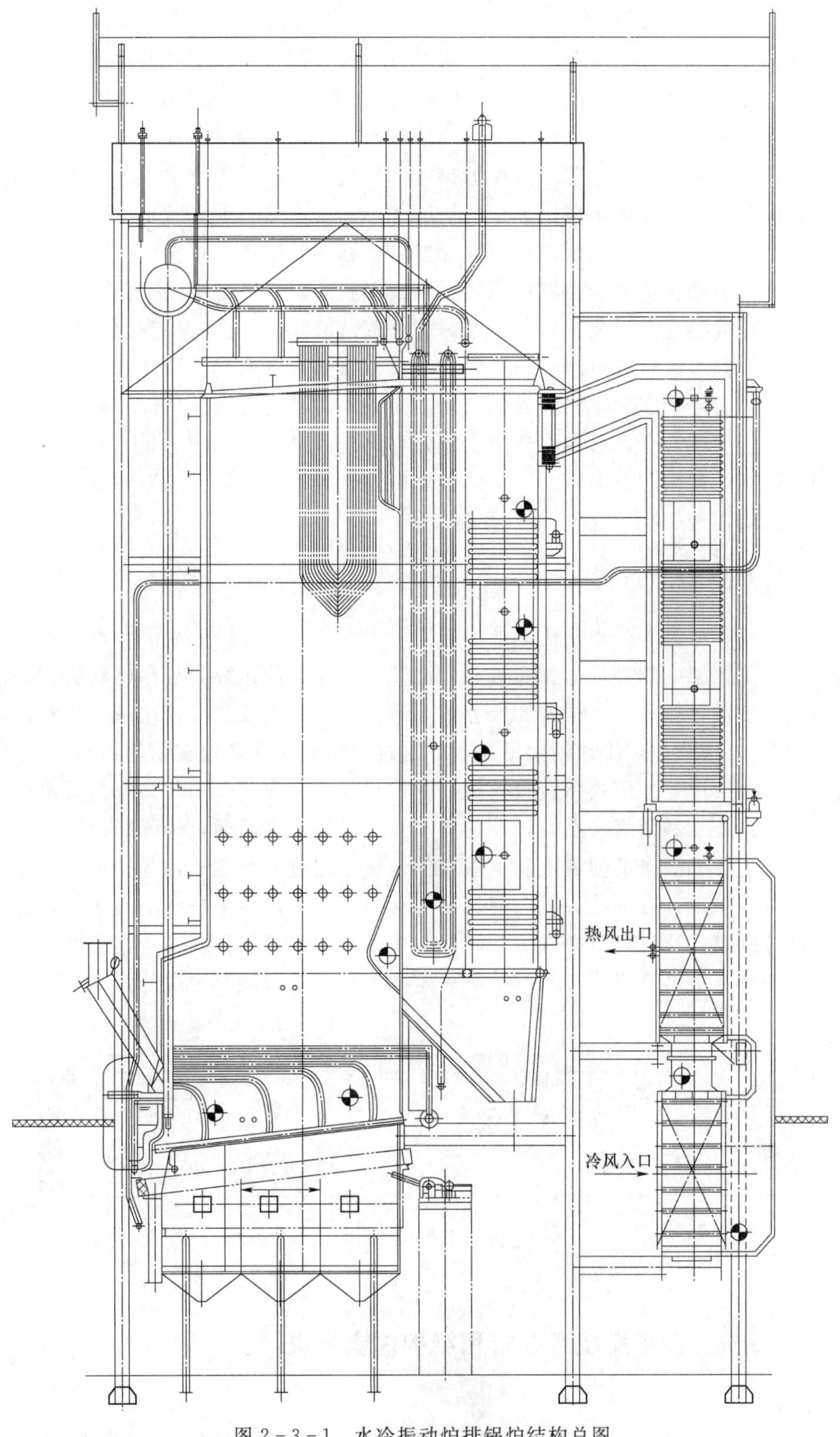

图 2-3-1　水冷振动炉排锅炉结构总图

以实现对生物质的高效燃烧。

（2）针对生物质燃料的碱金属问题，通过在炉膛上部、后部增加低温的蒸发受热面使进入第一级对流受热面的烟气温度降低到相对安全的程度，缓解了尾部受热面碱金属问题。其他的辅助措施包括降低高温烟气换热区域内管内工质的温度水平、采用耐腐蚀管材以及强化吹灰和检修制度等。对于落在炉排上的残余燃料和半焦，由于上部辐射加热和自身的燃烧放热，即使是在炉排采用水冷的情况下，灰烬依然会因含碱金属而出现软化、粘连的现象，该问题的解决主要依赖精心设计的炉排移动和振动方式。

（3）水冷式振动炉排锅炉在燃烧方式上没有摆脱类似悬浮燃烧的高温火焰区，因而对流受热面沉积、高温受热面金属腐蚀以及炉膛去的熔渣问题并没有得到根本的解决。

（4）炉膛内高温区域的控制、炉排的移动和正常排灰等方面的设计和组织需要细致考察燃料的特性，符合设定的燃料条件。由于炉排炉对燃料变动的适应性较差，一旦燃料的物理、化学特性发生改变，很容易造成燃烧效率降低和碱金属问题恶化。由于秸秆易受气候、地域、采集、运输和人为因素影响，很难确保燃料供应品种和品质的稳定，因此燃料的适应性问题仍需进一步研究。

三、水冷式振动炉排炉结构

图2-3-2所示为水冷式振动炉排炉结构示意图。振动炉排呈水平布置，主要构件有激振器，上、下框架，炉排片及弹簧板等。激振器是炉排的振源，利用电动机带动偏心块旋转，从而驱使炉排振动。上框架为长方形，其横向焊有安装激振器用的大梁和一组平行布置的反“7”字横梁。炉排片用铸铁制成，通过弹簧和拉杆紧锁在相邻的两个反“7”字横梁上。上下框架由左右两列弹簧板连接，弹簧板与水平成60°～70°夹角。弹簧板与下框架的联结有固定支点和活络支点两种。固定支点炉排的下框架通过地脚螺栓紧固在炉排基础上。活络支点振动炉排的弹簧板和下框架的连接是通过一个摆轴，弹簧板能沿着炉排纵向摆动。在弹簧板上开有圆孔，减振弹簧螺杆穿过圆孔固定在下框架的支座上，螺杆上套有上、下两个弹簧，通过调节螺杆上的螺母，来改变弹簧对弹簧板的压紧程度，从而改变炉排的固有频率。活络支点连接对减振有一定的作用，并可调节炉排的振动幅度。

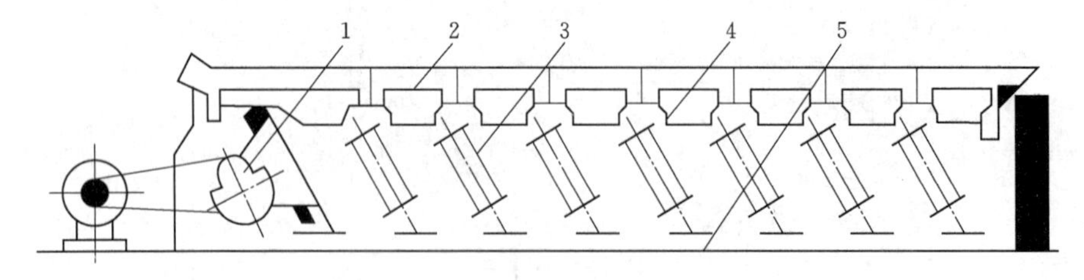

图2-3-2　水冷式振动炉排炉结构示意图

1—激振器；2—炉排片；3—弹簧板；4—上框架；5—下框架

四、水冷式振动炉排技术要求和结构性能要求

1. 技术要求

（1）水冷振动炉排设备应满足生物质锅炉设计对各项性能参数的规定。

(2) 水冷振动炉排用于自然循环锅炉上作燃烧设备，水冷管屏确保锅炉水循环的安全，炉排面与水平面应有一定的倾斜角。

(3) 水冷振动炉排的管子、扁钢用材料应符合锅炉用材的要求，其使用壁温应低于该材料的最高允许使用温度。

(4) 水冷振动炉排的膜式壁节距应确保扁钢的安全使用温度。

(5) 水冷振动炉排面上的通风面积应符合设计要求，通风孔直径不宜过大，防止漏灰渣、漏秸秆等。

(6) 水冷振动炉排下部应设有摆动或弹性支承座来承载炉排。

(7) 水冷振动炉排的振幅宜为1～4mm。

(8) 水冷振动炉排的振动频率不大于12次/s。

(9) 水冷振动炉排的振动周期可根据炉排上的燃烧工况进行调节，以确保燃料燃尽。

(10) 水冷振动炉排的风室(仓)风量应能根据燃烧工况需要进行调节。

(11) 水冷振动炉排的振动连续时间宜在5～15s内调节。

(12) 水冷振动炉排的年可用率不少于85%。

2. 膜式管屏要求

(1) 膜式管屏受压元件强度计算应符合《水管锅炉受压元件强度计算》(GB/T 9222)的要求，其计算壁温宜按 $t_{bi}=t_J+110℃$ (t_{bi} 为计算壁温；t_J 为介质额定平均温度)选取。

(2) 膜式管屏的设计、制造应符合JB/T 5255的要求。

(3) 膜式管屏的管子不宜采用拼接方式连接。

(4) 炉排宽度方向，可分2～3片管屏出厂，但应在鳍片上进行工地拼接，拼接焊缝应采用双面焊。

(5) 膜式管屏与集箱连接管的设计应有足够的膨胀补偿和振动补偿能力。同时应对对接焊缝进行100%射线检测且检验合格。

3. 支撑要求

(1) 炉排的支撑梁和振动梁应有足够的刚度，不允许在承载时有变形和颤动现象发生。

(2) 炉排的振动梁和振动板(振动连杆)的连接要牢固，应防止松动和脱落。

4. 激振器(传动装置)要求

(1) 激振器传动机构的机座与基础的连接应稳固，不应有振动和相对位移的发生。

(2) 传动轴、推杆和振动梁的动作应灵活、可靠。

(3) 轴承座、推杆等部位的轴承温升应不超过50℃。

(4) 炉排振动的连续时间和间隔时间可在一定范围内调节。

(5) 激振器、推杆、振动梁、振动板在振动时，不应产生摇动和左右摆动。

(6) 水冷振动炉排应在水平及垂直方向上设有调节装置，以弥补炉排基础与锅炉基础间的偏差。

5. 密封、供风、调风系统要求

(1) 水冷振动炉排的燃烧面积，应满足锅炉各额定参数的要求。推荐炉排的燃烧面积

热负荷为 1100～1800kW/m²。

(2) 水冷振动炉排的供风系统应有良好的密封、配风和调节性能。

6. 对固体生物质燃料的要求

(1) 固体生物质燃料的水分含量宜不大于 25%。

(2) 固体生物质燃料的灰分及渣土含量宜不大于 20%。

(3) 生物质燃料的尺寸要求：

1) 对于硬质生物质燃料，长度不大于 50mm 的所占比例宜大于 80%，且燃料最大长度宜不大于 100mm。

2) 对于软质生物质燃料，破碎后的长度不大于 100mm 的所占比例宜大于 80%，且燃料最大长度宜不大于 200mm。

第四节　生物质循环流化床锅炉

一、直燃式生物质循环流化床锅炉技术要求

1. 基本要求

(1) 直燃式生物质循环流化床锅炉（以下简称“锅炉”）的设计应严格贯彻国家有关“节能减排”的方针政策，在满足安全、可靠、高效、经济的条件下，锅炉的热效率和污染物的排放值应符合国家行业有关法规、标准的规定。锅炉的设计、制造、检验与验收除应符合本标准及订货合同规定外，还应符合《锅炉安全技术监察规程》（TSG G0001）、《电站锅炉技术条件》（JB/T 6696）和《工业锅炉技术条件》（NB/T 47034）的规定。

(2) 锅炉的安装、调试、启动、运行等应符合国家或行业有关法规和标准的规定。

2. 额定工况下的性能

(1) 制造厂应保证锅炉在额定参数下的额定蒸发量或额定热功率。

(2) 锅炉在额定工况下运行，且使用燃料满足设计或订货合同要求的情况下，锅炉热效率指标应符合表 2-4-1 的规定。

表 2-4-1　直燃式生物质循环流化床锅炉热效率限定值

燃料收到基低位发热量 $Q_{net,v,ar}$/(kJ/kg)	锅炉热效率限定值/%
$Q_{net,v,ar}\geqslant 12560$	88
$10450\leqslant Q_{net,v,ar}<12560$	86
$8400\leqslant Q_{net,v,ar}<10450$	84

注　表中未列燃料或一些特定燃料，其热效率指标由供需双方商定。

(3) 锅炉过热蒸汽温度偏差应符合《电站锅炉　蒸汽参数系列》（GB/T 753）的规定。

(4) 锅炉出口处过量空气系数应不大于 1.4，排烟温度应不高于 160℃。

(5) 锅炉炉渣含碳量应不大于 2%，飞灰含碳量应不大于 5%。

(6) 锅炉大气污染物的排放应符合《锅炉大气污染物排放标准》(GB 13271)或《火电厂大气污染物排放标准》(GB 13223)的规定。

(7) 锅炉在正常运行条件下，年可用率应不小于 82%；大修间隔应能达到 3 年，小

修间隔应能达到1年。

二、直燃式生物质循环流化床锅炉设计制造基本要求

1. 设计基本要求

(1) 锅炉设计时应综合考虑锅炉的制造成本、锅炉房的建造及锅炉的运行维护费用等因素。

(2) 锅炉应采用分级配风，并具有良好的燃烧调节性能。

(3) 流化床截面流速设计值（热态）宜低于5m/s。

(4) 对于灰熔点小于900℃的燃料，流化床燃烧温度应比燃料灰熔融性变形温度低30～50℃，分离器及回料阀内烟气温度应比灰熔融性变形温度低80～100℃。

(5) 碱金属含量高的稻秆、麦秆等秸秆类生物质燃料的燃烧温度宜控制在700～800℃。

(6) 循环倍率设计值的选取，应考虑生物质燃料的种类、热值和灰分。

(7) 回料阀宜采用非机械阀，返料风（包括松动风和输送风）应由高压风机提供。

(8) 分离器进口水平烟道不宜过长，同时宜在水平烟道底部设置松动风装置或其他防止灰堆积的措施。

(9) 二次风管、给料装置、回料装置、分离器等与炉体连接的接口应考虑热膨胀补偿，并保证良好的密封。

(10) 锅炉受热面设计应采取可靠、有效地防止高、低温腐蚀和积灰的措施。

(11) 风帽、旋风分离器中心筒等易磨损零部件宜采用耐热和耐磨损材料制成。

(12) 旋风分离器中心筒支吊件的选材及结构设计，应充分考虑高温氧化及中心筒变形、膨胀等因素的影响。

(13) 锅炉尾部受热面应设置清灰装置。

(14) 炉前给料管的设计应保证给料的顺畅，炉前给料装置应具有阻火功能。

(15) 锅炉宜设置床料补充系统。

(16) 生物质燃料应符合下列要求：

1) 生物质燃料中的水分不宜大于30%。

2) 生物质燃料的外带杂质灰土质量不宜大于燃料质量的20%。

3) 入炉硬质生物质燃料的长度不宜大于60mm，其中长度小于或等于30mm的比例宜大于80%；入炉软质生物质燃料的长度不宜大于100mm，其中长度小于或等于50mm的比例宜大于80%。

4) 锅炉宜控制入炉燃料中粉末状燃料的比例。

(17) 锅炉启动用床料宜采用经筛分后的河砂（粒径不大于2mm）、炉渣（粒径不大于5mm）等惰性床料；燃用碱金属含量高的生物质燃料时宜采用低硅床料。

2. 制造要求

(1) 锅炉受压元件和非受压元件使用的材料及其焊接材料应当符合相应国家标准和行业标准的要求，受压元件及焊接材料在使用条件下应当具有足够的强度、塑性、韧性，以及良好的抗疲劳性能和抗腐蚀性能。

（2）锅炉制造单位应当按照 TSG G0001 有关规定和订货合同的要求对入厂材料进行复验，合格后才能投入使用。

（3）锅炉主要零部件的制造应符合有关标准的规定，当有特殊要求时，锅炉制造厂应制订相应的工艺规程和（或）产品制造技术条件。

（4）锅炉受压零部件的冷热成形、焊接、热处理工艺应符合《水管锅炉　第 5 部分：制造》（GB/T 16507.5）的规定。

（5）风帽小孔直径制造偏差应符合设计图样和相关标准的要求。

（6）搪瓷管空气预热器的管子与管板间采用非焊接形式连接时，端部密封圈的装配应保证密封。

3. 辅机及附件要求

（1）锅炉配用辅机及附件的供应范围应符合订货合同的规定。

（2）锅炉配用辅机及附件应满足锅炉主机的性能要求，并符合对应的产品标准。

（3）引风机、除尘设备等辅机选型应充分考虑生物质燃料水分、灰分的多变性。

（4）炉前给料系统应充分考虑生物质燃料特性，保证燃料输送顺畅。

第三章 混合燃烧发电

第一节 混合燃烧发电的形式

一、生物质与煤混合燃烧发电简介

生物质与煤混合燃烧发电在欧洲和北美地区应用相当普遍。国际能源署生物能任务32（IEA Bioenergy Task 32）认为混燃是可再生电力生产中最低风险、最廉价、最高效和最短期的选择。我国也开展了相关的研究和项目示范，如华电国际十里泉发电厂#5机组秸秆发电工程项目就是对原有燃烧机组上增加秸秆粉碎及输送和燃烧器，实现了秸秆和煤粉混合燃烧。燃煤能够削弱因生物质原料质量差异所造成的影响，并在没有足够的原料供应时对系统形成缓冲。同时，混燃在大型单元中可产生较高的热效率，相比于小规模系统，单位运行成本可能更低且对现有燃煤电站的改装费用应比建设一个新的专门系统的费用更低。

混合燃烧发电也存在着一些制约因素。混燃电站周边要求有充足的生物质资源供应，而这并不是所有的燃煤电站都能具备的。目前大多数燃煤电厂主要针对粉煤设计，生物质必须经过预处理才能应用。生物质含水量一般较高，产生烟气体积较大，这会影响现有锅炉尾部热交换设备的性能；生物质燃料的不稳定性也将使锅炉稳定燃烧复杂化。由于生物质燃烧特性的影响，混燃可能增加锅炉的沉积形成和结渣倾向，同时混燃灰分的利用也受到限制。这些都将会限制混燃生物质的比例，否则就需要对锅炉进行改造，目前大部分混燃项目中生物质比例一般低于10%，否则就需要对锅炉进行改造。对于粉煤燃烧单元，生物质可能需要磨碎，然后与燃煤预混后气动给料。对于流化床燃烧系统，可能需要进行的改造包括：选择布风板以实现更好的固体混合、床层内和自由空间中燃烧空气的分级送入布置、各级送风比例调整以适应生物质的高挥发分燃烧等。

二、混合燃烧的主要形式

1. 直接混燃

直接混燃为目前最为常见的混燃应用，即生物质和燃煤在同一个锅炉中一起燃烧。直接混燃包括以下方式。

（1）生物质与燃煤混合后同时进入锅炉。将生物质与燃煤在燃料场进行混合并将这种混合物通过燃煤的处理和燃烧装备进行利用。这是最便宜也是最为直接的方式，但可能会因两种燃料性质的差异而引发一些问题。可用的生物质包括橄榄/棕榈壳、可可壳以及锯

末等，而草本类生物质在给料和切碎处理时会出现一些问题。

（2）设置独立的生物质处理和给料生产线，经过机械或者气动形式给料，然后在现有的燃煤喷入系统和燃烧器中燃烧。这种情况下燃料的混合发生于燃烧室，不会影响化石燃料的输送系统，但投资会相对较高。

（3）设置独立的生物质处理和给料生产线，并将燃料送入锅炉上设置的专门的生物质燃烧装置。这种方式提高了可以给入锅炉的生物质的数量，但其安装相对较为复杂且昂贵。

直接混燃对于现有燃煤发电系统的改动较小，投资相对较少，但可能面临因混合原料的特性差异所引发的问题，而且混合灰的回收利用也受到严重限制。

2. 间接混燃

生物质独立进行气化或者燃烧，所产生的燃气喷入燃煤锅炉燃烧。间接混燃一种方式是生物质在气化器中进行气化，得到的燃气送入燃烧室，在燃气燃烧器中燃烧；另一种方式是生物质在前置炉中燃烧，所产生的烟气送入燃煤锅炉以利用其热焓，这种方式较少利用。生物质气化技术相对比较成熟，气化过程相对温和的反应条件将降低生物质中部分有害成分（碱金属、氯、低熔点灰分等）对于转化过程和设备的影响，可降低燃烧中对于燃料质量的要求，扩大混燃过程的生物质原料范围。而且，间接混燃将生物质灰分同燃煤灰分分离开来，并允许实现非常高的混燃比。间接混燃需要安装额外的生物质气化器和生物质处理单元，投资成本相对较高。间接混燃目前在奥地利 Zeltweg、芬兰 Lahti 和荷兰 Geertruidenberg 等几个示范电厂中得到应用。

3. 并行混燃

并行混燃系统中，生物质与燃煤的燃料准备和给料以及燃烧都是独立的。生物质和燃煤分别在独立的锅炉中燃烧，并向一个共同的终端供应蒸汽。在并行混燃中，由于生物质与燃煤是在独立的系统中转化的，因此可以对两种燃料分别采用优化的系统，比如生物质采用流化床燃烧而燃煤采用煤粉炉加压燃烧。并且，生物质和燃煤的灰是分离的，生物质灰的质量不会对燃煤灰的传统利用方式产生影响。但是，在这种方式下，对现有燃煤电站进行改造需要考虑汽轮机等现有下游设施的容量，需事先确认汽轮机有足够的过负载能力以适应生物质燃烧所产生的额外电力。

第二节　生物质混燃发电技术

一、直接混燃发电技术

与燃煤的直接混燃典型规模为 50～700MW，也有部分项目处于 5～50MW。大部分电厂采用煤粉锅炉，其中混燃可以不同的方式进行。生物质可以在锅炉中独立的木材燃烧器中燃烧，可以在煤粉锅炉底部的独立炉排上燃烧，也可以采用鼓泡流化床、循环流化床、旋风炉、抛煤机炉等进行混燃。

华电国际十里泉发电厂＃5 机组秸秆发电工程项目，采用了秸秆混燃的概念。在＃5 机组（锅炉为煤粉炉，四角切圆燃烧方式，容量 400t/h，配套机组容量 140MW）上增加

了一套秸秆粉碎及输送设备、两台额定输入30MW的秸秆燃烧器，对供风系统、供变电系统及相关控制系统也进行了调整改造。锅炉原有系统和参数基本不变，改造后两台新增燃烧器热负荷能达到锅炉额定负荷的20%，既可单独烧煤，也可混烧秸秆与煤。主要生物质原料是麦秆和玉米秆，秸秆的额定掺烧比例按热值计为单位输入热量的20%，质量比约为30%，每年可燃用秸秆10万t左右。2005年年底项目总体调试投入运行，锅炉燃烧稳定。该秸秆发电项目是国内在秸秆与煤粉混燃发电方面最早的示范和尝试，为该领域技术装备的开发和产业发展提供了宝贵的经验。

二、间接混燃发电技术

间接混燃中的生物质气化可以看作是一种原料的预处理。间接混燃发电在欧洲也建立了一些示范项目，多数采用木质燃料进行气化，气化燃气在燃煤锅炉中燃烧。

荷兰Amer电站在其#9机组上进行了间接混燃的改造项目。#9机组为煤粉炉系统，机组净生产能力为600MW和350MW。1998—2000年间，安装了一台83MW低压鲁奇循环流化床生物质气化器，运行温度850～950℃，将废木材（约15万t/a）进行气化。电站最初的设计是，在蒸汽发生锅炉中将气化燃气冷却到220～240℃同时进行蒸汽回收，然后经袋式过滤器将颗粒物脱除，经湿式清洗单元将氨和可凝焦油等脱除，经过净化的燃气被再次加热到100℃后送入燃煤锅炉燃烧器中燃烧。从袋式过滤器中收集的飞灰将部分循环到气化器中，作为床料的一部分，湿式清洗单元的清洗水经脱氨之后将喷入锅炉炉膛。

经初期运行，出现了非常迅速和严重的燃气冷却单元水管的沾污现象，其主要与焦油和炭粒等的沉积有关。为了解决这个问题，对于燃气冷却和净化系统进行了较大的改造，采用燃气粗净化后直接送入锅炉的方式。改造后的系统中，燃气被冷却到约500℃，处于焦油的露点以上，然后利用旋风除尘器进行热态的燃气颗粒物收集。改造后系统运行良好，在该项目中，输入锅炉的气化燃气和燃气冷却器所产蒸汽的总能量相当于锅炉总体能量输入的5%，气化燃气对于燃煤锅炉系统的运行和排放性能没有表现出明显的负面影响。

三、并联混燃发电技术

丹麦某电站生物质与化石燃料并行混燃项目，2001年进入商业运行。该电站采用了多燃料的概念，如图3-2-1所示。以天然气、燃煤、燃油等化石燃料和秸秆、木颗粒等作为主要燃料，每种燃料在锅炉内都是独立地燃烧，并对每种燃料都采用了优化的燃烧条件以达到最高效率。化石燃料采用大型超临界煤粉锅炉，额定功率430MW，发电效率可达48%以上。配套烟气净化、蒸汽轮机和发电机，以及两台51MW轻型燃气轮机用于调峰发电并通过余热回收实现预热锅炉给水。

生物质锅炉单元由秸秆储存设施、锅炉、灰分分离器和灰渣处理设备等构成。设立独立的生物质燃烧锅炉，形式为Benson型振动炉排燃烧秸秆锅炉，负荷105MW，蒸汽参数设计为583℃/310bar（$1bar=10^5Pa$），后来由于过热器2的高腐蚀速率而将蒸汽温度减小到540℃。生物质锅炉主要采用秸秆为燃料，最大负荷时锅炉每小时需消耗Hesston秸

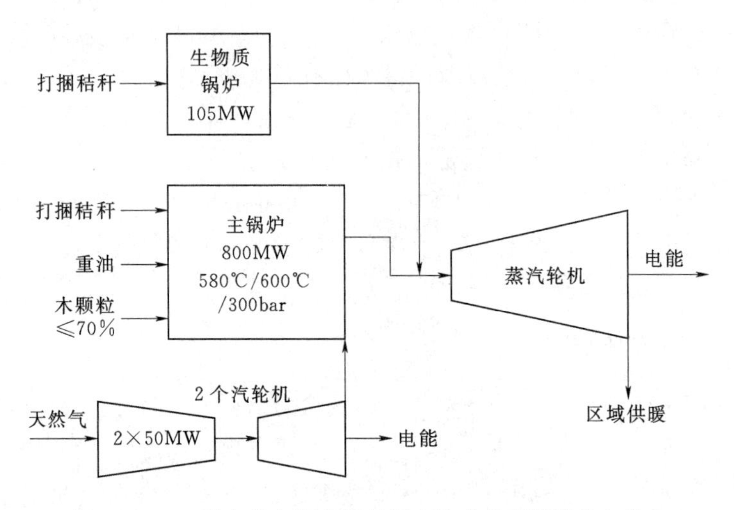

图 3-2-1 丹麦某电站多燃料概念构成并联混燃发电技术

秆捆 50 个，年消耗秸秆量 15 万 t。

生物质锅炉的水/蒸汽循环与主锅炉集成，两台锅炉产生的蒸汽送入同一个蒸汽轮机发电机组。蒸汽轮机运行温度可达 600℃，当时曾是世界上最为先进高效的超临界机组。蒸汽系统运行于 580℃/300bar 条件下，再热温度 600℃，冷凝压力 0.22bar。该电站采用了热电联产模式，可以纯凝模式、纯背压模式或者两者结合的模式运行。当以纯背压模式运行时，冷凝蒸汽的热能全部用于区域供热，总体能量效率可达 94%。

第四章　垃圾焚烧发电

第一节　生活垃圾的特性及处理方式

一、生活垃圾的特性

1. 生活垃圾的定义和主要成分

生活垃圾主要指城市生活垃圾，在城市居民日常生活中或者为城市日常生活提供服务的活动中都会产生固体废物以及法律、行政法规所规定的视为城市生活垃圾的固体废物。

培影响垃圾产量及构成的因素主要有居民生活习惯、生活水平和民用燃料结构等。目前，我国城市生活垃圾中有机物占总量的60%，无机物约占40%，废纸、塑料、玻璃、金属、织物等可回收物约占总量的20%。

居民生活水平和消费结构的改变不仅影响城市垃圾的产量，也影响着城市垃圾的成分。尤其是近十年来，随着居民收入的不断增加，人民的生活水平不断提高，包装产品的废纸、塑料、玻璃、金属、织物等可回收物的消费不断增加。

包装废物的快速增长，是城市生活垃圾增长的重要原因之一。实际上垃圾中的废纸、金属、玻璃、塑料等绝大部分是使用后废弃的包装物。随着包装业的快速发展，商品包装形式越来越繁多，包装物的种类和数量增加很快，这在大城市尤为突出。一次性的商品被广泛用于宾馆和餐饮业，一次性商品完成消费后就作为废弃物成为垃圾，大大增加了垃圾的产量。

2. 生活垃圾作为燃料的特点

根据目前我国城市生活垃圾的状况，垃圾在焚烧时作为燃料的特点是：多成分和多形态、高水分、高挥发分、低发热量、低固定碳。

（1）多成分和多形态。由于我国城市生活垃圾没有进行分类收集，进入垃圾处理场的除厨余垃圾，灰、渣土、砂石、塑料、橡胶、纸张、金属等，部分城市生活垃圾还混有工业垃圾（包括电子垃圾）和建筑垃圾。同时垃圾物理形态也较为复杂，有块状、粉末、条状、带状等不同几何形状，还有干与湿、硬与软等不同物理状态。

（2）高水分和高挥发分。受生活水平和生活习惯的影响，我国城市生活垃圾的水分含量较高，平均达到50%左右。另外，垃圾挥发分较高，达17%～30%。垃圾的发热量主要来自挥发分，这是垃圾在焚烧时与固体化石燃料显著不同的重要原因。

（3）低发热量和低固定碳。我国城市生活垃圾的发热量较低，据统计，2013年，我国生活垃圾的平均发热量为4160kJ/kg。垃圾中固定碳含量较低，平均为3.32%。

二、生活垃圾的处理方式

生活垃圾对环境的影响不同于建筑垃圾、燃煤锅炉灰渣等污染性较小的固体废弃物，又不同于医疗垃圾等危害性很强的固体废弃物，它的危害性介乎其间。在处理生活垃圾时，无害化是首要而基本的，在无害化前提下尽可能对垃圾进行减容减量，并在一定条件下利用垃圾中的可利用资源。目前，从世界范围看，比较成熟的城市生活垃圾处理方法主要有卫生填埋、堆肥和焚烧。

1. 卫生填埋处理方式

卫生填埋是从传统的垃圾堆填发展起来的，但它对垃圾渗滤液和填埋气体能进行有效控制，是应用最早、最为广泛的垃圾处理手段。在建设时，通常首先要进行防渗处理，在填埋场底部采用人工衬层，四周采用防渗幕墙并使之与天然隔水层相连接，使填埋场底下形成一个独立的水系，渗滤液一般通过管道收集后直接处理。垃圾填埋场产生的气体则经过预先埋置好的管道进行收集，收集后的气体可以焚烧或者经过净化处理作为能源回收。垃圾卫生填埋处理流程如图4-1-1所示。

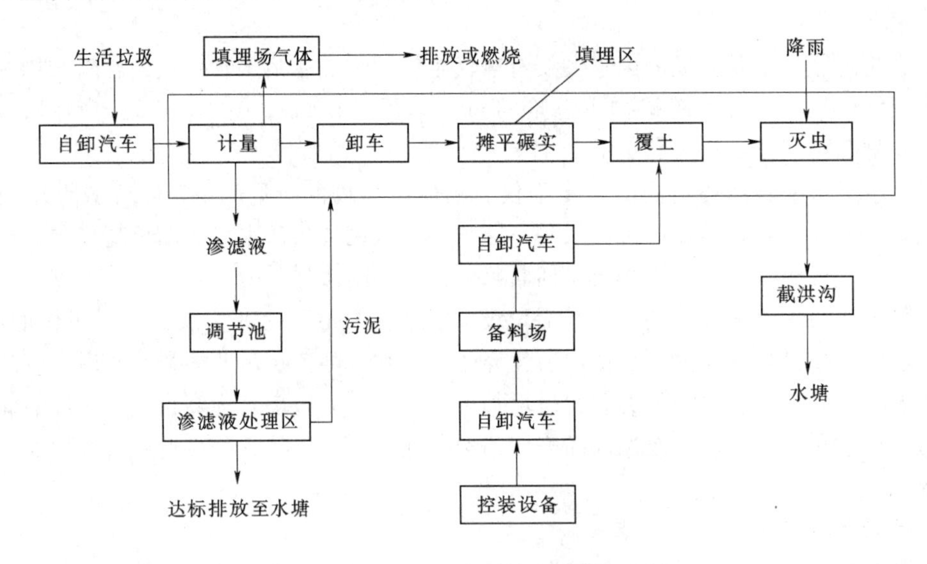

图4-1-1　垃圾卫生填埋处理流程

垃圾填埋处理是垃圾最基本的处理方法，卫生填埋技术成熟，操作管理简单，投资和运行费用相对较低，处理量大，是目前世界上多数国家的主要垃圾处理方法。但这种垃圾处理方式有以下明显缺点：

（1）垃圾减量减容效果差，需占用大量土地资源，填埋物受到地理和水文地质条件限制多，场址选择较困难。

（2）渗滤液成分复杂，处理难度大，处理很难达到标准，同时渗滤液对地下水和土质很容易造成污染。

（3）垃圾填埋场产生沼气的收集、处理难度也较大，存在安全隐患。卫生填埋垃圾资

源化利用程度低。

2. 堆肥处理方式

堆肥处理就是将城市垃圾运到农村作肥田处理。其原理是利用微生物分解作用，将城市生活垃圾中可降解物质转化为稳定的腐殖质的生化过程。按生物发酵方式，堆肥处理可分为厌氧堆肥和好氧堆肥；按垃圾所处状态，可分为静态堆肥和动态堆肥；按发酵设备形式可分为封闭式堆肥和敞开式堆肥。

堆肥处理能利用垃圾中的有机成分，达到资源化利用，同时也能达到减量化的目的，可延长填埋场寿命，降低填埋成本。但不是所用垃圾都可堆肥，堆肥之前需要分拣，同时堆肥过程中极易存在二次污染，减量化和资源化均不彻底，需要配合其他方法共同使用，因此，堆肥处理并不是大规模处理垃圾的理想方法。

3. 垃圾焚烧发电处理方式

城市生活垃圾的焚烧发电是利用焚烧炉对生活垃圾中的可燃物进行焚烧后，再通过蒸汽轮发电机组发电。高温焚烧后的垃圾能较彻底地清除有害物质，达到无害化、减量化的目的，同时利用回收的热能进行供热、供电，达到资源化。

与其他处置方法相比，垃圾焚烧处理具有以下特点。

(1) 能够使垃圾的无害化处理更为彻底。经过700～900℃的高温焚烧处理，垃圾中除重金属以外的有害成分充分分解，细菌、病毒能被彻底消灭，各种恶臭气体得到高温分解，尤其是对于可燃性致癌物、病毒性污染物、剧毒有机物几乎是唯一有效的处理方法。

(2) 垃圾减量化效果明显。城市生活垃圾中含有大量的可燃物质，焚烧处理可以使城市垃圾的体积减小90%左右，重量减少80%～85%。焚烧处理是目前所有垃圾处理方式中减量化最为有效的手段。

(3) 可实现垃圾的资源化利用。垃圾焚烧产生的热量可以回收利用，用于供热或发电，焚烧产生的灰渣可作为生产水泥的原材料或者用于制砖。

(4) 对环境的影响小。现代垃圾焚烧技术进一步强化了对垃圾焚烧产生的有害气体处理工艺，能够减少垃圾焚烧产生的有害气体的排放，垃圾渗滤液可以喷入炉膛内进行高温分解，不会出现污染地下水的情况。

(5) 能够节省大量的土地。焚烧厂占地面积小，建设一座处理1000t/d生活垃圾的焚烧厂，只需占地100亩 (1亩=666.7m^2)，按运行25年计算，共可处理垃圾832万t，而且可以在靠近市区的地方建厂，缩短垃圾的运输距离。

(6) 全国城市每年因垃圾造成的损失近300亿元（运输费、处理费等），而将其综合利用却能创造2500亿元以上的效益。

因此，垃圾焚烧处理及综合利用是实现垃圾处理的无害化、资源化、减量化最为有效的手段。城市垃圾中的二次能源如果能充分资源化并用于发电，可以节省其他能源如煤炭。按我国目前垃圾年产量2.5亿t计，以平均低位发热量3762kJ/kg折算，相当于3214万t标准煤。若35%生活垃圾用作焚烧发电，年发电量可达262亿kW·h，资源潜力巨大，经济效益可观。

垃圾焚烧发电可成为实用性很强的技术，世界各发达国家都将其作为资源综合利用、生态环境保护的一项重要措施大力推广。欧美是垃圾焚烧发电较普及的地区，各国政府给予了许多优惠政策。

第二节 垃圾焚烧发电技术

一、垃圾焚烧发电工艺流程

1. 垃圾焚烧发电厂垃圾处理步骤

垃圾焚烧发电厂处理垃圾的步骤包括：垃圾分拣及存储系统、垃圾焚烧发电及热能综合利用系统、烟气净化系统、灰渣利用、自动化控制和在线监测系统等。工艺通常采用热电联供方式，将供热和发电结合在一起，可提高热能的利用效率。

2. 垃圾焚烧发电厂工艺流程

垃圾焚烧发电厂主要包括垃圾的接收、储存与输送系统，焚烧系统，烟气净化系统，垃圾热能利用系统，残渣处理系统，自动化控制系统，废水处理系统，垃圾焚烧厂生产过程中输入与输出各类物质计量装置，油品供应、压缩空气供应和化验、机修等其他辅助系统。一般而言，垃圾焚烧发电厂工艺流程如图 4-2-1 所示。

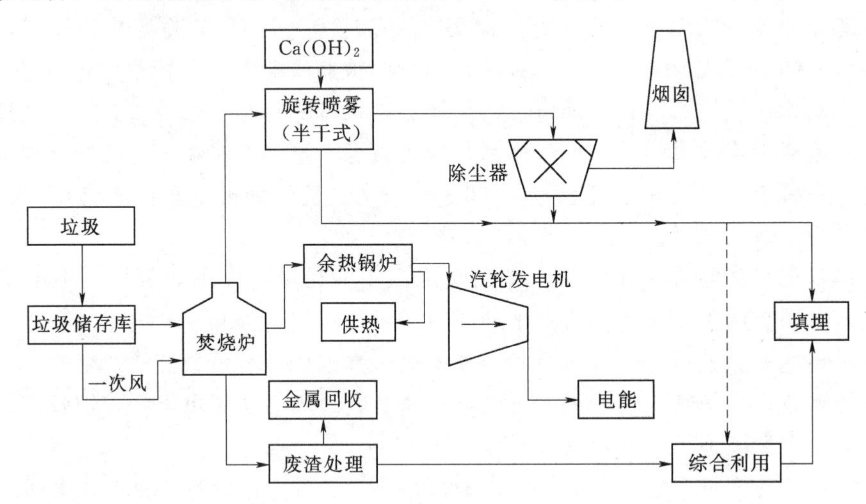

图 4-2-1 垃圾焚烧发电厂工艺流程

垃圾焚烧发电厂整个生产工艺流程与普通燃煤电厂极为相似。垃圾经收集后运送至垃圾焚烧发电厂，存储于垃圾储存库内，并在垃圾储存库中经简单的分选后送入炉膛焚烧，垃圾储存库内的污浊空气可以作为一次风进入焚烧炉参与焚烧过程。进入焚烧炉的垃圾经过干燥、燃烧、燃尽 3 个阶段充分燃烧，炉渣经过废渣处理（如金属回收、废渣综合利用等）后运往厂外填埋。垃圾燃烧后产生的热量进入锅炉换热，锅炉产生的过热蒸汽进入汽轮发电机组发电或供热，焚烧炉排出的烟气经烟气净化处理后进入烟囱并最终排入大气。

二、垃圾焚烧装置分类

垃圾焚烧发电中，焚烧炉是最重要的设备，目前，技术比较成熟的垃圾焚烧装置主要有以下几类。

（1）炉排焚烧炉。使用最为普遍，几乎都为进口设备，深圳、上海和宁波等垃圾焚烧电厂均使用该炉型。

（2）流化床焚烧炉。国内开发研制的设备，要求焚烧前破碎，绍兴、义乌、枣庄等垃圾焚烧电厂使用该炉型。

（3）回转窑式焚烧炉。通常只用来焚烧有毒有害垃圾，焚烧电厂很少使用。

第三节　垃圾焚烧设备

一、机械炉排焚烧炉

1. 机械炉排焚烧炉的特点

机械炉排焚烧炉是目前垃圾焚烧的主导性产品，占全世界垃圾焚烧市场份额的80%以上。这种形式的垃圾焚烧炉使用时间长、品种多、技术成熟，运行可靠性高，而且炉子的结构比较紧凑，热效率较高。目前国内选用炉排炉的垃圾焚烧厂较多。

2. 燃烧的3个阶段

炉排炉的燃烧第一阶段为加热段，垃圾在这里被预热、气化；第二阶段为燃烧段，垃圾在这里进行焚烧：第三阶段为燃尽段，垃圾在这里被燃尽，并排出焚烧渣。通过活动炉排移动，推动垃圾从上层落向下层，对垃圾起到切割、翻转和搅拌的作用，实现完全燃烧。炉排由特殊合金制成，耐磨、耐高温，炉膛侧壁和天井由水冷或耐火砖炉壁构成，保证垃圾在控制温度条件下燃烧、燃尽。

3. 往复炉排焚烧炉的分类

往复炉排焚烧炉是垃圾焚烧炉应用比例最高的炉型，还有许多炉排形式，其共同特点为：通过固定炉排与活动炉排交替安装，往复运动，可使垃圾有效地翻动、搅拌，以破坏层燃方式，使燃烧空气和垃圾充分接触，以实现充分燃烧。炉排往复运动的速度依据垃圾的性质及燃烧状况确定，并可通过液压装置调节。炉排下部有燃烧空气送风系统，具有炉排冷却效果。根据炉排运动方向与炉内垃圾运动方向相同或相反，往复炉排焚烧炉可分为逆向推动（如ALSTOM公司的CITY－2000型焚烧炉）和顺向推动往复炉排焚烧炉（如SEGHERS公司的焚烧炉）两种形式。

二、流化床焚烧炉

1. 流化床焚烧炉工艺特点

流化床焚烧炉没有运动的炉体和炉排，炉体通常为竖向布置，炉底设置了多孔分布板，并在炉内投入了大量石英砂作为热载体。焚烧炉在开车前先将炉内石英砂通过喷油预热，加热至适当温度，并由炉底鼓入热空气（200℃以上），使砂沸腾，再投入垃圾。垃圾进炉接触到高温的砂石被加热，同砂石一同沸腾，垃圾很快被干燥、着火、燃烧。未燃尽的垃圾比重较轻，继续沸腾燃烧，燃尽的垃圾灰渣比重开始增加，逐步下降同一些砂石一同落下。炉渣通过排渣装置排出炉体，进行水淬冷后，用分选设备将粗渣、细渣送到厂外，留下少量的中等颗粒的渣和石英砂，通过提升机送到炉内循环使用。流化床焚烧工艺特点是：焚烧物料与空气接触面积大，反应速度快；一次风从床下进入空气分布板，迫使流化床砂子在砂层内形成内循环，增加垃圾在床层内的燃烧时间；热解气体与细颗粒可燃物被吹出密相区，在床层上部空间与补充的二次风进一步氧化燃烧。

2. 流化床焚烧炉的优势

流化床焚烧炉的优势如下：

（1）流化床焚烧炉适用性广，生活垃圾、污水处理厂污泥、炼油厂的渣油与焦油、低品位煤、林产工业废弃物、农业废弃物等都可用流化床焚烧处理。

（2）燃烧效率高，焚烧渣残炭量低（为0.5%～1.0%）；过量空气系数低，并采用分级送风，减少NO_x的生成量。

（3）可方便地掺烧煤，稳定燃烧，提高经济效益。

目前有部分城市的垃圾焚烧厂采用掺烧煤的流化床垃圾焚烧技术，例如绍兴市垃圾焚烧发电厂，该厂焚烧垃圾量400t/d，混烧煤量100t/d，每小时发电量15MW·h。这种技术在我国刚刚应用，并且煤的掺烧比例和计量也是需要考虑的问题。

3. 流化床焚烧炉的不足

流化床焚烧炉的不足如下：

（1）流化床焚烧炉对进炉垃圾粒度有要求，通常希望进炉垃圾粒度不大于150mm，大块垃圾必须进行破碎后才能入炉焚烧，所以需要配备大功率的破碎装置，否则垃圾在炉内无法保证完全呈沸腾状态，影响完全燃烧。

（2）空气鼓入压力高，焚烧炉本体阻力大，动力消耗比其他焚烧方案高。

（3）运行和操作技术要求高，需要非常灵敏的调节手段和有经验的技术人员操作。

三、回转窑焚烧炉

回转窑焚烧炉是一种成熟的技术，如果待处理的垃圾中含有多种难燃烧的物质，或者垃圾的水分变化范围较大，回转窑是较为理想的选择。回转窑可通过转速改变，影响垃圾在窑中的停留时间，并且对垃圾在高温空气及过量氧气中施加较强的机械碰撞，能得到可燃物质及腐败物含量很低的炉渣。

1. 回转窑焚烧炉的优缺点

这种炉型的主要优点是焚烧能力较强，能量回收率高，设备费用低，操作维修方便，厂用电耗与其他燃烧方式相比也较少。同时，由于冷却水的水冷作用，降低了燃烧温度，抑制氮氧化物的生成，减轻炉体受到的腐蚀作用。但该技术也有一些明显的缺点，如炉体动缓慢，垃圾处理量不大，燃烧不易控制，耐火衬里磨损严重，并且对垃圾的颗粒度也有一定的要求，这使其很难适应发电的需要，在当前的垃圾焚烧发电中应用较少。

2. 回转窑焚烧炉焚烧工艺的配置

回转窑焚烧炉技术的燃烧设备主要是一个缓慢旋转的回转窑，其内壁可采用耐火砖砌筑，也可采用管式水冷壁，用以保护滚筒，其焚烧工艺配置如图4-3-1所示。回转窑直径为4～6m，长度为10～20m，可根据垃圾的燃烧量确定。生活垃圾通常采用抓斗吊车从储坑吊至给料斗，再用推杆器推至回转窑内，废物燃烧所需空气由回转窑燃烧风机输送至回转窑内。回转窑操作温度控制在950～1050℃，正常操作温度为1000℃，当窑内温度不

能达到工艺要求时，可通过自带风机的燃烧器进行喷油燃烧给窑内提供热量。由于垃圾在筒内翻滚，可与空气充分接触，经过着火、燃烧和燃尽进行较完全的燃烧。在回转窑内尚未完全燃烧的垃圾裂解气及回转窑焚烧过程所产生的二噁英等有毒气体进入一个垂直的二次燃烧室，送入二次风，烟气中的可燃成分可在此得到充分燃烧。二次燃烧室温度一般为1000～1200℃。二次燃烧后的烟气送至烟气处理工序进行再处理。回转窑和二次燃烧室焚烧所产生的炉渣，由二次燃烧室底部的出渣机刮出，送至稳定/固化工序进行再处理。

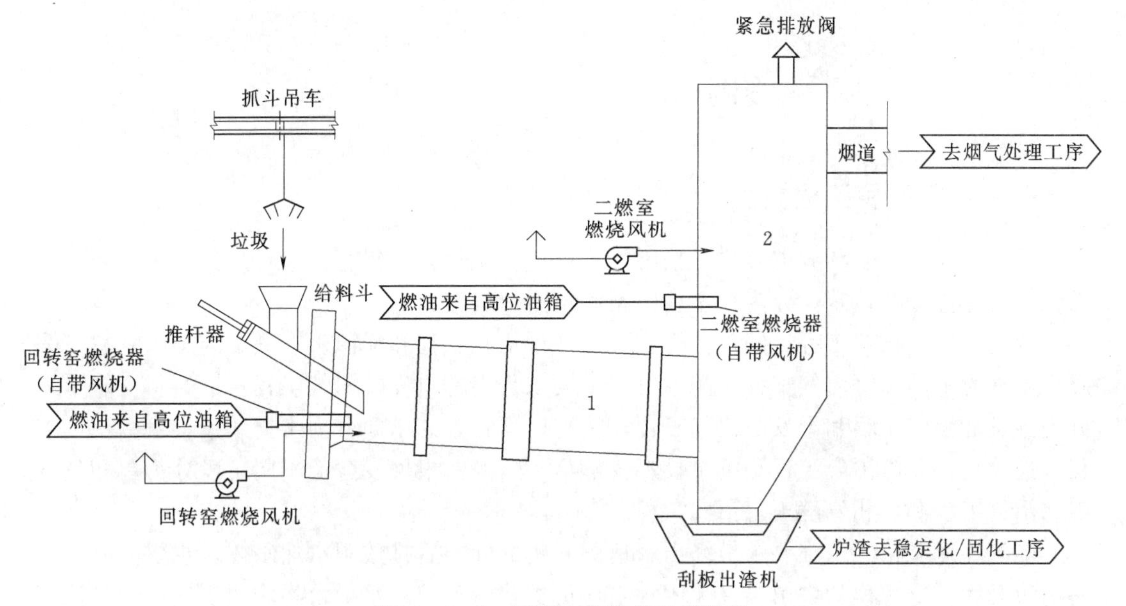

图 4-3-1　回转窑焚烧炉工艺配置

1—回转窑；2—二次燃烧室

第五章 沼气发电

第一节 沼 气 发 酵

一、沼气发酵工程类型

沼气工程具有多种分类方法，按沼气工程的厌氧消化装置容积、日产沼气量以及配套系统的配置等综合评定，分为大型、中型和小型沼气工程。

沼气工程，按照工程目的可分为能源环保型沼气工程和能源生态型沼气工程；按发酵温度可分为中温发酵沼气工程、高温发酵沼气工程和常温发酵沼气工程；按原料含水量划分为湿发酵沼气工程和干发酵沼气工程；按进、出料方式不同分为半连续投料发酵沼气工程、连续投料发酵沼气工程和批量投料发酵沼气工程；根据发酵的不同阶段分为单相发酵工艺沼气工程和两相发酵工艺沼气工程。

能源环保型沼气工程要求最终出水达到一定的标准后排放到自然水体。主要是针对一些周边既无一定规模的农田，又无闲暇空地可供建造鱼塘和水生植物塘的沼气工程。该沼气工程建设时，工程末端出水必须达到国家规定的相关环保标准。水在经厌氧消化处理和沉淀后，必须要再经过适当的工程好氧处理，如曝气、物化处理等。

二、沼气发酵工艺流程

无论采取哪种工艺模式，大中型沼气工程工艺流程都可分为 4 个环节，即原料预处理、厌氧消化、后处理、综合利用，如图 5-1-1 所示。

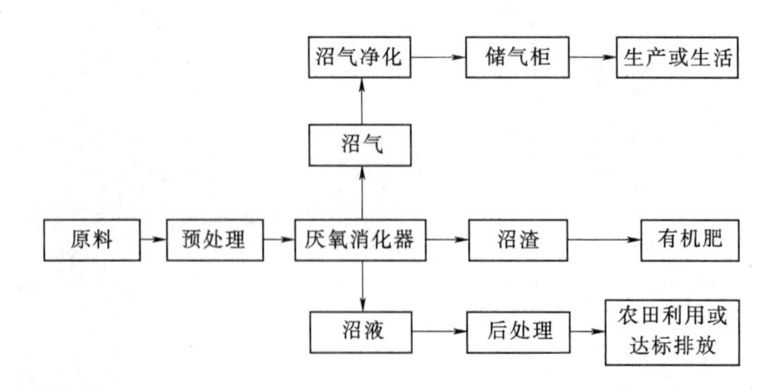

图 5-1-1 沼气工程工艺流程图

(1) 原料预处理。原料预处理或前处理的目的是将沼气生产原料调质均化，为厌氧产

沼气创造条件。主要是除去原料中的杂物和砂粒、粉碎原料，并调节料液的浓度。如果是中温发酵，还需要对料液升温。包括格栅、集水池、集粪池、配料池等处理单元。

格栅的作用是去除废水中的大粒径固体物质，如悬浮物、漂浮物、纤维物质和固体颗粒物质，以保证后续处理单元和水泵的正常运行。集料池的功能是储存沼气工程中需要原料，由提升泵泵入进料池。对于鸡粪、牛粪等含泥沙量较多的发酵原料应设置沉砂池。调节池用于发酵原料的水量、水质、温度、酸碱度的调节，也兼有初次沉淀功能。对于含固体较多的发酵原料（如畜禽粪便、糖蜜废液、酒精废醪等）应设置酸化池（水解池）。

（2）厌氧消化。产沼物料进入厌氧反应器与厌氧活性污泥混合接触，通过厌氧微生物的吸附、吸收和生物降解作用，使有机污染物转化为以甲烷和二氧化碳为主的气体。厌氧反应器产生的沼气由集气室收集，经沼气输送管路送入后续沼气净化处理单元。

厌氧消化过程包括进料单元、厌氧消化单元、保温增温单元以及沼肥运输管网等。厌氧反应器内设置一台搅拌机，使物料与厌氧活性污泥充分混合。厌氧罐罐体外部设增温管网系统以及保温层。排料厌氧罐一般采用上部溢流出水方式，出水自流进入沼肥储存池。排渣系统定期排渣，保持反应器内污泥活性。沼渣排放根据实际情况确定，可以是每天一次，或者是数天一次。

（3）后处理。能源生态型沼气工程厌氧消化后的沼渣、沼液需做进一步的固液分离，分离出的沼液进储液池后作液态有机肥用于农田，干化后的沼渣是良好的固态有机肥。能源环保型沼气工程后处理需要采用好氧生物处理工艺以使出水达标排放。

（4）沼气工程综合利用系统。该系统主要包括沼气利用系统、沼渣生产固体有机肥料系统、沼液无害化处理及商品化液体肥料加工系统。厌氧消化罐产出的沼气经集气室收集进入沼气净化系统。沼气经过生物脱硫塔、气水分离器、凝水器等专用设备净化处理后储存在湿式储气柜中。再从沼气柜经配气系统配送到用户，作为生活燃料、生产用能，也可以用于发电。沼肥利用设施，包括储液池、沼肥加工设备、输送设备（利用附近的农田消纳沼液、沼渣）等。

第二节　沼气发电技术

一、沼气发电技术简介

沼气发电技术是集环保和节能于一体的能源综合利用新技术。它是利用工业、农业或城镇生活中的大量有机废弃物（例如酒糟液、禽畜粪、城市垃圾和污水等），经厌氧发酵处理产生的沼气，驱动沼气发电机组发电，并可充分将发电机组的余热用于沼气生产。

沼气发电技术本身提供的是清洁能源，不仅解决了沼气工程中的环境问题、消耗了大量废弃物、保护了环境、减少了温室气体的排放，而且变废为宝，产生了大量的热能和电能，符合能源再循环利用的环保理念，同时也带来巨大的经济效益。

二、沼气发电厂特点

（1）原料来源广泛。沼气的主要燃烧成分是甲烷，由甲烷产生菌厌氧消化有机物产生。所以只要有机物存在的地方，再配以适合的环境条件，就会有甲烷的生成。例如人畜的粪便、有机工业废水、垃圾填埋场、农作物生物质等都可用作沼气产生的原材料。目前我国生猪、家禽和牛等畜禽养殖业粪便排放量约18亿t，实际排出污水总量约200亿t，可生产沼气约500亿m^3；全国工业企业每年排放的（可转化为沼气）有机废水和废渣约25亿m^3，可生产沼气约100亿m^3。今后随着畜禽养殖业和工业企业的发展，沼气的生产量还会增加。以一个60万人口的城镇为例，每天产生垃圾约600t，产生沼气1万m^3左右，可以供1000kW的燃气机组进行发电。且城市越大，垃圾中含的有机物越多，产生的沼气量也就越多。

（2）可再生，污染少。用沼气进行发电，不用担心会有枯竭的一天。据统计，至2002年年底世界剩余石油探明储量为1407.04亿t。根据世界已探明的化石能源储量推算，石油还可使用40～50年，天然气还可使用600～700年，煤炭则能维持225年左右。而以沼气为代表的生物质能源的寿命几乎是无限的，只要太阳存在，沼气也将存在。

构成煤炭有机质的元素主要有碳、氢、氧、氮和硫等，此外，还有极少量的磷、氟、氯和砷等元素。煤炭燃烧时，氮在高温下转变成氮氧化合物和氨，以游离状态析出，对空气造成影响。硫、磷、氟、氯和砷等是煤炭中的有害成分，其中以硫最为严重。燃烧时绝大部分的硫被氧化成二氧化硫，随烟气排放，形成酸雨，危害动、植物生长及人类健康。同时煤炭燃烧时还会有固体残渣和飞灰产生，同样污染环境。石油中也含有硫等有害物质，在作为燃料时产生的氮氧化物是形成光化学烟雾的主要原因。而沼气的主要成分是甲烷和二氧化碳，其中还有少量氢、一氧化碳、硫化氢、氧和氮等气体，硫化氢经气体预处理后可以降低到很小的浓度，因此沼气是一种比较清洁的能源。

（3）受环境限制小。沼气发电的规模比较小，对场地的要求不高，只要有沼气产生的地方基本上都可以进行发电。不像水电必须建立在水力资源丰富的地方，而且还要考虑发电厂对周围生态环境的影响；太阳能发电要建在日照时间长且比较偏僻的地方，因为太阳能发电要占用大量的土地，必须考虑项目的经济性，现在建的太阳能发电厂一般都在沙漠。

（4）建设周期短。小型沼气发电厂的建设周期短，只要几个月时间就能投产使用，基本上不受自然条件变化的影响。另外，由于沼气原料发酵后，绝大部分寄生虫卵被杀死，可以改善卫生条件，减少疾病的传染。

（5）综合热效率高。一般的煤电发电效率为30％～40％，而沼气发电时，充分利用发电机组的余热可使综合热效率达80％左右。

第三节　沼气发电系统和生产工艺

一、沼气发电系统

1. 组成

构成沼气发电系统的主要包括沼气发电机组、发电机和热回收装置。沼气经脱硫器由储气罐供给燃气发电机组，从而驱动与沼气内燃机相连接的发电机而产生电力。沼气发电

机组排出的冷却水和废气中的热量通过热回收装置进行回收后，作为沼气发生器的加温热源。

从废水处理厂出来的污泥进入一次消化槽和二次消化槽，在消化槽中产生的沼气首先经脱硫器进入球形储气罐，然后由此输送入沼气发电装置中。作为发电机组燃料的沼气中甲烷的含量必须高于50%，不必要进行二氧化碳的脱除，因为少量二氧化碳对发电机组有利，使其工作平稳，减少废气中有毒物的含量。从发电装置出来的废沼气进入热交换器中，将热量释放出来，用来加热进行厌氧发酵的污泥，从而提高沼气的发生率。

2. 沼气用内燃机

甲烷的辛烷值为105～115时，沼气的辛烷值较高。由于抗爆性能好，发电机组可以选用较高的压缩比。柴油机在燃用沼气或双燃料时，可以获得不低于原机的功率。柴油机全部烧柴油时的额定功率为9708W（2000r/min），如果燃用70%的沼气和30%的柴油，同样可以达到这一指标。如全部烧沼气，调整压缩比和燃烧室，可以达到11032W（2000r/min），乃至更高的指标。

甲烷的燃烧点为640～840℃，它在密闭条件下与空气的混合比为1/120～1/7时遇火引燃，因此，可以利用它使内燃机工作。沼气的理论燃烧温度为1807.2～1945.5℃，由于沼气中混有二氧化碳气体，使其火焰的传播速度低，所以在内燃机内有良好的抗爆作用。

3. 沼气发电机组装置

大功率沼气发电机组是沼气工业化利用的关键设备。在我国，有全部使用沼气的单燃料沼气发电机组及部分使用沼气的双燃料沼气—柴油发电机组。

（1）单燃料沼气发电机组工作原理。将空气和沼气的混合物放在气缸内压缩，用火花塞使其燃烧，通过火花塞的往复运动得到动力，然后连接发电机发电。其优点为：①不需要辅助燃料油及其供给设备；②燃料为一个系统，在控制方面比可烧两种燃料的发电机组简单；③发电机组价格较低。

（2）双燃料沼气—柴油发电机组工作原理。将“空气燃烧气体”的混合物放在气缸内压缩，用点火燃料使其燃烧，通过火花塞的往复运动得到动力，然后连接发电机发电。其优点为：①用液体燃料或气体燃料都可工作；②对沼气的产量和甲烷浓度的变化能够适应；③如由用气体燃料转为用柴油燃料，在停止工作后，发电机组内不残留未燃烧的气体。其缺点为：①工作受到供给的沼气的数量和质量的影响；②用气体燃料工作时也需要添加液体辅助燃料供给设备；③控制机构稍复杂；④价格较单燃料式发电机组稍高。

二、沼气发电厂生产工艺

1. 工艺流程

以某现代牧场有限公司大型沼气能源环境工程为例，说明沼气发电厂工艺流程，如图5-3-1所示。

牧场污水通过排水沟自流汇集到酸化池，酸化池的水通过泵打入搅拌池与牛粪混合。搅拌池前设置两道格栅，以清除污水中的长草和粗纤维；再进入加温计量池进行加温（冬季），设提升泵定时定量地按照工艺要求将污水输送到升流式固体厌氧反应器（USR）；

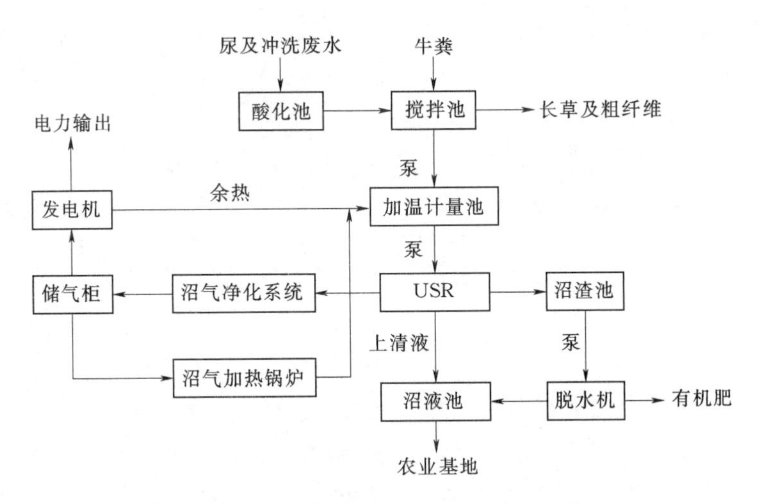

图 5-3-1　大型沼气发电厂工艺流程图

USR 内上清液通过水压排入沼液池；经发酵后的牛粪排入沼渣池，通过污泥泵将沼渣抽至脱水机进行固液分离，分离的沼渣（含水率 75%左右）作为基肥施用于饲料草基地；分离的沼液流入沼液池，通过管道将液体有机肥料直接施用于饲料草基地；厌氧消化器产生的沼气经脱硫、脱水等设备净化后储存于储气柜，供沼气发电机发电。

2. 装置功能及特点

（1）酸化池。冲洗废水及尿液通过牧场的集水井汇集，然后用水泵打入酸化池，在此停留一段时间进行酸化。酸化后的水由水泵打入搅拌池与牛粪混合。

（2）搅拌池。在粪污进入处理设施之前设置搅拌池，粪污的排放具有一定的时间性，为了使粪与污水充分混合，粪中的大部分可溶性有机物进入废水中。所以在粪污的处理过程中，必须将粪污引入搅拌池内进行搅拌，以保证后续处理构筑物进水水质、水量的均匀。同时，由于牛粪中含有大量的长草等粗纤维，在经过搅拌后将这些长草从粪污中分离出来，以保证泵的正常运行。牛粪中含有的少量砂砾会沉积在搅拌池内，运行一段时间后需要对搅拌池进行清理。

（3）加温计量池。粪污稀释废水引入计量池由水泵均匀提升至 USR，同时起到计量的作用。为了保证厌氧系统的温度在 35℃左右，池内设有加热系统，利用发电机余热给粪污加温，冬季时可利用沼气加热锅炉为粪污加温。

（4）USR。USR 是该粪污处理工程的主体构筑物，运行的基本原理是：粪污中的有机污染物在厌氧条件下经微生物降解，转化成甲烷、二氧化碳等，所产气体（沼气）含甲烷大于 60%，同时降低了污染物的含量。反应器主要完成消化反应、污泥浓缩和出水澄清的功能。反应器采用升流式的进料方式，高浓度的污泥沉积在反应器底部，在进料时置换出含固量少的上清液，提高了固体停留时间。该反应器高出一般传统的厌氧消化池2～3倍，减小了后续处理段的进水负荷，从而降低工程造价。

USR 具有以下特点。

1）处理能力强，有机负荷高。处理效果高于同类处理工艺的 2～3 倍。

2）运行管理简便，装置没有泵等复杂的电器需要人工操作，节省了人力，减少了动

力消耗，同时具有投资少等优点。

3）对各种冲击有较强的稳定性和恢复能力。

4）无填料堵塞问题，运行稳定。

（5）沼渣池。从USR排出的沼渣进入沼渣池，这部分沼渣通过脱水形成含水率低的污泥，这部分污泥可以作为有机肥料。

（6）沼液池。从USR排出的上清液以及沼渣脱水产生的沼液可以作为液体肥料用于农田，当稀释牛粪的废水不足时可以用作稀释液回用到搅拌池。利用不完的废水需处理达到《畜禽养殖业污染物排放标准》（GB 18596）后排放。

（7）沼气的储存与利用。沼气经气水分离器、脱硫净化塔净化处理后进入储气柜。沼气作为清洁高效能源，发热量约为23000kJ/m^3，1m^3可发电1.5kW·h。沼气在经过阻止回火器后，通过2台500kW沼气发电机组发电。

（8）沼渣、沼液的利用。经厌氧发酵后的沼肥必须全部回收利用起来，用以补充饲料草基地用肥。综合利用的主要设施包括管道输送设备和液肥喷灌设施等。

为了使液肥用于农田喷灌，一般田间地下设置ϕ100～150的水泥压力管，每50m左右设喷灌消火栓一组，配200m左右消防水带和消火喷枪，便于液肥的施用。

3. 沼气发电机运行时的注意事项

（1）操作人员应熟悉沼气发电机使用说明书中的有关规定，保证发电的质量（如电压、频率），并按其操作程序启动沼气发电机。

（2）操作人员必须经常检查沼气发电机进气管路，防止沼气泄漏和冷凝水过多而影响供气。

（3）沼气发电机工作时应经常巡视、检查其运行情况，发现问题应及时调整或上报有关领导。

（4）沼气发电机在运行中，操作人员应随时掌握负载变化情况并对沼气发电机的最大负荷进行限制。

（5）沼气发电机的过滤装置应定期清洗。

（6）沼气发电机沼气进气压力不得低于1.8kPa。

（7）每班应记录发电机运行时数、消耗沼气量、输出电功率（电表度数）。

第六章　生物质（秸秆）干馏热解气化发电

本章以北京燃能科技有限公司研发的农业秸秆干馏热解气化发电技术为例，对生物质（秸秆）干馏热解气化发电技术进行说明。

第一节　秸秆干馏热解综合处理技术特点

由北京燃能科技有限公司研发的农业秸秆干馏热解气化发电技术（专利申请号为201420302375.9，专利名称为农业植物废弃物的综合利用系统，申请时间为2015年3月11日）的最大特点是能够充分利用丰富的可再生生物质废弃资源，提供洁净的燃料及各种附产品，为秸秆的综合利用和节能减排开辟了一条新路。对保护生态环境，提高生活质量，促进现代化科技水平，开发新能源，推广生物质综合利用，具有重要的意义。

（1）提高秸秆类生物质利用效率和利用价值。我国主要农作物可利用的秸秆类生物质达7亿t（尚未包括林、竹、牧等其他生物质废弃物的利用），其中农业残余物（稻壳、蔗渣等）约近亿吨。这些秸秆类废弃物采用干馏热解技术，热源转换率可达75%以上，实际热源利用率大于直接燃烧利用率3倍以上。

（2）充分利用可再生能源，延缓不可再生能源资源的持续利用，减少大气环境的面源污染。石油、天然气和煤炭等不可再生能源资源的储量固定有限。秸秆气化集中供气，可用作工业、民用燃料及发电等，是常规能源良好替代品，并可部分解决民用燃气的利用，加速农村城镇化建设，对改善大气环境也具有重要现实意义。

（3）秸秆类生物质的综合利用无三废、产品丰富，附加值高，如木煤气（净燃气）、机制炭、活性炭、醋液、焦油和二氧化碳产品等，不但可带来很好的社会效益，还可创造丰厚的经济效益。

（4）我国能源战略迫切需要拥有自主知识产权和具有推广价值的，用农、林、牧、竹等废弃物作原料的能源实用技术，以保障生物质能源的安全合理利用。而农业秸秆干馏热解处理技术对于生物质废弃物的综合利用，具有良好的社会效益和经济效益，该项目符合节能减排的环保产业政策，是发展低碳循环经济，利国、利民的节能环保项目。

该专利技术曾获两届中国专利技术博览会金奖，国家环保科技进步三等奖，辽宁省第四届新产品金奖，国家科委星火奖，被国家环保总局定为最佳实用技术。本技术曾是国家科委“八五”“九五”重点攻关计划项目。

第二节　秸秆干馏热解气化技术原理和工艺流程

一、秸秆气化技术分类

1. 氧化法

氧化法是秸秆在有氧状态下进行热化学反应。由于氧化法燃气热值低，一氧化碳气体

含量多，产品品种少，经济附加值效益低，不具备规模化生产条件，市场推广无优势。

2. 干馏法

干馏热解综合处理技术（干馏法），是将秸秆通过密封缺氧条件进行热分解，进而使之发生复杂的热化学反应能量转化过程，特点是利用率高，产品丰富，经济效益好，无任何三废排放，是目前秸秆综合利用的较佳技术方法。

干馏法主要设备如下。

（1）洗涤净化系统：高温除尘器、喷淋洗涤塔、冷却器、缓冲罐、碱洗塔、折流板塔、静置分离器、清晰分离器、焦油储罐、醋液储罐、干洗冷却塔等。

（2）干馏系统：干馏炉、干馏釜（3t）。

（3）湿式煤气柜（$2000m^3$）。

（4）烘干制棒设备：粉碎机、除尘器、全自动烘干机、自动控制提升机、自动输送机、自动调速下料器、烟气自动吸收输送机、料仓、制棒机。

（5）燃气发电系统：发电机组、余热装置、蒸发器、换热器、消音器、控制屏、变压器。

（6）其他：调压机、吊车、罗茨风机、水泵、醋液泵、碱泵、引风机、釜架、推焦车等。

秸秆综合处理项目的企业规模以年处理秸秆8万～10万t以内较为合理，更适宜以年处理秸秆4万～5万t的规模起步在各地多点设厂，逐步扩大和推广。

例如，某项目总投入约1亿元人民币（可分为二至三期投入），以秸秆综合利用加工处理为主，占地40亩。生产能力为：燃气$2365000m^3/a$（每天生产$64800m^3$）；木质炭23652t/a（每天生产64.8t）；木焦油3942t/a（每天生产10.8t）；木醋液20498.4t/a（每天生产56.16t）。可年处理秸秆约8.67万t（每天处理秸秆约238t）。

二、干馏热解气化技术原理

1. 备料

（1）干馏热解技术首先将生物质废弃物（秸秆类）压制成型，成型棒的密度和质量得到提高，体积是原料的1/30（收集方式采用分散布点原地收购加工，定时定量供货，减少集中备料库存）。

秸秆类生物质废弃物包括玉米秸秆、玉米芯、豆秆、稻草、稻壳、野草、树叶、菌渣废弃物木屑、竹屑、刨花、锯末、树枝、木柴等，除此还有各种壳类（花生壳、椰子壳、核桃壳等），与煤焦炭相比，生物质炭灰分一般在1%～5%，而煤焦炭灰分则在15%～20%。

（2）木本植物与草本植物原料的区别见表6-2-1。

从表6-2-1可以看出，木本植物和草本植物在热分解范畴基本是一样，只是在含碳、氢量上有15%的差异，从而影响其15%的发热值差异，碳元素含量越高，热值越高。一般草本植物的低位发热值在3500～3800kcal/kg范围，木本植物的低位发热值在4100～4400kcal/kg范围。由于这种差异，在热解产品的含量上也有所差异。例如，木本植物（木材）热解得到的炭产品量要高于草本植物（秸秆）炭品产量；木本原料热解的木煤气

表 6-2-1　　几种植物的元素组成

植物名称		碳/%	氢/%
木本植物	各种树木	49～50	6～7
草本植物	玉米秸	42.2	5.5
	高粱秸	41.9	5.3
	棉花秸	43.5	5.4
	豆秸	44.8	5.8
	小麦秸	41.3	5.3
	稻草	38.3	5.1
	谷秸	41.4	5.2
	杂草	41.0	5.2

热值要高于草本原料木煤气的热值。而秸秆热解后产出的木醋液产量明显高于木材热解的木醋液产量，秸秆木醋液中的轻质化学物质也明显偏多。

2. 技术原理

干馏炉是全封闭外热式炉，将基质成型原料置放于干馏炉中，在密闭缺氧条件下对炉体加热，使之发生复杂的热化学反应能量转化，采用类似于煤干馏与城市人工煤气生产过程，秸秆原生棒在隔绝空气条件下经干馏进行热分解。

需要特别指出的是，从能量平衡角度看，并不是热解温度越高越好。在实际生产中究竟选择什么样的热解温度，要根据秸秆材质和产品要求及用途，因时因地，根据产品结构、生产目的而定。

各类农业秸秆中的碳元素质量分数平均约为40%，其次为氢、氮、氧、镁、硅、磷、钾、钙等元素。植物秸秆的有机成分以纤维素、半纤维素为主，质量分数为50%。秸秆生棒在干馏热解过程中经热化学反应的能量转换将植质中的碳、氢、氧等元素的原子，在热反应条件下按照化学键的成键原理，变成一氧化碳、甲烷、氢气等可燃性气体的分子，同时将生物质中的大部分能量元素转化到这些气体中。这种可燃混合木煤气（秸秆燃气）也称生物质气。经分离同时产出木醋液和木焦油等有机物质和化工产品，并将秸秆生棒转化为机制木炭（采用农业废弃物原料所生产出来的机制炭棒的比重是1.4，冷却后可达到1.8。而采用林业废弃物为原材料所生产出来的机制炭棒比重是1.8，冷却后棒的比重可以达2.1）。

3. 热解阶段

（1）干燥过程。秸秆加热在150℃以前排出的都是水蒸气，这个过程是热解的干燥过程。

（2）预炭化阶段。随着温度的上升，进入干馏热解的预炭化阶段，这个阶段的温度为150～380℃。此时原料中的半纤维素等不稳定成分开始分解。

（3）热解炭化阶段。当温度继续上升，超过280℃时，原料开始加快分解，生成大量分解物，如甲烷、乙烷、乙烯、甲醇、丙醇、醋酸、木焦油等。由于生物质中含有氧元素，这一阶段表现出的是放热反应，不用外加热就可以使反应进行下去。并持续保持到

450℃，称为热解炭化阶段。

生物质干馏热解的主要产物，特别是醋液、焦油几乎全部都是在这个阶段中形成的。如果这时停止加热的话，得到的产物有秸秆炭、木煤气（燃气）、木焦油、木醋液，其中炭的产量最高，木煤气产量较低，因为产品炭中还有一些挥发分没被分解出来，这时表现是：木煤气的热值一般在 3000kcal/m^3 左右。如果以生产炭为主要产品，这一阶段就可以停止加热，以获得多产炭的效果，每吨原料可产炭 330～400kg。

（4）煅烧阶段。如果要使木煤气质量好，气量和热值都增加，热解过程则还要继续下去，即进行煅烧阶段，煅烧阶段的温度可以加到 500℃，也可以加到 600℃、800℃，甚至 1000℃。煅烧阶段随着温度的升高不再产生木醋液和焦油，而只产生木煤气（燃气），其中主要是甲烷和氢气，可使木煤气的热值大大提高。例如在 1000℃下热解，木煤气的热值可达 6000kcal/m^3，而木炭的产量却只有 220～230kg/t。

三、干馏热解工艺流程

秸秆干馏热解工艺流程如图 6-2-1 所示。

1. 原料处理工艺

本设备利用几乎所有农、林、牧、竹业植物废弃物为原料，用切割机将原料切成 1～4mm 颗粒，干燥后用粉碎机进行粉碎 0.5～3mm 粒度（竹、木可直接利用），再次干燥到含水量在 10%以下，压制成棒，也可加入黏合剂后用成型机使其成型（黏合剂是以本技术干馏后所得干馏液分离出来的焦油为主要成分）。

2. 干馏工艺

成型后的原料装入干馏炉（也称气化炉或燃气发生装置）进行升温干馏，干馏炉是由耐热钢和耐火材料制成全封闭式外热式炉，炉体设有荒燃气出口，加热可采用固体燃料或结合自产燃气加热方式，运用热化学反应原理产生可燃气体。

干馏条件为：干馏热解时间为 6～8h，温度不低于 450℃。

3. 荒燃气冷却工艺

干馏后产生的荒燃气温度为 500℃左右，气体经历 3 次热回收，即蒸汽发生器＃1、蒸汽发生器＃2 和热水发生器进行热量回收，并制取不同品级的蒸汽及热水，高压蒸汽用于蒸汽透平发电。低压蒸汽并网，可用于厂区装置管线吹扫。110℃热媒水冬季可用于罐区维温、管线伴热及厂区采暖，夏季热媒水可通过溴化锂制冷机制得低温冷水，用于强化工艺冷却效果或办公区空调。最后，荒燃气通过洗涤冷却塔，由冷却后的醋液喷淋酸洗降温，经冷却到 35℃以下的燃气这时有冷凝液凝出，然后进入气液分离器除去冷凝液，并经气液分离器进入碱洗器，用碱泵打入循环碱液清洗，除去燃气中的醋酸等酸性物质，喷淋后气相经罗茨鼓风机加压到 2000mm 水柱后进入干燥除油塔与木质燃料直接接触，除去气相中多余焦油杂质，并进行脱碳处理，净化燃气被送入储气柜中。而由二级冷却器出来的热水经凉水塔冷却后流入循环水池，再经循环水泵送回二级冷却器循环使用。由碱洗塔流出循环碱液入循环碱液池，再由碱液泵送回碱洗器，除去醋液焦油的碱液可循环使用，并定期向循环碱液补充碱，以保持循环碱液 pH 值大于 8。

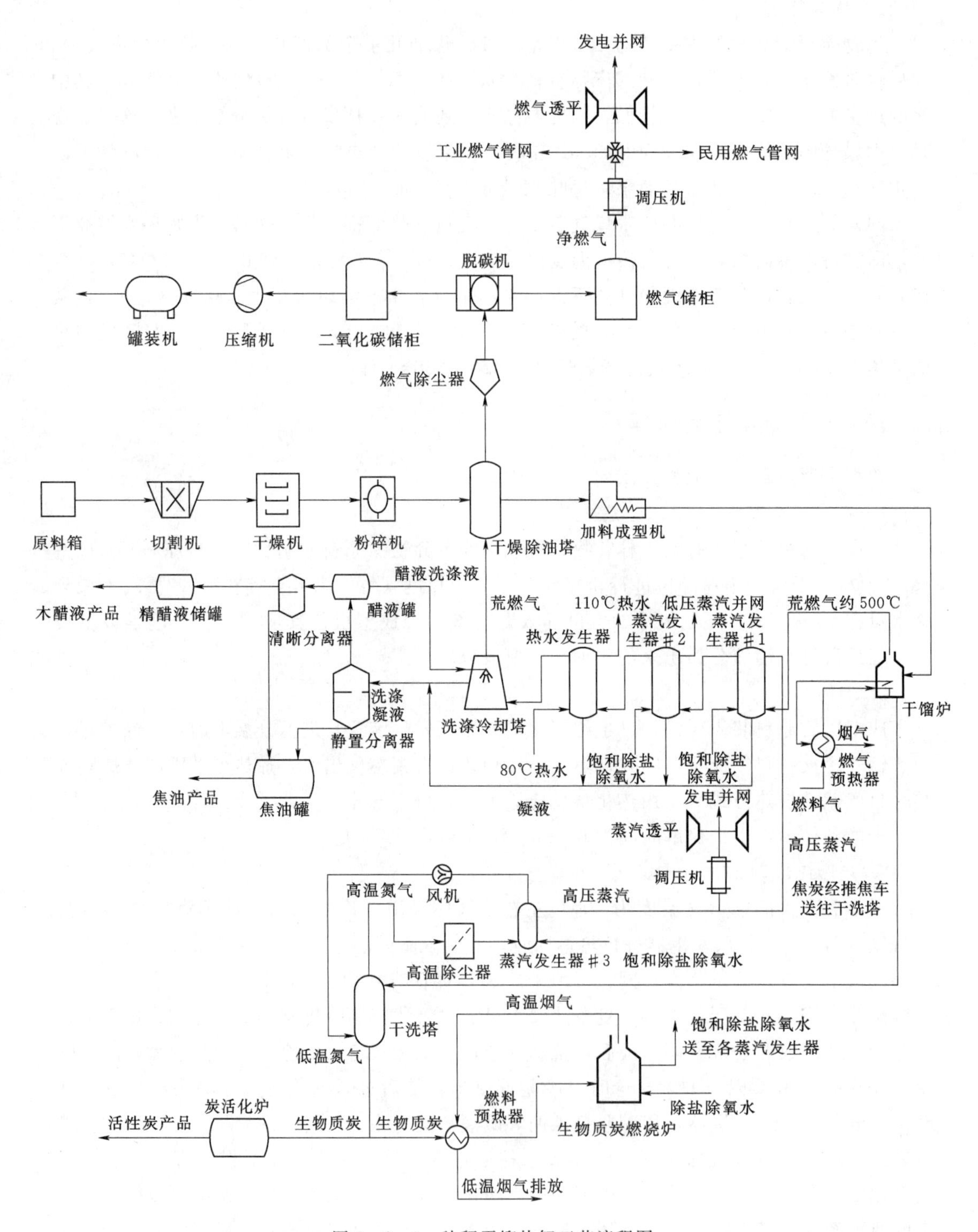

图 6-2-1　秸秆干馏热解工艺流程图

4. 燃气脱碳

经过干燥除油后的荒燃气需进入燃气除尘器除去气相中的固体杂质，然后进入脱碳机进行脱碳处理，脱碳处理主要是除去荒燃气中多余的二氧化碳。一方面可以提高燃气热值；另一方面可以有效回收气相中的二氧化碳，制取干冰等副产品，脱碳后的净燃气经罗茨鼓风机送入储气柜中，通过燃气输配系统送到用户或经燃气轮机进行发电。

5. 液相产物分离

荒燃气在＃1蒸汽发生器、＃2蒸汽发生器、热水发生器及洗涤冷却塔的冷却过程中，均产生大量冷凝液。其主要成分为木醋液及木焦油，由于木醋液及木焦油存在密度差，可通过静置分离，得到粗木醋液及木焦油，粗木醋液一部分返回洗涤冷却塔作为冷却介质，另一部分通过清晰分离，得到纯度较高的精木醋液入醋液罐，静置分离得到的木焦油与清晰分离得到的木焦油混合进入焦油罐。

6. 木炭产品余热的利用

木质原料干馏过程中产生大量生物质炭，为有效回收该焦炭热量，需通过吊车或推焦车将木质焦炭送往干洗塔。干洗塔采用氮气循环冷却，由于木炭温度约为600℃，冷却过程中可产生大量高温氮气，该高温氮气经过高温除尘器后于＃3蒸汽发生器中发生高压蒸汽，该高压蒸汽与＃1蒸汽发生器产生的高压蒸汽一同送往调压机，调压处理后送往蒸汽轮机发电并网。＃3蒸汽发生器换热后的氮气可通过风机返回干洗塔作为冷却介质，循环使用。

干洗塔出料，优质生物质炭可作为产品供需，或经炭活化炉生产活性炭产品，而低质秸秆炭（炭粉）送往炭燃烧炉。燃烧产生的热量通过换热器将除盐除氧的软水进行预热，并产生不同压力等级的饱和除盐除氧水，该饱和除盐除氧水可通过泵送入不同压力等级需求的蒸汽发生器，以减少发生蒸汽过程中的热量消耗，提高蒸汽发生效率，进而提高发电效率。

四、厂区布置

1. 总平面布置原则

（1）严格执行国家现行的环境保护、劳动保护法规和现行防水、抗震规范。

（2）本着方便生产、节约用地、降低造价的原则，根据生产工艺流程特点及地区条件，合理布置厂区建筑物、构筑物、道路及动力设施。在满足工艺流程、环保、安全设计规范要求的前提下，总平面布置力求紧凑、合理、整齐、美观，减少占地面积。

2. 总平面布置方案

（1）生产车间：生产车间是整个生产区域的核心，分上料间和气化车间两部分，为普通砖混平房结构，总建筑面积约6400m^2（包括办公、食堂、浴室）。

（2）储料间：根据生产需求，储料间设置为普通砖混平房结构，建筑面积为2000m^2。

3. 给排水

（1）给水。本项目属秸秆气化项目，生产用水很少，主要是生活用水和杂用水。生产用水按生活用水的100％估算，人均消耗80L/d计算；杂用水主要为绿化及道路浇洒用水，厂区绿化率约20％，按1.5L/(m^2·d）计算。本项目供水可由当地供水系统

保障。

（2）排水。本项目生产用水很少，无废水排放。排水主要为生活污水，冲洗地面等，均系轻度污水，无需特别处理，排水经检查井通过排水沟直接排放。厂区排水采用雨污分流制，雨水为地面有组织排放，沿厂区道路两侧敷设排水管道系统。

4. 消防

（1）室内消防。本项目生产车间及仓库内拟设置室内消防系统，按规范要求布置DN65消火栓箱，室内相邻两个消防栓箱间距小于30m，保证每个着火点均有两股水柱同时到达，消防用水量为15L/s。同时在车间内按最大保护距离25m配置MF2型手提式干粉灭火器，每组2～3具，以扑灭初期火源。

（2）室外消防管道采用环状管网。按灭火半径不超过120m设室外消火栓，每个消火栓水量为25L/s，室外另设水泵接合器4个，供消防车用。

5. 管材选择

（1）生产、生活给水管室内采用PPR管，热熔连接；室外采用镀锌钢管，丝扣连接。消防给水管采用焊接钢管。

（2）室内排水管采用芯层发泡塑料管或PVC管。

6. 供电和通信

（1）用电负荷。本项目4个生产车间，平均一个车间及辅助设备装机容量450kW，其他用电负荷350kW，主要供设备、办公、生活照明使用。本项目用电负荷合计为3000kW。

（2）电源要求。供电电源要求380V/220V/50Hz。其中主要设备电压均为380V，少数小型设备电压为220V，照明电压均为220V。

（3）防雷和接地。生产车间、储料间及办公室等房顶加装避雷网，顶部加装避雷针以防雷击。

（4）通信。主通信程控电话线已铺设，通信设施有保障。本项目设置程控电话1台，保证对外联系畅通。

7. 管线综合布置方案

本项目工程管线有给水管、雨水管、污水管、电力电缆、通信电缆、燃气供气管等6种，除电力电缆和通信电缆采用电缆沟铺设外，其余管线一律采用直埋铺设。各种管线之间及管线与道路及建筑物之间要保持一定的水平和垂直间距，避免相互干扰，各种管线在垂直交叉时，应遵循如下原则：

（1）压力流管让重力流管。

（2）小管径让大管径。

（3）给水管尽量在污水管上面。

（4）冷水管让热水管。

（5）易弯曲管让不易弯曲管。

（6）临时性管线让永久性管线。

（7）工程量小的管线让工程量大的管线。

第三节　秸秆干馏热解过程的节能措施和环保效果

一、节能措施

木质原料干馏过程产生的能量分为三部分：一部分存在于荒燃气中；一部分存在于木炭中；剩下一部分为热损失。为进一步提高过程工艺效率，降低工艺能耗，本工艺提出了多项热量回收的措施。

1. 荒燃气热量回收

由于木质原料干馏过程产生的荒燃气组分不含硫化物，不存在露点腐蚀问题，且产生的焦油多为直链烃类，较煤焦化工艺产生的荒煤气组分更为稳定，在高温段不存在聚合反应发生，低温段也没有萘（$C_{10}H_8$）一样的物质冷凝析出，因此荒燃气的热量可分为多个等级回收。在荒燃气一级冷却传统工艺的基础上，本工艺增加了荒燃气的三级热回收流程，分别通过＃1蒸汽发生器、＃2蒸汽发生器、热水发生器将荒燃气热量充分回收，制取不同压力等级的蒸汽及热水。如前所述，高压蒸汽用于蒸汽透平发电，低压蒸汽并网，可用于厂区装置管线吹扫。110℃热媒水冬季可用于罐区维温、管线伴热及厂区采暖，夏季热媒水可通过溴化锂制冷机制得低温冷水，用于强化工艺冷却效果或办公区空调。

2. 木炭热量回收

通过热量平衡可知，在木质原料干馏过程中，部分热量蕴含于干馏操作后的木炭中。该部分热量需要通过介质取出，结合煤焦化相关工艺，本工艺采取干洗措施将热量进行回收，即采用氮气作为热介质将木炭热量取出。干洗塔采用氮气循环冷却，由于木炭温度约为600℃，冷却过程中产生大量高温氮气，该高温氮气经过高温除尘器后于蒸汽发生器＃3中发生高压蒸汽，该高压蒸汽与＃1蒸汽发生器产生的高压蒸汽一同送往调压机，调压处理后送往蒸汽轮机发电，＃3蒸汽发生器换热后的氮气可通过风机返回干洗塔作为冷却介质，循环使用，由于木炭温度远远低于1000℃，该过程不会产生任何氮氧化物。

3. 木炭能量回收

干洗塔出料的生物质炭，优质炭送往炭活化炉生产活性炭产品，或直接外售。低质炭（或炭粉）可送生物质炭燃烧炉，燃烧产生的热能将软水进行预热，所产生不同压力等级的饱和除盐除氧水，通过泵送入不同压力等级需求的蒸汽发生器，在减少热量消耗情况下，提高蒸汽发电效率。

4. 烟气热回收

本工艺设计两套燃烧炉，分别为干馏炉及生物质炭燃烧炉，燃烧过程中产生大量烟气。由于燃料为生物质燃气及生物质炭，烟气中硫化物及氮氧化物含量较低，不存在露点腐蚀问题，可通过设计原料预热器进行热量回收，即将燃烧过程中产生的高温烟气通过换热器与炉子进料进行换热，从而减少燃料消耗，达到节能减排的目的。

二、环保效果

由于本工艺涉及的所有燃料均为生物质燃气或生物质炭，过程产生的烟气硫化物及氮氧化物含量极低，远低于国家的污染物排放标准，同时，荒燃气中存在的二氧化碳也将采取脱碳处理，因此，将不会增加工艺的环保压力，实际检测到的数值见表6-3-1。

表6-3-1　　秸秆干馏热解环保参数检测值

序号	环 保 参 数	实际检测值	国家标准值
1	烟尘排放浓度	28～39mg/m^3	120mg/m^3
2	烟尘平均排放速度	0.009kg/h	0.096kg/h
3	SO_2 排放浓度	10～14mg/m^3	550mg/m^3
4	SO_2 排放速度	0.003kg/h	0.739kg/h
5	氮氧化物排放浓度	30～38mg/m^3	240mg/m^3
6	氮氧化物平均热排放速度	0.008kg/h	0.219kg/h
7	林格曼浓度	0.5级	1.0级

1. 副产品的综合利用

生物质气化供气工程建成后，生产中产生的副产品，包括秸秆机制炭、活性炭、木醋液、木焦油均是经济价值很高的产品，此外燃气经脱碳的二氧化碳也可加以利用，此亮点减少了大气碳排放，起到节能减排的效益。

2. 废水的排放及治理

本项目生产用水很少，无废水排放。排水主要为生活污水，冲洗地面等，均系轻度污水，无需特别处理，排水经检查达到排放标准后，通过排水沟直接排放。厂区排水采用雨污分流制，雨水为地面有组织排放，沿厂区道路两侧设排水管道系统。

3. 噪声的控制及治理

本项目中气化系统的设计保证设备噪声不超过设计值，并加装消音器、隔音装置等必要的噪声防止设备。管道的设计可以改善气流输送时流场状况，减少气体动力噪声。厂房的建筑设计保证了主要工作和休息场所远离强声源，并设置必要的值班室，对工作人员进行噪声隔离。

厂区总体布置中统筹规划、合理布局、注重噪声间距。在厂区、厂区前及厂界内外建立绿化带，进一步减轻噪声对周围环境的影响。

4. 厂区绿化

充分利用厂区内空地进行绿化可以改善环境，降低噪声，清洁空气。

第四节　秸秆经生物质干馏热解气化技术后综合利用产业链

一、秸秆综合利用产业链

图6-4-1所示为采用生物质干馏热解气化技术后，农业秸秆获得综合利用的产业链示意图。

秸秆经生物质干馏热解气化技术可转化产出的产品有燃气、木炭、活性炭、木焦油、木醋液等，燃气还可进一步经过脱碳，分离出二氧化碳产品。例如，1000kg（1t）秸秆棒可以生产出以下产品：

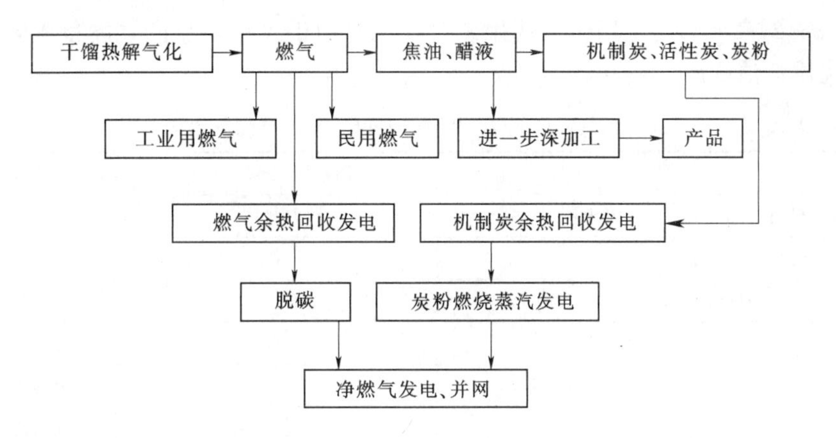

图 6-4-1 农业秸秆综合利用产业链示意图

(1) 燃气 $300m^3$。
(2) 木质炭 300kg。
(3) 木焦油 50kg。
(4) 木醋液 260kg。

二、燃气发电机组发电并网

1. 秸秆燃气与其他可燃气体比较

各种气体的热值和燃气轮机的发电量的比较见表 6-4-1。

表 6-4-1 秸秆燃气与其他可燃气体比较

气体类别	热 值	燃气轮机的发电量
天然气	8000～8500kcal/m³	可发电 3～4kW·h/m³
沼气	5000～5500kcal/m³	可发电 1.5～3kW·h/m³
秸秆干馏气	3700～3800kcal/m³ （脱碳后热值可达 4400～4600kcal/m³）	可发电 1.2～1.5kW·h/m³ （脱碳后的燃气可发电 1.5～2kW·h/m³）
城市煤气	3500kcal/m³ 左右	—

注 1cal=4.1868J。

2. 秸秆燃气的优越性

经煤炭科学院总院北京化工研究分院进行的气体成分分析报告测定，结果如下：

(1) 秸秆燃气组分为：氧 0.7、一氧化碳 16.5、二氧化碳 23.6、氢 28.1、甲烷 26.0、乙烷 1.3、乙烯 0.5、丙烷 0.7、丙烯 0.4、氮 2.0，可用于民用、工业和发电。

(2) 除碳后燃气组分为：氧 0.92、一氧化碳 21.6、二氧化碳 0、氢 36.78、甲烷 34.03、乙烷 1.7、乙烯 0.65、丙烷 0.92、丙烯 0.52、氮 2.62，适用于工业和发电。

秸秆燃气碳含量较少，为 $346.4g/m^3$。未经脱碳的燃气，$1m^3$ 燃气碳排放是 1L 汽油的 62.37%，是 1L 柴油的 54.54%。经脱碳处理后的燃气，碳排放是 1L 汽油的 55.2%，是 1L 柴油的 48.29%，环保性高于燃油。

生物质燃气（秸秆气）质量和热值优于城市人工煤气，气体组分和热值符合《人工煤气》(GB 13612—2006)，可用于工业用燃气，也可用于民用，经济效益和环境效益非常明显，是优质清洁能源，见表6-4-2。

表6-4-2　《人工煤气》(GB/T 13612—2006)与秸秆燃气比较

<table>
<tr><th colspan="2">项　目</th><th>国家标准</th><th>本项目可燃气实际值</th></tr>
<tr><td colspan="2">热值/(MJ/m³)，应大于</td><td>14.7</td><td>15～20</td></tr>
<tr><td rowspan="5">杂质</td><td>焦油及灰尘/(mg/m³)，应小于</td><td>10</td><td>5～10</td></tr>
<tr><td>H_2S/(mg/m³)，应小于</td><td>20</td><td>无检出</td></tr>
<tr><td>氮/(mg/m³)，应小于</td><td>50</td><td>无检出</td></tr>
<tr><td>萘/(mg/m³)，冬季应小于</td><td>50</td><td>无检出</td></tr>
<tr><td>萘/(mg/m³)，夏季应小于</td><td>100</td><td>无检出</td></tr>
<tr><td colspan="2">氧含量/(V%)，应小于</td><td>1</td><td>0.8</td></tr>
<tr><td colspan="2">CO含量/(V%)，宜小于</td><td>宜小于10(不大于20)</td><td>15左右</td></tr>
</table>

本项目所产可燃气符合国家相关标准，替代天然气具有一定的价格优势和较强的市场竞争力，作为工业和居民供气，用户容易接受。用于发电波动较小，市场需求较稳定。

三、木质炭

1. 性能优越

我国早已经开始实施天然林保护工程，严格限制利用天然林产炭，为此我国的炭市场形成了供不应求的局面。在传统炭生产逐渐萎缩的形势下，利用农作物秸秆生产机制炭与天然林产炭相比有极大的优越性。

机制木质炭密度大，比重相当于无烟煤(无烟煤为1350～1800kg/m³)。机制木质炭所含的灰分少于5%，远小于煤焦炭，含碳量高、发热量大、挥发性小、无烟、无味、易燃，而且燃烧时间长，它的热值也能达到7000～8000cal/kg。多用于工业领域，工业用炭主要集中用于工业材料的掺和用炭和冶金、化工行业的渗碳用炭。另外，活性炭、碳化硅、结晶硅、保温材料的生产以及铜厂、钢厂、橡胶厂、工业硅厂等行业都需求大量木炭。总之，机制炭在工业上的用途是木炭需求的第一大行业。

木炭在农业、畜牧业生产领域的用途也很广泛，主要有提高地温，改良土壤，保持土壤水分，作为有机肥料的缓解剂和改良土壤酸碱性的作用。

在人们的生活领域，木炭常用于烧烤、火锅用的燃料以及南方茶叶的炒制和烟叶烘干等，有的地区也用木炭取暖。另外木炭还有调节房间空气温度、湿度，消除有害气体等作用，已成为人们生活领域的常用品。

2. 用途广泛

优质炭经活化处理生成的活性炭具有以下用途：

(1) 用于液相吸附类的活性炭。用于自来水、工业用水、电镀废水、纯净水、饮料、食品、医药用水净化及电子超纯度水设备；蔗糖、木糖、味精、药品、柠檬酸、化工产品、食品添加剂脱色、精制和去杂质纯化过滤；油脂、油品、汽油、柴油的脱色、除杂、除味、酒类及饮料的净化、除臭、除杂；精细化工、医药化工、生物制药过程产品提纯、

精制、脱色、过滤；环保工程废水、生活废水净化、脱色、脱臭、降 COD。

（2）用于气相吸附类活性炭。用于苯、甲苯、二甲苯、丙酮、油气、CS_2 等有机溶剂吸附与回收；香烟过滤嘴、装修除味、室内空气净化（甲醛，苯等去除），工业用气净化（如 CO_2、N_2 等）；石化行业生产、天然气净化、脱硫、除臭、废气的治理；生化、油漆工业、地下场所、皮革工厂、动物饲养场所的空气净化、脱臭；烟道气的臭气吸附、硫化物吸附，汞蒸汽的去除，降低戴奥辛的生成。

（3）用于高要求领域活性炭。用于催化剂及催化剂载体（钯炭催化剂、钌炭催化剂、铑炭催化剂、铂炭催化剂），贵重金属催化剂及合成金刚石、黄金提取；血液净化、汽车碳罐、高性能燃料电池、双电层超级电容器、锂电池负极材料、储能材料、军事、航天等高要求领域。

四、木焦油

1. 木焦油成分

木焦油（未被氧化）是较大分子的含烃类、酸类、酚类较高的有机化合物，是一种贵重的化工原料。成分以环状结构为主，很难溶于水，属于有油溶性，易溶于酒精，乙醚、二硫化碳、汽油等之中。木焦油中成分很复杂，有上百种之多，如苯、甲苯、二甲苯、枯烯、苯乙烯、萘、苯酚、甲苯酚、邻乙基苯酚、甲氧甲酚、愈创木酚、焦儿茶酚，以及石蜡等。

2. 木焦油产品特点与用途

（1）木焦油可作为生物柴油的主要原料，能提炼出 40%以上的燃料柴油。经分馏还可提炼出苯及衍生物（18%）和苯酚及衍生物（42%）两大类贵重化工原料。还可用作有机溶剂、农药中间体和防腐剂。也可用于医药、合成橡胶和冶金等部门。它具有柔和度好、耐老化、耐温度高等优点（耐温可达 280℃），是生产防水材料、防腐涂料、船舶漆和木焦油系硬质聚氨酯泡沫的优良原料（作为多元醇组分原料），还是良好的抗凝剂原料，在工业上用于阻聚剂，是橡胶生产不可缺少的原料。在建筑防渗漏方面，其材质、性能、寿命优于普通沥青，是生产防水好材料。

（2）从充脂木材制得的焦油是黏滞产品，颜色从棕黄到深棕不一。经简单脱水或部分蒸馏所得的这些产品，主要用于浸渍船用电缆，用作橡胶工业的增塑剂，用于制嵌缝胶，还可用于医药等。而非充脂木材制得的焦油是棕黑色的稠液体，经蒸馏或其他方法处理后可制得各种副产品，如木杂酸油、愈创木酚等。

（3）精制木焦油中的轻油用于药浴水及园艺喷剂等，而重油（含有脂族烃及芳族烃、高级酮及高级酚）用于浸渍木材及提取木杂酚油。

（4）木杂酚油是木焦油的主要成分，通常把从非充脂木材制得的焦油加以蒸馏，用氢氧化钠处理，再酸化及再蒸馏使之与其他成分分离后制得。木杂酚油是无色液体，有烟味，有腐蚀性，主要用作消毒剂及防腐剂。精致木焦油中的轻油含有脂族烃、萜烯及高级酮，而重油含有脂族烃及芳族烃、高级酮及高级酚。

提取杂酚油后所得的脱杂酚油根据其特性可用于浮选法精选矿物、制杀虫剂及用作溶剂及燃料等。

（5）粗木精是通过处理焦木水而得到的，是一种浅黄色液体，有焦臭味，通常含70%～90%的甲醇及不同比例的丙酮及其他酮（通常8%～20%），还含有其他物质（乙酸甲酯、高级醇、焦油状物质等）。某些粗木精用作乙醇变性剂。除此还可用作植物营养调节生长素，对植物有生长功效，杀虫极佳。

（6）其植物沥青主要用于生产铸造黏结剂、橡胶软化剂、水泥预制隔离剂、黑色印刷油墨、涂料、表面活性炭、皮革助剂及重质燃料等。

我国市场目前木焦油年需求量为500万t以上。

五、木醋液

木醋液是以醋酸为主要成分的多种有机酸混合液体，含有钾（K）、钙（Ca）、镁（Mg）、锌（Zn）、锗（Ge）、锰（Mn）、铁（Fe）等矿物质及酸类、醇类、酚类、酮类、醛类等200多种有机物质（如甲酸、醋酸、丙酸、丁酸、戊酸、己酸、巴豆酸、当归酸、糠酸、甲醇、烯丙醇、儿茶酚、丙酮、丁酮、己酮、乙醛、糠醛、甲基糠醛等）。此外还含有维生素B_1、B_2，是一种组分复杂、功能多样和相对稳定的系统物质。由于醋液中众多微量物质活因子的天然综合平衡作用机理，是人工无法合成和其他产品无法替代物质。

1. 本醋液产品功效与作用

木醋液广泛应用于化工业、林业、农业、畜牧业、食品加工业、医药卫生业、橡胶厂、环保行业等，是环保行业的吸附剂和有价值的化工、化肥、化妆品加工原料。

（1）木醋液产品无毒无害、具有杀菌、消毒、避害虫、抗病素、抗寒、抗旱性等功效，是目前最理想的农用化学品替代物，可作为绿色无公害农药、微肥使用。

木醋液与木炭粉充分混合后施于土壤，可调节保持土壤水分，调节土壤的酸碱度，改善透气性和保持肥效（可作为基肥），调节地温，疏松改良土壤，吸附土壤中的有害气体。可抑制有碍植物生长的微生物类的繁殖，并能杀死根瘤线虫、黄胸散、白蚁等害虫和预防种子枯病，减少作物病虫害发生，是农作物生长的良好促进生长剂。能提高水和土壤有益微生物活性、增加有益生物数量，补充微量元素，改善果实食味和质量。

醋液是100%纯天然生物质，稀释5000～10000倍可作为无毒杀虫剂，保护和改善生态环境，是农业部重点推广的绿色农药。目前在先进发达国家和地区有机农业栽培中，已广泛应用于无公害蔬菜栽培生产实践中。

（2）用于大肠杆菌、金黄色葡萄球菌的抑制的作用。一般木、竹醋液抗菌及病毒的效果可持续8h，且稀释20～40倍之木、竹醋液制成的复合物可以延长杀死或抑制空气中的细菌及病毒的时效至少长达一周（168h）。

（3）用于水质净化，用木醋液处理生活污水，只需1/1000000（百万分之一）的木醋液即可使化学需氧量的去除效果提高10%。因此，用木醋液处理污水可大大节约成本，又可达到杀菌效果。

（4）醋液可中和氮硫化物而作为消臭剂，用于橡胶加工厂处理废气、污水、干胶和垃圾恶臭病毒场所、厕所粪便处理、家畜舍及鱼市场等生鲜物品腐败脱臭，均有消毒、杀菌、除臭、除霉、抑止霉菌等壁癌滋生，将木醋液喷洒在有恶臭的地方能消除臭味，保持空气清新，喷洒一次能维持3～5d。

(5) 作为动物饲料添加剂，添加量为饲料的0.4%。可以改善家畜、养殖鱼类的肉质，改善鱼蛋等的品质和提高营养。

(6) 木醋液常用于食品工业中的抗霉、抗菌和保存、抗氧化性。饮料添加剂木醋液原液经过精制处理，能除去甲醇、甲醛等有害物质，可作为健康饮料添加剂。

2. 木醋液的保健功效

木醋液虽然不是医药品，但由于含有醋酸及各种成分的复合作用，消毒、止痒、抗霉菌、防蚊、除臭、驱虫功效好。对于干燥性皮肤炎、慢性湿疹、疥癣以及难治愈的香港脚，可以原液稀释60倍早晚直接数滴或用棉花湿敷患部。如滴至浴缸内用来洗浴可促进血液循环，软化肌肤并缓解压力，减轻酸痛，全身护肤之美容功效。

木醋液可减少头皮屑，保护头皮健康。加2%的精馏竹醋液至所使用的洗发乳，可防止头皮痒、去头皮屑。它也是化妆品加工原料主要成分，可用于化妆品添加剂。用木醋液制成的化妆品，具有肌肤美容、抗菌等效果，在日本广为大众所欢迎。

木醋液能促进保养品吸收，将精馏级竹醋液数滴加入保养品中，可将保养品营养吸收并渗透到肌肤底部，提高保养品的护肤效果，所以是护肤保养品的最佳添加物。

我国木醋液的市场需求量为1600万t以上。

六、二氧化碳

为减少碳排放，也可从燃气中脱离出二氧化碳，既可进一步增加燃气热值，又可有效利用二氧化碳。二氧化碳可以做化工原料，二氧化碳的固体干冰，可用于食品的保存、保鲜，可以进行人工降雨。二氧化碳既不能燃烧也不能支持燃烧，因此可以做灭火剂、冷却剂。二氧化碳能促进绿色植物的光合作用，因此可做气体温室肥料。高纯二氧化碳在半导体制造中用作氧化、扩散、化学汽相淀积、超临界清洗的气体。液态二氧化碳可用于冷却剂、焊接、制造等。

第 二 篇

生物质发电机组施工安装

第一章　生物质发电机组施工组织设计

本章以国能蒙城生物发电工程为例，对生物质发电机组的施工组织设计进行说明。

第一节　工　程　概　况

一、编制依据

（1）此工程初设图纸。

（2）此工程施工合同、部分设备订货协议。

（3）国家电力公司电源建设部《火力发电工程施工组织设计导则》（国电电源〔2002〕849号）。

（4）与此工程有关的施工及验收技术规范、规程、标准。

二、工程概述

（一）工程简况

1. 厂址地理位置

国能蒙城生物发电工程厂址位于蒙城县西2.5km处的小辛集乡境内，北面紧邻蒙太公路，东面为六里杨村，南面为何楼和七里张村，西面为麦豆原农场。东面约500m处有S307省道，南面约900m处有阜蒙新河和S305省道通过。所占土地为工业规划用地。

2. 厂址自然条件

（1）厂址地形地貌。本工程厂址区域地貌为淮北冲积平原，地势平坦开阔，场地内沟渠交错，自然地面高程为25.90～26.50m（1985年国家高程基准），沟深为1～2m。

（2）工程地质与厂址稳定性：

1）厂址处于相对稳定区域，适宜建厂。

2）厂址地层主要为第四系全新统冲积层（Q_4^{AL}）、第四系上更新统冲积层（Q_3^{AL}），岩性主要有黏土、粉土。场地土类型为中硬土，建筑场地类别为Ⅲ类，属抗震有利地段。

3）厂址无不良地质现象，不压覆重要矿产资源，无军事设施和文物遗存，不属于文物保护范围。

（3）地下水。厂址区浅层地下水主要为第四系孔隙潜水，少量上层滞水。潜水具微承压性，补给来源主要为大气降水和地表水体补给。枯水季节地下水水位埋深为3.0m多，雨季时地下水位接近地表。勘测期间钻孔地下水位埋深为1.5～2.0m。根据水质分析报

告，拟建两厂址区的地下水对混凝土结构无腐蚀性，对钢结构具有弱腐蚀性，有钢筋混凝土结构中的钢筋具弱腐蚀性。

3. 厂址水文气象条件

(1) 水文条件。厂区自然地面标高在25.90～26.50m之间，厂址区域50年一遇洪水位为27.00m。

(2) 气象条件。蒙城县位于淮北平原中部，属于暖温带半湿润季风气候，季风明显、四季分明、春暖多变、夏热多雨、冬冷干燥。由于冷暖气团交锋较为频繁，天气多变，降水变化大，常有旱、涝、大风、冰雹、雷暴等自然灾害出现。

4. 厂址周围环境

厂址周围无其他大、中型工矿企业，符合蒙城县总体规划。厂址范围及附近不压覆文物，也不属于名胜古迹、文物保护和自然保护区，无机场、军事设施及重要的通信设施。

5. 交通运输条件

厂址以北约20m为东西向蒙太公路，进厂主干道及货运道路均从蒙太公路接引。蒙城县城东距京沪铁路蚌埠站86km，西距京九铁路阜阳站80km。

6. 电厂水源

本工程中涡河河水作为循环冷却水补充水、工业用水及消防用水水源；在厂内打3眼深井作为全厂工业用水、消防用水及循环水补充水的备用水源，同时作为生活水水源。

7. 燃料运输

电厂所用燃料为秸秆。本工程单炉年耗秸秆量为23.78万t，平均小时秸秆耗量为33.97t/h。日耗秸秆量为747.4t。

(二) 主机设备简介

1. 锅炉

(1) 制造厂：北京德普新源科技发展有限公司。

(2) 特性：130t/h高温高压、自然循环、全钢炉架、振动炉排、汽包炉、紧身封闭的秸秆燃料锅炉。

(3) 主要参数：锅炉最大连续蒸发量为130t/h；过热蒸汽压力为9.2MPa (g)；过热蒸汽温度为540℃；给水温度为220℃；锅炉效率不小于90%。

2. 汽轮机

(1) 制造厂：武汉汽轮发电机厂。

(2) 型号：N30-8.83型，高温高压、单缸、单轴、凝汽式汽轮机。

(3) 主要参数：额定功率（不含励磁功率，下同）为30MW；主蒸汽阀前主蒸汽额定压力为8.83MPa (a)；主蒸汽阀前主蒸汽额定温度为535℃；主蒸汽额定流量为120t/h；额定抽汽压力为0.328MPa；额定抽汽量为45.5t/h；冷却水温设计为20℃，最高为33℃；背压为5.00/11.8kPa (a)；额定转速为3000r/min；旋转方向为从机头向发电机端看为顺时针；冷凝器NQ25冷却面积为2500m^2。

3. 发电机

(1) 制造厂：济南发电设备厂。

(2) 型号：QF-30-2型，空气冷却、自并励静止励磁发电机。

(3) 主要参数：额定功率为 30MW；额定功率因数为 0.8（滞后）；额定电压为 10.5kV；额定定子电流为 2062A；额定转速为 3000r/min；额定频率为 50Hz；转子重量约为 16t；定子重量约为 42t；功率因数为 0.8；相数为 3。

(三) 厂区总体布局

1. 厂区总平面布置

(1) 厂区总平面布置呈“两列式”格局，由东向西依次布置升压站—主厂房区，由南向北依次布置储料设施区—主厂房区—厂前附属、辅助设施区。

(2) 主厂房区位于厂区东北部。由东向西依次为汽机房—锅炉房—除尘器—引风机、烟道、烟囱。

(3) 两座干料棚分别设在主厂房区的南侧、西南侧。

(4) 输料栈桥由南向北从主厂房的南侧接入锅炉房。

(5) 35kV 配电装置布置在主厂房区的东侧，主变压器布置于主厂房东侧。

(6) 冷却塔布置在主厂房区的西北侧。

(7) 锅炉补给水处理室与主厂房组成联合建筑，其余室外设施布置在主厂房北侧。

(8) 汽车衡及控制室布置在厂区西北侧，靠近货运出入口。

(9) 厂区设置两个出入口：进厂主出入口和货运出入口。前才布置在厂区东北角，靠近厂前区；后者布置在厂区西北角。

2. 厂区竖向布置方式

(1) 厂址区地形平坦开阔，地面高程在 25.90～26.50m 之间，竖向布置采用平坡式布置方式。

(2) 主厂房区的室外设计标高为 27.50m；根据土方平衡计算结果，其他区域地坪标高为 26.30～27.60m 之间，料场区设计地坪标高在 26.05～26.80m 之间。

(四) 专业系统简介

1. 机务专业

(1) 燃烧系统。秸秆通过上料系统运输至位于炉前的秸秆料仓中。通过螺旋取料机从炉前料仓底取料，分配至给料机送入炉膛燃烧。

锅炉采用平衡通风系统。空气系统由 1 台 100%容量的送风机和空预器组成。空气的预热由给水加热实现。加热空预器的给水从高压给水调节阀后的高压给水管道直接引出，预热空预器的空气，然后进入烟气冷却器吸收烟气的热量，最后再回到高压给水管道进入省煤器。

经炉膛燃烧后产生的高温烟气和飞灰，流过过热器和省煤器，再流经烟气冷却器。经过烟气冷却器的烟气和飞灰，由 1 台 100%容量引风机将烟气吸入带前置旋风除尘的布袋除尘器净化，最后经 100m 的烟囱排向大气，烟囱出口内径 2.5m。为避免启动时含有油和水的烟气进入布袋除尘器，在烟气冷却器和引风机之间增加了烟道旁路，启动时不经过布袋除尘器，直接经旁路通过引风机进入烟囱。

(2) 热力系统。本系统采用单元制，过热器联箱出口蒸汽经 1 根 ϕ219×16 (12Cr1MoVG) 的管道送至汽轮机主汽门。

本期给水系统设置两台 145t/h 的电动调速给水泵，1 台运行，1 台备用。系统采用单

管制，给水操作平台布置在锅炉运转层。高加采用大旁路。

本机组汽轮机的6级非调整抽汽分别供给2台高加、3台低加和1台高压除氧器。除氧器滑压运行，除氧器的额定压力为0.588MPa，在三抽压力低于除氧器额定工作压力工况除氧器滑压运行。配置1台有效容积为50m^3给水箱，1台额定出力为150t/h的高压除氧器。除氧器正常运行用汽由三级抽汽提供。本机组为纯凝机组，不考虑对外供热。

本台机组设置两台容量100%的卧式电动凝结泵，1台运行，1台备用。

循环冷却水为有冷水塔的二次循环水系统，设循环水泵，向凝汽器、冷油器、发电机空冷器提供循环水冷却，风机液力耦合器工作油冷却器、给水泵电机、给水泵液力耦合器工作油冷却器也采用循环水冷却，其他（如给水泵、凝结水泵、风机等）设备的轴承、润滑油冷却器均采用工业水冷却，回水至循环水系统。空冷器和冷油器均备有夏季掺凉用工业水。冷却水设计温度为20℃，最高冷却水温度为33℃。

（3）燃料系统。储料设施，有储料棚与露天储料场，保证日常机组的正常运行。储料仓内的秸秆抓斗机运至链板输送机上，经链板输送机运至大角包机处解包，然后送至♯2带式输送机后进入锅炉原料仓。小包玉米秸或散料通过装载机给至小包料斗，再经螺旋给料机后进入♯1带式输送机，由♯1带转运至♯2带，进入锅炉原料仓。

燃料运输系统控制方式采用DCS控制方式和就地手动两种控制方式，还设有工业电视监测系统，并采用全天运行的方式。

（4）除灰渣系统。干灰落入粉料泵与压缩空气充分混合后，通过管道输送到灰库内储存。在灰库下设有干、湿灰分除装置，装车后运至综合利用场所。

锅炉炉底渣经排渣口排出，直接进入位于炉底的两台变频调速刮板捞渣机中，冷却后输送至除渣间堆放，然后外运至综合利用场所。

（5）水工系统。全厂夏季工业用水及循环水补充水最大补水量128m^3/h，年需补充水量约89.6万m^3，以涡河地表水作为全厂工业用水、消防用水及循环水补充水的水源；并在厂内打3眼深井作为全厂工业用水、消防用水及循环水补水的备用水源，同时作为全厂生活水水源。

根据循环水系统优化结果，冷却塔为1座逆流式双曲线自然通风冷却塔，淋水面积1200m^2，夏季冷却倍率65倍、凝汽器面积2500m^2。

（6）化学水处理系统。

1）锅炉补给水处理系统：水工净水站来地表水→加热→自清洗过滤器→外压式超滤活性炭→过滤器→一级反渗透→除一氧化碳器→中间水箱→二级反渗透→淡水箱→EDI→除盐水箱→除盐水泵去主厂房。EDI浓水回流作为二级反渗透进水，二级反渗透浓水回流至生水箱。一级反渗透浓水进中间水箱。

2）水循环水处理系统：循环水处理系统拟采用加酸、加稳定剂及阻垢剂等加药处理。

3）主厂房加药取样系统：①给水、炉水校正处理系统：为防止和减少给水系统中设备、管道的腐蚀及污染给水质量，需要调整给水中的pH值。本工程采用一箱两泵组合式自动加氨装置调节。为防止锅炉水冷壁结垢、腐蚀爆管，对水采用磷酸盐处理，设备选用一箱两泵组合式手动加药装置。②水汽取样系统：为监督机组一水、汽系统水汽品质，使整个电厂的水汽系统处于最佳运行工况，设一套水汽集中取样装置。取样装置由微机对主

要测点进行实时检测，并留有主要测点信号进入DCS系统接口。同时设手动取样分析测点。取样装置的冷却水采用除盐水，设除盐水冷却装置一套。

2. 电气专业

（1）电气主接线。电气主接线以发电机—变压器—线路组单元接线方式，以一回35kV架空出线向东接入附近变电站的35kV系统。主变为一台有载调压双绕组变压器，型号和参数为：SFZ9-40000/35，38.5±3×2.5%/10.5kV，40MVA，Yd11。发电机与变压器之间设断路器。

（2）35kV配电装置。选用户外敞开式配电装置，主变高压侧至35kV配电装置采用共箱母线连接，主变35kV进线采用LGJ-630/30钢芯铝绞线。

（3）发电机励磁系统。采用自并励静止励磁系统，系统由一台接于发电机机端的励磁变压器作为励磁电源，经可控硅整流后供给发电机磁场电流。自动电压调节器（AVR）改变可控硅整流装置的触发角来控制发电机运行工况。系统主要由机端变压器、可控硅整流装置、自动电压调节器、灭磁和过电压保护装置、起励装置、必要的监测、保护、报警辅助装置组成。

（4）厂用电源系统。厂用电设高压10kV中性点不接地系统，高压厂用工作电源引自主变低压侧，10kV厂用母线为一段，机炉的辅机及公用负荷接在母线上。

设两台低压工作变压器，容量为1600kVA，供主厂房、上料及炉后区域的低压负荷。

在主厂房内设一台备用变压器，作为两台工作厂变、辅助车间变的备用电源，容量为1600kVA。

根据负荷范围设一台辅助车间变，容量1000kVA，为辅助车间的负荷供电。

厂用电低压采用380V/220V中性点直接接地系统，采用PC-MCC明备用的接线方式。

（5）直流系统。全厂设一组蓄电池，动力、控制负荷混合供电，电压220V，不设端电池。蓄电池选用阀控式密封铅酸电池，容量为400Ah。蓄电池配置一套充电浮充电设备，充电浮充电设备选用高频开关电源装置，模块采用$N+1$热备份方式。

（6）不停电电源系统（UPS）。根据负荷需要，设置一套容量为30kVA单相输出的静态不停电电源装置，布置于电气继电器室内。运行方式为正常由工作段向UPS提供交流电源，经UPS整流、逆变后将直接转换成单相220V交流向主配电屏供电。当工作面失电时，则由蓄电池向逆变器供电，当过载、电压超限、逆变器或整流器发生故障停止工作时蓄电池放电至终止电压时，由静态开关在3ms内将负荷切换至旁路回路，由旁路供电。

（7）电气控制纳入机组DCS系统。实现机炉电一体化控制。

3. 热工控制系统

热工自动化控制系统采用分散控制系统（DCS）。实现单元机组炉机电集中控制。

在集控室内可实现机组正常运行工况的监视和调整以及异常工况的报警和紧急事故的处理，在少量就地操作和巡回检查配合下，在集控室内可实现机组的启/停。

4. 建筑专业

（1）建筑材料。

1）钢材：型钢、钢板主要用Q235-B钢，有特殊要求的采用Q345-B钢。

2）根据设计需要，预制混凝土构件混凝土强度等级为C30～C40，现浇混凝土结构为C30～C45，素混凝土及垫层为C10或C15。

3）机制砖、加气混凝土砌块：根据设计需要分别采用MU10、MU15机制砖或其他满足设计要求的砌体。轻型砌块或空心砖：可用于主厂房及其他框排架结构内侧填充墙。砂浆：地上或防潮层以上砌体采用M5混合砂浆，地下采用M7.5水泥砂浆。

4）屋面防水：主厂房等主要生产建筑物屋面防水等级为Ⅱ级防水，其他辅助生产建筑物屋面防水等级为Ⅲ级。

5）屋面保温：屋面保温材料为挤塑聚苯乙烯泡沫塑料板。

6）装饰材料：外墙采用涂料。

7）门窗：钢门窗、木门或塑钢门窗。

（2）地基处理。根据拟建场地的地层分布及地基的工程性质，第一层土可以满足设计承载力的要求。主厂房采用柱下现浇钢筋混凝土独立基础；烟囱采用筏板基础；其他框架排架结构采用现浇钢筋混凝土独立基础或条型基础，砌体结构采用钢筋混凝土条形基础。

（3）主厂房建筑设计。主厂房按1×30MW机组设计，不再保留扩建的条件。汽机房横向布置于锅炉右侧（由炉前向炉后看），与锅炉钢架距离为1m，锅炉钢架下为锅炉房检修主通道。锅炉房在汽机间侧的封闭处设置变形缝。汽机房采用岛式布置，跨度为13.5m，纵向长度为6m×4＋7m×2，共38m。汽机房分三层，即零米层，中间层4.3m，运转层8.0m。汽轮发电机中心线与锅炉中心线垂直，机头朝向锅炉房，汽轮发电机组中心线距A排柱为6.0m。汽机房±0m层6～7轴设检修场地，检修场地设设备主要出入口。

除氧间共分四层：10kV配电室和蓄电池室布置于除氧间±0m层5～7轴。380V配电室布置于除氧间4.30m层，4～7轴，暖通换热站布置于2～4轴。8m层布置有机炉电集中控制室、电子设备间及继电器室，除氧器布置于13.80m。化学专业及循环水泵布置于汽机房A列外侧毗邻屋，框排架结构。

主厂房布置三部楼梯，一部钢筋混凝土楼梯，两部室外钢梯，满足交通疏散要求。其中钢筋混凝土楼梯可达到主厂房各主要楼层及屋面，并在各不同标高屋面设有屋面检修钢梯。锅炉房主要依靠其自设钢梯及平台进行疏散。

（4）主厂房卫生设施。在汽机房0m、运转层集控室区域设卫生间，在各车间适当位置设清洗水池，方便就近使用。

（5）主厂房排水及隔热。主厂房屋面全部采用有组织排水，为钢筋混凝土屋面，屋面防水等级按Ⅱ级屋面设防，采用高分子防水卷材防水层。

室内外楼地面交界处高差不小于20mm，与室内楼地面衔接的室外楼地面走道、台阶等应作不小于0.5%的排水坡度，防止积水。有水冲洗的楼地面留洞时，洞口做150mm高的护沿，屋面洞口护沿做400mm高。变形缝严密，防止渗漏。

（6）主厂房防火、防爆。主厂房防火按照丁类二级考虑。汽机房、除氧间、锅炉房为一个防火分区，汽机房与锅炉房之间用240mm厚加气混凝土砌块分隔。隔墙耐火极限不小于1h，墙上的门均为乙级防火门。疏散楼梯间的门为乙级防火门；配电装置室、电缆竖井均采用乙级防火门窗；防火门一律向疏散方向开启。主厂房内每个车间、配电装置室等的安全出口不少于两个。疏散楼梯梯段宽度大于1.1m，疏散走道的净宽不小于1.4m，

疏散门的净宽度不小于0.9m，疏散钢梯宽度不小于0.8m，并且不大于45°。主厂房所有穿防火隔墙的管道及孔洞均以不燃烧的材料填塞管道与防火墙之间的缝隙。

(7) 主厂房结构设计。主厂房采用现浇钢筋混凝土框排架结构，横向由化学毗屋柱—B列柱—汽机房屋盖—A列柱—A01列柱组成框排架结构体系，主厂房纵向为框架结构。

主厂房A列柱、除氧间框架、楼板等构件均采用现浇钢筋混凝土结构；汽机房屋盖采用预制屋面梁+预制屋面板；吊车梁采用预制钢筋混凝土T形截面梁；汽轮发电机基座为现浇钢筋混凝土框架结构，大板式基础；加热器平台采用现浇钢筋混凝土结构；汽机房采用钢筋混凝土结构抗风体系。

主厂房围护结构采用轻质砌块为主。

锅炉房墙体紧身封闭1.0m以下为砌体结构，1.0m以上外围护墙采用复合保温压型钢。锅炉钢架、各层平台屋面及墙体围护均由锅炉厂设计、建造。

(8) 抗震措施。主厂房填充墙沿柱高与框架柱设拉结筋拉结，填充墙高度超过4m时增设圈梁；屋顶女儿墙根据不同高度采取相应的抗震构造措施；不同结构单元之间的防震缝宽度符合《建筑抗震设计规范》(GB 50011) 有关规定。

(9) 炉后建（构）筑物。烟囱出口喉部内径2.8m，喉部内径2.5m，高100.0m。采用钢筋混凝土外筒壁、环形基础，耐火砖内衬，憎水珍珠岩板隔热层。

钢烟道支架为钢结构，钢筋混凝土独立基础。引风机房为框架结构，钢筋混凝土独立基础。启动锅炉房为框架结构，钢筋混凝土独立基础。

(10) 电气建（构）筑物。汽机房山墙外设一主变。变压器基础为钢筋混凝土结构。35kV屋外配电装置母线架构和出线架构采用钢结构柱、钢桁架梁，按电气专业要求设避雷针和爬梯。隔离开关和避雷器等设备支架采用钢结构支架。

(11) 燃料输送系统建（构）筑物。燃料输送系统建筑主要包括：#1转运站、链式输送皮带、#1皮带栈桥、#2皮带栈桥、干料棚等。

1) #1转运站：地上部分为两层钢筋混凝土框架结构，地下一层为钢筋箱型混凝土结构。

2) 链式输送皮带为地面皮带，采用机制砖墙封闭。

3) #1皮带栈桥：地下部分采用钢筋混凝土箱体结构；地上部分采用钢筋混凝土框架结构，加气混凝土砌块封闭；基础采用钢筋混凝土独立基础。地下料斗采用钢筋混凝土箱体结构。

4) #2皮带栈桥：地上部分采用钢筋混凝土框架结构，加气混凝土砌块封闭，基础采用钢筋混凝土独立基础。

5) 干料棚：钢筋混凝土排架结构，屋面为轻钢屋架+无保温压型钢板，墙板为无保温压型钢板，墙板在干料棚上部封闭。基础为钢筋混凝土独立基础。

6) 辅助（附属）建（构）筑物：综合办公楼建筑面积998m^2，二层砌体结构；生活综合楼建筑面积3442m^2，五层砌体结构；检修间建筑面积408m^2，单层框架结构+砌体结构；传达室：建筑面积：31.32m^2，警卫室建筑面积：31.32m^2，单层砌体结构；车库：筑面积346m^2，单层砌体结构。

三、施工范围及主要工作量

1. 施工范围

承担汽机房、锅炉房建筑安装工程部分、烟囱和冷却塔建筑安装工程、锅炉岛及燃料系统建筑安装工程、生产生活辅助设施工程等施工。

2. 主要工作量

略。

第二节　施工组织机构及劳力计划

一、施工组织机构

1. 施工组织机构创建原则

依据合同要求及公司管理模式，结合工地实际情况，在确保完成项目管理总目标的前提下，尽量简化机构，减少现场管理人员，侧重围绕施工管理，兼顾行政办公、经营管理。项目管理实行项目经理负责制，下设置四部一室及四个工程处，即工程管理部、安全监察部、物资机械部、计划经营部、综合办公室及建筑、锅炉、汽机、电仪工程处。

2. 项目工地施工组织机构

(1) 项目工地施工组织机构网络图（略）。

(2) 项目部各人员及部门职能分工（略）。

二、施工劳力计划

略。

第三节　施 工 进 度 计 划

一、里程碑进度计划

略。

二、施工综合进度计划

略。

三、保证进度计划的主要措施

1. 基本原则

工期的控制是通过对每一个单项工程、每一个网络节点进度控制来实现。进度控制主要采取规划、控制和协调的方法。按合同规定的投产日期规划整个施工项目里程碑进度目标和每一个节点进度的控制目标，进行实际进度与施工计划进度的比较，出现偏差及时采

取措施进行调整。同时协调与施工进度有关的单位、部门和工地之间的相互配合，相互交叉，确保每一个进度的实现。

2. 组织措施

(1) 利用先进的项目管理软件系统，按照施工项目的结构、进展的阶段或合同结构等进行项目分解，确定其进度目标计划，建立计划目标控制体系。

(2) 确定工程施工进度控制工作制度，对影响进度的因素分析和预测；建立调度会、专题会制度，及时协调解决关键工序的各种问题，确保主线进度按时完成。

(3) 积极配合甲方做好现场的管理、协调工作，以大局为重，确保工程施工顺利进行。

(4) 建立有效的施工技术管理和工程质量保证体系，加强图纸会检，并会同设计单位解决会检中发现的问题，避免返工、设计变更等重复劳动。

(5) 根据本工程的特点，制定详细的、有针对性、先进合理和易于操作的施工方案，并对较重大的工程项目施工进行优化施工方案，合理安排工序，杜绝技术失误。

(6) 严格执行施工方案措施的编制和审批制度，强化施工工艺纪律管理。

(7) 大力推广新技术、新工艺、新材料和新设备的应用；做到以计划为龙头、以技术为先导，确保工程施工进度按计划完成和创建精品工程目标的实现。

(8) 加强工程施工的过程控制和监督，严格控制每道工序质量，杜绝返工现象和质量事故的发生，从而确保各项工程的顺利进行，保证总体计划目标的实现。

3. 目标责任书措施

在本工程，项目经理部将与各专业工程处签订目标责任书，明确工期并使之与施工进度计划相协调，以经营手段约束双方责任，使进度计划始终处于受控状态。

4. 资源保障措施

在制定施工计划的同时制定劳力、机械、图纸、设备、材料等资源需求计划，并及时组织计划落实会，对各项资源条件逐一落实，以满足工程进度需要。

对制约工期的劳力、机械、材料问题，利用公司的网络管理信息系统快速作出反应，积极合理地组织人力、物力，确保计划的完成。

设备的到货时间是影响安装工期的重要因素。根据里程碑进度计划的要求提出总体设备交货计划，每季、每月将提出具体的设备要求交货进度，以便于业主催货、协调。

四、针对本工程特殊工期的保证措施

1. 机械配置

锅炉吊装主要配置 90t 履带吊和 10t 塔吊，用于锅炉受热面大面积组合吊装，实现地面组合、空中交叉的流水施工，可大大加快施工进度。同时根据实际情况灵活租用汽车吊。

2. 交叉施工

合理组织，作好施工交叉项目的协调，完全、彻底地解决工程进度计划在空间上、时间上和资源使用上的交叉和冲突，防止返工、窝工的现象发生。

3. 受热面焊接

（1）提前做好焊工培训，储备好优良焊工，确保受热面安装时焊工能及时到位。

（2）统筹计划受热面的吊装、焊接，尽量展开多点、多面焊接作业，合理安排焊口无损检测时间，及时反馈检测结果。开展劳动竞赛，加快施工速度。

4. 汽轮机安装

合理组织汽轮机、发电机等本体一条线的安装工作，作好各工序间的交叉协调。

投入足够的技术人员和熟练的技术工人，采用两班工作制，歇人不歇机械，确保工期按期完成。

5. 管道安装

高压管道及中低压管道施工前，绘制配管图，组织工厂化施工。对设计院不出布置图的小口径管道，提前绘制布置图，统一规划，制定标准，便于施工人员施工。

6. 电缆敷设及接线

提前准备，精心组织，确保电缆敷设一次到位。开展接线技术比武等劳动竞赛活动，促进施工进度。

7. 赶工措施

因设计、设备等原因造成进度拖期，施工方将与业主、设计和设备供货商协商，并对工程拖期情况分专业、分系统进行全面分析，找出存在的主要问题和关键路径，先抢重点。根据进度拖期情况采取增人，加班加点；增加机械装备，分班交叉。加强各方协调，改善外部环境，为抢工期创造条件。

第四节　施工总平面布置及力能供应

一、施工总平面布置

（一）临时设施布置

1. 场地布置依据

（1）《火力发电工程施工组织设计导则》（国电电源〔2002〕849号）。

（2）《电力建设安全工作规程　第1部分：火力发电》（DL 5009.1）。

（3）国能蒙城生物发电工程初步设计文件。

（4）施工现场条件及周围环境，项目施工范围及现场情况。

（5）本工程的施工综合进度要求。

（6）公司的施工能力及机械、人员状况。

2. 场地布置原则

（1）在规划用地范围内，本着有利施工、节约用地、方便运输、减少污染、保证安全的原则，合理布置施工场地。施工区域的划分和场地的确定应符合施工流程要求，尽量减少工种或工序之间的干扰，使之合理地进行交叉作业。

（2）确保施工期间交通顺畅，各个阶段都能做到交通方便、运输通畅。减少二次搬运，降低运输费用。大宗器材或半成品堆置场布设要分析和选取经济合理的运输半径，使

反向运输和二次搬运总量最少。

(3) 必须满足有关规程的防洪排水、防火及防雷、保卫、劳动保护和安全文明施工的要求。

(4) 精心安排各种物资的供货时间及存储计划，把堆放搁置时间压缩到最小限度。

3. 临建、机械、施工用水、施工用电、消防、排水布置说明

(1) 生产临建布置。办公区布置在厂区围墙外东侧，电厂新租地处，办公区北墙与厂区围墙北墙齐平。施工配电室布置在主厂房东北侧综合楼南侧，距东侧透空围墙约15m。搅拌站位于＃1燃料露天堆放场北侧，预制构件场位于搅拌站南侧；厂区设置四个钢木加工场地，主厂房钢木加工区与周转性材料位于＃1转运站东侧，上料系统钢木加工区位于＃1转运站西侧，冷却塔钢木加工区位于冷却塔北侧，综合楼钢木加工区位于办公楼北侧、综合楼西侧；设备组合场位于炉后，根据以往生物电厂建设经验，设备组合主要为水冷壁组合，该区域有利于吊装，减少二次倒运；物资公司仓库及材料场布置于厂区西侧＃4露天堆料场，集中存放建筑钢材及安装装置性材料；物资仓库及设备存放区位于东侧＃5露天堆料场。在主厂房钢木加工区东侧设置一现场厕所。

(2) 生活临建布置。生活区考虑布置办公区南侧，根据计划工期及工程需要，生活区临建为彩板房，在生活区内设排水沟、厕所、垃圾池，将生活污水处理排至围墙外侧排水沟内，生活垃圾定点、定时处理。

(3) 主要施工机械布置。

1) 安装主吊机械为90t履带吊和10t塔机，90t履带吊根据工程需要布置在所需施工区域。10t塔机布置于炉侧，主要用于锅炉附属管道、烟风道、过热器、除尘器等设备吊装。

2) 主厂房、冷却塔、生活综合楼布置3台塔吊用于施工。

3) 汽包吊装时使用250t汽车吊。

(4) 施工道路。基层2∶8灰土300mm厚，上铺水泥稳定碎石250mm。路宽6m，转弯半径9m。

(5) 施工用水布置。施工用水水源取自施工现场内浅水井。办公区、生活区、现场厕所、搅拌站都采用现场水井，用潜水电泵及加压泵送至用水区域。

(6) 施工用电布置。现场设一台1000kVA变压器，按负荷分布情况，共设计7面二级配电盘布置于搅拌站区域、钢木加工场、办公及生活区域、冷却塔区域、锅炉房、汽机房及办公楼综合楼区域。

(7) 消防布置。将消防用水与施工用水合并使用，施工区域消防栓设置间距不大于120m，施工现场共设置4只消防栓，具体布置在主厂房南北两侧施工/消防用水管道上。主厂房各层、设备材料仓库等重点部位配备移动式消防器材。工地消防设施配备齐全，同时保持与地方消防部门的联系。生活区及其他区域布置灭火器、水桶、沙桶等消防器材。

(8) 现场排水。全厂排水通过厂区排水沟排放至南围墙外排水沟，办公生活区排水排至东侧水沟。

(二) 临时设施用地表

略。

（三）施工总平面管理及要求

1. 施工总平面管理

施工总平面是在符合有关规程、规范的前提下，合理规划施工现场、交通运输、各种生产临建、施工设施、力能配备和设备、材料、机械堆放等，综合反映在平面图上的成果。因此施工总平面管理的主要任务就是确保上述成果有效地实施。

2. 管理原则

施工总平面布置，经项目经理批准后，由工程部统一协调和管理。项目工程部为施工总平面的归口管理部门。根据各时期的不同需要，由工程部对总平面布置作适当平衡调整，重大调整需经项目经理批准，任何部门和个人不得任意变更。各工程处必须在指定区域内堆放器材和进行作业，如有问题应及时提请项目工程部进行平衡调整。施工道路、供水管路、通信线路等公用设施，时刻保持良好使用状态。如需临时切断、改路时，必须事先报请项目工程部，由生产经理协调具体施工时间。

3. 公用设施的管理分工

道路、供排水管路及配套设施、测量用的标准点、水准点、沉降观测点等公用设施由建筑工程专业负责管理及维护。项目工程部主管供电、供水系统的调配工作。施工现场的安全保卫、消防工作由项目部安保部负责现场文明施工由项目安监部具体管理，施工中根据现场实际使用情况划分成若干部分，分配于各部室、各专业工程处包片管理。

二、施工力能供应

（一）施工用电

本工程总用电功率约为806kW，在施工现场设10kV/380V、1000kVA变压器一台，采用TN－S供电系统。施工电源电缆全部使用铠装铝制三相五芯电缆，11路馈线回路依沿墙沿路、电缆沟的原则向各个施工点和生活点供电，根据现场施工所需负荷分布情况，共设计7面二级配电盘。

（二）施工用水

施工用水总水源由业主提供的浅水井进行供应。消防水和施工用水合用同一管网，整个施工区按重点防护部位（钢材库、各类设备、材料仓库、贵重物品以及易燃、易爆物品存放位置和办公区、生活区）布置消火设施。消防用水按最不利考虑，即同时有两处火警使用。施工区域的设备材料仓库、木工房等重点消防部位配备部分消防器材。同时保持与地方消防部门的联系。

（1）用水量计算（略）。

（2）管网布置。施工用水管网均采用地下敷设，所有管线均埋于冻土以下。

（三）施工用气

1. 氧气、乙炔、氩气供应

氧气、乙炔、氩气采用瓶装供应。氧气的用气量按平均每天40瓶考虑。乙炔的用量按氧气用量的1/2考虑。

2. 压缩空气的供应

压缩空气拟采用1台3m^{3}移动式空气压缩机布置用气点附近，分区供应。

(四) 施工通信

本工程施工通信拟装设程控电话作为主要通信手段，移动电话作辅助。

第五节　大件吊装方案

(1) 安装主吊机械为90t履带吊和10t塔机，考虑到主要用于设备物资卸车及锅炉钢架、烟气冷却器、省煤器、空预器、除氧器及上料系统等设备吊装，所以90t履带吊根据工程需要布置在所需施工区域。10t塔机主要用于锅炉附属管道、烟风道、过热器、除尘器等设备吊装。

(2) 主厂房、冷却塔、生活综合楼布置3台塔吊用于施工。

(3) 汽包吊装时采用250t汽车吊。

一、发电机定子

发电机定子重约42t，拟采用汽机房内32t/5t行车吊装就位。对此，吊装前将行车桥架进行加固，使行车桥架具备吊装50t的能力（业主在订货时已将行车加固）。

运输车辆将发电机定子自扩建端运至汽机房内，采用改装后的行车单独卸车后、就位。吊装时采用$\phi 37$钢丝绳扣一对，$L=8m$，4股受力，行车吊起定子后，当定子下缘高度达到8.2m时，停止起升，走大车至定子就位位置正上方，四角用倒链找正后，落下定子就位。

二、汽包

汽包加内部装置总重约74t，考虑设备到货后直接卸车至吊装位置，即安装位置的正下方地面上。提前联系供货厂家，确定好汽包到货时间。在汽包到货前将大路至汽包存放位置的路线上进行压实、铺设路基板。提前通知供货厂家确定汽包的装车方向，到货后将货车开至汽包卸货地点。用90t履带吊和50t汽车吊抬吊卸车，将汽包方向和位置调整好后直接卸车，汽包下垫稳道木。

锅炉汽包以250t汽车吊作为主吊，布置在两下降管中间地带。汽包吊装前，先将两下降管吊装到位，可临时固定，汽包吊装到位后即刻进行找正，与下降管对口焊接，热处理，同时连接汽包上部联络管至少两根，热处理完成后250t汽车吊方可脱钩。

三、建筑专业施工方案

(一) 施工总体规划

国能蒙城生物发电工程中建筑工程采用分段、分区域的施工组织方式，全面开工突出重点，以加快施工进度，主要分为主厂房施工区域、水塔施工区域、烟囱施工区域、燃料施工区域、其他施工区域，重点为主厂房施工区域。土方一次大开挖成型，主厂房基础一次出零米。

土建施工开工的重点是确保除氧间及锅炉基础出零米，以保证土建施工和锅炉安装吊车能尽快进场。主体结构开工后，土建施工的重点是除氧间框架，它是整个主厂房工程土建施工的主导工序，必须保证按期完成。其次是汽机房框架、汽轮机基础及汽机房封闭。

本工程土建施工总的原则是先地下，后地上，先室内，后室外；先主体，后装饰和周边工程统筹协调的施工原则，采用流水作业法组织施工。

零米以下结构及地下设施采用一次出零米，其施工进度安排应首先满足土建施工专用吊车和锅炉安装吊车进场的需要。锅炉基础及地下设施施工是重点，应集中力量，突击完成。

主厂房主体结构采取分层按工序组织流水施工作业。施工时，合理安排与安装专业的交叉作业。

建筑专业拟编制的作业指导书见表1-5-1。

表1-5-1　　建筑专业施工作业指导书一览表

序号	项目名称	审查级别			编制日期
		施工方	监理		
1	主厂房结构施工作业指导书	√	√		
2	主厂房建筑施工作业指导书	√	√		
3	汽轮发电机基础施工作业指导书	√	√		
4	汽机地下设施施工作业指导书	√	√		
5	锅炉基础施工作业指导书	√	√		
6	锅炉地下设施施工作业指导书	√	√		
7	启动锅炉房施工作业指导书	√	√		
8	引风机室施工作业指导书	√	√		
9	烟囱基础施工作业指导书	√	√		
10	烟囱风筒及内衬施工作业指导书	√	√		
11	储料棚施工作业指导书	√	√		
12	上料栈桥及转运站施工作业指导书	√	√		
13	露天料场施工作业指导书	√	√		
14	燃料中心办公室及汽车衡控制室施工作业指导书	√	√		
15	储渣场及灰库施工作业指导书	√	√		
16	公用水泵房施工作业指导书	√	√		
17	冷却塔基础施工作业指导书	√	√		
18	冷却塔风筒施工作业指导书	√	√		
19	消防及工业水池施工作业指导书	√	√		
20	循环水管道工程施工作业指导书	√	√		
21	污水处理站施工作业指导书	√	√		
22	排水泵房施工作业指导书	√	√		
23	变压器基础及架构施工作业指导书	√	√		
24	110kV屋外配电装置基础及架构施工作业指导书	√	√		
25	水工配电室施工作业指导书	√	√		

续表

序号	项　目　名　称	审　查　级　别			编制日期
		施工方	监理		
26	厂区电缆沟施工作业指导书	√	√		
27	检修间及仓库施工作业指导书	√	√		
28	办公楼施工作业指导书	√	√		
29	综合楼施工作业指导书	√	√		
30	车库施工作业指导书	√	√		
31	警卫传达室施工作业指导书	√	√		
32	厂区道路施工作业指导书	√	√		
33	厂区围墙及大门施工作业指导书	√	√		
34	全场桩基施工作业指导书	√	√		

（二）土石方工程

本工程土方开挖采用机械开挖辅以人工清基的方式，基坑开挖应尽量避免对地基土的扰动。当用人工开挖时，基坑挖好后，不能立即进行下道工序时，应预留 10～15cm 一层土不挖，待下道工序开始再挖至设计标高。采用机械开挖时，为避免扰动基底土，应在基底标高以上预留一层人工清理。

土方回填工作由人工进行，分层夯实，并按规定取样抽检。

（三）一般混凝土工程

1. 混凝土供应

混凝土供应拟采用商品混凝土，由搅拌车输送，泵车布料，满足全厂混凝土结构浇筑需要。

2. 混凝土浇灌

（1）混凝土浇筑前做好预埋件、埋管、留孔（洞）的预埋工作。

（2）框架柱混凝土采取分层浇筑，每层厚度不大于 300mm，使用插入式振动器振捣密实。

（3）楼层梁、板采取由厂房一端平行向另一端推进连续浇筑施工。梁混凝土施工时使用插入式振动器，楼板混凝土使用平板震动器采取二次振捣法振捣密实，并用木抹子抹压平实，楼板上找平的标高与平整度利用测设于柱筋上的标志拉线予以控制，并用水准仪跟踪测量。

3. 施工缝的留置与处理

（1）施工缝的留置。框架柱的施工缝留在楼板上平处；梁、柱原则上不留施工缝，如遇特殊情况可按现行规范规定要求留设施工缝；主要结构施工缝留置应征得设计同意；楼梯的施工缝宜留在每层第一梯段跨中的 1/3 范围内。

（2）施工缝的处理。在已硬化的混凝土表面上继续浇筑混凝土前，应清除垃圾、水泥薄膜、表面上松动的砂石和软弱混凝土层，同时应加以凿毛，用水冲洗干净并提前一天浇水充分湿润，浇筑混凝土前先注入 30～50mm 厚与混凝土内成分相同的水泥砂浆，接缝

处的混凝土应仔细振捣密实。

（3）注意事项。在施工缝位置附近回弯钢筋时，要做到钢筋周围的混凝土不会受到松动和损坏。应及时清除钢筋上的油污、水泥砂浆及浮锈等杂物。

4. 混凝土的养护

（1）在温度允许时，采用覆盖毛毡、棉被浇水养护或覆盖塑料薄膜等常规养护方法，保持混凝土表面湿润，保证混凝土强度的增长。混凝土养护时间不少于7d，抗渗结构混凝土不少于14d。

（2）冬、雨季施工时，执行冬、雨季施工措施。混凝土强度达到规范要求时方可拆除模板，同时采取措施，保护成品，防止二次污染和损坏。

（四）大体积混凝土施工

1. 基本要求

本工程汽机基础、炉排震动装置基础等为大体积混凝土。其形体大、钢筋密、混凝土数量大。除了必须满足一般混凝土的施工要求外，还应控制温度裂缝的发生。为了有效地控制裂缝的出现和发展，必须控制混凝土水化热升温、延缓降温速率、减小混凝土的收缩、提高混凝土的极限拉伸强度、改善约束条件。为了确保大体积混凝土基础的整体性，混凝土浇筑时应保持浇灌的连续性，施工时分层分段浇筑、分层振捣，同时保证上下层混凝土在初凝前结合良好，不致形成施工缝。

2. 温控和防裂措施

（1）降低水泥水化热的措施。包括：①施工中选用低水化热的水泥；②添加高效减水剂，降低水泥用量；③使用的粗骨料，选用粒径较大，级配良好的粗骨料。

（2）提高混凝土的极限拉伸强度的措施。包括：①选择良好级配的粗骨料，严格控制骨料的含泥量，加强混凝土的振捣，提高混凝土的密实度和抗拉强度，减小收缩变形，保证施工质量；②采取二次振捣施工法等方法，浇筑后及时排除表面泌水，加强早期养护，提高混凝土早期或相应龄期的抗拉强度和弹性模量；③在基础内设置必要的温度配筋，在截面突变和转折处，底、顶板与墙角转折处，增加斜向构造配筋，以改善应力集中，防止裂缝出现。

（3）控制混凝土入模温度的措施。包括：①在高温季节施工时，采取浇水降低砂、石子温度，在水中加冰降低水温等办法，降低混凝土入模温度，从而减少混凝土凝固过程的温升，降低混凝土的内外温差；②加缓凝剂，降低混凝土的前期水化热。

3. 浇筑措施

（1）基础平面面积小于50m^2时，选用分段分层的浇筑方案。

混凝土从底层开始浇筑，进行一定距离后回来浇筑第二层，如此依次向前浇筑各层。浇筑所用的方法，使混凝土在浇筑时不发生离析现象。混凝土浇筑高度超过2m时，加串筒浇灌。

（2）基础平面面积超过50m^2时，采用阶梯状斜截面推进浇筑，如图1－5－1所示。

4. 大体积混凝土测温

测温采用测温计进行，混凝土浇灌前埋设测温管，利用测温计读取温度数据。养护期间前3d每8h测温一次，第4d以后每4h测温一次，当混凝土内外温差小于10℃时停止

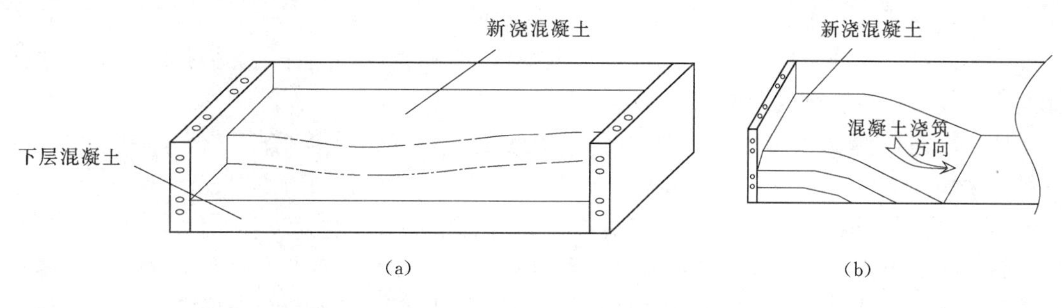

图 1-5-1 混凝土浇筑措施

(a) 混凝土分层浇筑；(b) 混凝土斜面浇筑

测温。在测温的同时，做好测温记录，将温差控制在 25℃以内。

5. 大体积混凝土的养护

为了保证混凝土有一定温度和湿度，并将混凝土内外温差控制在合理的范围内，大体积混凝土的养护主要是通过浇水和覆盖相结合的办法。混凝土终凝后在其表面上浇水养护，必要时在基础表面及模板侧面覆盖草袋保温。在养护期间，定人定时进行测定混凝土内外温度，根据测温结果，调节保温层厚度，以控制混凝土内外温差不超过 25℃，确保混凝土结构不出现温度裂缝。

大体积混凝土基础模板的拆除，除应满足混凝土强度要求外，还要考虑对温度裂缝的影响，当混凝土中心温度与表面温度之差小于 25℃后方可拆除模板和保温层，并应在模板拆除后尽可能早回填，以便于混凝土表面保持一定的温度与湿度。

(五) 钢筋工程

(1) 钢筋在钢筋加工制作场统一加工制作，接长钢筋采用闪光对焊，所有制作完的钢筋必须检验合格后方可运至现场进行绑扎。现场钢筋接头形式根据设计及规范要求施工，设计无要求时，竖向钢筋拟采用电渣压力焊。

(2) 所有进入现场的钢筋必须具有出厂合格证，每批钢筋进场后，首先要核对出厂证明是否与本批钢筋相符，经外观检查验收合格的每批钢筋均按国家现行有关规定取样由检测中心做机械性能检验，合格后方准使用。

(3) 钢筋工程施工前有专人对照图纸翻样，经审核后对钢筋采取集中统一配料。在钢筋加工场内用机械加工制作成半成品，分类堆放，并挂牌标志清楚。钢筋水平运输厂内利用拖拉机，主厂房楼层垂直运输采用 QT40 塔吊，钢筋运至所需部位，采用人工绑扎。

(4) 工程结构用钢筋的接头，严格按照设计和规范要求进行施工、抽检、验收。所有焊工要持证上岗，钢筋正式焊接前应先进行同条件试焊，试焊件经测试合格后，方可进行正式焊接工作。

(5) 钢筋接头的位置、同截面内的钢筋接头的数量，以及绑扎接头的搭接长度必须符合规范规定和设计要求。

(6) 钢筋保护层的控制：柱、梁、楼板受力筋，采用高标号水泥砂浆垫块控制保护层厚度，梁每米长用 2 个，楼板纵横间距 800mm 设 1 个，呈梅花形布置。梁侧保护层使用带绑丝的垫块予以控制。楼板支座处的负弯矩筋和悬臂物件的受力钢筋的保护层采用钢筋

马凳控制，马凳的数量和刚度应保证受力筋不变形，不位移。

(7) 钢筋工程施工顺序：柱筋绑扎→现浇梁、楼板钢筋绑扎。钢筋绑扎时，要注意绑扎丝不能外露，要将绑扎丝头弯向结构内部。

(8) 严格按钢筋跟踪程序控制钢筋使用流程，确保钢筋按质按量使用在工程所需部位。

(六) 模板工程

(1) 基础模板采用竹胶合板或复合木胶合板，$\phi 48$ 钢管组成支撑体系，模板支撑体系应经详细计算，确保强度、刚度和整体稳定性，保证模板无位移、无变形，以保证混凝土外观平整光洁、不变形。

(2) 上部结构模板：全部采用竹胶合板或复合木胶合板（带塑面），以提高混凝土外观效果。脚手架采用内外双排脚手架作支撑体系。模板采用先柱、墙后梁、板的施工顺序。

(七) 脚手架工程

(1) 施工脚手架主要采用扣件式钢管脚手架，钢管采用 $\phi 48 \times 3.5$ 的钢管，脚手板主要采用木脚手板。

(2) 脚手架、板的搭设要由专业工种人员进行，脚手架、板的搭设要符合建筑施工扣件式钢管脚手架安全技术规范要求，搭设好的脚手架应经安监部及使用部门验收合格并挂牌后方可交付使用。荷载超过 $270kg/m^2$ 的脚手架或形式特殊的脚手架应进行设计，并经技术负责人批准后方可搭设。

(3) 使用中的脚手架、板应定期检查和维护。脚手架应经常检查，大风、暴雨后及解冻期应加强检查。长期停用的脚手架，在恢复使用前应经检查、鉴定合格后方可使用。

(4) 拆除脚手架应自上而下顺序进行，严禁上下同时作业或将脚手架整体推倒。

(八) 主厂房施工主要方案

为保证工期，加快施工进度，主厂房基础施工时分为汽机房及汽机房固定端毗屋基础、除氧间基础、锅炉基础、汽机基础底板 4 个区域同时施工。埋深较大的汽机底板、循环水泵房地下结构亦同时施工，基础外模采用砖模。

主厂房上部结构采用分段分层流水作业，加快施工进度。在主厂房 C 列东侧布置一台塔吊满足施工上料的需求，在塔吊施工半径以外的区域（锅炉房外侧柱）采用移动吊车辅助施工，混凝土采用塔吊布料，翻斗车运送混凝土。框架施工到顶后，进行汽机房吊车梁、预制屋面梁、屋面板的施工。

(九) 烟囱施工主要方案

本工程烟囱为钢筋混凝土结构，烟囱内径 2.5m，高 100.0m。采用钢筋混凝土外筒壁。烟囱底板采用圆板式基础。筒身施工采用电动提升翻模工艺，电动提升翻模系统从烟道口上部开始使用，烟道口以下部分采用常规翻模施工。

烟囱钢筋混凝土外筒壁施工如图 1－5－2 所示。

1. 基础施工

基础施工分为两个阶段：第一个阶段为底板施工，第二阶段为筒座施工。

(1) 钢筋施工。首先绑扎底板钢筋，然后绑扎筒座钢筋。为便于底板上层钢筋的固

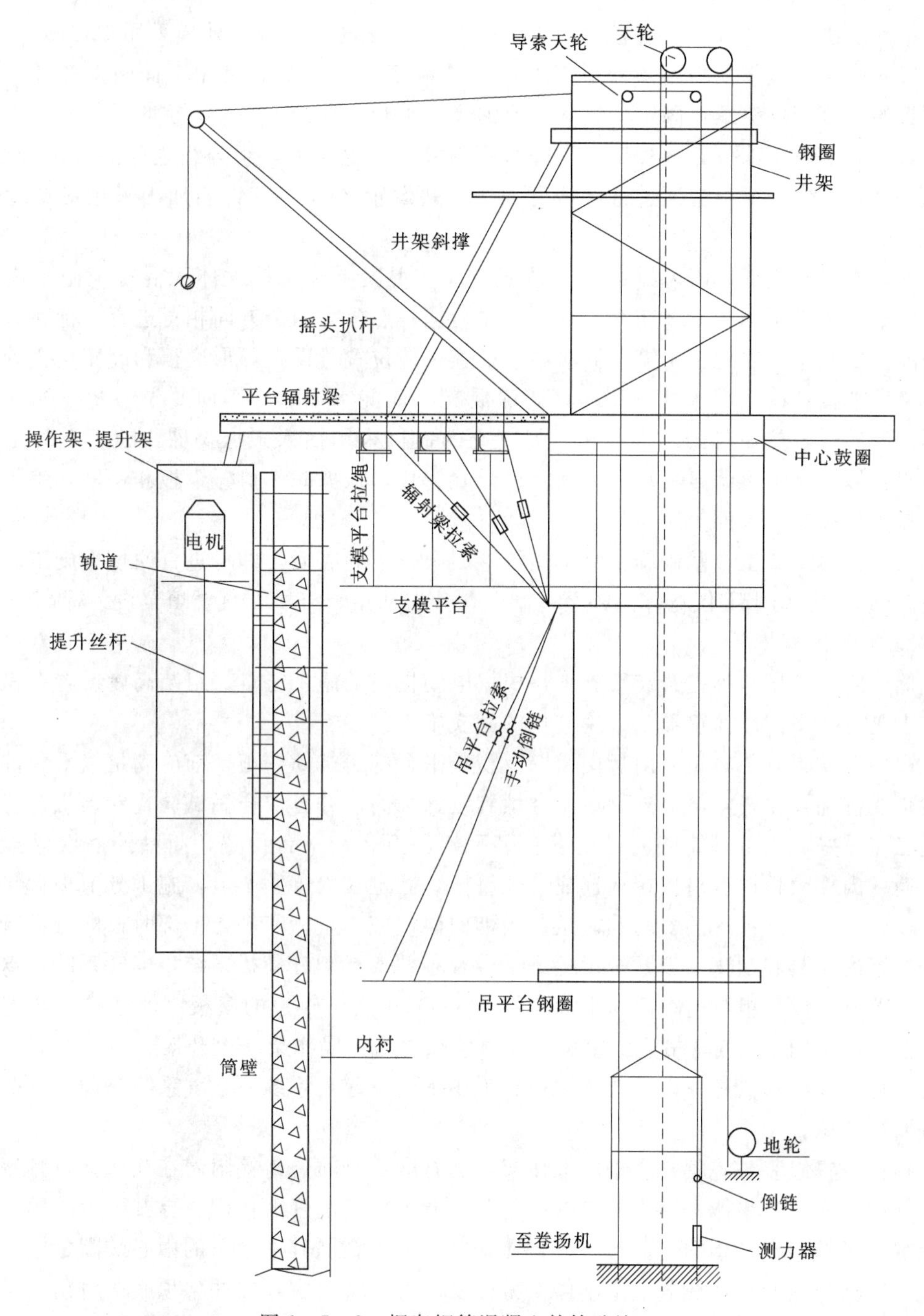

图 1－5－2　烟囱钢筋混凝土外筒壁施工

定，沿周围布置钢筋网片，使底板钢筋形成一个牢固的空间整体，环向钢筋下料具体长度由现场确定，在一圈中要等分，环向钢筋接头选用绑扎接头，搭接长度符合标准要求，同一截面的接头至少相隔三排，相邻接头的间距应大于 1m。

（2）模板施工。模板采用专用大模板，模板的加固采用对拉螺栓和钢筋围檩外加硬支撑。上、下半径之差用木模调节。

第一阶段底板部分，在底板钢筋绑扎完工后，支设外模板，外模采用P3015、P3009模板竖向拼接，紧靠模板用#12铁丝背上4道钢筋（6ф22），其中下面两道各2根，在螺纹钢的外侧用钩头螺栓固定于钢管上，钢管间距为750mm。

第二阶段筒座部分，内外模板全普通钢模板，分组支模，组与组之间用方木调节上、下半径之差。内外模板皆通过背面钢筋围檩，共设置2道ф25钢筋加固采用对拉螺栓及内外硬支撑。

（3）混凝土浇灌。因基础混凝土体积较大，混凝土施工按大体积混凝土施工措施控制。混凝土浇灌采用汽车泵布料，罐车运输，从一点分为两个方向相背进行，拖茬分层连续浇灌，中间不得出现施工缝。筒座和底板施工缝位置可设在环形底板和筒座交接处，处理时必须把接茬凿毛用水冲洗干净，浇灌混凝土前浇水湿润，表面要先铺20～30mm厚同标号的砂浆，然而再倒入混凝土。混凝土的振捣采用插入式振捣器，随浇混凝土随振捣，直到混凝土不再明显下沉，表面泛出浮浆为止，振捣时不得碰模板和钢筋，绝不允许因漏振出现蜂窝、麻面等质量问题。

（4）回填土施工。基础施工完毕进行混凝土外观验收后，即可进行回填土施工。施工前按30cm一层用水准仪将标高抄至基础上，分层回填、夯实，直至填至设计标高。

2. 筒壁施工

筒壁施工采用电动提升装置施工，根据电动提模的施工特点、组装高度设置在积灰平台以上进行，下面的筒壁部分采用常规的翻模施工。

（1）电动提升装置组装前烟囱筒壁及积灰平台施工。筒壁施工前应满足以下条件：避雷接地线桩铺设完毕，筒壁外圈填土夯填到设计标高，并已取样做试验，卷扬机位置及钢丝绳已布设好。施工时筒壁内搭设满堂脚手架注意积灰平台位置，筒壁外搭设双排脚手架，筒壁内外模板通过对拉螺栓连成一个整体，固定在内脚手架上，施工分节进行。

（2）电动爬升系统的安装和调试。当烟囱筒壁施工至积灰平台上部时，即可进行电动提升装置的安装和调试，该系统由提升平台及小井架、爬升模板系统，电气系统，起重系统五大部分组成。组装前在筒体上固定好1～2节相当于轨道的模板（轨道模）轨道模均布于圆周，采用50t汽车吊进行组装。其组装顺序为：操作架→提升架→中心鼓圈→提升平台→提升井架→扒杆→内吊架→内衬施工小平台→起重系统→电气系统→调试→荷载实验→验收使用。

提升装置组装时，爬升结构的操作架，提升架通过轨道连接附着在筒壁上，且每组操作架环向连成一个整体，使之具有统一提升、调节施工高度的作用。提升平台的辐射梁的单元数与操作架提升架的组数相对应，提升井架依附在提升平台下的中心鼓圈之中，顶部通过大斜杆与提升平台形成一个整体，另外要注意井架防雷，在井架顶帽两对角安设两个长4m的避雷针、用一根50mm^{2}的电焊线引至地面，与烟囱永久防雷接地极相接，接地电阻不得大于4Ω，须经电气试验合格。提升平台要单片组装，用50t吊车吊装，组装时架板不得有结疤和朽烂，组装顺序为：根据设计图纸铺长辐射梁、铺环梁、上连接螺栓、钉辐射梁方木。

3. 筒壁施工

电动提升系统的施工顺序为：拆除筒体内、外模板（修整、刷油）→钢筋绑扎→内外

模板安装→外轨道安装→提升架提升→松导索→提升操作架（同时整个平台及井架随之升高）→系统调整平衡→紧导索→外模板安装→支撑加固→验收→浇筑筒体混凝土→内衬施工→竖向钢筋（电渣压力焊）→混凝土养护。

（十）冷却塔施工主要方案

1. 基本要求

本工程冷却塔为自然通风双曲线冷却塔，冷却塔施工主要分基础部分、筒体部分和淋水装置三部分。淋水构件预制与筒体施工同时进行，以节省工期。冷却塔采用悬挂式脚手架施工法。在冷却塔外设一塔吊，作为冷却塔施工时混凝土、钢筋、模板等材料垂直运输，由脚手架上铺连接通道与筒壁相连。混凝土采用商品混凝土。

施工顺序为：环形基础及池壁→人字柱、环梁→筒壁→杯形基础底板→中央竖井→淋水装置吊装。

2. 环形基础、池壁施工

（1）环形基础、池壁施工程序。垫层施工→环基（池壁、人字柱支墩插筋）钢筋绑扎→止水带安装→环基模板安装→环基混凝土施工→施工缝处理→池壁钢筋绑扎→池壁模板安装→池壁混凝土施工→混凝土外观验收。

环基施工按设计设置的变形缝分段，采用间隔跳槽法施工以加快施工进度。环基内外模板均采用组合钢模板 ϕ48×3.5 钢管支撑体系，采用对拉螺栓控制壁厚及增加模板的稳定性，内外模设直径为 25mm 的钢筋围檩“3”字形扣件。变形缝处用 3cm 木模分隔，并穿孔使钢筋穿过。环基钢筋在制作场集中制作，现场绑扎。环筋采用闪光对焊加长。混凝土采用商品混凝土，搅拌车运输，泵车配合滑槽分层拖茬浇灌，插入式振捣器振捣密实，草袋子覆盖洒水养护。储水池施工按施工缝分块进行。

（2）止水带安装。止水带施工时要将圆环对准变形缝中央，两翼保证与混凝土牢固结合，止水带周围不能出现粗骨料集中或漏振现象，为保证止水带的止水性能，施工过程中不得将其划破或者破坏。

将止水带两翼缘分别用Φ10、$L=200$ 钢筋夹住，用＃12 铁丝绑牢，每段钢筋间隔为 300mm，然后用＃12 铁丝将其拉在环基钢筋上，使止水带呈水平状。池壁止水带用＃12 铁丝拉在池壁上，使其呈竖直状，环基内靠底板侧止水带端部用Φ10、$L=500$mm 的钢筋夹牢，并将钢筋两端绑在环基钢筋上。环基止水带接头处理采用 401 强力黏合胶黏接，401 强力黏合胶具有黏接力强、固化快、耐水、耐酸碱、耐高温、耐化学腐蚀、耐老化等优良特性，使用范围在－40～80℃。止水带黏接面应为 30cm，接合面先拉毛处理，再清洁干净，然后沿黏接面均匀涂胶，凉置到不黏手（稍有黏感）时合拢压紧即成，48h 即可达到最高强度。

（3）预埋套管安装。除钢管从厂家购买外，其余的预埋套管均在现场加工，加工时止水片必须满焊，不得有空隙，填函钢圈同时施工。施工时，小直径的套管直接安放到位，大直径的套管则用 ϕ48 钢管扎一个架子，然后用 2t 倒链将其就位。预埋套管安装位置一定要准确。

3. 人字柱、环梁施工

在储水池底板上搭设整体排架承受人字柱、环梁自重及施工荷载。

施工顺序：排架搭设→环梁底模→人字柱钢筋→环梁内模板→环梁钢筋→环梁内模板→内外三脚架→人字柱混凝土→环梁混凝土。人字柱采用自行设计的弧形钢模板和角铁包箍，钢管支撑固定，人字柱钢筋骨架采取现场地面预绑扎，吊装就位的方式。人工提升混凝土，通过预留门洞由下而上浇灌。环梁施工时在其外侧搭设一条斜坡道作为上料通道。环梁底模采用木模，人字柱夹裆处的环梁底模，经现场放样确定尺寸，环梁内外模使用筒体专用钢模板，钢筋沿环向施工道路运输，混凝土由泵车浇灌。

4. 筒壁施工

筒壁采用三脚架倒模施工法，其主要设施有悬挂三脚架、专用钢模板。

(1) 模板工程。筒壁施工的模板支撑系统由三脚架和专用模组成，在筒壁上悬挂四节三脚架模板，模板连同专用三脚架通过对拉螺栓固定在筒壁上，施工荷载由对拉螺栓传给筒壁。拆除最下节三脚架及模板，提升到上一节依次安装内模板，绑扎钢筋放置垫块、插入对拉螺栓然后安装外模板。用经纬仪和转角目镜找出中心定位中心吊盘再用钢卷尺拉斜半径校正模板并固定。

(2) 钢筋工程。钢筋在钢筋制作场制作，吊塔运输。保护层厚度用预制砂浆垫块来控制。

(3) 混凝土工程。混凝土采用商品混凝土。筒壁内模拆除后，由两人在筒壁内外配合封堵螺栓孔，抽出螺栓，用半干硬性水泥砂浆边填边用铁棒捣实，最后将螺栓孔抹平压光。

(4) 三脚架、吊栏安装与拆除。在外模板安装后，即可进行内外三脚架的安装、拆除工作。在三脚架安装后，把下层的脚手板翻到上层，堵完孔、刷完防水层后，即可进行栏杆提升。三脚架安装时，要随安装随拧紧螺母，三脚架水平杆间距要均匀，环向连杆的螺丝要拧紧，顶撑螺杆不得左右歪斜，并要顶紧三脚架的水平杆。栏杆要装正，环向用Φ12的钢筋，搭接长度500mm，搭接处用♯16铁丝绑扎3道，安全网要挂牢，下部要包严，周围要严密。

5. 施工缝处理及堵孔施工

筒壁施工缝采取留置止水凹槽的形式，视壁厚采用100mm×100mm或50mm×50mm的方木，留置1～3道，施工时进行表面刷毛，并将混凝土浮浆清理干净。在浇灌混凝土前要将施工缝浇水充分湿润。

堵孔安排专人进行，不得漏堵。采用膨胀水泥砂浆进行堵孔，砂浆拌和成半干硬性。使用小料斗和铁棒从筒壁内外两侧分别同时进行，用铁榔头敲击结实，捣固密实。最后将洞口压光抹实。膨胀水泥砂浆需由实验室开出配合比，施工前要提前试配，并力求颜色与风筒混凝土颜色一致。

6. 刚性环施工

刚性环位于塔顶部分，分平台和侧壁两部分，施工时先平台后侧壁。刚性环的施工依托筒壁最后三节作为平台和里侧模的支撑点，用普通钢模板与木模组合，钢管加固。刚性环平台部分的底模平铺在三脚架组成的平台上，不足部分用木板垫齐。

在刚性环混凝土强度达到75%时允许拆除其模板，当强度达到100%以上时，允许拆除筒壁最后三节的模板及三脚架。

7. 防腐层施工

在吊栏杆提升前，进行防腐层施工。涂料施工前要将基层清理干净、平整，混凝土表面要干燥、无粉尘及松散物。施工时必须注意底漆、面漆间的均匀问题，两遍底漆干燥后，涂第三遍（即第一遍面漆）时，不要来回涂刷遍数太多，能均匀展开为宜，不要用力太大，以免把铁红底色带起，影响面漆颜色。涂刷要均匀，不准漏刷，厚度要满足设计要求。

8. 淋水装置施工

淋水装置施工包括淋水柱、梁构件预制及安装，还有玻璃钢托架等安装项目。

（1）淋水构件预制。柱子在储水池底板上预制，根据柱子的吊装位置进行布置，留出汽车吊行走路线。主、次梁、水槽在构件预制场中预制，预制场布置25t汽车吊1台，以便堆放和运输预制件。预制件底模均用砌砖胎模，刷地板蜡隔离层，两侧用钢模，柱梁重叠2～3层预制。

（2）淋水构件安装。淋水构件吊装使用25t汽车吊，从塔内边部一点开始，分别向两侧和中心推进。预制构件安装完毕后，安装玻璃钢托架。

（十一）预制构件制作

根据初设文件及相关经验，预制构件主要包括主厂房屋面板、薄腹梁、吊车梁及冷却塔淋水构件，主厂房屋面板委外制作，主厂房薄腹梁、吊车梁及冷却塔淋水构件等在现场指定的预制场预制。

（十二）其他建构筑物施工

根据建构筑物结构形式，选用合适的常规施工方法。

（十三）消防系统施工方案

（1）消防水管道阀门应安装在方便操作处。

（2）穿墙楼板处应加装套管。

（3）螺纹连接宜采用机械切割管道材料，切割面不得有飞边毛刺。螺纹连接的密封填料应均匀附着在管道的螺纹部分，拧紧螺纹时，不得将填料挤入管道内，连接后应将连接处外部清理干净。

（4）消防水箱挂在厂房立柱上，消火栓的接口应朝外。

（5）室外消防水管道防腐按一布四油方式处理后埋入地下。

（6）管道安装结束后应对管道进行水压试验，先用消防泵向管道内注满水，然后用电动打压泵向管道内打压，当压力达到规定值时，检查管道有无变形、泄漏。

四、锅炉专业施工方案

（一）总体施工方案及工序

（1）锅炉受热面尽可能地组合后安装，按自下而上的顺序进行。水冷壁安装完后吊装其内部的过热器，汽包安装到位后连接其上部的连接管道。

（2）锅炉受热面安装完后，再安装炉前给料仓及输送装置。

（3）锅炉房内的楼梯平台尽可能地与锅炉本体同步施工，以方便锅炉高空安装。

（4）除尘器按自下而上的顺序施工。

锅炉专业拟编制的作业指导书见表1-5-2。

表 1-5-2　　锅炉专业施工作业指导书一览表

序号	项　目　名　称	审　查　级　别			交付日期
		施工方	监理		
1	锅炉钢架安装措施	√	√		
2	汽包安装措施	√	√		
3	受热面组合、安装措施	√	√		
4	空预器安装措施	√	√		
5	烟风管道制作、组合安装措施	√	√		
6	锅炉附属管道安装措施	√	√		
7	除尘装置安装措施	√	√		
8	水压试验措施	√	√		
9	风机安装措施	√	√		
10	锅炉炉墙砌筑	√	√		
11	全厂热力设备与管道油漆				
12	全厂热力设备与管道保温	√	√		
13	锅炉酸洗措施	√	√		
14	除灰、除渣系统安装措施	√	√		
15	给料系统安装措施	√	√		
16	锅炉专业调试措施				
(1)	风机系统调试措施	√	√		
(2)	给料系统调试措施	√	√		
(3)	除灰渣系统调试措施	√	√		
(4)	燃油系统水压、吹扫、油循环措施	√	√		

（二）吊车布置

在锅炉房布置一台 90t 履带吊，沿锅炉本体环绕行走，进行本体设备的吊装。也可在后侧布置一台 10t 塔机，吊装锅炉小件。锅炉一侧为锅炉组合场，利用 50t 汽车吊进行组合。一台 250t 汽车吊进行汽包吊装工作。

（三）锅炉钢结构及平台扶梯

（1）锅炉钢结构安装采用散装和组合相结合的方案。炉排支架散件运到锅炉房内，成排组装就位；尾部烟道框架根据吊车的起吊能力尽可能的组合为一体或分两片吊装就位；其他散件安装。对组合件按需要设置临时支撑，并注意选择合适的撑点，就位后并采取稳固措施。配制各榀钢架间的纵向钢梁，使整个钢构件形成一体。检查找正后，固定撑杆、扭紧地脚螺栓，并进行二次灌浆。

（2）90t 履带吊布置在炉前负责炉底支架、炉后支架、炉左、炉后平台支撑框架的吊装，10t 塔机负责其他部位的钢架吊装。炉底支架、炉后支架、炉左平台支撑框架、炉后平台支撑框架可同时进行吊装。风道支架、预热器及消音支架缓装，炉右及炉前平台支撑框架缓装，等省煤器、水冷壁及汽包吊装完后在进行施工。

(3) 炉底支架及炉后钢支架采取单根吊装的施工方案。

1) 立柱吊装前用墨线弹出中心线和1m标高线。

2) 立柱基础画线根据土建基准线和施工图纸划出纵横中心线。

3) 将钢架立柱按编号进行吊装。

4) 第一根立柱吊装就位后，利用经纬仪对钢架找正，然后用4根钢丝绳固定。下一个吊装的立柱立即用经纬仪找正，与相邻的立柱在上部安装横梁固定，使立柱结合成整体。

(4) 风道支架、预热器及消音器支架、平台支撑框架采取片体组合吊装的施工方案，不便吊装的可事先把单根立柱组合完。

(四) 锅炉受热面安装

锅炉炉膛和对流烟道由水冷壁围成，水冷壁分为左右侧墙水冷壁、前墙水冷壁、后墙1水冷壁、后墙2水冷壁、后墙3水冷壁和炉底振动炉排。前墙水冷壁和后墙1水冷壁之间为炉膛，其上部布置三级过热器；后墙1水冷壁和后墙2水冷壁之间为对流前烟道，其中布置四级过热器；后墙2水冷壁和后墙3水冷壁之间为对流后烟道，其中布置一级、二级水平过热器。炉膛烟气离开水冷壁烟道之后进入尾部烟道，尾部烟道自上而下依次布置省煤器、高压烟气冷却器、低压烟气冷却器。

1. 水冷壁安装

根据90t履带吊的吊装能力，四面水冷壁与对应的上下集箱组合成一体，带刚性梁、门孔等附件；后墙1水冷壁包含折焰角和斜炉底部分，自折焰角以下分上下两部分组合；后墙2水冷壁管排与上下集箱组合成一体吊装。安装主要顺序为：

(1) 组合平台搭设：根据组合场和组件大小，搭设组合平台。

(2) 水冷壁铺设、检查：将水冷壁管排按图纸铺设于组合平台上，检查各部外形尺寸、表面有无缺陷，逐根管子通球检验，然后找平、找正，焊上限位。水冷壁集箱用内窥镜检查内部有无杂物，清理干净。将集箱划出中心线，在组合架上调平、找正。

(3) 对口、拼缝。

(4) 组合刚性梁，安装上门孔等件。

(5) 将水冷壁组装件吊装就位。

(6) 高空将后墙1水冷壁对口拼接成整体。

(7) 组装件找正，同时装上支承装置组件间的连接块后，固定组装件。

(8) 集箱、连接管找正固定后，管子对口焊接。

(9) 水冷壁整体找正，刚性梁角部连接，水冷壁角部密封焊接。

2. 汽包安装

汽包为支承结构，支承在汽包两根下降管上，可以先将两根下降管吊装就位，临时固定在钢架上，待汽包吊装到位，找正后组合。

(1) 汽包吊装前准备。检查汽包外观、测量几何尺寸检查，复查汽包上各管座的位置根据汽包制造时的中心线，复核并修正汽包水平标高，纵横中心线，重新打上样铳眼，并用油漆作好明显标记。对汽包主要焊缝及壁厚进行超声检验。在炉顶钢结构划出汽包安装中心线和底座安装位置。

（2）汽包吊装。利用250t汽车吊将汽包吊装就位。

（3）汽包找正。汽包吊装到位后即刻进行找正，与下降管对口焊接，热处理，同时连接汽包上部联络管至少两根，热处理完成后250t汽车吊方可脱钩。

3. 过热器安装

一级、二级水平过热器支撑在后墙2水冷壁和后墙3水冷壁上，三级、四级屏式过热器通过集箱悬挂在上部钢梁上。过热器安装的主要顺序为：设备检查和管排安装。

（1）设备检查的内容和要求如下：

1）对合金部件进行光谱复查，确认材质符合图纸要求。

2）对蛇型管进行逐根通球检查，确保管内无异物，通球完后及时封堵。

3）屏式过热器管排进出口都有小集箱，无法用通球方法检验其内部的清洁，将屏式过热器管排倒立，通过其进出口小集箱检查清除其内部的锈皮、杂物等。

4）对所有集箱内部进行彻底清理检查，清除锈皮、杂物等。

（2）管排安装要求如下：

1）水平过热器待后墙2水冷壁和后墙3水冷壁安装完后吊装，按自下而上的顺序逐片将管排吊装就位，然后对接其中间及与集箱连接焊口。

2）屏式过热器待其连通集箱安装完后吊装，单片吊装后临时挂在上部钢梁上，然后与其连通集箱对接。

4. 省煤器及烟气冷却器安装

省煤器及烟气冷却器布置在锅炉尾部竖井中，通过撑架传递在支撑梁上，最后通过护板框架传递到尾部构架上。

吊装采用90t履带吊直接吊装就位；吊装顺序应先下部管组后上部管组。

（五）锅炉水压试验

1. 水压试验应具备的条件

（1）水压试验方案制定完成。

（2）所有与受热面和承压部件焊接的密封件、内护板、保温钉、炉顶密封、炉墙附件、热工仪表部分等全部安装完成，需要进行热处理的工作全部完成。

（3）所有支撑受力均匀，临时加固支撑件全部清除受热面部件全部处于自由状态。

（4）所有膨胀指示器安装完毕，并调至零位。

（5）汽包内清理干净，检查后封闭人孔。

（6）具备供合格除盐水的条件，水量和水质满足要求。

（7）水压试验用压力表、温度计等仪表经校验合格，临时上水管施工完成，排水畅通，楼梯通道畅通安全，炉膛内外照明良好。

（8）所需保护药品购置完毕。

（9）涉及水压范围内各管道的测点开孔必须采取可靠的封堵措施。

2. 锅炉水压试验的范围及基本要求

水压试验的范围大致如下：省煤器及给水管道（截止到给水操作台）、汽包、降水管、水冷壁、过热器、疏水、排污、放空、取样、加药等管道原则上截止到一次门以内。

水压试验的基本要求如下：

（1）水压实验的压力按厂家要求，如厂家无要求，则按电力规程为汽包工作压力的1.25倍。

（2）水压试验环境温度低于5℃，要有可靠的防冻措施。试验水温按厂家要求执行。

（3）在水压试验前，对受压元件进行风压预检，压力推荐为0.3MPa，试验用空气应过滤无油。

（4）水压试验中升降压速度不能过快，一般应不大于0.3MPa/min。

（5）当压力升至试验压力后，保持20min，然后降至工作压力下进行全面检查。

（6）超压期间必须严格控制试验压力，超压期间不进行严格的直观检查。

（7）锅炉双色水位计只参加工作压力试验。

（8）所有受压元件、所有制造厂和安装焊口、与承压部件相连接的所有焊缝、阀门和临时堵板等均要进行仔细的检查。

（9）水压试验用的临时堵板必须经过强度计算。

（10）必须设专人监视压力表，统一指挥，严禁随意操作。

3. 水压试验后的保护

为防止锅炉受热面管子腐蚀，水压试验后采用湿保护方法，即：水压试验用水用除盐水加联胺和氨达到规定的浓度和pH值。水压试验后只卸压、不放水，使受热面管子内壁与氧隔离，从而防止氧化腐蚀。

（六）布袋除尘器

（1）10t塔机高43.5m，大臂长40m，负责除尘器左前侧筒体及其剩余筒体外部件的吊装。

（2）90t履带吊布置在扩建端外负责除尘器左前侧筒体外的筒体的吊装。

（3）10t龙门吊负责烟道支架及烟道的组装工作。

（4）袋式除尘器分4组，4组可同时安装，按由下至上的顺序依次安装。

（5）喷吹装置脉冲空气分配器的安装详见使用手册。

（6）花板设置在进风口之上、净气室之下，花板与筒体用螺栓连接后找正。

（7）滤袋和袋笼的在其他所有安装工作完成之后进行，先拆除喷吹装置再安装滤袋。

（8）除尘器装完滤袋后进行“荧光粉检漏”。

（9）在燃烧或生产工艺开始之前，进行滤袋预涂层。

（10）筒体除锥体与刮板底部采用螺栓连接外其余焊缝均按照图纸要求采用就位时外部螺栓连接内部焊接的连接方式。

（七）捞渣机安装

（1）90t履带吊布置在炉前负责＃1、＃2捞渣机安装，90t履带吊负责链板输送机的安装。

（2）捞渣机分为机壳头部和尾部分批吊装，链板输送机组合后进行吊装。

（3）整机安装顺序为：壳体→平台、梯子围栏→张紧系统→驱动装置→电气系统→链条→刮板→（空载试车）→盖板。

（八）烟风管道安装

1. 烟风管道及设备的组合

尽量扩大烟风管道及设备的地面组合量。其中管道挡板门尽量带到组件的一端，同组件一起就位；伸缩节在地面按图纸尺寸冷拉或冷压后带到组件的一端，同组件一起就位。各部件在组合完毕和安装之前要校核设备尺寸，如果误差超过允许范围不需重新调整，直至符合要求。组合焊口要做100%渗油实验。

2. 烟风管道及设备安装

烟风管道和设备的吊装与钢结构吊装穿插进行。在吊装钢架过程中及时吊装，部件可放置在安装位置下方的钢架上，也可以用钢丝绳临时悬挂在安装位置。组件就位后可首先安装支吊架，支吊架安装完毕后用倒链或卷扬机将组件就位，复核部件的标高和位置，完成支吊架与部件的安装和焊接。在安装过程中经过冷拉的临时加固不能拆除，只有在整条管道全部安装完毕且吊杆经过调整后，可割除临时件。

3. 烟风管道吊装顺序

除尘器后部烟道可与引风机同步施工，引风机壳体安装完并二次灌浆达到强度后，安装其连接部分。

炉后至除尘器间的烟道可与除尘器同步安装，与除尘器连接部分在除尘器壳体安装完后再安装。

4. 施工工艺与质量要求

（1）烟风管道安装严格按照图纸进行施工，管道要横平竖直，工艺美观。管道安装纵横偏差以锅炉构架中心线为基准，不大于30mm，标高允许误差±20mm。

（2）对传动装置，风门等在安装前要进行检查和检修，保证运行中操作方便，灵活可靠。检修完的挡板门要在传动轴端打出与内部挡板实际位置一致的标记，以备以后检查挡板的开关位置。

（3）风门在组合前要与热控专业密切配合，事先定出门轴、测量元件设备等部件的安装方向。

（4）波形伸缩节组合时要按照图纸设计尺寸进行冷拉或冷压并进行临时加固，伸缩节密封板焊接方向要与节制的流向一致，方向正确，对于套筒伸缩节必须保证有足够的膨胀量，且密封良好。

（5）所有焊口在保温前必须经过渗油实验检查合格，保证严密不漏，药皮要清理干净，外表工艺美观，焊缝高度符合设计。

（6）管道与其他设备连接时严禁强力对接，避免使设备承受外力而影响设备正常运行，管道对接时严禁强力对口，以避免管道应力过大，不能保证伸缩节的膨胀间隙，影响设备正常运行。

（7）法兰连接必须保证密封良好，法兰面应平整，加垫正确，螺栓受力均匀，丝扣露出长度一致。

（8）支吊架安装严格按照图纸施工，安装后进行调整时每根支吊架均匀受力，恒力吊架必须按照设计要求安装和调整。整条管道安装完毕后，可调整吊杆上的调整螺母，取下定位销，不允许用强力或火焰切割的方法取下定位销。

(9) 不得随意在设备和管道上施焊与切割。

(10) 设备和法兰以及支吊架螺栓孔必须采用机械加工，不得任意用火焰切割。

(11) 防爆门安装时，位置和方向要正确无误，防爆膜厚度及制作必须符合设计要求。

(12) 安装燃烧器入口的煤粉管道时必须有可靠的支吊措施，不允许将管道的重量作用在燃烧器上。

(13) 烟风管道、锅炉本体及其他相关设备安装完毕后，进行锅炉本体及烟风管道的整体风压试验，检查系统的严密性。

(九) 启动锅炉安装

启动锅炉为散装锅炉，应做好设备的清点工作。首先安装钢架，中间穿插吊装炉排，钢架安装完毕后进行汽包的吊装。之后进行水冷壁、过热器、省煤器等的安装。受热面安装结束后进行水压试验，之后进行筑炉、煮炉等工作。

(十) 燃料供应系统安装

1. 燃料供应系统特点和主要设备

燃料供应为生物质直接燃烧锅炉的主要部件和关键部件。本工程实现了“大小包、散料通吃加干燥”的设计理念，通过皮带加干燥机从炉前上料，改变以往单一大包上料方式，并配备高效、低能耗的解包机。主要设备有螺旋给料机 1 台、解包机 2 台、干燥机 1 台、双动力叠臂起重机 1 台、秸秆捆抓斗起重机 2 台、链式输送机 10 套、皮带机 3 台、梨式卸料机 1 台、电子皮带秤 1 台、电子除铁器 1 台。

2. 皮带机安装

(1) 基础检查画线。复查土建中心线是否正确，检查测量头尾部机架的标高是否符合图纸、预埋件是否平整。采用经纬仪定点画线的方法划出机架中心线和头尾部滚筒中心线，依此中心线划出驱动装置中心线及各中间架支腿位置线。

(2) 头尾部安装。头尾部安装之前检查传动滚筒的轴承座是否歪斜，以传动轴线为准进行机架找正，然后将机架支腿焊接固定在预埋铁件上。

(3) 中部机架、托辊安装。中部机架，从头至尾或从尾至头安装均可。先把中间架支腿沿支腿位置线依次点焊在基础预埋铁件上，再将中间架顺向与支腿连接，调整好中间架两端标高后，与支腿点焊固定。然后分别把上下托滚架固定在中间架上，等工作完毕后，方可将需要焊接的部分进行焊接，最后就位各上下托辊。

(4) 驱动装置安装。将驱动装置整体就位，以转动滚筒与变速箱连接对轮为准，对驱动装置进行初找正，找正后将驱动装置底座与基础预埋件焊接牢固，再进行二次对轮找正，之后以减速机为基准找正电机。

(5) 拉紧装置安装。

1) 垂直拉紧：根据皮带滚筒中心，确定拉紧装置安装位置，将滚筒滑道找正固定好，装上拉紧滚筒，等皮带胶接完后再装重锤。

2) 车式拉紧：放线后固定导向滑轮和拉紧架，待皮带胶接完毕后再装钢丝绳和重锤。

3. 皮带的敷设与胶接

(1) 皮带胶接头的拉力试验。取每种规格的皮带头各两段，按照措施要求的胶接方法胶接完，制作两只皮带夹，夹紧接头两端，用两只倒链加放拉力器进行拉伸，检测扯断时的拉力，计算其扯断强度不应低于原皮带强度的80%。

(2) 皮带敷设与胶接。将皮带由采光间或转运站吊入，分清工作面与非工作面，用卷扬机牵引一头，沿皮带机敷设开，进行皮带的胶接工作。皮带胶接从第一个头开始，也可两个皮带头同时胶接，直到胶接为环形为止。在胶接最后一个头时，要用倒链将皮带拉紧。

(3) 皮带胶接方法和步骤。皮带胶接可采用热胶法或冷胶法，本工程采用硫化热胶法，步骤如下。

1) 将皮带头放在平整的木板上，根据硫化器的角度要求割成斜口。然后根据帆布层数割成阶梯形，每个阶梯长度不小于50mm。

2) 接头裁好后，用电动钢丝刷轻轻打磨，然后用少许甲苯或120号航空汽油涂刷，将帆布层上残存的橡胶刮净晾干。

3) 用120号航空汽油浸泡胎面胶，调和均匀。

4) 涂胶一般分为两次，第一次应涂刷浓度较小的胶浆，第二次涂胶必须在第一次涂刷的胶浆汽油味已消失和不粘手时再进行；涂刷胶浆时应及时排除胶面上出现的气泡或离层。

5) 第二遍胶不黏手时可将皮带合拢，用硫化器夹紧，施以0.5MPa左右的夹紧力。按规定的温度和时间进行硫化。

(十一) 锅炉风机安装方案

每台锅炉配1台送风机和1台引风机，其施工工艺如下所述。

1. 基础画线及螺栓安装

基础清理、画线，配置垫铁，放置地脚螺栓。

2. 轴承台板与轴承座安装

(1) 安装前将台板与轴承座装配在一起，接合面接触严密均匀。

(2) 装配的组件吊到安装位置，利用垫铁调整轴承座的标高与水平度符合图纸要求，找正合格后初步拧紧地脚螺栓。

3. 转子与轴承的装配

装配前先将集成器和风叶控制器按图纸要求套入转子一端，并临时固定。清洗转子与轴承接合面进行安装，注意膨胀轴承与推力轴承位置正确，同时在推力端装好联轴器。

4. 转子与轴承的安装

(1) 安装前将风机下机壳吊装就位，调整垫铁使满足图纸标高要求和水平度，初步拧紧螺栓。

(2) 将转子与轴承吊装就位，松开地脚螺栓调整垫铁并找正，使其标高、水平度、两轴承间不同心度符合图纸及设备文件的技术要求。

(3) 找正合格后，拧紧地脚螺栓，紧力力矩符合图纸要求；装配轴承上壳及轴封，安装时注意保证轴承推力环间隙符合设备文件的技术要求。

5. 上风壳、集流器、调节装置、消音器等安装

安装符合图纸要求，接合面填充密封填料，紧力均匀；集流器与叶轮的轴向、径向间隙，调节装置与转子轴的径向间隙等符合图纸及设备文件的技术要求。

6. 电机安装

电机与底板连接时，两者间加钢制垫片，作为二次找正或电机大修时调整用。电机找正时，高低采用4个螺丝千斤顶及垫铁来调整，前后左右位置采用千斤顶调整，左右位置利用电机四角的止头螺丝微调。

（十二）锅炉化学清洗

1. 清洗目的

为使机组启动获得良好的水汽品质，确保机组顺利启动和安全运行，延长机组的使用寿命，必须除去锈蚀物、油污、泥沙等杂质，以保证热力设备内表面清洁。

2. 清洗范围

本期工程化学清洗的范围为省煤器、汽包、水冷壁、下降管、下集箱等，包括临时系统。整个清洗范围内的设备和管道分为两个清洗回路：

第一回路：以清洗泵为动力循环清洗，清洗回路流程为：清洗箱→清洗泵→省煤器→汽包→降水管→下集箱→清洗箱。

第二回路：以清洗泵为动力循环清洗，清洗回路流程为：汽包→降水管→下集箱→水冷壁→汽包。

3. 清洗步骤

清洗步骤为：工业水冲洗→除盐水冲洗→酸洗→除盐水顶排酸液→淋洗→钝化→系统保护。

4. 系统保护

如果清洗结束到锅炉吹管的时间间隔超过30天，对锅炉注入联胺和氨的保护液进行湿态保护。

5. 废液处理

清洗废液共分为两种。一种为酸洗液和淋洗液，呈酸性；另一种为钝化液，呈碱性。这两部分均排至废水池中，进行中和，若仍不符合要求，再加入酸或碱进一步中和，当pH＝6～9时方可排放。

6. 清洗后的质量检查及合格标准

清洗结束后，对水冷壁和省煤器进行割管检查。清洗合格的标准是被清洗的金属表面清洁，无残余氧化物和焊渣，表面应有钢灰色或黑色致密的钝化膜。符合锅炉化学清洗导则的要求，即腐蚀速率小于6g/(m^2・h)，总腐蚀速率小于60g/(m^2・h)。

（十三）锅炉整体风压试验方案

1. 风压具备的条件

（1）烟风管道安装完毕，并经验收合格。

（2）炉顶及四角密封安装完毕，并经验收合格。

（3）风机分部试运完毕，具备使用条件。

（4）除尘器安装完，并经验收合格。

（5）烟风道、除尘器、空预器等设备的保温钩焊接完。

（6）锅炉炉膛、烟风道及除尘器内部清理干净，各部位检查孔均封闭。

（7）风压试验用的风压计布置到位（在风机出口风道、炉膛、尾部烟道等位置布置）。

（8）楼梯平台牢固齐全，照明充足，有必要的通信设备。

2. 风压试验的范围、程序及要求

（1）风压试验范围包括烟风管道、锅炉炉膛、尾部烟道竖井、除尘器、空预器等。

（2）风压试验压力按设备技术文件规定执行。各部位风压计定时记录，并进行对比校核。

（3）风压试验时采用燃放烟幕弹、听声音、涂肥皂水等方法进行检查，检查部位包括管道、设备焊缝及法兰连接处、人孔门、挡板门等部位，各部位要求严密无漏风现象。确保严密不漏。

五、汽机专业施工方案

（一）作业指导书

汽机专业拟编制的作业指导书见表1-5-3。

表1-5-3　　汽机专业施工作业指导书一览表

序号	项目名称	审查级别			交付日期
		施工方	监理		
1	汽机房行车吊装、安装作业指导书	√	√		
2	化水安装作业指导书	√	√		
3	除氧器吊装拖运作业指导书	√	√		
4	中低压管道安装作业指导书	√	√		
5	厂区水工系统安装作业指导书	√	√		
6	汽轮机本体安装作业指导书	√	√		
7	发电机定子吊装作业指导书	√	√		
8	厂区水工系统水压试验作业指导书	√	√		
9	高压管道安装作业指导书	√	√		
10	电动给水泵安装作业指导书	√	√		
11	一般离心泵安装作业指导书	√	√		
12	发电机穿转子作业指导书	√	√		
13	汽轮机扣缸作业指导书	√	√		
14	凝汽器安装作业指导书	√	√		
15	油系统安装作业指导书	√	√		
16	润滑油系统冲洗作业指导书	√	√		
17	一般离心泵试运作业指导书	√	√		
18	除氧器水压试验作业指导书	√	√		
19	汽机房设备管道保温作业指导书	√	√		
20	主蒸汽吹管作业指导书	√	√		
21	辅汽吹扫作业指导书	√	√		

（二）32t/5t行车吊装方案

1. 桥架吊装前应具备的条件。

（1）桥吊道轨施工完毕达吊装条件。

（2）行车吊装前先进行预组装，并复核相关数据，设备经验收合格。

2. 吊装

（1）在汽机房西侧布置一台90t履带吊，将行车桥架在地面进行组合后，整体吊装。

（2）测量行车梁的安装偏差与行车的梁的上拱度，行车变速箱加装＃20机油至标尺中间位置。

3. 试验

行车做35.2t动负荷试验与40t静负荷试验。

（三）汽机本体施工

1. 主要安装顺序

主要安装顺序如下：基础铲平→垫铁配制和台板就位→下缸就位找正→＃1、＃2轴承就位找正→转子就位找正，调整扬度和汽缸水平→缸内部件拉钢丝找中心→通流间隙测量调整→扣缸→本体结尾完善。

2. 汽机本体安装措施

（1）汽轮机基础浇灌前应将设备图纸与土建的设计图纸进行比对会检，确认无误后方可进行基础浇灌。

（2）设备基础交付安装前应再次进行验收确认。

（3）设备到货后应会同业主、设备厂家及监理单位共同对设备进行开箱验收。从设备上每拆下一个零部件，都应打钢印或实测记录规格型号，以备复装。

（4）所有合金钢零部件，都必须进行光谱复查，复查后，外形相同而材质不同的零件应作清晰的标记，材质不合格应与甲方联系更换。

（5）所有零部件的规格、型号记录和材质标记，零部件的存放保管应安排专人负责，避免混乱搞错。

（6）施工现场必须清洁整齐，设备堆放整齐美观，并不得超过运转层各部位的负荷。基础上设置的中心线标高等标记要妥善保管。

3. 汽缸找平找正

轴向位置以基础横向中心线为准，左右位置以＃1、＃2油挡洼窝相对于纵向中心线为准，拉钢丝测量要求左右偏差±0.05mm，中分面标高要求偏差±1mm，其横向水平小于0.20mm，纵向水平以转子扬度和油挡洼窝而定。

4. 汽封间隙调整

可在汽封齿上贴相应层数医用胶布，在转子上涂一层红丹粉，盘动转子，然后根据胶布的接触情况来调整汽封间隙。

5. 本体油系统安装

（1）油箱就位后应进行注水试验，保持24h无渗漏。

（2）冷油器进行工作压力的1.25倍的气压试验（油侧）或水侧的水压试验。

（3）管子管件安装前先进行彻底清理，压缩空气吹干，并将管口密封保管。油管道应尽量减少法兰接口和中间接口，管子焊接前必须经施工负责人检查内部已彻底清理干净，才允许施焊，焊接应采用氩弧焊打底，Dg50以下油管应采用全氩弧焊接。

(4) 进油管应向油泵侧有1/1000的坡度，回油管应向油箱侧倾斜，坡度不小于5/1000。

油管道的法兰结合面应使用质密耐油并耐热的垫料，不得使用塑料或胶皮垫。

(5) 管道上的阀门门杆应平放或向下，防止运行中蝶阀脱落切断油路。

(四) 发电机本体安装方案

1. 发电机主要安装顺序

发电机主要安装顺序为：基础铲平→垫铁配置→垫铁研磨→台板就位→后轴承座找正→汽发对轮找中心→发电机定子就位→发电机穿转子→调整空气间隙及磁力中心线→汽轮发电机组二次浇灌→调整风扇与风挡间隙→发电机端盖封闭。

2. 发电机定子吊装

发电机定子重约42t，直接用汽机房行车吊装就位。业主在行车订货时对行车桥架进行加固，使行车具备直接吊装能力。

3. 发电机穿转子方案

发电机转子重约16t，穿转子拟用汽机房32t/5t行车进行。首先在汽端加接长轴，励端铺设滑道，在转子励端上加配重。用32t/5t行车水平吊起，缓缓走大车，将发电机转子穿入定子内，待接长轴伸出汽端时，将转子汽端临时支撑，放至滑道上。将行车倒至汽端把转子吊起，同时用倒链在发电机后轴承座处拉动转子配合行车逐步将转子穿入。

(五) 凝汽器安装方案

1. 凝汽器就位

将凝汽器壳体卸运至汽机房毗屋外，使用手拉葫芦以及行车配合沿已铺设的轨道将其拖运吊装就位。

2. 凝汽器注水试验

在凝汽器每个底座下面与台板间安装两根#10槽钢作临时支撑，然后向汽侧灌水至超过冷凝器与汽缸法兰接合处（此位置高于铜管最上部)，记录水位（用事先装好的临时水位计监视)，保持24h应无渗漏，胀口处渗漏的要补胀，铜管内部破裂的待试验完放水后更换铜管，再注水试验，直至达到不漏。破裂的铜管两端也可用铜堵堵死，但数量不得超过总铜管数量1/1000。

(六) 汽水管道施工方案

1. 汽水管道安装施工要求

(1) 领用管道时应查明钢号，通径及壁厚是否符合设计要求，并核对出厂证件，各项性能指标应达到国家标准，无产品合格证的管材不得使用。

(2) 若材质、规格需代换，应提出代用申请单，设计院签字认可后方可使用。

(3) 为保证系统内部清洁度，管道在安装前及安装中应随时进行管道封口。

(4) 管道的安装应尽量采用组合方式进行，选择组合件应注意以下几点：

1) 管道组合主要在组合场进行，组合前应画出配管图，同时标明热工的测点开孔。

2）合理选择安装中的调整口（3个方向），并考虑三维焊口焊接方便。

3）组合件应便于搬运和就位，并有足够的刚性，吊装时选择合理的吊点，不允许有永久的变形。

4）管沟内的管子，可在靠近沟边缘的地方进行予组合，组合后按图纸要求就位；对最后管口应考虑焊接方便，若需要开天窗，应开成椭圆形，且封口时应予加固，严禁开成矩形。

5）尽量避免多平面组合。

（5）管道中的合金钢部件施工前必须做光谱检查。合金钢管道在整个系统安装完毕后应作光谱复查，材质不得有差错。

（6）地下埋设的管道，管沟交付安装前应经验收合格，回填土前，管道必须经严密性试验合格，按设计要求进行防腐处理。

（7）管子安装前后，要对管子内分别认真检查，并将内部杂物清理干净。大口径的管子应将对口时的楔子、管内支撑及其他杂物清理干净。清理完毕与设备连接时及时办理封闭签证。

2. 汽水管道焊接施工方案

（1）主蒸汽管道、主给水管道、抽汽管道、凝结水管道、疏放水管道等汽水管道及油管道等压力管道ϕ76mm以下管道焊接采用全氩弧焊工艺，ϕ76mm以上管道的焊接采用氩弧焊打底电焊盖面工艺。主蒸汽管道焊口采用100%声探伤。

（2）管道对口前应按要求打好坡口，并将接口附近10～15mm的油垢、锈污清除干净，直至出现金属光泽。坡口无要求时其型式按焊接规范加工。

（3）高压管道的焊缝位置，安装完毕后应及时标明在施工图纸上。

3. 阀门施工方案

（1）低压阀门从每批中按不少于10%的比例抽查进行严密性试验，中压管道中的阀门逐个进行严密性试验。

（2）对于安全门及公称压力小于0.6MPa，公称直径大于或等于800mm的阀门采用色印进行严密性检查。

4. 对于下列阀门进行解体检查

（1）油系统阀门。

（2）安全阀与节流阀。

5. 严密性试验

应要求厂家更换经过严密性试验后不合格的阀门。

（七）小口径管道安装工艺创优方案

（1）施工前将小口径管道按用途、区域进行划分，对厂区内小口径管道进行统一设计、施工，并画出阀门站布置图，严格按图施工。

（2）小口径管道安装应做到不占用施工通道及检修场地。使小口径管道尽可能对称布置，确保横平竖直，弯曲半径一致，同时小口径管道的控制阀门也应统一布置。

（3）阀门型号、安装方向应正确，手轮不易朝下，且便于操作和检修。安装前要对集中布置的阀门组排列做统一规划，包括位置、间距、排列，使大阀与大阀在一起，

小阀与小阀在一起。一般一次门高度1.4m（基准面0m），二次门高度0.8m，管路中心距柱、墙外皮为250mm。阀门位置较高时，在不妨碍其他设备操作和检修时制作操作平台。

（八）附机与辅助设备安装方案

1. 箱罐类设备吊装

（1）除氧器在主厂房封闭前用90t履带吊将其吊至除氧平台处用倒链沿滑道倒入安装位置，除氧器基础顶部挂两只5t倒链将除氧器水平吊起找正后落下。除氧器水箱固定后用倒链将除氧器头吊起与之组合。

（2）高低加热器等汽机房内设备用汽机房内32t行车进吊装，设备吊装到位后立即找正并焊接牢固。

2. 泵类设备安装

（1）根据设备厂家说明书要求进行外观检查，对其质量怀疑时根据厂家要求进行解体检修。

（2）安装时先浇灌地脚螺栓孔，要等混凝土强度达70%后紧固地脚螺栓。

（3）二次浇灌前先点焊垫铁，注意垫铁不得与设备底座焊接，然后进行二次浇灌，灌浆要捣实。

（九）炉前系统水冲洗方案

（1）冲洗管道时应将系统内的流量孔板、节流阀阀芯及止回阀阀芯拆除，并妥善保管，待管道清洗完毕再复装。不参加清洗的设备管道与参加清洗的设备管道应妥善隔离。

（2）冲洗水源应采用澄清水。管道清洗时按先主管后支管，最后疏放水管的顺序进行。

（3）管道冲洗分为两个阶段。

1）第一阶段：除盐水到冷凝器→凝结水泵→凝结水管道→除氧器→低压给水管道→临时管道至地沟。

2）第二阶段：除氧器→低压给水管道→给水泵→高压给水管道→锅炉→下联箱→排地沟。

（4）临时排放水管道的横截面积不小于被冲洗管道的60%。

（5）冲洗标准：出口处的水色与透明度与入口处的目测应一致。冲洗后应对留有不清洁物体的部位进行人工清除。

（十）主蒸汽吹管方案

1. 冲管范围及流程

冲管范围及流程如下：汽包→过热器→主蒸汽管→吹管控制门→排汽母管→喷水装置→排汽→消音器→排汽。

2. 吹管前应具备条件

（1）所有与本次冲管有关的系统已竣工完善并经三级质量验收合格；流量孔板已拆除，不参加吹管的系统妥善隔离。

（2）参加冲管的临时管道、设施均安装完毕，达到冲管条件。临时管道中靶板以前的管口焊接采用氩弧焊打底电焊盖面的焊接方式。

（3）排汽管安装并保温完，支架安装固定牢固。排汽管出口处应加消音器。

3. 吹洗时压力与温度

吹洗时应保证各处的冲管系数大于1，压力应保证吹洗时蒸汽对管壁的冲刷力大于额定工况下对管壁的冲刷力。蒸汽的温度应保证高于该压力下的饱和温度50℃以上。

4. 冲管时间

冲管时间每次相隔20～30min一次。吹管中间至少停炉一次（且停炉时间不少于12h），以保证管内锈皮充分冷却收缩脱落。

5. 吹洗效果检查

吹洗效果用装于排汽管道内的靶板进行检查。靶板用铝板制成，宽度为排汽管内径的8%，长度贯穿管子内径。连续两次更换靶板检查，靶板上冲击斑痕不大于0.8mm，且斑痕不多于8点即认为冲洗合格。

6. 冲管后的恢复

（1）冲管完成并经验收合格后，在50℃以下拆除临时管道。

（2）安装流量孔板及正式管道对口时经验收合格并办理封闭签证后方可封闭。

（3）恢复完后不得再进行任何可能影响管道内部清洁的工作，所有焊口一律采用氩弧焊打底工艺。

六、电气专业施工方案

（一）作业指导书

电气专业拟编制的作业指导书见表1-5-4。

表1-5-4　电气专业拟编制的作业指导书

序号	指导书名称	审查级别			交付日期
		施工方	监理方		
1	全厂防雷接地装置安装作业指导书	√	√		
2	35（110）kV配电装置安装作业指导书	√	√		
3	主变压器安装作业指导书	√	√		
4	发电机及出线部分检查及安装作业指导书	√	√		
5	共箱母线安装作业指导书	√	√		
6	发电机励磁系统安装作业指导书	√	√		
7	控制保护盘柜安装作业指导书	√	√		
8	蓄电池安装作业指导书	√	√		
9	厂用高压配电装置安装作业指导书	√	√		
10	电气低压盘柜安装作业指导书	√	√		
11	锅炉及电除尘照明安装	√	√		
12	硅整流变压器安装作业指导书	√	√		
13	电缆保护管配制、安装作业指导书	√	√		
14	电缆桥架制作安装作业指导书	√	√		

续表

序号	指导书名称	审查级别			交付日期
		施工方	监理方		
15	电缆敷设作业指导书	√	√		
16	高压电力电缆终端制作作业指导书	√	√		
17	动力电缆接线作业指导书	√	√		
18	控制电缆接线作业指导书	√	√		
19	表计变送器调校作业指导书	√	√		
20	电气综合保护调试作业指导书	√	√		
21	大型油浸变压器电气交接试验	√	√		
22	发电机及引出线设备电气交接试验	√	√		
23	10（6）kV配电装置电气交接试验	√	√		
24	干式变压器电气交接试验	√	√		
25	电动机交接试验	√	√		
26	高压电力电缆电气交接试验	√	√		
27	不停电电源系统调试措施	√	√		
28	电动机试运措施	√	√		
29	电除尘升压调试措施	√	√		
30	厂用电系统受电措施	√	√		
31	施工现场临时用电组织设计	√	√		
32	电气专业施工组织设计	√	√		

（二）接地装置施工

（1）施工范围。本工程接地系统施工包括全厂地下接地网、厂房各层的均压带、专用接地网、避雷针及构筑物的防雷接地施工，还包括接地网的接地电阻测试工作。

（2）接地装置的施工包括垂直接地极及水平接地体的施工。

1）接地极使用切割机切割制作。

2）按照设计及规范要求开挖接地沟。

3）根据接地沟的直段长度在地面对热镀锌接地扁钢进行组合焊接。将接地扁钢放入接地沟与接地极组合，接地扁钢与接地扁钢、接地扁钢与预装接地卡子之间的搭接长度不得小于扁钢宽度的两倍。

4）根据需接地设备的布置位置就近自接地网引出预留接地线并做好标示。

5）焊接完成后清理焊渣及药皮，除锈后先涂刷防锈漆，干透后采用沥青防腐漆进行防腐处理。

6）接地工程为隐蔽性工程，施工时应事先通知监理进行旁站，监理及质检部门验收合格后方可回填。

7）回填土内不应夹有石块和建筑垃圾等杂物，外取的土壤不得有较强的腐蚀性，回填时应分层夯实。

（3）生物质电厂的所有电气设备的工作接地点、外壳、电缆附属工程、油罐及油管路等，都必须与接地网相连接，连接点的标示应明显、清晰。其标示采用黄、绿漆进行涂刷，涂刷间距恰当、一致。

（4）接地网施工完毕后，测量整个接地网的接地阻抗，应符合规范及设计的要求。

（三）电缆及其附属工程施工

1. 施工范围

本工程施工包括：电缆桥架、电缆支架、电缆保护管的制作安装；35kV及10kV高压电力电缆、400V电力电缆、控制及计算机等电缆的敷设与接线；电缆防火封堵施工等。

2. 电缆保护管安装

（1）依据施工图纸现场核对接线设备和电缆通道位置，了解穿管敷设电缆的规格型号和根数，确定配管的规格数量以及安装方向；掌握建筑专业施工进度和回填计划，提出材料需用和加工配制计划。

（2）电缆保护管的选择符合规范要求。弯曲半径和弯头个数符合规范要求，安装完毕后采用临时封堵措施。

（3）明敷的保护管应避开设备的检修通道、起吊设施的行走轨道等，不得影响其他专业的后续施工和检修需要。

（4）电缆保护管的接地要求连接牢靠、导通良好。

（5）成排布置的保护管安装应排列整齐，标高、间距一致且满足管接头的安装需求。

（6）电缆保护管安装完成后的观感质量应整齐美观。

3. 电缆桥架、支架安装

（1）组织参加专业间的图纸会审工作。

（2）依据施工图纸现场核对电缆通道走向，落实连接路径畅通、无阻碍。

（3）电缆桥架的连接、固定、伸缩节布置及接地、跨接接地线的施工应符合设计和施工规范的要求。桥架的上下和水平弯通、三通、四通的布设及各层间距符合施工规范及设计，且满足电缆对通道的要求及其敷设要求。

（4）电缆沟及电缆隧道内电缆支架的安装应横平竖直、间距一致，通长接地贯通良好无断开点。

（5）分支电缆桥架应直接施工到位。

4. 电缆敷设

（1）电缆清册的编制。用于电缆敷设的清册必须由专职技术人员进行编制，同时依据施工图设计、实际需用长度和需用时间提出各型号电缆的需用计划。

（2）电缆标示牌的编制制作。电缆标示牌的内容应包含回路编号、电缆型号、规格及起讫点，并联使用的电缆应有顺序号。标志牌规格应一致，字迹打印清晰不易脱落，内容描述正确，符合规范要求。

（3）电缆敷设前应检查和熟悉电缆敷设路径，落实敷设条件，确定不同电缆的摆放层次和转弯排列。

（4）从仓库逐一调运电缆盘，检查每盘电缆的绝缘情况并做好记录。

（5）电缆敷设时，电缆盘应集中放置在电缆比较集中的一端，并由专人负责敷设清册

的记录、保管和挂牌。电缆在敷设的过程中，应及时在清册上对已敷设完成的电缆进行标记，避免错放、漏放、重放情况的发生。对有中间接头的电缆必须在清册中对接头位置做出明确的记录；电缆在多层桥、支架的布置次序必须满足规范及设计的要求。

5. 电力电缆终端头制作接线

电力电缆终端头制作时必须选用与电缆材质、截面配套的接线端子，接线端子与电缆终端线芯压接时必须使用专用的压接工具，模具选用正确、压接道数正确。高压电缆终端制作选用热缩或冷缩式终端材料，其规格须与电缆匹配。根据需接入设备的安装位置及其接线盒、CT等具体布置，确定电缆头的固定位置和接线长度。电缆保护层的剥削应注意不能伤及芯线的绝缘，芯线绝缘的剥削长度满足穿入端子腔内的长度要求。芯线表面处理清洁干净、无氧化膜，接线端子压接牢固，绝缘包扎符合工艺要求，相色两端标示正确一致。接地铜编织线选用、连接正确，符合规范及产品要求。高压电缆终端的制作必须按照产品说明书或规范要求的工序、标准进行。对于接线空间导致连接困难的设备，必须保证过渡措施可靠。电缆终端的相间距离、对地距离满足规程和验标的要求，电缆接入设备时的连接不得对设备端子产生应力。对于电缆头在零序CT以上的电缆，其接地线应穿回零序CT后再进行接地。

并联电力电缆终端的接线施工必须保证首尾相位对应正确且相色标示清晰正确，电缆排列整齐顺畅、固定牢固，其钢铠、屏蔽层的接地与接地网连接。

就地电力电缆终端头应根据电缆保护管端口到设备接线盒的长度、公称口径选择金属软管和卡套。高压电缆终端头在两端均制作完毕后，必须经过耐压试验合格后，方可接入设备，端子压接牢固无应力、相序正确、固定牢固，电缆标示牌正确。

6. 电缆防火封堵施工

（1）在电缆工程施工完毕后，对电缆的接线和排列布置工艺做细部整理并经验收。

（2）防火封堵材料到货后必须检查其质量合格，鉴定证书、生产许可证及合格证齐全，且产品在有效期内。

（3）防火封堵施工时，有机堵料对电缆的包裹厚度和长度、防火涂料的涂刷遍数和厚度必须满足产品说明书及设计要求。

（4）阻燃槽盒的安装应做到与桥（托）架固定牢固，连接接口及电缆引出孔应封堵严密，成型平整、美观；阻燃隔板的安装应牢靠，对工艺缺口与缝隙较大部位要进行防火填充封堵，外观平整整洁；有机防火堵料的包裹应与电缆结合紧密厚实，端面平齐，成型美观。无机防火堵料的灌注表面成型应平整光洁，不得有粉化、气孔、裂纹等缺陷。防火包应交叉堆砌排列、堆砌密实牢固，成型平整稳固。防火涂料的涂刷表面应光洁干燥，涂刷均匀完整，涂刷间隔时间和厚度、遍数满足产品要求。

（四）厂用配电装置安装

1. 施工范围

本工程主要包括：10kV高压配电装置、低压厂用变压器、400V PC及MCC等低压配电装置、就地动力控制设备的安装及电动机检查接线等。

2. 配电装置基础制作安装

（1）根据施工图确认10kV、400V配电室的坐标位置，掌握建筑施工进度，并提出

材料需用计划，了解变配电装置的具体到货日期。

(2) 参加项目部组织的各专业间图纸会审，办理建筑工程中间交付安装交接单。

(3) 配电装置基础的制作安装。基础组合时应先点焊，点焊成型后检查误差在规范规定范围内再焊接，满焊部位应焊接基础内侧，不宜在基础的顶面。基础预制完成并除锈后，刷防锈漆防锈。小型基础可在工作平台上直接组合制作成型，大型基础应增加加固筋以便于运输。对不便于运输的大型盘柜基础及在原有基础上进行扩展的，可采用现场组合的方式进行施工。大中型基础在其长度上应增加经验尺寸。将已预制的基础或工件按设计坐标位置摆放到位，使用水准仪、水平尺找平，拉线找直，使用手锤、撬棍等工具通过调整垫铁的方式来校正标高和水平。每个固定点经检查确认无误后先临时点焊固定，待同一配电室内的基础全部找完并对所有基础的标高及坐标尺寸进行复测无误后，满焊固定并做好记录。同一配电室内的基础标高应一致，基础与预埋件的焊接点不得高于最终地坪标高，每列基础与接地网的连接不得少于两点。验收完毕后移交建筑专业进行内部二次灌浆。

3. 高、低压厂用配电装置安装

设备开箱应在物供部门、监理及业主同时在场的情况下进行，包装在就地拆除，并及时将包装物进行清运。开箱过程中如发现设备有损坏、异常时，及时记录并通知有关部门。

将整段端部第一面盘柜边沿完全与基础边线或所打墨线重合，并使用米尺对坐标尺寸进行复核，再用线坠测量柜体的垂直度并进行调整，偏差合格后将柜四角与基础焊牢。盘柜与基础的连接方式应符合设计和产品的要求，接着找正本列最末端的盘柜，但不要焊接固定，找正方法同端柜。在首末两柜前面中上部拉线，使线与柜面隔开4～5mm，然后自第二面盘柜开始，把本列盘柜的每块柜依次边找正、边连接、边固定，最后将末端盘柜重新进行找正并固定。盘间螺栓的规格、安装数量及位置应一致，螺栓的穿向一致、附件齐全。

干式变压器安装时其重心应落在设计加装的基础加强筋上。变压器罩壳安装时应与盘柜前面平齐，与低压柜柜体靠紧，不应有缝隙，采用螺栓连接固定。罩壳底部四角与基础焊接固定。高压盘柜安装时需提前将手车拉出柜外集中妥善放置，待盘柜安装完毕后再回置于开关仓内。

配电装置的母线应在盘柜安装完成并经初检后进行。母线的型号、规格、片数、孔距符合设计要求，母线表面光洁平整无裂纹、镀层完整无氧化膜，根据穿装顺序对母线分组标示，穿母线时提前松开盘柜内母线夹件，将已标示的母线按次序穿入柜内。对搭接面进行清洁并均匀涂抹电力复合脂后，调整主母线位置使之与分支母线连接孔对齐，穿入螺栓。母线穿入时要使分支母线位于同一侧，螺栓穿入后应保证母线不受额外应力。

母线搭接时，螺母置于维护侧，两面垫有平垫，螺母侧加装弹簧垫，螺栓长度宜露出螺母2～3扣，用力矩扳手紧固。与变压器中性点连接的N排，其接地点按设计位置与接地网连接，PE排自两端部位两点与接地网连接。母线标志漆刷漆均匀正确，界面齐整。母线的紧固力矩应满足规范要求。

对已安装完成的配电装置进行整体检查，盘柜安装的水平度、垂直度及盘间接缝应符合规范的规定，盘柜间连接螺栓齐全，母线的连接符合系统及图纸的要求，检查母线连接力矩、母线相间及对地距离、绝缘电阻符合规范的要求。核对装有母线桥的双回变压器供电母线的连接相位、相序必须正确，检查各分支母线的连接应牢固，相间、相对地的距离符合规范要求。

依据设计图纸、厂商设备图纸逐一核对一次设备的连接配置应符合要求，检查小母线的连接、二次回路、设备元器件符合设计图纸要求，各类标示齐全。

配合协助制造厂商的现场服务代表检查进行机构调整和闭锁试验，动作、指示正确，闭锁可靠。设备的单体试验符合设计、规范及厂家技术资料的要求，记录调整及试验数据。

配电装置安装完毕后，及时对盘内电气设备按交接规程进行试验。

4. 就地电气设备安装

（1）依据设计图纸确认就地电气动力、控制设备的安装位置，安装位置力求方便操作、便于观察检查，不妨碍机务设备、管道的安装，不占用人行及检修通道。

（2）就地电气动力、控制设备的安装应牢固，封闭良好，并应有防雨、防潮、防尘措施。成列安装时，应排列整齐。

（3）就地设备安装前应依据设计施工图纸、厂家设备图纸检查设备内部的元件配置、回路接线正确并符合要求。并应根据电缆的数量和进线位置进行开孔，就地设备与保护管间的电缆应使用金属软管防护，金属软管两端应使用PE线进行跨接接地。

（4）就地电气动力、控制设备的接地应牢固良好。装有电器的可开启的门，应以裸铜软线或PE线与壳体相连。

5. 厂用二次接线

（1）厂用二次接线的原则顺序为：集控DCS间、10kV高压配电装置、400V低压配电装置、各就地电气动力控制设备、负载等。

（2）整理排列电缆前应核对清点电缆的规格型号、起始点、数量、编号应符合图纸要求，依据电缆的图纸设计接线位置整理排列电缆，力求避免交叉。

（3）剥除电缆护套时不得伤及芯线绝缘，电缆终端制作紧固平实，芯线束整理整齐、顺直，备用长度及绑扎间距一致。

（4）二次接线的编号头使用号头打印机统一制作。电缆编号头遵照图纸设计套穿，穿入方向正确、一致。已完成对侧接线的电缆，必须经查线正确后方可穿套编号头。

（5）二次接线在端子排部位预留弧度应一致，芯线接入端子的位置必须符合图纸和原理要求，芯线的导体不能外露出接线端子。采用弯弯方式压接的线芯，其弯圈方向必须朝向螺栓上紧的方向。多股软铜线应使用线鼻，每个端子的接线芯数不得超过两芯。

（6）电缆标示牌悬挂一致，标示牌与电缆对应、正确，悬挂整齐美观。

（五）蓄电池及直流系统安装

本工程施工主要包括：蓄电池架、免维护蓄电池、直流充电浮充屏、馈线屏等。

1. 蓄电池台架安装

根据厂家供货技术资料的要求安装电池台架，台架安装的全长水平误差小于5mm，最大垂直误差小于1.5mm/m。支架的间距尺寸应一致，立柱应在同一平面上，安装固定

应牢固，连接螺栓紧固牢靠，端头排列整齐。蓄电池台架应可靠接地。

2. 蓄电池安装

（1）将蓄电池开箱并进行检查和检测。

（2）按照极性、方向和连接要求将蓄电池摆放在台架上。

（3）蓄电池安装应平稳，同组电池应高低一致，排列整齐。

（4）使用软铜刷和白布清理电池极柱并安装连接条，连接条及极柱的接线应正确，连接接触部分应涂以电力复合脂，螺栓穿向一致、螺母紧固；连接条平整无弯曲变形、连接不得使电池极柱承受额外应力。

（5）检查整组电池极性连接正确。分别测量电池单体电压与总电压，比较电池组总电压与单体电压之和的差别，并做好记录。

（6）电池外接电缆过度排的安装应满足规范要求，外接的电缆的连接必须规范牢靠，电缆引出线应采用塑料色带标明正、负极的极性，正极为赭色，负极为蓝色。

（7）每个蓄电池应在其台座或外壳表面用耐酸（或碱，根据电池特性选择）材料标明编号。

3. 直流屏安装

直流屏的安装应符合现行国家标准《电气装置安装工程　盘、柜及二次回路结线施工及验收规范》（GB 50171）中的有关规定，其施工工序及方法参照厂用配电装置安装相关内容。

4. 蓄电池充放电及容量检测

可采用连接蓄电池放电电阻的方法对充电器进行调试，测量整流输出，电压波形，整定过压、过流值。在稳压、稳流、浮充状态下观察充电器的输出应稳定。

考虑蓄电池经过长途运输，存放时间比较长，应先将蓄电池组采用恒压法补充充电24h，以达到额定容量。

采用10h放电率进行首次放电时，应该注意不得过放。放电装置调整灵活可靠，满足放电电流稳定的要求。蓄电池首次放电试验应符合下列要求：

（1）放电期间，每隔1h记录一次放电电流及电池组总电压，记录每只蓄电池的电压，并监视是否有电压异常、电池外观异常、电解液泄漏、温度异常等情况的发生。

（2）每个电池的电压与电池组平均电压的差值应不大于1%。

（3）电压不符合标准的单只蓄电池数量，不应超过该组电池总数量的3%，单只蓄电池的电压不得低于整组电池中单体电池的平均电压的2%。

（4）一般情况下考核10h率容量，如果第一次10h率容量不低于额定容量的95%，则再次充足电后便可投入运行。如果蓄电池组首次放电后，放电容量大于额定容量的85%而不足额定容量的95%，应该继续进行充放电。在5次循环内10h率放电容量应达到额定容量的95%以上。若经过5次循环，仍达不到额定容量的95%，则说明该组蓄电池有问题，应查明原因后采取相应措施，否则不能交付使用。

（5）充电、放电工作结束后，及时绘制整组蓄电池充放电特性曲线，并与厂家特性曲线比较。

（6）蓄电池放电及容量测定达到要求后，应在10h内进行再充电。

（7）移交运行前按产品技术要求进行使用与维护，并保证浮充电源可靠正常运行。

（六）UPS交流不停电电源装置安装调试

1. UPS交流不停电电源装置安装

依据施工图纸安装UPS主机柜体，其坐标及排列位置正确，柜体垂直度、水平度符合规范要求。按厂家及设计图纸进行内部连线及外部接线，检查蓄电池电源、交流电源等连接符合图纸要求并正确。

2. UPS交流不停电电源装置调试

调试前应检查UPS装置调压变柜、备用隔离变的内部连线，接头无松动，柜内无杂物。各插接件无松动，插件配线无脱落；外部电源连接正确。

UPS柜的功能检查包括开机、关机的操作检查。

UPS切换调试包括正常情况下的切换、回切试验及从逆变器到旁路和从旁路到逆变器的切换试验。

UPS装置的各项试验和调试工作应配合厂家技术人员或在厂家技术人员的指导下在现场完成。应依据厂家技术资料逐一检查各元器件符合配置要求，检查测试逆变器工作正常，各项功能试验符合设计要求，输出电压、切换流程、切换时间及报警信号等各项技术指标符合技术和使用要求，满足机组DCS系统、保护系统等对高质量、高可靠度电源的需求。

（七）主变压器安装方案

1. 施工准备

（1）基础验收合格并已办理中间交安签证，施工现场已经平整，具备施工条件。

（2）安装工器具及辅材都已经准备齐全。

（3）对施工人员进行安全、技术交底。

（4）厂家技术人员已到场。

2. 变压器到货后的检查与保管

变压器及附件到达现场后，按铭牌和图纸等有关资料核对产品型号。及时会同有关部门进行外观及本体检查，拆除冲击记录仪的冲击记录，确认变压器本体及运输过程无异常。

变压器到货后如暂时不进行安装作业，其附件必须放在干燥、通风良好的库房内。浸油运输的如电流互感器、升高座等组件仍应充油储存，其油箱应密封，散热器（冷却器）和连通管、安全气道、净油器等应加密封。变压器本体应放置在高出地面的基础上，与本体连在一起的附件可不拆下。基础周围不得有积水或杂物堆积，并应隔离防护。

3. 变压器安装前的检查及准备

（1）变压器到货后安装前进行绝缘油油样试验，套管CT试验合格，变比正确。

（2）冷却器、储油柜密封试验合格。

（3）拆除铁芯接地点后，用兆欧表检测铁芯绝缘良好。

4. 变压器器身检查

（1）周围空气温度不宜低于0℃，器身温度不宜低于周围空气温度，当器身温度低于周围空气温度时，宜将器身加热，使其器身温度高于周围空气温度10℃。

（2）器身暴露时间。当周围空气相对湿度小于75%时，器身暴露在空气中的时间不得超过16h；在器身检查及附件安装过程中，应尽量缩短暴露时间。

（3）检查现场四周清洁并有防雨、防尘措施，室外安装的变压器不应在雨雪天或雾天进行器身检查。

（4）充氮变压器打开人孔门后，必须让器身在空气中暴露15min以上，待氮气充分扩散后进行。

（5）器身检查所使用的工具材料均应造册登记并安排专人管理。

（6）器身检查的主要项目和要求应符合规范及产品要求。

5. 变压器附件安装

（1）所有法兰连接处，应用耐油密封垫（圈）密封，密封垫（圈）应无扭曲、变形、裂纹、毛刺，密封垫（圈）应与法兰面的尺寸相配合，原有封板的密封圈如有条件最好全部更换为新件。密封垫（圈）压缩量不宜超其厚度的1/3。

（2）冷却装置在安装前应按制造厂规定的压力值用气压或油压进行密封试验，并应持续30min应无渗漏。冷却装置安装前应用合格的变压器油冲洗干净，并将残油排尽，冷却装置安装完毕后应即注满油。

（3）储油柜的安装应符合下列要求：

1）储油柜安装前，其外壳应清洗干净。

2）胶囊式（或隔膜式）储油柜中的胶囊（或隔膜）应完整无破损，胶囊在缓慢充气胀开后检查应无破损漏气现象。胶囊沿长度方向应与储油柜的长轴保持平行，不扭偏，胶囊口的密封应良好，呼吸应畅通。

3）油位表动作应灵活，油位表或油标管的指示必须与储油柜的真实油位相符，不得出现假油位。油位表的信号点位置正确，绝缘良好。

（4）升高座的安装应符合下列要求：

1）升高座安装前，应先将电流互感器进行试验并合格。

2）电流互感器出线端子板应绝缘良好，其接线螺栓和固定件垫块应紧固，端子板密封良好无渗油现象。

3）安装升高座时，应使电流互感器铭牌面向油箱外侧，放气塞应在升高座的最高处。

4）电流互感器和升高座的中心应一致。

5）绝缘筒安装应牢固，其安放位置不应使变压器引出线与之相碰。

（5）套管的安装应符合下列要求：

1）套管安装前应检查确认完好无异常。

2）高压套管穿缆的应力锥应进入套管的均压罩内，其引出端头与套管顶部接线柱连接处应擦拭干净，接触紧密。高压套管与引出线接口的密封波纹盘结构（魏德迈结构）的安装应严格按制造厂的规定进行。

3）套管顶部结构的密封垫安装正确，密封应良好，连接引线时，不应使顶部结构松扣。

4）充油套管的油标指示应面向外侧，套管末屏应接地良好。

（6）气体继电器安装前应经检验整定合格；气体继电器应水平安装，其顶盖上标志的

箭头应指向储油柜，其与连通管的连接应密封良好。

6．注油

（1）现场进行附件安装的已预充绝缘油的油浸变，采用真空滤油机进行补油，补油所达油位符合厂家产品技术资料的要求。

（2）安装及补（注）油完成后进行整体密封试验应良好。

（3）110kV及以下电压等级的变压器注油完毕后，在施加电压前，其静置时间不应少于24h。静置完成后变压器电气试验和油样试验符合规范及厂家技术资料的要求。

（4）静置完毕后，应从套管、升高座、冷却装置、气体继电器及压力释放装置等有关部位进行多次放气，并启动潜油泵，直到残余气体排尽。

（5）110kV等级充氮运输的变压器附件安装完毕后宜采用真空注油。

（6）具有胶囊或隔膜的储油柜的变压器必须按制造厂规定的顺序进行注油、排气及油位计加油。

（八）发电机及引出线安装

发电机电气部分检查及安装的主要工作内容为：发电机定转子检查及清理、发电机出线安装、发电机出线电流互感器安装、发电机中性点设备安装、励磁刷架安装等。

1．发电机本体电气检查

发电机到达现场后，检查定子、转子有无损伤及锈蚀，绕组绝缘完整无损伤及起泡现象，槽楔无裂纹、松动和凸出现象，发电机的膛间应干燥、洁净，测量定、转子的绝缘电阻应合格。安装前的保管期间需建立定期巡检制度，每月按时进行巡查和记录，并按产品的要求定期盘动转子。进入发电机本体内部工作需穿专用工作服和软底布鞋，不得损伤绕组端部和铁芯，并对带入、带出的工具造册登记，严禁将异物遗忘在本体内。配合机务专业穿转子前，应安排专人对定子及其膛间、转子再进行一次彻底清理及检查，在穿转子过程中需指定专人观察间隙，防止碰撞刮擦。

2．发电机定子检查

检查定子及出线各部位，用大功率吸尘器对其表面进行清理，对表面附着的灰尘等物体可以先用面团、无水酒精或专用绕组清洗剂进行清洁，最后再用干燥空气或氮气进行吹扫，确保无尘土和杂物遗留。

3．发电机转子检查

检查转子的磁极、绕组、风扇、滑环及平衡块等部位无异常，使用无水酒精或专用清洗剂清理表面污垢，使用干燥空气吹扫转子的表面灰尘。

4．发电机穿转子的工作配合及需具备的条件

（1）定子、转子的各项试验已完成并合格。

（2）最终的检查清理工作已完成并经验收签证。

（3）转子及定子的下部铁芯和绕组端部的保护措施完善；穿转子过程中，注意观察间隙，不得碰伤定子绕组或铁芯。

（4）电机的空气间隙和磁场中心应符合产品的要求。

（5）注意检查机务后续安装过程中的防潮措施，防止发电机受潮。

5. 发电机引出线安装

（1）发电机出口配电装置安装。发电机出口配电装置的安装严格按照规范、设计要求进行。在进行发电机出口配电装置安装时，应充分考虑与其他设备连接时所要求的坐标、位置要求。

（2）发电机出线母排制作。首先熟悉设计图纸及厂家资料，根据图纸设计型号、规格、数量领取母线毛坯，对母线毛坯材料进行检查和平直矫正。母线下料采用切割机切割下料，如母线有需弯制的部分，则按照计算或放样量取的数据进行下料，切割部位应注意选择在线外侧，切断面应平整。量取尺寸应准确，画线时直角尺角度应精准，尺寸计算和画线时应充分考虑母线的不同弯曲角度而产生的尺寸偏差，下料后及时去除下料产生的毛刺。母线画线采用的工具可使用划针、铅笔或钢锯条。根据弯制角度确定并画出起弯线与夹持线，弯制前应考虑钻孔等下道工序的施工，如弯制后影响钻孔时应先钻孔后弯制，母线的弯制应使用专用或自制工具进行机械冷弯，不得进行热弯，母线弯曲处不得有裂纹及显著的折皱。

母线与母线连接时，其钻孔的直径、个数及母线的搭接形势、连接尺寸必须满足规范要求。母线与设备连接时，宜将母排带到现场进行号孔。为保证制作及安装工艺，提高准确率，最后一段与设备连接的母线也可将钻孔工作后延至安装过程进行。使用样冲进行打点，钻孔直径宜大于所用螺栓直径1mm，钻孔应垂直，螺孔间间距偏差不得大于0.5mm。用板锉把母线搭接面的毛刺、氧化膜处理干净。接触面加工应平整，加工后，其截面减少值：铜母线应不超过原截面的3%，铝母线应不超过原截面5%。经过压花处理和具有镀层的母线搭接面，不得任意锉磨。

连接为铜—铜或铝—铝时，在干燥的室内可直接连接；铜—铜时，室外、高温且潮湿的或对母线有腐蚀性气体的室内，必须搪锡；铜—铝时，在干燥室内，铜导体应搪锡，室外或空气相对湿度接近100%的室内，应使用铜铝过渡板，铜铝过渡板的铜材部位应搪锡。

当母线采用热缩绝缘护套防护时，应在安装前将热缩套安装热缩完毕。

（3）母线安装。检查母线安装所需的支撑绝缘子浇注牢固、釉面完整、无裂纹及破损，并经试验合格。检查金具的规格型号符合设计及规范要求，检查螺栓型号、数量满足施工要求。

将支撑绝缘子及金具安装到已安装完成的支架上，再将制作完成的母线固定在金具上，自起始设备段向另一端设备处连接。母线固定金具与支柱绝缘子间的固定应平整牢固，不应使其所支持的母线受到额外应力，交流母线的固定、支撑金具或穿墙板、支架不应形成闭合磁路。当母线平置时，母线支持夹板的上部压板应与母线保持1～1.5mm的间隙，当母线立置时，上部压板应与母线保持1.5～2mm的间隙。母线在支柱绝缘子上的固定死点，每一段应在其全长或两母线伸缩节中点位置设置一个。在清理后的搭接面上均匀涂抹电力复合脂，将搭接面螺栓全部穿完后进行调整，最后紧固。母线平置时，贯穿螺栓应由下向上穿，在其余情况下，螺母应置于维护侧，螺栓长度宜露出螺母2～3扣。多片母线间距一致，边线平齐，相间距离一致且满足安全距离要求。母线接触面应连接紧密，连接螺栓应用力矩扳手紧固，其紧固力矩值满足规范及厂家要求。

（九）35kV屋外配电装置安装

1. 施工范围

本工程主要包括支柱绝缘子、互感器、断路器、隔离开关、避雷器等高压电气设备和架空线路、引下线、设备连线的安装、调整，还包含主变中性点设备的安装工作。

2. 施工准备

（1）土建构架及设备支柱验收合格，断路器预埋孔验收合格，并办理交接签证。

（2）施工场地已平整，场地清洁无杂物，具备支车条件。

（3）设计图纸已会审。

（4）安装工器具及材料已备妥。

（5）设备已到货，按安装要求摆放到位。

3. 35kV屋外配电装置安装

（1）SF_6断路器安装。进行基础安装前的复查工作，坐标和高度、预埋螺栓的坐标偏差和间距满足设计及产品的安装要求。SF_6断路器的开箱检查及安装工作应在无风沙、无雨的天气下进行。设备开箱检查应在厂家、业主及质检部门在场的情况下进行，开箱检查完毕写出检查纪要。

开关基架支撑架的安装应按产品及规范要求进行。极柱安装时的吊点应选择设备的预留专用吊点，吊具使用吊带和卡环。在极柱安装到基架上之前，应先检查每个极柱的SF_6气体预充情况。极柱安装应按照厂家编号进行安装和连接，将极柱吊至开关基架上部的极柱板开口的垂直位置，稳钩后缓缓落入基架的安装位置，调整合格后用螺栓将极柱与开关基架可靠连接固定。极柱垂直度偏差不大于3mm，三相相间中心距离偏差不大于5mm。极柱安装调整完毕后依次连接各相之间的机构连杆，连杆连接预调完成后锁紧螺母，并根据情况找补加注合适的润滑脂保证其动作灵活。

组装完成后进行整体检查，检查装配齐全完整、螺栓紧固牢靠，在所有活动轴的C型挡圈处穿入开口销，涂刷相色标示漆。

在开关基架上预留的专用接地板处用热镀锌扁钢与接地网连接，连接应采用螺接方式，明敷接地线的标示应明显清晰、连接点数及搭接面积应符合规范和产品的要求。

为避免操作错误导致断路器损坏，在断路器内必须充有额定压力的SF_6气体及位置指示正确可靠时，才允许进行操作传动试验，调整工作应在厂家技术人员的指导下进行。断路器调整后各项参数包括机构储能、机械及电动分合闸、压力接点动作值、密度继电器测试、防跳、分合闸时间和速度、同期、控制及信号等应符合产品技术要求及设计要求。

断路器的电气试验包括绝缘电阻、回路电阻、交流耐压、分合闸的时间及速度、分合闸线圈的绝缘电阻及直流电阻、气体微水试验，以及密度表、压力表和压力动作阀的检查等。

（2）隔离开关安装。设备开箱应有物资公司、监理、电厂、制造厂、电气专业人员参加。隔离开关组装时，其相间距离误差不大于10mm，相间连杆应在同一水平线上。同一绝缘子柱的各节绝缘子中心线应在同一直线上，同相各绝缘子柱的中心线应在同一垂直平面上。

操作机构箱安装时，固定要牢靠，开关操作轴中心线要和操作机构主轴中心线重合。

隔离开关的拉杆应校直，弯曲度误差不大于1mm。拉杆的直径与操作机构传动轴的直径相匹配，拉杆与转轴直径间隙不大于1mm。连接部位的销子安装正确无松动，拉杆与带电部分的距离满足规范及产品要求，所有转动部分应涂以适合当地气候的润滑脂。

通过调整传动机构联杆及触头末端的调整螺栓，使主刀闸在合闸后应平直、动触头与准静触头的中心一致。通过调整，确保开关动作顺畅，分合可靠到位。

调整完毕后，可进行设备连线等下步工序施工，但在连线完成后应对隔离开关的操作及动作情况进行复核，并涂刷相色漆。

(3) 互感器安装。互感器安装前应检查其二次接线板引出端子连接牢固，绝缘良好、标志清晰；变比分接头的位置及极性满足设计及规范要求；油浸式电压互感器密封良好无渗油现象，油位合适、显示正确；外观无损伤、裂纹现象；安装后不易进行的电气试验已完成并合格。互感器安装的固定螺栓连接牢固，螺栓配件齐全。安装垂直度偏差不大于1.5/1000。铁芯接地引出线、底座及设备杆接地良好、可靠，极性方向三相一致。保护间隙设置符合设计要求，电流互感器的备用二次绕组短接接地状态良好。油浸式电压互感器储油柜气密性良好无渗漏，顶盖螺栓连接紧固。带电部位与架构和其他设备的安全距离满足规范及设计要求，相色标示清晰正确。

(4) 软母线安装。软母线安装施工前确认建筑架构已经验收合格，并办理交接签证。熟悉图纸，掌握母线弧垂、张力等要求，提前在现场测量出挡距等原始数据并做出记录。

检查导线、线夹、金具等，规格正确，数量齐全，外观干净，无浮土、杂物，合格证等技术资料齐全。除地脚螺栓外的附件和紧固件均应为热镀锌制品，金属附件及螺栓表面不应有裂纹、砂眼、锌皮剥落及锈蚀等现象。

按设计及规范要求进行线夹的拉力试验。

在放线过程中导线不得与地面摩擦，对已展放的导线应进行外观检查，不应发生磨伤、断股、扭曲、断头等现象。切割导线时切割点两端用绝缘胶布绑扎牢固，要求切口与线股垂直、端面整齐、无毛刺。导线与连接管连接前应清除导线表面和连接管内壁的污垢和氧化膜。液压钳的模具应与压钳及被压件配套，压接前按规范对试件进行试压，试压合格后方可进行正式压接。压接时将压接管放正放平，相邻压接处位置距离为5～8mm。压接后检查导线外观无隆起、松股，压接弯曲度不大于2%。

提前将卷扬机准备好，将组装好的母线运至架设地点，并与绝缘子串装好。先用吊车把母线一端吊起固定在架构上，然后用卷扬机带动母线另一端，将母线挂起，调整并固定可靠。

软母线施工完毕后应进行整体检查调整，安全距离满足规范及设计要求，相间间距一致，弧垂一致，连接牢靠，配件齐全。与设备连接无应力且不受设备活动及操作的影响，搭接满足规范要求，电气试验合格，报告完整齐全。

(十) 倒送厂用电方案

1. 送电应具备的条件

(1) 现场道路畅通，各配电室土建工作施工完毕，门窗齐全、照明充足、通信畅通、消防设施齐全完备、卫生清洁无杂物，达送电条件。

(2) 所有送电范围内的厂用系统一次设备安装、调整、调试、试验工作完毕，经验收合格并且资料齐全完整，具备送电条件。

（3）有关二次控制部分，包括控制、联锁、保护、测量、计量、信号等功能调试完毕，经验收合格且记录齐全，达送电条件。

（4）DCS、ECS 等系统安装调试完毕，经验收已达投运条件。

（5）受电范围内设备标示及开关编号齐全、正确，与计算机监控系统对应、相符。

（6）受电区域的隔离警示工作已完成，受电盘柜及相关电缆设施的防火封堵工作完毕。

（7）已制定相应的安全措施。

（8）经验收合格后，准予送电。

2. 受电方案

本项目受电步骤拟定由 35kV 线路通过 SF_6 断路器冲击主变后，经电抗器送电至 10kV 母线，然后分别冲击各低压厂变，送电至 400V 各段母线。

（1）第一阶段：主变压器受电。

联系电网调度进行线路受电操作，在 35kV 线路受电后，由 35kV 线路通过 SF_6 断路器冲击主变压器，首次送电冲击 5 次；检查屋外配电装置、变压器本体等一次设备及控制、保护、测量、信号等一切正常，并做好记录。

（2）第二阶段：厂用配电装置受电。

由主变压器经电抗器送电至 10kV 段，检查 10kV 段一次、二次设备正常，母线电压及其相位、相序正确；冲击各低压厂用变压器，首次送电冲击 5 次，检查变压器及其二次、保护系统正常；向 400V 各段送电，检查各段 400V 母线电压及相序等均正确，为分部试运做好准备工作。

3. 送电后的安全措施

严格执行工作票制度和监护制度，送电后 10kV 配电室应派专人值班，进入带电区域工作必须办理工作票。

4. 安全注意事项

（1）受电前受电范围内的电气设备交接试验合格，试验报告齐全完整。

（2）送电前再次对受电设备及母线进行绝缘复查并记录，设备绝缘符合《电气装置安装工程　电气设备交接试验标准》（GB 50150）中有关规定，并确认范围内各 CT 回路无开路，PT 回路无短路现象。

（3）送电过程中加强对 35kV 屋外配电装置、主变、10kV 开关柜、低厂变、400V 等各受电设备带电运行情况的监视，并注意有无影响电气设备安装运行的情况发生。当发生异常情况时，及时汇报。

（4）严格按操作票进行操作。

（5）送电监护人员要熟悉设备、分工明确、坚守岗位、服从指挥。

（6）倒送厂用电要有详细的组织分工，专人指挥、专人监护、专人操作、专人记录，做到各负其责，集中统一。

5. 送电过程中注意记录的内容

（1）周围环境影响设备安全运行的事项。

（2）送电前的检查项目、检查时间及检查人。
（3）设备绝缘电阻值，测量时的环境温度等。
（4）各设备的受电时间。
（5）各阶段送电的完成时间。
（6）每次测量的电压、相序、相位等参数。
（7）送电过程中发现的需要以后停电处理的缺陷。

七、热控专业施工方案

（一）作业指导书

热控专业拟编制的作业指导书见表1-5-5。

表1-5-5　　热控专业拟编制的作业指导书

序号	指导书名称	审查级别			交付日期
		施工方	监理		
1	热控盘柜安装作业指导书	√	√		
2	热控电缆桥架安装作业指导书	√	√		
3	电缆保护管制作安装作业指导书	√	√		
4	仪表取样管路敷设作业指导书	√	√		
5	热工取样及取源部件安装作业指导书	√	√		
6	就地控制和检测仪表安装作业指导书	√	√		
7	热控电缆敷设作业指导书	√	√		
8	热控电缆接线作业指导书	√	√		
9	执行机构安装作业指导书	√	√		
10	壁温元件安装作业指导书	√	√		
11	汽机本体热控元件安装作业指导书	√	√		
12	锅炉火焰电视安装调试作业指导书	√	√		
13	防冻伴热安装作业指导书	√	√		
14	DCS系统接地施工作业指导书	√	√		
15	热控温度仪表调校作业指导书	√	√		
16	热控压力仪表调校作业指导书	√	√		
17	电动执行机构调试作业指导书	√	√		
18	气动执行机构调试作业指导书	√	√		
19	吹灰器调试作业指导书	√	√		
20	热控报警信号调试作业指导书	√	√		
21	热控仪表投运措施	√	√		
22	DCS系统受电措施	√	√		
23	热控专业施工组织设计	√	√		

（二）热控盘柜安装

（1）盘柜底座固定牢固，油漆均匀、完好、美观。

（2）盘底座垂直偏差小于1mm/m，水平偏差小于1mm/m，全长尺寸偏差小于5mm，底座高出地面10～20mm，成排底座高度一致。

（3）盘柜外观无残损，盘面平整，机柜面漆完好。

（4）单个盘柜垂直偏差小于1.5mm/m，相邻两盘顶部偏差小于2mm，五面盘以上盘面偏差小于5mm，盘间接缝间隙小于2mm。

（5）盘柜接地严格按照设计要求施工，保护接地牢固可靠，盘内电缆、导线固定牢固，排列整齐美观，盘上照明设备配件齐全，接线正确。

（6）就地端子箱接线盒不影响通行，安装端正牢固，高度统一，便于检修。

（三）电缆支架、桥架施工

（1）支架切口无卷边、毛刺，焊接牢固，油漆完整均匀，无污染。

（2）托架、支架高度偏差不大于5mm，垂直偏差不大于2mm，间距偏差不大于10mm。

（3）电缆桥架连接附件齐全，螺栓紧固并位于桥架外侧，露出丝长一致，桥架切割严谨使用气割及焊割。

（4）电缆桥架层间距一致且不小于200mm，桥架对接无错边，变高层间距应一致，桥架无塌腰现象，桥架防火隔板敷设整齐，无漏缝，电缆敷设完成后盖板固定牢固齐全且便于拆卸。

（5）电缆桥架安装时，应考虑热力系统膨胀，当条件受限时，应采取隔热保护措施，桥架内的防火隔断严格按照设计施工。

（6）电缆桥架接地用接地扁钢做明显接地，每隔25m用扁钢与就近地网可靠连接，每段桥架至少两端接地。

（四）电缆保护管施工

（1）保护管应无锈蚀，镀锌层完整，弯制后无凹瘪现象，椭圆度不大于其外径的10%，切口圆滑、无毛刺，支架及各加工件几何尺寸规范，打磨光滑、无毛刺，焊接牢固、无焊渣药皮，油漆完整均匀。

（2）保护管安装牢固，横平竖直，固定卡子工艺美观，与电缆桥架连接时从桥架侧面开孔并用专用接头固定，引向设备的管口离设备距离300～400mm，引向落地式盘柜露出地面高度30～50mm。

（3）管排管口高度一致，排列整齐弯曲弧度一致。

（4）保护管弯曲角度不得小于90°，弯曲半径不得小于其外径的6倍，一根保护管弯头不得大于3个，直角弯头不得大于2个。

（5）保护管与保温层之间的净距离，平行敷设不小于0.5m，交叉敷设不小于0.25m。

（6）保护管与软管及卡套管径匹配，连接卡套齐全牢固，金属软管长度不大于1.2m。

（7）室外和易进水的部位，保护管管口安装在低于设备的位置从下方进入并封堵严密。

（8）保护管接地牢固，保护接地应导通良好，金属软管两端接头之间通过软铜线相

连接。

(9) 保护管安装后，管口需临时封堵。

(五) 电缆敷设及接线

(1) 电缆敷设应排列整齐、顺直、无交叉、无扭绞，拐弯处弯曲弧度一致，成排电缆编排顺直，绑扎间距及方向一致，整体感觉良好。

(2) 电缆敷设与保温层之间的净距离，平行敷设大于0.5m，交叉敷设大于0.25m。

(3) 盘下电缆绑扎、排列间距一致，绑扎方向一致，排列整齐，固定牢固。

(4) 电缆头包扎整齐美观，无蜂腰、鼓肚，线束绑扎圆滑，间距一致，芯线号头齐全、清晰，长度一致，穿装方向正确，裸露芯线不超出接线端子，芯线压接牢固不松动，每个端子芯线不大于2芯。

(5) 盘柜接线整体感官良好，导线弯曲弧度一致，绝缘层完好无损伤，柜内整洁卫生。

(6) 控制电缆屏蔽接地线使用正确，符合规范，压接牢固可靠，每个接线鼻子内屏蔽接地线不应超过6根。

(六) 取样及仪表安装

(1) 取样部件的材质需与母材相符，合金钢部件、取源管安装前、后必须经光谱分析合格。

(2) 取样位置能真实反映被测介质参数，安装位置便于检修且不易受机械损伤，避开人孔、看火孔、防爆门、监察段、焊缝及排污门，不得安装在管道设备的死角及剧烈震动处。

(3) 压力取源部件和测温元件在同一管段临近安装时，压力在前，温度在后，且用于自动控制系统的元件应选择在前面。

(4) 水平或倾斜管道上压力测点取样要求如下：

1) 蒸汽：水平中心线上下45°夹角范围内。

2) 气体：水平中心线以上。

3) 液体：水平中心线以下45°夹角范围内。

4) 汽轮机润滑油：油管路末端压力较低处。

(5) 高中压管道的同一断面管壁上只允许开一个测孔。

(6) 取源部件安装应在热力设备衬胶、清洗、压力试验前完成且取源部件端部不得伸入内壁。

(7) 仪表固定牢固，铭牌标志正确清晰，管路连接无渗漏。阀门安装端正、规范，无渗漏，标志正确清晰。

(8) 在管路冲洗合格后再进行节流件的安装。

(9) 仪表或变送器安装与保温（护）箱时，导管引入（出）应密封，并在箱外集中布置排污阀。

(七) 仪表管路敷设

(1) 仪表管路敷设按现场具体情况合理敷设，不得敷设在有碍检修，易受机械损伤、腐蚀和较大振动处，水平敷设时须有一定坡度，倾斜坡度及方向能保证排除气体或凝

结液。

（2）多根仪表管集中敷设时，间距需统一，布置需美观，并用角钢制作支架，支架间距如下：

1）无缝钢管：水平敷设1.0～1.5m；垂直敷设1.5～2.0m。

2）铜管、塑料管：水平敷设0.5～0.7m；垂直敷设0.7～1.0m。

（3）仪表管应采用可拆卸的卡子固定在支架上，与碳钢支架之间应用不锈钢垫片隔离。

（4）仪表管采用冷弯法，金属管的弯曲半径不小于其外径的3倍，塑料管的弯曲半径不小于其外径的4.5倍，管子弯曲后应无裂缝、凹瘪现象，弯曲断面椭圆度不大于10%。

（5）不同管径管子对口焊接，内径相差不宜大于2mm，否则应采用变径管；相同管径管子对口焊接，不应有错口现象；铜管连接宜采用专用接头，必须焊接时，宜采用卡箍、承插或套管工艺。

（6）测量粉、煤、灰、气体介质的导管需从防堵装置向上引出，高度应大于600mm，其连接接头的孔径不得小于导管内径。

（7）管路敷设时应考虑热力系统的热态位移并采取补偿措施，以保证管路不受损伤。

（8）敷设在地下及穿平台或墙壁时应加保护管（罩），保护管（罩）的外露长度宜为10～20mm，保护管（罩）与建筑物之间应密封严密，同一地点高度一致。管路敷设间距要求如下：

1）电缆与仪表管不小于200mm。

2）油管路严禁平行布置在热源表面的上部，交叉敷设时与热表面保温层不小于150mm。

3）水位管路与高温热表面不小于150mm。

4）两管路中心距$2D$。

（9）仪表管路的安装应避开保温层及建筑地面。

（10）尽量以最短及转弯最少的路径敷设管路，以提高测量灵敏度。

（11）管路布置应在没有机械损伤的地方，严禁仪表管间相互摩擦、碰撞。

（12）测量凝汽器真空的管路应向凝汽器方向倾斜，避免出现水塞现象。

（13）差压管路正负压管路应平行敷设，不能分开，以保证其环境温度相同。

（14）管路的排污门应便于操作，阀门下应有排水槽或排水管引至地沟，以下系统禁止加装排污门：

1）油系统。

2）燃气系统。

3）凝汽器真空和水位。

（15）管路伴热应符合设计，差压管路正负压管路受热应一致，伴热应沿管路均匀敷设。

（16）仪表管路测量长度应符合设计要求，未设计时最大允许长度不得超过50m。

（17）被测介质黏度高或对仪表有腐蚀的压力、差压测量管路上应加装隔离容器，隔离容器应垂直安装，成对隔离容器内的液体界面应处在同一水平面上。

(18) 管路上需要分支时，应采用与导管相同材质的三通，不得在管路上直接开孔焊接。

(19) 管路敷设完毕后要进行检查，确保无漏焊、堵塞和错焊等现象。

(20) 严密性试验，汽水系统应尽量同主设备在一起进行水压试验；烟风系统仪表管路应采用压缩空气进行严密性试验，吹扫时必须和就地设备解列。

(21) 临时管口必须封堵，以防异物进入。

八、保温防腐专业施工方案

(一) 施工场地

(1) 基本要求。根据保温油漆施工的特点，施工场地布置主要满足合理的机械布置及施工空间。

(2) 钣金下料区域 $80m^2$，用于白铁加工。白铁、铝合金下料时，下部铺设防护材料，下料人员下料、放样时，必须佩戴线手套。

(3) 保温材料堆放场地。仓库分类分区存放；室外分类分区存放，要求地势较高，无积水，雨水能及时排放，下部用枕木或其他设施垫高，顶部用棚布等防雨措施覆盖。

(4) 耐火、外衣堆放场地。堆放在仓库内，防潮，并经常检查，防止耐火材料的失效。

(5) 油漆材料储存场地面积为 $20m^2$。

(二) 主要施工节点工作安排

(1) 基本原则。锅炉炉墙砌筑、烟风道及附属设备保温的开、竣工时间取决于锅炉安装的几个主要形象进度，即水压、风压、酸洗、点火吹管等。

(2) 锅炉水压前，锅炉承压受热面上的保温钉、保温支撑件、耐火混凝土销钉、耐火砖锚钉必须焊接完毕。

(3) 水压结束后，标志着保温施工的全面的展开，水压后、风压前，完成炉本体管道及主汽、给水管道保温、附属设备保温、炉本体的耐火材料浇筑。

(4) 汽轮机汽缸保温在汽机轴系封闭后进行。

(5) 为了保护成品，防止二次污染，汽机岛热力系统管道，项目部将组织安装专业分层交付，逐层逐步组织施工。

(6) 锅炉酸洗前，锅炉本体、汽水管道、油管道、烟风管道的保温应完成。

(7) 点火吹管前，所有保温项目均应完成。

(8) 注意事项。为了避免与安装专业的交叉作业，确保文明施工，保温材料随时上料，随时用完，确保现场无堆放材料，并且保温下脚料，随干随清。施工过程中，与安装专业避开上下垂直交叉作业，在无法避免的情况下，中间设置安全网等隔离措施，水平交叉作业时，采取工序先后原则，并且保护上一道工序的劳动成品。

(三) 锅炉炉墙砌筑

(1) 在锅炉水压前完成炉墙保温钩钉、外护板生根件焊接；钩钉焊接在鳍片上，框架处钩钉焊接在波纹板上。水压试验完成后，顶棚、折焰角、吹灰密封盒、人孔门、检查门等处浇筑耐火混凝土。施工用吊笼、搅拌机等机械，在水压前达到使用条件，炉墙保温用脚手架搭设，安全网吊挂，钩钉生根件，门孔焊接等工作均应在水压前完成。保温主辅材、手电钻等电动工具准备就绪，待水压完成后集中人力敷设炉墙。保温用矿棉板，矿棉板敷设由底向上施工，底层矿棉板敷设固定完毕，从四角向中间施工，有一定的预紧力，矿棉一层错缝、二层压缝，挤压严密，角部啮接。铁丝网敷设平整，无鼓泡空层，固定牢固。

（2）折焰角、顶棚部位浇筑耐火混凝土。浇筑前应确认一次密封件全部焊完。耐火材料使用前取样检验其性能，合格后方可使用，抓钉布置间距符合图纸要求，焊接牢固，方向正确。支模后经检验尺寸正确，支模牢固，拼缝严密后，开始浇灌耐火材料，搅拌耐火材料必须使用饮用纯净水，使用的工器具干净无油污，连续浇捣，机械振捣，拆模后无气孔、蜂窝、麻面。根据技术规范或图纸设计的要求进行养护。耐火材料边搅拌边施工，搅拌后的耐火材料在半小时内用完。

（3）锅炉外护板安装在保温施工验收通过后进行，为缩短工期，可采取分段分片验收的方法，每层钢性梁间的外护板是完全独立的，可从任意部位开始。外护板安装根据结构不同工序、方案也相应变化。但总体要求是：外护板安装后膨胀自由，固定牢固，搭接横平竖直，门孔等障碍物开孔部位处理美观，有效防止雨水进入。

（4）为保证炉墙施工质量，可采取以下措施：

1）分区应用。水冷壁炉墙、包墙及框架炉墙设计材料厚度相同时，把上下两层刚性梁间炉墙作控制重点，用厚度正偏差大的材料，而折焰角框架炉墙用厚度负偏差大的材料。

2）耐火材料施工。单独用仓库存放，存放时间越短越好，用前做试块检验其性能，施工时留样抽查，搅拌耐火材料的水必须洁净。支模后要复验尺寸，施工时保证道路、提升机械畅通，骨料提前闷料，振捣密实，及时养护，选择适宜的施工温度。

3）外衣工艺。炉墙外护板使用的抽芯铆钉、自攻丝在垂直方向、水平方向拉线安装，安装后铆钉间距一致，横平竖直。门孔切割处用扁铁焊出生根件，同种门孔生根件尺寸一致，用平板下料压出筋条包边。

4）膨胀问题。安装外护板需考虑锅炉热态膨胀，对照锅炉膨胀图制订焊接生根件的措施，每层刚性梁间垂直方向留设10～25mm间隙，水平方向在两侧包角处留设活搭头，折焰角框架与水冷壁、包墙相交处也要做出活搭头，降水管隔3m左右留设外衣膨胀节。锅炉初次点火时跟踪检查，作出记录，停炉时修正。

（四）汽机本体保温

（1）当本体定型管道与缸体接口完毕，下缸管道施工完，焊口热处理等工作结束，仪表测温元件安装完后，开始进行汽机本体保温。

（2）保温施工先从下缸开始，下缸接口管道多，下料要仔细、紧贴缸体及管壁，保温材料采用硬质弧形瓦块，有空隙的地方用打底料填满，每次都要绑扎牢固，拼砌严密，一层错缝，二层压缝，汽缸两端与汽机基础间留出20mm通风间隙，保温厚度圆滑过渡。上下缸法兰结合面螺栓处，先用软质材料填充密实，再砌筑保温瓦块，法兰结合处垂直面用保温板贴合密实。上缸保温时预留出油循环后轴瓦恢复的间隙，需热紧的螺栓法兰处保温预留。有一些管道靠缸体较近，缸体保温后无法保证这些管道的保温厚度，这些部位要

把管道与缸体作为一个整体考虑，一起施工，保温后外形流畅，并保证保温厚度足够。

（3）汽缸保温要严格按设计进行，不得随意改变厚度，上下缸厚度有一比例差值，保温材料质量应达到设计要求，不能用吸水受潮的材料，以保证汽机停机时上下缸温差在规定范围内。

（4）汽缸保温施工过程中，脚手架的搭设、材料的堆放都要小心仔细；严禁踩踏、损坏油管道、仪表引线等易损件。

（五）全厂设备管道平护板安装

平护板有铝合金或镀锌铁皮，使用前需检验材料的成分、光洁度、厚度、可施工性能等几项指标，供货时分卷材和板材两种规格，以利放样下料，降低损耗。

1. 管道金属护壳

（1）所有金属护壳均要在现场实测后放样下料制作，单张平护板放样不够时可用卷材或咬口搭接，如采用铝合金，下料时应在地毯上，安装时用细软布紧固，顺一个方向下料，不能旋转角度或倒置使用，以保证安装后光泽一致、外形美观。

（2）管道直管段采用插接方式接口，自攻螺钉固定。管道搭口方式为顺水搭接，以防有水渗入。自攻螺钉间距250～300mm。一般热力管道平均每3～4m留一伸缩节，伸缩节处搭接不小于70mm，对于膨胀量大的管道，可根据具体情况增加搭接量，也可在平台、托架等部位做一套筒结构，伸缩节处螺钉不固定，护壳安装前，距边缘5～10mm处要压出凸筋。法兰、阀门外衣做成可拆卸结构，要现场实测后再下料制作安装，阀门可根据具体情况做成各种形式的外衣，要求线条流畅，结构紧凑，咬口工艺精细。各种联箱处常布置大小不一的很多阀门，保温时归成几种规格，大小基本找齐，统一制作罩壳。

（3）弯头下料前要实测放样，弯头的下料宽度不大于保温外周长的1/12～1/10。弯头下料分为“虾米腰”和“直角”弯头两种，“直角”弯头处用专用工具咬接，“虾米腰”弯头背面两起点间用50mm宽镀锌铁皮做生根件，用自攻螺钉把料条固定在生根件上，弯头起弯处采用活口搭接，搭接量不少于70mm，这样就可有效地防止弯头在运行时开裂。弯头下料后，在边缘压出凸筋，小口径弯头压箱采用手动压箍机，滚压轮$R=2.5\sim3$mm。

2. 设备金属护壳安装

（1）方型设备。保温前焊接外衣生根件，其高度等于保温厚度，每张铁皮不少于两道支撑，护壳安装时，由下向上进行，搭口向下，顺水搭接，以防雨水渗入，护壳用自攻螺钉固定，节距为250～300mm。

（2）圆形设备。保温后包加固带，兼作外衣生根件，加固带宽100mm，张紧后用铆钉固定，其节距根据外衣尺寸而定，每块外衣的下料尺寸一般为1000mm×1000mm或1000mm×2000mm，也可为增加美观，下料成其他形状，下料要精细，并在距边缘5～10mm处压出凸筋。室外设备为增加外衣牢固性，外衣从底向上安装，每张板的上部用拉铆钉固定在生根件上，生根件用扁铁制作，板的下部用自攻钉固定在生根件上。搭口向下，拉铆钉间距200～250mm，自攻丝间距为250～300mm。圆形设备封头下料成长条状，安装时成辐射状布置。设备障碍物开孔处，内部要衬置铁皮，并用自攻钉连接固定。

（六）全厂设备管道油漆

在设备管道安装就位后，开始进行油漆的涂刷工作。油漆领用时，应先进行材料的检验，只有材料合格后方可使用。油漆涂刷前先用磨光机、钢丝刷或采用喷砂的方法将待涂面的锈除掉，再用破布将待涂面的浮尘，油污等清除干净，直至露出金属光泽。油漆应按产品说明书进行配比使用。底漆涂刷在除锈后进行，必须保证无透底、无漏刷、无流痕、无浮膜、无漆粒。在进行下一道油漆涂刷时，必须保证一定的层间间隔时间，只有在上一道油漆完全干燥后，才可进行下道油漆的涂刷。当底漆完成后，进行面漆的涂刷。油漆的涂刷层数按设计要求进行。

九、焊接作业方案及金属监督方案

（一）焊接作业方案

1. 锅炉受热面焊接方案

（1）为保证锅炉受热面焊口质量，所有锅炉受热面小径管子焊接以手工钨极氩弧焊为主，氩弧焊打底、焊条电弧焊盖面为辅。

（2）坡口按设计、设备图纸要求进行加工，如无规定时，按《火力发电厂焊接技术规程》（DL/T 869）执行。

（3）对于12Cr1MoV等低合金钢管道焊前需要预热时，采用火焰预热，预热时，保证焊缝两侧各外延不小于50mm范围内均匀受热，用测温笔或测温仪测温。不需要预热的焊口，焊接前，用氧—乙炔火焰烘干焊口及周围的水分，霜露季节、雨后施工时尤其要认真烘烤。

（4）锅炉排管、管屏双人对称焊接，并尽量采用热接头。焊接时，认真进行层间清理，层间接头要错开，弧坑要填满。

（5）焊接完毕，认真检查清理。需要缓冷的焊口立即保温；需要热处理的焊口及时进行热处理。

施工时，要做好安装、焊接及检验的交叉施工配合，对于位置困难不易返修的焊口，必须在不合格焊口返修完并检验合格后再进行下一排管子的对口焊接。另外还要做好防风防雨措施。

2. 各种主要管道焊接方案

（1）焊接方法。

1）主汽、给水管道采用氩弧焊打底、焊条电弧焊盖面工艺。

2）小径汽水管道采用氩弧焊打底、焊条电弧焊盖面或全氩弧焊工艺。

3）不锈钢管采用全氩焊接工艺，内部充氩保护；小径油管道采用全氩工艺，其他油管道采用氩弧焊打底、焊条电弧焊盖面工艺。

4）仪表管采用氩弧焊工艺。

5）公称直径不小于1m的管道（如循环水管道等）采用焊条电弧焊双面焊接，并进行清根处理。不能进行清根的采用单面焊双面成型工艺。

6）其他管道采用氩弧焊打底、焊条电弧焊盖面或焊条电弧焊工艺焊接。

（2）坡口加工。严格按设计或有关标准要求加工坡口，坡口加工以机械方法为主，采

用火焰切割时，用机械方法将割口表面的氧化物、过热金属及淬硬层彻底清除干净。

(3) 对口。严格控制对口质量，对口前将坡口表面及附近母材内、外壁 10～15mm 范围内的油、漆、垢、锈等清理干净，直至发出金属光泽。严格按工艺要求进行对口，对口点固采用与正式焊接相同的工艺，焊接质检员随时抽查对口质量，发现问题给予返工或停工等处理。

(4) 预热。严格按《火力发电厂焊接技术规程》(DL 869) 及《火力发电厂焊接热处理技术规程》(DL/T 819) 的要求，对焊件进行焊前预热，焊接过程中保持层间温度不低于预热温度。

(5) 焊接。

1) 焊接前，焊工认真检查定位焊缝，有问题及时处理，确认没有缺陷后进行焊接。

2) 焊接时，认真进行层间清理，层间接头错开 15mm 以上，弧坑要填满。

3) 露天施工搭设可靠的挡风遮雨棚。焊接过程中，管子内不得有穿堂风。

4) 焊口焊完后，焊工认真清理焊缝表面及母材上的焊渣、飞溅等，自检合格后标注焊工钢印代号。

(6) 焊后热处理。主汽管道等需要进行热处理的部件，采用远红外电加热温控设备进行，自动记录热处理曲线。焊后热处理详细的范围和参数严格按《火力发电厂焊接技术规程》(DL 869) 及《火力发电厂焊接热处理技术规程》(DL/T 819) 执行。

(二) 金属监督方案

1. 合金材料及部件的检验方法及数量

(1) 现场用合金材料、安装所使用的合金钢管子、管件、管道附件、阀门、部件在安装前应逐件进行光谱分析，安装后还应进行 100%光谱复查。

(2) 对所有含合金成分的设备元部件（制造厂文件明令严禁解体的除外）、组合件必须做 100%的光谱复查。可解体或散装设备，要逐零件复查，组合件的所有焊口两侧及焊缝 100%复查。并将复检报告逐一存档。

(3) 主蒸汽管道、导汽管道除做光谱复查外还应进行金相试验、硬度检查和壁厚测量。

(4) 高温螺栓使用前 100%光谱分析，M 不小于 32mm 的高温螺栓还应做 100%无损检测、100%硬度检查，20Cr1Mo1VNbTiB 钢做金相抽查。

2. 焊接接头的检查方法、范围和数量

(1) 锅炉受热面厂家焊口，其焊接接头的无损探伤按不同受热面焊缝数量的 5‰进行抽查。

(2) 现场组装的焊口，其焊接接头的无损探伤执行《火力发电厂焊接技术规程》(DL/T 869) 火力发电厂焊接篇中的有关规定。厚度不大于 20mm 的汽、水管道采用超声波探伤时，还应另做不小于 20%探伤量的射线探伤。

(3) 合金钢件焊接接头焊后进行光谱分析复查，复查比例如下：

1) 锅炉受热面管子不少于 10%。

2) 其他管子及管道 100%。

3. 金属监督执行标准

略。

十、冬雨季施工方案

(一) 雨季施工措施

1. 一般性要求

(1) 针对本工地的施工特点编制雨季施工方案，在雨季来临前进行一次交底。工地、施工班组应提前准备雨季施工需要的工具、材料。

(2) 对一般工程的露天作业，遇到大雨或暴雨时可暂时停工，等待雨过后再行施工。

(3) 施工场地分区设排水沟，排水坡度3‰，排水走向应在西北方向，对雨水进行导流，保证雨停场地即可使用。马路两侧设明沟排水沟，根据道路的宽度和实际情况设单排水和双排水沟。

(4) 雨季前应仔细检查防雷、防风、防洪的工作情况。疏通排水沟。露天机械和重要设备要架好防雨罩或篷布覆盖。

(5) 安全部门每天关注气象信息，通过网络要预先了解3～5d的天气情况并通知各专业工地，以便及时调整作业计划。

(6) 材料堆放场地要高出地面150mm以上，防止积水。检查施工道路是否碾压坚实，是否有开裂、塌陷现象，如有发生，立即加固，以保证安全和雨季时车辆通过。

(7) 露天布置的电气设备应安装临时防雨棚。

(8) 设备卸车堆放时，下方要垫起，防止设备受潮。

(9) 钢丝绳、脚手板及脚手管，下方要用枕木垫起，防止浸泡。

(10) 高温天气应采取必要的降温措施，不得强行施工。

2. 土方工程

(1) 土方开挖时，在基坑上沿设挡水沿，并在基坑底部设明沟排水、集水井，防止基坑受雨水冲刷引起坍塌。

(2) 土方开挖时，预留部分好土用作回填使用，对此类土进行晾晒，防止回填时产生橡皮土。

3. 混凝土工程

混凝土浇筑前，要准备充足的防雨物资，在浇筑混凝土过程中突遇大雨，要立即停止浇筑，及时处理好留槎，并立即对已施工完的混凝土进行覆盖保护。

4. 安装工程

(1) 焊条室要有防雨措施，焊条存放要离开地面300mm以上，经常检查焊条室的湿度情况并定期除湿。

(2) 暴风雨来临前要停止露天高空作业，将吊装后临时悬挂的设备固定好，防止因暴风雨造成的坠落事故。

(3) 对施工区域的施工电盘、电动工具等进行定期检查，严防施工人员触电。要求电工每星期对所使用的电动工器具作电阻测试，外壳接地，使用漏电保护器，并做好记录。同时对所有工具室做好接地测试，防止雷击触电。

(4) 暴雨、台风、汛期后，应对临建设施、脚手架、机械设备、电源线等进行检查并及时修理加固。有严重危险的应立即排除险情。

在雨季室外施工中，主保温层安装完毕后，需立即进行外护层的安装，以避免雨水浸入，且现场不能堆积多余保温材料。

（二）冬季施工措施

1. 总的原则

必须在施工前编制冬季施工措施。并对有关施工人员进行技术业务培训。冬季施工时，要准备好冬季施工的专用物资。

2. 土方工程

（1）冬季土方开挖应采取防冻措施，在土方开挖后，应及时进行保温，可在基底覆盖草袋子进行保温。

（2）冬季回填土之前，先清除基层的冰雪，并尽快施工。

（3）冬季回填土，虚填厚度比常温下厚度减少20%～25%，保证回填土夯填质量。

3. 混凝土工程

（1）混凝土拌制。

1）搅拌时加入砂石和水拌和，然后再加入水泥拌和，冬季搅拌时间比常温延长50%。

2）掺入混凝土中的防冻剂的掺量及品种，由土建试验室确定，在搅拌时，其掺量严格按配比进行计量，并设专人负责。

3）优先选用硅酸盐或普通硅酸盐水泥，严格控制混凝土水灰比，最小水泥用量不少于300kg/m^3，水灰比$\ngtr$0.6。由骨料带入的水分及外加剂溶液中的水分均应从拌和水中扣除。

（2）混凝土的运输。

1）冬季施工运输混凝土拌和物，应使热量损失尽量减少，要尽量缩短运距，选择最佳的运输路线。

2）混凝土在浇筑前，应清除模板和钢筋上的冰雪和污垢，装运拌和物的容器应有保温措施。

3）混凝土出机温度不低于10℃，入模温度不低于5℃。

（3）混凝土的养护。

1）混凝土浇灌完毕后，及时在其外侧覆盖保温材料，并用铅丝绑扎牢固，以防掉落使混凝土受冻。

2）混凝土构件预埋测温管，同时绘制好测温管布置图（测温管均要编号），测温管在易于散热的部位设置。

（4）冬季施工混凝土需注意以下几个问题。

1）模板及保温材料，要在混凝土冷却到5℃后方可拆除。当混凝土与外界温差大于15℃时，拆模后的混凝土表面应采取保温措施使其缓慢冷却。混凝土的初期养护温度不能低于防冻剂的规定温度，否则采取保温措施。当温度降低到防冻剂的规定温度以下时，其强度不能小于5.0N/mm^2。

2）加强保温养护，做好混凝土养护的测温记录，每次测量都做好内外温差的比较，发现异常及时采取加强保温措施。

3）在混凝土浇灌前，必须将模板及钢筋上的积雪、冰块和保温材料清理干净。

4）冬季混凝土试件的取样需增设至少两组与结构同条件养护的试件，便于了解混凝土强度的增长，利于现场结构的施工。

5）混凝土浇筑完毕后，按要求做好保温工作并根据预先埋设的测温管，做好养护期间的测温记录。混凝土在养护期间做好防风、防失水，对边角部位的保温层厚度，要增大到面部外的2～3倍。

6）常用外加剂派专人按照要求领取、配制及加入。

7）混凝土搅拌、运输、浇筑、成型、养护过程中的温度和覆盖保温材料均要进行热工计算。

（5）混凝土质量检查。

1）混凝土工程的冬季施工，除按常温施工的要求进行质量检查外，尚应检查：①外加剂的质量和掺量；②混凝土在出机时、浇筑后和硬化过程中的温度；③混凝土温度降至0℃时的强度。

2）水、骨料及混凝土出机时的温度，每工作班至少测量4次。

3）混凝土温度的测量要严格按措施执行。

4）试块的留置要在施工现场随机取样制作试块，并作同条件下的养护。

4．起重运输作业

（1）汽车及轮胎式机械在冰雪路面上行驶时应装防滑链。

（2）施工机械和汽车的水箱应予保温，停用后，无防冻液的水箱应将水放尽。

（3）冬季使用的吊索具，在使用前要认真检查是否有脆裂现象；在气温低于－15℃时，倒链的负荷减半；起重机械落钩时，派专人监视卷筒钢丝绳是否松脱。

（4）冬季施工时，加强检查大型起重机械，在使用过程中操作人员要注意观察和感听吊车有无异常声响。

（5）冬季雪天要及时清扫吊车及轨道上积雪，施工作业面积雪要清扫干净。

（6）遇有六级及以上大风或恶劣天气时应停止露天高处作业和起重吊装作业，在霜天或雨、雪天气起重作业要采取防滑措施，迎风面较大如受热面组件等设备起吊时应选在无风天气。

（7）轨道式起重机在大风天气和下班前必须按要求打好夹轨钳，履带式起重机塔式工况时必须将杆头爬下，并转到顺风方向。

5．安装作业

（1）入冬之前，厂房固定端、临时端、屋顶及门窗孔洞应及时封闭。

（2）现场通道以及脚手架、平台、走道应及时清除积水、霜雪，并采取可靠的防滑措施。

（3）安全网等防护设施必须到位，个人防护物品如防滑鞋、安全帽、安全带等要正确使用。

（4）大雾、雨、霜、雪及六级以上大风等恶劣天气，严禁露天高处作业。

（5）消防水等管道在上冻前要做好充分的保温防冻措施。

（6）施工现场严禁明火取暖。特殊情况如需采用明火作为临时措施，应经消防部门批

准，做好防火措施，并设专人看护。

(7) 露天管道的焊接工作容易受到大风天气的影响，在工作量集中区域，可搭设临时挡风棚。

6. 焊接作业

(1) 焊接时允许的最低环境温度如下：碳素钢－20℃，低合金钢及普通低合金钢为－10℃，中高合金钢为0℃。在－20℃以下及大风、沙尘暴天气停止施工。

(2) 碳素结构钢在环境温度低于－16℃时，低合金钢在环境温度低于－12℃时不得进行冷校正。

(3) 焊完的合金焊口焊完后如不马上进行热处理，须将焊口用保温材料包裹，使之缓冷。

(4) 冬季所有在室外施工的焊口，如采用氩弧焊打底工艺，施工部位必须搭设小棚，以达到防风、防雨、防雪、保温的目的；必要时采取预热措施，从而保证所有管道焊接前温度至少为10℃。

(5) 雨、雪天施工所有低氢型焊条，必须盛装在保温桶内，随用随取，不得裸露在空气中。

(6) 冬季气候干燥、风大，焊工在现场进行作业时，应在焊前清理周围易燃物，有电缆线的地方注意用石棉布遮盖。高空作业时，下面要有专人看护，防止现场火灾的发生。

(7) 冬季遇下雪天气，应及时将保温材料、已安装完的主保温层暴露部分的积雪清理干净，以确保保温材料的通风与干燥。

(8) 凡遇雨、雪、大风、大雾、结露等恶劣天气及5℃以下气温时，均不应进行室外油漆防腐作业。

十一、重大交叉作业及协调管理方案

(一) 交叉施工的原则

本工程施工场地狭小，工期较紧，施工条件比较复杂，交叉施工多，对本工程交叉施工的原则是：

(1) 在制定施工总网络计划时，按照先土建、后安装；先地下、后地上，先深后浅的原则进行。

(2) 在施工中按照各级网络计划进度进行交叉施工的协调，保证各级网络计划的顺利进行，确保各里程碑进度按期完成。

(3) 在交叉施工过程中，一定要做好安全防护及隔离措施。

(4) 根据施工网络总进度对于交叉施工超前安排，尽可能避免交叉施工，如不可避免交叉时，制定详细的施工方案，合理科学地进行交叉施工。

(5) 施工前一定要协调好各施工方的施工顺序，该预留的预留，不该施工的不要进行施工，以免出现相互影响，避免不必要的返工。

(二) 本工程重大交叉作业项目

(1) 要做好安装专业与建筑专业的图纸会检及交叉施工协调工作。特别是穿墙及穿楼层的预留孔洞、预埋件、电缆预埋套管、主厂房接地网的施工及图纸核对工作，项目施工前要经各有关单位提出要求，确认无误后方可施工。

（2）厂房外的循环水管道布置在汽机房与冷却塔间道路之下，考虑到此段管道的敷设对整个安装工作的影响，故计划将该段管道的安装工作安排在前期，循环水管道施工完成后再进行主厂房西侧道路施工。

（3）主厂房接地网要随土建施工同步进行。

（4）锅炉钢架地脚螺栓预埋与建筑施工交叉，锅炉专业应提前将地脚螺栓固定好。要求锅炉钢架地脚螺栓在锅炉基础施工时到货。

（5）主厂房除氧间封闭前要预留设备进出口，待主要设备、管道就位后再进行完全封闭。

（6）设备安装与楼地面施工交叉。为防止安装损坏地面，保证地面施工质量，待设备安装完后集中施工细地面。

（7）汽机房封闭与行车吊装施工的交叉。

在汽机房封闭之前，要先吊装吊车梁，再进行行车安装，最后进行汽机房封闭，一定要做好与下面交叉施工的安全防护措施，搭设安全可靠的防护棚，逐跨推进，保证施工安全。

十二、工程成本控制措施

（一）组织措施

略。

（二）技术措施

（1）通过优化施工组织设计，合理安排施工工期与交叉作业，均衡组织施工，提高劳动效率。

（2）优化施工方案，统筹安排，提高劳动效率，减少设备二次搬运和机械设备的搬迁，降低施工成本。

（3）设立钢筋制作场，集中制作，减少废料，制作场设在钢筋库端部，减少领料的机械费用。

（4）确定合理吊装方案，满足所有构架的吊装和所有设备的吊装。做到既能保证工期，又可减少大件吊装采取特殊措施的费用。

（5）应用高效压力式滤油机，确保油系统冲洗彻底，提高汽机润滑油质量，缩短分部试运时间。

（6）电缆敷设采用微机化管理，编制电缆敷设清单、电缆断面图。既保证了电缆敷设的科学性、准确性，又能按最佳方案布设电缆的最佳路径，节约工程费用。

（7）措施性材料综合利用。

（三）管理措施

（1）严格计划管理，根据工程进度认真落实工程所需设备、材料、机械和劳动力，避免因资源短缺导致工程的窝工和停工。

（2）加强图纸会检，对设计不合理之处及时提出变更，合理安排交叉作业，避免在施工过程造成返工，浪费人力、物力和材料。

（3）加强材料管理，严格物资采购计划，材料采购实行招议标，合理物资储备，减少材料库存，加速流动资金周转。

（4）加强现场材料、机械设备、施工用水、用电管理，杜绝浪费现象。

（5）通过对公司现有工器具的合理调配，减少购买费用的支出。

第六节　图纸及设备需求计划和技术检验计划

一、工程图纸需求计划

略。

二、设备图纸需求计划

略。

三、设备需求计划

略。

四、技术检验计划

（一）技术检验组织机构及职责

（1）项目工地工程部负责本工程的金属试验、土建试验工作，设专（兼）职计量管理人员，负责本工程的计量管理工作。

（2）金属试验主要开展金属及焊缝的射线探伤、超声波探伤、渗透探伤、磁粉探伤、涡流探伤、光谱分析、金相检验、硬度检验、超声波测厚等检验工作。

（3）土建试验主要开展水泥、钢筋、砂、石、外加剂、砖等原材料及混凝土试配、混凝土生产质量检验、钢筋焊件、回填土等检验、试验工作。

（二）技术检验依据

（1）国家、行业标准、规范、工程施工图纸、技术文件。

（2）公司质量管理、环境管理、职业安全健康管理体系文件。

（3）本工程的其他要求。

（三）金属检验计划

1. 金属材料及部件的检验方法及数量

（1）现场组装所使用的合金钢管子、管件、管道附件、阀门、部件在安装前应逐件进行光谱分析，组装后还应进行一次全面复查。

（2）主蒸汽管道、高、中压导汽管道应做光谱复查、金相试验、硬度检查和壁厚测量。

（3）高温螺栓使用前100％光谱分析，M不小于32mm的高温螺栓还应做100％无损检测、100％硬度检查。

（4）金属材料、部件的表面检验选用渗透探伤或磁粉探伤。

2. 焊接接头的检查方法、范围和数量

(1) 锅炉受热面厂家焊口，其焊接接头的无损探伤按不同受热面焊缝数量的5‰进行抽查，如锅炉厂家有规定按厂家要求进行。

(2) 现场组装的焊口的检验，具体安排在有关焊接与检验的施工方案中体现。

(四) 土建试验计划

1. 原材料检验

水泥、砂、石、钢筋、外加剂等原材料按有关的标准进行取样检验，检验项目主要包括：

(1) 水泥。细度、标准稠度用水量、安定性、凝结时间、抗压强度、抗折强度。

(2) 砂。颗粒级配、含泥量、泥块含量、云母、硫酸盐、硫化物含量、含盐量、金属矿物。

(3) 石子。颗粒级配、含泥量；泥块含量；针、片状颗粒含量；压碎指标；硫酸盐、硫化物含量、碱活性。

(4) 外加剂。匀质性指标、掺外加剂混凝土性能试验。

(5) 钢筋。外观检查、力学性能（屈服点、抗拉强度、伸长率)、工艺性能（冷弯)。

2. 混凝土检验

(1) 试配。根据图纸设计要求及当地砂、石、水、水泥、外加剂等材料的检验结果，设计、试配、调整混凝土配合比。施工配合比的设计要满足混凝土强度、耐久性、和易性、经济性的要求。

(2) 混凝土质量的控制、监督、检查。

1) 首次使用的混凝土配合比应进行开盘鉴定，其工作性要满足设计配合比的要求。

2) 混凝土搅拌过程中，对砂、石的含水率；原材料每盘称量偏差，每一工作班至少检查一次。

3) 坍落度检验在搅拌和浇灌地点检查，每一工作班至少两次。

4) 在混凝土生产过程中，对取得的质量数据，定期进行统计分析。运用质量统计管理图表，对混凝土质量进行控制分析。

3. 钢筋焊件

外观检查合格后对焊接接头按标准要求取样检验，检验项目：拉伸试验、弯曲试验（闪光对焊)。

4. 回填土

按有关标准进行取样检验，检验项目：干容重、含水率。

(五) 计量器具管理

1. 计量器具的检定

(1) 新购计量器具在使用前，由工程部计量负责人组织使用单位送法定计量检定机构检定。

(2) 在用计量器具的检定周期结束之前，应及时组织送检，以避免使用不合格的计量器具。

2. 计量器具的使用

(1) 计量器具使用前要依据规程及被测对象的要求选用精度适宜的计量器具。

(2) 使用前操作人员应熟悉计量器具的性能、操作方法。

(3) 所有在用计量器具必须经过检定合格并贴上合格标记后方可使用。

(4) 经检定不合格的计量器具、超过有效日期的计量器具、未贴合格标记的计量器具、贴有“封存证”的计量器具严禁使用。

(5) 为防止错用、乱用计量器具经检定不合格，确定报废后应及时贴上报废标记。

(6) 定期对计量器具的使用进行监督检查。

第七节　技　术　管　理

一、技术管理网络

项目部建立以项目总工为首的技术管理网络，项目总工全面负责本工程的技术管理工作。工程管理部具有生产协调、技术管理、计划管理、质量管理、资料管理等职能，并负责协调项目部与业主、监理之间的关系。工程部检测中心负责焊接管理、计量、金属试验、土建试验的管理。各专业工程处配备班组技术员，负责技术管理和实施的具体工作。

二、技术管理制度

在施工中严格执行《电力建设工程施工技术管理导则》(国电电源〔2002〕896号)，形成公司内部完整的、切实可行的技术管理制度，主要内容如下：

(1) 施工技术责任。

(2) 工程质量管理。

(3) 施工组织设计管理。

(4) 施工图纸会检管理。

(5) 施工技术交底管理。

(6) 技术检验管理。

(7) 设计变更管理。

(8) 施工技术档案管理。

(9) 技术培训管理。

(10) 技术信息管理。

三、技术管理措施

(1) 建立有效的施工技术管理和工程质量保证体系，加强图纸会检，并会同设计单位解决会检中发现的问题，避免返工、设计变更等。

(2) 根据本工程的特点，制定详细的施工方案，并对重大的工程项目施工方案进行优化、比较，选择最经济、最适用、最便捷的施工方法，按期保质地完成施工任务。

(3) 合理安排工序，杜绝技术失误；严格执行施工方案措施的编制和审批制度，强化施工工艺纪律管理；严格执行施工交底制度，有针对性的技术交底使技术管理和操作人员达到了有机的结合，使操作人员、施工人员对施工范围、施工方法、施工安全、施工质量、文明施工等有了一个系统的、清楚的认识，从而保证了各工序保质保量地完成。

（4）大力推广新技术、新工艺、新材料和新设备的应用；做到以计划为龙头、以技术为先导，确保工程施工进度按计划完成。

（5）加强工程施工的过程控制和监督，严格工程质量验收制度，严格控制每道工序质量，杜绝返工现象和质量事故的发生，确保各项工程的顺利进行，保证总体计划目标的实现。

（6）实现竣工技术资料“三同步”。严格按照公司质量体系程序的要求和业主的文件包管理制度，对工程各个阶段的技术资料实施规范化的管理，做到机组移交竣工资料同步向业主移交审查，实现竣工技术资料的“三同步”。

四、焊接管理

1. 焊接质量目标

受检焊口一次探伤合格率98%以上，焊口外观工艺优良，水压试验焊口无渗漏，中低压焊口无泄漏。

为了确保本工程的焊接质量，在项目工地建立焊接技术质量管理网络，由检测中心全面负责焊接技术质量的管理及焊工的培训工作，各施工单位负责焊工的日常施工管理及技术质量管理工作。

2. 焊接人员管理

略。

3. 焊接机械管理

配置性能良好、运转正常的焊接、热处理设备，并根据本工程的需要合理地进行现场布置。制定焊接、热处理设备管理制度，确保设备的使用性能和完好率。焊接及热处理设备使用前，所有表计均经校验合格。

4. 焊接材料管理

（1）根据图纸设计或合同文件规定的有关标准选用焊接材料，采购时要选择合格的供应商。焊接材料必须有相应的焊材质量证明书或合格证。

（2）按标准制定严格的焊材管理制度，设立专门的库房存放焊接材料。

（3）焊材库设专人管理，严格进行入库检验，并做好出入库记录。焊接材料按有关的技术要求妥善保管，按品种、牌号、规格、批号、入库时间分类堆放，挂牌标识。

（4）焊工领用焊接材料，由焊接技术人员开具焊接材料领用单，确保不错用焊接材料。现场使用焊条保温筒，并及时通电恒温，焊条随用随取。

（5）检测中心定期对焊接材料的管理进行监督检查。

5. 焊接技术管理

（1）根据有关的施工文件，按要求编制《焊接、热处理专业施工组织设计》，制定作业指导书编制计划，按计划在项目施工前编制出焊接作业指导书。

（2）施工前，对参加施工的人员要进行认真详细的技术交底，确保参加施工的焊工对

施工项目有详细的了解，能够严格按作业指导书进行工作。

（3）焊接技术人员经常深入现场，监督和指导焊接施工措施的严格执行，随时做好焊接技术记录。技术人员随时积累和整理焊接技术资料，做到记录真实，资料齐全，按合同要求及时进行移交。

6. 焊接质量管理

（1）检测中心负责公司焊接质量的内部三级验收及焊口的无损检验工作；各施工单位焊接质检员负责本单位的焊接质量管理工作。

（2）现场的焊接质量管理工作的重心是做好焊工管理和现场的施工管理，要在对口把关、焊件清理、焊接工艺质量的控制等这些细节上下工夫，坚持上道工序不合格、下道工序不施工。焊接质检人员对焊接现场巡回检查，发现问题及时给予制止，必要时进行停工，并向施工单位发出“焊接质量问题通知单”，限期整改，督促关闭。

（3）制定焊接质量奖惩制度，做到奖罚分明。严格执行焊接施工工艺纪律，加强焊接文明施工。

（4）加强雨季焊接热处理施工管理。露天施工必须做好可靠的挡风遮雨措施，焊接前清除焊件表面的水分及潮气。加强焊接材料管理，防止焊接材料受潮，影响焊接质量。

（5）严格按《电力建设施工质量验收及评价规程　第7部分：焊接》（DL/T 5210.7）及合同文件的有关规定编制质量检验项目划分表，质检员按计划进行质量检验，严格执行三级验收制度。

（6）工程监理要求见证、监督、检验的项目，按规定及时通知监理。虚心接受业主、工程监理在焊接培训、技术和质量管理等方面的监督和指导。

五、计量管理

项目工地设兼职人员负责计量管理工作。

1. 计量器具的分类、存放及维护

（1）计量器具必须单独存放，按A类、B类、C类计量标准器分别存放。

（2）定期对标准计量器具进行维护保养。

2. 计量器具的检定

本项目配置检定机构检定合格的计量器具，并在计量器具的检定周期结束之前，项目工地计量管理人员及时组织送检，以避免使用不合格的计量器具。

3. 计量器具的使用

（1）要依据规程及被测对象的要求选用精度适宜的计量器具。

（2）操作人员应熟悉计量器具的性能、操作方法。

（3）所有在用计量器具必须经过检定合格并贴上合格标记。

六、机械设备管理

1. 管理目的

最大限度地满足项目工地机械化施工的需求，提供精良的施工机械设备，为工程建设提供强有力的保障，优质、高效地完成施工任务。

2. 管理主要目标

(1) 施工机械完好率要保持在90%以上，主要施工机械必须确保施工需要。

(2) 提高机械设备的效率和效益，施工机械每百元净值完成的施工产值达到全国电建施工企业先进水平。

(3) 杜绝重大机械设备事故。

3. 管理模式

(1) 施工机械采取集中管理与分散管理相结合、租赁管理与自用自管相结合，管理、使用、保养、维修、租赁、核算一体化的管理模式，以适应项目施工。

(2) 施工现场主要的大型机械采取集中管理、自管自用的方法。

(3) 项目物机部负责管辖所有起重机械。

(4) 中、小型机械自管自用与租赁使用相结合。工程部所需的计量、试验设备，由公司配置，各自负责管、用、养、修。

4. 管理重点

(1) 大件的运输、吊装方案中所使用的施工机械安全、可靠，措施严谨、周密，具有可操作性，确保万无一失。

(2) 关键施工工艺所采用的施工机械，计量、试验、检测设备确保可靠、适用、先进。

(3) 大型起重机械的拆卸、运输、安装、调试、操作、使用、维护等全过程监督管理。

(4) 厂内厂外机动车辆的安全管理。

七、工程物资设备管理

1. 工程物资设备管理组织措施

(1) 项目工地物资机械部负责工地的物资、设备的存放与保管管理工作。

(2) 物资机械部设专职设备管理人员负责联系协调工作，并负责发包人提供设备的开箱验收、保管保养、发放等全部现场管理工作。

(3) 设备、材料采用定置管理，分区划片，按系统分类设位并标志。建立设备综合管理台账，每日将设备到货、验收、发放情况输入计算机，实现动态管理，为工程提供优质服务。

2. 物资设备的存放布置

材料设备主要存放在锅炉组合场及以南位置。精密仪表、阀门入库存放。

3. 设备的验收

(1) 设备到货后，按合同规定的期限标准100%进行检验。根据设备开箱验收计划以及工程的要求，设备库管理人员及时组织招标方、设备供方代表、监理、施工单位有关人员，进行设备验收，开箱完毕形成各方签字的检验记录。国外设备到货检验由招标方组织商检，保管及技术人员参加。要求恢复包装的按检验组的要求恢复原包装。

(2) 对开箱检验发现的缺件、损坏、缺陷、详细记录，必要时拍照或摄像记录，并协助招标方使问题得到解决。

(3) 开箱验收中的图纸，技术资料，由招标方、设备保管人员、供货商共同做好验收记录、签字，交招标方管理发放。开箱后的备品备件、专用工具，交招标方存放管理。

4. 物资设备的保管保养

设备到货后按规定需要入库保管的，应及时入库管理，并做好防火、防冻、防盗工作，具体要求如下：

(1) 精密仪表及计算机等设备根据设备要求进行保存。

(2) 库内应干燥、通风、防尘、防潮，相对湿度不大于85%，周围应无腐蚀性气体。

(3) 各种设备体积大小、重量不一样，数量有多少，配套件有或无，储存码放时要采取不同的方式：单码垛、重叠码垛或者上货架、货柜。码垛必须整齐平稳，垛高应视包装承受力而定，包装上的产品标牌和标志都应朝外朝上。

(4) 储存保管期间，宜按季度检查。注意受潮、发霉及生锈等现象，特别是雨季前后更要认真检查，发现质量问题应及时联系有关部门解决处理。

(5) 设备应以出厂保证期为仓库储存期限，但储存期限不宜超过一年，发现有超出时间的可能时，尽快向有关部门报告。

(6) 材料、设备堆放场地应当地基坚实，排水良好，配备防火设施。设备存放要按规定进行码垛、苫盖、并做好防雨、防水、防潮、防锈工作，堆放整齐。

(7) 对于易燃、易爆、易潮物资的管理，要符合法律法规及物资管理的规定。

(8) 材料、设备标识清楚，现场实施定置管理。

(9) 设备保管保养按照物资技术保管规程和电力基本建设火电设备维护保养保管规程进行；特殊设备按照供货厂家规定的要求保管保养。

八、文件管理

(一) 工程档案文件资料管理机构设置及职责

略。

(二) 竣工资料移交及归档

1. 建设项目档案资料

建设项目档案是一个建设项目从酝酿、决策到投产（使用）的全过程中形成的，应当归档保存的文件，包括项目的提出、调研、可行性研究、评估、决策、计划、勘测、设计、施工调试、生产准备，竣工试生产中形成的文件材料、图纸、图表、计算材料、声像材料等形式与载体的文件材料。

2. 竣工资料移交规范化、标准化

竣工资料从内容结构到出版装订，实行标准化、规范化，向建设单位移交归档。

3. 竣工资料编制

竣工资料的编制以单位工程为单位编制，过程中执行三同步的原则，即：工程项目一开始就与建立工程技术资料同步进行；项目进行过程中要与竣工资料的积累、整编、审定工作同步进行；项目交工验收时，要与提交整套合格的竣工技术资料同步进行。

4. 竣工档案案卷

竣工档案案卷外表特征和文件材料的组卷，按照科学技术档案案卷构成的一般要求进行组卷。卷内目录、备考表符合规范要求，分类、组卷、编目符合火电企业档案分类表（6～9 大类）（2002 年修订本）内容。工程开工后将竣工资料样本报监理人员，经批准后实施。

5. 竣工资料归档移交

竣工资料归档移交必须认真贯彻国家档案局《基本建设项目档案资料管理暂行规定》（国档发〔1988〕4 号），以及电力行业有关规程、规范，并达到《火电机组达标投产考核标准》（中电建协工〔2006〕6 号）中的工程档案考核指标的要求。

（三）竣工技术资料实行文件包管理

（1）单位工程开工同时建立施工、安装文件数据包、标准表格数据库。施工过程中做好各项记录，以保证工程施工、安装文件数据包中各类文件资料数据的准确性、完整性和可追溯性。

（2）单位工程竣工后，在规定的时间内向业主提交竣工文件数据包供审查。机组整套竣工移交签证后一个半月内，向业主移交合同规定数量的竣工技术资料。

第八节　工程质量目标及质量控制措施

一、工程质量规划

1. 确立质量目标并制定控制要求

项目部工程部依据合同要求和公司年度质量管理目标，制定本项目质量管理目标，并进行分解细化到各个专业和分项工程，在施工组织专业设计和作业指导书中得到体现，同时制订相应的管理方案。对质量管理目标及管理方案的实施完成情况进行监督检查。

2. 规定监督检查项目

（1）对施工组织专业设计的执行和落实情况进行检查。

（2）根据工程进度和施工特点对工程技术、质量管理过程进行检查。

（3）对采用的新技术、新工艺和新材料实施情况及效果进行跟踪检查。

（4）每季度对质量、环境目标及管理方案的实施完成情况进行检查。

（5）每月组织一次工艺质量大检查和文明施工大检查。

（6）对施工用水、用电控制情况进行监督检查。

（7）对焊接过程进行监督检查。

（8）项目部计量管理员每月至少一次对计量器具的鉴定、使用、维护、封存、流转、报废和监视装置的控制情况进行监督检查。

3. 建立健全质量管理网络

建立以项目经理为首的质量管理网络，工程管理部为工程质量的主管部门，各专业工程处设专职质检员、各班组设兼职质检员（班组技术员为一级质检员）。明确项目部各部门、各级质量管理人员的工作职责和工作内容，做到分工明确，责任、压力到位。以质量管理体系的持续有效运行确保工程质量始终处于全面受控状态。

4. 明确各级质量管理人员的职责

略。

二、工程质量目标

1. 总体质量目标

争创生物发电样板工程。

2. 主要质量目标指标

(1) 建筑、电气工程主要质量指标：

1) 分项工程合格率：100%。

2) 分部工程合格率：100%。

3) 单位工程优良率：100%。

4) 混凝土生产优良率：大于85%；混凝土强度试验合格率：100%。

5) 钢筋焊接（机械连接）一次检测合格率：大于98%。

(2) 安装工程主要质量指标：

1) 分项（分段）工程合格率：100%；分项工程优良率：不小于98.5%。

2) 分部工程优良率：100%。

3) 单位工程优良率：100%。

4) 承压焊口一次检测合格率：不小于98%。

三、工程质量保证措施

为优质高效地完成生物发电工程建筑安装施工，达到质量目标的要求，公司将按照管理体系手册的规定，建立管理体系程序和管理体系作业程序。在施工中严格执行施工工艺纪律，按照优质工程标准的要求进行过程控制。

1. 人员资格的控制

(1) 参与工程建设的管理和施工人员都经过严格挑选，保证这些人员具有精湛的专业技术水平和管理经验、良好的职业道德、团结协作的团队精神。并通过每月一次的定期考核和奖惩措施充分发挥他们的积极性。

(2) 参与施工和管理的所有人员在进入本工程施工前均经过岗位职责、专业技术、质量意识的教育和培训，并全部进行考核，合格人员方能进入本工程施工。

(3) 从事质量保证，质量监督，技术监督（班组技术员为一级质检员），二级、三级质量检验，电气试验，热工校验，焊接管理，金属监督，金属试验，高压受检焊口及中低压焊口焊接人员均要符合规范要求和电力行业的管理制度规定。

(4) 对从事起重、操作、架子搭设、电工、危险品保管押运、起重机械安装以及安全管理人员均要经特殊作业人员上岗资格培训并持证上岗，以确保施工过程中人员、机械和设备的安全可靠。

2. 审核、监督与纠正、预防措施

质量保证的审核和监督是通过在工程实施过程中对各工程处、部门及与质量有关的活动进行的检查、观察和验证，收集有关的信息、证据和资料，评价管理体系或整个体系的某个方面的运作情况，纠正发现的偏差和缺陷，跟踪和验证审核的后续行动等，以建立起与本工程建筑安装施工相关的活动，满足管理体系手册的要求。

对纠正行动和预防措施进行控制，用以消除实际或潜在的不符合因素，防止不符合项的发生和重复发生，确保同类型机组出现的问题不在本工程中发生，并做到举一反三，对发现问题形成闭环管理，以确保工程质量达到优良级标准。

3. 建立健全质量管理网络、明确各级质量管理人员的职责

建立以项目经理为首的质量管理网络，工程管理部为工程质量的主管部门，各专业工程处设专职质检员、各班组设兼职质检员（班组技术员为一级质检员）。明确项目部各部门、各级质量管理人员的工作职责和工作内容，做到分工明确，责任、压力到位。以质量管理体系的持续有效运行确保工程质量始终处于全面受控状态。

4. 做好施工前的各项准备工作

（1）工程开工前，项目部组织有关专业的技术、质量管理及施工人员学习合同、施工技术规范、质量标准（包括强制性条文），熟悉施工图纸及有关技术资料，学习工程技术管理制度、操作规程等，严格按经过审批的作业指导书的有关要求进行施工前的技术交底，以确保施工质量得到有效控制。

（2）结合本工程特点，依据国家及电力行业颁发的相关施工技术规范和质量检验评定标准以及业主和设备供货商确定的技术标准、有关设计文件，由工程管理部组织编制该工程的工程质量验收项目划分表及金属监督检验计划等文件，在征得监理单位确认后，作为工程项目验收及过程检验和试验的依据，在施工中严格执行。

（3）工程质量验收项目划分表中列出的各级验收的质量控制点，对施工中重点控制对象和薄弱环节，如隐蔽工程、特殊关键工序、被下道工序掩盖的工序等在工程开工前经各级质检人员和业主共同确定。单位工程开工前，将根据有关标准及本工程特点分专业编制详细的工程质量验评项目划分表。

5. 严格执行工程质量检查验收制度、加强施工过程的质量检验控制

（1）本项目工程实施三级质量检查验收和监理/业主验收制度，即施工班组一级自检，各专业工程处专职质检员二级复检，工程管理部专职质检员三级验收，监理/业主人员验收。所有的验收均与工程同步进行且有验收人书面签证，按有关程序规定及时准确上报月度质量报表。

（2）保证施工及检验过程中所使用的计量器具以及焊接、起重、试验、检验等机械设备处于受控状态，由具有资格的检测机构出具符合使用要求的检定合格证书，且均在规定的检定或检验周期内。所有计量器具和设备在规定位置均有统一的检定检验状态标志，随时供质量检验、监督人员和监理或业主的检查监督，将以此来确保量值传递正确、有效，机械设备技术性能参数及使用操作符合技术要求和质量保证能力。

（3）在施工过程中将依据监理或业主按合同签发的施工指令施工，随时接受监理或业主的检查检验，为检查检验提供便利条件。

（4）施工质量保证达到合同规定的工程施工质量检验及评定标准规定的评定等级。

6. 加强隐蔽工程项目的控制、严格执行停工待检控制模式

将严格按照隐蔽工程项目和停工待检点实行转序签证管理制度。

（1）隐蔽工程项目施工结束，在完成班组、专业工程处和公司三级检查验收合格签证后，及时向监理提出书面申请，在监理书面（隐蔽工程验收签证单）批准隐蔽工程施工前，该项目的任何部分不得覆盖或隐蔽。

（2）对工程质量验评项目划分表中确定的停工待检点，工程管理部将在三级自检合格的基础上，提前书面申请监理检验并签署意见，如检验不合格，将不得进行下道工序的施工。

（3）所有的隐蔽工程项目和停工待检点项目将与项目施工同时形成独立的质量记录，该质量记录将以监理/业主签署的意见为检验依据。

7. 质量监督、检查的控制

（1）各级质检人员将始终坚持“质量第一、预防为主”的质量控制原则，重点做好质量的事前预防、事中控制和事后监督，加强巡回检查、监督，发现施工质量问题或施工工艺不合格的，及时采取纠正措施，使各项工程的施工始终都处在受控状态。

（2）对于《火电工程质量监督站质量监督检查典型大纲》（建质〔1995〕84号）和《电力建设工程质量监督检查典型大纲（火电、送变电部分）》（电建质监〔2005〕57号）要求的质量监督项目实施内部施工全过程质量监督活动。工程完工自检合格后编写自检报告，提请质监站检查验收。

（3）积极配合业主或监理的一切与质量有关的质量抽查、监督和中间检查，严格执行并积极配合上级部门的质量监督检查。严格执行并配合监理或业主履行工程开工、停工、复工的有关程序和手续，实施监理或业主对施工全过程的质量控制要求。

对监理或业主因施工质量、事故等原因提出的停工通知，将严格按照“三不放过”的原则进行整改和防范，经监理或业主确认并提出书面复工通知后方可继续施工。

（4）工程管理部每月组织一次工艺纪律检查，全体质量管理人员参加；由项目生产经理/总工任组长，组织一次工艺纪律检查评比，评出样板项目作为同类工程项目施工的标准，进行全面推广。

8. 设备在安装期间的维护和防护

为了避免设备在安装过程中和安装后遭受损害，确保所安装设备在移交试运前都处于完好的状态，工程管理部要定期对现场设备的防护情况进行检查。

（1）对安装的就地仪表盘、箱、柜，用防水布封盖；对易碎的仪表、盘、柜，用木板进行保护，必要时可将小部件临时拆除。

（2）对电动阀门要用防水布封盖，对处在容易受交叉作业影响的地方要加盖木板箱。对气动阀要做专用木箱将其罩起，避免损坏上面的仪表和管路。

（3）对各种设备组件上的仪表和需要拆卸进行校验的仪表设备，应严格按照电气、热工试验室工作程序执行。对拆卸后的仪表要进行可靠性的保护和标志，对有防潮要求的要存放在电气防潮库。

（4）对拆除后的管座和管口要进行封堵。

（5）对罩住的设备要挂上“内有设备请勿损害”的临时标牌。

（6）对电气专用房间要加锁管理，并由专人保管钥匙。

（7）对设备管道进行保温、油漆工作时，要对工作区域内的电气、仪表设备、电缆和小口径管道等进行保护，避免污染和损坏。

(8) 在已安装完毕的电缆桥架和小口径管道或已保温的管道上面施工时，严禁踩踏，必须在其上方搭设脚手架或平台。

(9) 在利用钢结构吊挂设备时，在钢丝绳和钢结构之间必须用木头和软织物进行保护。

(10) 要在易被踩碰的已进行保温的管道和设备处挂上警示牌，必要时应进行专门保护。

(11) 较重设备定置放置。在建筑物地面放置时，采取必要的措施对地面进行保护；安装过程中要对土建竣工的墙面、结构进行保护。

9. 加强成品保护

加强工序间和各专业间的成品保护工作，采取有效的成品保护措施，保证工程的观感质量，对混凝土柱、楼梯、步道，采取木板包裹方法，对装修好的墙面采取钢制保护栏的方法，对施工完毕的地面采取木板、胶皮等防护措施；对于安装工程，成品保护的重点是安装设备，对电、气动阀门控制装置、仪表盘柜等设备采取防水布包裹及加盖防护棚等方法。

(1) 项目工程施工前技术人员对周围的土建、保温等成品要做好防护措施，技术交底时向施工人员说明。施工人员要树立保护成品的质量意识，施工中不污染、不损坏他人成品。

(2) 设备起吊或拖运需在混凝土柱、钢结构、设备基础生根时，做好四角的保护措施。

(3) 在构筑物内施工时，地坪上应加上软木、橡胶垫或其他软质材料的隔离层；墙面用塑料布保护。

(4) 在设备运输经过沟道时应垫上横跨沟道的枕木。

(5) 油漆前对可能造成污染的周围设备要进行隔离。

10. 加强图纸会检的措施

(1) 针对以往类似工程或同类型机组施工中出现的设计遗漏与缺陷，分专业制定出详细的设计问题清单，清单中应包括内容描述、处理结果及在本工程中的落实情况，以便及早采取措施，防止类似问题的再次发生。

(2) 加强会检大图纸的力度，特别是专业间图纸会检时，应对各相关专业图纸中的要求进行深入了解，做到心中有数。对安装专业图纸应根据以往的施工经验及系统的功能要求，找出如埋件、预留孔、设备基础等可能发生问题或设计不全面的地方，并进行及早落实。对电气专业图纸应结合以往工程的施工经验，按照系统图对发现问题或有疑问的地方及时与业主联系，并进行澄清，尤其是电气接线图应由有丰富经验的专业工程师逐项进行审核，以审查图纸的完整性、使用性和与现场设备的功能匹配等，以便及早采取措施将设计问题对安装造成的影响降到最小。

(3) 对设计原因导致不合格品的，应严格按照管理体系-不合格品控制程序的要求，经三方确认、批准后实施纠正行动，最终对纠正结果进行复查关闭。对重复出现的不合格品按照纠正/预防措施的要求进行整改，以杜绝类似问题的再次发生。

11. 防止系统管道和阀门内部脏、堵、漏、失灵的措施

（1）阀门安装前根据规范要求进行解体检查，解体检查应严格按照规范、标准的要求进行，对法兰结合面要进行接触性试验，对盘根、密封圈及垫子要全面进行检查或更换处理。对阀门应力集中或易引起裂纹的地方，要重点进行外观检查或探伤试验，对设备缺陷应严格按照质量管理体系-不合格品控制程序的要求，经三方人员进行确认、批准后实施纠正行动，最终对纠正结果进行复查关闭。

（2）管道安装前必须进行内部清扫，不得有锈皮、杂物等。施工过程中，管道的封口应随时进行，再次工作时或对口前执行内部清洁度检查签证制度，小口径管道对口前实行压缩空气吹扫或通球试验的方式进行检查，检查应明确责任人和负责人并形成记录，以确保管道内部的清洁度要求。

（3）阀门与管道焊接前，阀门应处于全关闭状态，以防系统投入运行后阀芯与阀体结合面因焊接变形出现卡涩或开关不灵活现象的发生。

（4）管道安装完成后，由于设计变更、修改等原因确需取样开孔的，应严格按照有关取样开孔的管理办法进行操作，开孔时，应有质检人员现场旁站检查监督，确认内部清洁后办理封闭签证手续。

（5）对电动、气动阀门的行程控制器、指示器或转矩控制机构要进行认真、细致地调整，使其整定到图纸或厂家说明书要求的位置，并设有专人负责，实行检查验收签证制度。

（6）蝶阀安装前应对阀门的开关状态进行检查调整，调整要达到蝶阀开关状态与外部指示一致的要求，以确保投入运行后阀门开关准确，防止系统内漏的发生。

（7）对炉前系统的酸洗，要严格按照有关程序的要求进行技术交底，合格水冲洗达到要求后要对所有设备进行内部清洁度检查，形成记录并办理封闭签证手续。

（8）对安装或试运过程发现的质量问题，要及时分析原因，采取切实可行的措施进行整改，并举一反三，防止类似问题的再次发生。

12. 提高试运质量和效果的措施

（1）试运前对经过审批的试运方案和措施进行安全和技术交底，交底应全面、系统并重点介绍试运过程中的注意事项，使各级检查及工作人员落实到位。

（2）确保仪表的每个测点都已进行了二次校验，并积极配合调试单位点对点地进行复查，即对测点逐一进行通信测试，以做到最直接的校验，为系统调试创造良好的条件。

（3）试运过程本着早投入早发现问题，及早处理的原则。电机试运时就从DCS上进行启、停操作。辅机及系统试转时，其系统压力及温度测点同步投入，并且投入有关连锁、保护。具备投入自动条件的，要投入自动，确保整组启动顺利、节油、快速。

（4）严格执行三级质量检查验收制度、停工待检及跟踪检查监督的控制模式，使整个试运过程始终处于全面的可控、在控状态。分部试运前24h以书面形式（包括分部试运内容、时间、地点）通知监理和业主代表参加。

（5）对由设备制造、供货单位自行调试的项目及整套启动试运，按合同要求做好积极的配合、设备维护、检修和消缺，并积极参与整套启动调试方案和措施的制定，指派专人负责有关问题的记录工作。

（6）对施工中废水、废油、废液的排放及施工噪声等，应严格按照环境管理体系程序及国家规定的环保要求进行控制，做到达标排放。

（7）单体调试，不忘系统，即单体调试时，与系统有关的部分都要进行实地操作试验，如电动阀门单体调试完成后，还要考虑DCS的开关指令和反馈信号及在CRT上的直接操作情况。以确保系统调试时，达到保护、自动、连锁及DCS的全部投入。为下一步整组启动的一次成功打下坚实的基础。

13. 制定质量通病的防治措施

针对工程施工过程中易出现质量通病的项目，提前制定有针对性的防治措施，在施工中严格按防治措施施工，确保不出现质量通病问题。

第九节 施工环境保证措施

一、环境管理体系

生物质发电机组施工安装工程主要环境影响因素为水污染、大气污染、噪声污染、固体废弃物污染等。在施工组织和管理过程中，必须严格遵守国家环境保护相关法律法规和地方政府要求，履行环保义务。

1. 环境管理方针

施工单位必须建立环境管理方针，并在界定的环境管理体系范围内，确保其满足以下要求：

（1）适合于组织活动、产品和服务的性质、规模和环境影响。

（2）包括对持续改进和污染预防的承诺。

（3）包括对遵守与其环境因素有关的适用法律法规和其他要求的承诺。

（4）提供建立和评审环境目标和指标的框架。

（5）形成文件，付诸实施，并予以保持。

（6）传达到所有为组织或代表组织工作的人员。

（7）可为公众所获取。

2. 环境管理目标

工程项目应制定环境管理目标，并尽可能量化，且不低于国家最低标准，便于统计、分析和持续改进。

3. 环境管理职责

（1）建立以项目经理为首，项目生产副经理兼总工为管理者代表的环境管理体系，项目工地设置工程管理部并有专人负责环境管理体系的运行，各单位设置由质量/技术人员兼职的内审员。

（2）施工企业经理授权项目经理在项目工地范围内开展工作，并由项目经理授权各级环境管理责任人员，在本单位业务范围内，履行职责并达到项目环境管理体系文件的规定要求。

（3）项目部环境管理体系网络，包括决策层、管理职能层、作业层。

（4）项目部环境管理体系要素职责分配表（略）。

二、主要环境影响的控制措施

(一) 水污染控制措施

1. 执行的有关标准

生产、生活污水的排放执行《污水综合排放标准》(GB 8979) 和地方规定。

2. 污水污染的治理

(1) 生活污水治理：

1) 食堂、餐厅污水：先排入隔油池，水油分离后再进行排放。

2) 厕所污水由化粪池处理后排放。

(2) 建筑施工场地污水的管理。工程开工前，项目部根据施工组织总平面布置，预测各单位和主要施工场所的水用量，合理布置给排水管网。在施工期间确保现场不积水，保持排水畅通。悬浮物 (SS) 污水、搅拌车刷车水沉淀后再排放。酸、碱污水：对含酸、碱污水经中和处理，pH 值达到规定要求后，排入污水管道。

(二) 大气污染控制措施

1. 执行的有关标准

按照国家规定和地方规定，在生活区和非生产区执行《环境空气质量标准》(GB 3095) 二级标准，施工作业区执行三级标准。施工和生产过程中产生的废气粉尘执行《大气污染物综合排放标准》(GB 16297)。

2. 大气污染防治管理

(1) 按“三同时”原则施工。

(2) 可行时不再安装生活锅炉，以减少大气污染。

(3) 禁止焚烧沥青、油毡、橡胶、皮革及其他产生有毒、有害烟尘和恶臭气体的物质。禁止露天焚烧垃圾、落叶等。

(4) 禁止在生活区、办公区附近从事露天喷砂和散发粉尘、恶臭及有害气体作业。

3. 大气污染物排放过程控制

(1) 大气污染物的产生主要分布在以下活动中：施工现场粉尘的排放；路面扬尘的排放；各种车辆尾气的排放；项目工地锅炉房烟气的排放。

(2) 大气污染物的主要种类：烟尘、SO_2、NO_x、粉尘等。

(3) 大气污染物产生的主要场所、部门：厂内有车/运输单位、施工现场和厂区公路等。

(4) 大气污染的治理。

1) 车辆限速行驶；定期对路面洒水等减少路面扬尘，为施工现场创造一个良好的工作环境。

2) 各种车辆尾气排放应符合机动车辆尾气排放标准。

3) 除备用水泥外尽量选用散装水泥，在运输过程中采取封盖措施，装卸时轻拿轻放，防止扬尘。

4) 沥青作业严格执行公司作业指导书中明确的控制措施。

（三）噪声排放控制措施

（1）施工过程中主要噪声源为：推土机、挖掘机、装载机、打桩机、混凝土搅拌机、振荡棒、电锯、吊车、升降机、电焊机、拆装制作过程中大锤的使用等。

（2）项目部应对噪声源的重点设施、设备采取合理安排布局，加强设备润滑和维护保养等有效措施，并制定执行相应作业指导书和设备操作规程，不断采用新技术、新方法，改进施工工艺，以减轻噪声对周围生活环境的影响。

（3）对每个施工阶段每年至少组织一次场界噪声的监测和测量，并向相关部门传递监测结果。

（4）对噪声较大施工作业项目，为保证施工人员的健康，遵守《中华人民共和国环境噪声污染防治法》并依据《工业企业噪声卫生标准》合理安排工作人员轮流操作，对距噪声源较近的施工人员除取得防护用品外，还应缩短劳动时间。

（5）夜间尽量不安排施工，因工程不能停止的项目（如混凝土施工、吹管作业等）必须按规定办理手续，并进行告知。

（四）固体废弃物控制措施

（1）对固体废弃物执行《中华人民共和国固体废弃物污染环境防治法》。

（2）固体废弃物的收集。各产生废弃物部门均设置废弃物临时存放点，并在临时存放点配备有标识的废弃物容器。废弃物产生后，由产生部门人员按固体废弃物分类放置，储存场所应有防雨、防漏、防飞扬、防火等措施。

（3）固体废弃物的处置。

1）固体废弃物处理前首先应考虑能否作为二次资源加以利用。

2）各部门的废弃物存放点指定专人管理，由指定人员负责将废弃物运输到场内废弃物指定存放场，并分类放置。运输中应确保不散撒，不混放，不泄漏。一旦发现运输中泄漏或散撒的现象必须清理。

3）生活垃圾要实行垃圾袋装化并放置到指定的场所，由项目工地主管部门统一运输，集中处理。

4）施工过程中产生的固体废弃物，要分类存放；对废旧材料如废钢铁、废零件等一般废弃物，且有回收价值的废弃物，由采购部门根据可回收余废料管理规定中的有关规定进行处置；危险废弃物除医疗垃圾焚烧处理、油桶等可循环利用外，其他由采购部门进行委外处置。废旧机械配件处置执行公司作业程序中的废旧机械配件处理规定。从事收集的承包方应具备规定要求的资格，并在合同或协议中明确要求和责任等。建筑垃圾的处置执行公司作业程序中的文明施工管理办法。

5）施工期间确保厂区及施工区内的沟道、地面无垃圾，每个作业面都应做到“工完料尽场地清”，剩余材料要堆放整齐，废料及时清理。

三、环境保护措施

1. 主要环境因素

（1）油漆容器的丢弃。

（2）机油使用泄漏。

（3）油污废弃物的丢弃。

（4）污水排放。

（5）施工粉尘的排放。

（6）吹管噪声影响。

（7）资源、能源浪费。

（8）一般固体废弃物的处置。

（9）废硅酸铝制品的丢弃。

（10）废岩棉制品丢弃。

（11）燃油机械及机动车废气的排放。

（12）γ射线的泄漏。

（13）危险品的泄漏、燃爆、火灾。

（14）石棉制品的丢弃。

这些重要环境因素控制力度的大小，将直接给大气、水体、土壤等造成不同程度的环境影响，施工单位必须将保护环境、遵守环保法规为重要职责，积极培养员工的环保意识与技能，采用可行性技术，改进工艺，减少对环境的影响。

2. 具体环保措施

（1）正确处理垃圾。在工地现场设置生活、生产垃圾集中堆放场，定期运至规定的垃圾场。垃圾外运时，按照当地环保部门制定的时间、路线运输，并运至指定的地点堆弃。运输车辆要封闭良好，保证道路的清洁卫生，不得在运输过程中沿途丢弃、散撒固体废物。

（2）减少污水、污油排放。

1）在生产、生活区域内设置排水沟，将生活污水、场地雨水排至指定排水沟，不随意排放。泥浆水经过二次沉淀后排放，未经处理不得直接排放。污水排入排污系统中，防止污染水体和环境。

2）将废油彻底回收，严禁油外溢。尽量避免现场维修机械，特别是进行换油保养，否则应采取防污措施（如在可能污染地面的地方覆盖锯末，集中收储等）。

（3）卫生设施的清洁。工地厕所指定专人清理，在夏季，定期喷洒防蝇、灭蝇药，避免其污染环境，传播疾病。厕所设置化粪池并加装防蝇装置，采取灭蛆措施和土化处理。

（4）降低噪声。合理安排施工活动，或采用降噪措施、新工艺、新方法等方式（如吹管时使用消音器降噪），减少噪声发生对环境的影响。若有不可避免的噪声，应征得当地环保部门同意，并在施工区域及周边做好解释工作。夜间尽量不进行影响居民休息的有噪作业，否则应按照当地环保部门的规定按时停止作业。

（5）减少粉尘污染。在推、装、运输颗粒、粉状材料时，要采取遮盖措施，防止沿途遗洒、扬尘，必要时洒水湿润进行。车辆不带泥沙出施工现场，以减少对周围环境污染。施工区域道路上应定期洒水降尘。

（6）减少有害气体排放。禁止在施工现场焚烧油毡、橡胶、塑料、垃圾等，防止产生有害、有毒气体；施工用危险品坚决贯彻集中管理和专人管理原则，防止失控。要选择工况好的施工机械进场施工，确保其尾气排放满足当地环保部门的要求。

（7）提高废旧物再循环利用率。

1）对废旧物如废钢材、废有色金属、废旧电缆、废钢模板、废电瓶、废汽车轮胎、报废机械零件、油漆桶、加工铁屑、设备包装物等本着先内后外、先利用后处理的原则管理，提倡修旧利废、节约代用。

2）各施工部门对各自施工区域内的废旧物资进行分类回收，并按规定存放于指定地点交由工地主管部门处理，主管部门定期组织对仓库、组合场等区域废旧物资的回收。废旧物资回收后，按照分类对其检查，对工程有可再利用价值的物资，可列出清单发至有关部门，对工程无可利用价值的废旧物卖给废品收购部门，或作为垃圾适当处理。

（8）控制有毒、有害废弃物。

1）项目工地在发放能够产生有毒有害废弃物的物资时，与使用部门签订回收协议，要求使用部门签字确认并按照执行。对于容易产生有毒有害废弃物的消耗性用品如：劳保手套、安全帽、干电池等，使用部门必须以旧换新，方能发放。

2）有毒有害废弃物由工地主管部门回收并进行处理，处理方式可采取当地环保部门认可的处理方式，也可采用返厂处理的方式。

（9）加强危险化学品的管理。

1）在采购化学品之前先与相关方进行信息交流，获取相关的信息，在价格合理并满足使用要求的情况下，应优先采购环保型材料。并负责采购并识别出化学危险品。

2）仓库管理员负责化学危险品使用前的储存和管理；负责对可返厂处理的化学危险品废弃物的返厂处置。

（10）办公区、生活区的绿化。工程现场的办公区、生活区种植草坪和绿化树种进行绿化，改善生态环境。

第十节　安全文明施工管理

一、安全管理

（一）安全工作目标

施工企业应根据国家法律法规及业主方要求、自身管理状况等制定工程项目的安全工作目标，并应确保涵盖人员、机械、设备、交通、火灾、环境等方面，目标应量化，具有可比性。

（二）安全控制措施

1. 安全管理体系

施工单位与业主组成安全生产委员会，并建立健全项目部安全管理体系，设置安全管理机构，明确各级人员职责，保证安全管理体系的有效运转。

2. 职责分工

略。

3. 安全信息管理网络

项目部建立安全信息管理网络，配齐安全监测、信息联络设备。

（1）及时获取气象信息对安全施工十分重要，施工单位项目安全管理机构将与地方气象台建立有效联系，做到可以随时查询天气情况，出现异常气象能够提前通知，预先做好防灾、减灾准备。

（2）为满足安全监测和开展安全培训的需要，施工单位项目部应为项目安全管理机构配备齐全各类安全监测仪器，数码摄、录像器材，安全培训电教化设施等。

4. 过程安全监控工作

施工单位项目安全管理机构组织项目部各单位对工程项目的安全工作目标进行分解，制定项目部的安全监控工作规划、编制月度安全监察计划、确定重点监察项目，明确专人负责，实施全过程跟踪监督和管理。安全监控的实施方式主要包括安全检查、安全报表管理和安全例会。

（1）项目部开展多种形式的安全检查。安全检查是安全监控的重要内容之一，目的是发现管理过程和施工过程中各种不符合规定的情况，采取措施及时消除、纠正。安全检查主要有以下几种形式：

1）日常巡检。项目部各专职安全员每天对施工区域进行不少于两次的巡检，包括对作业环境、安全设施、操作人员、机械设备、工器具、个人防护用品等的检查。

2）定期检查。施工企业至少每季度对项目部组织一次安全大检查，项目部及项目各专业单位每月至少组织一次安全检查、班组每周组织一次安全检查。

3）阶段性安全检查。针对各个不同施工阶段的特点进行的安全检查，如开工前检查、施工过程中安全措施执行情况检查等。

4）专业性检查。针对某个专业设施及工种的专门检查，如：施工用电专项检查、脚手架专项检查、起重工器具专项检查等；以及根据不同季节施工特点开展的安全检查，如：防暑降温安全检查、防汛防风安全检查、防寒防冻安全检查等。

（2）规范安全报表管理。安全报表是安全管理各层次传递安全信息，进行交流沟通的有效手段。安全管理人员通过对安全报表进行统计分析，掌握现场施工动态，能够预测安全生产趋势，提前采取防范措施。安全报表主要包括周报表和月度报表。

（3）定期召开安全例会，通报安全生产情况，分析阶段安全生产形势，采取安全控制措施，解决安全生产中存在的问题。

（4）安全监控查出问题全部做到闭环处理。

5. 安全技术措施

工程项目开工前，专业工程管理部门必须按程序要求编写施工组织专业设计及作业指导书，并按规定程序进行编、审、批。

（1）工程项目的一切施工活动必须要有书面的作业指导书，作业指导书中必须要有专题安全施工措施，未编制安全措施，不能开工。

（2）一般项目的安全施工措施由工程管理部门专责工程师审查批准，由班组技术员交底后实施。

（3）重要临时设施、重要施工工序、特殊作业、季节性施工、多工种交叉等施工项目

的安全施工措施须经施工技术、安全管理等部门审查，项目总工程师批准，由班组技术员或专责工程师交底后执行。

（4）重大的起重、运输作业，特殊高处作业及带电作业等危险作业项目的安全施工措施及方案，由施工技术和安全管理部门审查，并办理安全施工作业票，经总工程师批准，由专责工程师交底后执行。

6. 安全施工措施

技术人员按要求编制的作业指导书（安全施工措施）。

（1）工程项目开工前，由项目技术负责人根据本项目的施工特点，组织施工管理人员按照公司危害辨识、风险评价和风险控制程序的要求对本项目进行风险预测分析，辨识出重大危险因素及重要控制环节，制订针对性的控制措施，明确责任人和控制目标，经审批后实施跟踪控制。小型及一般的施工项目风险预测、预控措施加入到本项目作业指导书中，重要及危险的施工项目风险预测、预控措施单独编写。施工风险分析中辨识出的危险因素如果不能全部得到消除或控制，并得到确认以后，该施工项目不能开工。

（2）措施中要明确作业方法的流程及操作要领，明确人员和机具装备配备、保证安全的措施，明确工业卫生、环境条件、文明施工标准，应配备的劳动防护用品。

（3）出现危险及紧急情况时的针对性预防措施，要用程序直观地表示出来。

7. 安全交底制度

严格安全交底制度，确保每一个进入现场的施工人员都经过安全交底培训，掌握必需的安全施工技能。

（1）项目开工前，必须由本项目技术负责人组织施工人员进行安全技术交底并签字认可，大型或重要的施工项目应提前进行专业安全技术培训。交底记录由施工单位保存，未交底者不能开工。

（2）安全交底过程中，编审人员、施工人员均应参加，并按程序交底、记录、签证、认可，作业过程需变更措施和方案，必须重新履行报批、交底程序。

（3）对无措施或未经交底即施工和不认真执行措施或擅自更改措施的行为，一经检查发现，视作严重违章，按公司规定严肃查处责任人。

（4）对于相同施工项目的重复施工，技术人员应重新根据人员、机具、环境等条件，完善措施，重新报批，重新交底。

（三）安全设施

现场实行安全设施标准化，做到安全设施的可靠、统一、规范。

1. 孔洞盖板

（1）各类孔洞和深度在1m及以上的沟、坑、井设置盖板。

（2）盖板材料选用保证足够强度钢板或废旧模板，根据现场孔洞实际，制成矩形、方形、圆形3种。

（3）盖板下部设置限位点，确保盖板牢固可靠，盖板边缘光滑无毛刺，并刷红白相间漆。

2. 安全围栏

（1）临空面、平台、设备保护、危险场所等设置安全围栏和警告标志。

（2）安全围栏由围栏组件与立柱组件组装而成，管子及管端光滑、无毛刺，立柱刷红漆，其他刷红白相间漆。

3. 手扶水平安全绳

（1）在锅炉钢架、主厂房钢梁等高处作业中，拉设手扶水平安全绳。

（2）安全绳应采用带有塑胶套的ϕ13纤维芯6×37型钢丝绳。

（3）安全绳两端用专用绳卡固定在牢固可靠的构架上，严禁用铁丝固定或连接，安全绳在固定处应有防滑、防割措施，安全绳固定高度为1.1～1.4m，固定后弧垂为10～30mm。

（4）安全绳只能作为施工人员行走时保持人体重心平衡的扶绳，不作为施工时安全带的悬挂点使用，并严禁他用。安全绳出现打结、断股、腐蚀、损伤等情况时不得继续使用，固定点松动后要及时紧固。

4. 滑线安全网

（1）在锅炉钢架、主厂房钢梁等高处作业中拉设滑线安全网。

（2）滑线安全网由安全网、钢丝绳、滑环、钢丝绳卡组合而成，钢丝绳固定在炉构架上，端部用绳卡连接固定，绳卡不少于4个，滑环开口焊接牢固，滑环布置间距不大于750mm。

（3）安全网拼接时必须牢固、可靠，其连接强度不小于原网强度，相临两安全网间隙不得大于4cm，每块安全网端部的滑环上拴有拉绳，拉绳选用直径不小于安全网连绳直径的锦纶绳。

（4）安全网与工作面的垂直距离不得大于10m，安全网装好以后，有40～60cm的弧垂。

5. 速差自控器和安全自锁器

（1）从事特殊高处作业及大件吊装时要使用速差自控器，锅炉钢架、主厂房框架吊装施工时，上下攀登应使用安全自锁器。

（2）速差自控器和安全自锁器必须在国家有关部门指定的专业制造厂选购，各安全部件应齐全，并有省级以上安全检验合格证。

（3）自控器的部件不得任意拆装，出现故障应立即停止使用，返厂修理。自控器由领用人负责保管、检查和维护。自控器应防止雨淋、接触腐蚀性物质。

（4）自控器至少两个月检查一次，主要检查绳钩、吊环、螺母等有无松动，壳体有无裂纹、变形，钢丝绳的磨损、变形及断丝情况。

（5）自控器出现下列情况之一时，应按规定进行试验：正常使用两年；经过大修或更换元件；闲置两年以上，重新使用时；经过碰撞或带负荷锁上后；其他原因可能使强度、性能受到损害后。

6. 各类脚手架搭设标准

（1）脚手架搭设完毕后必须经使用人验收签证，并挂牌后方可使用。

（2）牌子采用0.5～1.0mm厚的铁皮，牌子上明确标明搭设负责人、搭设日期、脚手架用途、使用单位和验收人。

（3）特殊大型脚手架由工程管理部门、安全管理部门、使用单位联合验收，同时邀请监理单位人员参加，并做好验收签证。

（4）脚手架必须搭设步道或梯子，梯子横挡间距不得大于30cm，脚手架外侧、平台及布道均应搭设105～120cm高的栏杆和18cm高的挡脚板，栏杆中间必须搭设50～60cm高的腰栏，必要时可加防护安全网。

7. 安全通道

（1）烟囱、主厂房、烟囱等场所0m人员出入处搭设安全通道。

（2）安全通道与构筑物入口成一直线，长度不短于构筑物高度的1/10，且不短于5m，高度和宽度根据实际入口尺寸确定。

（3）采用钢管或木脚手架杆按照脚手架的要求搭设骨架，顶面铺双层脚手板，特殊情况时通道两侧用脚手板封闭。

（4）安全通道要牢固可靠，并有防风措施，安全通道要有醒目的警示标志。

8. 卷扬机防护棚

（1）在可能发生高空落物的区域使用卷扬机必须搭设防护棚。

（2）防护棚内一侧张贴卷扬机操作规程，另一侧设置卷扬机电源箱，电源箱设锁，防止非操作人员操作。

（3）防护棚要挂牌，牌上注明使用单位、卷扬机操作负责人等，防护棚要接地良好。

9. 气瓶集装笼

（1）在使用氧气瓶、乙炔瓶及其他气体瓶较集中的施工区域采用气瓶集装笼。

（2）气瓶集装笼刷成天蓝色，气瓶集装笼上锁并挂牌，牌上注明气体名称、使用单位及负责人，气瓶集装笼严禁作为吊笼使用。

10. 施工机械及工器具管理

（1）凡在室外工作的轨道式起重机械（包括龙门吊、轨道式塔吊等）的防风装置优先使用夹轨器，或者在使用铁鞋的同时，必须使用足够强度的钢丝绳将起重机械与轨道双向拉紧锁定，禁止单独使用铁鞋作为防风装置。

（2）钢丝绳的放置。钢丝绳严禁直接放在地面上，应分类盘挂在挂架上或盘放在拖架上，并标明类别。报废钢丝绳应及时回收做报废处理。

（3）定期检验标志。起重吊具、索具、工具及手持式电动工器具、流动配电盘必须按规定进行定期检查、试验，做出明显标志后方可使用，检查和试验记录存档。

（4）小型电动施工机械防雨罩。露天使用的小型电动机械，如小型卷扬机、钢筋机械、电焊机等配备防雨罩。

（四）人员管理

现场所有管理人员和施工人员均做到持证上岗，现场工作人员必须经过安全培训合格、安全技术交底签证后方可进行施工作业，外来参观、供方等人员进入现场前必须经过安全告知，在项目部人员陪同下方可进入现场。特种作业人员及安全管理人员持有政府主管部门颁发的上岗证件。

二、安全文化

浓厚的安全文化氛围和良好的施工环境将会带来巨大的安全效益，项目部在搞好现场施工安全的同时，不间断的利用安全培训、应急预案演练、知识竞赛、录像、宣传栏和标

语牌等多种宣传形式在项目部营造安全生产声势，推动项目部安全文化建设，营造一个“人人讲安全、人人抓安全、安全为我、我为安全”的良好安全生产环境。

（1）把整个施工现场划分为5个安全文明施工区域，即主厂房安全文明施工区、锅炉安全文明施工区、烟囱安全文明施工区、水塔安全文明施工区、组合场安全文明施工区。设置安全文明施工责任区域管理牌。

（2）在施工主道路两侧或显要位置设置“五牌两图”，充分利用现场的实际情况设置安全宣传牌。

（3）项目部以安全为主题，积极组织全体职工开展安全知识学习，漫画展览、文体比赛等生动活泼、丰富多彩的文娱活动，使广大施工人员在娱乐中受到安全教育，增强安全意识，提高自我安全防护能力。

（4）在办公区、生活区、施工作业区悬挂安全警示牌、安全标语和安全操作规程等，时刻提醒作业人员，做到警钟长鸣、遵章守纪。

（5）文件盒统一购置、统一标签，文件目录、编号、签字等齐全，做到规范存档。

（6）安全教育培训根据经项目部批准的年度培训计划有组织进行，人员应经过三级安全教育培训合格，定期组织人员进行安全学习日活动，及时传达安全信息，开展安全实操技能培训；通报吸取安全事故教训，做到安全生产警钟长鸣。

（7）为增强项目部各类突发事件应急能力，结合项目部所处区域气候状况，应制定适合本项目部实际的各类应急预案并成立以项目经理为组长的应急指挥小组。适时组织应急演练，提高应急能力

三、文明施工管理

1. 文明施工管理组织及职责

略。

2. 文明施工总体策划

（1）施工现场的主入口处设立工程概况、安全生产等“五牌二图”。

（2）施工区与办公区、生活区分开布置。

（3）施工人员统一着装和佩戴胸牌。统一规划布置宣传牌、安全标志及机械、施工设备、材料、工器具、临时设施等的标志，使之醒目、协调。

（4）办公用房、班组的工具间及施工器材堆放间，统一规划布置，做到式样、色彩、标志方面统一。

（5）施工现场实行区域隔离模块式管理。对现场办公区和工具间区域、加工制作区、材料设备库区、主厂房、独立的构筑物等区域按坚固、稳定、整洁、美观的原则进行隔离。材料、设备根据不同的保管要求按类别存放，实行定置管理。

（6）进入作业现场的材料（包括周转性材料）、设备、机械、施工器材及临时设施与作业需求和文明施工管理相匹配，控制进入的顺序、时间、数量，并在施工完毕后及时撤出。

（7）必须保持现场消防通道、安全通道的畅通，不得任意侵占。

（8）加强班组文明施工教育和管理力度，坚持“日清理、周清扫”制度，坚持“工完料净场地清”、发扬“下班不空手，带着废料走”的优良传统和作风。

(9) 主要施工区域的临时电源全部使用标准电源盘，并设专人管理。

(10) 随工程进度及时完善锅炉房和汽机房的垃圾通道，并设专人及时清理垃圾废料。

(11) 各临边处、临空面，制作标准的安全防护栏杆，涂红白相间的油漆，安装时做到横平竖直，整齐美观。

(12) 各类孔洞按实际规格安装标准盖板，并画图、编号、标志，不得随意拆除损坏。

(13) 现场主要或集中施工场所，设置足够照明，确保照明充足。

(14) 电焊把线集中铺设，并排列整齐，汽机房或锅炉本体各层平台，安装电焊把线插座，杜绝焊把线乱垃乱拽。

(15) 随工程进度及时完善防护设施，建筑施工用密眼安全网全封闭，安装施工要随层张挂滑线安全网，各层平台梯子、步道和栏杆做到同步吊装。

(16) 脚手架要按标准规范搭设，安装用小型脚手架一律使用碗扣式脚手架，并执行设计、搭设、验收、使用挂牌制度。

(17) 各种卷扬机必须统一搭设标准防护棚，在明显位置张贴操作规程。

(18) 各种电气设施和机具必须有良好的接地或接零。

(19) 全厂临时电源严格按执行三相五线制。

(20) 现场材料保管应依据材料性能，采取必要的防雨、防潮、防晒、防冻、防火、防爆、防破坏措施，贵重危险物品及时入库，建立严格的领退料手续。

(21) 力能管线和文明施工标准化设施在布置时注意与永久性管线、设施在位置上错开，达到安全、方便使用，以利检查、维修和现场的清洁。

(22) 做好图纸会检和土石方的平衡工作，土石方的开挖力争做到地下部分一次施工完毕，土石方、砂石运输应采取防抛撒、防扬尘的措施，保持场地和道路的整洁。

(23) 脚手架应采用钢管或工具式脚手架等，脚手架经验收后实行挂牌管理。

(24) 建筑交付安装时以及安装交付调试时，制定建筑及安装应具备的条件的规定，确保建筑为安装、安装为调试创造良好的文明施工条件。

(25) 施工道路应硬化，道路两侧应设排水沟，不得堆放材料设备和预制件、加工件等。对道路、公用设施、施工场地、主厂房区域等应安排人员进行日常的清洁维护。

(26) 积极争取建设、设计、监理、设备制造单位的支持，做到图纸、资料、设备、材料、建设资金的按时提供，做好相关方和现场各施工单位间的协调，为文明施工创造良好的外部条件。

四、职业健康管理

生物质发电机组施工安装中，主要存在的职业健康危害有接触尘毒、焊接、射线探伤等。为有效降低这些危害，杜绝工程建设中职业病的发生，施工企业及项目部必须制定职业健康管理制度，加强有毒、有害作业场所的职业病预防、控制、管理，消除职业病危害，保护工作人员身体健康。

施工企业、项目部应为员工创造符合国家职业卫生标准和卫生要求的工作环境和条件，配备必要的职业健康防护设施、器具及防护用品，并采取措施保障员工获得职业

卫生保护。施工企业、项目部应对职业病危害作业场所和岗位制定职业病防治计划和方案，建立、健全职业卫生档案和劳动者健康监护档案、工作场所职业病危害因素监测及评价制度、职业卫生管理制度及操作规程、职业病危害事故应急救援预案等并落实。

工程管理部门负责审核、实施施工生产中有关控制职业病危害因素的设备、技术、工艺和方法，并对其执行情况进行检查，发现不符合时应督促及时纠正。施工企业和项目部应负责对员工职业病防治知识及技能进行培训，做好新员工入厂前及员工转岗前职业病危害告知工作。

1. 建立完善职业健康岗前检查

（1）下列人员，上岗前必须进行职业健康检查：

1）拟从事接触职业病危害作业的新录用劳动者，包括转岗到该作业岗位的劳动者。

2）拟从事有特殊健康要求作业的劳动者。

（2）不得安排未经上岗前职业健康检查的员工从事接触职业病危害的作业，不得安排有职业禁忌的员工从事其所禁忌的作业。

（3）各单位不得安排未成年工从事接触职业病危害的作业，不得安排孕期、哺乳期的女员工从事对本人和胎儿、婴儿有危害的作业。

2. 职业病危害告知、教育培训、申报

（1）项目部可能产生职业病危害因素的单位或部门，应当公布有关职业病防治的规章制度、操作规程、职业病危害事故应急救援措施。

（2）项目部产生严重职业病危害因素的作业岗位，应当在其醒目处设置警示标志和警示说明，告知产生有害因素的种类、后果、预防及应急救治措施等内容。

（3）项目部对可能发生急性职业损伤的工作场所，要设置报警装置，制订应急预案，配置现场急救用品、设备，设置应急撤离通道和必要的泄险区。

（4）项目部要对现场急救用品、设施和防护用品设专人保管，最少每半年进行校验和维护，确认可靠有效，每年对工作场所进行职业病危害因素检测与评价，校验维护及检测评价结果存入各单位职业卫生档案。

（5）人力资源部门在与员工订立劳动合同时，应当将工作过程中可能产生的有害因素及其后果、防护措施和待遇等如实告知员工。

（6）员工在已订立劳动合同期间，因工作岗位或者工作内容变更，从事与所订立劳动合同中未告知的存在职业病危害的作业时，应向员工如实告知，现所从事的工作岗位存在的职业病危害因素，并签订职业病危害因素告知补充合同。

（7）每年对员工进行职业病危害预防控制培训和教育，使员工掌握职业病危害因素的预防和控制技能。

（8）应对员工进行上岗前和在岗期间的职业病危害培训和教育。对职业病危害应开展多种形式的宣传教育活动，提高从事职业病危害岗位人员的安全意识和预防能力，并建立职业病危害教育培训档案，保存培训记录。

（9）项目工作场所存在职业病目录所列职业病的危害因素的，应当及时、如实向所在地安全生产监督管理部门申报危害项目，并接受安全生产监督管理部门的监督管理。

3. 职业病危害防护与检测

（1）项目部对施工作业现场尘毒、噪声、化学伤害、高低温伤害、辐射伤害等应有防护措施、设置标志，配备防护用品。

（2）项目部应对存在职业病危害的作业场所最少每半年进行一次检测，在检测点设置标志牌予以告知，并将检测结果存入职业健康档案。

第十一节　竣工技术总结清单

竣工技术总结清单主要包括以下内容。

一、工程概况

（1）工程规模。

（2）工程文件。

二、施工管理

（1）施工组织机构。

1）组织机构简介。

2）施工组织机构图。

（2）主要设备与工程量。

（3）施工计划管理和施工调度。

1）工程里程碑进度。

2）主要项目施工工期。

3）施工大事记。

4）计划管理总结。

（4）施工总平面及机械布置。

1）施工总平面。

2）主要吊装机械布置。

3）主要施工机械配备。

（5）主要吊装方案及交叉作业。

1）发电机定子运输与吊装。

2）汽包运输与吊装。

3）主变运输与就位。

4）重大交叉作业。

（6）力能供应。

1）施工用电。

2）施工用水。

3）施工供热。

4）施工用氧、乙炔、氩气供应。

(7) 新工艺、新技术、新材料的应用。

(8) 措施性和消耗性材料的控制。

三、工程管理

(1) 管理体系。

1) 质量管理体系。

2) 环境管理体系。

3) 职业安全健康管理体系。

(2) 质量管理。

1) 工程情况介绍。

2) 质量验收情况。

3) 严格的管理制度、高标准规范工程。

(3) 焊接管理。

1) 焊接工程概述。

2) 执行的标准及依据。

3) 组织机构及焊接质量管理方式。

4) 主要钢种和焊接材料。

5) 主要焊接工程及施工质量。

6) 工程焊接施工特点。

7) 主要施工工艺。

8) 焊接技术管理。

9) 焊接质量管理。

10) 焊工培训管理。

11) 技术统计数据。

(4) 试验管理。

1) 土建试验管理。

2) 金属试验管理。

(5) 安全管理。

1) 健全安全管理网络、落实安全责任、保证安全体系运转。

2) 安全教育培训。

3) 安全措施管理。

4) 安全检查和查禁违章工作。

5) 分包单位安全管理。

(6) 机械管理。

1) 施工机械管理。

2) 控制成本、降耗增效。

3) 主要施工机械完好和使用统计。

(7) 设备与材料管理。

1）设备管理。

2）材料管理。

（8）文件资料管理。

1）建立文件管理网络、健全各项规章制度。

2）文件资料管理。

3）施工技术标准、规程规范管理。

4）工程摄像、照相。

5）竣工资料管理。

6）监督、检查、指导。

7）各类文件资料统计数据。

8）文件资料归档、移交。

（9）计算机应用总结。

（10）培训管理。

四、经营管理

（1）经营管理。

（2）劳力管理。

五、机组试运行

（1）主要考核指标汇总。

（2）分部试运及系统调试计划实施情况统计。

六、专业技术总结

（1）锅炉设备安装技术总结。

（2）保温工程技术总结。

（3）汽轮发电机组设备安装技术总结。

（4）电气装置设备安装技术总结。

（5）仪表控制装置安装技术总结。

（6）建筑工程施工技术总结。

第二章　生物质直接燃烧发电锅炉专业施工

本章以某生物发电工程为例，对锅炉专业的施工进行说明。

第一节　锅炉专业施工项目规模

一、锅炉专业施工范围

锅炉专业主要承担锅炉及配套设备的安装及配合试运。具体范围如下：

（1）锅炉本体。

（2）锅炉附属机械（压缩空气系统、出渣系统、污水泵安装、风机等）。

（3）锅炉机组除尘器装置安装。

（4）炉墙砌筑。

（5）全厂热力设备及管道保温。

（6）给料系统安装。

（7）启动锅炉安装。

（8）全厂设备与管道油漆。

二、锅炉专业施工项目规模

（一）锅炉本体设备

1. 简介

锅炉为高温、高压、自然循环、单锅筒、平衡通风、室内布置、固态排渣、全钢构架、紧身封闭、底部支撑结构型锅炉，与单级抽汽凝汽式汽轮发电机组相匹配（30MW），本锅炉设计燃料为玉米秸秆，可烧小麦秸秆等生物质燃料。配有点火油系统，过热蒸汽温度采用三级给水喷水减温调节。

2. 锅炉基本参数

锅炉基本参数见表2-1-1。

表2-1-1　　锅炉基本参数

参数名称	单　位	数　值	参数名称	单　位	数　值
过热蒸汽流量	t/h	130	给水温度	℃	210
过热蒸汽压力	MPa（g）	9.2	锅炉效率	%	≥90
过热蒸汽温度	℃	540			

3. 锅炉整体布置

(1) 锅筒由两根 ϕ508×30 下降管支撑在炉前两侧，集中下降管由底部装置支撑在基础上，两集中下降管上分别装有加酸、加碱、取样装置。下降管下部经 ϕ168×10 管子引入两侧墙下集箱，锅筒经 ϕ168×10 管子引入两侧墙上集箱及炉膛上集箱，起加固作用。

(2) 炉膛和过热器通道采用全封闭的膜式壁结构。水冷系统受热面由炉排水冷壁、侧水冷壁、前水冷壁、后一、后二、后三及顶棚水冷壁组成。前水冷壁和后一水冷壁形成炉膛，炉膛横截面为9040mm×6480mm，在其上部布置三级过热器。后一水冷壁和后二水冷壁之间为对流前烟道，其中布置四级过热器。后二水冷壁和后三水冷壁为对流后烟道，其中布置一、二级水平过热器。水冷壁两侧下集箱由 ϕ273×50 的管子制成，通过其下方的支座支撑在底部支撑装置上。两集箱之间有连接管，作为前后水冷壁的下集箱和连通集箱。水冷壁及其与之相连的其他部件、附件的重量全部通过侧下集箱传至底部支撑装置上。水冷壁上设置测量孔、检修孔、观察孔等。水冷壁上的最低点设置放水排污阀。

(3) 为防止因炉内爆炸引起水冷壁和炉墙的破坏，本锅炉设有刚性梁。膜式水冷壁左右侧设置七道刚性梁，前后侧设置6道刚性梁，保证了整个炉膛有足够的刚性。一级、二级过热器采用15CrMoG、12Cr1MoVG的无缝钢管，三、四级过热器采用TP347H的不锈钢管，防止高温腐蚀对管子造成大的损害，增加了运行的可靠性。

(4) 尾部烟道是由钢板围成的，依次布置膜式鳍片管式省煤器和膜式鳍片管式烟气冷却器。自上而下布置省煤器、烟气冷却器，由 ϕ38×4 20G 管子弯制而成的方形鳍片蛇形管组成，支撑在尾部竖井内的两侧支撑板和通风梁上，总重量约282.677t。省煤器分两组，烟气冷却器分五组，烟气冷却器与省煤器串联，用来冷却尾部烟气，使之达到理想的排烟温度。各组蛇形管每组之间布置了人孔门，便于检修、清灰。省煤器和烟气冷却器处设有内护板，起到密封和防低温腐蚀的作用。蛇形管穿墙处严格密封，保证管子热膨胀时炉墙的密封性。

(5) 空气预热器采用的是螺旋鳍片管，它单独布置在风道中。预热器由 ϕ38×4 20G 高频电阻焊螺旋翅片管组成，安装在送风机上面的钢架上，预热器总重约50.244t。空气预热器管内介质是锅炉的给水，管外介质为冷空气。给水沿蛇形管自上而下与冷风成逆向流动，管子沿进风方向错列布置，用来提高进风温度。

(6) 锅炉的燃烧室（即炉膛）位于锅炉的前部，由膜式水冷壁围成。炉膛的下部布置水冷振动炉排，燃料从锅炉水冷壁前墙给料口处给入，在炉排上燃烧，通过炉排的往复运动将燃尽生成的灰从底部排出。

(7) 锅内采用单段蒸发系统，下降管采用集中与分散相结合的供水方式。

(8) 过热蒸汽温度采用三级给水喷水减温调节。

(9) 水平方向为各个部件的几何中心为膨胀原点，铅垂方向为各个部件的支撑面为膨胀原点。

(10) 吹灰器采用蒸汽吹灰系统吹灰。

(11) 本工程采用前墙给料，配有点火油系统。

4. 生物质直接燃烧发电锅炉的主要优缺点

（1）优点：①环保、节能；②CO_2 实现零排放；③能源可再生。

（2）缺点：①飞灰的熔点较低，易产生结渣的问题，如果灰分变成固体和半流体，运行中就很难清除，就会阻碍管道中从烟气至蒸汽的热量传输，严重时甚至会完全堵塞烟气通道，将烟气堵在锅炉中；②进料困难，容易堵塞；③燃料供应困难；④高温腐蚀较严重；⑤烟气中 Cl 元素含量比燃煤炉较大。

5. 本工程特点

（1）由于秸秆灰中碱金属的含量相对较高，因此，烟气在高温时（450℃以上）具有较高的腐蚀性，因此炉膛及过热系统均采用合金钢材料。

（2）为防止飞灰结渣，吹灰设备较多。

（3）锅炉采用紧身封闭，紧身封闭屋面板及墙板采用的双层保温压型钢板，开窗采用塑钢推拉窗。

（二）锅炉辅助系统

1. 锅炉辅助系统布置

（1）锅炉底层，在炉内布置送风机、排渣设备、卧式疏水扩容器、疏水箱、管式冷却器等设备。

（2）炉右由后至前依次布置旋风除尘器、布袋除尘器、引风机、烟囱。

（3）锅炉炉后炉底配备 3 台空压机，型号为 FHOGD－45，排气量为 7.5m^3/min，排气压力为 0.8MPa。

2. 除灰、除渣系统

（1）除灰系统。本锅炉配备青岛产的 2 旋风和 4 个布袋联合除尘器。采用干式除灰系统，烟气冷却器和除尘器下灰斗落下的飞灰经仓泵由压缩空气通过管道输送至灰库。

（2）除渣系统。本锅炉配置青岛产的 DCZ08A－LJ 型刮板捞渣机 1 台、DCZ12A－LJ 型刮板捞渣机一台。捞渣机安装在炉底支架下侧。

3. 锅炉疏放水放气系统

（1）锅炉本体疏放水按疏放水压力高低及阀门就近集中布置的原则，将疏放水放入定期排污扩容器母管。

（2）汽包紧急放水放入定期排污扩容器。下降管分配集箱排污分两路，一路直接放入定期排污扩容器，一路接入排污汇集箱后汇入定期排污扩容器。汽包连续排污经连续排污扩容器后进入定期排污扩容器，汽包连续排污系统还设有至定期扩容器的旁路管道，以便连排扩容器或其调节阀故障时，将连续排污旁路到定期扩容器。

（3）炉底集箱、过热器减温器集箱的定期排污汇入排污汇集箱接入定期排污扩容器。

（4）锅炉停炉放水至定期排污扩容器。

（5）在定期坑接有工业水回水来的减温水，以将排污水温度降至 50℃以下，以便外排。

4. 上料系统

本炉上料系统包括储料棚链式输送机、分配链式输送机、称重链式给料机、分配小车、解包机、＃1 带式输送机、＃2 带式输送机、＃3 带式输送机、干燥机、螺旋给料

机、小解包机、秸秆捆手动抓斗起重机、电子皮带秤、电磁带式除铁器、犁式卸料器等设备。

三、施工总平面及临时设施布置

锅炉工程施工设置一台63t履带吊，行走在炉后、炉左位置，负责锅炉炉底、炉后钢架及水冷设备、汽包、省煤器、烟气冷却器、空预器吊装。同时在K1B6柱西侧3400mm布置一台10t塔吊，负责过热器、除尘器及上料系统的吊装。汽包吊装时，把220t汽车吊布置在炉前单吊就位。组合场位于锅炉西侧40m处，尺寸为30m×18m，组合场南侧为设备堆放场地。

根据各时期的不同需要可对施工平面进行局部调整，如需对施工平面作调整则由专业组办理申请并经领导确认后实施。各施工队必须在指定的区域进行施工作业和堆放器具、材料，如遇到问题，及时提请专业组进行申请平衡调整。

设备运输吊装要注意对道路、供排水管路及配套设施、测量用的标准点、水准点、沉降观测点等公用设施的保护，必要时由专业组向项目工程部申请采取保护措施。

供电、供水系统的调配工作由专业组向项目部工程部申请办理。施工现场的安全保卫、消防工作由项目部公安保卫负责，专业组各施工队有对本单位负责区域有协助、检查、督促之责，发现问题及时上报专业组处理。锅炉施工区域的现场文明施工由专业组统一管理，各施工队对本单位施工区域负责。

第二节　钢结构安装

一、概述

本锅炉钢架分为主钢架、尾部钢架、副钢架、副钢架水平支撑、炉左侧副钢架、炉后平台钢架、炉顶钢架及平台爬梯组成。主钢架总重量为30.6912t，立柱标高为3650mm；主钢架有12根立柱、中间有横梁及斜梁连接，整个水冷系统的重量全部支撑在主钢架上。尾部钢架重量为12.2299t，立柱标高为5640mm。副钢架重量为326.0912t，立柱标高为27875mm。副钢架水平支撑重量106.8609t。炉右侧副钢架重量为31.5398t，立柱标高22875mm。炉后平台钢架重量为31.5368t。炉顶钢架重量15.1886t。锅炉钢架总重量为568.75t，钢架柱底板的固定采用螺栓连接方式与土建预留地脚螺栓连接，钢架连接全部采用焊接的方式。

二、锅炉钢结构吊装

1. 吊装程序

63t履带吊先进行主钢架、尾部钢架、炉右侧副钢架、炉后平台钢架的吊装。主钢架、炉右侧副钢架、炉后平台钢架可同时进行吊装。炉前、炉左副钢架缓装，等省煤器、水冷壁及汽包吊装完后再进行施工。所有钢架都组装成片体后进行吊装。

2. 炉底支架及炉后钢支架采取单根吊装的施工

（1）立柱吊装前用墨线弹出中心线和1m标高线。

（2）立柱基础画线根据土建基准线和施工图纸画出纵横中心线。

（3）将钢架立柱按编号进行吊装。

（4）第一根立柱吊装就位后，用3根钢丝绳夹角成120°固定，利用经纬仪对钢架进行找正并固定。下一吊装的立柱立即用钢丝绳找正，与相邻的立柱在上部安装横梁固定，使立柱结合成整体。

3. 风道支架、预热器及消音器支架、平台支撑框架吊装方案

风道支架、预热器及消音器支架、平台支撑框架采取片体组合吊装的施工方案，不便吊装的可事先把单根立柱组合完。

三、钢架安装标准

1. 基础画线

根据土建提供的基准点，画出锅炉纵横中心线，以纵横中心线为基准，画出各柱底板基础面的纵横中心线。

基础纵横中心线与厂房基准点±20mm；各立柱间距偏差：柱距不大于10m时，±1mm，柱距大于10m时，±2mm；各立柱中心线对角线偏差：对角线不大于20m时，不大于3mm，对角线大于20m时，不大于4mm；基础各平面标高偏差－20～0mm；基础外形尺寸偏差0～＋20mm；预埋地脚螺栓中心线偏差±2mm。

2. 组合

（1）单根立柱对接。

1）单根立柱对接时，应在组合平台支架上进行组合，支架应找平。

2）所有立柱需画出中心线和1m标高线，并用“红色”油漆作好“△”标志。

3）画出各立面中心线或柱底板中心线。

4）柱头焊接位置应除去防锈漆，磨出金属光泽。

（2）单柱对接完后调整两根立柱的相对位置尺寸，使其间距、对角线、平行度都符合标准。

（3）画出横梁在立柱上的位置，将横梁与立柱的侧连接板焊到立柱上，然后将横梁逐一摆放上点焊，留出焊接收缩余量，再次复查各部尺寸和横梁的标高，一切正确后，进行全面焊接，焊接时要对称施焊。

3. 安装

在立柱上画出“1m”标高线。钢架立柱就位时，应缓慢下降，以防碰坏地脚螺栓。使柱底板中心线与基础中心线重合，柱脚中心线偏差±3mm，垂直度偏差不大于0.7‰且不大于10mm。中心位置和垂直度调整好后，即可紧固地脚螺栓。在安装过程中，测量调整立柱的垂直度、标高、跨距及对角线尺寸。立柱标高偏差±3mm，相互标高偏差不大于2mm；立柱间距偏差不大于0.7‰且不大于7mm，垂直度偏差不大于0.7‰且不大于10mm，对角线差不大于1‰对角线长度且不大于10mm。

钢架吊装中可穿插吊装空预器、烟气冷却器、省煤器、风道阀等。

四、水冷振动炉排验收与组装

(一) 水冷振动炉排验收

1. 水冷振动炉排受压元件的验收

(1) 水冷振动炉排的集箱应按《锅炉集箱技术条件》(JB/T 1610)进行验收。集箱的对接焊缝应进行100%的射线检测，管接头应采用全焊透型结构并保证焊透。

(2) 水冷振动炉排膜式管屏。

1) 水冷振动炉排膜式管屏的旁弯度，单向旁弯时 $f \leqslant 4$mm，双向旁弯时 $f_1 + f_2 \leqslant 4$mm（图2-2-1）。

2) 其余膜式管屏按《焊制鳍片管(屏)技术条件》(JB/T 5255)和有关要求进行制造与验收。

3) 水冷振动炉排集箱之间的连接管按《锅炉管子制造技术条件》(JB/T 1611)进行验收，且连接管不宜拼接。

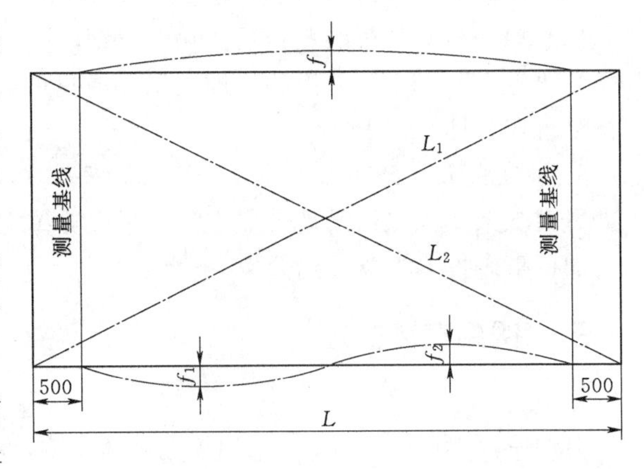

图2-2-1　水冷振动炉排膜式管屏的旁弯度（单位：mm）

2. 水冷振动炉排密封件的验收要求

(1) 水冷振动炉排耐热铸件材料的耐热、耐磨和强度应满足使用条件，其材质应符合《一般用途耐热钢和合金铸件的规定》(GB/T 8492) 的规定。

(2) 普通铸铁和铸钢应进行炉前检验，其化学成分和力学性能应符合相应标准的要求。

(3) 对于数量较多的铸件，如密封块、导料板、支架等零件，宜采用金属模机械造型，确保铸造精度。

(4) 铸件尺寸公差与机械加工余量以及铸件重量公差均应符合图样的规定，当图样上注明按《铸件尺寸公差与机械加工余量》(GB/T 6414)以及《铸件重量公差》(GB/T 11351) 规定时，应符合相应的公差等级。

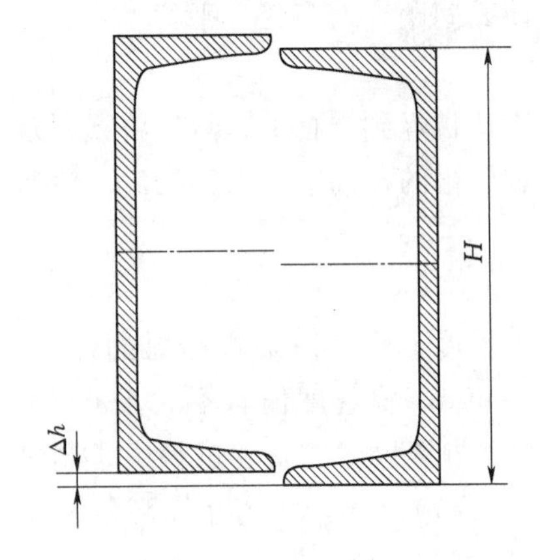

图2-2-2　型钢组合件断面边缘偏差

(5) 铸件表面应平整，无夹渣、裂纹等缺陷，并应去除毛刺、飞边及浇冒口。

3. 水冷振动炉排结构件的验收要求

(1) 水冷振动炉排梁、柱、框架按《锅炉钢结构技术条件》(JB/T 1620) 进行验收。

(2) 型钢组合件断面边缘偏差 Δh 见图2-2-2，当 $H \leqslant 300$mm 时不超过0.5mm；当 $H > 300$mm 时，不超过1mm。

(3) 水冷振动炉排激振器（传动装置）按图样要求进行验收。

（二）水冷振动炉排组装

1. 组装前工作内容

（1）认真阅读厂家编制的产品安装说明书。

（2）水冷振动炉排组装前，组装单位应对全部零部件进行清点，支撑梁、振动梁、连接梁、膜式管屏等部件在运输存放过程中如有变形，应在组装前调平、调直。

2. 支撑梁安装要求

（1）水冷振动炉排组装时，应保证膜式管屏能在振动梁及连接梁上作纵向和横向的自由膨胀。

（2）左、右两边支撑梁平行跨距允许偏差 ΔL 不宜超过 ±3mm（图 2-2-3），并应在组装过程中取前、中、后三点检查。

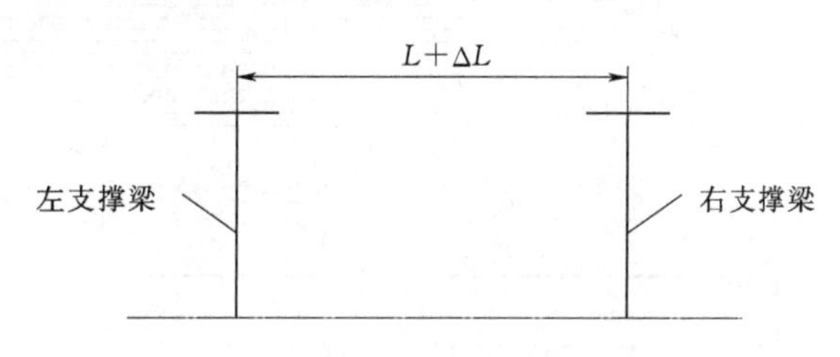

图 2-2-3 支撑梁安装偏差

（3）左、右两边支撑梁的对角线差 L_1-L_2 不宜超过 3mm（图 2-2-4）。

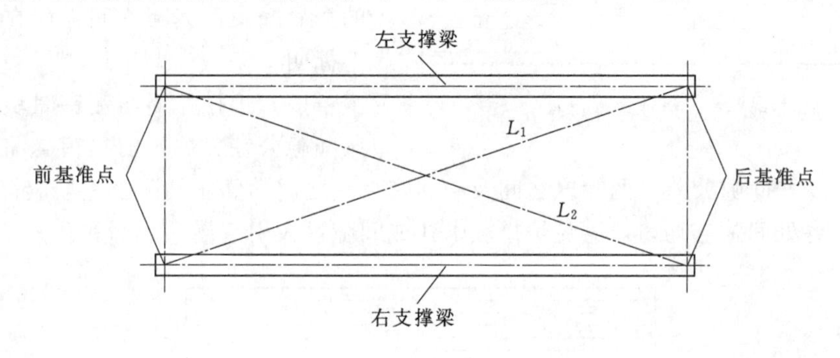

图 2-2-4 两边支撑梁平面对角线差

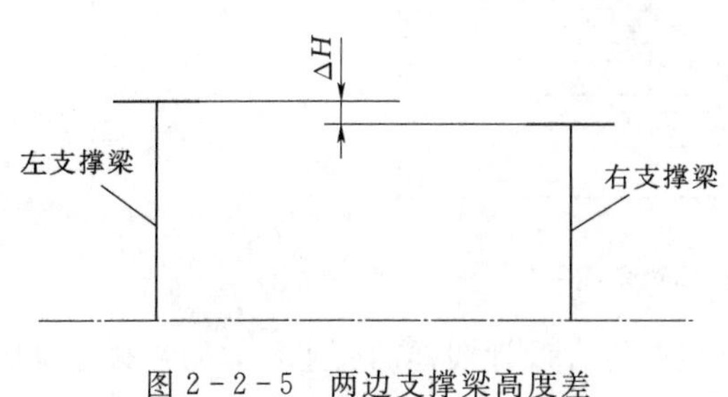

图 2-2-5 两边支撑梁高度差

（4）左、右两边支撑梁的高度差 ΔH 不宜超过 2mm（图 2-2-5），并应在组装过程中取前、中、后三点检查。

（5）左、右两边支撑梁的垂直度允许偏差为 3mm，可在前后端易测部位吊线测量。

3. 炉排安装要求

（1）由两片膜式管屏拼接而成的炉排，其两片中心距允许偏差 ΔL 不宜超过±3mm（图 2-2-6）。

（2）炉排总宽度偏差 ΔL：当炉排总宽度 $L\leqslant 6$m 时，不宜超过－3～0mm；当 $L>6$m 时，不宜超过－5～0mm（图 2-2-7）。

（3）炉排对角线差 L_1-L_2 不宜超过 6mm（图 2-2-8）。

（4）炉排平面与侧密封块之间应有足够的膨胀间隙，其膨胀间隙应在设计图样上标明。

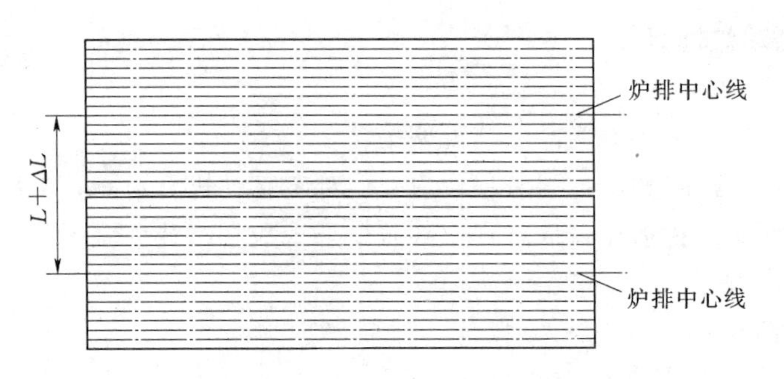

图 2-2-6 两副炉排的中心距偏差

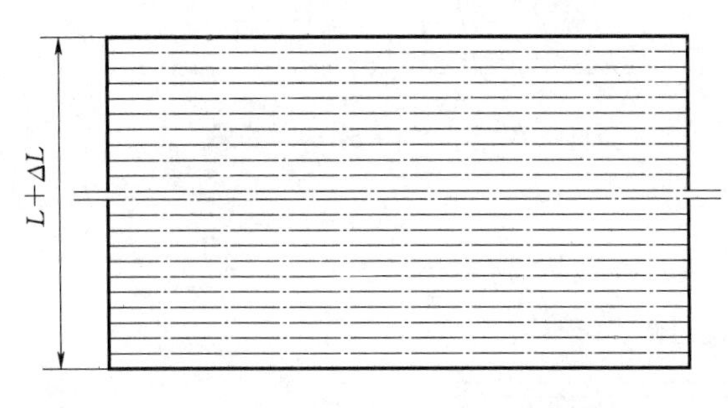

图 2-2-7 炉排总宽度偏差

(5) 炉排前集箱与前密封块之间应有足够的振动和膨胀间隙，其振动及膨胀间隙应在设计图样上标明。

(6) 由两片管屏组成的炉排，两片管屏之间以及中间密封块之间应有足够的膨胀间隙，其膨胀间隙应在设计图样上标明。

(7) 炉排平面与侧密封块之间的膨胀间隙公差、炉排前集箱与前密封块之间的振动及膨胀间隙公差、两管屏之间及中间密封块之间的膨胀间隙公差均应符合设计图样的要求，各处间隙应均匀，避免炉排被卡住或间隙过大引起漏风、漏料。

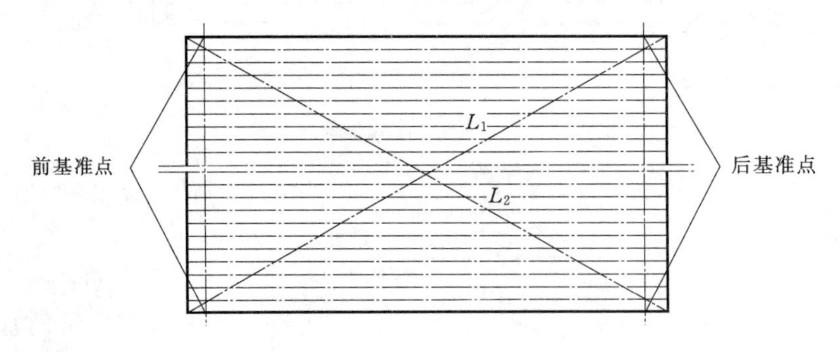

图 2-2-8 炉排对角线差

(8) 连接管管排应齐整，两管排之间的距离应符合设计图样的要求，以防炉排振动时管子之间产生磕碰和摩擦。

五、水冷振动炉排检验与试验

（一）检验与试验的一般要求

(1) 新产品和改型产品组装后的外观、检验尺寸、激振器及机械传动冷态试验应逐台进行。同类型产品每年每 10 台抽 1 台进行试验，不足 10 台按 10 台计。

(2) 水冷振动炉排膜式管屏与两端集箱间的焊接应按《锅炉受压元件焊接技术条件》(JB/T 1613) 的规定进行。

(3) 水冷振动炉排上、下连接管的两端工地焊口要求进行100%射线检测，射线检测方法应符合《承压设备无损检测　第2部分：射线检测》(JB/T 4730.2) 的要求，射线检测技术等级不低于AB级，质量等级不低于Ⅱ级。

(4) 水冷振动炉排膜式管屏与两端集箱的水压试验应按《锅炉水压试验技术条件》(JB/T 1612) 的规定进行。

(二) 机械传动冷态试验

(1) 应做机械传动冷态试验来检验传动装置的可靠性和测试生物质燃料在炉排面上的移动性能。

(2) 机械传动冷态试验所用的调速装置应与产品设计要求一致。

(3) 机械传动冷态试验的时间不应小于24h。

(4) 在试运转过程中，当出现卡住、侧晃、焊缝开裂、轴承温升过大、电动机电流过大等故障时，应找出原因并及时排除，试验时间应从排除故障后重新计算。

第三节　锅炉汽包安装

一、汽包组件的卸车与吊装

1. 锅炉汽包

汽包的内径1600mm，壁厚$\delta=100$mm，筒体长14800mm，全长17074mm，汽包重量71585.9kg，汽包横向中心线标高为25000mm，汽包内部装置重2103.7kg。

锅炉汽包支撑在下部两根$\phi508\times30$的主下降管上，上部与水冷、过热器系统的集箱连接管连接起到稳固作用。汽包纵向中心线与前水冷壁中心在同一垂直平面上，可沿轴向自由胀缩。

2. 卸车

在63t履带吊18m主臂工况下卸车。应注意汽包组件在检查合格并确定好方向后，再起吊卸车。

3. 吊装

锅炉汽包主要靠下部两根$\phi508\times30$的主下降管支撑采用汽包单体吊装。吊装设备重量为52350.9kg，加上吊钩及索具等，考虑总起吊重量约为60t，以220t汽车吊作为主吊布置在两下降管中间地带，吊车尾部靠近锅炉，采用5m吊装回转中心、伸杆长度31.0m、额定起重量80t工况吊装起升就位。

二、汽包安装

(1) 汽包吊装前应在地面进行准确的画线，画出汽包纵横中心线；确定其前后位置和标高线，打上铳眼，并做好标记，以便于吊装和就位后进行调整。

(2) 汽包吊装前应将下降管就位在相应的位置，影响临时悬挂的水平梁及支撑缓装。

(3) 汽包找正工序：根据汽包吊装方案，待汽包就位后找正汽包中心及水平。汽包找正以主钢架为基准，汽包找正结束后及时连接汽包上部与受热面上部集箱的连接管，连接

管最少要连接二根以上后，220t汽车吊脱钩，吊装结束。

第四节 锅炉受热面及管道安装

一、安装顺序

（1）施工前准备→炉低环形集箱及连接管安装就位→右侧水冷壁下节组合安装→后三水冷壁下节组合安装→右侧水冷壁上节组合安装→左侧水冷壁下节组合安装→振动炉排水冷壁组合就位→后二水冷壁组合安装→后一水冷壁下节组合安装→后三水冷壁上节组合安装→后一水冷壁上节组合安装→前水冷壁上节组合安装→左侧水冷壁上节组合安装→锅筒安装→连接管安装→二级过热器组合吊装→一级过热器组合安装→四级过热器安装→三级过热器安装→后顶棚水冷壁安装→前顶棚水冷壁安装。

（2）烟气冷却器支座安装→烟气冷却器安装→省煤器安装。

（3）空气预热器安装。

二、施工工艺

1. 机械及锅炉组合场布置

在锅炉房西面布置锅炉组合场，在锅炉房布置一台63t履带吊，组接30m主臂工况，负责水冷壁、烟气冷却器、省煤器、空预器、锅筒等大件吊装。

2. 水冷壁施工

利用63t履带吊在组合场根据水冷壁组合方案将管排、集箱、刚性梁组合成组合件，然后按安装顺序由63t履带吊吊运至炉左侧布置在K3—K4列紧贴B4轴线依次吊装就位，临时固定采取拉设板线的方式。63t履带吊选用主臂30m工况，根据不同组合件重量大小控制回转半径。

其中吊装炉左上部下部组件时，当吊车趴杆至作业半径10m时，在上集箱的1/3、2/3处各挂1台10t倒链进行牵引。

由于锅炉以水冷壁前墙及锅炉中心线为膨胀中心，向左、右、后3个方向膨胀，侧下集箱的支座与底部支撑装置之间应可相对移动，集箱安装前先将支撑装置点焊在集箱支座上，并按图纸要求调整好膨胀间隙，涂上二硫化钼润滑脂，确保运行中膨胀自由。四周水冷壁找正完毕后应及时连接焊口、刚性梁，确保水冷壁整体的稳固性。在炉右下节吊装就位后穿插将炉排水冷壁吊装放在炉底，并在其上方搭设脚手架并铺设木板，防止炉排水冷壁被高空落物砸坏，待左、右水冷壁安装完毕后，进行找正就位。

3. 烟气冷却器、省煤器施工

由63t履带吊将组合好的烟气冷却器支座（组合后重量约为5t）吊装就位。63t履带吊布置在炉后，选用30m主杆不带鹰嘴工况，根据吊装件重量控制好63t吊车回转半径（作业半径控制在6.7m内），按自下而上的顺序依次将烟气冷却器五模件吊装就位。220t汽车吊布置在炉后，采用30.5m主臂，作业半径控制在9m内，按自下而上的顺序依次吊装省煤器两模件。为便于吊装，省煤器和烟气冷却器设备到场后，应卸在炉后位置。

4. 预热器施工

63t履带吊以30m的主臂6.7m回转半径行走时从K6—K5柱间进入，行走于柱K6—K5间，中心靠近K6轴3200mm。将空预器吊至柱K6B3—K5B3间标高12400mm和空预器钢架上，再由挂在K6B2—K5B2间标高19075mm横梁上的四个10t倒链牵引与63t履带吊（此时吊车回转半径控制在10m上）吊装就位。为便于安装就位，在地面需割除空气预热器两侧支撑（待就位后再进行焊接）。

5. 过热器安装

（1）一级过热器分上、下两组，每组114片，重约56.7t。将上、下两组组合，组合后每组重约0.49t，由63t履带吊采用42m主臂加鹰嘴单片进行吊装，吊装前应对组合件进行加固，通过持钩支撑在两边的膜式壁上。为便于焊接，每吊装一片应与散管焊接。

（2）二级过热器分上、中、下三组，每组38片，每组重约0.24t，总重27.5t。在后三水冷壁和后二水冷壁安装完毕后，由63t履带吊采用42m主臂，分别将二级过热器上、中、下三组单片吊装就位，通过持钩支撑在两边的膜式壁上，再将上、中、下三组焊接，最后将每片的三根散管与上集箱焊接。

（3）三级过热器分18片，每片重约1.9t，由63t履带吊采用42m主臂加鹰嘴进行单片吊装就位。为便于管排吊装，吊挂梁安装一架，管排吊装一片。

（4）四级过热器分18片，每片重约2.4t，由63t履带吊采用42m主臂进行单片吊装就位。为便于管排吊装，吊挂梁安装一架，管排吊装一片。

第五节　锅炉水压试验

一、水压试验压力及水质水温要求

1. 试验压力

由于锅炉受热面组合安装焊口共计5600余只，系统复杂，为使水压试验能顺利进行，节省除盐水，初步检查炉本体的严密性，在水压前可做一次0.2～0.3MPa的风压试验。

根据龙基锅炉有限公司给出的水压技术资料规定，确定省煤器、烟气冷却器、空气预热器、锅筒、下降管、水冷壁、过热器系统水压试验压力为汽包工作压力的1.25倍，即$P=10.3\times1.25=12.9$(MPa)。

2. 水压试验用水的水质及水温

水压试验使用加有一定剂量的氨水和联胺的除盐水，根据规定水压试验用水的pH值为10～10.5，联胺的浓度为200～300mg/kg。所以为调整除盐水的浓度，每吨水压试验用水中的化学药品加药量见表2-5-1。锅炉水压试验温度一般应在5℃以上，水压试验的水温完全能够满足要求。

表2-5-1　　每吨水压试验用水中的化学药品加药量

化学药品名称	除盐水中加药量	化学药品名称	除盐水中加药量
氨水（浓度25%）	0.3kg	联胺（浓度40%）	0.75kg

二、水压试验的范围

锅炉本体水冷壁管、过热器系统、从主给水泵前第一个电动闸阀及旁路截止阀后，按给水流程到主蒸汽管道的水压临时堵板，还包括以下部分锅炉范围内附属管道参加水压试验。

（1）所有放空气管到一次门。

（2）加药管道到一次门。

（3）水位计到汽包引出管一次门。

（4）安全阀（厂家提供安全阀水压塞子，水压试验时按厂家说明书隔离）。

（5）本体疏水管到一次门。

（6）定期排污到一次门。

（7）各压力表管到一次门。

（8）紧急放水到一次门。

（9）连排管道到一次门。

（10）取样管道到一次门。

（11）本体范围内的热工测点、压力水位取样到一次门。

（12）平衡器管路至一次门。

（13）过热器减温水到一次门。

（14）邻炉加热到一次门。

（15）烟汽冷却器至除氧器再循环到一次门。

三、水压试验应具备的条件

1. 施工条件

（1）锅炉钢架施工完毕。

（2）锅炉本体受热面和承压部件安装结束（包括集箱检查清理、管子通球鉴证、各部件找正连接工作等）。

（3）参加水压试验的管道和支吊架施工完毕（放空气、疏放水、取样、仪表、加药、排污、减温水等管道至少已接至一次门），主蒸汽管道临时堵板安装完毕、给水管道等阀门安装完毕。

（4）水压范围内所有焊口施焊结束，经外观检查合格。热处理及无损检测合格，返修焊口经复验合格。

（5）焊接在受压部件上的鳍片、门孔铁件、保温钩钉、防磨罩、刚性梁附件、拼缝密封、一次密封件、附属管道的生根件等焊接工作全部结束。

（6）水压范围内的热工检测元件，焊接工作结束。

（7）用于性能试验的各测点的安装及焊接工作完成。

（8）所有用于固定的临时支撑、吊装用的临时吊点均应割除，并打磨光滑。

（9）水压范围内管道及锅炉本体各集箱及管道支吊架安装完成，冷态预偏值符合要求，受力均匀，并经验收合格。

(10) 水压范围内各部件的吊杆、吊架安装完毕，并经调整符合要求，各弹簧吊架指示正确，进水前已按要求进行锁定。

(11) 安全阀已按厂家技术资料说明处理完毕。

(12) 汽包内已清理确认无杂物，办理封闭签证。

(13) 属于金属监督范围内各部件材质均符合设计和制造要求。所有合金钢部件和现场焊缝光谱检查结束。

(14) 锅炉本体及各系统管道的膨胀间隙经检查符合设计和制造要求。

(15) 炉膛内销钉必须补焊齐全。

(16) 膨胀指示器安装齐全，位置正确，校至"0"位。

2. 水压前应具备的技术资料

(1) 锅炉钢架安装记录及验评签证。

(2) 锅炉画线记录及验评签证。

(3) 锅炉定期沉降观测记录。

(4) 锅炉受热面组合、安装和找正施工记录及验收签证。

(5) 锅炉受热面联箱清理记录及验收签证。

(6) 受压部件通球记录及验评签证。

(7) 施工过程中的业主、监理、制造厂、施工各类通知单、联系单、材料代用单、设备修改单、设备缺陷单等要全部关闭。

(8) 图纸会审记录。

(9) 水压试验范围内的焊口一览表与相应的技术记录。

(10) 技术交底记录。

(11) 水压试验用压力表校验报告，水质化验报告。

(12) 锅炉本体管道设备及附件的光谱复查记录和现场合金钢焊缝的光谱检查报告。

(13) 锅炉本体管道受监焊口热处理曲线及操作记录等汇总资料。

(14) 施工单位焊材管理制度（保管、发放）、焊材质保书。

(15) 焊接和无损检测管理制度，焊工及无损检测培训及资质证书。

(16) 受热面密封签证。

3. 水压试验前的准备工作

(1) 电厂提供合格水，水量能满足水压试验期间各阶段需水量。

(2) 由锅炉排至工业废水池的临时管道已贯通，工业废水池具备废水排放的条件。

(3) 锅炉水压试验用标准压力表校验合格。压力表精度为1.5级，并已安装就位。

(4) 水压试验时必需的通道、临时脚手架、照明、通信装设完毕，各层平台和地面清理干净，施工电梯投用正常，必要的安全围栏已设置，安全交底已进行。

(5) 水压试验的组织分工已明确。

(6) 水压试验升压曲线经审查通过。

(7) 水压试验临时系统安装调试完毕，所有参加水压试验及临时系统的所有阀门、挂牌标识完毕。

(8) 放空气管道接至二次门后支管，支管用橡皮管或接临时管道连接到的指定放水地点。

(9) 水压试验用上水泵、升压泵经安装调试结束，具备投用条件。

(10) 水压水质化验合格。

四、水压试验步骤

1. 整个水压试验的流程

风压试验→管道冲洗→锅炉上水→锅炉升压→锅炉试验压力的10%→锅炉系统全面检查→系统工作压力→锅炉系统全面检查→系统超压试验→系统降压→系统工作压力→系统全面检查→系统降压→水压结束。

2. 风压试验

风压试验范围同水压试验范围相同，空压机充气管道接在右下水管的疏水管道上，在汽包和上风管道上各安装1块压力表（0～1MPa），关闭所有与水压有关的阀门，打开压缩空气进气阀向系统进气，当系统压力达到0.3MPa时关闭进气阀，检查人员按照分工检查受热面焊口，密封焊缝，检查时用刷子蘸上浓度适当的肥皂水刷在安装焊缝部位，检查泄漏情况。并做好记录。系统风压释放后，统一安排漏点处理，处理结束后重新进行风压试验。风压试验合格结束后，锅炉方可上水做水压试验。

3. 锅炉上水

打开锅炉系统所有放空气阀门、锅炉启动注水管道上的启动注水截止阀（DN65；PN20)、主给水管道入口阀及入口阀以后主给水管路上的阀门。

4. 锅炉升压及降压

(1) 系统满水后，对系统进行一次全面检查，看有无泄漏、阀门漏关及其他异常现象；如各部件正常，则打开升压阀门，启动升压泵，对系统升压；当系统压力升至1.28MPa时停泵，进行全面检查，如果一切正常继续升压。升压速度不得大于0.3MPa/min。

(2) 当压力升到汽包工作压力10.2MPa，停止升压泵，检查各承压部件，如果各部件没有异常，则进行系统超压试验。注意从开始至工作压力，升压速度不得大于0.3MPa/min。

(3) 当压力升到系统试验压力12.75MPa时，停止升压泵，在该压力下保持20min，如果没有压降，则系统进行降压，压力降到汽包工作压力10.2MPa，停止降压，检查各承压部件。注意超压试验时，施工人员不准进行任何检查；从设计压力至试验压力，压力升降速度不得大于0.3MPa/min。

(4) 降压通过系统炉顶放汽管道进行，当压力降至1MPa时，水冷壁排污、省煤器放水、取样、减温水等管道进行带压冲洗；当压力降至0.3MPa时，关闭该系统所有阀门。系统水压试验结束。

五、水压试验检查项目和质量要求

1. 水压试验检测项目

(1) 锅炉厂焊口和现场组合安装焊口。

（2）与承压部件连接的焊缝。

（3）附属管道生根件及保温钩钉焊接处。

（4）护板变形情况。

（5）炉顶及承压部件的密封件。

（6）水压范围内阀门。

（7）汽包人孔门。

（8）支吊架情况（包括炉顶吊架）。

（9）各膨胀间隙。

（10）仪表接头、压力测点等焊接处。

（11）主给水管道及支吊架。

2. 质量要求及质量控制的关键点

（1）质量要求。

1）系统在试验压力下，压力保持20min后降至工作压力下进行全面检查，检查期间压力保持不变，所有焊缝不应有任何渗漏。

2）在检查中，没有发现破裂、漏水、残余变形及异常现象。

3）水压试验合格后，应办理签证。

（2）质量控制的关键点。

1）锅炉试验压力的控制。

2）水压试验时锅炉上应安装两块经过校验合格，精度为1.5级的压力表，并且有备用表。

3）水压试验升降压速度不应大于0.3MPa/min。

第六节　风　机　安　装

一、风机安装前准备工作

（1）根据图纸（安装使用说明书）对风机及偶合器外形做宏观检查，各部应完好，仔细清点零部件是否齐全并根据图纸核对引风机及偶合器外形尺寸，配套零部件是否符合图纸要求。

（2）安装前对液力偶合器检查，对因运输或卸存堆放不合理造成机械损伤要予以校正。

（3）基础画线：偶合器、电动机依引风机转子中心线为基准定位。

（4）基础框架：地脚找正、浇灌、养护，按国家标准要求或厂家安装使用说明书要求进行。

（5）基础验收。

1）复核所确定的框架、地脚定位尺寸，检查基础预制的总体情况，必要时进行调整。所有模板、杂物清除干净，外表平整，无裂纹蜂窝、麻面、空洞、露筋、油污等。

2）检查外形尺寸偏差不超过±20mm；地脚螺栓孔横向中心线的偏差不超过10mm，

地脚螺栓孔垂直中心线偏差不超过 10mm；地脚螺栓孔深度偏差不超过 10mm。地脚螺孔垂直度用吊线法测量，垂直度偏差不超过 10mm。

3）检查基础轴向中心线偏差，用吊线法测量确定出轴系轴向中心线，并用线锤（垂）引到基础上，测量其与基础轴向中心线的偏差不超过 10mm。

（6）基础修平（垫铁法）。

1）敲除垫铁放置位置的基础表面的砂浆层，漏出密实的混凝土，其面积较垫铁的长、宽各超出 20mm。

2）基础修平所用垫铁根据图纸（技术要求）或现场实际绘图加工，不准用气割割制。

3）垫铁配置：每组垫铁由一块平垫铁和一对斜垫铁（最多不超过两对）组成，平垫铁放在最下面，斜垫铁配对使用放在上面。两对斜垫铁时，薄垫铁应放在中间。

4）平垫铁与基础接触面积：在平垫铁与基础接触的平面上涂红丹使之与基础相压合做往复研磨，直至接触痕迹分布均匀，接触面积占垫铁总面积的 70%以上，用 0.10 塞尺检查垫铁与基础接触缝隙，塞尺深度不应超过接触长度的 20%。

5）用水平仪检查各垫铁轴向水平，应大致水平，并将水平仪旋转 180°复测亦应大致水平。

6）基础不放置垫铁的其他表面，在设备安装过程中应保持清洁，二次灌浆时应将基础表面用凿子凿成麻面，以保证基础结合密实无裂纹。

二、风机安装

（1）风机主要由机壳部、进风口、转子部、轴承箱部、叶轮部、联轴器等部分组成。

（2）安装前应确认正确的基础，熟悉、理解和掌握风机的结构，按说明书及随机文件清点风机所有零部件是否齐全、完整。叶轮旋向是否正确，各部件连接是否紧密，传动组是否灵活。

（3）下机壳部试安装，临时固定：将下机壳置于指定位置，注意其安装方向，并使下机壳中心放到应有的标高上，然后将地脚螺栓预紧。

（4）叶轮、转子、轴承箱和进风口的安装：将轴承座（含底座）装在指定位置，然后将转子和叶轮装在轴承座上。拧紧地脚螺栓，最后将轴承盖盖上，将密封和侧盖固定。

（5）固定下机壳：根据机壳与叶轮的间隙要求，调整下机壳，使之与主轴同心，并保证间隙。然后拧紧其地脚螺栓。

（6）安装和固定进风口和调节门：根据进风口与叶轮的径向、轴向的间距要求，调节进风口的位置，然后同时固定进风口和调节门。注意进出口法兰连接处均应安置石棉绳，以防漏气。

（7）固定上机壳：下机壳与上机壳结合面处安装完石棉绳后，将上机壳吊装在下机壳上并紧固。

（8）风机安装过程中，应注意风机与基础结合面，风机进、出口与管道连接时应调整使之自然吻合，不得强行连接，更不许将管道重量加在风机部件上。并注意保证风机的水平位置。

（9）安装时应注意检查机壳内、轴承箱内不得有异物，在一些结合面上为便于拆卸和

防止生锈，应涂上一层润滑油和机械油。

（10）在风机安装后，根据两半联轴器之间距离依次安装偶合器、电机，同时使偶合器与风机、电机与偶合器的同轴度径向位移不大于0.05mm，轴线倾斜小于等于0.2/1000。

三、偶合器安装

（1）偶合器吊入基础之垫铁上，垫铁应外露出地脚框架边缘30mm左右，底座与基础表面的距离不小于50mm。

（2）在偶合器顶部窥视窗处，用水平仪（最好是框式）检查偶合器的轴向、横向水平（窥视窗应事先拆去），每个测量位置应旋转180°测量两次，以确定误差，便于进行校正。

（3）按轴系中心线为基准，确定偶合器转子轴向中心线，左右移动地脚框架，使两中心线在水平方向基本重合，即通过偶合器两轴端面中心线所吊线锤，与轴系中心线相交。

（4）参照安装使用说明书（图纸要求）确定轴系中心线的标高，调整斜铁的打入量，使偶合器转子的中心线的标高与轴系中心线相同，用手锤轻敲各垫铁，用听音法鉴别各垫铁组的紧力是否相同，否则，应予以调整。

（5）调整过程中应随时检查偶合器的轴向、径向水平，偶合器与引风机联轴器端面间始终保持15mm左右，为确保该距离，可在端面间夹持一个15mm厚的十字形的键。

（6）临时固定的偶合器穿入地脚螺栓，装入上部，下部圆垫圈、螺母、螺栓应垂直于水平面不倾斜，基础下部地脚螺栓与地脚螺孔应留有余隙，以便拆装，地脚螺栓上部下部应有两螺母紧固，紧固后螺杆应外露出至少2～3个螺距。

（7）在联轴器两边将校中心专用支架固定在齿轮上，安装百分表，精校偶合器与引风机转子中心，其标准误差为：

1）面距不大于0.05mm。

2）圆周水平方向不大于0.10mm。

3）垂直方向，偶合器侧低0.35～0.45mm。

（8）中心校好后将垫铁与垫铁、垫铁与地脚框架地脚框架点焊牢固。

（9）电动机安装：电动机的安装标准参照偶合器安装标准执行。

第七节　烟风管道安装和吹灰器安装

一、部件地面组合

烟风道按现场到货及加工制作情况，随炉架的吊装穿插进行。吊装前可对组件进行地面组合，减少吊装次数，组合长度视钢架尺寸及吊车能力允许的情况定。部件的组合焊口必须做渗油检查。烟风道集中在10t龙门吊下部组合。

二、部件的吊装

1. 基本要求

部件的吊装应根据施工图纸及锅炉钢架吊装顺序和进度进行安排。因为烟风系统的部件外形尺寸较大，如果钢架吊装完，烟风系统部件就不能或不容易吊装就位，给安装造成困难，延长施工时间、消耗劳动力。所以部分部件应在钢架吊装过程中及时吊挂就位。等具备条件时，可利用倒链或卷扬机等进行部件组合安装。安装之前应校核设备接口尺寸，并找出部件安装定位基准，依次安装。以保证施工图纸安装尺寸的要求，避免安装累积误差过大，不能与设备连接。

2. 支吊架安装

施工时尽量先施工支吊架，后施工烟风道，可减少临时悬挂。为防止钢丝绳长期吊挂出现钢丝绳断裂等问题，根据锅炉钢架平台位置设置临时支架或临时吊架并及时进行安装。

3. 注意事项

（1）吊装部件的吊挂钢丝绳在安装过程中不得随意摘除，工作未完必须摘除时，必须经技术人员同意并采取相应措施。无吊挂钢丝绳的部件必须待安装焊口按要求焊接完吊杆安装完毕后方可摘钩。

（2）安装组合用的吊耳尺寸，按起重专业给定的规格制作，吊点的焊接位置由起重技术人员定，吊挂点由技术人员根据部件在图纸中安装的位置确定。组合件在吊装前运到施工场地内，运输线路及车辆、吊车的选择，根据部件重量、外形尺寸、堆放地点、运输线路确定。

三、吹灰器安装

利用锅炉主吊机械将吹灰器放置在就近平台上。

第八节　启动锅炉安装

一、安装前准备工作

1. 人员及工器具配备

（1）人员：安装工 40 人、合格高压焊工 6 人、普通焊工 6 人、操作工 4 人、起重工 6 人。

（2）机具：63t 履带吊、空压机、千斤顶。

（3）工器具：逆变式手弧/氩弧焊机、角向磨光机、内磨机、气割、手锤、样铳、线锤、撬棍、对口管卡、钢球、链条葫芦（5t 的 4 个，10t 的 4 个，3t 的 6 个，2t 的 6 个）、ϕ36 的钢丝绳 20m、ϕ18.5 的钢丝绳 40m 等。

（4）量具：水准仪、经纬仪、水平管、50m 钢卷尺、水平尺、游标卡尺。

2. 组织施工人员学习技术资料

（1）组织有关人员熟悉锅炉图纸及有关技术文件，了解和掌握锅炉安装起重运行和操作等事项。

（2）锅炉安装前应对锅炉本体、燃烧设备、部件、辅机、附件按图进行检查验收，做好记录。

二、安装

1. 安装顺序

本锅炉配置启动锅炉是由新乡工神锅炉有限公司生产的 DZL4－0.7－M 型锅炉，主要设备有锅炉本体 1 台，电动给水泵 1 台、给水箱 1 个、取样冷却器 1 个。启动锅炉布置在 D 例外的锅炉房内，锅炉本体及水箱由 63t 履带吊吊至锅炉房门口，再由预先挂在房顶上的 2 个 10t 倒链倒入就位，取样器、电动给水泵由于重量较轻由施工人员直接抬入就位。

主要安装顺序：基础验收→设备就位→阀门安装→管道安装→冷态调试→煮炉及安全阀调整→锅炉运行。

2. 基础画线

(1) 纵向基准线——燃烧设备中心或锅炉锅筒中心。

(2) 横向基准线——链条炉排前轴中心线或除渣机中心线。

(3) 标高基准线——可以在基础四周选有关的若干地点分别作记号，各标记间的相对偏移不应超过 1mm。

3. 锅炉大件的安装

锅炉大件就位前，先将渣斗放入除渣坑内，然后按图样的定位中心线将锅炉大件就位。组装锅炉先将下部就位后，再组装上部大件，上下两组合部需找正垫牢。

4. 辅机安装

(1) 除尘器、引风机、鼓风机的安装。安装前应检查合格后可进行安装。安装后应检查有无卡住、漏气等缺点。然后接装电线和开关，最后接通电源试车，检查电机转向是否正确，有无摩擦振动现象、电机温度是否正确。为了保证引风机的轴承在高温下润滑作用，轴承座应采取有效的冷却措施，并定期加润滑油。引风机冷态试车运转启动时，应关小烟气调节门，防止电机启动电流过大烧坏电机，冷态运转时间最大不得超过 5min。

(2) 省煤器的安装。省煤器本体系组件出厂，安装前检查省煤器管周围是否严密，外壳是否平整。

第九节　锅　炉　酸　洗

一、锅炉酸洗范围和准备工作

1. 酸洗范围

受热面除三、四级过热器、锅筒内部的一次、二次分离元件及水位计不参加酸洗，其余均参加酸洗。

2. 酸洗前的准备工作和应具备的条件

(1) 清洗临时系统按照清洗系统工艺示意图的要求安装完毕，并经水压试验合格。

(2) 清洗系统中所有设备经检修检查符合要求，清洗泵等试转良好。

（3）汽包内、外按设计规定临时水位计、排氢管、节流孔板安装完毕。

（4）清洗用工业水、除盐水准备充足。

（5）三四级过热器不进行化学清洗，清洗前过热器充联胺保护完毕。

（6）腐蚀指示片已加工完毕，清洗前挂入汽包内中心线以下。

（7）清洗系统全部阀门操作检验结束，位置正确，与清洗有关的设备阀门须编号挂牌，无关的表计阀门等已隔离。

（8）清洗所用的药品须经检验合格，在清洗前运至清洗现场备用。

（9）清洗现场具备充分的照明和完备的通信设施，地面平整，道路通畅。无妨碍酸洗的障碍物。

（10）清洗化验用仪器经过校正，试剂经过标定，达到化验所需的条件。

（11）参加清洗人员的职责分工明确，有相应的操作措施和反事故措施。上岗人员经过培训合格并交底完毕，要求掌握清洗的基本知识，严防误操作。

二、酸洗步骤和评价标准

1. 酸洗的步骤

（1）水冲洗，同时进行水压及升温试验（清洗系统试汽试压检漏阶段）。

（2）化学清洗。

（3）化学清洗后冲洗阶段。

（4）漂洗。

（5）钝化。

（6）废液处理与排放。

2. 酸洗评价标准

（1）被清洗表面应清洁干净，基本无残留氧化物和焊渣，无过洗无二次浮锈及点蚀现象。

（2）清洗表面有钢灰色或黑色完整致密的钝化膜。

（3）腐蚀速率及腐蚀量符合《火力发电厂锅炉化学清洗导则》（DL/T 794）要求。

（4）固定设备阀门、表计不应受到伤害。

第十节　锅　炉　吹　管

一、吹管目的和流程

为保证机组安全经济运行，在机组启动前进行蒸汽冲洗，利用高温高流速的蒸汽冲刷掉锅炉过热器、主蒸汽管道内部残留物和大气腐蚀过程中产生的污物（如氧化物）等，否则将对机组长期安全运行造成危害。

吹管流程如下：汽包→过热器主蒸汽管道→临时管→吹管临时控制门→排汽母管→消音器→排汽。

二、吹管程序

（1）锅炉点火升温升压，升温升压速度要缓慢，并对锅炉进行全面检查，注意最大温升率不得超过锅炉厂提供的参数。

（2）当汽包压力升到0.1MPa时，冲洗汽包就地水位计。

（3）当汽包压力升到0.2MPa时，关闭炉顶进口集箱疏水门，通知机务和热工仪表人员分别进行热紧螺栓和仪表疏放门。

（4）开启各疏水门、吹管控制门，对主蒸汽管及临时管进行暖管，排汽温度在120℃以上时，暖管结束，迅速对临时管和滑动支架检查一遍，滑动支架应自由滑动。

（5）暖管结束，关闭临时疏水阀和吹管控制门，升温升压至1MPa，进行二次稳压试冲管。

（6）继续升温升压，达到吹管压力2.4MPa、温度在300℃左右即进行冲管，控制门何时关闭，由吹管系数决定，初步规定当冲管系数降到1.3时，开始关闭吹管控制门（停炉是否放水应根据炉水品质而定，但冲管期间至少停炉一次，停炉冷却时间12h以上，冷却过热器及其管道，以提高吹洗效果），两次吹管间隔时间20min。

（7）测量水质确定冲洗程度，并根据水质情况连续两次更换靶板检查，靶板上冲击斑痕粒度不大于0.8mm，且斑痕不多于8点即认为吹洗合格。

第十一节 给料系统安装

一、给料系统组成

本炉上料系统包括储料棚链式输送机、分配链式输送机、称重链式给料机、分配小车、解包机、＃1带式输送机、＃2带式输送机、＃3带式输送机、干燥机、螺旋给料机、小解包机、秸秆捆手动抓斗起重机、电子皮带秤、电磁带式除铁器、犁式卸料器等设备。

二、给料系统安装

（1）设备到现场后利用63t履带吊吊卸车和吊装。

（2）对设备清点、编号，利用63t汽车吊吊装，设备由锅炉侧向料仓逐步安装，安装时利用倒链和钢丝绳扣找正安装，并把各处连接法兰密封好。

第十二节 除尘器安装

一、布袋式除尘器

本工程除尘器是由山东电力咨询院设计、龙基电力集团有限公司生产的布袋式除尘器。除尘器包含4个筒体，每个筒体里有280条滤袋，均分布在28个扇区，筒体内安装压缩空气包，提供清灰用压缩空气，进、出烟气通道连成一个整体，位于除尘器中部，保证烟气在除尘器每个筒体的进出。

二、除尘器安装

（1）63t 履带吊负责除尘器主体部件的吊装。

（2）10t 龙门吊负责烟道支架及烟道的组装工作。

第十三节　保温、防腐专业施工

一、锅炉保温施工

1. 主要施工节点工作安排

锅炉炉墙砌筑、烟风道及附属设备保温的开、竣工时间取决于锅炉安装的几个主要形象进度，即水压、风压、酸洗、点火吹管。

（1）锅炉水压前，锅炉承压受热面上的保温钉、保温支撑件、耐火混凝土销钉、耐火砖锚钉等必须焊接完毕。

（2）水压结束后，标志着保温施工的全面的展开，水压后、风压前，完成炉本体管道及四大管道保温、附属设备保温，炉本体的耐火材料浇筑不属我公司施工范围，但也应浇筑完毕。

（3）锅炉酸洗前，锅炉本体、汽水管道、油管道、烟风管道的保温应完成。

（4）点火吹管前，所有保温项目均应完成。

为了避免与安装专业的交叉作业，确保文明施工，保温材料随时上料，随时用完，确保现场无堆放材料，并且保温下脚料，随时干随时清。施工过程中，与安装专业避开上下垂直交叉作业，在无法避免的情况下，中间设置安全网等隔离措施，水平交叉作业时，采取工序先后原则，并且保护前一道工序的劳动成品。

2. 轻型（软质）炉墙施工工序

施工部位油漆杂物清理→保温钩针安装→外护板支承件安装→锅炉整体水压→主保温层敷设→铁丝网敷设→外护板安装。

3. 重点工艺要求

（1）保温层施工。

1）拼接严密，一层错缝，二层压缝。

2）方型设备的四角保温应错接，缝隙用软质保温材料填充，绑扎应牢固。

3）主保温层用铁丝交叉绑扎，确保牢固可靠。

4）法兰两侧留出拆卸螺栓间隙，凡有碍膨胀的地方（如管道穿过平台处）均应按膨胀方向留出足够的间隙。

（2）保温层施工验收后，进行锅炉外护板的安装。外护板生根件安装，以刚性梁间距的实测数据为定位依据，以保证外护板间距在膨胀间隙的要求范围内。生根件间点焊连接，压型外护板安装从角部开始，当两刚性梁间距大于 3m 时，中间焊接一道支撑。门孔外护板下料时，离开门孔四周 150mm，距边缘 5～10mm 压出统一规格的筋线。

4. 管道保温

(1) 用于管道保温多是装配式的定型制品，如岩棉管壳，硅酸铝制品，对于采用圆形、半圆形制品单层保温的水平管道，纵向接缝应仅次于管道轴线的左右侧，楔形瓦块保温制品的纵缝应尽量避免留在管道顶部，管道分层保温的时候，层间应错缝，纵向应错缝15°，环向错缝＞100mm，水平管道外层纵向保温应避免留在管道顶部，管道分层保温的时候，每层保温制品至少应有双股镀锌铁丝环形绑扎，镀锌铁丝为ϕ1.2～1.6mm，距保温材料端头100mm，拧紧后的铁丝要嵌入保温内。

(2) 垂直管道每隔2.5～3m应安装承重环（保温托架），环的宽度比保温层厚度小10～20mm或保温厚度的2/3。对于主蒸汽、热段等高温管道须每隔3～5m设置膨胀缝，一般为20mm宽，缠纤维绳或填充纤维棉。伸缩节及管道滑动支架等处的保温均应按膨胀方向留膨胀缝。凡有碍膨胀的地方（如管道穿平台处等）均按膨胀方向留出膨胀缝。

(3) 管道测点焊缝应单独设保温罩壳，并有明显的标志，以便检查不破坏其他的保温层。法兰、阀门的应制成可拆卸式保温盒，便于检修拆装。

(4) 保护层是继管道安装、保温后的最后一道工序，因此具有装饰性作用。它分布广、面积大，是全厂工程外观质量的关键之一，因此要求横平竖直，平整美观，并且常年处于风吹、雨淋之中，其结构必须牢固、严密防水。

(5) 水平管道和斜向布置的管道，保护层的轴向接缝应设置在水平轴向的上方（或下方）通常以15°为宜，且缝口朝下，并尽可能布置在隐蔽的位置，搭接余量一般为50mm；环向接缝一般为50mm，对于大径高温、蒸汽管、露天管道的搭接量为75～100mm。所有接口必须注意水流方向，防止进水，应能满足热胀要求，均不得加置固定件。用自攻螺丝或抽芯铆钉固定，间距为150～200mm。

(6) 铝板、卷材不得露天存放，以防雨水侵蚀而失去光泽。室外存放应采取有效的防雨防潮措施。

5. 设备保温施工工艺

(1) 设备保温可根据断面大小，运行工况及所选用保温材料采取灵活的施工方法。一般都采用绑扎保温法，即在保温结构中，保温层主要依靠镀锌铁丝或其他金属材料（如钢带等）绑扎固定的施工方法。

(2) 对于大面积的平顶设备保温时，应设淌水坡度。

(3) 对于设备平面上的法兰管座、液面水位计、检查门孔、热工表计插座等部件及其他标志性部件如设备铭牌等，这些部位的保温层均应留出喇叭形空隙，空隙的大小应满足运行观察或检修的要求。

(4) 同层保温时应错缝，多层压缝。设备保温一般是在保温板长度方向形成通长接缝，保温板的宽边接缝发生错缝，错缝间距应不小于保温板长度的1/3。

6. 设备保温层结构形式

(1) 护板式保护层常用于面积较大的平壁设备，如锅炉炉墙外护板。其固定比较复杂，需在设备上设置支承结构，设置方法应根据设备壁面的几何形状、大小以及采用的压型板而定。

(2) 拼板式保护层通常用于箱罐保温。保护层的每块拼装板两边加工有插边，另两边加工有插口。其固定主要依靠拼接板之间相互的插接，同时也借助于必要的固定件（如设备上焊接的螺杆等）。拼板式保护层施工之前，必须按设备壁面形状和大小，进行拼板画线预制。

（3）普通保护层。一些罐式的保护层，其固定与连接完全依靠金属护壳之间的搭接、插接和咬接，而不需设置任何结构，这一类保护就称之为普通保护层。罐式设备如采用刚性制品保温时其轴向接缝与端头碟形护壳相接的环向接缝，应采用咬接形式；假若设备采用柔性或半硬质保温制品保温，咬接接缝应改为固定插接接缝，对于在露天或潮湿环境中布置的设备，插接深度应为30mm。普通保护层的接缝用自攻螺钉（柔性保温）或抽芯铆钉（刚性保温）固定，间距为200～250mm。

（4）球面封头分瓣式保护层。罐式设备的球面封头保温外都应采取分瓣式保护层。菊花瓣接缝采用固定搭接、固定插接时，自攻螺丝或抽芯铆钉的安装间距，轴向接缝处为200mm，环向接缝应适当加密，使每一菊花瓣上安装自攻螺丝或抽芯铆钉至少有两处，并且成同心圆状。

（5）烟风道的保温。有的烟风道为不减轻和吸收振源，在风道外壁设置纵横加固的筋板，一般采用保温制品，切成调试与加固筋相等（约为200mm）。起到防止对流作用，预先将对流带敷设在烟风道外壁，用间距为400mmϕ4销钉固定，将钢筋固定烟风道加固筋上，然后焊接支脚和角钢，将保温材料铺在网上，对于软质材料，用销钉和自锁垫片紧固，然后外表安装金属护板，对于没有加固筋烟风道，通常在烟风道外壁焊接角钢支腿，其高度为保温厚度加10mm，敷设保温板后，用角钢L30×30×3横向与支腿牢固，其轴向间距应以压型板宽波中心相吻合，对于用槽形带的支与槽形带用铆钉连接或焊接，再在槽形带上装金属护壳，槽形带与饰物记壳一边敷在侧压型板外侧，另一侧敷在顶部保温层上，然后要装顶部压型板。

二、汽机本体保温施工

当本体定型管道与缸体接口完毕，下缸管道施工完，焊口热处理等工作结束，仪表测温元件安装完后，开始进行汽机本体保温。

保温施工先从下缸开始，下缸接口管道多，下料要仔细、紧贴缸体及管壁，保温材料采用硬质弧形瓦块，有空隙的地方用打底料填满，每次都要绑扎牢固，拼砌严密，一层错缝，二层压缝，高中压缸两端与汽机基础间留出20mm通风间隙，保温厚度圆滑过渡。上下缸法兰结合面螺栓处，先用软质材料填充密实，再砌筑保温瓦块，法兰结合处垂直面用保温板贴合密实。上缸保温时预留出油循环后轴瓦恢复的间隙，需热紧的螺栓法兰处保温预留。有一些管道靠缸体较近，缸体保温后无法保证这些管道的保温厚度，这些部位要把管道与缸体作为一个整体考虑，一起施工，保温后外形流畅，并保证保温厚度足够。

汽缸保温要严格按设计进行，不得随意改变厚度，上下缸厚度有一比例差值，保温材料质量应达到设计要求，不能用吸水受潮的材料，以保证汽机停机时上下缸温差在规定范围内。

汽缸保温过程中，脚手架的搭设、材料的堆放都要小心仔细，严禁踩踏，损坏油管道、仪表引线等易损件。

三、全厂设备、管道油漆

1. 施工程序

施工程序为：施工准备→金属除锈→清理干净→底漆涂刷→面漆涂刷→工程验收。

在设备管道安装就位后，开始进行油漆的涂刷工作。油漆领用时，应先进行材料的检验，材料经检验合格后方可使用。油漆涂刷前先用磨光机、钢丝刷或采用喷砂的方法将待涂面的锈除掉，再将待涂面的浮尘，油污等清除干净，直至露出金属光泽。油漆应按产品说明书进行配比使用。底漆涂刷在除锈后进行，必须保证无透底、无漏刷、无流痕、无浮膜、无漆粒。在进行下一道油漆涂刷时，必须保证一定的层间间隔时间，只有在上一道油漆完全干燥后，才可进行下道油漆的涂刷。当底漆完成后，进行面漆的涂刷。油漆的涂刷层数按设计要求进行。

2. 设备内、外表基层处理

对设备、电气、仪表盘柜表面局部损坏处的补漆用人工或机械方法，清除表面锈迹至金属光泽。对栏杆、平台、管道支架的焊渣、毛刺先用磨光机打磨，再用钢丝刷、砂纸除锈。金属及设备原有涂层表面有油污时，涂漆前应彻底清除油污，然后用清洁干布擦净。

3. 油漆涂装

(1) 基层处理完毕验收合格后涂装油漆，对原来涂有底漆的设备或管道按发包方的要求选择面漆。钢结构栅格板在车间喷漆。

(2) 锅炉本体钢结构按发包方的要求选择面漆刷两度，采用喷涂法和局部手工涂刷方法。其施工在钢架验收合格完毕及所有临时铁件全部清除干净后进行。平台扶梯喷涂两度速干银粉漆，栏杆按发包方的要求选择面漆涂刷两度漆。

(3) 全厂支吊架涂刷两度防锈漆和两度中灰调和漆，其施工应与安装配合好，随安装验收合格随涂刷。

(4) 汽轮机本体罩壳及发电机本体先刮硝基腻子找平，待腻子干透后喷涂两度醇酸防锈漆和三度淡绿调和漆，喷涂之前将铭牌及各个视窗涂上黄油保护，以防喷涂时污染。

(5) 全厂不保温及非直埋管道除锈后涂刷两度醇酸防锈漆和两度调和漆，面漆颜色视介质情况而定。直埋管道采用沥青漆防腐。

(6) 为确保施工质量，避免人为损坏，减少污染，平台扶梯油漆施工安排在周围设备及管道保温完毕后分段分片进行，并采取隔离措施。

(7) 油漆施工按照工艺要求进行，严禁漏刷，严禁出现起皱、流挂、咬底、针孔、气泡、起皮等工艺通病，漆膜最终厚度符合程序要求。

第十四节　雨季施工保证措施

一、基本要求

如果施工高峰主要集中在3—8月雨季时期，应做好雨季施工的保证措施。

1. 总的原则

在施工前编制雨季施工措施，并对有关施工人员进行技术业务培训，持证上岗。

2. 一般性要求

（1）项目部在雨季来临前成立防汛领导小组，组建防汛抢险突击队，落实防汛职责和应急之需，每天接收和发布天气预报，汛期设专人值班；并针对本工地的施工特点在雨季来临前进行一次交底，并且实行双签字制度。专业组、各施工班组应提前准备雨季施工需要的工具、材料。

（2）对高层建筑及高架机具，龙门吊、铁皮工具房、15m 及以上的钢脚手架的避雷装置和接地在雷雨到来之前进行全面检查，并进行接地电阻的测定。

（3）对一般工程的露天作业，遇到大雨或暴雨时可暂时停工，等待雨过后再行施工。大风、大雨和汛期后，及时对临时设施，脚手架、机电设备、施工电源等进行检查，发现隐患要立即排除。隐患和险情未排除前不得安排施工。

（4）所在施工场地均分区设排水沟，并对场地设排水坡度 3‰，对雨水进行导流，保证雨停场地即可使用。马路两侧设明沟排水沟，根据道路的宽度和实际情况设单排水和双排水沟。

（5）雨季前应仔细检查防雷、防风、防洪的工作情况。疏通排水沟。露天机械和重要设备要架好防雨罩或篷布覆盖。要预先了解 3～5d 的天气情况并通知各班组，以便及时安排施工，调整作业计划。

（6）材料堆放场地要高出地面 150mm 以上，防止积水。检查施工道路是否碾压坚实，是否有开裂、塌陷现象，如有发生，立即加固，以保证安全和雨季时车辆通过。

（7）设备卸车堆放时，下方应注意垫起，防止设备受潮。

（8）钢丝绳、脚手板及脚手管，下方应注意垫起，防止浸泡。

（9）进入高温季节要适当调整作息时间尽量避开中午较热的时间。给职工发放必要的防暑降温用品，现场配备充足的饮水点，在特殊高温作业的地点，采取通风、间歇和监护的措施。做好灭蚊蝇及杀菌工作，防止食物中毒，执行项目部制订的应急预案。

（10）夏季露天使用的各类气瓶要有防晒措施以防爆炸事故发生。

二、施工保证措施

（1）焊条室要有防雨措施，焊条要离开地面 300mm 以上存放，经常检查焊条室的湿度并定期除湿。

（2）暴风雨来临前要停止露天高空作业，将吊装后临时悬挂的设备固定好，防止坠落事故发生。

（3）对施工区域的施工电盘、电动工具等进行定期检查，严防施工人员触电。要求电工每星期对所使用的电动工器具作电阻测试，外壳接地，使用漏电保护器，并做好记录。同时对所有工具室做好接地测试，防止雷击触电。

（4）暴雨、台风、汛期后，应对临建设施、脚手架、机械设备、电源线、炉墙等进行检查并及时修理加固。有严重危险的应立即排除险情。

(5) 在雨季室外施工中，凡主保温层安装完毕后，需立即进行外护层的安装，以避免雨水浸入，且现场不能堆积多余保温材料。

(6) 夏季高温季节焊接作业时要清理周围的易燃物，并采取隔离措施，防止火花烫人，引起火灾。

(7) 现场施工电源集中放置在集中箱内，集中箱架高放置，防止其受潮。

(8) 施工现场的电焊机集中放置，并安装在集中箱内，做好防潮保护工作。

(9) 凡遇雨、大风、大雾，均不应进行室外油漆防腐作业。

(10) 露天布置的执行机构应有防雨罩。

第十五节　保证施工安装质量措施

一、锅炉质量管理的目标

1. 主要指标

(1) 分段工程合格率：100%。

(2) 分项工程合格率：100%。

(3) 分部工程合格率：100%。

(4) 单位工程合格率：100%。

(5) 受检焊口无损探伤一次合格率：大于98%。

2. 工程质量实现目标

(1) 锅炉水压试验一次成功。

(2) 锅炉风压试验一次成功。

(3) 锅炉点火一次成功。

(4) 质量事故“零”目标。

(5) 基建痕迹“零”目标。

(6) 未签证项目“零”目标。

(7) 启动调试非自动状态“零”目标。

(8) 施工原因强停机“零”目标。

(9)“零”缺陷移交投产。

3. 拟创建工程优质、精品的项目

(1) 小口径管道安装。

(2) 受热面焊接。

(3) 梯栏平台安装。

(4) 设备及管道保温。

(5) 全厂油漆工程。

4. 启动试运行目标

机组满负荷时设备、热力系统保温外表温度小于50℃（环境温度25℃）。

二、具体质量保证措施

1. 设备、材料的储存、领用和安装

（1）设备在储存、领用期间的维护和防护。设备在储存、领用期间的维护和防护执行物资保管保养管理程序和物资标志管理程序。

（2）设备在安装期间的维护和防护。为了避免设备在安装过程中和安装后遭受损害，确保所安装设备在移交试运前都处于完好的状态，要定期组织对现场设备的防护情况进行检查。

1）对拆除后的管座和管口要进行封堵。

2）对罩住的设备和挂有临时标牌“内有设备请勿损害”的设备严禁踩踏破坏。

3）对设备管道进行保温、油漆工作时，要对工作区域内的电气、仪表设备、电缆和小口径管道等进行保护，避免污染和损坏。

4）在已安装完毕的电缆桥架和小口径管道或已保温的管道上面施工时，严禁踩踏，必须在其上方搭设脚手架或平台。

5）在利用钢结构吊挂设备时，在钢丝绳和钢结构之间必须用木头和软织物进行保护。

6）在易被踩碰的已进行保温的管道和设备处挂上警示牌，必要时应进行专门保护。

7）较重设备定置放置。在建筑物地面放置时，采取必要的措施对地面进行保护；安装过程中要对土建竣工的墙面、结构进行保护。

（3）现场暂存材料的管理措施。

1）专业组各班组在公司仓库领取材料时，应按项目部物资领用程序领料，并按照程序中有关限量领用的规定执行。对暂不安装的材料应交专职材料管理员登记入账，并集中统一标志摆放。

2）暂存材料的发放由材料管理员负责统一管理，领用人每次均应在登记表上签字，并且及时更新标牌（包括名称、规格、材质、数量），对合金钢等特殊材料应单独放置。

3）暂存材料要符合下列要求：①标志齐全；②要符合维护程序或生产厂家的储存要求；③存放期间要按照维护程序或维护计划进行维护，防止锈蚀或损坏；④账、卡、物相符；⑤材料摆放整齐有序。

2. 成品保护措施

（1）锅炉专业施工对其他专业的成品保护措施。

1）项目工程施工前技术人员对周围的土建、保温等成品要编好防护措施，技术交底时向施工人员说明。施工人员要树立保护成品的质量意识，施工中不污染、不损坏他人成品。

2）设备起吊或拖运需在混凝土柱、钢结构、设备基础生根时，要做好四角的保护措施。

3）在构筑物内施工，应在地坪上放置软木、橡胶垫或其他软质材料的隔离层；墙面用塑料布保护。

4）在设备运输经过沟道时应垫上横跨沟道的枕木。

5）油漆、焊接等项目施工前对可能造成污染的周围设备要进行保护隔离。

（2）梯栏、平台、格栅的保护措施。

1）梯栏、平台、格栅不得随意切割开洞。确因施工需要割除时需有批准的作业票，完工后及时恢复。

2）管道穿越平台（格栅）时，留出保温及膨胀余量后，周围用扁钢或角钢将平台（格栅）封闭。

3）脚手架横杆支撑在平台上跨越挡脚板时，挡脚板附近应用方木或型钢垫起，防止将挡脚板压变形。

4）严禁凭借栏杆起吊设备。严禁在平台、格栅上放置超过允许载荷的设备和物品。

5）严禁在格栅上直接拖运设备及管道。

（3）设备保护措施。

1）开箱时仔细检查设备有无缺陷。若有缺陷，应与电厂和供货商联系确认及时处理；若无缺陷，将设备包装及时恢复，按要求存放，定期检查。

2）对内部气体保护的设备，应仔细检查内部气体压力及设备的各接口，确保气体压力在规定范围内及接口完好。定期检查气体压力并做好记录，发现异常及时检查设备接口完好情况并补充合格的保护气体。

3）在设备吊装、运输及现场拖运时，应有防止设备被钢丝绳勒坏或被其他物体碰坏的防护措施。对易损的设备零部件应有可靠的保护措施。

4）对于现场解体检查（检修）的设备，拆卸的零部件应妥善保管，防止丢失或损坏。

5）禁止在承压部件和设备的非焊接部位引弧试焊。

6）现场易损坏设备如电动头、非金属膨胀节等安装就位后，应采用废旧包装箱或其他物品制作保护罩加以保护，防止设备损坏和零部件丢失。对不宜采用就地保护的仪表、阀门及易丢失的小零部件拆下妥善保管。

（4）保温外衣的保护措施。

1）在主要通道旁和平台格栅下方的已安装完保温外衣的管道、设备等应用塑料布覆盖保护，以防止油漆、涂料、灰尘、油水等物品的污染。

2）保温外衣严禁乱拆乱割，确因需要拆除保温或外衣时，由需要拆除单位提出申请，项目工地工程部批准后，由保温施工单位进行拆除及再恢复。

3）在人行通道及运行操作经常跨越的保温管道和设备上应搭设步道。保护保温外衣免受碰撞和踏坏。

4）严禁人员碰、砸和涂画保温外衣。

（5）管道（包括取样仪表管）的保护措施。

1）开箱时应仔细检查管道及坡口有无缺陷。若有缺陷，应与业主和供货商联系确认及时处理；若无缺陷应及时封口保护并妥善保管。

2）对内部有干燥剂的管道，应定期检查封盖的密封情况，若有封盖损坏或丢失应及时检查管道内部情况并加以处理。

3）管道和支吊架在运输、吊装及现场拖运时，应有防止被碰坏和划伤的措施。

4）管道安装过程中，工作中断时应及时封口防止内部生锈和异物进入。

5）严禁在管道和支吊架上非焊接部位引弧试焊或焊接临时附件。

6）小口径管道、仪表取样管道及其支吊架不得作为起重吊挂点及脚手架的生根件，不得碰撞和践踏。在人行通道上和运行操作经常跨越的部位应搭设步道。

3. 消除设备缺陷的措施

（1）严格按照有关程序或厂家技术资料的要求进行设备就位安装前的检修检查，发扬“设备到现场，我们是主人”的工作作风，对设备的检修检查制定出详细的计划及实施细则，并经过有关部门和业主认可后严格执行。

（2）对阀门、转动设备等，根据有关程序或业主的要求进行解体检查；对压力容器等进行全面的内部清洁度检查，对发现内部有严重锈蚀等问题的，要严格按照有关程序的要求进行处理，并积极与厂家来人密切配合，使其整改达到标准后最终关闭。

（3）严格按照锅炉压力容器有关规程、规范的要求对锅炉、压力容器进行全面、系统的监督检查，对查出的问题要一一进行落实，构成不合格品的要按照不合格品的控制程序进行处理。

（4）对设备在渗油、水压和电火花等项目的试验中出现的质量问题，应严格按照质量管理体系-不合格品控制程序的要求，经有关人员进行确认、批准后实施纠正行动，最终对纠正结果进行复查关闭。对重复出现的不合格品按照纠正/预防措施的要求进行整改，以杜绝类似问题的再次发生。

4. 消除设计遗漏与缺陷的措施

（1）加大图纸会审的力度，特别是专业间图纸会审时，应对各相关专业图纸中的要求进行深入了解，做到心中有数。对安装专业图纸应根据以往的施工经验及系统的功能要求，找出如埋件、预留孔、设备基础等可能发生问题或设计不全面的地方，并进行及早落实。

（2）对设计问题构成不合格品的，应严格按照管理体系-不合格品控制程序的要求，经有关人员进行确认、批准后实施纠正行动，最终对纠正结果进行复查关闭。对重复出现的不合格品按照纠正/预防措施的要求进行整改，以杜绝类似问题的再次发生。

5. 防止系统管道和阀门内部脏、堵、漏、失灵的措施

（1）管道系统安装前对管道内部进行除锈或吹扫、通球处理，不得有锈皮、杂物等，处理后及时进行封口，以防止因气候变化造成的环境湿度大对管道内部造成的侵蚀。

（2）部分阀门安装前需要进行解体检查，解体检查应严格按照规范、标准的要求进行，对阀门结合面要进行接触性试验，对盘根、密封圈及垫子要全面进行检查或更换处理。对阀门应力集中或易引起裂纹的地方，要重点进行外观检查或探伤试验，对设备缺陷应严格按照质量管理体系-不合格品控制程序的要求，经三方人员进行确认、批准后实施纠正行动，最终对纠正结果进行复查关闭。

（3）施工过程中，管道的封口应随时进行，再次工作时或对口前执行内部清洁度检查签证制度，小口径管道对口前实行压缩空气吹扫或通球试验的方式进行检查，检查应明确责任人和负责人并形成记录，以确保管道内部的清洁度要求。

（4）阀门与管道焊接前，阀门应处于全关闭状态，以防系统投入运行后阀芯与阀体结合面因焊接变形出现卡涩或开关不灵活现象的发生。

（5）管道安装完成后，由于设计变更、修改等原因确需取样开孔的，应严格按照有关

取样开孔的管理办法进行操作，开孔时，应有质检人员现场旁站检查监督，确认内部清洁后办理封闭签证手续。

（6）蝶阀安装前应对阀门的开关状态进行检查调整，调整要达到蝶阀开关状态与外部指示一致的要求，以确保投入运行后阀门开关准确，防止系统内漏的发生。

（7）对安装或试运过程发现的质量问题，要及时分析原因，采取切实可行的措施进行整改，并举一反三，防止类似问题的再次发生。

6. 提高试运质量和效果的措施

（1）试运前对经过审批的试运方案和措施进行安全和技术交底，交底应全面、系统，重点介绍试运过程中的注意事项，使各级检查及工作人员落实到位。

（2）试运过程本着早投入早发现问题及早处理的原则。

（3）严格执行三级质量检查验收制度、停工待检及跟踪检查监督的控制模式，使整个试运过程始终处于全面的可控、在控状态。分部试运前48h以书面形式（包括分部试运内容、时间、地点）通知监理和业主代表参加。

（4）对由设备制造、供货单位自行调试的项目及整套启动试运，按合同要求做好积极的配合、设备维护、检修和消缺，并积极参与整套启动调试方案和措施的制定，指派专人负责有关问题的记录工作。

（5）对试运中废水、废油、废液的排放及施工噪声等，应严格按照环境管理体系程序及国家规定的环保要求进行控制，做到达标排放。

（6）单体调试，不忘系统。即单体调试时，与系统有关的部分都要进行实地操作试验。为下一步整组启动的一次成功打下坚实的基础。

7. 提高机组交付试生产后安全、连续运行水平的措施

试运过程（包括试运前的准备工作）严格按照管理体系程序的要求进行准备、试运、检查验收及签证工作，是保证机组交付试生产后安全、连续运行水平得以全面提高的基本条件之一。因此，除按上述要求提高试运质量和试运效果外，还应在以下几个方面重点进行检查、跟踪和最终效果的落实，特别是对试运期间的缺陷消除。

（1）针对以往类似工程或同类型机组的施工经验，列出在安装、调试过程中，因材料、设备、设计或安装原因出现的质量问题，制定出详细的预防措施，在本工程施工中具体实施，并落实到班组、个人。

（2）专人负责从分部试运到移交试生产阶段各种缺陷的整理、分发及整改消除情况的统计，做到记录详细、真实。

（3）对缺陷消除情况张榜公布，并严格按照有关程序要求进行处理、验证及关闭。

（4）消除缺陷时要对问题举一反三，以防止类似问题的再次发生。

（5）对阀门盘根和法兰、丝扣的连接，要由有经验丰富或经过专业技术培训的工作人员施工，严格按照有关规范、程序、设计文件或厂家要求，对法兰垫子、盘根等从原材料把关入手，做到一丝不苟，对调节阀应充分考虑电动装置或调节执行机构能正常的工作。

（6）对业主提出的各种设计、设备等原因出现的问题或存在的潜在质量问题，要采取积极的态度进行处理，做到从设备、阀门的运行操作方便入手，达到业主方面运行、检修、生产等各部门的需要，以确保机组安全、经济、可靠运行。

第三章　生物质发电汽轮发电机组安装

第一节　汽机本体安装

一、设备预检查

1. 轴承座检查

（1）内部清理检查。

（2）油室做渗油试验。

（3）各油路法兰接合面涂色检查接触情况。

（4）轴承座水平中分面检查。

（5）台板与轴承座滑动面间涂色对研检查。

（6）前箱与台板纵销间隙检查测量。

（7）翻转台板，用平板检查垫铁位置处的接触情况。

2. 轴承检查

（1）核对图纸进行外观清理检查。

（2）上、下半轴瓦结合面检查。

（3）涂色检查轴瓦瓦枕，球面与球面座，轴瓦与轴之间的接触情况。

（4）检查轴承其他附件。

3. 汽缸检查

（1）外观清扫检查。

（2）清扫检查汽缸各结合面、滑动承力面、洼窝及加工面。

（3）台板与汽缸接触部位涂色，研刮检查。

（4）喷嘴组及蒸汽室内部清扫检查。

（5）汽缸水平结合面涂色检查。

（6）汽缸上、下半合盖分别在自由状态和紧1/3螺栓情况下检查结合面间隙，要求0.03mm塞不进。

4. 转子清扫检查

轴颈、推力盘及联轴器外观检查、测量。

5. 其他检查

（1）隔板、汽封、汽封套及其他部件检查。

（2）盘车装置检查。

二、本体设备安装

汽轮机本体设备主要安装顺序如下：汽机基础检查及铲平→垫铁配置和台板就位→＃1、＃2轴承就位找正→汽缸下半缸就位找正→转子就位找正，调整扬度和汽缸水平→缸内部件隔板、汽封洼窝拉钢丝找中心→通流间隙测量与调整→汽机扣缸→汽机扣缸后本体结尾完善。

三、发电机定子吊装就位

1. 就位前的准备工作

台板就位，找平找正，就位时台板标高比设计标高低2～5mm，在台板上铺设2～5mm的调整垫片。在定子上标出纵横中心线标志。

2. 定子的就位

发电机定子约重42t，拟采用改造后的汽机房行车单独吊装就位（行车出厂前已加固，可以满足吊定子需要）。

3. 行车

汽机房安装一台32t/10t行车，主、副钩最大起升高度14m。行车桥架先在主厂房扩建端处地面组合。桥架与小跑车单独组合，分别吊装到位的方案。

（1）桥架吊装前应具备的条件。

1）桥吊道轨施工完毕达吊装条件。

2）行车吊装前先进行预组装，并复核相关数据，设备经验收合格。

（2）吊装。

1）在汽机房东侧布置一台70t汽车吊，将行车桥架分片吊装放于轨道上，中间部位用木头垫平，进行整体组合后安装。

2）桥架组合完毕后，再将小车及操作室吊装组合。

3）测量行车梁的安装偏差与行车的梁的上拱度，行车变速箱加装＃20机油至标尺中间位置。

4）行车做35.2t动负荷试验与40t静负荷试验。

四、发电机穿转子

发电机转子重16t。穿转子用汽机房32t/10t行车进行。首先在汽端装上接长轴，励端铺设滑道，在转子励端上加配重。用32t/10t行车水平吊起，缓缓走大车，将发电机转子穿入定子内，待接长轴伸出汽端时，将转子汽端临时支撑，放至滑道上，行车倒至加长轴处，把转子吊起，用倒链在＃4轴承座处拉动转子配合行车逐步将转子穿入。

第二节　凝汽器和电动给水泵安装

一、凝汽器安装

1. 凝汽器接颈组合

凝汽器接颈组合在凝汽器基础平台上进行，凝汽器接颈组合完毕后用32t/10t行车吊

挂在汽机基础上。凝汽器壳体从循环水泵坑上方托运至基础上，然后进行接颈与壳体的连接，顶起就位、冷却管穿胀及注水试验。

2. 凝汽器注水试验

在凝汽器每个底座下面与台板间安装两根16号槽钢作临时支撑，然后向汽侧灌水至超过冷凝器与汽缸法兰接合处（此位置高于铜管最上部），记录水位（用事先装好的临时水位计监视），保持24h应无渗漏，胀口处渗漏的要补胀，铜管内部破裂的待试验完放水后更换铜管，再注水试验，直至达到不漏。破裂的铜管两端也可用铜堵堵死，但数量不得超过总铜管数量1/1000。

二、电动给水泵安装

电动给水泵直接用汽机房行车吊装，倒链配合就位。其主要施工顺序如下：

（1）基础铲平，根据基础标高配垫铁。

（2）给水泵安装。

1）就位给水泵，并找平、找正。

2）检修各轴承并复查间隙。

3）对泵组进行调整找中心。

（3）外接系统的连接和泵组最后找正。

1）泵组最后找正，基础二次浇灌。

2）外接系统连接正确，工艺美观。

第三节　汽机油系统施工

一、油系统施工措施

（1）油箱就位后应进行注水试验，保持24h无渗漏。

（2）冷油器进行工作压力的1.25倍的气压试验（油侧）或水侧的水压试验。

（3）管子管件安装前先进行彻底清理，压缩空气吹干，并将管口密封保管。油管道应尽量减少法兰接口和中间接口，管子焊接前必须经施工负责人检查内部已彻底清理干净，才允许施焊，焊接应采用氩弧焊打底，DN50以下油管应采用全氩弧焊接。

（4）进油管应向油泵侧有1/1000的坡度，回油管应向油箱侧倾斜，坡度不小于5/1000。油管道的法兰结合面应使用质密耐油并耐热的垫料，不得使用塑料或胶皮垫。

（5）管道上的阀门门杆应平放或向下，防止运行中阀蝶脱落切断油路。

二、油循环

汽机油系统冲洗的目的是为了保证油系统设备、管道及油质的清洁，从而对汽轮发电机组的安全运行提供保障。油循环分以下几个阶段进行：

1. 储油箱自循环

首先将油注入储油箱，进行储油箱自循环，油质合格后将油打入汽机主油箱，进行管

道系统冲洗。

2. 汽机系统冲洗

根据系统图连接布置好临时管道，并对轴承进行处理，然后对整个系统进行冲洗，冲洗过程中控制油温使其30～60℃间高、低交替变化，并经常敲打管道，直至油质合格，油质合格后将油倒入储油箱并清理主油箱，清理干净后将油自储油箱倒入主油箱，再对系统进行冲洗，直至油质合格。

3. 系统恢复

系统冲洗干净并经油质化验合格后，进行系统恢复，恢复过程中要防止再次污染系统，恢复完毕后再次进行系统冲洗，并取油样化验，直至合格。

第四节 循环水管道、中低压管道和高压管道施工

一、循环水管道施工

本工程的循环水供水采用闭式循环供水系统。

1. 施工流程

施工流程为：施工准备→管道预组合安装→管道安装→管道防腐→水压试验。

2. 主要施工注意事项

(1) 管道安装时充分考虑与厂区内其他设施的交叉作业。首先施工过路的循环水管线，管道安装完毕后，在确定安装合格并经验收合格后，及时回填，以确保道路的畅通。

(2) 在主厂房基础开挖的同时，也进行主厂房区域内循环水管道的施工，力保在主厂房基础出零米时，保证主厂房区域平整，为主厂房上部结构施工创造良好的条件。

(3) 施工时从一条龙作业线等一切工序上层层把关，采用有建设单位参加的四级验收制度。

3. 主要施工措施

(1) 管道防腐前，全部进行除锈，以确保防腐质量，按设计进行防腐。

(2) 管沟开挖时严格按设计要求施工，底部夯实测平，标高、中心一致。

(3) 管道吊运采用专用尼龙绳加保护垫的或用管卡方式进行，操作过程中轻吊轻放。

(4) 管道对口焊接应严格按规范要求进行，对接管内清洁无杂物，焊缝必须经外部检查合格，焊缝检查合格后进行焊口防腐处理。

(5) 阀门安装前全部进行检修，对阀门进行启闭试验，安装方向要正确。

二、中低压管道安装

1. 管道工厂化施工

为减少高空作业、提高工艺质量、保证汽水系统内部清洁度、降低工程成本、提高工作效率，我公司在汽水管道施工中，采用工厂化施工、清洁安装的技术方案。

管道工厂化施工采用“四集一定”（集中领料、集中除锈、集中组合、集中运输、定

点放置）的施工工艺，即安装技术人员根据各汽水管道的设计图纸，对各系统的管段尺寸仔细校核，并予以编号，然后将核对好的尺寸及编号交给下料技术负责人，下料技术负责人将根据施工进度安排领料、除锈、下料、组合，并将组合好的管段，据安装技术人员提供的编号予以标志，管段组合完两端封堵后定点放置。

2. 清洁安装

（1）组合好的管段，进厂房安装时才能拆封；管道对口前再次清理：对于大管径管道要进入内部清扫；对于小口径管道要把管道竖起来，用榔头震动管道进行清理或用压缩空气进行吹扫；磨坡口时用布或堵头封好管口，以防铁屑和砂轮片等进入管道内。

（2）管路上的三通口和疏水、排气管座要封好。管道上的开孔要提前进行并清理干净，杜绝在安装好的管道上开孔或气割，以防管道的二次污染。

（3）不能予以连续安装时，用橡胶盖或胶带对管口进行牢固可靠的封堵；管道与压力容器连接时，对死角等不易清理的地方，据实际情况制定具体措施进行清理；管道与压力容器相连时，办理封闭签证。

（4）施工过程中，技术人员、质检人员及时的进行检查，通过对施工工艺的层层把关，全过程严格控制，确保系统安装的清洁度。

三、高压管道安装

1. 基本要求

本工程的高压管道主要包括主蒸汽、高压给水。

为减少高空作业，降低危险作业系数，高压管道采用地面组合与直接吊挂相结合的施工方案。由于高压管道的供货大部分由业主供货，所以高压管道的组合要根据施工计划和供货进度综合考虑，做到既不延误安装，也不造成积压。

为保证管道内部清洁和外观工艺，提高安装质量，施工中采取以下行之有效的施工工艺、施工工序及施工方法。

2. 施工工艺

（1）高压管道施工前绘制配管图，并经专工审核、项目总工批准后按配管图进行组合、安装；热工专业取样孔绘制在配管图上，同疏放水管道一起在组合场机械钻孔。

（2）管道组合前，管道内壁全部进行喷砂除锈、露出金属光泽，再用压缩空气吹扫干净。

（3）依据管段组合图、管段、管件的到货情况，在组合场进行校验组合，地面组合对口时留出反变形量，并依据设计图纸留出坡度。管段组合完毕两端封堵后按编号码放整齐，对合金钢管段及管件做光谱复查。

（4）尽量扩大地面组合量，减少现场安装工作量。

3. 施工工序

施工工序为：管道及管件清点检查→光谱复验、无损探伤试验及性能试验→管道内壁喷砂除锈→管道地面组合编号→支吊架配置安装→管段吊装焊接→焊口探伤处理→验收签证→保温。

4. 施工方法

(1) 活动焊接棚。组合场内制作可防风沙、保证焊接质量和人员休息的活动焊接棚。

(2) 管道组合前检查。

1) 管材、管件、管道附件及阀门在组合前按设计要求进行核对其规格、材质及技术参数；管子、管件、管道附件及阀门必须有出厂合格证、材质单、化学成分分析结果等；合金钢管及管件的热处理状态说明或金相分析结果；高压管件无损探伤结果。

2) 检查合格的管段、管件及附件按系统分别放置，码放整齐，采取防腐措施，妥善保管。

3) 对下料的管段进行坡口加工，具体坡口形式按焊接专工提供的坡口加工图。

(3) 管道组合焊接。管道组合时要根据机侧和炉侧吊装机械的实际工况，确定组合件的实际重量。

(4) 管道组合件的吊装。炉侧吊装时，利用炉侧布置的吊车起吊，自上而下使用倒链配合接入到位。

汽机房内管道吊装，利用汽机房行车及倒链配合吊装到位。

(5) 管道安装。现场安装时以各层柱子上所标标高为准，严格按照配管图标注标高定位(同时对照设计图纸)。调整段下料时，在现场量好尺寸后，将管道运到组合场加工。现场安装时，经质检人员检查确认内部清洁干净后对口安装；主蒸汽管和给水管在安装前除进行喷砂处理外，再用压缩空气吹扫干净后方可进行对口安装。对施工未完不能焊接结束的管口，临时封闭好；管道安装过程中所有隐蔽工程，经有关部门检查合格并签证后方可施工。

(6) 管道与汽轮机及给水泵连接。给水管道与给水泵、所有与汽缸连接的抽汽管道和与主气门连接的主蒸汽管道，均采取悬浮连接的方法，即与汽缸直接连接的管口在对口过程中，对管道支吊架进行调整，减少附加应力，充分保证无应力连接。

(7) 冷拉口的施工。冷拉口的对口焊接一般放在各管道的最后。冷拉口的施工确保冷拉值 X、Y、Z 方向尺寸；并进行冷拉施工验收签证。

(8) 支吊架安装。

1) 支吊架安装位置、型号规格、材质均符合设计。

2) 管道安装使用的临时支吊架，在管道安装或水压试验后予以拆除。

3) 导向支架和滑动支架的滑动面洁净，保证管道自由膨胀。

4) 有热位移的管道上安装支吊架时，其支吊点的偏移方向及尺寸按设计。

5) 支吊架全部安装后，进行调整和固定工作。

(9) 疏放水管道的安装。同汽机房内其他小口径管道的安装进行统筹考虑，优化布置，合理安装。

第五节　炉前系统冲洗和主蒸汽吹管

一、炉前系统冲洗

为确保机组安全经济运行，机组启动前拟对炉前系统进行大流量的除盐水冲洗。

(1) 管道冲洗时应将系统内的流量孔板、节流阀阀芯及止回阀阀芯拆除，并妥善保

管，待管道清洗后复装。不参加清洗的设备管道与参加清洗的设备管道应妥善隔离。

（2）冲洗水源采用澄清水。

（3）管道冲洗分为两阶段：管道清洗时按先主管后支管，最后疏放水管的顺序进行。

1）第一阶段：除盐水到冷凝器→凝结水泵→凝结水管道→除氧器→低压给水管道→接临时管至地沟。

2）第二阶段：除氧器→低压给水管道→给水泵→高压给水管道→锅炉→下联箱排地沟。

（4）临时排放水管道的横截面积不小于被冲洗管道的60%。

（5）冲洗标准：出口处的水色与透明度与入口处的目测应一致。冲洗后应对留有脏物的部位进行人工清除。

二、主蒸汽吹管

1. 冲管范围及流程

冲管范围及流程为：汽包→过热器→主蒸汽管→吹管控制门→排汽母管→喷水装置→排汽→消音器→排汽。

2. 吹管前具备条件

（1）所有与本次冲管有关的系统已竣工完善并经三级质量验收合格；流量孔板已拆除，不参加吹管的系统妥善隔离。

（2）参加冲管的临时管道、设施均安装完毕，达到冲管条件。临时管道中靶板以前的管口焊接采用氩弧焊打底电焊盖面的焊接方式。

（3）排汽管安装并保温完，支架安装固定牢固。排汽管出口处应加消音器。

3. 吹管

（1）吹洗时压力与温度。吹洗时应保证各处的冲管系数大于1，压力应保证吹洗时蒸汽对管壁的冲刷力大于额定工况下对管的冲刷力。蒸汽的温度应保证高于该压力下的饱和温度50℃以上。

（2）冲管时间每次相隔20～30min一次。吹管中间至少停炉一次（且停炉时间不少于12h），以保证管内锈皮充分冷却收缩脱落。

（3）吹洗效果用装于排汽管道内的靶板进行检查。靶板用铝板制成，宽度为排汽管内径的8%，长度贯穿管子内径。连续两次更换靶板检查，靶板上冲击斑痕不大于0.8mm，且斑痕不多于8点即认为冲洗合格。

4. 冲管后的恢复

（1）冲管完成并经验收合格后，在50℃以下拆除临时管道。

（2）安装流量孔板及正式管道对口时经验收合格并办理封闭签证后方可封闭。

（3）恢复完后不得再进行任何可能影响管道内部清洁的工作，所有焊口一律采用氩弧焊打底工艺。

第六节　化学水处理系统安装

化学水处理系统主要包括循环水处理、酸储存及加药系统。

一、主要设备的吊装就位

大型箱罐类设备采用汽车吊加卷扬机等辅助设施拖运就位；其他设备采用人工拖运就位；管道安装原则上在组合场下料、配管，以减少厂房内的工作量，尽量在地面组合，减少高空作业。

二、箱罐类设备安装

(1) 设备基础检查验收，基础铲平，垫铁配置。

(2) 箱罐的运输中除严禁对裸露的防腐层敲击，并给以重点保护，以防脱落。

(3) 设备检验、就位、找平、找正，调整标高与设计相符后将支腿、垫铁与基础埋件焊接后，对箱罐基础进行二次浇灌。

(4) 固定后逐台进行检修。

1) 清除内部杂物。

2) 对于防腐层进行目测检查，应无裂纹、鼓泡脱壳、缺胶等现象。

3) 用电火花检测器检查全部防腐层表面，不漏电。

4) 防腐设备在运输、安装、检修中对裸露的衬胶层用软质物品重点保护，严禁碰撞、敲击、钻孔、火烤、施焊、电焊引弧，且不得用衬胶设备做地线。

三、泵类设备检修、安装

泵类设备的安装工序为：基础准备→设备检修→安装就位→找平、找正→基础浇灌→靠背轮找正、连接→保护罩安装。

应符合验收规程及其汽机篇附属机械的有关要求。对耐腐蚀泵的基础表面，在二次灌浆后，按设计要求进行防腐。

四、管道及附件安装

1. 衬塑管道的安装

(1) 依照设计编号，将系统中的管道及管件找齐并用锉刀锉平结合面，对防腐层进行检查。

(2) 根据现场情况尽量进行地面组合，分组安装，以减少高空作业。

2. 钢管安装

(1) 检查管件、管材符合设计要求。

(2) 检查土建结构预留空洞，预埋铁件、支墩等位置及有关尺寸符合设计要求，管道安装标高、坡度、焊接质量符合设计及相关技术规范。

(3) 严格执行管道安装保洁技术措施，确保系统的清洁度。

3. PVC 塑料管安装

(1) 焊接时根据焊件的厚度选用不同直径的焊条。

(2) 焊接前使用酒精溶剂揩拭焊条及焊缝处，除去表面的油脂、脏物。

4. 特殊阀门安装

（1）对于衬里阀门，要逐个进行检查。

（2）对手动阀门进行手动启闭试验；对气动阀门进行气动试验；对电动阀门要进行电动试验。

（3）阀门安装要注意止回阀等对方向要求单一的安装方向。

（4）气动隔膜阀的方位，符合厂家规定。

（5）安全阀整定压力符合设计要求。

5. 流量孔板安装

流量孔板的安装方向要从孔板的小头进，喇叭口出；孔板光谱分析结果应耐腐蚀；其他仪表等附件的安装符合有关的技术规范。

6. 喷射器的安装

（1）喷射口前后保持 2m 左右的直管段，喷嘴与扩散管中心线保持一致，间距符合设计要求。

（2）衬胶喷射器衬胶层平整，喷嘴圆滑，玻璃钢喷射器应支撑牢固，以防折断。

第七节　重大交叉作业

一、专业间的交叉施工

（1）凝汽器安装与汽机本体专业交叉。

（2）化水处理室设备与土建专业的交叉，考虑到设备到货不及时，应预留出设备吊装空间、拖运通道。

（3）汽水取样间，化学加药间设备就位与土建专业的交叉应考虑预留出设备拖运通道。

（4）地下部分埋管与土建基础，零米地面交叉进行。

（5）汽机专业管道设备应尽快完善，早交付保温，为文明施工、文明启动创造条件。

（6）循环水管道，开式水管道等需防腐的项目尽可能在组合场组合后通知防腐。现场只进行焊口防腐，减少了现场施工的交叉。

（7）设备基础及管沟土建制作完毕后应向安装专业办理移交签证，设备就位找正后由安装专业提出二次浇灌通知单方可进行二次浇灌工作。

（8）发电机定子就位前，电气专业应事先将定子下部的出线盒等设备先行就位。

（9）发电机穿转子前，应由电气专业对定子、转子进行彻底清理检查并完成有关电气试验后方可由机务专业进行穿转子工作。

（10）热控专业测温元件仪表接口的安装，应与汽机专业设备管道系统安装交叉进行。

二、专业内的交叉施工

（1）凝汽器安装及穿不锈钢管时与凝汽器底部循环水管道安装交叉。

（2）凝汽器拖运工作应在低压缸就位前完成，凝汽器内部的低压抽汽管，凝汽器附件

应在低压缸就位前放入凝汽器。

(3) 汽轮机对轮找正中心前凝汽器应与汽缸连接结束，达到注水条件，凝汽器安装与汽轮机安装应加强联系，排除凝汽器安装对汽轮机找中心的影响。

(4) 汽轮机扣大缸前主要抽汽管路应连接到第一个支吊架处。

(5) 设备就位二次浇灌后，方可进行管道接口工作，接管时应与设备班组办理接口签证，并在质检员在场的情况下方可进行对口，对口时不应有附加外力作用到设备上。

第八节　设备的储存与维护

一、发电机定子、转子的储存和维护

设备到现场后，其保管期限应为一年以下，需长期保存时应符合设备保管的专门规定，同时应及时通知制造厂对货物进行开箱验收。

(1) 发电机定子、转子放置前应检查枕木垛、卸货台、平台的承载能力。

(2) 转子和定子应存放在清洁、干燥的仓库或厂房内。当条件不允许时，可就地保管，但应有防火、防潮、防尘、保温及防止小动物进入等措施。

(3) 如果发电机要储存在户外，除防雨淋、日晒外，还应提供限制发电机内部温度变化和保护外表面的临时掩蔽处。在罩盖和发电机之间要有空气流通的空间，以形成通风。转轴的轴颈和气密面上涂润滑脂和防锈剂，此油脂要在装运前涂敷好，现场检修时应将该油脂除去，涂上透平油保护。

(4) 空气中储存。发电机定子运输时，在机内装有合适的干燥剂或硅胶，以保持各部件相对湿度，在端罩最终封闭前，应将干燥剂全部拿出。

二、转子就位后的盘车维护

转子就位后，为防止转子弯曲，根据制造厂要求应定期进行盘车。

1. 盘车前准备工作

(1) 彻底清理转子轴颈及轴瓦部位，应无毛刺、灰尘及杂物。

(2) 安装防止转子窜动及轴瓦翻转工具，保证转子动静不发生摩擦。

(3) 轴瓦内加注高黏度机械油进行润滑。

(4) 转子靠背轮上标示刻度。

2. 盘车

(1) 用行车或专用盘车装置进行盘车，钢丝绳绑扎处应加保护层。

(2) 根据制造厂要求，每次盘动转子 180°，并做好记录。

(3) 转子盘车间隔时间根据制造厂要求确定。

三、设备零部件的存放与保管

(1) 汽轮机本体零部件。较大件在汽机房运转层划定存放区定置摆放，小件在货架上存放，运转层堆放大件时应根据其设计载荷合理摆放。

(2) 阀门。存放于阀门棚，划定已检修和未检修区，已检修区的小阀门在货架上存放。阀门检修后进行封口，各班组需到阀门技术员处开领用单领用。

(3) 支吊架。分类存放于支吊架棚货架上，由专人管理发放。

(4) 随设备到货已安装上的压力表，温度计等易损件，能拆下的拆下，存放于工具室，试运前再安装；已就位设备应做好防护措施，防止二次污染发生。

四、设备部件清理后的防锈

设备部件清理后应涂二硫化钼粉或机油，用塑料薄膜封扎好接口，用土公膜盖好部件，防潮防锈。设备安装过程中应经常检查维护，防止设备锈蚀。

五、设备试运时的监督与维护

(1) 试运前成立试运小组，指定各试运负责人，统一领导指挥试运工作。试运时派专人监护设备，监视好设备的压力、温度、水位、油位、振动等参数，加强巡查，发现异常及时汇报并处理。

(2) 设备擦拭干净，还其本色。

(3) 消除缺陷时执行检修工作票制度，严禁随意操作系统，防止误操作。

第四章　生物质发电电气专业施工

第一节　全厂接地装置安装

一、施工范围

生物质发电厂的接地装置施工主要包括屋外接地装置、主厂房及附属车间的屋内接地装置、专用接地网、避雷针及构筑物的防雷接地施工，还包括接地网的接地电阻测试工作。

二、屋外接地装置施工

屋外接地装置的施工包括垂直接地极及水平接地体的施工。

（1）接地极使用切割机切割制作，一般长度为2500mm。一端顶部割成尖状，另一端顶部下方100mm处焊接接地卡子，焊接部位不得少于3个棱边，焊接牢固，焊缝饱满无夹渣气孔。

（2）按照设计及规范要求开挖接地沟，沟深1000mm，并在接地极安装位置开挖施工作业位。将制作好的接地极摆放到位，接地极的间距应不小于5000mm。

（3）对焊有接地卡子的一端进行保护后使用大锤将其垂直打入地下，防止端部变形开裂。接地极顶部距地坪800mm，接地卡子的方向应顺向接地沟的方向。

（4）为施工方便，根据接地沟的直段长度在地面对热镀锌接地扁钢进行组合焊接。

（5）将接地扁钢放入接地沟与接地极组合，接地扁钢与接地扁钢、接地扁钢与预装接地卡子之间的搭接长度不得小于扁钢宽度的两倍，搭接面积不得小于应有搭接面积的90％，焊接部位至少3个棱边，焊接牢固，焊缝饱满无夹渣气孔。

（6）根据需接地设备的布置位置就近自接地网引出预留接地线并做好记录。

（7）接地装置焊接完成后清理焊渣及药皮，将所有焊口除锈后先涂刷防锈漆，干透后采用沥青防腐漆进行防腐处理。

（8）接地线在穿过墙壁和楼板时应加装钢管或其他坚固的保护套，有化学腐蚀的部位还应采取防腐措施。接地装置的安装深度应符合规范和设计要求，当设计无明确规定时其顶面的最小埋深不得小于600mm。

（9）接地工程为隐蔽性工程，施工时应事先通知监理进行旁站，监理及质检部门验收合格后方可回填。

（10）回填土内不应夹有石块和建筑垃圾等杂物，外取的土壤不得有较强的腐蚀性，

回填时应分层夯实。

三、避雷针及构筑物的防雷接地施工

（1）独立避雷针及其接地装置与道路或建筑物的出入口等的距离应大于3m。当小于3m时，应在其上铺设卵石或沥青地面，也可对接地采取均压措施。

（2）独立避雷针的接地装置与接地网的地中距离不应小于3m。当不可避免时，避雷针的接地装置可与接地网连接，但避雷针与主接地网的地下连接点至35kV及以下设备与接地网的地下连接点，沿接地体的长度不得小于15m。

（3）屋顶避雷带的安装应对其支撑件合理布置，其间距在水平直线部分宜为0.5～1.5m，垂直部分宜为1.5～3m，转弯部分宜为0.3～0.5m。接地线应按水平或垂直敷设，也可与建筑物倾斜结构平行敷设。在直线段上，不应有高低起伏及弯曲等情况。屋顶避雷带的材料采用热镀锌钢筋时，其搭接长度为其直径的6倍，在其与扁钢连接时，搭接长度为圆钢直径的6倍，焊接必须牢固无虚焊。

（4）建筑物上的防雷设施采用多根引下线时，宜在其引下线距地面的1.5～1.8m处设置断卡，断卡的连接部位应加保护措施并进行标示。

（5）避雷针及其接地装置，应采取自下而上的施工程序。首先安装集中接地装置，再安装引下线，最后安装接闪器。

四、设备接地施工

（1）生物质电厂的所有电气设备，如发电机、变压器、电动机、成套及单体配电装置、控制柜台、保护屏、动力箱、检修箱、照明箱、电缆桥架支架、电缆保护管、动力控制电缆的钢铠和屏蔽层、设备构支架、行车轨道、电热设备外壳、油罐及电除尘器本体等，都必须与接地网相连接。

（2）每个电气装置的接地应以单独的接地线与接地干线相连接，不得在一个接地线中串接几个需要接地的电气装置。

（3）自接地网引接至设备的接地体的煨弯处尽量不要露出地坪外。设备接地的连接点标示应明显、清晰，其标示采用黄、绿漆进行涂刷，涂刷间距在15～100mm间选择恰当、一致，涂刷界线整齐、分明。

（4）在接地线跨越建筑物伸缩缝、沉降缝处时，应设置补偿器。补偿器可用接地线本身弯成弧状代替；明敷接地线的安装应便于检查，敷设位置不应妨碍设备的拆卸与检修。

五、接地电阻测试

电气设备及防雷设施的接地装置测试工作应包含接地网电气完整性测试和接地阻抗测试。

（1）接地网测试工作的天气条件应满足规范要求。

（2）接地网施工完毕后，在排除外部影响后测量整个接地网的接地阻抗，应符合规范及设计的要求。

（3）设备接地施工完成后，测试连接与同一地网的重要相邻设备接地线之间的电气导通情况，其直流电阻不得大于0.2Ω。

第二节　电缆及其附属工程施工

一、施工范围

生物质电厂的电缆及其附属工程施工包括：电缆桥架、电缆支架、电缆保护管的制作安装；35kV及10kV高压电力电缆、400V电力电缆、控制及计算机等电缆的敷设与接线，以及电缆防护封堵施工等。

二、电缆保护管安装

（1）首先依据施工图纸现场核对就地箱、电动机等就地设备及相邻分支桥架的安装位置及坐标，了解所需穿管敷设电缆的规格型号和根数，确定配管的规格数量以及安装方向。掌握建筑专业零米以下开挖工程的施工进度和回填计划，提出电缆保护管的材料需用和加工配制计划，以满足现场安装的需要。电缆保护管的敷设应尽量利用建筑开挖工作穿插进行，以减少土方工作量。

（2）电缆保护管的管径应根据所穿电缆的型号和根数进行选择，符合规范要求。加工制作时，需先将下料时产生的管口毛刺处理干净。弯管机选用的胎具应与管径相匹配，弯曲半径和弯头个数符合规范要求，安装完毕后采用临时封堵措施。

电缆保护管的安装应根据现场电缆沟道、电缆隧道、设备基础、墙体、楼面等建筑工程施工的模板安装阶段穿插进行。电缆保护管安装后必须采取加固措施，固定应牢固，防止在混凝土搅拌振捣施工时发生移位。电缆保护管的规格、数量、安装位置及标高应符合设计要求，对后续电缆穿管有难度的保护管，可以事先将铁丝穿入管内同保护管一同安装到位。地面以上敷设的电缆保护管应采用卡子固定，电缆保护管的弯管半径处不宜露出地面。当电缆保护管穿过电缆隧道、管沟等混凝土墙面时，保护管应加止水片，止水片应周圈满焊；当两根以上的保护管成排集中布置时，相邻两管之间的间距不应小于50mm。

（3）采用架空方式安装的电缆保护管应避开热力管道，安装距离应大于规范要求的最小距离。明敷的保护管应避开设备的检修通道、起吊设施的行走轨道等，不得影响其他专业的后续施工和检修需要。

（4）电缆保护管的接地采用焊接方式与接地网相连，要求连接牢靠，导通良好。

（5）成排布置的保护管安装应排列整齐，标高、间距一致且满足管接头的安装需求。排列布置同电缆进入设备的排列走向一致，以有效减少后续电缆的排列交叉。

（6）电缆保护管安装完成后的观感质量应整齐美观。

三、电缆桥架、支架安装

（1）首先依据施工图纸现场核对电缆通道沿途的电缆桥架走向及电缆竖井的设置，与各级配电装置的连接路径畅通，无阻碍。电缆通道的设计标高及坐标与构筑物、人

行通道、机务设备、管道无冲突，整个通道的布置设计应满足规范所要求的电缆敷设要求。

（2）参加项目部组织的专业间图纸会审。电缆桥架不能与机务的主要管道相撞，桥架与热力管道的距离应符合规范和验标的要求，电缆桥架的持力点需要安装在建筑物上的，应核对建筑图纸检查预埋件的尺寸、数量、标高、布置等应符合桥架的安装需求，电缆竖井或桥架需穿越建筑物楼板、墙体的预留孔洞尺寸、数量、标高、布置应符合施工的要求。电缆主桥架最上层的设计顶标高不应高于钢结构各层横梁的下弦标高。

（3）在进行大跨度多层电缆桥架的安装时，应充分考虑载荷及偏转力矩的影响后设计制作承重支架。在持力点和持力方向上增加加固措施，防止桥架塌腰及偏转位移情况的发生。

（4）电缆桥架的连接、固定、伸缩节布置及接地、跨接接地线的施工应符合设计和施工规范的要求，电缆桥架支架的立柱安装应做到纵看成行、横看成面，间距一致并符合设计要求，桥架的上下和水平弯通、三通、四通的布设及各层间距符合施工规范及设计，且满足电缆对通道的要求及其敷设要求。桥架施工要求附件安装齐全完整，成品整体美观。

（5）分支电缆桥架应根据需引入设备的电缆数量、位置及走向确定型号尺寸和安装位置，直接施工到位。

（6）电缆沟及电缆隧道内电缆支架的安装应横平竖直、间距一致，层数及间距、标高尺寸符合设计要求，通长接地贯通良好无断开点，接入接地网的接地点数量满足规范要求，且焊接牢靠，焊缝饱满，防锈防腐措施完善，标示明显清晰。

四、电缆敷设

（1）编制电缆清册。用于电缆敷设的清册必须由专职技术人员依据设计院设计的电缆清册及变更、电缆断面排列图、电缆通道的走向，分层次、分种类、按区域进行编制。应按照高压电力电缆、低压动力电缆、检修及照明电缆、直流电缆、控制电缆、计算机电缆、通信电缆等顺序进分册编制，同时依据施工图设计、实际需用长度和需用时间提出各型号电缆的需用计划。

（2）编制制作电缆标示牌。依据电缆敷设清册编制电缆标示牌，电缆标示牌的内容应包含回路编号、电缆型号、规格及起讫点，以及并联使用的电缆应有顺序号。标志牌规格应一致，字迹打印清晰不易脱落，内容描述正确，符合规范要求。电缆标示牌的分类保管应与电缆敷设清册相对应。

（3）电缆敷设前，应组织进行敷设工作的相关负责人检查和熟悉电缆敷设路径，确定不同电缆的摆放层次和转弯排列，尽量避免交叉。安排专人负责起点、终点两端设备的位置确认，提前搭设沿途必需的脚手架，并落实好劳力计划。当在电缆隧道内进行敷设时所布设的照明灯具，其安全电压必须符合安全规程的要求。

（4）根据电缆敷设的要求，在敷设工作量较大的现场规划、选择电缆临时存放区。临时存放区的选择应注意防火要求，并应满足整个工程安全文明施工策划的要求，按要求进行防护和隔离。

（5）从仓库逐一调运电缆盘，检查每盘电缆的绝缘情况并做好记录，其绝缘数值必须

符合规程要求，无绝缘缺陷存在。

(6) 电缆敷设时，电缆盘应集中放置在电缆比较集中敷出的一端，并由专人负责敷设清册的记录、保管和挂牌，按照清册排列顺序进行敷设，每一根电缆敷设必须正确、到位，两端挂牌无误。当电缆较多时，挂牌工作可先期采用透明胶带粘贴临时纸牌的措施代替，在接线时再行替换。电缆在桥架上平铺排列整齐、紧密成一平面，转弯处按次序排列，顺畅、美观，上弯头处电缆应与桥架贴紧。电缆在桥架及分支架上的排列固定应力求避免交叉，电缆敷设时应同步进行绑扎，电缆绑扎的方向、间距一致。根据电缆接线位置确认所需切割长度，防止浪费电缆。

电缆在敷设的过程中，应及时在清册上对已敷设完成的电缆进行标记，避免错放、漏放、重放情况的发生。对有中间接头的电缆，必须在清册中对接头位置做出明确的记录。高压电缆敷设时，应提前掌握每根电缆的长度进行合理组盘，不应出现中间接头。高压电缆敷设到位切断后，应及时采取密封、防水措施，防止电缆端头受潮。

电缆在多层桥、支架的布置次序必须满足规范及设计的要求。

五、电力电缆终端头制作接线

(1) 根据需接入设备的安装位置及其接线盒、CT 等具体布置，确定电缆头的固定位置和最终切割长度。就地电力电缆终端应根据电缆保护管的公称口径及管口到设备接线盒的长度来选择卡套和金属软管。

(2) 电缆保护层的剥削应注意不能伤及芯线的绝缘，芯线绝缘的剥削长度满足穿入端子腔内的长度要求。

(3) 电力电缆终端头制作时必须选用与电缆材质、截面配套的接线端子。接线端子与电缆芯线压接时必须使用专用的压接工具，模具选用正确、压接道数和间隔距离满足规范要求。

(4) 芯线表面处理清洁干净、无氧化膜，接线端子压接牢固，绝缘包扎符合工艺要求，相色两端标示正确一致。

(5) 接地铜编织线选用、连接正确，符合规范及产品要求。对于电缆头在零序 CT 以上的电缆，其接地线应穿回零序 CT 后再进行接地。

(6) 对于接线空间导致连接困难的设备，必须保证过渡措施可靠。

(7) 电缆终端的相间距离、对地距离满足规程和验标的要求，电缆接入设备时的连接不得对设备端子产生应力。端子压接牢固无应力、相序正确、固定牢固，电缆标示牌正确。

(8) 并联电力电缆终端的接线施工必须保证首尾相位对应正确且相色标示清晰正确，电缆排列整齐顺畅、固定牢固，其钢铠、屏蔽层的接地与接地网连接。

(9) 高压电缆终端制作选用热缩或冷缩式终端材料，其规格应与电缆匹配。高压电缆终端的制作必须按照产品说明书或规范要求的工序、标准进行。

(10) 高压电缆终端头在两端均制作完毕后，必须经过耐压试验合格后，方可接入设备。

六、电缆防火封堵施工

（1）在电缆工程施工完毕后，对电缆的接线和排列布置工艺做细部整理并经验收。

（2）防火封堵材料到货后必须检查其质量合格，鉴定证书、生产许可证及合格证齐全，且产品在有效期内。

（3）送电前，使用阻燃槽盒、阻火隔板、阻火包、有机堵料、无机堵料、防火涂料等材料对电气设备的孔洞、电缆沟道及电缆竖井的进出口、桥架分区界、保护管口、接线盒及其他设计和规范要求的部位进行防火封堵和涂刷，完工后及时将设备内部清理干净。防火封堵施工时，有机堵料对电缆的包裹厚度、防火涂料的涂刷遍数和厚度必须满足产品说明书及设计要求。

（4）阻燃槽盒的安装应做到与桥（托）架固定牢固，连接接口及电缆引出孔应封堵严密，成型平整美观。阻燃隔板的安装应牢靠，对工艺缺口与缝隙较大部位要进行防火填充封堵，外观平整整洁。有机防火堵料的包裹应与电缆结合紧密厚实，端面平齐，成型美观。无机防火堵料的灌注表面成型应平整光洁，不得有粉化、气孔、裂纹等缺陷。防火包应交叉堆砌排列、堆砌密实牢固，成型平整稳固。防火涂料的涂刷表面应光洁干燥，涂刷均匀完整，涂刷间隔时间和厚度、遍数满足产品要求。

（5）施工方法。

1）电缆进盘孔洞防火封堵。先用膨胀螺栓将防火隔板固定在所需封堵孔洞的楼板底部，防火隔板应比电缆进盘孔洞四周大100mm左右。将孔洞内的电缆用有机堵料进行包裹，包裹应均匀、密实，包裹厚度不得小于20mm且满足产品说明书及规范要求，包裹高度应略高于后续无机堵料的灌注高度。用有机堵料将防火隔板与波纹板接触面密封封堵，按产品说明书要求将无机堵料加水搅拌均匀后，自盘柜底部将无机堵料浆液倒入已用隔板封堵的孔洞中，灌浆的上平面根据情况应与孔洞上表面或柜底平面相齐，要求灌注料的上平面平整、无花脸且颜色一致。待无机堵料固化硬化后，清除包裹电缆有机堵料表面上的附着物，继续添加有机堵料与原有材料结合并进行包裹打方，打方高度高于灌浆料20mm以上，成型美观平整、表面光洁，再用铝合金条对矩形有机堵料模块的边角进行镶嵌保护。在孔洞下部的防火隔板至桥架1.0m的范围内用防火涂料对电缆逐根均匀涂刷，涂刷厚度和涂刷间隔时间应满足产品要求。

2）电缆及电缆桥架穿墙的防火封堵。在穿墙孔洞的一侧先用防火隔板封平，防火隔板的缝隙用有机堵料封实。用有机堵料对穿墙孔内的电缆进行包裹，包裹厚度符合产品要求但不得小于20mm，其余空间用阻火包交叉密实垒砌填充。最后在将另一侧用防火隔板封平，缝隙用有机堵料封实。防火隔板的四边切割整齐，四角呈直角。在穿墙孔洞两侧的防火隔板外1.0m的范围内用防火涂料对电缆逐根均匀涂刷，涂刷厚度和涂刷间隔时间应满足产品要求。

3）电缆桥架及电缆沟道的防火封堵。电缆桥架、电缆沟道应按照设计位置设置防火隔断点，在桥架靠近热源的部位应加装阻热阻燃隔板。用阻火包在桥架及桥架与桥架间的空隙上进行交叉叠放，堆叠宽度应大于250mm或满足设计要求，堆叠应填实空隙为主，堆叠部位外侧用防火隔板封护。在防火墙两侧的电缆使用防火涂料涂刷

防护。

4）电缆保护管防火封堵。电缆保护管在桥架、竖井、沟道及设备等处的管口必须用有机堵料进行封堵，塞入管口的有机堵料的厚度不得小于50mm且满足规范及产品要求，封堵要求密实、平整。

第三节　厂用电系统施工

一、施工范围

生物质电厂的厂用电系统施工主要包括10kV高压配电装置、低压厂用变压器、400V PC及MCC等低压配电装置、就地动力控制设备的安装及电动机检查接线等。

二、厂用配电装置基础的制作安装

（1）首先根据施工图确认10kV、400V配电室的坐标位置，掌握建筑施工进度，并提出材料需用计划，了解变配电装置的具体到货日期。

（2）参加项目部组织的各专业间图纸会审，确认各配电装置安装所需用的预埋铁件的数量、位置、标高及预留孔洞应满足设备安装的需求，核对设备安装位置的平面、空间尺寸符合设计及规范要求。根据需要提前提出设备吊运所需的建筑物预留孔的预留申请，办理建筑工程中间交安交接单。

（3）配电装置基础制作安装。

1）根据图纸设计的规格型号领取型钢，型钢应无锈蚀和弯曲。拉线检查不平及不直度，每米小于1mm，全长小于5mm，型钢各表面除锈彻底呈现出金属光泽。

2）按照图纸尺寸，用拐尺、细石笔在型钢表面划线，用切割机切割下料，在工作平台上将工件组合成型。基础组合时应先点焊，点焊成型后作以下检查：基础上平面均在同一平面上、构件接缝平齐、前后及两端边线平行、中间横撑不应在孔洞或影响电缆进出的部位上、基础及其对角线尺寸符合图纸设计且误差在规范规定范围内。复核无误后再焊接，满焊部位应焊接基础内侧，不宜在基础的顶面。基础预制完成并除锈后，刷防锈漆防锈。小型基础可在工作平台上直接组合制作成型，大型基础应增加加固筋以便于运输，对不便于运输的大型盘柜基础及在原有基础上进行扩展的，可采用现场组合的方式进行施工。大中型基础在其长度上应增加经验尺寸。

3）参照建筑专业给定的基准标高点，用水准仪全面检查建筑预埋件。其位置、标高符合设计及安装要求。

4）将已预制的基础或工件按设计坐标位置摆放到位，使用水准仪、水平尺找平，拉线找直，使用手锤、撬棍等工具通过调整垫铁的方式来校正标高和水平。每点经检查确认无误后先临时点焊固定，待同一配电室内的基础全部找完并对所有基础的标高及坐标尺寸进行复测无误后，满焊固定并做好记录。同一配电室内的基础标高应一致；基础与预埋件的焊接点不得高于最终地坪标高。基础型钢安装的允许偏差见表4-3-1。

表 4－3－1　　基础型钢安装的允许偏差

项　　目	允　许　偏　差	
	mm/m	mm/全长
不直度	<1	<5
水平度	<1	<5
位置误差及不平行度		<5

5）基础型钢接地。接地扁钢规格型号符合图纸要求，与基础型钢搭接充裕，焊接牢固（图纸无要求时可采用—40mm×6mm热镀锌扁钢），每列基础与接地网的连接不得少于两点。

6）对照图纸核对基础内部预留孔洞的位置和尺寸应满足电缆进出的要求，移交建筑专业进行内部二次灌浆。灌浆高度应低于基础型钢上平面5～10mm。对于有问题的预留孔洞，在二次灌浆前应要求建筑专业处理完毕，以免影响后续施工。

三、厂用高压、低压配电装置安装

1. 配电室内安装前的准备工作

将基础上的杂物清理干净，依据图纸和说明书用墨线打出每列柜的平齐线及端线。

2. 设备开箱

设备开箱应在物供部门、监理及业主同时在场的情况下进行，包装就地拆除。安排专人核对设备名称、型号、规格正确，检查设备漆层完好、元件齐全，按盘柜安装次序进行吊运就位，并及时将包装物进行清运。开箱过程中如发现设备有损坏、异常时，及时记录并通知有关部门。

3. 高压、低压盘柜找正固定

将整段端部第一面盘柜边沿完全与基础边线或所打墨线重合（低压PC段盘柜安装时需提前预留出干式变的位置），并使用米尺对坐标尺寸进行复核。再用线坠测量柜体的垂直度并进行调整，偏差合格后将柜四角与基础焊牢。盘柜与基础的连接方式应符合设计和产品的要求。

再找正本列最末端的盘柜，但不要焊接固定，找正方法同端柜。在首末两柜前面中上部拉线，使线与柜面隔开4～5mm，然后自第二面盘柜开始，把本列盘柜的每块柜依次边找正，边连接、边固定，最后将末端盘柜重新进行找正并固定。盘间螺栓的规格、安装数量及位置应一致，螺栓的穿向一致、附件齐全。盘、柜安装的允许偏差见表4－3－2。

表 4－3－2　　盘、柜安装的允许偏差

项　　目		允许偏差/mm
垂直度（每米）		<1.5
水平偏差	相邻两盘顶部	<2
	成列盘顶部	<5
盘间偏差	相邻两盘边	<1
	成列盘面	<5
盘间接缝		<2

参照进线柜母线及干式变低压侧母线，确定干式变的前后及左右坐标（一般情况下，干式变B相出线应与进线柜B相母线在同一直线上），干式变的重心应落在设计加装的基础加强筋上。调整完毕后，干式变与基础焊接固定。变压器罩壳安装时应与盘柜前面平齐，与低压柜柜体靠紧，不应有缝隙，采用螺栓连接固定。罩壳底部四角与基础焊接固定。高压盘柜安装时需提前将手车拉出柜外集中妥善放置，待盘柜安装完毕后再回置于开关仓内。

4. 柜体接地

柜体已与基础槽钢可靠连接，装有电器可开启门的接地，用导线将门上接地螺栓与柜体可靠连接。

5. 母线的连接

检查母线的型号、规格、片数、孔距符合设计要求，母线表面光洁平整无裂纹，镀层完整，无氧化膜。母线搭接面的螺孔直径大于螺栓直径1mm，螺孔间的中心距离误差在0.5mm内，矩形母线的搭接尺寸、钻孔要求、螺栓规格符合规范要求。将母线放置在室内提前布设的垫木上，根据穿装顺序对母线分组标示。穿母线时提前松开盘柜内母线夹件，将已标示的母线按次序穿入柜内。对搭接面进行清洁并均匀涂抹电力复合脂后，调整主母线位置使之与分支母线连接孔对齐，穿入螺栓。母线穿入时要使分支母线位于同一侧，螺栓穿入后应保证母线不受额外应力。

当母线平置时，母线支持夹板的上部压板应与母线保持1～1.5mm间隙；当母线立置时，上部压板应与母线保持1.5～2mm间隙。交流母线的固定金具或其他支持金具不能形成闭合磁路。

母线搭接时，螺母置于维护侧，两面垫有平垫，螺母侧加装弹簧垫，螺栓长度宜露出螺母2～3扣，用力矩扳手紧固。与变压器中性点连接的N排，其接地点按设计位置与接地网连接，PE排自两端部位两点与接地网连接。母线标志漆刷漆均匀正确，界面齐整。母线的紧固力矩应满足表4-3-3的要求。

表4-3-3　　母线的紧固力矩值

螺栓规格	力矩值/(N·m)	螺栓规格	力矩值/(N·m)	螺栓规格	力矩值/(N·m)	螺栓规格	力矩值/(N·m)
M8	8.8～10.8	M12	31.4～39.2	M16	78.5～98.1	M20	156.9～196.2
M10	17.7～22.6	M14	51.0～60.8	M18	98.0～127.4	M24	274.6～343.2

6. 整体检查

对已安装完成的配电装置进行整体检查，盘柜安装的水平度、垂直度及盘间接缝应符合规范的规定，盘柜间连接螺栓齐全。母线的连接符合系统及图纸的要求，检查母线连接力矩、母线相间及对地距离、绝缘电阻符合规范的要求，核对装有母线桥的双回变压器供电母线的连接相位、相序必须正确。检查各分支母线的连接应牢固，相间、相对地的距离符合规范要求。

依据设计图纸、厂商设备图纸逐一核对一次设备的连接配置应符合要求，检查小母线的连接、二次回路、设备元器件符合设计图纸要求，各类标示齐全。

配合协助制造厂商的现场服务代表检查进行机构调整和闭锁试验，动作、指示正确，闭锁可靠。设备的单体试验符合设计、规范及厂家技术资料的要求，记录调整及试验数据。

7. 电气试验

配电装置安装完毕后，及时对盘内电气设备按交接规程进行试验。

(1) 互感器。绝缘电阻、直流电阻、变比、极性、局部放电与交流耐压试验等。

(2) 断路器。相间及相对地的绝缘电阻、回路电阻、主触头分合闸时间及同期、合闸时触头的弹跳时间、分合闸线圈及合闸接触器线圈的绝缘电阻与直流电阻、断口的交流耐压试验等。

(3) 避雷器。绝缘电阻、工频参考电压和持续电流、直流参考电压和 0.75 倍直流参考电压下的泄露电流等。

断路器合闸后连同母线一起进行交流耐压试验。

四、就地电气设备安装

(1) 依据设计图纸确认就地电气动力、控制设备的安装位置，安装位置力求方便操作、便于观察检查，不妨碍机务设备、管道的安装，不占用人行及检修通道。

(2) 就地电气动力、控制设备的安装应牢固，封闭良好，并应有防雨、防潮、防尘措施。成列安装时，应排列整齐。

(3) 就地设备安装前，应充分考虑电缆的数量和进线位置进行开孔，就地设备与保护管间的电缆应使用金属软管防护。金属软管两端应使用 PE 线进行跨接接地。

(4) 就地电气动力、控制设备的接地应牢固良好。装有电器的可开启的门，应以裸铜软线或 PE 线与壳体相连。

依据设计施工图纸、厂家设备图纸检查设备内部的元件配置、回路接线正确并符合要求。

五、厂用二次接线

(1) 厂用二次接线的原则顺序为：集控 DCS 间、10kV 高压配电装置、400V 低压配电装置、各就地电气动力控制设备、负载等。

(2) 二次接线的编号头使用号头打印机统一制作，长度统一，内容齐全，编号头的孔径应与电缆芯线的线径匹配。

(3) 整理排列电缆前应核对清点电缆的规格型号、起始点、数量、编号应符合图纸要求。

(4) 依据电缆的图纸设计接线位置整理排列电缆，力求避免交叉。电缆在分支桥架上按顺序排列，弯曲弧度应一致，. 不准有交叉、扭曲情况。绑扎方向，间距一致，固定牢固，电缆排列观感顺畅。

(5) 剥除电缆护套时不得伤及芯线绝缘，电缆终端制作紧固平实，芯线束整理整齐、顺直，备用长度及绑扎间距一致。

(6) 电缆编号头遵照图纸设计套穿，穿入方向正确、一致。已完成对侧接线的电缆，

必须经查线正确后方可穿套编号头。

(7) 二次接线在端子排部位预留弧度应一致，芯线接入端子的位置必须符合图纸和原理要求，芯线的导体不能外露出接线端子。采用弯弯方式压接的线芯，其弯圈方向必须朝向螺栓上紧的方向。多股软铜线应使用线鼻进行压接，并按照规范要求进行搪锡处理。每个端子的接线芯数不得超过两芯，备用芯应穿装号头标示，端子螺栓紧固牢靠无松动。

(8) 电缆标示牌悬挂一致，标示牌与电缆对应、正确，悬挂观感整齐美观。

(9) 接线完成后，再次对照图纸核对端子接线数量、位置、短接线、螺栓配件等正确、齐全，清理设备内部，恢复防护装置。

(10) 就地设备电缆接线应依据图纸核对就地设备和电缆符合设计，就地电缆必须穿电缆保护管、金属软管进行保护，芯线接入位置、标示牌标示内容正确，接线完毕后防护装置恢复完整、配件齐全。

六、二次回路调试

(1) 根据原理设计图、电缆联络图及厂家配线图核对电缆数量和起始位置及接线位置、元器件型号规格及配置满足设计要求。检查小母线连接已完成、二次回路绝缘满足要求，确认保护装置及变送器已经校验，接线恢复完善、正确。

(2) 检查外部DCS及就地控制设备接线工作已完成，无试验位置回路的动力馈线电缆已拆除。

(3) 对所调试回路的控制电源送电，检查电压、极性、指示等参数正确。

(4) 先对开关本体回路进行单体调试。其单体分合闸控制、储能、防跳、闭锁、信号等应正确，检查其机械联锁、闭锁及五防功能正常。在端子上短接模拟外部指令及联锁信号，开关动作正常可靠，用万用表测量送至外部的信号应正确。模拟保护出口指令，开关跳闸动作迅速可靠。

(5) 在DCS、就地按钮、联锁元件等远方控制系统控制开关进行分合闸试验，开关动作可靠，信号正确。

(6) 对实操试验无法验证的回路采用查线方式检查，确保元件完好、接线正确，电压回路无短路，电流回路无开路。测量、计量和保护回路功能完善、正确。

(7) 对设置了工作位置及试验位置的盘柜，其二次系统调试在安全且有条件的情况下也应进行工作位置的调试。

第四节　蓄电池及直流系统安装

一、蓄电池台架安装

(1) 首先应检查验收蓄电池室的土建工程已完工并符合设计及规范的规定，墙面及地面的耐酸瓷砖已完工。

(2) 核对预埋铁件的位置尺寸满足安装要求，核对电池架安装的位置中心线尺寸符合图纸的要求，将基础清理干净。

（3）根据厂家供货技术资料的要求安装电池台架，台架安装的全长水平误差小于5mm，最大垂直误差小于1.5mm/m。支架的间距尺寸应一致，立柱应在同一平面上，安装固定应牢固，连接螺栓紧固牢靠，端头排列整齐。

（4）蓄电池台架应可靠接地。

二、蓄电池安装

（1）将蓄电池开箱，安装前应按下列要求进行外观检查：

1）蓄电池外壳应无裂纹、损伤和漏液等现象。

2）蓄电池的正、负极性必须正确，壳内部件应齐全无损伤，有孔气塞通气性能应良好。

3）连接条、螺栓及螺母齐全、无锈蚀。

4）带电解液的蓄电池，其液面高度应在两液面线之间，运输防漏螺塞应无松动、脱落。

5）测量单电池电压应无异常并记录数值。

（2）按照极性、方向和连接要求将蓄电池摆放在台架上。

（3）电池底部无杂物，排列整齐平稳，受力均匀，根据设计尺寸并参考连接条尺寸对蓄电池进行初调。蓄电池安装应平稳，同组电池应高低一致，排列整齐。

（4）使用软铜刷和白布清理电池极柱并安装连接条，连接条及极柱的接线应正确，连接接触部分应涂以电力复合脂，螺栓穿向一致、螺母紧固。连接条平整无弯曲变形、连接不得使电池极柱承受额外应力。

（5）检查整组电池极性连接正确。分别测量电池单体电压与总电压，比较电池组总电压与单体电压之和的差别，并做好记录。

（6）按厂家资料要求安装连接电池巡测仪。

（7）电池外接电缆过度排的安装应满足规范要求。外接的电缆的连接必须规范牢靠，电缆引出线应采用塑料色带标明正、负极的极性，正极为赭色，负极为蓝色。

（8）每个蓄电池应在其台座或外壳表面用耐酸（或碱，根据电池特性选择）材料标明编号。

三、直流屏安装

直流屏的安装应符合现行国家标准《电气装置安装工程　盘、柜及二次回路接线施工及验收规范》（GB 50171）中的有关规定，其施工工序及方法参照厂用配电装置安装有关内容。

四、蓄电池充放电及容量检测

（1）充放电条件检查。蓄电池已安装完成且验收合格，对蓄电池元器件及安装、连接情况进行认真复查；直流系统充电柜、放电柜已安装、调试完毕，电缆接线完毕；室内照明充足，通风良好，轴流风机已投用；充电电源可靠，能保证充电工作的顺利进行。

可采用连接蓄电池放电电阻的方法对充电器进行调试，测量整流输出，包括电压波

形、整定过压、整定过流值。在稳压、稳流、浮充状态下，观察充电器的输出应稳定。

（2）施工准备。熟悉厂家说明书，了解其对充放电工作的具体规定和要求；熟悉本工作范围内电气设备的性能、接线及工作方式。充电柜所用电源应可靠，如是临时电源应设专人监护，熟知电源点位置及其走向，必要时设立备用电源。应在醒目处悬挂或张贴“严禁烟火”“当心腐蚀”“高压危险、闲人免进”等标示牌，作业场地应设围栏，非作业人员不得进入。

（3）补充充电。考虑蓄电池经过长途运输，存放时间比较长，应先将蓄电池组采用恒压法补充充电24h，以达到额定容量。补充充电接近充电结束时，充电电流逐渐减小，并最终趋于稳定。当充电电流连续3h保持恒定，即表明电池已充电至额定容量的90%～98%。

（4）放电及容量测定。采用10h放电率进行首次放电时，应该注意不得过放。放电装置调整灵活可靠，满足放电电流稳定的要求。蓄电池首次放电试验应符合下列要求：

1）电池的最终放电电压按产品技术条件及有关情况确定。一般单电池定为1.8V，110V每段电池组的电压为93.6V，220V每段电池组的电压为185.4V。

2）放电期间，每隔1h记录一次放电电流及电池组总电压，记录每只蓄电池的电压，并监视是否有电压异常、电池外观异常、电解液泄漏、温度异常等情况的发生。

3）每个电池的电压与电池组平均电压的差值应不大于1%。

4）电压不符合标准的单只蓄电池数量，不应超过该组电池总数量的3%，单只蓄电池的电压不得低于整组电池中单体电池的平均电压的2%。

5）温度为25℃时的放电容量（放电容量=放电电流×放电持续时间）应达到额定容量的85%以上。当温度不为25℃而在10～40℃范围内时，其容量可按下式进行换算：

$$C_{25}=C_t/[1+0.008(t-25)]$$

式中　t——电解液在10h率放电过程中最后2h的平均温度，℃；

C_t——液温为t℃时实际测得容量，A·h；

C_{25}——换算成标准温度（25℃）时的容量，A·h；

0.008——10h率放电的容量温度系数。

6）判断。一般情况下考核10h率容量，如果第一次10h率容量不低于额定容量的95%，则再次充足电后便可投入运行。如果蓄电池组首次放电后，放电容量大于额定容量的85%而不足额定容量的95%，应该继续进行充放电。在5次循环内10h率放电容量应达到额定容量的95%以上。若经过5次循环，仍达不到额定容量的95%，则说明该组蓄电池有问题，应查明原因后采取相应措施，否则不能交付使用。

7）充电、放电工作结束后，及时绘制整组蓄电池充放电特性曲线，并与厂家特性曲线比较。

（5）蓄电池的再充电。

1）蓄电池放电及容量测定达到要求后，应在10h内进行再充电。

2）充电采用低压恒压充电法。

3）先用（0.1～0.2）C_{10}A的电流充电至蓄电池的端电压达2.35V，时间为8～10h，再以每只（2.35±0.02）V的恒电压充电，至充足为止，总共充电时间为20～24h。

充足电的标志如下：充电末期电解液密度应连续3h以上保持稳定不变，且充电电流在（0.002～0.010）C_{10}A之间，并连续长时间保持不变。

4）充电过程中注意控制电解液的温度。电解液温度控制在15～40℃范围内，最高不得超过45℃，一旦超过应减小充电电流值。

5）每2h记录一次电池总电压、充电电流、单体电池电压、温度、比重。

6）充电结束时，调整电解液密度。电解液相对密度为1.24±0.01（20℃），将液面调至最高许可液面线。

7）转为浮充方式运行，浮充电压为2.23V/只。

8）做整体检查应无异常现象，及时绘制蓄电池充电特性曲线。

9）移交运行前按产品技术要求进行使用与维护，并保证浮充电源可靠正常运行。

第五节　UPS交流不停电电源装置安装调试

一、UPS交流不停电电源装置安装

（1）将UPS主机整体运输至室内基础附近，开箱检查外观无损并且技术资料齐全。

（2）依据施工图纸安装UPS主机柜体，其坐标及排列位置正确，柜体垂直度、水平度符合规范要求。

（3）按厂家及设计图纸进行内部连线及外部接线，检查蓄电池电源、交流电源等连接符合图纸要求并正确。

（4）由于柜体较重，安装应在基础二次灌浆并完成养护后进行。安装工程中注意防止施工人员受伤及柜体变形。

二、UPS交流不停电电源装置调试

UPS装置的检查及调试应有厂家在场指导或配合厂家完成。

1. 调试前检查及单体调试

（1）检查UPS装置调压变柜、备用隔离变的内部连线接头无松动，柜内无杂物。

（2）检查UPS柜内各插接件无松动，插件配线无脱落。

（3）旁路电源柜的检查调试。检查绝缘电阻合格后送上旁路柜电源，将调压变柜内控制器打至手动，用上升或下降键来调整调压变输出，此时调压电动机转动应平稳，观察电压表确认调压变的调整输出应平滑。将控制把手打至自动，调整给定电位器使输出为220V±10%后分开旁路柜电源。

（4）UPS输入电源检查。先送上工作电源，测量端子相间电压为380V±10%，相序为正相序；再送上备用电源，测量相线、零线端子间电压220V±10%；最后送上蓄电池电源，测量正极、负极间电压为220V±5%。检查无误后将各路电源做停电处理。

（5）UPS柜的功能检查。

1）开机操作检查。

a. 确认单机UPS所有开关在［OFF］（开路）位置。

a）RECTIFIER CB（主电源开关）。

b）ST. SW B/P CB（旁路输入开关）。

c）OUTPUT CB（输出开关）。

d）BATTERY CB（电池开关）。

e）MAINT. BYPASS（维护旁路开关）。

b. 首先将UPS的［RECTIFIER CB］开关置于ON位置。

c. UPS将开始进行自检，过大约1min，自检完成，确认LCD屏幕显示“UPS OFF”。

d. 确认面板［RECTIFIER］绿色指示灯亮起后，合上［BATTERY CB］开关。

e. 按［ON/OFF］按钮启动UPS，几秒之后将提示Bypass Fault，此时连续按2次键，等待约1min，INV灯亮后再合上［ST. SW CB］开关，再等几秒钟UPS将启动完成，面板上［UPS ON］绿色指示灯亮起，LCD显示“UPS OK”，UPS开机完成。

f. 测量UPS输出电压应为220V±1%。

2）关机操作检查。

a. 按UPS操作面板［ON/OFF］按钮，LCD显示屏显示“To confirm OFF press again”（再次确认），在两秒内再按一次［ON/OFF］按钮，UPS将关机，关机后LCD显示“UPS OFF”。

b. 将［BATTERY CB］电池开关、［OUTPUT CB］输出开关、［ST. SW CB］旁路开关、［RECTIFIER CB］电源主开关依次打到［OFF］状态，待面板所有指示灯熄灭，关机完成。

2. UPS切换调试

（1）从逆变器到旁路操作。

1）检查UPS旁路电源的供电正常。

2）将UPS自动回切开关SW3（MANUAL/AUTO）切至“MANUAL（手动）”位置。

3）按下转换到旁路的“BY PASS TRANSFER”按钮。

4）通过UPS控制面板上的模拟屏确认静态开关在旁路位，检查旁路稳压电源电压、电流正常。

5）顺序转换UPS手动旁路开关SW1到“2”后，再转换到“3”的位置，检查模拟屏显示旁路静态开关与检修旁路开关已同时接通。

6）将UPS逆变器启停开关SW2切至OFF位，检查确认逆变器关机。

7）拉开UPS交流输入开关CB1。

8）拉开UPS直流输入开关CB2。

9）将UPS手动旁路开关SW1转换到“4”的位置。

（2）从旁路到逆变器操作。

1）检查交流主电源供电正常，合上UPS交流输入开关CB1。

2）检查直流电源供电正常，合上UPS直流输入开关CB2。

3）将UPS逆变器启停开关SW2切至ON位，等待20秒后检查确认逆变器运行正常。

4）检查模拟屏显示旁路静态开关在旁路位置，控制面板无报警信号。

5）将 UPS 手动旁路开关 SW1 由“3”切到“2”的位置。

6）通过 UPS 控制面板上的模拟屏确认系统在同步状态。

7）将 UPS 手动旁路开关 SW1 由“2”切至“1”的位置。

8）将 UPS 自动回切开关 SW3（MANUAL/AUTO）切至“AUTO（自动）”位置。

9）检查 UPS 控制面板模拟屏静态开关在逆变器供电位置。

10）检查 UPS 各表计指示正常，控制面板无报警。

（3）空载情况下的切换试验。首先检查 UPS 装置工作正常且无报警信号，交流、直流电源均投入且电压正常。通过对 UPS 各电源端电源进行切除和恢复的方式，检查 UPS 装置的主、备、旁路电源自投与回切顺畅可靠，检查其操作功能正确，输出电压平稳无间断。UPS 装置的各项试验和调试工作应配合厂家技术人员或在厂家技术人员的指导下在现场完成。应依据厂家技术资料逐一检查各元器件符合配置要求，检查测试逆变器工作正常，各项功能试验符合设计要求，输出电压、切换流程、切换时间及报警信号等各项技术指标符合技术和使用要求，满足机组 DCS 系统、保护系统等对高质量、高可靠度电源的需求。

第六节　主变压器安装方案

一、施工准备

（1）变压器基础中心线及标高已经标出且符合图纸设计要求。

（2）基础工程已经办理中间交付安装交接单，施工现场已经平整，具备施工条件。

（3）安装工器具及辅材都已经准备齐全。

（4）对施工人员进行安全、技术交底。

（5）安装过程中，必须有厂家技术人员在现场指导。

二、变压器到货后的检查与保管

（1）变压器及附件到达现场后，按铭牌和图纸等有关资料核对产品型号。及时会同有关部门进行外观及本体检查，拆除冲击记录仪的冲击记录，确认变压器本体及运输过程无异常。

（2）检查变压器油箱及其所有附件应齐全，无锈蚀或机械损伤，密封应良好。

（3）检查油箱箱盖或钟罩法兰及封板的连接螺栓应齐全，紧固良好，无渗漏。对于浸入油中的附件，其油箱应无渗漏。

（4）充油套管的油位应正常，无渗油，瓷件无裂纹、损伤。

（5）充气运输的变压器，器身内应为正压，其压力 0.01～0.03MPa。

（6）变压器到货后如暂时不进行安装作业，其附件必须放在干燥、通风良好的库房内。浸油运输的（如电流互感器、升高座等）组件仍应充油储存，其油箱应密封。散热器（冷却器）和连通管、安全气道、净油器等应加密封。

（7）变压器本体应放置在高出地面的基础上，与本体连在一起的附件可不拆下。基础周围不得有积水或杂物堆积，并应隔离防护。

三、变压器安装前的检查及准备

（1）变压器到货后安装前必须进行绝缘油油样试验，其主要项目为电气强度和简化分析，当对油的性能有怀疑时，应进行全分析试验。

（2）落实补充用油是否与本体内已充绝缘油为同一厂家、同一型号、同一批次，否则应按比例混油后进行试验并合格。

（3）套管CT试验合格，变比正确。冷却器、储油柜密封试验合格，拆除铁芯接地点后，用兆欧表检测铁芯绝缘是否良好。

（4）检查所有紧固件无松动，绝缘件完好无损伤。

（5）检查运输支撑和本体各部件无异常后，拆除运输用临时防护装置。

（6）将附件按区域摆放到位。

（7）汽车吊提前一天进入现场，支车位置能保证其吊钩能覆盖变压器本体及所有附件。

四、变压器器身检查

（1）周围空气温度不宜低于0℃，器身温度不宜低于周围空气温度，当器身温度低于周围空气温度时，宜将器身加热，使其器身温度高于周围空气温度10℃。

（2）器身暴露时间。当周围空气相对湿度小于75%时，器身暴露在空气中的时间不得超过16h。在器身检查及附件安装过程中，应尽量缩短暴露时间。

（3）检查现场四周应清洁并有防雨、防尘措施，室外安装的变压器不应在雨雪天或雾天进行器身检查。

（4）充氮变压器打开人孔门后，必须让器身在空气中暴露15min以上，待氮气充分扩散后进行。

（5）器身检查所使用的工具材料均应造册登记并安排专人管理。

（6）器身检查的主要项目和要求应符合下列规定：

1）运输支撑和器身各部位应无移动现象，运输用的临时防护装置及临时支撑应予拆除，并经过清点做好记录以备查。

2）所有螺栓应紧固，并有防松措施；绝缘螺栓应无损坏，防松绑扎完好。

3）铁芯检查。

a. 铁芯应无变形；铁轭与夹件间的绝缘垫应完好。

b. 铁芯应无多点接地。

c. 铁芯外引接地的变压器，拆开接地线后铁芯对地绝缘应良好。

d. 打开夹件与铁轭接地片后，铁轭螺杆与铁芯、铁轭与夹件、螺杆与夹件间的绝缘应良好。

e. 当铁轭采用钢带绑扎时，钢带对铁轭的绝缘应良好。

f. 打开铁芯屏蔽接地引线，检查屏蔽绝缘应良好。

g. 打开夹件与线圈压板的连线，检查压钉绝缘应良好。

h. 铁芯拉板及铁轭拉带应坚固，绝缘良好。

4）绕组检查。

a. 各绕组应排列整齐，间隙均匀，油路无堵塞。

b. 绕组绝缘层应完整，无缺损、变位现象。

c. 绕组的压钉应紧固，防松螺母应拧紧。

（7）绝缘围屏绑扎牢固，围屏上所有线圈引出处的密封应良好。

（8）引出线绝缘包扎紧固，无破损、拧弯现象。引出线绝缘距离应合格，固定牢靠，其固定支架应坚固。引出线的裸露部分应无毛刺或尖角，焊接应良好；引出线与套管的连接应牢靠，接线正确。

（9）无励磁调压切换装置各分接点与线圈的连接应紧固正确，各分接头应清洁，且接触紧密，弹力良好。所有接触到的部分，用0.05mm×10mm塞尺检查，应塞不进去。转动接点应正确地停留在各个位置上，且与指示器所指位置一致。切换装置的拉杆、分接头凸轮、小轴、销子等应完整无损。转动盘应动作灵活，密封良好。

（10）有载调压切换装置的选择开关、范围开关应接触良好，分接引线应连接正确、牢固，切换开关部分密封良好。必要时抽出切换开关芯子进行检查。

（11）绝缘屏障应完好，且固定牢固，无松动现象。

（12）检查强迫油循环管路与下轭绝缘接口部位的密封情况应良好。

（13）检查各部位应无油泥、水滴和金属末等杂物。

（14）器身检查完毕后，必须用合格的变压器油进行冲洗。并清理油箱底部，不得有遗留杂物。箱壁上的阀门应开闭灵活、指示正确。导向冷却的变压器尚应检查和清洗进油管节头和联箱。

五、变压器附件安装

（1）变压器本体就位时应考虑其套管中心线应与封闭母线安装中心线相符，其坐标位置满足与封闭母线、共箱母线的连接的要求。

（2）所有法兰连接处，应用耐油密封垫（圈）密封。密封垫（圈）应无扭曲、变形、裂纹、毛刺，密封垫（圈）应与法兰面的尺寸相配合，原有封板的密封圈如有条件最好全部更换为新件。

（3）法兰面应平整、清洁。密封垫清洁干净，安放位置准确。其搭接处的厚度应与其原厚度相同，压缩量不宜超其厚度的1/3。

（4）冷却装置的安装。

1）冷却装置在安装前应按制造厂规定的压力值用气压或油压进行密封试验，并应持续30min应无渗漏。

2）冷却装置安装前应用合格的变压器油冲洗干净，并将残油排尽。

3）风扇电动机及叶片应安装牢固，转动灵活，无卡阻现象。试转时应无振动、过热现象，叶片应无扭曲变形或与风筒碰擦等情况，转向应正确。电动机的电源配线应采用具有耐油性能的绝缘导线。

4）管路中的阀门方向正确、操作灵活，开闭位置正确。阀门及法兰连接处应密封良好。

5）外接油管路在安装前，应进行彻底除锈并清洗干净。

6）油泵转向应正确，转动时应无异常噪音、振动和过热现象。其密封应良好，无渗油或进气现象。

7）差压继电器、流速继电器安装前应经校验合格，且密封良好，动作可靠、安装位置正确。

8）冷却装置安装完毕后应即注满油。

（5）储油柜的安装应符合的要求。

1）储油柜安装前，其外壳应清洗干净。

2）胶囊式（或隔膜式）储油柜中的胶囊（或隔膜）应完整无破损，胶囊在缓慢充气胀开后检查应无破损漏气现象。胶囊沿长度方向应与储油柜的长轴保持平行，不扭偏。胶囊口的密封应良好，呼吸应畅通。

3）油位表动作应灵活，油位表或油标管的指示必须与储油柜的真实油位相符，不得出现假油位。油位表的信号点位置正确，绝缘良好。

（6）升高座的安装应符合的要求。

1）升高座安装前，应先将电流互感器进行试验并合格。电流互感器出线端子板应绝缘良好，其接线螺栓和固定件垫块应紧固，端子板密封良好无渗油现象。

2）安装升高座时，应使电流互感器铭牌面向油箱外侧，放气塞应在升高座的最高处。

3）电流互感器和升高座的中心应一致。

4）绝缘筒安装应牢固，其安放位置不应使变压器引出线与之相碰。

（7）套管的安装应符合的要求。

1）套管安装前应进行下列检查：

a. 瓷件无裂缝、损伤。

b. 套管、法兰颈部及均压球内壁应清擦干净。

c. 套管应经试验合格。

d. 充油套管的油位指示正常，无渗油现象。

2）充油套管内部绝缘已确认受潮时，应予干燥处理。110kV及以上的套管应真空注油。

3）高压套管穿缆的应力锥应进入套管的均压罩内，其引出端头与套管顶部接线柱连接处应擦拭干净，接触紧密。高压套管与引出线接口的密封波纹盘结构（魏德迈结构）的安装应严格按制造厂的规定进行。

4）套管顶部结构的密封垫安装正确，密封应良好，连接引线时，不应使顶部结构松扣。

5）充油套管的油标指示应面向外侧，套管末屏应接地良好。

（8）气体继电器的安装应符合的要求。

1）气体继电器安装前应经检验整定合格。

2）气体继电器应水平安装，其顶盖上标志的箭头应指向储油柜，其与连通管的连接应密封良好。

(9) 安全气道的安装应符合的要求。

1) 安全气道安装前内壁应清拭干净。

2) 隔膜应完整，其材料和规格应符合产品的技术规定，不得任意代用。

3) 防爆隔膜信号接线应正确，接触良好。

(10) 压力释放装置的安装方向应正确，阀盖和升高座内部应清洁，密封良好。电接点应动作准确，绝缘应良好。

(11) 吸湿器与储油柜间的连接管的密封应良好，管道应通畅，吸湿剂应干燥，油封油位应在油面线上或按产品的技术要求进行。

(12) 净油器内部应擦拭干净，吸湿剂应干燥。其滤网的安装位置应正确并装于出口侧，油流方向应正确。

(13) 所有导气管均须清拭干净，其连接处应密封良好。

(14) 测温装置的安装应符合的要求。

1) 温度计安装前均应进行校验，信号接点应动作正确，导通良好。绕组温度计应根据制造厂的规定进行整定。

2) 顶盖上的温度计应注以变压器油，密封应良好，无渗油现象。闲置的温度计座也应密封，不得进水。

3) 膨胀式信号温度计的细金属软管不得有压扁或急剧的扭曲，其弯曲半径不得小于 50mm。

4) 靠近箱壁的绝缘导线，排列应整齐，应有保护措施。接线盒应密封良好。

六、注油

(1) 现场进行附件安装的已预充绝缘油的油浸变，采用真空滤油机进行补油。补油所达油位符合厂家产品技术资料的要求，补油应通过储油柜上专用的添油阀，并经净油机注入，注油至储油柜额定油位。注油时应排放本体及附件内的空气，少量空气可自储油柜排尽。

(2) 生物质电厂的主变大多为 110kV 及以下电压等级，110kV 等级充氮运输的变压器附件安装完毕后宜采用真空注油。

1) 当真空度达到规定值后方可开始注油，注油的全过程应保持真空。

2) 注入油的油温宜高于器身温度，注油速度不宜大于 100L/min。

3) 油面距油箱顶的空隙不得少于 200mm 或按制造厂规定执行。

4) 注油后，应继续保持真空，保持时间。110kV 者不得少于 2h。

5) 真空注油工作不宜在雨天、雾天或潮湿天气下进行。

6) 在抽真空时，应安排专人观察监护。并将在真空下不能承受机械强度的附件，如储油柜、安全气道等与油箱隔离。对允许抽同样真空度的部件，应同时抽真空。

7) 真空注油宜从下部油阀进油。对导向强油循环的变压器，注油应按制造厂的规定执行。注油时设备各接地点及油管道应可靠地接地。

(3) 安装及补（注）油完成后进行整体密封试验应良好。

（4）110kV及以下电压等级的变压器注油完毕后，在施加电压前，其静置时间不应少于24h；静置完成后变压器电气试验和油样试验符合规范及厂家技术资料的要求。

（5）静置完毕后，应从套管、升高座、冷却装置、气体继电器及压力释放装置等有关部位进行多次放气，并启动潜油泵，直到残余气体排尽。

（6）具有胶囊或隔膜的储油柜的变压器必须按制造厂规定的顺序进行注油、排气及油位计加油。

第七节　发电机与引出线安装

一、发电机本体电气检查

发电机到达现场后，检查定子、转子有无损伤及锈蚀，绕组绝缘完整无损伤及起泡现象，槽楔无裂纹、松动和凸出现象。发电机及其膛间应干燥、洁净，并测量定子、转子的绝缘电阻应合格。安装前的保管期间需建立定期巡检制度，每月按时进行巡查和记录，并按产品的要求定期盘动转子。进入发电机本体内部工作需穿专用工作服和软底布鞋，不得损伤绕组端部和铁芯，并对带入、带出的工具造册登记，严禁将异物遗忘在本体内。配合机务专业穿转子前，应安排专人对定子及其膛间和转子再进行一次彻底清理及检查，在穿转子过程中需指定专人观察间隙，防止碰撞刮擦。

二、发电机定子检查

（1）定子的铁芯、绕组及机座内部应清洁，无尘土、油垢和杂物。

（2）绕组的绝缘表面应完整，无伤痕和起泡现象。端部绕组与垫块应紧靠垫实，紧固件和绑扎件应完整无松动，螺母应锁紧。

（3）铁芯硅钢片紧固密实无锈蚀、松动、损伤或金属性短接。

（4）定子槽楔应无裂纹、凸出及松动现象，每根槽楔的空响长度不应超过其1/3，端部槽楔必须牢固。

（5）通风孔和风道应清洁、无杂物阻塞。

（6）埋入式测温元件的引出线和端子板应清洁、绝缘，其屏蔽接地应良好。

（7）防锈漆层完好，无脱落、锈斑。

（8）检查定子膛与机壳固定牢靠，支撑齐全、焊口饱满；定子绕组引出线绝缘良好完整、焊接部位焊接良好饱满、接触面镀层完好，与机壳引出部位绝缘措施完善、固定牢靠。

检查定子及出线各部位，用大功率吸尘器对其表面进行清理，对表面附着的灰尘等物体可以先用面团、无水酒精或专用绕组清洗剂进行清洁，最后再用干燥空气或氮气进行吹扫，确保无尘土和杂物遗留。

三、发电机转子检查

（1）检查表面油漆无脱落及锈蚀。

（2）转子上的紧固件安装牢靠，平衡块固定牢固无变位，平衡螺丝应锁牢。

（3）风扇叶片安装牢固、方向正确，叶片无变形、裂纹和破损，焊接部位焊接良好，螺栓连接部位螺母应锁牢。

（4）磁极及铁轭固定良好，励磁绕组与磁极贴紧、靠实，无松动。槽楔应无裂纹、凸出及松动现象，空响长度满足规范及厂家要求。

（5）垫块、支撑牢靠无松动，转子表面光滑平整，金属部位无开裂、气孔、变形等异常。

（6）检查滑环表面平整光滑无裂纹、油污且与轴同心，晃度应符合产品技术条件的规定，滑环与绕组的连接牢靠且与大轴绝缘措施良好。

最后使用无水酒精或专用清洗剂清理表面污垢，使用干燥空气吹扫转子的表面灰尘。

四、发电机穿转子的工作配合及需具备的条件

（1）定子、转子的各项试验已完成并合格。

（2）最终的检查清理工作已完成并经验收签证。

（3）转子及定子的下部铁芯和绕组端部的保护措施完善。穿转子过程中，注意观察间隙，不得碰伤定子绕组或铁芯。

（4）转子穿装完毕后及时检查复测绝缘情况。

（5）注意检查机务后续安装过程中的防潮措施，防止发电机受潮。

（6）机务安装端盖前，应再次检查确认电机内部干净洁净、无杂物和遗留物。安装后，端盖接合处应紧密。采用端盖轴承的电机，端盖接合面应采用 10mm×0.05mm 塞尺检查，塞入深度不得超过 10mm。

（7）电机的空气间隙和磁场中心应符合产品的要求。

五、发电机引出线安装

1. 发电机出口配电装置安装

发电机出口配电装置的安装参见厂用配电装置安装工序及规范、设计要求进行。在进行发电机出口配电装置安装时，应充分考虑其与主变压器、励磁变、电抗器、厂用高压配电装置等设备连接的成套母线装置安装所要求的坐标、位置要求。

2. 发电机出线母排支架制作安装

（1）熟悉设计图纸及厂家资料，了解发电机出线母排支架制作、支撑绝缘子安装的相关设计及要求。检查复核现场，落实建筑施工的预埋件已清出，预埋件数量及位置满足安装需求。

（2）按设计型号、规格领取材料并采用切割机切割下料，在已下好料的型钢上按设计支撑绝缘子位置钻孔并涂刷防锈漆。

（3）将母线支架按设计位置安装到位，安装测量应以绝缘子在支架上的开孔为基准点。

（4）先点焊，找正、固定完毕并复测无误后再满焊。

（5）按设计及规范要求将支架接地。

（6）对焊接损坏的漆层进行清理找补，干透后统一刷一遍面漆。

3. 发电机出线母排制作安装

熟悉设计图纸及厂家资料，根据图纸设计型号、规格、数量领取母线毛坯。

（1）母线毛坯的检查。检查母线毛坯材料应有出厂合格证，毛坯表面光洁平整，无腐蚀、裂纹、折皱、变形、扭曲及夹杂物。

（2）母线毛坯的平直矫正。使用木槌矫正母线材料，当使用手锤时，手锤与母材间应垫以铝排头、木板等进行缓冲；母线平直后应无局部凹陷，无变形、扭曲现象。

（3）母线下料。直段母线可根据设计尺寸用拐尺和划针画线，用切割机直接下料。如母线有需弯制的部分，则根据母线设计走向及现场实际空间尺寸、走向角度进行计算，当对计算无把握时可进行放样，然后按照计算或放样量取的数据进行画线，使用切割机或手锯进行切割下料，切割部位应注意选择在线外的沿线不使用部分，切断面应平整。量取尺寸应准确，画线时直角尺角度应精准，尺寸计算和画线时应充分考虑母线的不同弯曲角度而产生的尺寸偏差，下料后及时去除下料产生的毛刺。

（4）母线弯制。

1）根据计算尺寸或放样尺寸在母线上画出起弯点并用划针延成直线，该线与母排长度直线成直角，画线采用的工具也可使用铅笔或钢锯条。

2）根据需弯制角度确定并画出起弯线与夹持线，当母材为矩形铜质材料时：

a. 直角平弯的起弯线与夹持线距起弯点不得小于1倍的母材厚度尺寸，即两线间距离不得小于两倍的母材厚度尺寸。

b. 直角立弯的两条夹持线间的距离不得小于1.5倍的母材厚度尺寸。

c. 弯制前应考虑钻孔等下道工序的施工，如弯制后影响钻孔时应先钻孔后弯制。

d. 矩形母线制作在设计和制订方案时应提前考虑相间及对地安全净距满足规范要求，在可能的情况下应减少直角弯曲。母线开始弯曲处距最近绝缘子的母线支持夹板边缘不应大于0.25倍的两支撑点的距离，但不得小于50mm，母线开始弯曲处距母线连接部位不应小于50mm。多片母线的弯曲程度一致，片与片之间的距离应等于母材厚度且一致。矩形母线采用螺栓搭接时，连接处距支柱绝缘子的支持夹板边缘不应小于50mm，上片母线端头与其下片母线平弯开始处的距离不应小于50mm。

3）母线的弯制应使用专用或自制工具进行机械冷弯，不得进行热弯。母线弯曲处不得有裂纹及显著的折皱。

（5）母线钻孔及搭接面处理。

1）母线与母线连接时，其钻孔的直径、个数及母线的搭接形势、连接尺寸必须满足规范要求。

2）母线与设备连接时，宜将母排带到现场进行号孔。为保证制作及安装工艺，提高准确率，最后一段与设备连接的母线也可将钻孔工作后延至安装过程进行。

3）使用样冲进行打点，样冲点的位置应精确，深度满足钻孔需要。

4）钻孔直径宜大于所用螺栓直径1mm，钻孔应垂直，螺孔间间距偏差不得大于0.5mm。

5）用板锉把母线搭接面的毛刺、氧化膜处理干净。接触面加工应平整，加工后，其截面减少值。铜母线应不超过原截面的3%，铝母线应不超过原截面5%。经过压花处理和具有镀层的母线搭接面，不得任意锉磨。

6）当母线连接为铜—铜或铝—铝时，在在干燥的室内可直接连接。铜—铜时，室外、高温且潮湿的或对母线有腐蚀性气体的室内，必须搪锡；铜—铝时在干燥室内，铜导体应搪锡，室外或空气相对湿度接近100%的室内，应使用铜铝过渡板，铜铝过渡板的铜材部位应搪锡。

7）当母线采用热缩绝缘护套防护时，应在安装前将热缩套安装热缩完毕。

（6）母线安装。

1）检查母线安装所需的支撑绝缘子浇注牢固、釉面完整、无裂纹及破损，并经试验合格。检查金具的规格型号符合设计及规范要求，检查螺栓型号、数量满足施工要求。

2）将支撑绝缘子及金具安装到已安装完成的支架上。

3）将制作完成的母线固定在金具上，自起始设备段向另一端设备处连接。

a. 母线固定金具与支柱绝缘子间的固定应平整牢固，不应使其所支持的母线受到额外应力。

b. 交流母线的固定、支撑金具或穿墙板、支架不应形成闭合磁路。

c. 当母线平置时，母线支持夹板的上部压板应与母线保持1～1.5mm的间隙；当母线立置时，上部压板应与母线保持1.5～2mm的间隙。

d. 母线在支柱绝缘子上的固定死点，每一段应在其全长或两母线伸缩节中点位置设置一个。

e. 母线固定装置应无棱角和毛刺。

f. 母线伸缩节不得有裂纹、断股和折皱现象，其总截面不应小于母线截面的1.2倍。

4）在清理后的搭接面上均匀涂抹电力复合脂，将搭接面螺栓全部穿完后进行调整，最后紧固。

a. 母线平置时，贯穿螺栓应由下向上穿，在其余情况下，螺母应置于维护侧。螺栓长度宜露出螺母2～3扣。

b. 贯穿螺栓连接的母线的两外侧，均应有平垫圈。相邻螺栓的垫圈间应有3mm以上的净距，螺母侧应装有弹簧垫圈或锁紧螺母。

c. 多片母线间距一致、边线平齐，相间距离一致且满足安全距离要求。

d. 母线连接顺畅，不应使电器接线端子及其固定绝缘子受到额外应力。

e. 母线接触面应连接紧密，连接螺栓应用力矩扳手紧固，其紧固力矩值满足规范及厂家要求。

5）涂刷相色漆。单片母线的所有面、多片母线的可见面均应涂刷相色漆，要求相色正确，刷漆均匀，无滴流、花脸、起层、皱皮等缺陷，并应整齐一致。母线上下布置时，应先刷上层再刷下层母线。在母线的螺栓连接及支持连接处、母线与设备的连接处以及距全部连接处10mm以内的地方不应涂刷相色油漆。

第八节　35kV屋外配电装置安装

一、施工范围

本工程主要包括支柱绝缘子、互感器、断路器、隔离开关、避雷器等高压电气设备和架空线路、引下线、设备连线的安装、调整，还包含主变中性点设备的安装工作。

二、施工准备

(1) 土建构架及设备支柱验收合格，断路器预埋孔验收合格，并办理交接签证。

(2) 施工场地已平整，场地清洁无杂物，具备支车条件。

(3) 设计图纸已会审，安装工器具及材料已备妥。

(4) 设备已到货，按安装要求摆放到位。

三、35kV屋外配电装置安装

1. SF_6 断路器安装

(1) 熟悉安装图纸了解安装位置，核对安装尺寸。熟悉厂家安装说明书掌握设备型号及安装、调试标准及要求。

(2) 基础检查。基础中心距离和高度误差不大于5mm，预埋螺栓中心偏差不大于2mm，设备孔距与基础预留孔距一致。

(3) SF_6 断路器的开箱检查及安装工作应在无风沙、无雨的天气下进行。设备开箱检查应在厂家、业主及质检部门在场的情况下进行，开箱检查完毕写出检查纪要。核对断路器型号符合设计要求，断路器各部件、备件及专用工具应齐全无锈蚀和损伤变形，瓷件表面光滑、无裂纹，铸件无沙眼，出厂证件及技术资料齐全（安装说明书、合格证、出厂试验报告等）。

(4) 开关支撑架及基架安装。

1) 开关支撑架安装。支撑架固定牢固，三相支撑架高度误差不大于2mm，中心距离误差不大于5mm。支撑架与基础的垫片不超过3片，其总厚度不应大于10mm，各片间应焊接牢固。支撑架安装完毕后，联系建筑专业对地脚螺栓进行二次灌浆。

2) 开关基架安装。基架的水平误差不大于2mm，基架与支架固定应牢固，部件连接使用厂家提供的螺栓。安装过程中注意保护基架内的传动装置，严禁损坏。

(5) 极柱的安装及操作机构的连接。

1) 极柱装运单元的拆卸。将未拆内包装的3个极柱单元用吊车起吊，放置在坚实的地面上。吊点应选择设备的预留专用吊点，吊装索具采用吊带及卡环。拆除临时固定点，使用吊带依次将3个极柱分开并摆放在垫有木板的坚实的地面上，防止传动单元受损。拆除每个极柱底部法兰上的运输固定螺栓，在安装时更换为正式螺栓。

2) 极柱的气密性试验。在极柱安装到基架上之前，先检查每个极柱的 SF_6 气体预充情况，将锁紧螺母和O形密封圈从传动单元的法兰上旋下，用手在法兰内的逆止阀弹簧的阻力方向快速按压，如出现由于喷出气体而产生滋滋的响声则合格，否则可能存在漏气和运输损坏情况。

3）极柱安装。

a. 按照厂家编号进行安装和连接。

b. 拆下极柱上用于水平起吊用的两个吊环板，从附件箱中取出对应型号的螺栓将螺栓孔补齐。

c. 极柱竖立应缓慢，吊点应选择在极柱上预留的垂直起吊专用吊点处，使用吊带吊装。

d. 在极柱立起距地面一定距离后，及时把木板垫在极柱后面进行防护，以防止极柱倾斜受损。

e. 为防止极柱在竖立过程中倾倒滑偏，要确保吊钩和极柱在垂直状态，严禁斜拉偏吊。

f. 将运输用临时支撑拆除，并更换相应螺栓。

g. 将极柱吊至开关基架上部的极柱板开口的垂直位置，稳钩后缓缓落入基架的安装位置，调整合格后用螺栓将极柱与开关基架可靠连接固定。极柱垂直度偏差不大于 3mm，三相相间中心距离偏差不大于 5mm。

h. 从极柱头上将吊耳拆除并从更换补齐螺栓。

i. 不要将梯子靠在极柱上，防止损伤。

4）控制箱安装。

a. 如控制箱分体供货，则按照厂家说明书及图纸进行安装。

b. 固定螺栓平垫、弹垫齐全，紧固力矩符合要求，安装牢靠。

5）机构连杆连接。

a. 依次连接各相之间的机构连杆；连杆连接预调完成后锁紧螺母。

b. 检查操作机构及传动机构各部位，根据情况找补加注合适的润滑脂保证其动作灵活。

6）SF_6 管道连接。

a. 首先拆下极柱管路封头的锁紧螺母及外罩，把新密封圈旋入基架预留管接头的锁紧螺母后和极柱上的接头平行对准连接。

b. 检查密封槽应清洁无划痕损伤，按厂家要求对 O 形圈、密封面涂抹适量的密封胶。

c. 连接过程中，注意保持密封件的清洁以及保护密封垫圈的完好性，已使用过的密封垫（圈）不得再次使用。

d. 所有连接应牢固可靠，螺栓紧固力矩符合规范及产品要求。

e. 拆除的封头螺栓、锁紧螺母、外罩应予以妥善保存，以备以后运输检修和使用。

组装完成后进行整体检查，检查装配齐全完整、螺栓紧固牢靠，在所有活动轴的 C 形挡圈处穿入开口销，涂刷相色标志漆。

7）设备接地。在开关基架或支撑架上预留的专用接地板处用热镀锌扁钢与接地网连接，连接应采用螺接方式，明敷接地线的标示应明显清晰、连接点数及搭接面积应符合规范和产品的要求。

8）充注 SF_6 气体。

a. 气体密度继电器和压力表必须已校验合格，厂家配供的 SF_6 气体质量合格，具有出厂试验报告及合格证，运至现场后的微水试验已完成且合格。在厂家技术人员现场指导下进行充注作业。

b. 充注前检查充气装置及管路应洁净，无水分、油污。管路连接良好无渗漏，充气装置已配置安全阀，超压释放措施完善。

c. 按厂家要求将充注装置先接好气瓶，暂不要接断路器侧，开启气瓶用气体冲洗管路。管道冲洗后方可连接断路器进行充注工作，连接时管道的方向保持与冲洗时的方向一致。

d. 在现场装设温度计以确定现场实际温度，并依据厂家给定的20℃温度曲线折算现场实际温度的压力值，充气压力严格按厂家安装说明书给出的 SF_6 充气曲线确定。充气过程中应密切观察精密压力表和检查充气管路，确保充注压力正常且无漏气现象。

e. 用调节阀控制气体流量，避免充气过快导致管路及连接件上出现结冰现象。

f. 断路器充注压力略高于温度换算值0.02MPa后充气结束。关闭气瓶阀门，拧下充气工具，拧紧断路器、气瓶接口的锁紧帽后清洁各部件。

g. 气体检漏。气体检漏工作应在充注工作完成24h后进行。采用灵敏度不低于 1×10^{-6} 的检漏仪对断路器各密封部位、管路及其接头处进行检测，检漏仪不应报警。采用收集法进行气体泄漏测量时，以24h的漏气量换算，年漏气量不应大于1%。

h. 当发现存在气体渗漏的情况时，回收 SF_6 气体至0.03MPa后松开泄漏处的连接，检查管路及各连接部位，缺陷消除后重新进行充注作业直至密封良好无泄漏。

i. 检测断路器内 SF_6 气体的微水含量应符合厂家及规范要求，微水的测定工作应在充注完成24h后进行。

9）断路器的调整及试验。为避免操作错误导致断路器损坏，在断路器内必须充有额定压力的 SF_6 气体及位置指示正确可靠时，才允许进行操作传动试验。

a. 调整工作应在厂家技术人员的指导下进行。

b. 断路器调整后各项性能指标（包括机构储能、机械及电动分合闸、压力接点动作值、密度继电器测试、防跳、分合闸时间和速度、同期、控制及信号等）应符合产品技术要求及设计要求。

c. 进行断路器的电气试验。包括绝缘电阻、回路电阻、交流耐压、分合闸的时间及速度、分合闸线圈的绝缘电阻及直流电阻、气体微水试验，以及密度表、压力表和压力动作阀的检查等。

10）投运前检查。

a. 各项调整调试、试验项目齐全，符合规范及厂家要求。

b. 断路器传动试验动作可靠、信号正确，保护功能齐全、灵敏、可靠。

c. 断路器油漆完整，相色标示正确明显，接地良好。

2. 隔离开关安装

（1）熟悉图纸了解安装位置，核对安装尺寸，熟悉厂家安装说明书掌握设备型号及安装、调试标准及要求。

(2) 设备开箱检查。设备开箱应有物资公司、监理、电厂、制造厂、电气专业人员参加，检查设备型号符合设计，检查设备所带附件、备件齐全完好、无损伤。载流导电部位及接线端子清洁、接触良好，动静触头的镀层完好无脱落，瓷件清洁无裂纹、破损及焊接残留斑点等缺陷，底座旋转部分灵活并涂以适合当地气候的润滑脂。操作机构零部件齐全，所有固定连接部件应紧固。厂家出厂资料（出厂试验报告、说明书、合格证等）齐全。

(3) 隔离开关安装。

1) 隔离开关的组装。

a. 相间距离误差不大于10mm，相间连杆应在同一水平线上。

b. 同一绝缘子柱的各节绝缘子中心线应在同一直线上，同相各绝缘子柱的中心线应在同一垂直平面上。

c. 各支柱绝缘子间的连接应牢固，触头位置对应。

2) 操作机构箱安装。

从开关操作轴中心挂一垂线，使操作机构主轴中心线与垂线重合。

a. 操作机构箱固定要牢靠。

b. 机构箱安装应横平竖直。

c. 开关操作轴中心线要和操作机构主轴中心线重合。

d. 将隔离开关及其操作机构箱、设备支架可靠接地。

3) 隔离开关的连杆连接。

a. 拉杆应校直，弯曲度误差不大于1mm，拉杆的直径与操作机构传动轴的直径相匹配，拉杆与转轴直径间隙不大于1mm。连接部位的销子安装正确无松动，拉杆与带电部分的距离满足规范及产品要求。

b. 在开关及其操作机构均处于分闸（或合闸）位置时，将连杆装上，锁紧联轴器，三相连杆中心线误差不大于2mm。

c. 连杆、拐臂、延长轴等传动部件安装位置正确，紧固牢靠，传动齿轮咬合准确、传动灵活，定位螺钉安装正确、固定良好。

d. 所有转动部分应涂以适合当地气候的润滑脂。

4) 隔离开关调整。通过调整传动机构联杆及触头末端的调整螺栓，使主刀闸在合闸后应平直、动触头与准静触头的中心一致。通过调整，确保开关动作顺畅，分合可靠到位。

a. 电动机的转向应正确。

b. 机构的分、合指示应与设备的实际分、合闸位置相符。

c. 机构应动作平稳，无卡阻、冲击等异常情况。

d. 限位装置准确可靠，到达规定分、合极限位置时，应可靠的切除电源。

e. 合闸后，触头间的相对位置、备用行程以及分闸后触头间的净距或拉开角度，应符合产品的技术规定。

f. 具有引弧触头的隔离开关，由分到合时，灭弧触头早于主触头先接触。从合到分时，触头的断开顺序应相反。

g. 触头表面应平整、清洁，并应涂以薄层中性凡士林。载流体的可挠连接不得有折损，连接应牢固，接触应良好。载流体表面应无严重的凹陷及锈蚀。

h. 触头间应接触紧密，两侧的接触压力应均匀，且符合产品的技术规定。

i. 对导电部分进行检查。以 0.05mm×10mm 的塞尺检查，对于线接触应塞不进去。对于面接触，其塞入深度在接触表面宽度为 50mm 及以下时，不应超过 4mm，在接触表面宽度为 60mm 及以上时，不应超过 6mm。

j. 三相联动的 35kV 等级的隔离开关，触头接触时，其三相不同期值应不大于 5mm。

k. 应先进行多次手动分、合闸，确认机构动作正常后方可进行电动操作。

l. 接地开关在合闸后，其动触头应与静触头可靠接触，分闸后刀杆与带电部位的安全距离必须满足规范及产品要求。

m. 动触头插入静触头时，应达到触指的刻度线（一般动触头顶端应超过刻度线不小于 15mm），接地刀刃转轴上的扭力弹簧或其他拉伸式弹簧应调整到操作力矩最小，并加以固定。在接地开关的垂直连杆上涂以黑色油漆进行标示。

n. 机构箱密封垫完整。

调整完毕后，可进行设备连线等下步工序施工，但在连线完成后应对隔离开关的操作及动作情况进行复核，并涂刷、完善相色漆。

3. 互感器安装

（1）熟悉图纸，落实安装位置条件已具备，核对安装尺寸，熟悉厂家安装说明书掌握设备安装要求。

（2）设备开箱检查。设备开箱应有物资公司、监理、电厂、制造厂、电气专业人员参加，检查设备型号符合设计，检查设备所带附件、备件齐全完好、无损伤，厂家出厂资料（出厂试验报告、说明书、合格证等）齐全。

（3）互感器安装。

1）互感器安装前检查。

a. 外观无损伤及掉磁、裂纹。

b. 二次接线板引出端子连接牢固，绝缘良好，标志清晰。

c. 变比分接头的位置及极性满足设计及规范要求。

d. 油浸式电压互感器密封良好无渗油现象，油位合适，显示正确。

e. 安装后不易进行的电气试验已完成并合格。

2）互感器安装。

a. 固定螺栓连接牢固，螺栓配件齐全。

b. 垂直度偏差不大于 1.5/1000。

c. 极性方向三相一致。

d. 铁芯接地引出线、底座及设备杆的接地良好、可靠。

e. 保护间隙设置符合设计要求。

f. 电流互感器的备用二次绕组短接接地状态良好。

g. 油浸式电压互感器储油柜气密性良好无渗漏，顶盖螺栓连接紧固。

h. 带电部位与架构和其他设备的安全距离满足规范及设计要求。

i. 相色标示清晰正确。

4. 软母线安装

(1) 建筑架构验收合格，已办理交接签证。熟悉图纸，掌握母线弧垂、张力等要求。在现场测量挡距等原始数据并做出记录。

(2) 材料检查。检查导线、线夹、金具等，规格正确，数量齐全，外观干净无浮土、杂物，合格证等技术资料齐全。附件和紧固件，除地脚螺栓外均应为热镀锌制品。金属附件及螺栓表面不应有裂纹、砂眼、锌皮剥落及锈蚀等现象。

软母线工程所使用的原材料、器材，具有下列情况之一者，应重作检验：

a. 超过规定保管期限者。

b. 因保管、运输不良等原因而有变质损坏可能者。

c. 对原试验结果有怀疑或试样代表性不够者。

软母线工程使用的线材，施工前应进行外观检查，且应符合下列规定：

a. 不应有松股、交叉、折叠、断裂及破损等缺陷。

b. 不应有严重腐蚀现象。

c. 表面镀锌层应良好，无锈蚀。

金具组装配合应良好，安装前应进行外观检查，且应符合下列规定：

a. 表面光洁，无裂纹、毛刺、飞边、砂眼、气泡等缺陷。

b. 线夹转动灵活，与导线接触面积符合要求。

c. 镀锌良好，无剥落、锈蚀现象。

(3) 绝缘子串的安装。

1) 组装前检查。

a. 外观光洁，无掉瓷、裂纹现象，无表面灰垢、附着物及不应有的涂料。

b. 铁件镀锌完整无锈蚀，胶合面填料完整、牢固，弹簧卡弹性充分。

c. 电气试验已完成并合格。

2) 绝缘子串组装。

a. 组装片数符合设计要求。

b. 连接螺栓防松措施齐全、连接牢固。

c. 当采用开口销时应对称开口，开口角度应为30°～60°，采用的闭口销或开口销不应有折断、裂纹等现象，严禁用线材或其他材料代替闭口销、开口销。

d. 球头与碗口配合灵活、无卡阻、碗口向上。

e. 悬垂绝缘子倾斜角度不大于5°。

f. 耐张串上的弹簧销子、螺栓及穿钉应由上向下穿。当有特殊困难时可由内向外或由左向右穿入，悬垂串上的弹簧销子、螺栓及穿钉应向受电侧穿入。两边线应由内向外，中线应由左向右穿入。

g. 绝缘子裙边与带电部位的间隙不应小于50mm。

(4) 软母线安装。

1) 按设计及规范要求进行线夹的拉力试验。

2) 在放线过程中导线不得与地面摩擦，应放在帆布或草垫上敷设。对已展放的导线

应进行外观检查，不应发生磨伤、断股、扭曲、断头等现象。

3）下线实际长度可按有关标准计算，切割导线时切割点两端用绝缘胶布绑扎牢固，要求切口与线股垂直、端面整齐、无毛刺。

4）导线与连接管连接前应清除导线表面和连接管内壁的污垢、氧化膜，清除长度满足规范要求。连接部位的铝质接触面，应涂一层电力复合脂后再进行压接，导线插入连接管深度大于要求压接长度且满足规范要求。当T形线夹需要压接时，应按实测尺寸来确定T形线夹固定位置。

5）液压钳的模具应与压钳及被压件配套。压接前按规范对试件进行试压，试压合格后方可进行正式压接。压接时将压接管放正放平，相邻压接处位置距离5～8mm。压接后检查导线外观无隆起、松股、抽筋等现象，压接弯曲度不大于2%。压接后压接管表面无裂纹，并及时锉去毛刺。压接后六角形对边尺寸应为$0.866D$，当有任何一个对边尺寸超过$0.866D+0.2$mm时应更换钢模（D为接续管外径）。

6）双导线的同相导线组合的消弯工作应在地面进行，按设计间距要求进行设备连线与架空线的间隔棒安装工作。

7）提前将卷扬机准备好，将组装好的母线运至架设地点，并与绝缘子串装好。

8）先用吊车把母线一端吊起固定在架构上，然后用卷扬机带动母线另一端，将母线挂起，调整并固定可靠。

a. 母线弧度偏差为－2.5%～5%，且同一挡内的三相母线的弧垂度应一致。

b. 组合导线固定线夹间距偏差不超过±3%。

c. 连接金具装配完整、牢固。

9）引下线、跳线的制作安装宜在架空线安装完成并初步调整完毕后进行，其下料、制作、压接工艺同架空线。

a. 引下线、跳线与电气设备的连接应满足规范要求。

b. 引下线、跳线与电气设备的连接不应使电气设备端子变形和受到额外应力的影响。

c. 连接金具装配完整、牢固。

软母线施工完毕后应进行整体检查调整，安全距离满足规范及设计要求，相间间距一致、弧垂一致。连接牢靠、配件齐全，与设备连接无应力，且不受设备活动及操作的影响，搭接满足规范要求。电气试验合格，报告完整齐全。

第五章　生物质发电热控专业施工安装

本章以某生物质发电工程1×30MW发电机组为例，对热控专业施工安装进行说明。

第一节　概　　述

一、仪表和控制设备

机组采用机、炉、电集中控制方式，热控系统主要有DCS控制系统、DEH控制系统、TSI系统、ETS系统、锅炉吹灰程控系统组成，并设有少量的常规仪表和控制装置构成完整的仪表控制系统。辅助车间水、料、灰控制点也采用DCS系统实现，在条件成熟时形成辅控网。

二、控制方式

1. 集中控制方式

（1）根据单元制机组的热力系统特点，采用炉、机、电集中控制方式。以CRT和键盘/鼠标为机组主要监控手段，CRT和键盘/鼠标以及紧急事故处理用的监控设备布置在操作台上，当运行过程中出现故障时，可通过操作台上的紧急停机停炉按钮实现紧急安全停机。

（2）汽机控制主要完成汽机转速控制、负荷控制、超速保护、应力监测等功能，汽机本体监视TSI主要监视轴向位移、轴承振动、轴瓦振动、胀差、零转速等重要参数。汽机紧急跳闸系统ETS采用PLC实现。

（3）不设变送器小室。锅炉侧的变送器相对集中于就地设置的保温箱内，汽机、除氧给水系统的变送器则视具体情况就地相对集中安装。

（4）设置独立于分散控制系统（DCS）的常规报警系统。包括重要热工参数越限，重要控制系统和重要电源回路故障，重要联锁项目动作等。

（5）分散控制系统（DCS）留有与汽轮机数字电液控制系统（DEH）的通信接口，将DEH监视信息送至DCS进行监视。

2. 热工自动化水平

（1）本工程采用微处理器为基础的分散控制系统（DCS）作为机组的主要控制系统，实现单元机组炉、机、电集中控制。在少量就地操作和巡回检查配合下，在单元控制室实现机组的启/停，并能在单元控制室内实现机组正常运行工况的监视和调整以及异常工况的停机、停炉、报警和紧急事故处理。

（2）在单控室内，分散控制系统（DCS）操作员站的CRT和键盘/鼠标是运行人员对机组监视、调整与控制的中心，当分散控制系统（DCS）发生全局性或重大事故时，可通过监控设备实现机组的紧急安全停机。

（3）单元机组采用一人为主，两人为辅的运行管理方式。

（4）机组的监视与控制主要由分散控制系统（DCS）来实现。分散控制系统（DCS）包括数据采集系统（DAS）、模拟量控制系统（MCS）、顺序控制系统（SCS）、锅炉安全保护系统（FSSS）、锅炉吹灰程控系统、汽机旁路控制系统（BPC）及电气控制系统（ECS）。

（5）顺序控制系统（SCS）设计以子功能组级自动化水平为主。

（6）辅助车间采用常规控制盘。实现辅助车间及系统的启、停控制及运行监视。根据工艺系统的划分和地理位置初步方案将辅助车间划分为灰（除灰、除尘等）、水（化学补给水、公用水泵房、化学补给水加药、废水处理）、料（上料等）三部分。辅助车间所有PLC构成的PLC数据总线将与DCS通信。

（7）转运站电子间不设值班人员，其控制和监视纳入分散控制系统（DCS）。

三、热工自动化功能

（一）分散控制系统（DCS）

DCS的应用功能包括：数据采集系统（DAS）、模拟量控制系统（MCS）、顺序控制系统（SCS）、炉膛安全监控系统（FSSS）。

1. 数据采集系统（DAS）

数据采集系统是机组启停、正常运行和事故处理工况下的主要监视手段，通过CRT显示和打印机等人/机接口向操作员提供各种实时和历史数据及信息以指导运行操作。其主要功能有：

（1）数据采集与处理。包括对模拟量输入、开关量输入、脉冲量输入的采集与处理，如正确性判断、数字滤波、非线性修正、参数补偿、工程单位换算等。

（2）屏幕显示。

1）图形显示：可显示模拟图、趋势图、棒状图、曲线图、成组图、相关图等。

2）过程点显示：包括模拟量输入一览、开关量输入一览、模拟量输出一览、开关量输出一览等。

3）系统状态显示：包括诊断画面，可显示出系统站及模块的故障信息。

4）报警显示：参数越限时，CRT显示报警画面并发出音响报警信号，报警将按时间顺序及优先级排列。

5）HELP显示：提供操作员HELP画面。

（3）打印记录。

1）定期记录：包括交接班记录、时报、日报和月报。

2）操作员操作记录：对操作员在DCS进行的所有操作进行记录，实现运行管理。

3）事件顺序记录（SOE）：对中断型开关量的跳变提供顺序记录功能，时间分辨率为1ms。

4）事故追忆记录：事故跳闸时，启动事故追忆程序，记录打印出跳闸前10min内5s间隔和跳闸后5min内1s间隔的过程变量的参数变化。

5）报警记录：对机组发生的报警随时打印。

6）状态变化记录：对机组开关量的状态变化进行记录打印。

7）设备运行记录：对重要辅机的运行时间进行累计、并定期打印。

8）屏幕拷贝：对CRT的任何一幅画面进行拷贝打印。

9）召唤打印：根据操作员的请求对保存的记录随时打印或在CRT上显示。

（4）历史数据存储与检索。用于长期保存和索取机组的历史数据，具有数据在线存储、历史数据存档和检索功能。

（5）性能计算。主要的计算项目有锅炉各种热损失、热效率的计算、汽机热耗、汽机效率的计算、锅炉效率性能计算等。

2. 模拟量控制系统（MCS）

（1）模拟量控制系统或称闭环控制系统，是机组最重要的控制系统之一，该系统完成单元机组及辅机系统的模拟量自动调节控制，它将锅炉—汽机—发电机作为一个单元整体进行协调控制，使锅炉和汽机同时响应控制要求，确保机组快速满足负荷变化，并保持稳定运行。其中协调控制系统包括：炉跟机、机跟炉、机炉协调和机炉手动4种运行方式，以满足机组各种运行工况的要求，同时该系统还包括单参数回路的自动调节任务。

（2）单元机组的协调控制系统具有与电网自动发电控制（AGC）的接口，AGC的远程终端与机组的协调控制系统采用硬接线方式连接。调度端向电厂发送发电功率设定值、投入或切除机组负荷远方控制模式命令和AGC退出控制等信号。电厂向调度端传送机组当前和最大、最小出力值，机组控制模式（远方或就地），机组故障减负荷，退出一次调频和允许远方控制等信号。

（3）MCS主要包括：机组协调主控制系统，二次风量控制，炉膛压力控制，锅炉给料控制，锅炉给水控制，过热蒸汽温度控制，汽封压力控制，除氧器压力控制，除氧器水位控制，高加、低加水位控制等。

3. 顺序控制系统（SCS）

（1）顺序控制即开环逻辑控制，是机组主要控制系统之一。其任务是按照各设备的启停运行要求及运行状态，经逻辑判断发出操作指令，对机组主要设备组或子组进行顺序启停。同时该系统根据工艺系统要求实施联锁与保护。

（2）考虑到国产机组设备的可控性，本期工程顺序控制以子组级自动化水平为主，同时具备手动、自动以及驱动级的各种运行操作模式，主要顺控子组如下：二次风系统，除灰系统，空压机系统，上料系统，汽机润滑油系统，凝结水泵系统，凝汽器真空系统，高加、低加系统，除氧器系统，汽机轴封系统，疏水系统，电动给水泵系统，循环水泵系统。

4. 锅炉安全监控系统（FSSS）

（1）锅炉安全监控系统是机组最重要的控制保护系统之一。它连续监视锅炉在各种运行工况下的状态，随时进行逻辑判断，并在异常工况下发出报警、相关辅机启、停及停炉指令。它通过一系列的联锁条件，按照预定的逻辑顺序对有关设备进行控制。

（2）FSSS主要包括炉膛安全保护系统和燃烧器控制系统两部分。

1）炉膛安全保护系统：主要包括MFT、OFT、炉膛吹扫、燃油泄露试验、火焰检测等功能。

2）燃烧器控制系统：主要包括对油调闸阀、回油阀、启动燃烧器、点火器、油角阀、风门等的控制。并对启动燃烧器的安全点火、投运和切除作连续监视和控制。

（3）其主要功能有：锅炉炉膛吹扫、主燃料跳闸（MFT）、发出跳闸原因输出显示及记忆、炉膛温度监视、保护、炉膛正压保护、启动燃烧器油泄露试验、启动燃烧器点火和熄火控制、启动燃烧器油跳闸阀、循环阀的联锁控制、油枪灭火保护、联锁和报警。

5. 电气控制系统（ECS）

（1）对电气系统的发电机主回路及厂用电系统进行数据采集、监视及控制。对于一些比较成熟的专用装置，如发电机励磁系统自动电压调整器、自动准同期装置、继电保护、故障录波、厂用电源自动切换装置仍采用独立的专用产品，但可通过接口方便地与DCS通信，在DCS的CRT上对以上系统进行监视及控制。此外，为保证系统的安全可靠性，还设置有电气辅助控制屏，屏上报警显示只保留少量主要动作信号及保护装置的动作总信号，仪表只保留发电机及励磁系统的主要仪表，操作设备仅保留发电机同期设备、励磁系统手动调节设备及用于紧急操作的按钮、开关。

（2）单元机组电气的重要开关位置信号、继电保护动作信号及设备异常运行信号的中断型或状态型开关量输入DCS，所有电气测量的电流、电压功率、频率及变压器油温等均经变送器的模拟量输入DCS，电度量则以脉冲量输入DCS进行累计或台时累计。

（3）电气控制系统主要功能包括：发电机/变压器主回路监控，发电机励磁系统监控，高压、低压厂用电源监控，UPS电源监控，220VDC电源监控等。

6. 汽机旁路控制系统（BPC）

（1）汽机旁路控制系统主要指高压旁路系统。在机组启动阶段，排放锅炉产生的过量蒸汽，调整蒸汽参数使与汽机金属温度相匹配，以回收工质和缩短启动时间。

（2）旁路控制纳入DCS。

7. 吹灰程控系统

吹灰程控系统主要功能包括：吹灰蒸汽系统压力控制，各类吹灰器进、退程序控制等。

（二）汽机控制、监测及保护系统的功能

1. 汽机数字电液控制系统（DEH）

汽机数字电液控制系统（DEH）包括电调装置和整套高压抗燃油系统。DEH对机组的转速及负荷进行控制，至少包括以下功能：

（1）该装置应具有自动（ATC）、操作员自动、手动3种运行方式。

（2）汽机的自动升速、同步和带负荷。该装置应提供在汽机热状态进汽和寿命消耗允许条件下的合理升速率，实现汽机从盘车到带满负荷的自动升速控制。自动升速系统的设计，应充分考虑蒸汽旁路系统的影响，以适应投入蒸汽旁路系统和不投入旁路运行的启动升速方式，该系统应该包括：

1）所有必需的预先检查，以满足进行自动升速的最低条件。

2）所有调节汽机升速率的必要运算和监视过程。

3）汽轮发电机组的自动同期。

4）升速目标负荷。

5）汽机负荷限制。

6）电调装置的操作显示设备应安装在主控制台上，以便运行人员能在升速过程的任何阶段进行控制监视。同时系统能连续监视升速过程，并能显示所有与升速有关的参数，对运行人员提供指导。在升速或带负荷过程中的任何阶段都能进行自动的切换选择。

（3）电调装置及EH供油装置采用抗燃油。

（4）该装置能监视主机状态、汽轮发电机组辅助设备状态及汽机热应力。

（5）阀门试验。运行人员可在操作台上对阀门进行试操作，可实现阀门开闭状态的在线离线试验。当机组定压运行时，该装置具有阀门管理（进汽方式选择）的功能。

（6）当MCS投入时，电调系统满足锅炉跟踪、汽机跟踪、机炉协调、定压滑压运行、手动等运行方式的要求。且各种运行方式间能实现无扰切换。

（7）该系统在带负荷运行中，能使汽轮发电机组及其主要辅助设备按设定要求自动启停。

（8）显示、报警、打印。电调系统的CRT屏幕，能向运行人员提供汽轮机启动和运行过程中的全部信息（如参数曲线等）及每一步骤的操作指导。

（9）该系统具有检查输入信号的功能，一旦出现故障时，给出报警，但仍能维持机组安全运行无需运行人员干预。该装置具有内部自诊断和偏差检测装置，该系统发生故障时，能切换到手动控制，同时切换所有动作输出，并发出报警。

（10）该装置有双微处理机冗余功能，手动、自动切换功能，功率反馈回路的投入与切除功能。

1）该装置具有最大、最小和负荷变化率限值的功能。

2）该装置与MCS系统有完善、可靠的接口。

3）该装置所有输出模拟量信号均为4～20mA。

4）该装置留有与DCS、汽轮机监测保护（TSI、ETS）等系统的常规设备接口。

2. 汽机安全监测仪表（TSI）

（1）监测项目齐全、性能可靠，与机组同时运行。

（2）配备安全监测保护装置。

（3）控制、报警、保护等接点输出。

（4）该装置留有与DEH、DCS、常规保护、旁路保护等需用的接口。

（5）该装置至少包括如下功能：

1）转速测量。具有零转速及系统必要的转速报警联锁接点输出，可连续指示、记录、报警和三取二超速保护。

2）轴承振动。按机组轴承数目装（包括发电机），测量径向（即垂直方向）的X、Y方向的绝对振动和相对振动值，可连续指示、记录、报警、保护。

3）轴向位移。通过一点对大轴位移进行监测，可连续指示、记录、报警、保护等。

4）胀差。监测各汽缸与转子的相对膨胀差，可连续指示、记录、报警、保护。

5）偏心。监测转子的弯曲值，可连续指示、记录、报警、保护。

6）汽缸膨胀。测量各汽缸左、右的绝对胀缩值，装有就地表计，并可进入 DCS。

7）键相。提供相位信号。

（6）引起停机的项目采用双通道测量。

（7）一套完整的包括一次元件、转换器、机架、预制电缆在内的 TSI 系统。

3. 汽机紧急跳闸系统（ETS）

（1）ETS 是与 TSI 相配合监视汽轮机一些重要信号并保证汽轮机安全的系统。

（2）ETS 监视的参数，当超过极限值时，关闭全部汽轮机进汽阀门，紧急停机。ETS 监视参数如下：

1）轴向位移大。

2）真空低。

3）润滑油压低。

4）抗燃油压低。

5）汽机轴承振动大。

6）轴瓦温度高和回油温度高。

7）汽缸胀差保护。

8）主汽温度上下限保护。

9）DEH 停机信号。

10）手动停机。

（3）至少留有 8 个外部跳机信号的输入通道，以备扩展或接受其他必要的跳机条件。

（4）一套完整的系统包括一次元件、逻辑回路、机柜、手动操作板、预制电缆等。

（三）机组保护系统

（1）保护系统的功能是从机组整体出发，使炉、机、电及各辅机之间相互配合，及时处理异常工况或用闭锁条件限制异常工况发生，避免不正常状态的扩大和预防误操作，保证人身和设备安全。

（2）本工程拟设置下列保护项目：

1）主燃料跳闸保护（包括在 FSSS 中）。

2）汽机危急遮断系统（ETS）。

3）各重要辅机保护（由 SCS 实现）。

（3）为确保保护装置正确、可靠地动作，对影响机组安全运行的重要信号采取三取二或串、并联逻辑，其接点信号取自专用的就地仪表。

（四）热工信号报警系统

报警功能由下列两种手段来实现：

（1）分散控制系统的 CRT 报警，适用于全部报警信号，并可通过打印机打印出其报警时间、性质和报警恢复时间。

（2）常规报警，在辅盘上设置一定数量的常规报警窗口，由于重要信号报警，原则上每台单元机组不超过 60 个常规报警窗口，包括热控装置故障报警、电源故障及机组重要参数越限等。

四、热工电源和气源

1. 电源

电源是热控设备的动力，是机组安全运行的保证，必须保证供电电源的可靠性。

（1）锅炉、汽机、除氧器给水系统电动阀门用380/220VAC电源，采用双回路供电方式，分别接自相应低压厂用母线的不同段或不同半段。

（2）分散控制系统、热工保护装置、单元控制室内热工检测、热工信号以及其他大型热工控制设备的电源采用双回路供电，一路来自交流不停电电源（UPS220VAC），一路来自低压厂用母线（220VAC），并设有电源失去报警信号。

2. 气源

（1）为确保控制用压缩空气的可靠供气，控制用气源必须经过除油、除水、除尘、干燥等空气净化处理。主厂房内控制用气源由主厂房内配备的空气压缩机供气。

（2）供气对象：气动执行机构等。

（3）控制气源系统设计要求如下：

1）气源装置的出力应大于气动设备额定耗气量总和的两倍。

2）储气罐的容量应保证全部空气压缩机停止时，在供气压力不低于气动设备最低允许工作压力情况下，满足设备10～15min的用气。

3）应确保空压站送出的气体中的含油小于8mg/L，含尘（尘粒直径）小于3μm，其工作压力下的露点应比工作环境最低温度低10℃。

4）空压站的动力电源采用双回路供电，一路工作，一路备用。当工作电源故障时，备用电源自动投入，以确保连续供气。

第二节　施工任务和施工项目

一、施工任务

主要负责锅炉汽水、吹灰程控、炉底除灰、风烟、上料、空预器、水冷壁、过热器等系统的热控安装及调试工作；汽轮发电机本体系统、主汽系统、抽汽系统、高旁、真空、胶球清洗、循环水、DEH、ETS、TSI、凝结水、给水、加热器疏水放汽、辅助蒸汽、电泵、水处理系统等设备的安装及调试工作；公用水泵、转运站电子间、CEMS、空压机房等辅助车间的热控安装及调试工作。

二、场地布置及机具需用计划

（1）在工地内选择1个工作平台，旁边布置3台逆变电焊机。

（2）工作平台一侧布置380V三相四线制施工电源一路。

（3）需在平台一侧布置气焊工具1套、电动弯管机1台、钳工工作台1个、电动工具房（砂轮机1台、立式台钻1台）1个。

（4）锅炉电缆竖井吊装及组合需用1台吊车，布置在锅炉零米处。电缆运输用吊车，

在设备库电缆堆放场及现场使用。

三、主要施工项目

（一）热工取样及取源部件安装

1. 基本要求

（1）测点开孔位置选择。

1）根据设计或制造厂规定确定测点位置，若无规定可根据系统流程图和机务管道阀门布置图确定位置，取样装置应能真实反映被测介质参数，便于维护检修且不易受机械损伤的工艺设备或工艺管道上，不得安装在人孔、看火孔、防爆门及排污门附近。

2）测孔应选择在流速稳定的直管段上，避开阀门、弯头、三通等对流速有影响或会造成泄漏的地方。

3）不宜在焊缝或其热影响区内开孔及焊接。

4）按介质流向，相邻两取源部件之间的距离应大于管道外径，且不得小于 200mm；当压力取源部件和测温元件在同一管段临近安装时，压力在前，温度在后。

5）在同一处的压力或温度测孔中，用于自动控制系统的测孔应选择在前面。

6）在高压、中压管道的同一断面管壁上只能开一个测孔。

7）取样部件的材质要与主设备或管道的材质相符并有质量合格证，合金钢部件、取源管安装前、后必须经光谱分析复查合格并有相应记录。

8）测孔的开凿、施焊及热处理工作应在热力设备和管道衬胶、清洗、试压和保温前进行。

（2）测孔的开凿。

1）在热力设备和压力管道上开孔，应采用机械加工的方法。风压管道上开孔可采用氧—乙炔火焰切割，切割后孔口磨圆锉光。

2）压力、差压测孔严禁取源部件端部超出被测设备或管道的内壁。

3）测孔边缘应磨平锉光，开孔后如不立即焊插座，则应采取临时封闭措施，以防止异物掉入孔内。

4）开孔时钻头中心线应保持与本体表面垂直。

（3）取压短管及取源阀门安装。

1）取压短管（插座）垂直度偏差应小于 2mm。

2）取压短管应有足够的长度使其端部露出保温层。

3）焊接及热处理应符合质量验收及评价规程焊接篇的规定。

4）取源阀门型号、规格应符合设计要求，安装位置应靠近测点，便于操作，固定牢固，不影响主设备热态位移。

5）安装取源阀门，其阀杆应处在水平线以上的位置，以便于操作和维修。

6）安装取源阀门，应按阀门标志箭头方向，不得反装。

7）一次门打压试验时，用 1.25 倍工作压力进行水压试验，5min 内无渗漏现象。

2. 温度取样及敏感元件安装

（1）测温元件的安装形式。测温元件均有保护套管和固定装置，通常采用插入式安装

方法，保护套管直接与被测介质接触。其中，根据测温元件固定装置结构的不同，一般采用以下安装形式：

1）中温中压和高温高压热电偶，其保护套管采用焊接的安装方式。

2）固定装置采用固定或可动螺纹热电偶（阻），可将其固定在有内螺纹的插座内。

3）固定装置采用活动紧固装置。

4）固定装置为法兰的热电偶（阻），将其法兰与固定在短管上的法兰用螺栓紧固。

（2）测温元件的安装。

1）压力式温度计的温包、双金属温度计的感温元件必须全部浸入被测介质中。热电偶（阻）的套管插入介质的有效深度（从管道内壁算起）如下：介质为高温高压（主）蒸汽，当管道公称通径不大于250mm时，有效深度为70mm；当管道公称通径大于250mm时，有效深度为100mm；介质为一般流体，当管道外径不大于500mm时，有效深度为管道外径的1/2；当管道外径大于500mm时，有效深度为300mm；介质为烟、风及风粉混合物，有效深度为管道外径的1/3～1/2；回油管道上的测温元件的测量端，应浸入被测介质中；在直径为76mm以下的管道上安装测温元件时，如无小型测温元件，宜采用装扩大管的方法安装。

2）测量煤粉仓温度的热电阻，应从粉仓顶部垂直插入，并有防磨损及防弯曲措施。

3）安装在高温、高压汽水管道上的测温元件，应与管道中心线垂直。

4）铠装热电偶的测量端直接与金属壁接触，安装前应注意检查其绝缘状况和极性，特别是接壳式铠装热电偶，安装后热偶丝的测量端已接地，无法再测量其对地绝缘。为了使测量准确，应先用锉刀或砂布将被测的金属壁打磨光滑。

5）测量金属壁温的专用热电阻采用插入或埋入的安装方式。其中，测量电机绕组和铁芯温度的热电阻，已由制造厂埋设并用导线引至接线盒。

3. 压力取样及敏感元件安装

（1）测量蒸汽、水、油等介质压力的取压装置由取压插座、导管和取源阀门组成。

（2）测量带有灰尘或气粉混合物等介质的压力时，应采取具有防堵和吹扫结构的取压装置。水平安装时，取压管应安装在管道上方，且宜垂直安装；在垂直管道、炉墙或烟道上，取压管应倾斜向上安装，与水平线所成的夹角应大于30°。

（3）取压装置必须带有足够容积的沉淀器将煤粉与空气分离后靠煤粉重量返回气、粉管道。

（4）水平或倾斜管道上压力测点的安装方位应符合下列规定：

1）测量气体压力时，测点在管道的上半部。

2）测量液体压力时，测点在管道的下半部与管道的水平中心线成45°夹角的范围内。

3）测量蒸汽压力时，测点在管道的上半部及下半部与管道水平中心线成45°夹角的范围内。

（5）测量汽轮机润滑油压的测点应选择在油管路末段压力较低处。

（6）压力取源部件端部应与内壁齐平，不得伸入内壁，取压孔和部件均应无毛刺。

4. 节流和测速取样及敏感元件安装

（1）在节流（如孔板、喷嘴、长径喷嘴）和测速装置中（如均速管、机翼测速管），

与长径喷嘴、机翼测速管等配套的取压装置是由制造厂将它们组装在一起的。

（2）安装前应对节流件的外观及节流孔直径进行检查和测量，并做好记录。

（3）在水平或倾斜蒸汽管道上安装的节流装置，其取压口的方位应在管道水平中心线向上45°夹角的范围内。

（4）在节流件上游至少10倍管道内径和下游至少4倍管道内径长度范围内，管子的内表面应清洁，并符合相关规定。

（5）新装管路系统应在管道冲洗合格后再进行节流件的安装。

（6）复式文丘里风量测量装置的前、后直管段长度应符合制造厂技术文件的要求。

（7）翼形风量测量装置前的直管段长度，应不小于其当量直径的0.6倍，其后的直管段应为0.2倍。测量装置的中心线应与风道中心线重合，风道同一测点处安装两个及以上翼形测速管，其静压孔应在同一截面上。

（8）靶式流量计垂直安装于水平管道上，当必须安装于垂直管道时，流体方向应由下向上。靶的中心应在工艺管段的轴线上。

5. 物位取样及敏感元件安装

（1）物位测点应选择在介质工况稳定处，并应满足仪表测量范围的要求。

（2）物位取源装置以平衡容器的使用较多，平衡容器可分为单室平衡容器、双室平衡容器、蒸汽式补偿式平衡容器（汽包）。

1）平衡容器应垂直安装，对于零水位在刻度盘中心位置的显示仪表，应以被测容器的正常中心线向上加上仪表的正方向最大刻度值为正取压测点高度。被测容器正常水位线向下加上仪表的负方向最大刻度值，为负取压测点高度。对于零水位在刻度盘起点的显示仪表，应以被测容器的零水位线向上加上仪表最大刻度值为正取压测点高度。被测容器的玻璃水位计零水位线为负取压测点高度。

2）补偿式平衡容器（汽包）安装前应复核制造尺寸和检查内部管路的严密性，取源阀门应安装在汽包与平衡容器之间。平衡容器应垂直安装，并应使其零水位标志与汽包零水位线处在同一水平上。平衡容器的疏水管应单独引至下降管，垂直距离为10m左右，宜单独保温，在靠近下降管侧装截止阀。

（二）仪表取样管路敷设

1. 施工准备

（1）对仪表管进行检查，严禁使用有裂纹、锈蚀或其他机械损伤的管材。

（2）核对仪表管材质是否符合设计要求并有检验合格证，合金钢管材需进行光谱分析并有检验报告。

（3）对检查合格的仪表管进行清理，达到清洁畅通，安装前，管口应临时封闭，防止杂物进入。

2. 管路敷设原则

（1）尽量以最短的路径敷设，减少测量参数的时滞，提高测量灵敏度。

（2）管路应按现场具体情况合理敷设，不应敷设在有碍检修，易受机械损伤、腐蚀和较大振动处。

（3）敷设的环境、温度一般为5℃～50℃，否则应采取防冻或隔热措施。

（4）管路敷设在地下及穿过平台或墙壁时应加保护管（罩），保护管（罩）的外露长度宜为10～20mm，保护管（罩）与建筑物之间应密封严密，同一地点高度应一致。

（5）对于蒸汽管路，为使管内有足够的冷凝水，管路不可太短。

（6）测量粉、煤、灰、气体介质的导管应从防堵装置处向上引出，高度应大于600mm，其连接接头的孔径不应小于导管内径。

（7）测量凝汽器真空的管路应向凝汽器方向倾斜，防止出现水塞现象。

（8）油管路离开热源表面保温层的距离应不小于150mm，不宜平行布置在热源表面的上部，防止油管路泄露引起火灾。

（9）管路沿水平敷设时应有一定的坡度，管路倾斜坡度及倾斜方向应能保证排除气体或凝结液。

（10）敷设管路时，应考虑主设备及管道的热膨胀，并应采取补偿措施，以保证管路不受损伤。

（11）差压测量的正压、负压管路，其环境温度应相同，并与高温热表面隔开。

（12）被测介质黏度高或对仪表有腐蚀的压力、差压测量管路上应加装隔离容器，隔离容器应垂直安装，成对隔离容器内的液体界面应处在同一水平面上。

（13）测量管路的长度应符合设计，未设计时管路最大允许长度不宜超过50m。

3. 管路敷设

（1）仪表管采用冷弯法，导管的弯制应在满足曲率的弯管器上进行，管子的弯曲半径不小于其外径的3倍。管子弯曲后应无裂缝、凹坑，弯曲断面的椭圆度不大于10%。

（2）管路上需要分支时，应采用与导管相同材质的三通，不得在管路上直接开孔焊接。

（3）仪表管采用气焊或氩弧焊接，成排焊口尽量错落成斜线型排列在方便检查、维护的位置。

（4）相同直径管子的对口焊接，不得有错口现象，确保不受机械应力；不同直径管子的对口焊接，其内径差不应超过2mm，否则应采用变径管。

（5）管路敷设完毕后要进行检查，确保无漏焊、堵塞和错焊等现象。

（6）严密性试验，汽水系统应尽量同主设备在一起进行水压试验。烟风系统仪表管路应采用压缩空气进行严密性试验，吹扫时必须和就地设备解列。

（7）导管应采用可拆卸的卡子固定在支架上，成排敷设的管路间距应均匀。

（8）不锈钢管路与碳钢支吊架和管卡之间应用不锈钢垫片隔离。

（三）就地控制和检测仪表安装

1. 就地仪表安装

（1）就地仪表应该安装在光线充足、便于观察和操作维护方便且无剧烈震动和腐蚀性气体的地方，其环境温度、振动、干扰及腐蚀性应符合仪表使用要求。

（2）仪表有标明测量对象、用途及编号的标志牌，就地仪表在表壳右侧、表盘应在表背面粘贴计量检定合格标签。

（3）测量气体的压力表应安装在高于取源部件。

（4）所测介质大于60℃时，仪表阀门前应加装U形或环形管冷凝器。

（5）压力表需核对型号规格校验合格方可使用，安装高度距地面宜在1.2～1.5m。

（6）设备与接头连接处不应该有机械应力。

（7）当仪表与支持点的位置不超过600mm及仪表管外径不小于14mm时可采用无支架安装方式。当仪表管与支持点超过600mm时，应采用有支架方式固定安装。

2. 变送器、压力差压开关的安装

（1）变送器、压力差压开关支架安装。变送器、压力差压开关安装于保温、保护箱内时，无需制作安装支架，但导管引入处应密封，应在箱外集中布置排污阀。对于单个布置和部分集中布置变送器、压力差压开关，根据仪表设备的多少确定合适的安装支架。

（2）变送器、压力差压开关安装。变送器、压力差压开关布置在靠近取源部件和便于检修的地方，并适当集中。设备安装前应先查明仪表管排每一根管所对应的测点，然后利用固定支架将其固定在仪表架或保温、保护柜内。变送器安装地点与测点距离3～45m，差压计正、负压室与导压管的连接必须正确，蒸汽及水的差压测量管路，应装设排污阀和三通阀（或由平衡阀和正、负压阀门组成的三阀组），油及燃气管路不应装设排污阀，凝汽器真空和水位测量不得装设排污阀，开关量仪表应安装在振动小较安全的地方。成排的变送器安装应错落有序，每层高度一致。变送器的附件安装要齐全，接头连接无渗漏、无机械应力。

3. 执行机构安装

（1）执行机构应安装牢固，动作时无晃动，其安装位置应便于操作和检修，不妨碍通行，不受汽水浸蚀和雨淋。

（2）角行程电动执行机构的操作手轮中心距地面宜为900mm。

（3）当调节机构随主设备产生热态位移时，角行程执行机构的安装应保证和调节机构的相对位置不变。

（4）角行程执行机构从全关到全开的行程，应与调节机构的全行程相应，在50%开度时，它们的拐臂分别与连杆近似垂直。

（5）执行机构应有明显的开、关方向标志，其操作方向的规定应一致，宜顺时针为“关”，逆时针为“开”。

（6）根据调节机构与执行机构的转动角度不同，其连杆的配列可分为以下两种情况：

1）当调节机构与执行机构的转动角度相等时，将调节机构与执行机构的拐臂做成一样长，先将调节机构拉到1/2开度，垂直安装拐臂；再将执行机构转到1/2开度，垂直安装拐臂，测量两拐臂安装孔中心距即为连杆总长。

2）当调节机构与执行机构的转动角度不同时，可根据下面公式求得拐臂的长度。

$$L_1 \sin\frac{\alpha}{2} = L_2 \sin\frac{\beta}{2}$$

式中　L_1——执行机构拐臂的长度；

α——执行机构拐臂转动的角度；

L_2——调节机构拐臂的长度；

β——调节机构拐臂转动的角度。

（7）连接执行机构与调节机构的连杆长度应短且可调，不宜大于5m且有足够的强度，其丝扣连接处应有压紧螺母，传动动作应灵活，不颤动，无空行程及卡涩现象。

（8）气动执行机构气缸的连接管路应有足够的伸缩余地，且不得妨碍执行机构的动作。

（四）热控盘柜安装

1. 盘底座制作安装

（1）与土建专业进行会审。

（2）根据设计院图纸及厂家图纸绘制详细的盘底座施工图。

（3）根据盘柜的尺寸，采用设计钢材制作，规格符合图纸设计，严格按图纸尺寸采用无齿锯下料。

（4）严格按图纸尺寸制作，拐角处采用扣接法连接，焊接时采用对角焊接，底座表面平整无毛刺及扭曲变形；尺寸偏差不大于3mm，水平偏差每米小于1mm，全长最大偏差不大于3mm，对角线偏差不大于3mm。

（5）盘底座运输过程中搬运吊装应平放，防止变形。

（6）严格按照图纸所示尺寸就位，并且按照土建标高（最终标高）用基准仪找出预埋铁最高点，以此预埋铁为基准，用垫铁把底座找平再固定，无预埋铁处用膨胀螺栓固定，固定时先点焊，再用基准仪测量一遍（误差在验收范围内）确定无误后，然后焊牢，安装后凸出最终地面高度10～20mm，最后补齐防锈漆。

2. 热控盘柜安装

（1）盘柜安装前，室内应做好细地面。室内照明充足，门窗封闭完，或进行临时封闭。如有靠墙的盘柜，应先将盘后最终墙面做完。当设备或设计有特殊要求时，应满足其要求。

（2）盘柜运输。

1）热控盘入库开箱验收后才能领用。

2）电子设备间DCS机柜到货后直接运到现场后再开箱验收。

3）吊装运输过程中，不得损坏盘上设备及油漆。

4）根据厂家资料是否可水平运输，不得倒置运输。

5）吊装运输过程中不应剧烈振动及让盘倾斜，以防损坏盘上设备及伤人。

6）封车及吊装时，盘与钢丝绳接触地方应垫上东西，以防损坏油漆，封车时松紧适当，防止盘变形。

7）整个运输过程中，应有起重人员指挥。

（3）盘柜安装就位。

1）对照图纸，把盘运到位，对于室内已铺好地砖的应采取合理的防护措施。

2）实测盘底孔间尺寸，在底座上钻眼。

3）安装时，如有要求，需在盘底加绝缘胶皮，胶皮连接采用燕尾槽的形式。

4）利用滚杠、撬棍及千斤顶使盘就位，用螺栓、螺母把盘与底座相连后进行找正，然后用摇表测量盘与底座的绝缘值，看绝缘是否良好。

5）用线坠和尺子测量垂直偏差时，每个面都要测量，并不少于上、中、下3点。

6）找正固定好后要重新测量一次是否符合要求，并做好施工纪录。

7）盘内不得进行电焊和气焊作业，以免烧坏油漆及损伤导线绝缘，必要时应采取防护措施。

8）垂直偏差每米小于 1.5mm，盘顶最大高差小于 3mm，相邻两盘顶部偏差小于 2mm，成排两盘正面平面偏差小于 1mm，五面盘以上成排盘面总偏差小于 5mm，盘间接缝间隙小于 2mm。

（4）盘柜接地。

1）接地线面积符合设计要求，连接牢固可靠。

2）盘柜不与接地网连接时，其外壳应与盘柜基础底座绝缘。

3）远程控制柜或 I/O 柜，就近独立接入电气接地网或独立接地网。

4）连接电气接地网时系统接地电阻不大于 0.5Ω，独立接地网时不大于 2Ω。

（五）热控电缆桥架安装

1. 施工准备

根据图纸、变更及图纸会审纪要，明确桥架安装部位。

2. 桥架的标高

（1）标高基准点设定由土建专业技术人员提供现场某点的标高。

（2）以确定的标高基准点为基准，用钢卷尺量出安装点桥架的标高，标高偏差不大于 2mm。

3. 支架、吊架制作及安装

（1）槽钢立柱及门型架的安装。

1）根据立柱所承担的桥架及现场情况，合理切割立柱的长度，槽钢立柱的下料应用无齿锯锯割，切割面无毛刺无毛边，尺寸偏差不大于 2mm，角钢刷好防锈漆，安装要求横平竖直，采用膨胀螺丝时，膨胀螺丝螺栓不得高出螺母 5 丝扣，支架间距为 1.5～1.8m。

2）根据现场的实际情况，立柱安装固定可将立柱直接焊在钢梁或预埋铁上或采用膨胀螺丝进行固定。固定方法如下：采用膨胀螺栓进行固定时，首先在固定处打上 4 个 $\phi12$ 膨胀螺栓，然后用 $\delta=10$mm 的钢板切割 150mm×150mm（长×宽）的铁板。再根据 4 个膨胀螺栓的相对尺寸在铁板钻 $\phi13$ 孔 4 个，最后将铁板用膨胀螺栓紧固在混凝土面上。

3）立柱焊接固定时，可先点焊一点，然后对立柱进行找正，立柱找正后方可进行焊接。

（2）门型架及 L 架制作。

1）宽度在 200mm 以上电缆桥架采用门型架结构固定支架，宽度 200mm 及以下的桥架采用 L 架结构固定支架，宽度在 400mm 以上的电缆桥架支架用 L50mm×50mm×5mm 的镀锌角钢做门型架，宽度在 400mm 及以下的电缆桥架用 L40mm×40mm×4mm 的镀锌角钢做门型架和 L 架。

2）根据图纸上桥架的标高确定门型架及 L 架的竖撑的高度，根据图纸上显示的桥架的宽度确定门型架及 L 架的横撑宽度。门型架横撑的宽度比桥架宽 20mm，L 架横撑与电缆桥架的宽度相同。

3）根据尺寸下料组合。

4）将做好的电缆支架依照图纸安装到指定位置。现场没有辅助梁处，根据现场情况用镀锌槽钢制作辅助梁，相邻的两个电缆支架之间的距离不能超过1.8m。

（3）电缆桥架托臂桥安装。

1）首先根据所承担桥架的宽度，相应选择配套规格的托臂。

2）托臂安装时，可先用螺丝通过托臂紧固板将托臂固定，然后调整托臂的标高、水平度、垂直度，调整好后用电焊将其焊接在立柱上，并补刷好防锈漆、银粉漆。为防止托臂安装后尾端下倾，可在托臂安装时让托臂尾端稍微向上翘5mm。

4. 桥架的安装

（1）水平桥架的安装。根据图纸安装尺寸，将桥架安装在支架上，并用桥架压板将桥架压紧在支架上，整个走向，桥架间要保持相同的间距。

（2）竖向桥架的安装。竖向桥架采用电钻在固定处桥架帮上钻孔，用角铁固定在生根件上，电缆竖井采用槽钢固定。

（3）电缆桥架接地用接地扁钢做明显接地。

1）全厂热控桥架每隔25m用扁钢与就近接地牢靠点相连接。

2）每段桥架保证至少两端接地。

（4）安装要求。

1）同一标高的桥架要保证标高一致。

2）垂直偏差不大于2mm/m。

3）水平倾斜偏差不大于2mm/m。

4）螺栓由内至外连接。

5）桥架对接无错边。

6）高度变化过渡应平缓。

7）桥架配备齐全。

8）压板固定牢固。

（六）电缆保护管制作安装

1. 施工准备

（1）领料并检查管材。对照图纸提管材计划，并根据施工进度分期分批领用材料。

1）保护管内表面光滑，无铁屑、毛刺。

2）保护管外表面无穿孔、裂缝及显著锈蚀的凹凸不平现象，且镀锌层良好。

（2）现场量取有关尺寸，确定保护管长度，并做好测量的记录。

1）引向设备的管口离设备接线盒或悬挂式箱柜底面一般为300～400mm，应便于与设备的连接。

2）电缆保护管引入落地式盘柜时，露出地面的高度宜为30～50mm。

3）电缆保护管埋设深度应大于其1倍弯曲半径。

2. 保护管的弯制

（1）电缆保护管的内径宜为电缆或导线束外径的1.5～2倍。

（2）用液压弯管机按照所量尺寸弯制电缆保护管。

1）弯制模具应严格按管径尺寸选择。

2）弯曲角度不得小于90°。

3）弯曲半径不应小于其外径的6倍。

4）弯制后不应有裂缝或显著凹瘪现象，椭圆度不宜大于管子外径的10%。

3. 保护管下料、组合

（1）按照记录的现场尺寸，选择适当的保护管，测量、画线。

（2）用无齿锯按照所画的线切割保护管，切割的保护管管口要平齐，用半圆锉刀打磨管口，管口不得有毛刺、尖锐的棱角等。

（3）预埋电缆保护管的连接，必须使用套管连接，不得直接对焊，连接管口对准后，将套管两端焊接牢固、密封良好，套管的长度不应小于保护管外径2.2倍。

（4）根据现场实际情况，对电缆保护管进行组合。

1）1根保护管一般弯头个数不大于3个。

2）1根保护管直角弯头个数不大于2个。

3）明敷的电缆保护管如需多个弯头应在中间选择一个合理的地方，考虑用金属软管进行连接。

4）组合接口处应无弯折情况。

4. 保护管除锈、防锈处理

略。

5. 电缆保护管的安装

（1）预埋电缆保护管时，要与建筑专业配合。

1）预埋的电缆保护管应有不小于0.1%的排水坡度。

2）连接的保护管管口应焊接严密，保护管以防水泥浆等渗入。

3）多根保护管并列预埋时，露出地面部分应管口垂直，排列整齐，管口标高一致，其中弯头部位不得露出地面。

4）保护管应固定牢固，管口应用铁板或木塞封堵严密，严防渗漏灰浆。

5）穿过管沟的保护管要埋入沟底以下。

6）在土建工程进行水泥浇灌或回填土前后，都应到现场检查保护管是否有移位、砸坏等问题，发现问题及时处理。

（2）明敷电缆管的安装时，用水平尺或线坠测量保护管，确保保护管横平竖直。

1）在电缆保护管明敷时，预先确定几个焊接生根点，在生根点上焊接保护管支架，将保护管用U形镀锌螺栓固定在支架上，电缆保护管之间的间距应一致。

2）水平敷设时，支架间距为1.2～1.5m；垂直敷设时为2m左右。保护管的两端应设支架固定。

3）引至设备的保护管，应不影响设备的连接及拆装。

4）保护管的水平及垂直偏差不大于3mm。

5）与热力管道平行敷设时净距离不小于1m，并且不宜平行安装于管道上部，交叉安装时应不小于0.5m，与其他管道平行安装相互间距应大于100mm。

6）与保温层之间净距离平行敷设不小于0.5m，交叉敷设不小于0.25m。

7）保护管与电缆桥架、电线槽连接，宜从其侧面用机械加工方法开孔，并应使用专用接头固定。

8）当多根保护管进入同一控制箱时，保护管应排列整齐，管口高度一致，离控制箱应保持 300～400mm 的距离，以便引接金属软管，金属软管长度不应大于 1.2m。

9）镀锌钢管与金属软管连接或金属软管与设备连接时，采用带丝扣的接地型软管接头相连接，接头应用不接地型护口进行保护，避免划伤电缆，金属软管两端的接头之间通过软铜线相连接。

10）在室外和易进水的部位，电缆保护管宜安装在低于设备的位置，并从设备下方引入，并封堵严密。

11）安装在爆炸和火灾危险场所的电缆保护管应符合以下规定：①保护管之间及保护管与接线盒之间，均应采用圆柱管螺纹连接方式，螺纹有效啮合部分应在六扣以上，连接处应保证良好的电气连续性；②保护管与就地仪表设备连接时，应安装隔爆密封管件并做充填密封，密封管件充填距离不宜超过 450mm，根据危险级别选用合适金属软管，长度不宜超过 450mm。

6. 电缆保护管接地

（1）保护管必须确保有一处可靠的接地点。

（2）保护管可利用金属桥架作为接地线，之间通过软铜线相连接。

7. 预埋保护管外露部分和明敷电缆保护管焊接处的处理

预埋保护管外露部分和明敷电缆保护管焊接处的处理方法是刷防锈漆及银粉漆。

（七）热控电缆敷设

1. 施工准备

（1）根据系统图、接线图校对电缆清册中的电缆编号、型号、起点、终点。

（2）依据设计提供的原始电缆清册及相关设计变更编制出供现场敷设用的电缆清册。

（3）电缆路径选择应按最短路径选择，电缆敷设应尽量避免交叉。

（4）应避开人孔、设备起吊孔、窥视孔、防爆门及易机械损伤的区域，敷设在主设备和管道附近时，不应影响设备和管道的拆装。

（5）敷设区域环境温度不应高于电缆的长期允许工作温度，绝缘电阻不应小于 1MΩ。

2. 电缆敷设

（1）电缆支架支撑电缆，电缆支架的架设地点应选好，以敷设方便为准，一般应在电缆起止点附近为宜。架设时，应注意电缆轴的转动方向，电缆引出端应在电缆盘的上方。

（2）人员安排，电缆敷设负责人应弄清每根电缆起点和终点位置，电缆起点和终点的工作应分别有专人负责，就地负责人应对每根电缆的路径和终点位置清楚，电缆留取长度余量一般不超过 1000mm，控制盘内的电缆预留长度至控制盘端子排，禁止电缆放错盘。

1）在电缆敷设的起点应由一人专门负责安排，通知所放电缆顺序、起止点、规格、型号等事项。

2）在电缆敷设终点，应由对现场比较熟悉的人负责，并定好电缆的预留长度。

3）在电缆易交叉的地段，应由专人负责整理电缆，以保证电缆敷设工艺。

（3）电缆敷设。

1）电缆敷设必须由专人指挥，在敷设前向全体施工人员交底，说明敷设电缆根数、始末端、工艺要求及安全注意事项。现场将电缆所经路径的桥架全部清理干净，敷设时，

先挂好一头临时电缆牌，人员分配要合理，指挥以手持扩音喇叭发出指令，转弯多或路径长的电缆应分段指挥，放电缆时应同时用力或停止。电缆盘用支架支起，其架盘用的轴要有足够强度，电缆盘挡板边缘离地面的距离不得小于100mm。

2）电缆盘的转动速度与牵引速度应配合好，避免在地上拖拉。敷设过程中如发现电缆压偏或曲折伤痕，应停下检查，予以处理，严重者割去，并详细地做好记录，电缆中间一般不应有接头。若有接头，必须在接头处挂明显标牌，禁止将接头留在电缆保护管内。每根电缆敷设好以后，待两端留有足够长度，各拐弯处已作初步固定，直线段初步整理过并确认已符合要求时，粘贴好临时电缆牌，才允许锯切，切割电缆可采用手锯或斜口钳。每根电缆敷设完成后，才可以敷设下一根电缆。

3）电缆穿竖井时宜采用麻绳牵引，即在竖井顶部（或出线口处）放一根麻绳，电缆到达竖井入口时，用铅丝把电缆头绑在麻绳上，然后由电缆敷设人员在竖井上方用力拉麻绳，若竖井中段有活动盖板，可安排人辅助，这样电缆就被放上了竖井。

4）每敷设一根电缆，应将电缆盘号，电缆起点终点长度记录下，并记录敷设时间。

3. 电缆绑扎

（1）电缆敷设应做到整齐无明显交叉、扭绞现象，引出方向一致，弯度一致，电缆沟道内的电缆都统一绑扎在电缆支架上，绑扎间距一般为0.8m，垂直敷设时每个支架均应进行绑扎。水平敷设时在直线段的首末两端进行绑扎，中间部分应每隔0.7～0.9m绑扎一道，且绑扎方向与间距均应一致，并避免交叉、扭线、压叠，达到整齐美观。

（2）其他绑扎位置如下：

1）电缆进入保护管处。

2）进入控制盘前300～400mm。

3）进入接线盒前150～300mm。

4）电缆拐弯及分支在拐弯（分支）处。

（3）电缆绑扎要求为：横看成线，纵看成片，弯度一致，松紧适当。

4. 电缆防火封堵

（1）材料验收。防火封堵材料应有产品合格证及同批次材料出厂质量检验报告，现场应进行复检。

（2）防火封堵施工。

1）电缆及电缆桥架穿墙防火封堵。在穿墙孔洞的一侧先用防火隔板封平，防火隔板的缝隙用有机堵料封实，在电缆周围30%的区域用有机堵料封实。在穿墙孔洞与桥架之间用防火包交叉紧密叠实，最后在将另一侧用防火隔板封平，然后用有机堵料封实。隔板两侧1～1.5m的范围内用防火涂料均匀涂刷，涂刷遍数及间隔时间满足厂家技术规范要求。

2）电缆竖井防火封堵。用镀锌角钢（或槽钢）在电缆竖井穿楼板处做一个水平框架，在框架上铺一层防火隔板，并将其固定在框架上。用有机堵料将防火隔板的缝隙及电缆竖井与楼板四周封堵严实，电缆竖井穿楼板处必须全部封实。在电缆竖井处用防火包交叉叠实作一个防火隔断层，防火包叠放厚度大于250mm。在防火包的上面铺一层防火隔板，用有机堵料将防火隔板之间的缝隙及电缆竖井与楼板四周封实。隔板两侧1～1.5m的范围内用防火涂料均匀涂刷，涂刷遍数及间隔时间满足厂家技术规范要求。电缆竖井在零米层与沟道的接口，以及穿过各层楼板的竖井口，应采取防火措施。竖井的长度大于7m时，每隔7m应设置阻火分割。

3）电缆保护管防火封堵。电缆保护管及电缆埋管在竖井、墙面、就地设备内等处的管口必须用有机堵料全部封堵严实，塞入管口的有机堵料的厚度满足相关规范要求。

4）电缆桥架防火封堵。电缆桥架每隔20m必须建立一个防火隔断点，用防火包在每层桥架上交叉叠放成一个防火墙，防火墙高度高于每层桥架上平面200mm，宽度为240mm。防火墙处的桥架之间用防火隔板固定，在防火墙两侧1～1.5m范围内的电缆用防火涂料均匀涂刷，涂刷遍数及间隔时间满足厂家技术规范要求。

5）就地盘柜防火封堵施工。在孔洞底部铺设防火板，在孔隙口及电缆周围采用有机堵料进行密实封堵，电缆周围的有机堵料厚度不得小于20mm。用防火包填充，塞满孔洞；防火包上面铺设防火板，并用有机堵料密封。

（八）电缆接线

1. 图纸准备

审阅施工图纸、厂家图纸、热控设备单元接线图以及相关变更联系单，明确所接电缆的型号、规格和编号，确保正确无误后，方可施工。

2. 盘下电缆整理

盘下电缆整理包括桥架上本盘范围内的电缆整理。盘下电缆绑扎、排列间距一致，扎带、绑线方向一致，排列整齐，固定牢固。盘内需加固定支架处应做好支架固定牢固。

主桥架电缆绑线间距为400mm，分支电缆桥架电缆绑扎间距为300mm，电缆交叉点在防火封堵层内部、盘下电缆绑扎无交叉。

3. 盘上电缆整理

根据厂家接线柜的不同制定盘上电缆整理方式，电缆在盘柜左右两侧或前后分层排列，电缆在盘柜两侧排列的盘柜，单侧电缆超过10根以上的分两层排列，超过20根以上的分三层排列。电缆在前后排列的盘柜，单侧电缆超过30根分两层排列。

盘内电缆整理要排列整齐美观，严禁交叉。电缆可采用适宜长的钢管套上与电缆颜色一致的热缩管绑扎、固定。电缆的绑线要成一水平直线，当电缆垂直绑扎时，电缆绑线间距为200mm。当电缆水平绑扎时，电缆绑线间距为150mm，且绑扎牢固。电缆交叉点在防火封堵层内部。直径相近的电缆应尽可能的排在同一层内。

4. 电缆开剥

每根电缆在盘内相同的高度（即固定电缆头的位置）临时固定，并做等高线标志，然后逐一拆下，在做标志处剥开电缆。

剥头高度可根据盘内情况而定，但应注意在同一盘柜、同一类盘柜内开剥高度应一致。开剥高度不宜过低，防止防火封堵施工后电缆头埋于封堵涂料内。剥除电缆护套时应高度一致，屏蔽层应留有一定长度，以便与屏蔽接电线连接，剥除时严禁划破线芯。

5. 拉直线芯

剥开电缆内护套后，散开芯线，用尖嘴钳将芯线一根根拉直，然后用塑料带在芯线头上绑扎，并写上电缆编号，注意在接线过程中不要脱落。

拉直芯线时用力不得过猛，以免使芯线机械强度降低，截面变小。写编号时，必须书写正确、清晰，防止接错电缆。

6. 电缆头制作

电缆做头时使用长 40mm 热缩管，用专用吹风机缓慢加热。电缆头制作采用黄色塑料带制作而成、热缩管根据现场电缆情况而定，红色的电缆用红色热缩管、黑色电缆用黑色热缩管，这样使用热缩管整体协调、美观。电缆屏蔽芯用 1.0mm^2 的黄绿相间的接地线镀锡焊接引出，焊接位置在该电缆头的背面，每根电缆的总屏和分屏应按设计要求分别焊接或一起焊接后由接地线引出。

热缩管直径应与电缆外径一致，电缆头要整齐一致，黄色塑料带应平齐不得突出。电缆头高度一致、平整、美观、无蜂腰鼓肚、电缆头绑扎平直。

7. 线束绑扎

按照端子排的位置将线芯往两侧分步，把每根电缆的芯线单独绑扎成束，在每个电缆头上部 20mm 处进行第一道绑扎，同一区域的电缆芯线绑扎成一束，芯线交叉、汇合、分支、拐弯处进行第二道绑扎，多芯汇成一股后沿盘线槽到达各个端子排。把芯线束排成圆形，因为这样排比较简单、美观；各芯线束排列时，应相互平行，横向芯线束或芯线应与纵向芯线束垂直，芯线束与芯线束间的距离应匀称，并尽量靠近。

主线束扎带绑扎间距为 50mm、水平分线束扎带绑扎间距为 40mm、垂直分线束扎带绑扎间距为 30mm。垂直分线束离端子排距离为 15mm。线束绑扎间距一致、线芯无交叉、扭曲。

8. 分线和压线

排好线束后，即可分线、压线。分线、压线前必须进行校线，当安排在盘、台侧进行接线时，可在盘、台接好线后，再与就地端子箱或设备侧校线，这是因为盘、台侧电缆较多，这样分线较方便，施工简单，工艺美观，当电缆是盘间联络电缆时，一端接完另一端必须校线，但在校线时还应将端子排上引线的线头卸下来，以免串线，造成错误。线芯到达对应端子位置后，把相应电缆的芯线由线束背后抽出，然后继续排线，备用芯不抽出，塑料带要保留在备用芯，以便查线时发现错误及时改正。抽芯线时，相互间应保持平行，并留有一定长度，要求为整齐、美观、匀称、悦目。抽出来的芯线可根据端子排的位置，将多余部分剪掉，分好线后，固定线束，然后用剥线钳剥去绝缘，以便压线，剥线时不应损伤铜芯，芯线上的氧化物和绝缘屑应用刀背刮掉，以使接触良好，芯线处理完毕后，套好线号标志。多股铜铰线时，线芯端头可镀锡，使成整体，像单股线一样，也可使用冷压接线片，电缆线芯与接线片的连接，用专用手动压线钳压接。

线槽内应按照垂直或水平有规律的布线，不得随意歪斜交叉。线芯分线必须从分线束的背面出线，分出的线芯必须正对端子排，无倾斜、交叉。要求分线、排线整齐、美观、匀称、横平竖直，表面无交叉。线芯接线采用 U 形弧接线方式，线芯压接整齐、牢固、无松动。备用线芯保留至最远端接线端子位置，备用线芯套电缆号头并标注电缆编号。从线束到端子间芯线要留有余度，且所有芯线余度应相同，芯线弯曲弧度一致。对于螺栓式接线端子，需将剥除绝缘皮的芯线弯圈；对于插入式接线端子，可直接将剥除绝缘皮的芯线端子，并紧固螺栓。每个直插式接线端子最多插入两根线，对于螺栓式接线端子，当接两根线时，中间一定要加平垫，震动场所螺丝必须有弹簧垫。硬线的打圈方向应与所接端子螺丝旋转方向一致。剥除绝缘皮的芯线与端子压接后，裸露部分不得超过 1mm。

9. 屏蔽芯及接地

引出的屏蔽线在电缆后侧编织在一起后引至接地铜排，压接线鼻子后接至铜排上。

要求接在端子上的屏蔽线按照设计随线芯引至接线位置。多根屏蔽芯压接根数不宜超过 4 根。屏蔽线接至接地排的方式一致，弧度一至，一螺栓压接接地鼻子不超过 4 根，螺栓穿向里侧。屏蔽芯只能一端接地，另一端不能接地。盘联屏蔽芯需按设计要求接线。

10. 电缆挂牌

电缆牌先用细尼龙绳挂在电缆头上，尼龙绳的长度是电缆牌子的两倍，再用扎带把整排电缆的电缆牌子绑扎在一起。电缆牌的顶部与电缆头热缩管的底部平齐。

电缆牌采用专用打印机打印，电缆标牌上打印顺序自上而下依次为：电缆编号、名称、型号规格、起点、终点。电缆牌的固定采用交叠或并排方式挂设，电缆牌应绑扎牢固，同排电缆牌悬挂高度一致，间距一致，排列整齐，便于查阅。电缆牌的绑扎和悬挂采用扎带加细尼龙绳。电缆牌规格为宽 20（mm）×长 70（mm）×厚 1（mm），4 孔白色 PVC 电缆牌。

11. 施工记录收集及验收

电缆接线完成后，收集接线人员的原始记录并留存，对于接线过程中的变动及时在图纸上进行标注，及时组织监理人员及质检人员对盘柜接线进行整体验收。

（九）热控温度仪表调校

1. 热电偶的校验

（1）检定工艺流程。

1）300℃以下热电偶检定工艺流程如图 5-2-1 所示。

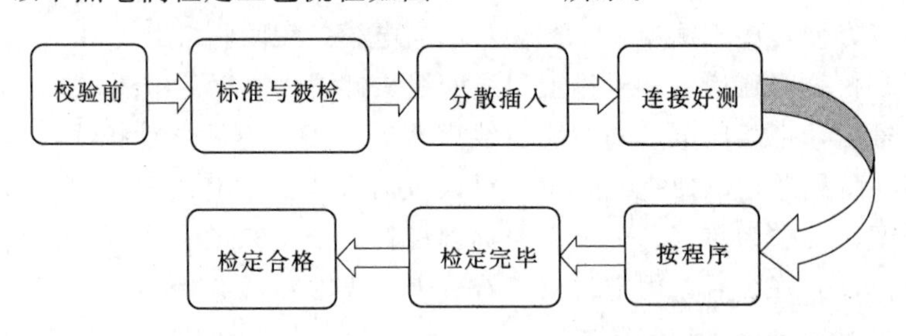

图 5-2-1　300℃以下热电偶检定工艺流程图

2）300℃以上热电偶检定工艺流程如图 5-2-2 所示。

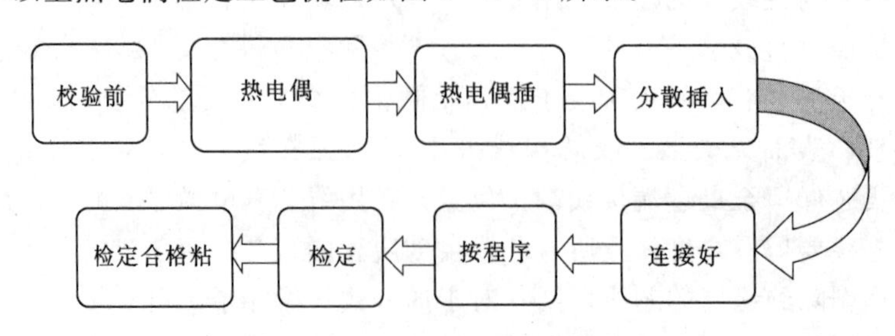

图 5-2-2　300℃以上热电偶检定工艺流程图

(2) 校验前的检查。

1) 热电偶的几何尺寸用钢卷尺检查。

2) 用500V兆欧表检查绝缘电阻。元件与保护管之间绝缘电阻：普通热电偶不小于100MΩ，铠装热电偶不小于1000MΩ。

3) 连接点检查，焊接牢固，呈球状，表面光滑、无气孔、无夹渣。

4) 热偶丝检查，无机械损伤、裂纹、气孔、腐蚀和脆化变质。

5) 极性、型号及用途标志检查，正、负极性标志清楚、型号用途符合设计要求。

(3) 300℃以下热电偶的校验。

1) 在标准热电阻和被检热电偶的测量端套上玻璃保护管，插入恒温油槽中，玻璃管口沿热电偶周围用脱脂棉堵好，插入深度不小于300mm。

2) 将热电偶的参考端插入装有变压器油的玻璃管中，再分散插入冰点恒温器内，插入深度不小于150mm。

3) 按照正、负极性连接好测量线路。

4) 启动工业低温热电偶自动检定系统，按微机软件设定程序进行检定。

5) 校验完毕，小心从油槽取出热电偶，放在室外架子上冷却。

6) 校验合格后，粘贴不干胶于元件外表，不干胶内容包括设计编号、型号、名称及量程。

(4) 300℃以上热电偶的校验。

1) 热电偶的绑扎。将电偶用细镍铬丝捆扎成圆形的一束，各热电偶测量端均处于同一截面，被检热电偶均匀分布于标准热电偶的周围。

2) 将热电偶插入管式检定炉内，沿热电偶束周围用石棉布堵好，插入深度不小于300mm。

3) 热电偶的参考端插入装有变压器油的玻璃试管中，并分散插入冰点恒温器内，插入深度不小于150mm。

4) 按照正、负极性连接好测量线路。

5) 启动工业热电偶自动检定系统，按微机软件设定程序进行校验。

6) 校验完毕，小心从管式炉中取出热电偶，放在室外架子上冷却。

7) 校验合格后，粘贴标签于元件外表。内容包括设计编号、名称、分度号及量程。

2. 热电阻的校验

(1) 热电阻检定工艺流程如图5-2-3所示。

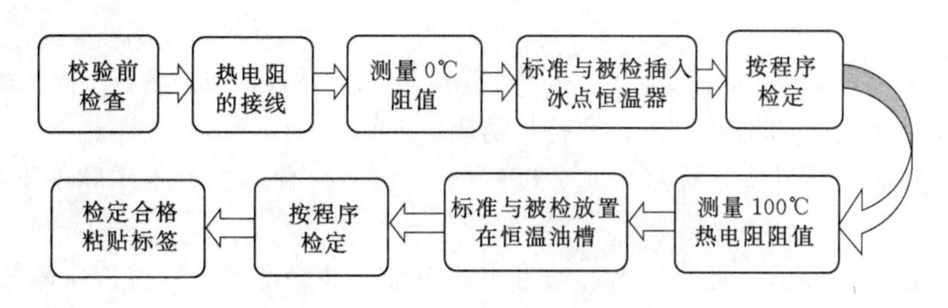

图5-2-3　热电阻检定工艺流程图

（2）校验前的检查。

1）外观检查。装配正确、可靠，无缺件。保护管完整无损，无凹痕、划痕和显著锈蚀，外表涂层牢固清楚，符合设计。

2）铭牌标志检查。

3）感温元件的检查：不得破裂，不得有显著的弯曲现象；无短路、开路现象。

4）用100V兆欧表检查绝缘电阻。感温元件与保护管之间绝缘电阻：铂电阻不小于100MΩ，铜电阻不小于50MΩ。

（3）热电阻的接线。

1）二线制热电阻应在热电阻的每一个接线柱的末端接出两根导线，然后按四线制进行接线。

2）三线制热电阻应注意短接线的连接。

（4）测量0℃热电阻阻值 R_0。

1）将标准铂电阻温度计和被检热电阻插入冰点恒温器中。热电阻周围的冰层厚度不小于30mm。

2）启动工业热电阻自动检定系统，按微机软件设定程序进行校验0℃。

（5）测量100℃热电阻阻值 R_{100}。

1）将标准热电阻和被检热电阻（保护管可拆卸的）套上玻璃管，放置在恒温油槽中，插入深度不小于300mm。

2）启动软件程序进行100℃校验。

3）从油槽中取出热电阻，清理油迹，冷却。

（6）校验合格后，粘贴标签于元件外表。标签内容包括设计编号、名称、分度号及量程。

3. 双金属温度计的调校

（1）双金属温度计检定工艺流程如图5-2-4所示。

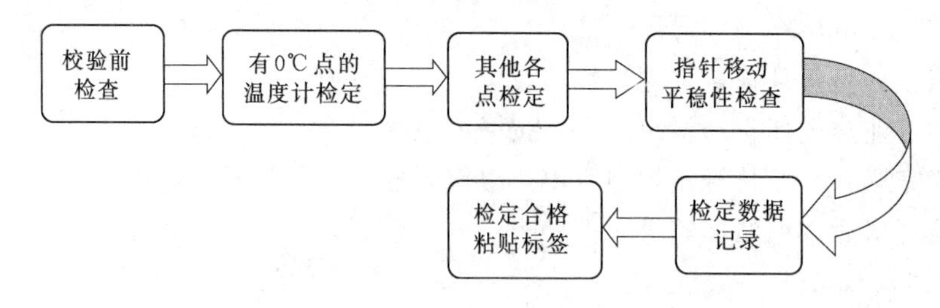

图5-2-4　双金属温度计检定工艺流程图

（2）校验前的检查。

1）温度计各部件检查。装配牢固，不得松动，不得有锈蚀，保护套应牢固、均匀和整洁。

2）温度计表盘上的刻度、数字完整、清晰、正确。

3）指针检查。指针深入标尺最短分度线的1/4～3/4内；指针指示宽度不超过标尺最短分度线的宽度。

4）温度计度盘标示。制造厂名、型号出厂编号、准确度等级、温度符号等标示清晰、完整。

（3）有 0℃点的温度计检定。将温度计的温包插入冰点槽中，10min 后即可读数，示值误差不大于允许基本误差。

（4）其他各点的检定。

1）将温度计的温包全部浸入油槽中，同时将标准铂电阻放入油槽中。

2）启动热电阻自动检定装置，设置好温度校验点。待槽温偏离检定点温度符合规定时读数，视线应垂直于表盘。槽温偏离检定点温度不超过±2℃（以标准温度计为准）。

3）依次记录各种正、反行程的示值。回差与示值检定同时进行，在同一检定点上正反行程示值差值为温度计回差。

（5）指针移动平稳性检查。指针在全行程中无跳动或卡涩现象，示值平稳。

（6）温度计检定完毕记录下实验数据。字迹清楚、数据项目齐全。

（7）在仪表表面粘贴标签。标签内容包括测点名称、位号及量程。

（十）热控压力仪表调校

1. 施工工艺流程

热控压力仪表调校施工工艺流程如图 5－2－5 所示。

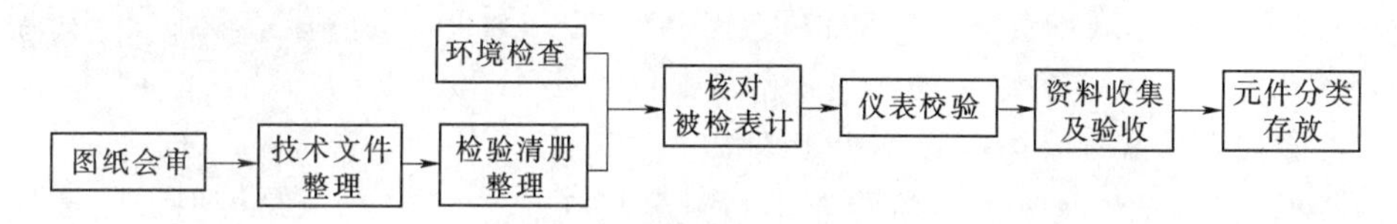

图 5－2－5　热控压力仪表调校施工工艺流程图

2. 变送器的校验

（1）校验前的检查，完整无损，无锈蚀和划痕，附件齐全。

1）外观检查，标志清楚，符合设计。

2）铭牌检查，正确可靠。

3）校验用的连接线路、管路检查。

4）用万用表进行绝缘检查，端子—外壳不小于 20MΩ。

5）电源电压稳定，24V 直流电源的电压波动不超过±1%。

6）气源应清洁、干燥，气源压力波动不超过额定值的±1%。

（2）标准器的选择：标准表量程＝被检表量程÷$\frac{3}{4}$。

（3）变送器的安装及接线。将变送器按规定的工作位置安放，并与压力标准器、输出负载及检测装置连接起来，并使导压管中充满传压介质。

（4）系统检测无误后送电，预热 15min。

（5）密封性检查。平稳地升压（或疏空）使变送器测量室压力达到测量限值（或当地大气压力 90%的疏空度）后，切断压力源，密封 15min。在最后 5min 内观察其压力下降（或上升）不得超过测量上限值的 2%。

（6）零点调整。在高压侧加量程下限压力值，当出现超差时，按以下步骤调整：

1）智能型用通信器调整。

2）3051 型用手操器进行零点调整使输出显示为 4mA。

（7）量程调整。平稳升压至测量上限（标准压力值），出现超差时，按以下步骤调整：

1）智能型用通信器调整。

2）用3051型手操器进行调整，使输出显示为20mA。

（8）过程检定。按规程在过程中检定3个点（应基本均匀地分布在整个测量范围）。

（9）零点迁移。检定变送器时，应考虑实际使用中仪表管液体高度的修正值，进行零点迁移。

（10）变送器检验完，切断电源，拆除连线后，方可拆卸变送器。

（11）变送器校验合格后做好检定记录，并在变送器表面粘贴不干胶。不干胶内容为"设计编号、名称、量程及迁移值"。

（12）变送器及附件装入箱内，并用记号笔做好标记，以便查找。

3. 压力开关校验

（1）校验前的检查。

1）外观完整无损，紧固件不得有松动，可动部分应灵活可靠。

2）铭牌标志清楚、符合设计。

3）用500V兆欧表进行绝缘性能检查，端子—外壳不小于20MΩ，端子—端子不小于20MΩ，触头断开时，连接触头的两接线端子之间不小于20MΩ。

4）控制器在校验环境中静置不少于4h。

（2）控制器的安装及接线。将控制器按规定的工作位置安装，并根据定值要求连接通灯。

（3）先调整控制器的定值调整螺钉至接近定值位置。

（4）设定点整定。平稳地升压（或降压）调整定值调整螺钉至定值（标准压力值）动作，通灯亮。

（5）切换值的检定。由压力校验台从零点缓慢地升压至触点动作（通灯灭或亮）为止，此时从标准器上读出的压力值为切换值，然后由该处缓慢地减压至触点动作为止，此时标准器上读出的压力值为下切换值。上、下切换值之差即为切换值，应符合要求。

（6）重复性误差的检定。按照步骤（5）的方法，连续两次循环检定，同一点两次之间的差值符合要求。

（7）液柱修正。检定控制器时，应考虑实际使用中仪表管液体高度的修正值。

（8）检定完毕，将调整螺钉紧固并用油漆点封。

（9）做好检定记录，并在压力开关表面粘贴不干胶条。不干胶条内容为"设计编号、名称及设定值"。

4. 压力表的校验

（1）校验前的检查。

1）外观检查。零部件装配牢固、无松动现象；表涂层均匀光洁，无明显剥落现象；压力表应装有安全孔，安全孔上须有防尘装置。

2）仪表标志清楚、齐全。

3）零位带有止销的压力表，在无压力或真空时，指针应紧靠止销。

4）应在环境条件下至少静止2h方可检定。

（2）压力表的安装。标准器与压力表使用液体工作介质时，受压点应基本在同一水平面。

（3）误差的检定。示值检定按标有数字的分度线进行。逐渐平稳升压（或降压）当示值达到测量上限后，切断压力源（或真空源）耐压 3min，然后按原检定点平稳地降压（或升压）倒续回检。对每一个检定点，轻敲表壳前、后的示值与标准器示值对比符合规定。

1）示值误差不大于允许基本误差。

2）回程误差不大于允许基本误差绝对值。

3）轻敲变动量不大于允许基本误差绝对值的 1/2。

（4）指针偏转平稳、无跳动或卡涩现象。

（5）电接点压力表的检定。

1）用 500V 兆欧表进行绝缘电阻检验。端子—外壳不小于 20MΩ。

2）设定点偏差检定。基本检定步骤同普通压力表；使设定指针位于设定值上，升压（或降压）直至信号接通或断开为止，在标准器读取压力值。

（6）检定合格后做好检定记录，并在压力表表面粘贴不干胶条。不干胶条内容为“设计编号、名称及量程”。

（十一）汽机本体热控元件安装

1. 施工准备

（1）测温元件到货后，根据设计院设计的元件 KKS 码及规格，对应厂家图纸及供货清单，辨别出与之对应的元件及套管。

（2）对测温元件进行回路测试及绝缘测试，检查有无开路和短路现象，极性是否正确并做好记录，元件安装前需送相关部门校验并合格。

（3）设备到货后结合图纸资料检查测孔数量是否满足施工要求，并检查位置、深度及螺纹接口。并把各测孔残留铁屑清理干净便于安装。

（4）做好施工技术交底工作。

2. 测量元件安装

（1）高中压缸及阀壳金属壁温的元件安装，金属壁温测温元件由上海汽轮机厂提供，用两端带螺纹的金属套管与汽机本体连接，测量端进入测量部位处有测温插座保护。为保护元件的完整性和安全性，在往施工现场输送过程中严禁抓握测量端使元件倒置，这样极易损坏线芯。将金属套管旋入相应测孔中，并用管钳拧紧，插座丝口不合适应用丝攻攻丝，然后将元件紧固在插座上，并把接线孔调整到所需位置，调整测温元件伸缩弹簧，使元件测量端与金属壁表面紧密接触。

（2）瓦温元件的安装。首先对预留孔进行清理，并把瓦块边缘出试槽两侧角棱锉平，清理完后量出预留孔深度，将瓦温元件预制电缆套上黄蜡管，复查元件好坏，确认无问题后将元件安装在预留孔内，确认元件顶到瓦块上后用专用的固定螺丝拧紧。然后将预制电缆引出，复查元件是否完好，当瓦块翻入后还要复查一遍并检查线芯是否绝缘良好。

1）测温元件与瓦块连接牢固、紧密。

2）瓦温元件必须经校验检查后方可安装，元件安装好必须进行复检，并做好安装检查记录。

3）安装过程中必须反复测量温度元件的完好程度，对于每一个可能造成测温元件损坏的机务安装过程必须复查。

（3）标志牌。测温元件安装完毕后，将元件引出线整理好并挂好相应的标志牌。

3. 复查

当元件安装完毕后，采用在测量端加热，再从冷端用万用表测量毫伏值的方法检查元件的好坏以及编号，名称等与测点位置是否相符，若发现有误及时更改。

（十二）锅炉壁温元件安装

（1）严格审核有关图纸，落实测点位置。

（2）元件安装应在锅炉保温工作进行之前结束。

（3）校验测温元件，确认测温元件合格后，施工人员将测温元件的冷端通过保护管引出后，引至测点的设计位置，待所有的测温元件均引至相应的测点位置后，将测温元件的引线捆扎成束，固定整理美观。

（4）打磨测点焊接处至露出金属光泽，将测温元件的热端紧贴管壁焊接，焊接符合焊规要求，焊接后元件热端与被测管壁无缝隙。焊接工作要在锅炉水压实验前完成。

（5）元件安装确认元件合格后，两端做好标记，标记应清晰、完整。

（十三）电动执行机构调试

1. 电动门的调试

（1）电动门调试前进行外观和铭牌标志检查、机械部件和电气部件检查、绝缘电阻检查，确保外观完整无损，机械转动灵活，电机绝缘阻值不小于1MΩ。检查手/自动切换手柄，确保灵活、无卡涩，切换力合适。检查手动操作手轮，确保灵活、无卡涩，操作力合适。对电路接线进行校对，确保接线正确。核实电源熔丝容量与设计一致，减速箱内润滑油充注量为70%。

（2）热工与机务共同确定阀门的开关位置，并由热工调整好行程开关。

（3）将电动门手摇置于中间位置，在保证通信可靠的情况下，给电动门受电。

（4）受电正常后，就地操作“开”或“关”，确保转向正确，动作灵活、无卡涩，输出接点接触良好，正确可靠。

（5）属于转矩开关的电动门调整好转矩开关，满足工艺流程对阀门紧力的要求。

（6）就地调整好后，联络运行人员共同进行远方传动，确保DCS系统可靠操作。

（7）做好相应调试记录并签字。

2. 电动调节阀调试

（1）电动执行机构调试前进行外观和铭牌标志检查、机械部件和电气部件检查、绝缘电阻检查，确保外观完整无损，机械转动灵活，控制回路绝缘阻值不小于1MΩ，电源回路绝缘阻值不小于1MΩ。检查手/自动切换手柄，确保灵活、无卡涩，切换力合适。检查手动操作手轮，确保灵活、无卡涩，操作力合适。对电路接线进行校对，确保接线正确。核实电源熔丝容量与设计一致，保证减速箱油位不低于油标下限。

（2）热工与机务共同确定阀门的开关位置，并调整好机械限位。

（3）手摇摇把检查执行器的输出连接保证动作灵活，死区小。送电正常后就地手操执

行机构，点动观察执行机构动作情况正确。

（4）就地手操执行机构分别为0、25%、50%、75%、100%输出，调整对应输出的反馈电流为4mA、8mA 、12mA、16mA、20mA，同时调整好行程开关及辅助接点。

（5）调校执行机构输出，确保行程误差不大于允许基本误差，回程误差不大于1/2允许基本误差，死区不大于允许基本误差。调校伺服放大器其零点误差、增益误差在±1mV之间，死区允差、信号允差符合设备厂家要求。

（6）就地调整好后，联络运行人员共同进行远方传动，确保DCS系统可靠操作。

（7）做好相应调试记录并签字。

（十四）气动执行机构调试

1. 两位式的气动门调试

（1）气开式气动门。

1）核对气动门的型号，检查绝缘、电源电压、手轮位置是否正确。

2）在电磁阀柜短接点，使气动门电磁阀带电，气动门全开，检查气动门开行程开关是否动作，如果尚未动作，调整开关拐臂，使开关动作。

3）气动门电磁阀失电，气动门全关，检查调整开关拐臂，开关动作，如果开关尚未动作，调整开关拐臂。

4）对于双电控气动门，先确认阀门状态，如果阀门处于关状态，在电磁阀柜短接开指令是否动作，如果不动作将两线圈互换位置，然后短接开指令，等阀门达到开状态时，调整开限位开关，使信号送至DCS。短接关指令，等阀门达到关状态，调整关限位开关，使信号送至DCS。

5）做好相应调试记录并签字。

6）气关式气动门和气开式动作相反，电磁阀带电关，失电开。

2. 气动调阀的调整

（1）检查气源管路连接、手轮位置是否正确。

检查阀门内部参数设置、跳线开关是否正常，动作方向是否正确。

（2）阀门定位器调整。

1）现在电厂使用的阀门定位器大多数是ABB、FISHER、YT-2300等系列智能定位器，其都可以自整定。仔细阅读厂家说明书，找到自整定菜单，使阀门自动完成整定。

2）把阀门全关，信号发生器输入4mA电流信号，把电流信号稍稍增大，观察气动调阀是否动作，当电流信号增大到4.48mA（即量程3%）时，气动调阀还未动作，调低阀门定位器死区，使气动调阀动作。

3）对于运行中的阀门可能出现一些故障而使阀门不动作，一般可以对阀门重新自整定来解决。

（3）位置变送器的调整。

1）信号发生器输入4mA电流信号，用万用表检测位置变送器输出电流信号，调整位置变送器“零点”旋钮，使位置变送器输出信号为4mA。

2）信号发生器输入20mA电流信号，用万用表检测位置变送器输出电流信号，调整位置变送器“量程”旋钮，使位置变送器输出信号为20mA。

3）信号发生器分别输入 4mA、12mA、16mA、20mA，检测位置变送器输出，观察其输出是否与其输入匹配，且线性变化，可调整位置变送器“线性”旋钮。（有些气动门不匹配此旋钮，其线性厂家已调整好）。

（4）DCS 远方调试。根据图纸和厂家资料，检查 DCS 和气动门的电缆，确保接线正确，配合调试所，在 DCS 侧输入信号且检测反馈信号，由调试人员在现场调试，调试过程和就地调试一样。

（5）做好相应调试记录并签字。

（十五）DCS 系统接地施工

1. 施工工艺流程

DCS 系统接地施工工艺流程如图 5-2-6 所示。

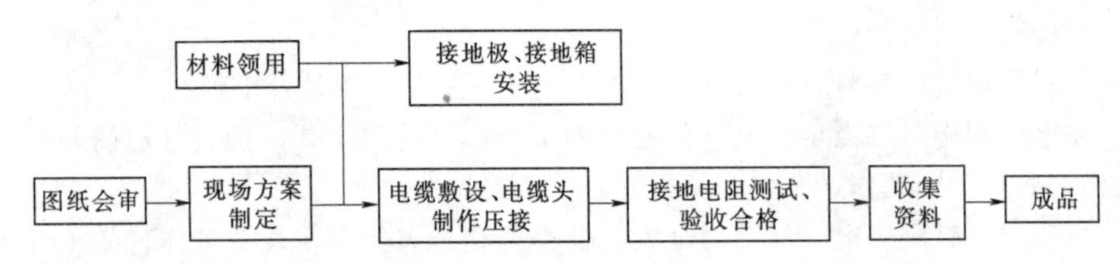

图 5-2-6 DCS 系统接地施工工艺流程图

2. 施工准备

（1）熟悉施工图。仔细审阅施工图，统计接地盘柜布置及电缆走向，熟悉接地系统施工图，并查阅相关 DCS 厂家提供的接地资料及安装要求，确保盘柜接地无遗漏。

（2）工器具检查，并做好技术交底。

3. 接地电缆连接和接地要求

（1）接地电缆用于各控制机柜的信号地和屏蔽地的接地连接，电子设备间内每个控制柜和其扩展柜用接地电缆互连。

（2）DCS 盘柜接地电缆制作步骤：电缆敷设→盘下电缆整理→盘上电缆整理→电缆开剥→电缆头制作→电缆头压接。

（3）压好电缆鼻子的接地电缆，在 DCS 盘柜内分清机柜地和屏蔽地逐个用螺栓安装在机柜接地铜排上。

（4）DCS 接地电缆连接完善后，用接地电阻摇表进行系统接地电阻测试。DCS 系统接地电阻测试阻值小于 1Ω。

（十六）伴热设备安装

1. 施工工艺流程

伴热设备安装施工工艺流程如图 5-2-7 所示。

2. 伴热电缆检查

核对伴热带以确定所收到的伴热带型号和数量准确无误，所有伴热带在其外护套上都印有产品编号、额定电压和输出功率。在并联型伴热带上可以看到伴热带编号，工厂预制的串联型伴热带有与日期相关的 I. D. 标签印记。比较伴热带与装箱单和订单上的信息，确认收到货品是否正确。

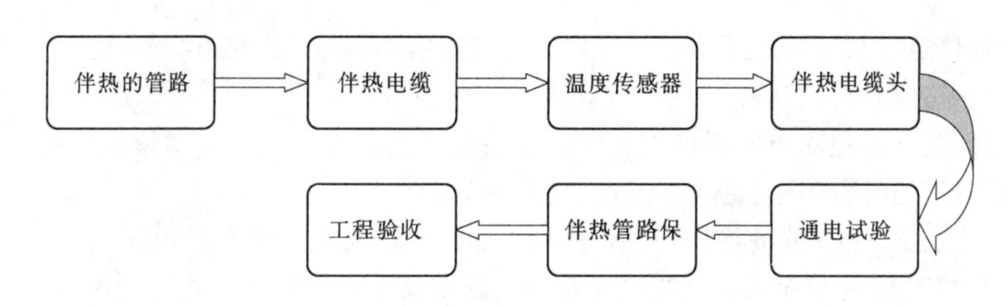

图 5-2-7 伴热设备安装施工工艺流程图

3. 伴热电缆敷设

(1) 伴热带安装前。

1) 将伴热带从电缆盘上卸下前，应当对伴热带进行测试，以确保绝缘完好。

2) 确保所有被伴热管线和设备全面完成了安装、测试并被认可。

3) 确保所有被伴热的管线和设备全面完成了安装并进行了压力试验。

4) 安装表面必须尽可能清洁。用金属刷清除污垢、铁锈。

5) 安装伴热带前管线上的任何护层都必须干燥。要做喷漆处理的管线必须已完成喷漆。

(2) 伴热电缆安装时的注意事项。

1) 伴热电缆在安装使用时，不允许反复弯曲折曲。严禁损坏护套，破坏绝缘，致使芯带或线芯裸露。

2) 每根伴热电缆的长度不能超过设计长度或最大使用长度，终端的两根线芯严禁短接。

3) 除拐弯处，伴热电缆应平整地紧贴在导管表面，用聚酯带捆扎，严禁用铁丝捆扎。

4) 伴热电缆可以分叉 T 形连接，也可延长直线连接，但接头处和终端头必须使用厂供的配件进行密封。

5) 伴热电缆工作的电源电压应与其工作电压相符。

6) 伴热电缆的防护层和护套的耐热温度应高于测量管冲洗时的表面温度。

7) 伴热电缆的屏蔽层应可靠接地。

8) 伴热电缆安装后应进行绝缘测试，用 500V 兆欧表测量加热带线芯（即电源线）与屏蔽层之间的绝缘电阻，不得小于 20MΩ。否则，应查找原因排除故障。

9) 必须选用合适的保温材料和提高保温工艺来达到保温效果。

(3) 伴热带在管线上的初始安装。

1) 直管段的安装。临时安装从伴热回路尾端位置开始安装，将伴热带敷设在管线上，在电源连接处和其他任何一种连接处留出适当的预量。在伴热带经过的阀门、弯头等部位留出预量。

2) 在弯头上安装。将伴热带沿弯头外径敷设，以便为管线的弯曲部分提供足够的热量补偿。在弯头的两端用玻璃纤维胶带将伴热带固定在管线上。

3) 在阀门上安装。在有阀门的地方会有热量损失的增加，需要伴热带留出预量以提供额外的热量。在安装过程中不要超出伴热带允许的弯曲半径。从伴热带的末端即伴热回路尾端组件开始固定，逐渐推向前端的电源供电点。伴热带可以采用玻璃纤维胶带安装固定，为保证伴热带与管线的适当接触，绑扎带应当以300mm的间距缠绕绑扎。

（4）电源连接组件安装。

1）在距离金属垫圈或密封件13mm内，去除伴热带外套。将金属编织层同伴热带分开并拧成辫子。在距离外护套150mm处切断伴热带。

2）小心去除114mm的绝缘护套，然后去除两根母线之间的发热矩阵。

3）用RTV密封胶涂满硅橡胶接线靴的内侧以及母线和暴露在外的发热矩阵上。

4）尽可能深地将硅橡胶接线靴套在伴热带上，然后在母线尾端剥去6mm的矩阵核心材料。

（5）尾端安装。从伴热带的尾端切除13mm外护套和编织层，用RTV密封胶充分涂满伴热带尾端及尾端帽内侧，将尾端帽套在伴热带并用绑扎带处理好连接处。

4. 伴热电缆通电试验

通电前，确保所有连接盒、温控器、电缆等安装正确，伴热电缆通电试验可靠。将温控器设定在所需的温度设定值，向伴热回路提供额定电压，电压和电流都应测量。

（十七）锅炉火焰电视安装

1. 施工工艺流程

锅炉火焰电视安装施工工艺流程如图5-2-8所示。

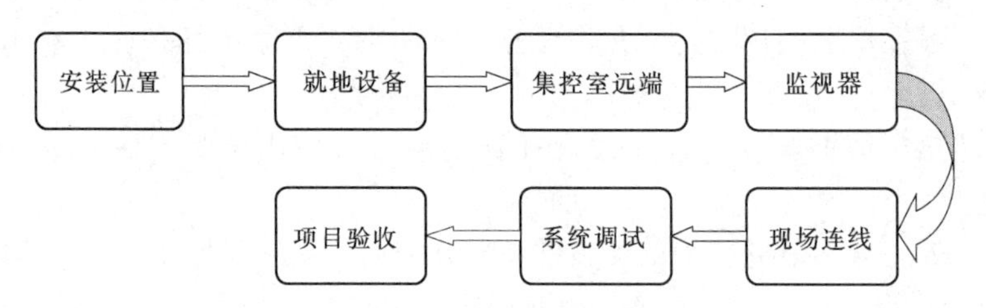

图5-2-8　锅炉火焰电视安装施工工艺流程图

2. 施工准备

根据锅炉厂图纸及厂家资料开箱，验收并领用设备，在厂家指导下安装。

3. 设备安装

（1）安装高度及安装门孔确定。安装位置应根据炉膛结构尺寸来确认（锅炉厂家图纸标出炉膛火焰电视门孔预留位置）。

（2）支架焊接。支架安装，需在观火口处（锅炉厂家预留口）除去瓦楞板及保温材料，然后用支架待焊板将支架焊接在炉壁上，焊接时应保证支架与炉壁面平行，且保证墙袖管（炉墙与窥镜管之间的保护套管）露出水冷壁内侧5～10mm，否则影响观察视角。焊接后做好炉壁内外保温层（支架与炉壁之间必须用防火隔热材料隔离），恢复原瓦楞板。

上述安装步骤需在厂家指导下进行。

（3）传动装置安装。首先将下支撑腿固定在传动机构上的固定孔上，再将传动装置与支架连接固定，调整支撑腿的固定位置，确保无碰壁现象，手动方式使内窥式光学成像系统进退自如。

（4）气源及气源过滤系统安装。使用现场纯洁和干燥的仪用气源，气源过滤系统安装根据厂家图纸资料及厂家指导，按顺序将厂供设备和仪用气源焊接和安装。

（5）现场控制箱安装。据厂家控制箱的尺寸，控制箱安装位置应选择远离炉壁的位置固定，固定方式应选择和控制箱支架螺栓连接，防止损坏设别，影响控制箱的外观美观。

（6）集控室远端控制器安装。

（7）监视器安装。

（8）现场连线。

4. 设备调试

完成系统安装和设备连线后，经检查系统无误后即可通电调试。首先打开系统气源阀门，保证吹扫风正常工作。通过现场控制箱内的进、退按钮控制内窥视光学成像系统的进退，在保证光学成像系统进退自如后再通过控制器面板上的相关按钮和指示灯来完成系统各部位的控制和使用。

此调试过程应在厂家指导过程完成，直至在大屏幕完成成像强光手电在炉膛中成像。

（十八）吹灰器调试

1. 施工工艺流程

吹灰器调试施工工艺流程如图5-2-9所示。

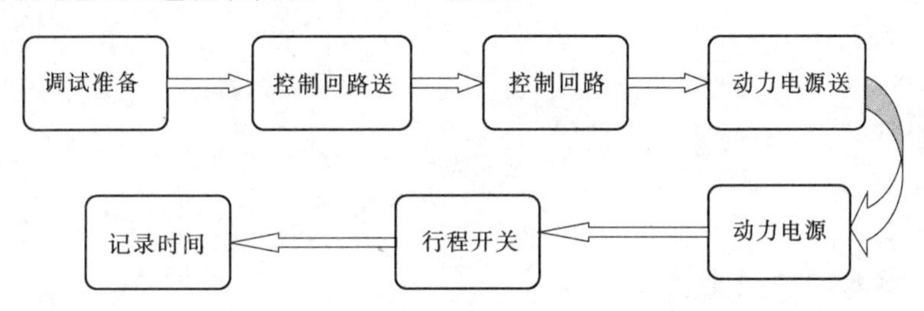

图5-2-9　吹灰器调试施工工艺流程图

2. 施工准备

（1）根据设计图纸或厂家资料熟悉吹灰器的原理。

（2）现场吹灰器及动力柜安装接线完毕。严格按电缆接线指导书工艺规定接线，确保接线正确，工艺美观、号头齐全、清晰。

3. 检查

（1）吹灰器电机检查。

1）核对电机的型号。

2）用万用表检查行程开关的动作情况。开关动作应灵活、可靠。

3）电机绝缘检查。用500V摇表测各相绝缘及外壳接地，电机绕组对地绝缘应大于1MΩ，外壳接地良好；用万用表测各相间电阻，相间电阻应平衡。

（2）吹灰动力柜检查。

1）据图纸检查动力柜的电源进线。

2）检查接触器及开关通电情况。

（3）查线。根据接线图核对程控柜、动力柜及吹灰器接线（包括厂家的二次配线）。

4. 行程开关调整

（1）控制回路通电检查。

1）手动吹灰器，使退到位限位开关脱离。

2）核查无误后方可送控制回路电源。

3）按下就地吹灰器的进按钮（绿色），进接触器应吸合。手动吹灰器上的进行程开关，动力柜内的进接触器应释放。同时退接触器应吸合，手动退限位，退接触器释放。

（2）行程开关的调整。

1）查电机相序。送动力电源，操作进按钮，吹灰器应向进方向转动。如反向，则立即松开按钮并任意两相电机线对调。

2）行程调整。按下进按钮，吹灰器动作。一直到电机快进到位时，手动动作进限位开关，动力柜内的进接触器释放，同时退接触器吸合。电机向反方向运行。仔细观察电机运动的轨迹，如若限位开关不动作，用扳手调节限位开关。

电动操作两次，观察吹灰器运行是否平稳，反馈是否正常。

5. 远控调试

（1）检查程控柜至动力柜的指令和反馈接线，确保无误。

（2）动力柜及程控柜送上电，在程控柜 PLC 上把开关选择至程控位。

（3）PLC 画面满足调试要求。

（4）在 PLC 画面上操作，在动力柜及就地吹灰器观察，看接触器及吹灰器动作情况。

（5）观察画面上的指令及反馈情况。

6. 调试记录

将每个吹灰器的调试记录按规定表格填写记录。

（十九）热控报警信号调试

1. 压力、差压测量回路热工报警信号调试

（1）送电前用万用表检查 DCS 的输出电压是否符合要求。变送器的工作电压为 10.5～55V 之间。

（2）变送器的回路调试。用校线器将回路线路校对，电源的正负极接入正确，然后送上电，将 HART 通信器的两端接入变送器两端子上，按照针对不同等级整定的报警参数模拟变送器输出信号，对照 DCS 的 LED 显示是否正确，观看热工报警信号。

（3）控制器的测试。控制器接完线后，根据控制系统的要求，检查控制器接点接线是否正确，在压力控制器侧短接线或断开接线。对于微压控制器，在安装接线完毕后要重新进行打压试验，在开关动作后检查 LED 显示是否正确，观看热工报警信号。

2. 温度测量回路热工报警信号调试

温度元件安装、接线完毕，复查安装位置、接线正确与否，然后在温度元件的端部接线处用多功能回路校验仪按照针对不同等级整定的报警参数模拟相应的毫伏或电阻信号，对照 DCS 的 LED 显示是否正确，观看热工报警信号。

3. 机械量回路热工报警信号调试

（1）用万用表、兆欧表检查回路的绝缘电阻，绝缘电阻不小于 1MΩ。

（2）TSI 监测仪表校验合格后，安装接线。复核接线无误送电，现场前置器固定牢固，接线完毕，支架安装完毕后装探头，调整间隙至整定值紧固，并测量出当时的电压。探头安装间隙符合制造厂规定。逐渐增加电压模拟量信信号，达到一定数值，LED 应有

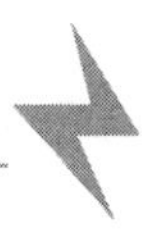

信号报警，TDM 系统也应有相应的报警信号。对应窗口报警应正常，确认，消音，复位，全部试验无误。

4. 热控电源热工报警信号调试

（1）用 500V 兆欧表分别检查输入与输出回路的绝缘电阻，绝缘电阻不小于 1MΩ。

（2）检查电源柜有关电源信号，切换工作与备用电源开关，检查各端子点电压。模拟量各端子电压应为 24V，不得低于 20V；开关量各端子电压应为 48V，不得低于 40V。

（3）检查电源继电器辅助接点的输出。继电器动作正常，节点信号输出正确。

（4）检查热工报警装置的输入。

5. 报警窗口调试

从每个报警窗的信号来源处模拟各报警信号，逐点进行校核，信号来源与报警窗口内容正确无误后，全部调试结束。

（二十）热控仪表投运措施

1. 仪表投运前的准备工作

（1）投运前，检查工具是否齐全。

（2）根据施工图确定表计在就地的安装位置。

（3）杜绝电源的“+”与 TEST 的“+”错接。

（4）汽水高温高压变送器和差压变送器投运条件。

1）压力在 1MPa 左右。

2）温度在 300℃左右。

2. 差压变送器投运

（1）检查变送器接线是否正确。

（2）检查变送器接头安装是否紧密。

（3）差压变送器投运。

1）检查变送器接线是否正确。

2）检查变送器接头安装是否紧密。

3）先关闭二次门和平衡门，再打开一次门和排污门，将仪表管内存留的污浊介质排出，同时也起到了清洗仪表管路的目的。

4）打开平衡门，以使正负压侧受压均衡，此时打开正负压侧二次门使取样管内的介质直接通过排污门排至地沟，清洗变送器上方仪表管路。

5）管路冲洗完毕后，先关上排污门，再关闭平衡门使变送器进入正常工作时的状态。

6）输出为 4～20mA 的变送器，用万用表测量“TEST”上的电流值是否与液晶显示屏的数值一致。通过手操器用 HART 协议进入变送器菜单，核对其显示数据是否与 DCS 一致。

7）对于烟风流量的差压变送器，在投运时可能产生零点漂移现象，此时需将仪表管拆下，使正负压侧无压力差，然后用手操器对变送器清零方可，最后将仪表管恢复。

3. 压力变送器投运

（1）检查压力变送的接线是否正确。

（2）检查变送器接头安装是否紧密。

(3) 先打开排污门，再打开一次门对仪表管路进行冲洗，以防运行中取样的介质太脏而污染变送器内部。

(4) 关闭排污门再打开二次门，使变送器进入正常工作时的状态。

(5) 根据其输出方式选择与之其相通信的 Communicator，与 DCS 进行参数对照。

4. 热电偶投运

(1) 检查热电偶接线是否正确，余热锅炉热电偶正负极为黄正红负，油区水区及除氧区与变送器一体的为绿正白负。

(2) 用万用表测量其正负之间的毫伏值，是否与 DCS 中经环境温度补偿后的数值相对应。

(二十一) DCS 系统受电措施

1. 施工工艺流程

DCS 系统受电措施施工工艺流程如图 5-2-10 所示。

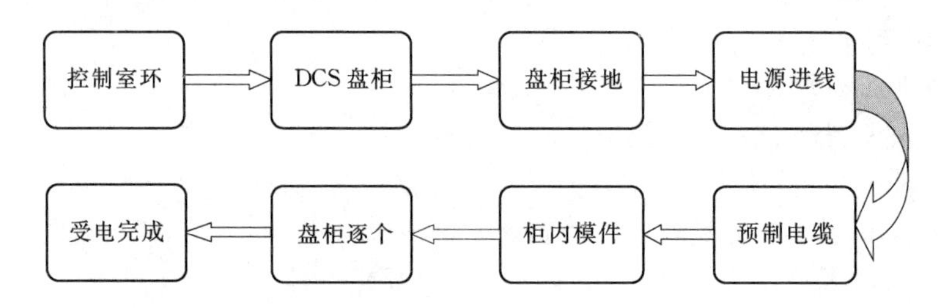

图 5-2-10　DCS 系统受电措施施工工艺流程图

2. 系统检查

(1) 对 DCS 硬件进行外观检查，硬件完好无损。

(2) 盘柜与基础之间的绝缘检查，绝缘电阻不小于 10MΩ。

(3) 接地检查。所有的接地线接好后，对两个设备接地点之间的电压和电阻进行确认，DCS 接地电阻小于 1Ω。

(4) DCS 机柜内部用压缩空气或吸尘器清扫干净。

3. 系统送电

(1) DCS 电源分配柜送电。

1) 系统检查。

a. DCS 电源分配柜安装、接线已经完成。

b. 检查 DCS 电源柜的电源线接线良好，并且接线与图纸一致。确认系统地、保护地、屏蔽地均已接到相应的母排上，且接地良好。

c. 所有电源线用 500V 摇表测试合格。绝缘电阻不小于 1MΩ。

d. 所有送电开关处于断开状态。

e. 保安电源及 UPS 电源已经正常带电，电源电压满足 AC210～230V 之间，设备内部的电源电缆必须全部接好，电压波动不大于±5%。

f. 电源柜内部连线经厂家人员确认。

2) 送电步骤。

a. 检查 DCS 电源分配柜上的输入电压符合要求，电压波动不大于±5%。

b. 合上设备电源开关，确认至各个 PU 柜、继电器柜、工程师站、操作员站、大屏幕的开关下口输出交流电压正常。

c. 再合上辅助电源开关，确认输出电压。

d. 合上冷却风扇电源开关，检查冷却风扇运行情况。

(2) 工程师站及打印机送电。

1) 前提条件。

a. 确认 DCS 电源柜已经完成送电，待送电设备的开关在断开位置。

b. 检查电源、接地和通信线连接正确。

c. 确认相应电源线绝缘合格。绝缘电阻不小于 1MΩ。

d. 上述各设备所有送电开关处于断开状态。

e. 检查电源及终端网线及其他连接线连接正确。

2) 步骤。

a. 检查 DCS 电源分配柜上的输入电压应合格。电压波动不大于±5%。

b. 合上电源柜内工程师站及打印机等的设备电源开关。

c. 当系统完全恢复起来以后，检查操作、系统显示和所有模件的内容提示，以及打印测试功能。

(3) 操作员站的送电步骤同上，不再叙述。

(4) 继电器柜及 CP、FBM 送电。

1) 条件。

a. DCS 电源分配柜安装、接线已经完成，至各控制柜的开关处于断开状态。

b. 检查各继电器柜及 CP、FBM 柜电源、接地和通信线连接正确。

c. 确认相应电源线绝缘合格，绝缘电阻不小于 1MΩ。

d. 各继电器柜及 CP、FBM 柜内所有电源开关处于断开状态。

e. 各柜之间的网络连线由厂家连接并经确认合格。

f. 柜内模块型号正确，必须处于正确的安装位置。

2) 送电步骤。

a. 检查 DCS 电源分配柜上的输入电压应合格。电压波动不大于±5%。

b. 分别合上至各继电器柜及 CP、FBM 柜的电源开关。

c. 合上 CP、FBM 柜内冷却风扇的电源开关，检查冷却风扇运行情况。

d. 当 CP、FBM 柜完全恢复起来以后，检查 CP、FBM 冗余功能。

(5) 其他设备送电。

1) 前提条件。确认电源分配柜已送电，设备送电开关处于断开状态。

2) 步骤。

a. 检查电源分配柜上的电压，电压波动不大于±5%。

b. 设备送电，电压检查。

(6) 上述普通电源独立带负荷确认以后，断开普通电源回路，再合上 UPS 电源开关，重复执行以上步骤，以确认 UPS 独立带负荷能力。

(7) 系统自检。检查系统上电是否通过。

(8) 故障与问题。在送电过程中若出现问题，应与相关各方商定处理办法并做好相关记录和说明。

第三节　重大交叉作业

一、基本要求

热控工作点多面广，技术人员要随时跟踪现场施工情况，及时组织施工，见缝插针，争取主动。同时还要根据现场的安全条件，作好设备的保护，采取措施搭设隔离围栏等安全措施。通过组织专业间及专业内的图纸会审，制定详细的交叉施工方案。交叉施工应注意到施工进度、工序先后及安全问题。

二、施工交叉

施工交叉主要包括以下内容：

1. 专业间

(1) 四大管道及中、低压管道、氢油水管道取样与汽机专业管道安装交叉施工。

(2) 汽机本体热控设备安装与汽机专业交叉施工。

(3) 锅炉电缆竖井吊装与锅炉专业交叉施工。

(4) 集控室电缆接线与电气专业交叉施工。

2. 专业内

(1) 集控室电缆接线交叉施工。

(2) 变送器、压力开关安装、配管交叉施工。

第六章　生物质发电工程焊接专业施工

本章以某生物质发电工程1×30MW发电机组为例，对焊接专业施工进行说明。

第一节　概　　述

一、工程特点

（1）由于引进国外技术，锅炉承压部件材质设计基本都为合金钢，增加了焊接难度和热处理的工作量，并给监检工作带来了一定难度。

（2）焊接高峰期在夏季，多风、雨，因此应加强焊接施工现场的挡风遮雨措施。

（3）现有工艺评定能够满足本工地已知焊接项目施工的需要。

二、施工范围和主要焊接工作量

1. 施工范围

焊接实行分散管理，锅炉、汽机、电气各专业分别负责其施工范围内所有焊接和热处理工作，及有关的人、机、料、法、环及外协工程的施工、技术和质量、安全管理。检测中心负责全工地焊接培训管理、焊接技术质量监督和金属技术监督等工作。

（1）受热面水系统。包括水冷壁系统及省煤器系统，水冷壁分为左右侧墙水冷壁、前墙水冷壁、后墙1水冷壁、后墙2水冷壁、后墙3水冷壁震动炉排水冷壁及挠性管系。

（2）过热器系统。包括四级过热器受热面。

（3）主蒸汽系统。主蒸汽系统采用单管制，过热器联箱出口蒸汽管道为12Cr1MoV管道，汽轮机侧为12Cr1MoV的管道。

（4）给水系统。给水系统按工作压力分为高压给水和低压给水。从给水泵出口到锅炉省煤器入口之间的管道为高压给水管道；从除氧器水箱出口到给水泵进口之间的管道为低压给水管道。

2. 主要焊接工作量

（1）锅炉专业主要焊接工程一览表（略）。

（2）汽机专业主要焊接工程一览表（略）。

三、焊接行政管理方式

1. 基本原则

工程部检测中心代表总部检测中心、项目部，负责焊接、热处理和金属技术监督等工作的全过程控制，并按管理层与作业层“合理布局、各负其责”的原则，指导把关和监督控制，始终坚持“把关、服务、协调、参谋”的四大职能，面向一线、理顺关系、健全网络、明确责任、监督到位，从严务实地做好焊接、热处理和金属技术监督硬件和软件的各项基础工作。按时做好各项焊接技术、质量和培训管理工作，确保蒙城工程的焊接质量始终处于受控状态，从而保证机组的整体安装水平。

2. 管理内容

各有关专业队在焊接和热处理业务上应接受工程部检测中心的指导和监督，搞好本单位分管范围内的焊接人员、设备、材料、工艺技术、质量等管理工作。

(1) 焊接技术管理。焊接技术文件的编制、技术交底和技术记录。

(2) 焊工的持证上岗。定期组织中、低压焊工培训，尤其要切实组织好焊前模拟培训。

(3) 焊接设备管理。各专业组对本单位的焊接设备定期检修、校验、保养和维护，确保焊接设备使用性能良好，从而满足焊接施工的需要。

(4) 焊接材料管理。严格入库把关、仓库存储、烘焙、发放和现场使用等方面的焊材管理。

(5) 焊接质量验收。焊口（缝）焊完，焊工自检（一级）合格后，立即填写焊工自检单，二级质检员要跟踪验收，合格后填写相应验评表格，并报项目部工程部焊接质检员进行三级验收。

(6) 过程确认。认真做好焊接和热处理特殊过程的过程确认。

(7) 不合格品的控制。严格控制焊接质量，杜绝焊接不合格品的放行；对危害性缺陷和产生连续相同缺陷等大的质量问题，应有工程部焊接会同专业队焊接技术人员、焊工进行原因分析，并采取可行方案进行处理。

(8) 焊接标志。立即进行焊接、热处理的状态标志和属性标志。

(9) 无损探伤超标缺陷焊口的返修。做到返修及时、挖口彻底，按程序补焊，保证补焊成功率。

(10) 外协施工队伍的焊接管理。各有关专业队须把外协队伍作为本单位的一个班组进行严格管理。

(11) 按三同步的原则做好技术、质量管理施工的原始记录，及时进行焊接质量统计。

四、焊接技术管理目标和措施

1. 焊接技术管理的目标

(1) 焊接技术、质量管理软件全面、规范，能及时满足业主、监理的要求和工程需要。

(2) 焊接工程技术监督到位、把关严格、整体受控。

(3) 焊口的热处理符合相关规程和技术文件要求。

(4) 金属技术监督全面、严格，信息反馈及时、准确。

(5) 受监焊口无损探伤一次合格率在98%以上。

(6) 水压试验时安装焊口无渗漏，整机试运期间安装焊口无爆管。

2. 焊接技术管理措施

(1) 按计划编制焊接作业指导书；焊接工程施工前，进行焊接技术交底，并办理交底签证。重要焊接项目由工程部焊接专工负责组织技术交底；一般焊接项目由专业队技术员负责组织技术交底。

(2) 建立健全焊接管理网络，加强焊接技术的监督和指导，随时做好焊接施工的原始技术记录。并切实做到指导准确、监督到位、记录真实、资料齐全、移交及时。做到凡事有人负责、凡事有人监督、凡事有章可循、凡事有据可查。

(3) 虚心接受工程监理、业主等对本工程作业的管理、指导和监督。

五、竣工资料的编制、整理、审核、移交

1. 竣工资料的编制原则

竣工资料的编制执行三同步原则，即工程项目开始就与建立竣工技术资料同步进行，项目进行过程中要与竣工技术资料的积累、整理、审定工作同步进行，项目交工验收时要与提交整套合格的竣工技术资料同步进行。

2. 其他要求

(1) 竣工资料的编制三份原件，要求齐全完整、版面清晰、字迹清楚、手写签名。

(2) 资料、文件的格式、内容、份数等须符合公司、项目部的有关文件要求。

(3) 专业队技术组长负责组织本单位施工的竣工技术资料的编制和整理，本专业队焊接技术人员具体负责焊接竣工技术资料的编写和整理（无损检测报告资料由金属试验室技术人员编制、提供）。

(4) 工程部焊接专业负责对焊接竣工技术资料进行审核，提出整改要求或意见后返回编制单位，由编制单位整改，再反馈到工程部焊接进行二审后，交专业副总/项目部总工总审定，送项目部文件中心立卷。

3. 焊接专业竣工资料的主要内容

(1) 工程概述。

1) 焊接工程概要介绍。

2) 主要焊接工程一览表。

3) 技术交底记录。

4) 施工大事记。

(2) 焊接材料质量证件（焊接材料出厂合格证、质量证明书）。

(3) 合格焊工、热处理工技术考核登记（合格焊工钢印代号、热处理工代号一览表）。

(4) 受监焊口焊接及热处理记录、资料。

1) 焊接施工技术记录图。

2) 焊接施工技术记录。

3) 焊前预热、焊后热处理工艺卡及热处理曲线。

(5) 受监焊口分项工程焊接质量等级评定表。

(6) 无损检测报告。

(7) 工程声像材料。

除以上焊接专业竣工资料外，应做好有关质量、技术、问题处理、统计、总结等方面的焊接资料积累和整理工作。

第二节　主要施工工艺

一、焊接设备配置和管理

(1) 优先选用性能优良的焊接和热处理设备。

(2) 加强焊接及热处理设备的保管、使用和维护，确保设备的使用性能良好。

(3) 与焊接及热处理有关的设备表计，须计量检定合格，并在有效期内。

(4) 焊接设备的配置数量，原则上由各使用单位自行确定，通过物资机械部在全公司各项目部之间统一协调，焊接设备包括各类电焊机、热处理设备、焊条烘干箱、焊条恒温箱和等离子切割机等。

二、焊接用气供应

1. 氧气、乙炔的供应

氧气、乙炔采用瓶装供气，各专业队在锅炉组合场、汽机组合场、汽机主厂房、锅炉本体及周围、金属结构加工场等用量较大的场所，要合理整齐集中存放气瓶。

2. 氩气的供应

采用瓶装氩气，全部单瓶单表使用。除了有合格证外，每瓶新气使用前，都要试验纯度，防止出现大面积缺陷。

三、主蒸汽及高压主给水等大中径管的焊接工艺

(1) 焊工持证上岗。必须按《焊工技术考核规程》(DL/T 679) 或《特种设备焊接操作人员考核细则》(TSG Z6002) 取得相应合格资格的焊工。

(2) 焊接对口。严格控制钝边尺寸、坡口清理、对口间隙、根部错口量及管端偏斜度等，确保对口质量符合规范要求。

(3) 施焊场所应配备适当的防风、防雨措施，确保焊接工作顺利进行。

(4) 主蒸汽管道采用电脑控制、跟踪预热，以保证层间温度均匀，并符合 PQR 规定的层间温度。焊后严格执行热处理工艺要求。

(5) 采用氩弧焊打底+手工电弧焊盖面工艺，对于中、高合金钢（含铬量不小于 3%或合金总含量大于 5%）管道焊接时进行内部充氩保护。

(6) 焊材的选择。对于 12Cr1MoV 钢材，选择焊材为：R317（焊条）、TIG-R31（焊丝）。

(7) 大口径管道两人对称焊接，以做到减小焊接变形和残余应力。

(8) 弧焊打底后，再用氩弧焊填充一遍，再进行手工电弧焊填充焊接。

(9) 手工电弧焊填充及盖面焊接，采用多层、多道焊接工艺；各焊层、焊道的厚度和宽度，应符合《火力发电厂焊接技术规程》(DL/T 869) 中的具体规定。

（10）认真进行焊缝的层间清理，并加强焊口的外观清理和焊工自检。

（11）对需要进行焊后热处理的焊口，焊后应及时采用电脑温控设备进行焊后热处理，否则应进行后热处理，并严格执行热处理工艺卡规定的工艺参数。

（12）其他要求。

1）由责任心强的熟练焊工（焊前模拟练习合格）施焊，并严格执行经批准的相关作业指导书；施焊时，须严格控制对口间隙、坡口内外清理、预热温度、层间温度、层间清理、焊后自检；合金钢管道焊后须采取缓冷措施，并严格按照作业指导书的要求进行后热（或保温处理），以及焊后热处理；防止停电；受热区域严禁雨淋和水溅。

2）焊口返修时，须采取返修措施，并严格执行原有预热及热处理工艺要求，以保证返修质量。

四、锅炉本体受热面管子的焊接工艺

（1）焊工持证上岗。必须持有焊工合格证，取得相应的焊接资格。首次施焊新的焊接项目前，进行焊前模拟培训，合格后上岗。在承压管件与非承压管件连接处施焊的焊工，须取得有效的相应合格证件。

（2）焊接对口：严格控制对口间隙、坡口及附近表面清理、根部错口量，使之符合规范要求，确保对口质量。

（3）施焊场所应配备适当的防风、防雨措施，确保焊接工作顺利进行。

（4）需要预热的焊口，严格按工艺要求进行预热。

（5）对壁厚小于5mm的锅炉受热面管子，可采用全氩焊接工艺（管径不大于70mm、壁厚5mm的锅炉受热面管子，可采用氩弧焊打底＋手工电弧焊盖面工艺）；对于壁厚不小于5mm或管径大于70mm的锅炉受热面管子焊接应采用氩弧焊打底＋手工电弧焊盖面工艺或全氩焊接工艺。

（6）对中、高合金钢（含铬量不小于3%或合金总含量大于5%）管子焊接时，采用内部充氩的双氩保护焊接工艺；并严格控制预热温度和层间温度（可以采用测温笔或其他仪器进行控制）。

（7）焊材的选择。对于20G碳钢管子，选择焊材为J507、TIG－J50；对于15CrMo钢材，选择焊材为R307、TIG－R30；对于12Cr1MoV钢材，选择焊材为R317、TIG－R31。

（8）氩弧焊打底后，及时进行手工电弧焊或氩弧焊填充焊接。

（9）焊口完成后认真清理，焊后自检。

（10）需要进行热处理的焊口，采用电脑温控设备，并严格按热处理工艺卡规定的工艺参数进行热处理。

五、钢结构的焊接工艺

（1）火力发电厂钢结构焊接施工一般分为承重钢结构、低压容器和普通钢结构等几类。钢结构的焊接除执行《火力发电厂焊接技术规程》（DL/T 869）、《电力建设施工质量验收及评价规程　第7部分：焊接》（DL/T 5210.7）、《电力钢结构焊接通用技术条件》（DL/T 678）等标准外，还须依据施工图纸和说明、有关协议等技术资料组织施焊和

检验。

（2）板材下料及坡口要求。焊件下料及坡口加工宜采用机械方法；用气割下料及坡口加工的焊件要留有加工余量，并用砂轮机等工具打磨去除氧化层、淬硬层及过热金属。

（3）严格对口要求。板材组对前，焊接处及两侧必须严格去除金属表面的油污、锈蚀、水垢，并露出金属光泽；同时保证对口间隙和错口量符合标准要求。

（4）焊缝检验和验收。对要求全焊透的焊缝，按设计要求及规程规定进行超声波、射线探伤或其他检验；对烟、风管道，应按规定进行严密性试验。

六、中低压管道的焊接工艺

（1）焊接前应认真核对管件的工况选派合适的焊工，并在焊接完成后，立即按《火力发电厂焊接技术规程》（DL/T 869）的检验项目进行检验，如业主有其他要求，应协商后定。

（2）坡口加工以机械方法为主，特殊情况使用火焰切割（不锈钢管道采用等离子切割）。

（3）保证对口质量，做到坡口清理彻底、内壁齐平、间隙均匀，满足焊接操作的技术要求。

（4）对于碳钢、普低钢中低压管道的焊接，为保证焊口根部质量，确保系统分部试运和整组启动顺利进行，提高电厂长期运行的可靠性，全面推行氩弧焊打底工艺。主要包括：

1）中低压给水管道，闭式水。

2）凝结水、除盐水、密封水管道。

3）抽汽管道。

4）辅助蒸汽管道。

5）减温水管道。

6）各种油管道、吹灰管道。

7）各种疏水、排汽、取样、加药管道。

8）压缩空气管道。

9）其他小径管道、薄壁管道。

10）对小径不锈钢管道，实行全氩工艺焊接。

第三节　焊前预热及焊后热处理

一、基本要求

（1）焊前预热及焊后热处理人员必须持证上岗。

（2）对焊口的预热及焊后热处理，应执行《火力发电厂焊接技术规程》（DL/T 869）及《火力发电厂焊接热处理技术规程》（DL/T 819）中关于热处理的有关工艺规定。

(3) 焊后热处理全部采用远红外电脑温控设备进行电加热，以确保焊后热处理的质量。

(4) 焊前预热、焊后热处理，执行焊接技术人员签发的“预热、热处理工艺卡”，确保热处理工艺的正确性。

(5) 测温热电偶，一般采用捆绑式铠装热电偶；同时根据管径和管排位置确定热电偶的个数及放置位置。

(6) 保留全部焊后热处理温度记录曲线，作为核实焊后热处理效果的原始资料。

(7) 无损探伤应在热处理完成后进行，如出现超标缺陷焊口，挖补完成后应重新按规范要求进行热处理。

(8) 对于需要处理的小径排管，必须做到保温一致，测温准确。对于室内室外温差大时，补偿导线必须一直补偿到热处理电脑温控仪。

二、几点说明

(1) 预热处理的加热宽度，执行《火力发电厂焊接热处理技术规程》(DL/T 819) 中相关规定；特殊位置预热处理的加热宽度应适当加宽。

(2) 预热处理的保温宽度，从焊缝中心算起每侧应比加热宽度增加至少 2 倍壁厚，且不小于 150mm；特殊位置预热处理的保温宽度应适当加宽，以减少温度梯度。

(3) 所用预热处理表计应校验合格或按要求标定。

第四节　无损探伤超标缺陷焊口的返修管理和焊接材料的管理

一、无损探伤超标缺陷焊口的返修管理

(1) 经无损探伤发现超标缺陷焊口后，由金属试验室填写焊接接头返修通知单，送委托单位焊接质检员。

(2) 责任单位接到“焊接接头返修通知单”后，会同无损检验人员确定焊口缺陷的具体位置。

(3) 责任单位根据缺陷种类、大小、部位和焊件的特点，确定返修方案，并组织实施，应做到以下方面。

1) 保证焊接缺陷已经彻底清除。

2) 对存在裂纹、严重未熔合及周圈未焊透缺陷的超标缺陷焊口，一般采用割除超标缺陷焊口的方法处理。

3) 优先选用机械方法清除缺陷；若用气割方法清除缺陷，须除去淬硬层或过热金属。

4) 补焊位置的坡口，应能保证补焊操作技术的要求。

5) 补焊一般由原施焊者进行，也可安排技术水平相对较高的焊工担任。

6) 补焊有预热或热处理要求的部件时，必须按《火力发电厂焊接技术规程》(DL/T 869) 及《火力发电厂焊接热处理技术规程》(DL/T 819) 等标准的有关规定执行。

7) 补焊工艺执行该项目的焊接作业指导书，必要时可增补针对性措施。

(4) 专业队焊接技术人员/质检员建立健全焊口返修记录，定期统计分析，找出超标

缺陷焊口产生的原因，并采取相应的纠正和预防措施。

(5) 工程部焊接对焊口返修率较高的焊工，可采取强化培训或其他纠正预防措施。对超标缺陷焊口的处理进行现场监督和指导。

(6) 责任单位接到“焊接接头返修通知单”后，应及时对返修焊口进行返修处理，不得造成返修焊口大量累积现象，否则工程部焊接将进行处罚或停工处理，必要时将在全公司/项目部内通报批评；责任单位返修完毕应进行外观检验和再次委托探伤。

(7) 金属试验室对相关单位送检的项目、部件应及时安排探伤、检验，对出现的超标焊口和质量异常现象应及时反馈。

(8) 项目部及相关部门应注意协调好安装施工、焊接施工（含热处理）、无损检验等工序/专业间的作业时间和作业顺序，以确保工程施工优质、高效、和谐、有序。

二、焊接材料管理

1. 焊接材料的仓库管理

焊接材料主要是指电焊条、氩弧焊丝、气焊丝、焊剂和焊料、钨极等，由各专业队设库房对焊接材料进行储存保管。

(1) 焊材保管、存放设专门库房，并装设除湿设备。焊材库应通风良好，空气干燥，温度在适宜范围内。

(2) 制定焊材管理制度以及焊材管理人员的岗位责任制。

(3) 要设专人负责管理（或分管）焊材，严格入库把关验收、并索取焊材质量合格证明文件；杜绝劣质焊材入库。

(4) 库内存放焊材，要求按焊材的牌号、批号、规格分类堆放、挂牌标志。

(5) 工程部焊接代管焊材要切实根据工程需要适量存放，一般不宜大批量存放焊材，尽量减少存库积压。

(6) 焊材库要建立健全焊材入库、存放、烘焙、发放台账，严防错用焊材。

2. 焊接材料的使用管理

(1) 在领取入库焊接材料时，必须及时索取质量合格证明文件并经 PMC 验收合格方可使用；严禁使用劣质焊材。

(2) 锅炉受热面、汽机主蒸汽、高压主给水、工作压力不小于 1.6MPa 的汽、水、油等介质的管道、承重钢结构及起重设施、压力容器等项目焊接前，所用焊条须严格按焊条说明书的技术要求进行烘焙。

(3) 焊材的使用要有详细记录，确保焊材使用的可追溯性。

(4) 焊工持焊接技术人员开具的领料单（不得对同一焊工同时开具两种牌号的焊条以及两种牌号的焊丝）领取焊条、焊丝。

(5) 对锅炉、汽机的受监部件，以及其他使用低氢型焊条和合金钢焊条的项目焊接，焊工使用保温筒领取焊条；到达现场，对保温筒立即通电恒温（注意扣盖），焊条随用随取。

(6) 工程部焊接定期对焊材库进行监督检查。

第五节　焊 接 质 量 管 理

一、焊接质量目标

(1) 焊口（缝）表面工艺细腻，外观验收优良率98%以上。

(2) 受监焊口无损探伤一次合格率96%以上。

(3) 水压试验安装焊口无渗漏。

(4) 全厂中低压焊口无泄漏。

(5) 整组试运期间安装焊口不爆管。

二、焊接质量检验

(1) 焊接质量检验执行三级（或四级）验收制度。焊口焊完，由焊工本人自检合格后，填写焊缝表面质量（观感）检查记录表，交二级质检员复检，并打上（或写上）焊工个人的钢印代号。

(2) 各专业队的二级质检员验收合格后，填写《焊接工程外观质量测量检查记录表》，并在焊口附近画上二级验收状态标识符号。

(3) 由工程部焊接质监员按比例进行抽检，合格后在验收单上签字。

(4) 有焊口表面质量合格的焊缝，才允许进行无损探伤或焊后热处理等下道工序。

(5) 各单位所发包的焊接工程质量，必须立即进行三级验收。

(6) 对于受热面及四大管道等焊接项目，分项工程焊接综合质量等级评定实行四级评定。

三、焊接质量管理措施

1. 基本措施

(1) 始终把焊接质量放在重要位置，牢固树立“百年大计、质量第一”的观点。

(2) 高标准搞好焊工技能培训，无论是取证，或者是焊前模拟培训，都必须严格把关，培养出一批名副其实的高水平的高压合格焊工，培养出高、严、细、实的良好工艺作风。无论是公司的高压合格焊工还是公司的中低压焊工、钢结构焊工以及外协焊工均须持证上岗。

(3) 各二级施工单位要切实加强焊接设备管理，对焊机、热处理设备、焊条烘干箱和焊条恒温箱等，要定期进行检修、维护和保养，确保焊接设备的使用性能良好。

(4) 加强焊接材料管理，焊材库设专人负责（或分管）焊接材料，确保焊接材料的使用满足工程要求。

(5) 加强焊接技术管理，按三同步原则编写具有针对性的焊接作业指导书；严格焊接技术交底制度，并进行签证；技术人员须做好现场的技术监督和指导服务；汽机主蒸汽、高压主给水管道和锅炉受热面等重要部件的焊接，要进行焊接过程的再确认，并做记录。

(6) 加强对现场施工的气割监督管理，避免割伤其他设备及管道；对于气割后焊接的结构，必须清理干净割口处的氧化皮、淬硬层等。

2. 做好对烟、风、介质管道的焊接管理

(1) 施工队伍资质审核。

(2) 焊接人员资质复核、办证。

(3) 焊接交底。

(4) 工艺纪律的执行。

(5) 气割管理。

(6) 过程监督、检查。

(7) 三/四级验收。

(8) 严格奖罚。

3. 重视对钢结构的焊接管理

钢结构包括承重钢结构和一般钢结构，重点监控：

(1) 施工队伍、人员资质审核。

(2) 作业指导书和焊接交底。

(3) 工艺纪律的执行。

(4) 气割管理。

(5) 预热和热处理要求。

(6) 焊缝尺寸、焊缝质量（特别是：焊缝与管、板材熔合情况、外观成形等）。

(7) 严格自检以及三/四级验收。

4. 做好对中低压管道、四大管道支吊架焊接管理

做好对中低压管道、四大管道支吊架，特别是取样、加药、疏放水、排汽、排污、各种插座、阀门、封头、手孔、三通管等项目的焊接管理，主要包括：

(1) 施工队伍、焊接人员资质审核。

(2) 合理的工艺方案以及焊接交底。

(3) 工艺纪律的执行。

(4) 坡口清理。

(5) 特别是注意预热和热处理要求。

(6) 焊缝成型。

(7) 焊口内、外部质量检验，特别是自检。

5. 加大现场焊接施工监督力度、严把焊接质量关

严格控制对口质量，严格执行焊接作业指导书。各专业队的焊接质检员，加强现场跟踪，及时进行焊接质量检查、验收；工程部焊接质监员对现场焊接施工质量进行巡回监督，随机抽查。

(1) 对施工中存在的焊接质量问题，严格执行“焊接质量问题通知单”制度；不给工程留下任何焊接质量隐患。

(2) 加强原始技术记录和检查验收签证工作。

(3) 严肃工艺纪律，严格执行焊接施工工艺纪律。

(4) 采取各种措施治理焊接质量通病，减少焊缝接头的内外部缺陷，提高工程的焊接质量。

（5）发挥经济杠杆作用，努力促进焊接工艺水平的整体提高。

（6）坚持上道工序不合格、下道工序不施工。凡坡口（割口）清理、管道对口、挡风防雨、焊前预热、焊接材料等达不到工艺要求时，一律不准焊接；凡焊缝外观检查超标缺陷，一律不得进行其他项目检查，确保焊接工程质量始终处于受控状态。

6. 加强外协工程的焊接管理

（1）凡外协队伍进入项目部承揽与焊接有关的工程，只作为各发包单位的班组出现。由各发包单位直接对外协队伍进行焊接施工技术和质量的管理。

（2）外协队伍到达本项目部计划承包具有焊接工作量的工程，应主动到项目部工程部焊接登记，并进行焊工资格审查。

（3）对外协队伍的焊工实行持证上岗制度。凡公司内部办理的焊工上岗证在本项目部仍然有效（自发证日期始，有效期至工地结束）；但为确保工程焊接质量，规定外协队伍焊工到达现场后，一律到项目部工程部接受资格复核，合格后方可上岗。

（4）凡是具有焊接工作的外协施工项目申请单，须经工程部焊接负责人进行审核同意签字，以便工程登记和现场施工技术、质量监督；否则，不准开工焊接。

（5）各外协队伍，应设置一名兼职（或专职）的焊接质量负责人，负责贯彻执行项目部的焊接管理制度和本规定，负责焊接质量的一级验收，合格后主动报送发包单位焊接质检员进行二级验收。

（6）外协工程的焊接质量一律按不低于三级验收执行。

（7）外协工程焊接施工结束后，发包单位的一级、二级焊接质量验收资料必须齐全，并立即报项目部工程部焊接进行复检。

（8）经项目部工程部焊接质监员三级/四级验收合格后，签发工程竣工焊接质量验收结果通知单，作为外协工程结算的必备资料之一。

7. 外协队伍焊工资格的审查办法

审查办法包括：对已取证焊工的复核（以外协队伍焊工上岗证为准）；对无证焊工的考试。外协队伍焊工考试合格，一般允许承担的工作范围如下：

（1）钢板焊接合格者允许承担一般钢结构的焊接。

（2）钢管焊接合格者允许承担 0.4MPa 以下的低压管道焊接。

（3）对经劳动部门签发证件，具有相应的资格，焊前练习合格，可以进行高压管道的焊接。

（4）工程部焊接培训员，要对每个焊工考试试件的外表质量和根部质量按标准评定，并填写外协队伍焊工技术考核记录表，建立健全焊工资格审查考试档案。

（5）对考试合格的焊工，由工程部焊接管理室办理外协队伍焊工上岗证。

第六节　焊接安全管理

一、焊接安全目标

（1）杜绝重伤及以上人身事故。

（2）杜绝重大火灾和交通事故。

（3）杜绝重大机械设备损坏事故。

（4）争创安全文明施工样板工程。

二、焊接作业安全文明施工及环保管理注意事项

（1）作业人员须体检合格、经相关培训并办理相关安全作业许可证，方可从事焊接作业。

（2）各单位应组织好对《电力建设安全工作规程　第1部分：火力发电》（DL 5009.1）等的学习以及每周一的安全学习，定期做好安全检查，坚持对日常作业的巡回监督。

（3）作业人员和其他人员进入作业场所，着装须符合安全规定；不得穿拖鞋、凉鞋、短裤等进入作业场所；禁止酒后进入作业现场；进入现场应正确佩戴安全帽（注意系好帽带），高空作业应正确使用安全带（注意应挂在上方可靠处），并穿脚底防滑鞋；劳动防护用品均应检验合格，并在有效期内；禁止在工作场所嬉戏打斗。

（4）作业人员和其他人员须严格按照机械设备、工器具的安全操作规程、使用说明书和相关管理规定进行操作。

（5）手工电弧焊、氩弧焊焊接宜选用逆变焊机；焊机等设备、器具用时开启，用完立即关闭。

（6）焊接场所10m范围内应清除易燃、易爆物品。

（7）存在火灾危险的场所须配备灭火器材；在储油区域、气瓶存放区域、带压区域等存在火灾、爆炸场所以及密闭容器内进行作业，应办理安全施工作业票方可施工，并制定专门施工措施。

（8）焊接场所应保证空气畅通和足够的亮度；焊接作业用的支撑架、跳板、平台、栏杆及吊笼等应牢固、可靠，检验合格后方可使用。

（9）施工用电符合安全要求，非专业电工不得接线，带电部分不得裸露；焊机及其他电气设备应采取保护接零或接地；各种电器开关须绝源和使用性能良好，插拔电气插头时，注意不要触及金属导电片（体）。

（10）焊机一次、二次线应固定牢靠，绝缘良好；焊接地线不得用钢结构、钢丝绳、钢丝、铝线等金属物作焊接回路的导体。

（11）电、气焊线、带子不得漏电、漏气；焊枪等工具应与电缆连接牢固，绝缘良好；所有电焊线接头用绝缘胶布绑扎，以免打弧短路，损坏设备、工件等；拉设电焊线时，电焊钳不能触及汽包、钢丝绳、其他重要设备、器具、用品。

（12）氩气、氧气、乙炔气瓶应固定牢靠，防止滚动，气瓶、阀门、葫芦、管道不得漏气；氧气、乙炔气瓶间距不小于8m，使用时须加回火防止器并不得靠近热源。

（13）焊接时须戴防护面罩，并佩戴手套、脚罩等安全防护用品。

（14）所用工具妥善放置，使用完毕立即放入工具包；使用手锤、手铲、磨光机时，前方或切线方向不得有人；磨光机等工具应绝缘良好，装有漏电保护器，并正确使用；使用手锤时不得戴手套；焊割及打磨时应戴防护眼镜；高空作业应佩戴工具袋（或铁皮桶）并固定好。

（15）焊接作业时防止碰伤、挤伤、砸伤、烫伤、烧伤等；焊接过程中不准乱扔焊条头，以防伤人或引起火灾；在梯栏、平台、脚手板、临时走道等处走动、经过、工作时，应注意防滑、防踏空、防止坠落。

（16）交叉施工应有隔离措施，防止上方或高处落物；高处施焊应在下方设隔离层，以防造成烫伤或引起火灾；注意尽量避免在施工点下方逗留。

（17）焊接结束，清理干净现场，焊接场所不准有遗留物，如焊条、焊条头、焊渣等；将剩余焊材退回焊材库；如存在热处理保温材料，应妥善保管，注意保护环境。

（18）每次下班前，需关闭焊机、换气扇、气瓶、表计、电灯、电源等的开关；检查工作场所周围，无起火危险后方可离开。

（19）暑季作业防中暑；户外作业应有遮风、防雨措施，并有防滑措施；电焊机棚应有防雨、防暴晒等措施，暴雨之后施工应对电焊机进行绝缘检查。

（20）六级以上大风及雨水等恶劣天气应停止施工，大雾等恶劣天气应停止高处焊、割作业。

（21）作业前须制定可靠的安全技术措施，并由技术人员进行安全技术交底，施工人员签字后方可进行相关作业。

（22）每天的焊条头、焊丝头应立即回收，堆放在指定的区域。

（23）焊条包装材料应统一回收，严禁随意丢弃。

（24）钨极打磨出的碎末应喷水打湿，及时处理。

（25）焊接作业产生的焊渣、废铁、废纸等堆放在指定的区域。

（26）热处理作业产生的废铁丝、保温毯、石棉布等应注意清理、回收。

三、焊接作业危险点/危险因素及其控制措施

焊接作业危险点/危险因素及其控制措施见表6－6－1。

表6－6－1　　焊接作业危险点/危险因素及其控制措施

序号	危险点/危害因素	可能导致的事故	防范措施
1	违章用电	触电	（1）不准私自接线，采取接零、接地保护。 （2）电焊机一次、二次线应绝缘良好，固定牢固可靠。 （3）焊接人员穿绝缘鞋、戴绝缘手套。 （4）在潮湿的地方焊接时要采取有效的绝缘措施。 （5）在开启、关闭电源开关时，应站在侧面
2	焊接时弧光伤害	职业性眼炎	（1）焊工正确使用焊接防护面罩。 （2）安装工戴防紫外线眼镜
3	焊接时灼烫伤	灼烫伤	（1）用好劳动保护用品。 （2）严禁触摸热态焊缝、焊条、焊丝等。 （3）仰焊时可塞耳塞防飞溅物入耳。 （4）谨防高温铁水、药皮下滑。 （5）严禁乱丢焊条头、焊丝头等
4	未正确使用工器具	伤眼	（1）清理焊渣等飞溅物时，不得对向他人或对向自己。 （2）打磨钨极、气割、使用切割机等工作时，要戴防护眼镜

续表

序号	危险点/危害因素	可能导致的事故	防范措施
5	焊接时的火灾、爆炸事故	火灾、爆炸	（1）焊接前清除周围的易燃、易爆物品。 （2）正确使用氧、乙炔气瓶。 （3）作业场所，禁止吸烟。 （4）施工完毕，确认无起火危险后方可离开。 （5）施工现场必须具有足够的消防器材
6	高温下焊接	高温中暑	（1）高温下进行焊接作业应有防暑降温措施。 （2）焊接场所保证通风、散热良好。 （3）不长时间施焊，注意过程休息
7	高处作业	坠落	（1）应体检合格并办理高处作业许可证。 （2）高处作业区周围的孔洞、沟道等设置盖板、安全网、围栏。 （3）专业工种人员搭设脚手架。 （4）搭设好的脚手架应经施工和使用部门验收合格并挂牌后方可交付使用
8	交叉作业	物体打击	（1）交叉施工层间应有严密牢固的防护隔离措施。 （2）所用工具、材料应妥善放置，禁止抛递物品。 （3）交叉作业场所的通道应保持畅通。 （4）有危险的出入口应设围栏或悬挂警告牌。 （5）尽量避免在施工点下方逗留

第三篇

生物质发电机组运维检修

第一章　生物质发电机组运行

本章以国电聊城发电有限公司的2×15MW生物质发电机组等工程为例，对生物质发电机组运行进行说明。

第一节　锅　炉　运　行

一、锅炉启动前的检查准备、试验与保护

（一）启动前准备和检查

1. *启动前的准备*

（1）锅炉及其辅助设备处于准备就绪状态。

1）通过手动操作使锅炉装置处于准备就绪状态。所有的手动阀门、挡板及其他部件都不能通过DCS来操作，而是通过手动设定在预定位置。

2）有DCS控制的系统也应该预先设定，准备正常启动运行。

3）锅炉装置的启动主要通过DCS来执行，但是，一些手动操作，如：疏放水阀和空气门的开启/关闭，必须预先进行。

（2）启动准备工作。

1）启动前检查相关工作票是否均已终结，无关人员是否已撤出锅炉区域。

2）启动前通知相关专业，做好点火前准备。

3）所有的检查（人）孔都确认已经关闭。

4）各辅助系统正常，如：启动锅炉、燃油系统、压缩空气、仪表空气、冷却水等。

5）仪表的校对。

6）投运除尘器的电伴热。

7）疏水阀及空气门处于正确位置。

8）锅炉中不存在影响启动的灰渣。

9）耐火材料完好。

10）燃料系统可以运行但处于停运状态。

11）除渣系统可以运行但处于停运状态。

12）捞渣机已注水并投入水位控制。

13）灰渣间可以接受新的灰渣。

14）空气及烟气系统可以运行，调整—控制—关断挡板处于正确位置。炉排下面的所有灰渣斗清理干净，人孔和检查孔关闭。

15）锅炉和烟气系统的保护设备已拆除。

16）承压部件上的阀门处于正确位置，可以运行。

17）除氧器水位正常。

2. 仪表检查

（1）所有测量和安全系统都必须可以运行。用于压力及流量测量的关断阀都必须处于开启位置。除非系统有（检修）工作进行，否则，它们通常都处于开启位置。

（2）差压式锅炉汽包液位计的基准管必须注水。

（3）各表计已正常投入（如水位计、氧量表、压力、温度表计等）。

（4）所有仪表、信号齐全，完整好用。

（5）工艺信号及事故喇叭好用。

3. 疏放水和放空系统检查

（1）检查下列阀门均在关闭位置：给水管道放水门；省煤器放水一次、二次门；给水门（检查给水门前管道放空气）；低压烟气冷却器出口联箱空气门；高温空气预热器出入口联箱空气门；高压烟气冷却器出口联箱空气门；高压烟气冷却器出口联箱疏水一次、二次门；低压烟气冷却器出入口联箱放水一次、二次门；高温空气预热器出入口联箱疏水一次、二次门；低温空气预热器出入口疏水一次、二次门；甲、乙分配集箱放水一次、二次门；甲、乙下集箱放水前后一次、二次门；定排电动门及旁路门；连排一次、二次门；主蒸汽管道疏水一次、二次门；四级过热器疏水一次、二次门；一级、二级减温器疏水一次、二次门等。

（2）检查下列阀门均在开启位置：点火排汽一次、二次门；饱和蒸汽汇集箱空气门；二级过热器入口集箱空气门；三级过热器入口集箱空气门；三级过热器中间集箱空气门；四级过热器出入口集箱空气门；四级过热器中间集箱空气门；减温器空气门；主蒸汽门后空气门。

4. 燃料（包括燃油）系统的检查

（1）室内燃料系统包括两个炉前储料仓，每个储料仓与三套给料系统相连，每套给料系统都带有计量给料机。

（2）在锅炉启动之前，储料仓必须注入燃料。缓冲（计量给料）料箱和上游的输送机以及配料机必须注入燃料。

（3）消防系统可以运行，报警系统处于运行状态。

（4）燃油检查。

1）检查燃油系统正常，油罐油位、油温正常。

2）油泵处于备用状态。

3）检查炉前燃油系统，供油回路及回油回路手截门开启。

5. 灰渣系统的检查

（1）锅炉装置配有两台湿（注水）式捞渣机和一台输送机。湿（注水）式捞渣机将灰渣冷却并加湿，同时能够形成水封隔绝空气进入炉膛，确保炉膛的负压。

（2）在锅炉启动之前，湿式捞渣机必须先注水，水位控制必须可以运行，水位在－20～100之间。

(3) 位于灰渣间的分配输送机必须可以运行，且灰渣间必须有存放新灰渣的空间。

(4) 在锅炉开始点火之前，灰渣系统必须启动。

6. 炉膛、燃烧室、风烟道的检查

(1) 看火门、人孔门完整，能严密关闭。

(2) 各热电偶温度计完整，无损坏现象，附件位置正确，穿墙处严密。

(3) 皮带给料机出口无焦渣，二次风口畅通、完好，无堵塞。

(4) 膜式水冷壁管、蒸发管束、过热器管、省煤器及空气预热器的外形正常，内部清洁，各部的防磨护板完整牢固，无脱落、翘曲现象。

(5) 防爆门完整、严密，防爆门上及其周围无杂物，动作灵活可靠。

(6) 调节挡板完整、严密，传动装置好，开关灵活，位置指示正确。

(7) 无焦渣及杂物，脚手架已拆除。

7. 膨胀系统的检查

(1) 指示板牢固地焊接在锅炉骨架或主要梁柱上，指针牢固地垂直焊接在膨胀元件上。

(2) 指示板的刻度正确、清楚，在板的基准点上涂有红色标记。

(3) 指针不能被外物卡住或弯曲，指针与指示板面垂直，针尖与指示板面距离 3～5mm。

(4) 锅炉在冷状态时，指针应指在指示板的基准点上。

(5) 锅炉各方向膨胀不受阻。

8. 阀门、风门、挡板的检查

(1) 与管道连接完好，法兰螺丝已紧固。

(2) 手轮完好，固定牢固；门杆洁净，无弯曲及锈蚀现象，开关灵活。

(3) 阀门的填料应有适应的压紧余隙，丝扣已拧紧，主要阀门的保温良好。

(4) 传动装置的连杆、拉杆、接头完整，各部销子固定牢固，电动控制装置良好。

(5) 具有完整的标志牌，其名称、编号、开关方向清晰正确。

(6) 位置指示器的开度指示与实际位置相符合。

(7) 所有调节风门、调节挡板开关无卡涩现象。

(8) 所有调节风门、调节挡板的远方电动操作装置完整可靠，开关灵活，方向正确。

(9) 主蒸汽电动门及旁路门，过热器反冲洗门在关闭位置。

(10) 给水入口电动门、给水旁路电动门、调整门、高压空气预热器入口门在关闭位置，减温水总门在关闭位置。

(11) 蒸汽及炉水取样一次门，下降管加药一次门，给水取样一次门，所有压力表一次门（包括电接点压力表）各水位表、流量表及自动装置一次门，应处于开启位置。

(12) 汽包水位计防护罩应牢固，照明良好，阀门开关灵活，云母片清晰，并有正确指示标志。将汽、水侧门开启，放水门关闭，投入水位计。

9. 转动机械的检查

(1) 所有转动机械的安全遮拦及保护罩完整、牢靠，靠背轮连接完好，传动链条、皮带完整、齐全，地脚螺丝不松动。

（2）轴承内的润滑油（脂）洁净，油盒内有足够的润滑油（脂）。油位计完整，指示正确，油位清晰可见，刻有最高、最低及正常油位线；油位应接近正常油位线；放油门或放油丝堵严密不漏。

（3）轴承加油嘴良好，无堵塞，螺丝牢固。

（4）冷却水充足，排水管畅通，水管不漏。

（5）手动盘动靠背轮一周以上应轻快，无卡涩。

（6）电动机应符合有关规程中厂用电运行的规定，低压电机绝缘不低于0.5MΩ，高压电机绝缘不低于6MΩ。

（7）各转动机械轴承温度、振动测点正常。

10. 其他方面的检查（消防、照明、场地、检修工具）

（1）锅炉及辅机各部位的照明灯头及灯泡齐全，具有足够的亮度。

（2）事故照明灯齐全、完好、电源可靠。

（3）操作盘及记录表盘的照明充足，光线柔和。

（4）检修中临时拆除的平台、楼梯、围栏、盖板、门窗均应恢复原位，所打的孔洞以及损坏的地面，应修补完整。

（5）在设备及其周围通道上，不得堆积垃圾杂物，地面不得积水、积油、积炭、积渣、积灰。

（6）检修中剩余、更换下来的物品，应全部运出现场。

（7）检修用脚手架和临时电源应全部拆除。

（8）在锅炉附近备有足够的合格的消防用品。

（9）上述检查完毕后，应将检查结果记录在有关的记录簿内。对所发现的问题，应通知检修负责人予以消除。

（二）启动前试验

1. 转动机械试验

（1）确认转动机械及其电气设备检修完毕后，联系电气人员进行拉合闸试验、事故按钮试验及连锁装置二次操作回路试验。

（2）转动机械试运行时，应符合下列要求：

1）无异声、摩擦和撞击。

2）转动方向正确。

3）轴承温度与轴承振动符合规程中对转机设备的规定。

4）轴承无漏油和甩油现象。

5）轴承冷却水畅通，水量充足。

6）启动电流在规定时间内降到正常范围，运行电流正常。

7）转动机械试运行后，应将试运行结果及检查中所发现的问题记录在有关记录簿上。

2. 电动阀门、挡板操作试验

（1）联系热工、电气人员，送上各电动阀门、挡板电源及DCS电源。

（2）将下列各阀门、挡板作全开全关试验：

1）主给水＃1、＃2调整门；给水旁路＃1～＃3门；高压空预器旁路门；点火排汽电

动门（两个）；事故放水电动门及调门；省煤器再循环门；减温水总门；一级、二级、三级减温水电动门；连排甲、乙门；蒸汽吹灰进气门、调整门、疏水门；减温水至蒸汽吹灰电动门、调整门；主蒸汽电动门及旁路电动门；锅炉排污电动总门；排污罐至排污坑电动放水门；低压空预器旁路电动门；低压给水至除氧器电动门；

2）吸、送风机入口挡板；除尘器入口烟道挡板；除尘器旁路烟道一次、二次挡板；吸风机至除尘器烟道旁路挡板；＃1～＃3一次风门；播料风总门；＃1～＃6给料机出口门及逆止阀；炉前上二次风总门；炉前下二次风总门；炉后上二次风总门；炉后下二次风总门。

（3）阀门挡板试验标准。

1）试验时DCS上阀门开关状态正确，开度指示与实际开度和方向相符。

2）各连杆和销子，牢固可靠，无松脱弯曲现象。

3）电机、防护罩、伺服机良好，无摩擦和异常声音。

3. 漏风试验

（1）用负压试验检查锅炉本体及烟道的严密性，其程序是：

1）严密关闭各部人孔门，检查孔及打焦门等。

2）启动吸风机，保持炉膛负压－50～－100Pa。

3）用小火把（或其他方法）靠近炉膛及烟道进行检查，如炉膛漏风，则火炬被吸向不严密处。

4）在漏风部位画上记号，试验完毕后，予以堵塞。

（2）用正压试验检查风道及挡板的严密性，其程序是：

1）适当保持炉膛负压－20～－30Pa。

2）关闭送风机入口挡板，一次、二次风门。

3）启动送风机，并记录电流值，逐渐开大入口挡板，直至全开为止。在开启入口挡板时，送风机电流应不变。如电流增大，则表明风门挡板有不严密处，应查明原因，予以消除。

4. 炉内动力场及炉排试验

（1）炉内动力场试验：测定炉内动力场的均匀性。

1）启动吸风机、送风机，调整各风室压力平衡。

2）调整送料风压力平衡，停止吸、送风机运行。

3）在炉排上均匀撒厚度约1cm的白灰粉。

4）启动引风机、送风机，缓慢增加送风机开度，调整炉膛负压，观察炉内白灰粉扬起情况。

5）停止风机运行，观察白粉在四周水冷壁附着情况，观察炉排上白灰粉厚度变化情况。

6）炉内白灰粉扬起均匀，炉内四周水冷壁白灰粉附着均匀，炉排上白灰粉厚度均匀。

（2）炉排试运转，炉料均匀性试验。

1）炉排、炉排振动电机、给料机、撒料风。

2）启动吸、送风机。

3）启动炉排电机，观察炉排振动情况，开启撒料风，开启给料机进行送料试验。

4）炉排振动均匀无异音，水冷壁无碰击、摩擦音；送料均匀，料在炉排上沿宽度厚度均匀，炉排上料层下落不偏斜。

5. DCS操作系统电机拉、合闸及事故按钮试验

试验前汇报值长并联系电气、热工人员，锅炉进行连锁试验。要求高压电机送上操作电源，低压电机送上动力电源及操作电源。

（1）DCS操作系统电机拉、合闸试验。依次将吸、送风机、取料机、输料机、配料机、#1～#6给料机、炉排振动电机、捞渣机、除尘器输灰电机作合闸、拉闸试验；均能合闸、拉闸，画面中设备状态正确。

（2）事故按钮试验。

1）启动油泵，再依次将吸、送风机、取料机、输料机、配料机、#1～#6炉前给料机合闸。

2）按下列顺序用事故按钮停止油泵，给料机，送风机，吸风机。每停掉其中一台，设备由运行状态的红色变为黄色，其相应的操作面板上“跳闸”按钮闪动，事故喇叭发出音响，同时CRT上有报警显示。如不动作或误动作，或状态指示不正确，应联系电气、热工人员查明原因。

3）分别在各跳闸设备的操作面板上点击“确定”按钮使其复位。

（三）锅炉连锁

1. 锅炉总连锁

（1）当运行中的吸风机故障停止，联动跳闸运行中的送风机、给料机、振动炉排跳闸，给料机出口逆止阀关闭。

（2）当运行中的送风机故障停止时，联动跳闸运行中的给料机、振动炉排跳闸，给料机出口逆止阀关闭。

2. 低压循环水泵连锁

（1）除氧器水位低，低压循环水泵跳闸。

（2）当运行低压循环水泵跳闸或出口压力过低时（0.65MPa，延时5s），备用泵联动启动。

3. 污水泵连锁

（1）污水池水位超过高限值，备用泵联动启动。

（2）污水池水位超过低限值，污水泵跳闸。

（四）锅炉保护

1. 装置保护——总燃料跳闸（MFT）

装置保护包括大量信号：工艺区域的触发、燃烧空气系统、烟道、炉膛、水循环系统、蒸汽循环系统、紧急按钮装置启动条件或装置运行条件，这些条件被评估后的结果是“装置FS（自动保护）的触发”。“装置FS（自动保护）的触发”的失去将导致紧急停炉（总燃料跳闸）。如果发生了总燃料跳闸，只有操作人员重新设置，跳闸条件才能保持。

（1）MFT动作条件。

1）吸风机跳闸。

2）送风机跳闸。

3）炉膛正压＋1500Pa。

4）炉膛负压－1500Pa。

5）汽包水位高＋240mm，延时 10s。

6）汽包水位低－160mm，延时 2s。

7）炉膛温度低于 400℃时，延时 5s。

8）氧量低于 0.2%时，延时 5s。

9）主蒸汽温度高于 555℃时，延时 10s。

10）一级过热器气温高于 465℃时，延时 10s。

11）二级过热器气温高于 495℃时，延时 10s。

12）三级过热器气温高于 555℃时，延时 10s。

13）手动停炉按钮按下。

14）DCS 失电。

15）汽机跳闸。

（2）MFT 动作后联动跳闸设备。

1）送风机跳闸。

2）＃1～＃6 给料机跳闸，相应逆止阀关闭。

3）振动炉排停止振动。

4）吹灰停止。

5）一次、二次风门关闭。

2. 在运行中还有下列保护

（1）汽包水位保护投入时，当汽包水位高至＋120mm，事故放水电动隔离门开启，水位升至＋150mm，事故放水电动调门开启。当保护投入时，若汽包水位高二值事故放水门自动打开后，此时即使汽包水位高二值信号仍存在，运行人员可点操关闭放水门。当汽包水位无高一值信号，事故放水门将被强制关闭，运行人员无法点操打开事故放水门。

（2）吸风机跳闸保护。

1）吸风机入口风压高。

2）吸风机入口风压低。

3）吸风机驱动端轴承温度高于 90℃。

4）吸风机非驱动端轴承温度高于 90℃。

5）吸风机电机轴承温度高。

6）吸风机驱动端轴承震动大，6.3mm/s 报警，7.1mm/s 延时 2s。

7）吸风机非驱动端轴承震动大，6.3mm/s 报警，7.1mm/s 延时 2s。

（3）送风机跳闸保护。

1）送风机出口风压高于 13.5kPa。

2）送风机出口风压低于 4kPa。

3）送风机驱动端轴承温度高于 90℃。

4）送风机非驱动端轴承温度高于 90℃。

5）送风机电机轴承温度高。

6）送风机驱动端轴承震动大，6.3mm/s 报警，7.1mm/s 延时 2s。

7）送风机非驱动端轴承震动大，6.3mm/s 报警，7.1mm/s，延时 2s。

（4）当消防水阀门在自动模式下，当主燃料系统中的温度超过正常值时，消防水阀门自动开启。

（5）过热器点火排气门自动投入时，当主汽压力升至 9.5MPa 时，过热器点火排气门自动开启，此时不能人为开启。当主汽压力降至正常（9.5MPa）以下时，过热器点火排气门自动关闭，此时可人为开启。

（五）锅炉控制与自动

1. 低压空气预热器

（1）温度和流量控制。低压烟气冷却器入口温度控制器用来平衡通过回路的循环水流量，控制低压烟气冷却器进口水温不低于 90℃。在空气和烟气流量维持不变的条件下，增加低压空气预热器回路中水流量将会提高低压烟气冷却器进口水温。低压空气预热器回路的延迟时间很大，（低压空气预热器大约为 1min，低压烟气冷却器大约为 6.5min）。因此，控制器的动作必须很慢。所以，温度控制器的输出不直接用来控制低压空气预热器回路的流量，但是，可以用作流量设定值的校正量（±10℃），此流量设定值的计算是基于总燃烧空气流量和送风机下游的燃烧空气温度。流量控制是通过调节两台循环水泵中的一台泵的转速来实现的。如果为了提高布袋除尘器上游的烟气温度而提高低压烟气冷却器上游温度的设定值，这将出现一种情况，即要求的水流量超过回路中最大允许流量。然后，部分水流从低压空气预热器的旁路通过，从而提高了低压烟气冷却器上游的水温。

（2）压力控制。为了避免水在低压烟气冷却器中沸腾，通过控制低压烟气冷却器回路的压力，确保低压烟气冷却器实际出口水温度与饱和温度间至少有 10℃温差。

2. 高压空气预热器循环回路温度和流量控制

高压空气预热器回路出口温度的控制器的作用是平衡通过回路的给水流量，这样可以使水在高压空气预热器放热量等于高压烟气冷却器吸热量，这就意味着高压空气预热器回路出口温度等于给水温度。通过调节高压空气预热器旁路阀的阀位来改变流过高压空气预热器回路的给水流量。在空气和烟气流量维持不变的条件下，增加高压空气预热器回路中给水流量将会降低高压烟气冷却器出口温度。高压空气预热器的延迟时间很大，大约为 10min，因此，控制器的动作必须很慢。温度控制器的输出用来校正高压空气预热器调节阀的阀位（±20%，阀位取决于负荷）。如果通过高压空气预热器回路的平均流量超过最大值，停止关闭调节阀，并报警。

3. 过热器温度和流量控制

每个过热器的温度控制器都设计为典型的双回路控制器。过热器上游温度的响应记录作为过热器下游偏差记录的反作用。反作用延时后停止，与过热器实际过程响应相类似。这可以通过回路的积分器和比例器来实现。例如：如果过热器下游的温降记录为 10℃，那么停止喷水直到过热器上游温度升高 10℃。然后，阀位或多或少维持不变，直到过热器下游温升达到过热器下游记录的温降。HAH20DT001 和 HAH30DT001 的设定值通过经过减温器的温降来确定的，该温降由负荷来决定。操作人员可以修正这个计算设定值，

目的是弥补如燃料组分的变化和受热面的积灰。HAH20DT001和HAH30DT001控制器作为特殊措施来避免低喷水流量下运行和不能充分蒸发。这些措施默认为惰性的，但是必须按下面的要求来设计和实现。如果第一级、二级减温器的计算流量降到最小值，带有持续脉冲的温度控制器的输出变为零，同样的，控制器的设定值增加大约10℃，为的是确保直到有大量喷水要求前，控制器都保持关闭。当蒸汽温度升高到足以使控制器（设定值已经增加）再次开启，去掉加在设定值上的10℃，从而确保控制器找到新的工作点，此工作点在前面提及的最小流量之上。第二级、三级减温器都带有两个喷嘴，两个喷嘴共有一个喷水调节阀。其中一个喷嘴通过遥控操作隔离阀关断。当进入减温器的计算喷水流量降到某一极限值时，关闭隔离阀；如果喷水流量超过另一个值时，打开隔离阀。正常时，如前所述的双回路控制器能够处理隔离阀操作后引起的温度变化，但是，如果情况不是这样的话，HAH30DT001和LBA10DT001温度控制器作为特殊措施。这些措施默认为惰性的，但是必须按下面的要求来设计和实现。当隔离阀关闭时，相关温度控制器的输出将增加预定百分数来抵消减温器的压降。同样的，当隔离阀打开时，输出减少。

4. 省煤器、蒸发受热面和锅炉汽包

（1）汽包水位控制。汽包水位通过串级控制器来调节，串级控制器的外回路是带比例控制器的水位控制，内回路是给水流量控制。在锅炉启动过程中，锅炉的压力较低，水位控制的设定值自动减小，目的是当蒸发受热面的水开始沸腾时，减少汽包发生高水位的危险。当压力升高时，设定值慢慢地返回到正常值。

（2）连续排污控制。根据化学要求，连续排污流量设定值由操作人员来设置。

5. 炉膛压力控制

通过调节吸风机转速和吸风机入口挡板开度来控制炉膛压力。转速调节和挡板的开度调节是分区工作的，控制首先作用于挡板，然后再作用于吸风机。送风机跳闸后，炉膛压力设定值增加到最小负压值，这样可减少空气漏入燃烧区，缩短炉排燃烧燃尽的时间。

6. 吹灰器系统压力和温度控制

吹灰器系统压力和温度控制通过就地控制盘实现。

7. 湿式除灰渣系统

锅炉负荷控制捞渣机转速。自动投入时，振动炉排振动时，捞渣机自启动。当振动炉排停止振动超过半小时，＃1捞渣机停止。当振动炉排停止振动超过1h，＃2捞渣机停止。

8. 主燃料

（1）炉前料仓的料位控制。炉前料仓料位作为供料系统转速设定值。当炉前料仓料位达到90%以上，发出报警信号，料仓前的供料系统降低转速，料位达到95%以上供料系统停止。料位低于30%以下供料系统启动。

（2）炉前料仓的出料控制。取料机、盘车装置、输送机和配料机的转速是由相应的给料机的总转速成比例控制。每个装置的比例系数独立设置，为的是弥补容量上的差异。燃料分配的总转速可以减少或增加，这取决于配料机下游的工作给料机的缓冲料箱料位。配料机配有3个没有采取控制措施的出口管。这意味着，如果3台相应的给料机都工作，前两个缓冲料箱总是满的，料位将升至配料机的出口管道处。第三个缓冲料箱的料位用来控

制增加或降低配料系统的转速。如果缓冲料箱的料位下降，则增加配料机的转速；如果料箱满料，这将可能导致配料机的堵塞，必须降低其转速。如果第三台给料机没有投运，则由第二个缓冲料箱的料位来控制，依此类推。

（3）给料控制。负荷控制器的输出转化为每条给料线的负荷设定值。这是通过各个撒料器的负荷分配的反馈来实现的。负荷分配信号表示各条给料线间实际转速的比值，整条给料线的负荷设定值为0意味着该条给料线停运。在正常运行时，每台播料器的负荷与给料线负荷为1∶1，但是，在给料线启动和手动操作给料线时，这就有不同。在给料线启动时，将转速调整为理想的给料负荷；在手动模式下或操作人员已经调整了给料线需要的负荷时，负荷分配的反馈确保全部给料线相应地作出调整，目的是弥补各条给料线的差别。

9. 送风系统

（1）风量控制。由负荷决定总风量，通过调节送风机转速和送风机入口挡板开度来控制。转速和挡板开度的调节是分区工作的，控制首先作用于挡板，然后再作用于送风机。通过调节送风系统中各个挡板来控制风的分配。

（2）一次风量控制。用3个不同的流量控制器来控制一次风量，每个控制器都由负荷决定设定值。根据炉排振动，可改变一次风量设定值。

（3）下二次风控制。炉膛前、后墙下二次风量由压力控制器来调节，该压力控制器控制下二次风总管压力。压力设定值由锅炉负荷决定。

（4）撒料风压力控制。由负荷决定的设定值来控制撒料风压力，以确保足够的空气进入撒料器。

（5）送风压力控制。

1）剩余的风引到前、后墙的上部风口中，通过调节送风系统的压力，即上部风口的两个调节挡板来实现。前、后墙风量的分配比值可由操作人员来调整。

2）根据炉排的振动情况，临时地增加设定值。

10. 烟气系统

炉膛压力控制器来调节吸风机转速。

11. 给水和减温水系统

（1）给水流量控制。

1）给水压力控制通过调节给水泵转速来控制给水流量。给水流量的设定值是由锅炉汽包水位调节系统产生的。给水压力通过给水阀门的节流来控制。在正常运行时，给水调节阀不允许节流，必须全开。在发生下列情形中之一时采用节流。

2）减温水需求量大时，减温水调节阀全开。此时提高给水压力设定值，给水门关小，减温水调节阀开度关至正常调节范围内。

3）减温水量很低时，减温水调节阀开度太小，此时降低给水压力的设定值，目的是减小给水系统的压降。

4）锅炉启动时，压力很低，降低给水泵转速控制锅炉进水。若给水泵低转速仍无法维持水位，关小给水门来控制水位。

（2）减温水控制。减温器的喷水调节阀由过热器温度控制器直接控制。

12. 主蒸汽压力控制

在锅炉启动时，通过点火排汽来控制主蒸汽压力。当汽轮机运行时，由汽轮机的进口阀来控制主蒸汽压力。点火排汽的压力控制器仍然能起作用，但设定值提高了。如果锅炉负荷增加超过了汽轮机最大负荷值时，锅炉压力将升高，点火排汽自动开启，以避免安全阀动作。若汽轮机压力控制突然不起作用，将点火排汽压力控制设定值降低为正常值，点火排汽立即进行压力控制。

13. 锅炉的负荷控制

锅炉负荷控制是基于运行模式“机跟炉”。

基于主蒸汽流量的锅炉负荷控制器可以确保维持理想的平均负荷，但是，必须要预料到由于燃料的随机变动引起的负荷波动。负荷控制器和过量空气控制器的结构都是并列控制器，目的是确保在前馈和消除偏差方面有较强的适应性。

（1）锅炉负荷设定。由操作人员设置锅炉负荷，逐渐加载锅炉负荷，从而保证设定值在最大的允许变化速率值内。其他控制器中大量的由负荷决定的设定值是来源于锅炉负荷的设定。最重要的值如下：

1）总的燃烧空气与要求的过量空气的比值。

2）燃料的需要量。

3）各风量分配的设定值。

（2）过量空气的控制器。由于燃料成分短时间内可能发生较大变化，燃料的变动必然要导致过量空气的变化。因此，过量空气的控制器用于调节给料机的转速以达到理想的过量空气系数，而不是改变总风量。控制器的结构是3个并列的独立控制器，目的是确保在前馈和消除偏差方面有较强的适应性。

（3）锅炉负荷的控制器。基于主蒸汽流量的锅炉负荷控制器可以确保维持理想的平均负荷，但是，必须要预料到由于燃料的随机变动引起的负荷波动。控制器的结构是3个并列的独立控制器，目的是确保在前馈和消除偏差方面有较强的适应性。

14. 疏放水系统液位控制

通过调节疏水箱下部放水调节门开度，可以控制疏水箱水位。

（六）锅炉保护试验

1. 炉膛压力保护试验

（1）炉膛压力保护的使用规定。锅炉正常运行中，解列炉膛压力保护应经总工程师批准后由热工人员执行解列操作，恢复时也由热工人员操作，并做好记录。热工人员定期吹扫保护表管时，必须办理工作票手续，解列、投入操作均由热工人员执行。

（2）炉膛压力保护试验方法。

1）联系热工人员送上炉膛压力保护电源。

2）解列大连锁开关。

3）启动吸风机、送风机、给料机、启动振动炉排，开启给料机出口逆止门，热工人员预先校正好炉膛压力开关。

4）热工人员短接炉膛负压开关报警端子，炉膛正、负压报警光字牌亮，方为合格。

5）由热工人员短接炉膛压力开关跳闸端子，发出“炉膛正压大停炉”“炉膛负压大

停炉”光字牌信号。送风机、给料机、振动炉排跳闸，给料机出口逆止阀关闭，方为合格。

2. 火焰丧失试验

(1) 将吸风机、送风机、给料机、振动炉排合闸。

(2) 联系热工人员送“全火焰消失”信号，锅炉 MFT 动作。

3. 水位保护试验

(1) 启动吸风机、送风机、给料机、振动炉排。

(2) 联系热工人员送“水位低不大于－160mm”信号，延时 2s，锅炉 MFT 动作。

(3) 联系热工人员送“水位高不小于 240mm”信号，延时 10s，锅炉 MFT 动作。

4. 紧急停炉按钮试验

(1) 将吸风机、送风机、给料机、振动炉排合闸门，投入锅炉连锁合闸。

(2) 按下“紧急停炉”按钮，锅炉 MFT 动作。

5. 引风机全停试验

(1) 将吸风机、送风机、给料机、振动炉排合闸。

(2) 拉下吸风机，送风机跳闸，锅炉 MFT 动作。

6. 送风机全停试验

(1) 将吸风机、送风机、给料机、振动炉排合闸。

(2) 拉下送风机，锅炉 MFT 动作。

7. 锅炉总连锁试验

(1) 将吸风机、送风机、给料机、振动炉排合闸，投入锅炉总连锁。

(2) 拉下吸风机，其他设备应跳闸，设备由运行状态的红色变为黄色，其相应的操作面板上“跳闸”按钮闪动，事故喇叭发出音响，同时 CRT 上有报警显示。如不动作或误动作，或状态指示不正确，应联系电气、热工人员查明原因。然后分别在各跳闸设备的操作面板上点击“确定”按钮使其复位。

8. 机、炉、电大连锁试验

(1) 将吸风机、送风机合闸。

(2) 将给料机、振动炉排合闸，投入汽机跳闸保护，如图 1-1-1 所示。

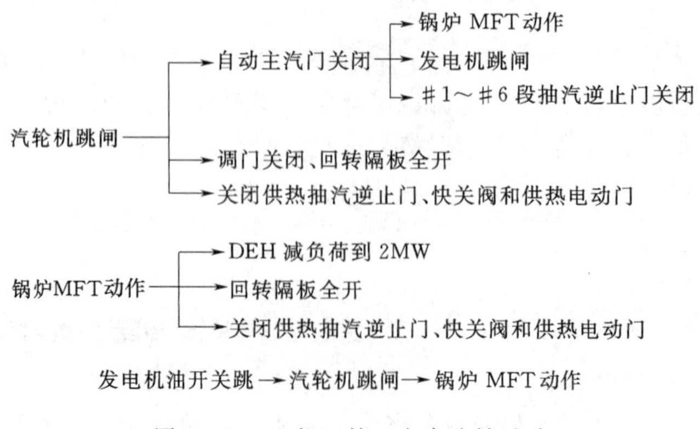

图 1-1-1　机、炉、电大连锁试验

9. 锅炉 MFT 试验

(1) 按复位按钮，机组挂闸，将回转隔板开启 20%，开启供热抽气逆止门、快关阀及供热电动门。

(2) 由热工人员模拟机组运行负荷 20MW 以上，投入炉机连锁开关及抽气逆止门开关。

(3) 由热工人员模拟锅炉 MFT 信号，注意：机组负荷在 15s 内减至 2MW，“炉 MFT”声光信号发出，供热抽气逆止门、快关阀及供热电动门关闭。

10. 发电机联跳汽机、汽机联跳锅炉 MFT 试验

(1) 按复位按钮，机组挂闸，调门开启 20%。

(2) 投入“油开关跳闸”保护及炉机电连锁开关。

(3) 电气使主油开关跳闸，注意：危急遮断电磁阀、AST 电磁阀动作，“汽机跳闸”“AST 跳闸”信号发出，自动主气门调门迅速关闭，锅炉 MFT。

11. 低压循环水泵连锁试验

(1) 启动甲侧低压循环水泵，投入连锁。出口压力低于 0.65MPa 联动乙侧低压循环水泵。

(2) 启动乙侧低压循环水泵，投入连锁。出口压力低于 0.65MPa 联动甲侧低压循环水泵。

12. 污水泵连锁试验

启动污水泵。污水池水位超过高限值，备用泵联动启动。

二、锅炉机组的启动

(一) 锅炉上水及水压试验

1. 锅炉上水

(1) 凝结水泵上水。

1) 除盐水箱已投入且水质合格。

2) 上水温度应控制在 70℃以内，上水时间冬季不少于 3h，夏季不少于 2h。

3) 联系汽机启动凝结水泵，开启出口门，通过给水管道旁路调整门上水。

4) 上水要缓慢进行，避免发生管道水击。上水时严格控制汽包壁温差不超过 40℃。

5) 所有空气门开启。

6) 当水位至−100mm 时，锅炉停止上水。

7) 如需做水压试验，上水应至空气门连续冒水后，依次将空气门关闭。

(2) 给水泵上水。

1) 除氧水箱已投入且水质合格。

2) 联系汽机启动给水泵，开启给水旁路电动门、调节门，用给水泵勺管调节进水速度。通过给水管道旁路调节门上水。

3) 上水要缓慢进行，避免发生管道水击。上水时严格控制汽包壁温差不超过 40℃。

2. 水压试验

(1) 下列情况应进行工作压力 10.7MPa 的水压试验。

1) 大、小修后的锅炉。

2) 承压部件经过事故或暂时检修。

(2) 下列情况应进行超工作压力的水压试验。

1) 新装、移装的锅炉投产以前或停炉一年以上恢复运行时。

2) 水冷壁管更换 50%以上，过热器或省煤器全部更换时，承压部件进行大面积的焊补修理后，以及各主要部件的凸凹部分修理和更换。

3) 超压试验应经总工程师批准，并拟定详细的安全和技术措施后，方可进行。

4) 运行中的锅炉，每 6 年定期进行一次。

5) 超压试验的压力为工作压力的 1.25 倍，即：10.7MPa×1.25=13.4MPa。

(3) 水压试验的准备和要求。

1) 汇报值长，联系汽机，锅炉作水压试验。

2) 锅炉受热面，本体范围管道附近，均应参加水压试验，水位表只参加工作压力试验，脉冲安全门不参加超水压试验。

3) 水压试验时，周围空气温度应高于 5℃，否则应有防冻措施；试验用水应具有适当的温度，以适应不同钢种的要求，但不应低于露点温度和高于 70℃；为防止合金钢制造的受压元件在水压试验时造成脆性破裂，水压试验水温还应高于该种钢的脆性转变温度，汽包材料为 P355GH，水温应大于 20℃。

(4) 水压试验的操作。

1) 联系汽机启动给水泵。

2) 用给水旁路门，向锅炉进水升压。

3) 检查各人孔门，检查孔，阀门关闭严密，试验用压力表应准确可靠，精度等级 0.5。

4) 水压试验应缓慢进行，升压速度每分钟不超过 0.294MPa；就地监视人员应与控制室密切联系，控制升压速度。

5) 待压力升至 10.7MPa，严密关闭进水门，通知检修人员检查泄漏情况，当全面检查及试验完毕后，方可降压，降压应缓慢进行。

(5) 进行超水压试验注意事项。当汽包压力升至工作压力时，应暂停升压，检查承压部件有无漏水等异常现象。若情况正常，解列就地水位计，解列脉冲安全门并将主安全门压住。将压力缓慢升至超水压试验压力，升压速度不超 0.1MPa，保持 20min，然后降至工作压力进行检查。

(6) 锅炉经过水压试验，符合下列条件即为合格，否则应查明原因消除缺陷。

1) 停止上水后（在给水门不漏的条件下），经过 5min，压力下降值不超过 0.2～0.3MPa。

2) 降压后承压部件无变形的迹象。

3) 承压部件无漏水及湿润现象。

(7) 水压试验后，通过连排或定排放水，放水放压速度不超过 0.294MPa。将水位放至汽包水位计的－100mm 处，准备点火。

（二）锅炉的冷态启动

1. 锅炉吹扫

（1）打开除尘器旁路，关闭除尘器入口挡板。

（2）环境温度低于0℃，启动低压循环水泵，旁路调节阀设定为全开。环境温度高于5℃时，低压空气预热器设定为正常运行。

（3）分别启动吸风机、送风机。

（4）投入锅炉总连锁。

（5）开启风机入口挡板并调整转速，维持炉膛负压－50Pa。

（6）各吹扫条件满足后，选择“锅炉吹扫请求”，调整送风系统控制器的设定值，维持空气流量26kg/s，计时器启动。吹扫条件如下：

1）炉膛没有火焰检测到。

2）吸风机运行。

3）送风机运行。

4）汽包水位正常。

5）给料机逆止阀在关闭位置。

6）油燃烧器没有运行。

7）风量大于26kg/s。

（7）进行锅炉吹扫，吹扫时间5min。如总风量维持在10～26kg/s时，锅炉吹扫10min或30min。

（8）如吹扫条件不满足，吹扫中断。待条件满足后，重新吹扫。

（9）吹扫结束，MFT复位，准备点火。

2. 锅炉点火及升压

（1）关闭一次风门，二次风门微开或关闭。

（2）检查燃油系统正常，油罐油位、油温正常。

（3）启动燃油泵，开启油泵出口门；调整油压正常1.0MPa。

（4）检查炉前燃油系统，供油回路及回油回路手截门开启。

（5）投入油燃烧器点火。

1）启动油燃烧器：风机启动—风门全开—吹扫—风门关至最小点火位—油泵启动—进、回油电磁阀开—打火—油枪点燃。

2）检查油枪供油压力、回油压力、雾化燃烧正常。

（6）锅炉升温时，应密切监视汽包的温升速率。如果汽包的温升速率超过规定值，降低燃烧。

（7）锅炉起压后，点火排汽开启1/2圈。

（8）联系化学化验。

（9）锅炉压力升至0.1MPa时，冲洗就地水位计。

（10）当压力升至0.1～0.2MPa，开启主蒸汽电动门旁路门，主蒸汽管道暖管。

（11）当压力升到0.2MPa、0.5MPa、2.5MPa进行定期排污，在膨胀不正常时，应适当增加排污的次数。

(12) 当锅炉需进水时，联系汽机启动给水泵并投入给水自动，进水时关闭省煤器再循环。

(13) 当压力升至0.3～0.5MPa，拧紧锅炉人孔，管道法兰，在进行此项工作时，应保持气压稳定停止升压。

(14) 大修后的锅炉，当压力升到0.3MPa、1.5MPa 、9MPa时，记录膨胀指示器。膨胀记录应作详细检查。如发现膨胀不均或汽包下壁温差大于50℃时，应停止升压进行处理。

(15) 气压0.5MPa，关闭减温器疏水。

(16) 当主蒸汽管道温度达到规定值时，开启主蒸汽电动门，关闭主蒸汽电动门旁路门，并关闭过热器疏水门。

(17) 当蒸汽压力达到0.6 MPa时，将一次风量和二次风量设定为30%负荷值，启动6个给料机将生物质燃料播撒在炉排上。最初的撒料量大约为1200kg，相对应于6台给料机在40%负荷下持续运行5min。投给料机应按顺序：3、4—2、5—1、6。当炉排上燃料层达到15cm左右的厚度时，给料机停止运行。

(18) 当炉排上的生物质燃料开始燃烧时，振动炉排开始以30%负荷振动。

(19) 当炉排上燃料的燃烧状况良好时，6台给料机以最小负荷启动。根据锅炉压力，温度上升情况并逐渐关小油枪。

(20) 当三级过热器下面炉膛温度超过400 ℃，且燃烧比较稳定时，停止油枪，从炉膛中退出，用闸门覆盖燃烧器孔。

(21) 根据气温情况投入减温水，控制水位正常。

(22) 气压0.8MPa，连续排污投入。

(23) 当炉侧主蒸汽温度250～300℃，主蒸汽压力0.8～1.0MPa时，向值长汇报达到冲转参数。汽机冲转期间锅炉应保持蒸汽参数稳定，冲转前参数以锅炉指示表为准。

(24) 除尘器入口烟温高于110℃时，且油枪退出。开启除尘器入口挡板，关闭旁路。

(25) 当三级过热器下面的炉膛温度达到500 ℃ 时，最小蒸汽流量应为8t/h。

(26) 发电机并网后，根据负荷情况增加给料机转速和风量。

(27) 逐渐关闭点火排汽。

(28) 负荷升至15MW，联系汽机定压，定压后全面检查一次。

(29) 大修后的锅炉，如需进行安全门校验工作时，应按安全门校验规定进行。

(30) 当蒸汽压力已经达到100%（额定）值时，可以按允许的增加速率来提高负荷。负荷升至满负荷后，投入减温水自动装置、给料自动装置、吸送风自动装置。

(31) 开启给水至高压空气预热器入口门，投入高压空预器及高压烟气冷却器。

(32) 生物质直接燃烧振动炉排锅炉滑参数启动过程见表1-1-1。

表1-1-1　　生物质直接燃烧振动炉排锅炉滑参数启动过程

时间/min	气压/MPa	气温/℃	负荷/kW
点火前	0	100	0
40	0.1	130	0
30	0.5	250	0
5	0.7	260	0～500

续表

时间/min	气压/MPa	气温/℃	负荷/kW
5	0.8	300	500
5	1.0	340	500～1400
15	1.5	350	1400
5	2.0	370	1400～2400
15	2.6	380	2400
5	3.0	380	2400～3000
15	3.0	400	并列
5	3.5	420	1MW
5	3.5	420	3MW
20	4.6	460	8MW
20	5.8	480	13MW
30	气压、气温升至额定值		13～25MW

3. 锅炉点火升压注意事项

（1）点火过程中，为了避免金属超温，不允许烟温超过钢材的允许温度。应按以下要求操作：锅炉起压待空气门有气冒出，关闭过热器空气门。起压后炉水温度按100℃/h均匀上升，当气压升到0.294MPa时，可随锅炉一起升温、升压。

（2）新炉或大小修后的锅炉从0升至8.82MPa，时间一般不小于160min，停炉2d以内，升压时间可以根据具体情况适当缩短。

（3）在升压过程中应严格控制汽包上下壁温差不大于50℃，如果温差有上升趋势，可增大排气量或加强排污，尤其是在0.98 MPa以内。

（4）升压过程中，过热气温应低于额定值50～60℃，高温过热器壁温不超过455℃。

（5）一般控制，升压速度0.03～0.05MPa/min，升温速度1～2℃/min，饱和温度小于1℃/min。

（6）在升压过程中如因在某升压阶段内，未能达到预定气压时，不得关小排气或多投燃料赶火升压。

（7）如点火不着火燃烧不稳定时，应停炉进行炉膛通风。

（8）在升压过程中应加强监视锅炉各受热、受压部件的膨胀情况，发现异常及时查明原因，必要时停止升压，待消除故障后再继续升压。

（9）升压过程中，应加强对炉膛温度及水位监视。

4. 锅炉冷态启动曲线

（1）锅炉冷态启动汽包压力和主蒸汽流量曲线如图1-1-2所示。

（2）锅炉冷态启动饱和蒸汽温度与温升率曲线如图1-1-3所示。

（3）锅炉冷态启动主蒸汽与主给水温升曲线如图1-1-4所示。

（4）锅炉冷态启动与停运汽包壁温差曲线如图1-1-5所示。

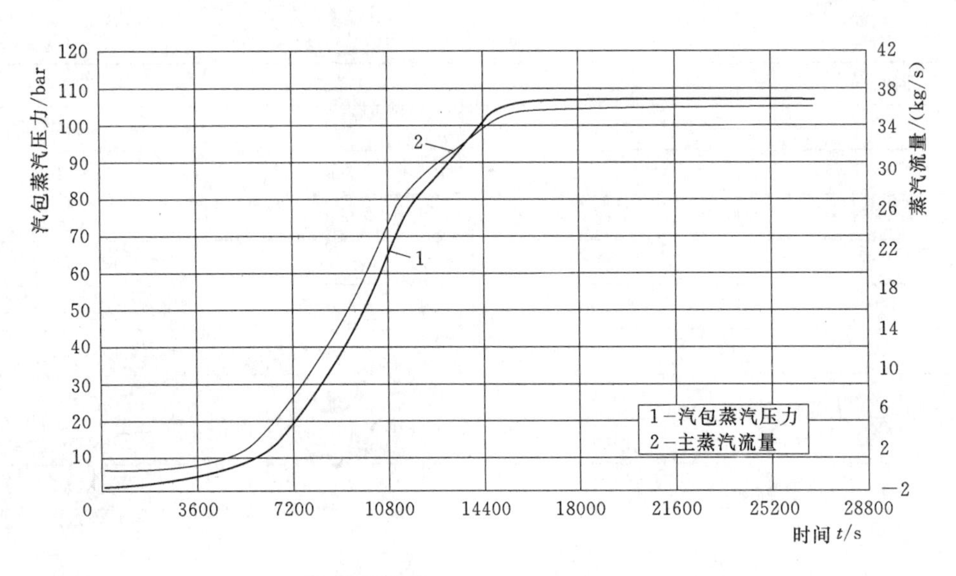

图 1－1－2　锅炉冷态启动汽包压力和主蒸汽流量曲线

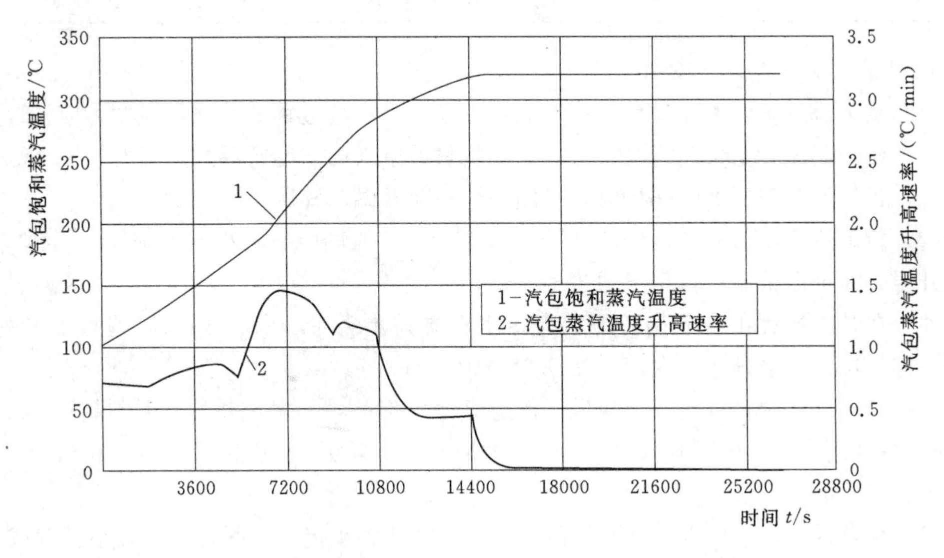

图 1－1－3　锅炉冷态启动饱和蒸汽温度与温升率曲线

(三) 锅炉的热态启动

1. 锅炉启动时需进行的工作

(1) 当汽机高压缸，内缸下壁温度高于 100℃时，机组的启动成为热态启动。

(2) 热态启动前的检查、准备和冷态启动相同，但不必进行炉内检查及连锁、挡板试验。

(3) 热态启动时，汽机对锅炉有下列要求：

1) 冲转参数主要决定于汽缸壁温度，要求锅炉温度比汽缸下壁温度高。当汽缸下壁温度在 350℃以下时气温应高 80℃，350℃以上时应高 50℃，400℃以上时应高 20～30℃，430℃以上时可以等温冲转。但在任何情况下，必须有 50℃以上的过热度。

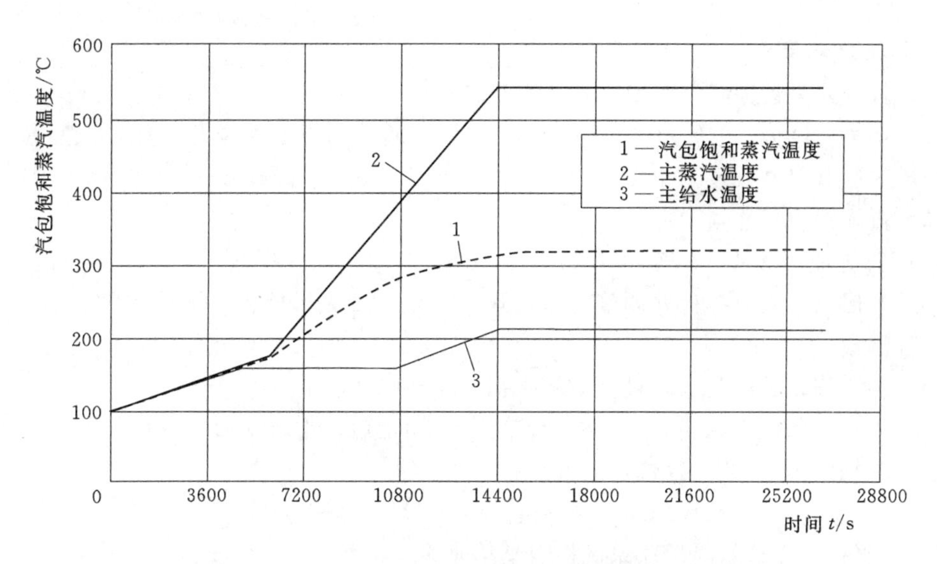

图 1-1-4　锅炉冷态启动主蒸汽与主给水温升曲线

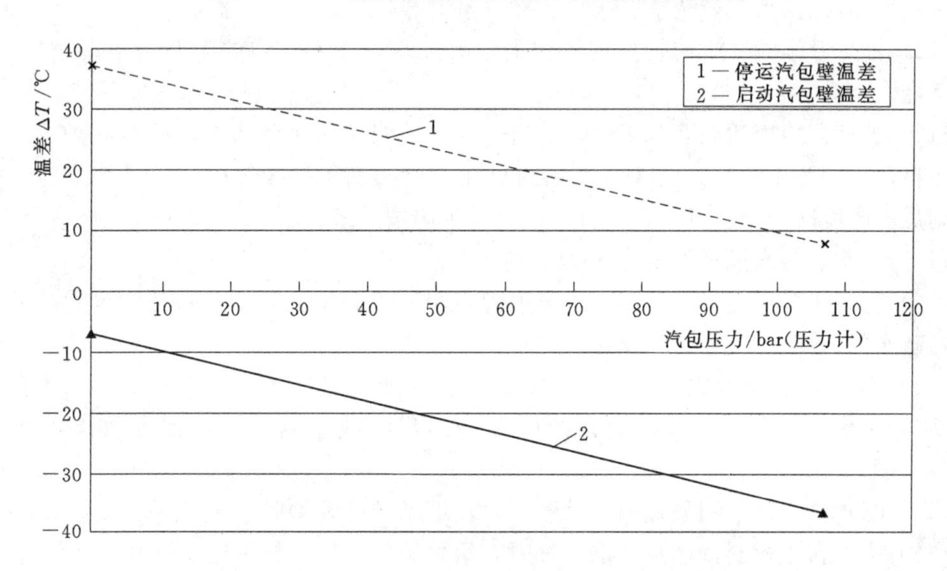

图 1-1-5　锅炉冷态启动与停运汽包壁温差曲线

2）由于各种原因使参数达不到热态启动曲线表规定时，应及时与汽机联系，按汽机要求执行。

3）汽机冲转后，将在很短时间内完成定速、并列、带负荷等工作，所以锅炉应将气压、气温定在所需参数之内，以防汽轮机汽缸温度下降。

4）如因故障停机、停炉后机组的启动参数，应尽量满足汽机要求，必要时与汽机协商，配合操作。

5）热态启动中，锅炉升温、升压速度：升温速度 1～2℃/min；升压速度 0.03～0.05MPa/min。

6）全开点火排汽，降低升压速度，加大排汽来提高气温，或联系汽机开大凝疏门来

提高气温。

2. 热态启动操作

(1) 打开除尘器旁路，关闭除尘器入口挡板。

(2) 环境温度低于0℃，启动低压循环水泵，调节阀设定为全开。环境温度高于5℃时，低压空气预热器设定为正常运行。

(3) 投入锅炉总连锁。

(4) 分别启动吸风机、送风机。

(5) 开启风机入口挡板并调整转速，开启一次、二次风挡板，维持炉膛负压－50Pa，维持空气流量100t/h。

(6) 各吹扫条件满足后，进行锅炉吹扫，吹扫时间5min。

(7) 如吹扫条件不满足，吹扫中断。待条件满足后，重新吹扫。

(8) 吹扫结束，MFT复位，准备点火。

(9) 关闭一次、二次风门。

(10) 当锅炉需进水时，联系汽机启动给水泵。

(11) 投入油枪点火，调整一次、二次风量，雾化燃烧良好，不冒黑烟。

(12) 锅炉升温时，应密切监视汽包的温升速率。如果汽包的温升速率超过规定值，降低燃烧。

(13) 当蒸汽压力达到0.6MPa时，通过6个给料机将生物质燃料播撒在炉排上。最初的播料量大约为1200kg，相对应于给料机在40%负荷下持续运行5min。当炉排上燃料层达到足够厚度时，给料机停止运行。投给料机应按顺序：3、4—2、5—1、6。

(14) 一次、二次风量设定为30%负荷值。

(15) 打开主蒸汽门电动旁路，主蒸汽管道暖管暖管结束，开启主蒸汽电动门并关闭过热器疏水门。

(16) 当炉侧主蒸汽温度250～300℃，主蒸汽压力0.8～1.0MPa时，向值长汇报达到冲转参数。汽机冲转期间锅炉应保持蒸汽参数稳定，冲转前参数以炉指示表为准。

(17) 当炉排上的生物质燃料开始燃烧时，振动炉排开始以30%负荷振动。

(18) 当炉排上燃料的燃烧状况良好时，给料机和计量给料机逐个以最小负荷启动。

(19) 除尘器入口烟温高于110℃时，开启除尘器入口挡板，关闭旁路。

(20) 当三级过热器下面的炉膛温度超过400℃，且燃烧比较稳定，停止油枪，从炉膛中退出，用闸门覆盖燃烧器孔。

(21) 当三级过热器下面的炉膛温度达到500℃时，最小蒸汽流量应为8t/h。

(22) 发电机并网后，根据负荷情况增加给料机转速和风量。

(23) 逐步关闭点火排汽。

(24) 根据气温情况投入减温水，控制水位正常。

(25) 当蒸汽压力已经达到100%（额定）值时，可以按允许的增加速率来提高负荷。

(26) 开启给水至高压空气与热器入口门。

(27) 启动低压循环水泵至低压空气预热器进水。

三、锅炉正常运行与调整

（一）锅炉经济运行参数

1. 锅炉经济运行参数

（1）锅炉额定蒸发量：130t/h。

（2）饱和蒸汽压力：10.7MPa。

（3）过热蒸汽压力：9.2MPa。

（4）过热蒸汽温度：$540\pm^{5}_{10}$℃。

（5）汽包水位：±20mm。

（6）给水压力：12.6MPa、11.8MPa 给水泵联动。

（7）给水温度：210℃。

（8）排烟温度：124℃。

（9）两侧烟温差：小于 30℃。

（10）锅炉效率：92%。

2. 汽机有关极限参数规定

（1）气温的规定。

1）额定温度 T_0：535℃。

2）连续运行的年平均温度：不超过 T_0。

3）在保证年平均温度下，允许连续运行的温度：不超过 (T_0+10)℃，不超过 (T_0+14)℃的年累计运行时间不超过 400h。

4）允许在 551～560℃之间摆动，但连续运行时间不得超过 15min，且任何一年的累计运行时间不得超过 80h。

5）汽机电动主气门前气温升高到 545℃时，要求锅炉恢复，当气温升高到 551～560℃，运行时间超过 15min 或气温超过 560℃时，立即打闸停机。气温降到 510℃时，要求锅炉立即恢复。降到 505℃时，按表 1－1－2 减负荷停机。在主蒸汽参数变化时，应对照表计迅速处理，严格监视轴向位移，推力瓦温度、机组振动、相对膨胀和各监视段压力。

表 1－1－2　　蒸汽气温降到 505℃时减负荷停机

气温/℃	470	468	466	464	462	460	458	456
负荷/MW	25	23	21	19	17	15	13	11
气温/℃	454	452	450	448	446	444	442	440
负荷/MW	9	7	5	3	2	1	0	停机

（2）气压的规定。

1）主蒸汽压力额定压力 P_0：8.83MPa。

2）连续运行的年平均压力：在保证年平均压力下允许连续运行的压力不超过 $1.055P_0$，在异常情况下允许压力浮动不超过 $1.15P_0$，但此值的累计时间在任何的运行中不得超过 15min，汽机电动主气门前气压升高到 9.32MPa，联系锅炉要求恢复，继续升高到10.15MPa时，报告值长，同时用电动主气门节流，使自动主气门前压力不超过9.32MPa。压力升高至10.15MPa时的累积时间在任何工况下不得超过15min。

3）气压降到8.3MPa时，要求锅炉立即恢复并报告值长，不能恢复时，按表1-1-3减负荷。

4）负荷减至“0”若各部正常，应维持空负荷运行并调整主抽气器进汽压力。

表1-1-3　　蒸汽气压降到8.3MPa时减负荷规定

气压/MPa	8.4	8.2	8.0	7.8	7.6	7.4	7.2
负荷/MW	25	23	21	19	17	15	13
气压/MPa	7.0	6.8	6.6	6.4	6.2	6.0	5.9
负荷/MW	11	9	7	5	3	1	0

（二）锅炉机组的水位调整及水位计投入和冲洗

1. 水位的调整

（1）锅炉给水应均匀，水位应保持在零位，正常波动范围为±20mm，最大不超过±50mm。在正常运行中，不允许中断锅炉给水。

（2）正常运行时，锅炉水位应以汽包就地水位计为准，汽包水位计应清晰，照明充足，无漏气，漏水现象。水位线应轻微波动，若水位不波动或云母片模糊不清时，应及时冲洗。

（3）当给水自动投入时，应经常监视给水自动的工作情况及锅炉水位的变化，保持给水量变化平稳，避免调整幅度过大，并经常对照蒸汽流量与给水流量是否相符合。若给水自动失灵，应立即解列自动，该为手动调整水位，并通知热工人员消除。

（4）在运行中，应经常监视给水压力和给水温度的变化，若给水压力低于12.5MPa，给水温度低于210℃时，应联系汽机恢复给水压力和给水温度。若给水压力不能恢复时，应报告值长，减少负荷，以维持锅炉水位。

（5）各水位表计必须指示正确，并有两只以上投入运行。每班应与就地水位校对二次，若水位不一致，应验证汽包水位计的指示正确性（必要时还应冲洗）。若水位表指示不正确，应通知热工人员处理。

（6）汽包水位高低报警信号应可靠，并定期进行校验。

（7）锅炉在负荷、气压、给水压力发生变化和排污时，应加强对水位的监视与调整，防止缺水、满水。

（8）锅炉定期排污时，应在低负荷时进行，排污持续时间为：排污门全开后，不超过半分钟。不准同时开启两个以上的排污门。

（9）锅炉点火初期，水位表指示不正确，应派专人就地监视汽包水位的变化。

（10）在事故情况下，应加强对水位的监视与调整。

（11）在正常运行中，应定期冲洗汽包水位计。每班校对水位一次。

2. 水位计的投入

（1）水位计投入前应检查水位计及保护罩完整，照明良好。

（2）稍开水位计放水门，将汽、水侧二次门开启1/4～1/3圈。

（3）缓慢微开汽、水侧一次门，暖管 3～5min 后，开足汽、水侧一次门。

（4）关闭放水门，全开二次门，水位计应出现水位，并有轻微波动。

（5）水位计投入后，应校对两只汽包水位计的指示情况，应有明显的水位指示，水位计无泄漏现象。

3. 水位计的冲洗

（1）将汽侧二次门关闭后开启 1/4～1/3 圈，然后水侧照此操作。再开启放水门，使汽、水管路，云母板及平板玻璃得到冲洗。

（2）关闭水侧二次门，冲洗汽管路及云母片，然后开启水侧二次门 1/4～1/3 圈，关闭汽侧二次门，冲洗水管路，然后开启汽侧二次门 1/4～1/3 圈。

（3）关闭放水门。放水门关闭后，水位应很快上升并有轻微波动，若上升很慢或水位指示仍不清楚，应再冲洗一次。

（4）全开二次门。

（5）汽包水位计的投用及冲洗应注意下列事项：

1）冲洗水位计时应注意安全，操作人员不应面对水位计，要求服装完整，戴好防护手套。

2）带小球的汽、水门，冲洗时必须关小以防小球堵塞；在冲洗后投入时，开启汽、水侧二次门必须同时缓慢进行。

3）禁止将汽、水门同时关闭，以免冷却太快而损坏云母片。

4）冲洗时间不宜太长。

5）在冲洗过程中，如发现云母片及平板玻璃损坏或阀门泄漏严重时，应及时解除水位计。

（三）锅炉机组的气温调整

1. 气温的调整

（1）锅炉在正常运行中，应保持过热蒸汽温度（540^{+5}_{-10}）℃运行。

（2）在正常运行中，应严格监视和调整气温的变化，并监视各级过热器的壁温和气温的变化情况，及时进行调整。

（3）稳定气温首先从稳定燃烧及稳定气压着手，燃烧及气压稳定了，气温一般波动不会太大，特别是在减温水没有余度或减温水没有投入的情况下，更应注意燃烧及气压的稳定。

（4）当负荷变化及投入和停止给料机时，必须注意气温的变化和调整。

（5）调整减温水时，应缓慢平稳，避免大幅度的调整。减温器的使用应合理，应以二级为主，一级、三级为辅。若投入一级、二级减温器时，应严格监视减温器出口气温应高于该压力下的饱和温度，并有一定的过热度，而各管之间的温差不应超过 30℃。

（6）负荷在 70％～100％范围内，气温应保持额定气温；当负荷在 40％～70％时，气温值可参阅滑参数停机曲线中相对应压力、负荷下的气温值。

（7）气温的变化是与气压、负荷的变化密切相关的，因此当燃烧、负荷、气压变化时应作出气温变化范围的判断，及时调整减温水量。

（8）在负荷高，气温低时，尤应注意气温的变化，严防蒸汽带水。如气温调整无效

时，可将气压保持低一些，以使气温、气压相对应；仍然低时，应报告值长减低机组负荷。

(9) 应加强对水位的监视，保持汽包水位稳定。在给水压力变化时，应加强对水位监视与调整。

(10) 加强对受热面的吹灰工作，保持受热面清洁。

2. 影响气温变化的因素

(1) 锅炉燃烧不稳或运行工况变化。

(2) 锅炉打焦、吹灰。

(3) 给水温度变化大，尤其是高加投、停。

(4) 增减负荷及水位变化过大。

(5) 投、停给料机或给料不均。

(6) 燃料性质发生变化。

(7) 锅炉发生事故。

(8) 锅炉机组大量漏风。

(9) 受热面结焦，积灰严重。

(10) 炉排振动。

(四) 锅炉机组的气压和燃烧调整

1. 气压的调整

(1) 与电气及汽机加强联系，保持负荷稳定。

(2) 经常注意给料机电流及脉冲阀转速的变化和炉排燃烧情况，及时发现并处理给料机堵塞。

(3) 吹灰、打焦时应注意气压的变化，及时调整。

(4) 负荷变化及压力变化，尽量少启停给料机来调整压力，应用调整锅炉进料量的方法。

(5) 调整时，应勤调、少调，风与燃料的增减不可过多，应缓慢进行，以免影响燃烧工况。

(6) 压力自动调节器的投入，应根据燃烧和气温情况投入给料自动、炉排振动自动，并应经常监视自动的工作情况，自动失灵或调整不及时时，应改为手动调整，并通知热工人员进行处理。

(7) 油枪投入时，应经常检查油枪的雾化情况。

2. 锅炉燃烧调整

(1) 锅炉正常运行中，给料机应全部投入，用风应均匀，火焰不应偏斜，火焰峰面应位于炉排中部。要勤观察燃料种类变化，根据燃料种类变化调整落料点，调整燃烧状况。

(2) 锅炉正常运行中，炉膛负压应保持－30～50Pa运行。

(3) 炉内燃烧工况应正常，各级二次风调整应合理，使燃料燃烧完全、稳定。炉内火焰应呈光亮的金黄色，排烟呈灰白色。

(4) 风与燃料配比应合理，一、二次风的使用应适当。氧量应保持在3%～5%，最大不超过6%。

1）合理调整炉排3段风量分配，保证预热区、燃烧区、燃尽区位置合理，炉排后部500mm处没有火焰，前部500mm处应基本燃尽。

2）燃料水分偏高时应采用厚料层。

（5）保持给料系统运行稳定，燃料性质应稳定，如燃料性质发生变化时，及时报告班长、正值，使司炉在燃烧调整上做到心中有数。

（6）在启、停给料机吹灰时，应严加监视炉膛负压的变化，如发现燃烧不稳时，应停止上述操作。

（7）对锅炉燃烧应做到勤看火、勤调整，监视炉膛负压及火焰监视器变化情况，经常观察火焰电视。

（8）锅炉燃烧时必须定期监视炉排，这样才能够完全掌握炉排和灰渣出口区域燃料的燃烧状况。

1）如果炉排上的燃料过少，会使着火不稳定，而且可能导致结焦阻碍燃料的燃烧。

2）如果炉排上的燃料过多，燃料燃烧不完全，在炉排振动过程中会使炉膛燃烧紊乱。

3）当炉排震动幅度过大，一些燃料来不及燃烧就会排入落渣口，增加了锅炉机械不完全燃烧，降低了锅炉的整体热效率。

4）如果炉排中、上部的空气量过大，炉排上的火焰就会抬高。火焰应集中在炉排中部和下部之间，在炉排的顶部（0.5m）看不到或者只能看到一点火焰。

（9）烟气中氧量过高，就表明了给料过少或振动幅度太大。

（10）炉排振动原则：厚料层7min振动一次，振动一次8s；薄料层4min振动一次，振动一次5s。

（11）炉排振动是周期运行，当炉排振动时，炉排上的燃料被搅动，释放出大量的气体使炉内燃烧加强，造成锅炉压力升高，负荷增加。并导致炉内空气量减少，一氧化碳的排放量增加。所以在炉排振动时，应特别注意，炉排振动前风量会发生下列变化：

1）保持总风量不变，只改变总风量分配。

2）在炉排振动前会减少一次风量。

3）增加二次风量。

4）在炉排暂停时间（振动周期2/3时间），逐渐改变风量分配，使风量返回正常。

（12）要适当控制炉前送料风的压力，当送料风压力过高时，燃料投入时分布会很长，甚至分布在炉排上超过75%的地方，燃烧就不会均匀。燃料投入的长度依靠送料风的压力来调节，其分布依靠空气阀门来调节。

（13）锅炉在不超过设计流量和温度下运行，由汽轮机控制锅炉出口压力在9.2MPa，锅炉的最小运行负荷是40%。

（14）燃烧调整过程中，严禁两侧烟温差大于30℃。

（15）运行中，如锅炉灭火，应严格按照灭火事故进行处理。

（16）监盘要集中，特别是在启、停炉、负荷偏低、负荷变动较大、燃料较差、燃烧不稳时更应严密监视燃烧工况的变化。正确判断灭火与锅炉塌灰、掉焦现象的区别及正确方法，防止误判断而扩大事故。

（17）锅炉正常运行中，油系统及点火装置应可靠备用，并定期检查、试验。

(18) 锅炉运行中要防止油电磁阀不严向炉内漏油。经常检查各油枪油压表计，否则应联系检修消除。

3. 低负荷调整

(1) 低负荷时风与燃料配比应合理，一次、二次风的使用应适当。

(2) 保持给料系统运行稳定，燃料性质稳定，如燃料性质发生变化应在燃烧调整上做到心中有数。

(3) 对锅炉燃烧应做到勤看火、勤调整，监视炉膛负压、温度及火焰监视器的变化情况，经常观察火焰电视。

(4) 低负荷时严禁除灰、打焦工作。

(5) 低负荷时应减少炉排振动次数，防止影响燃烧稳定。

(6) 低负荷时应加强专业联系，防止负荷变化过大。

(五) 锅炉吹灰

1. 吹灰的注意事项

(1) 为了消除锅炉受热面积灰，保持受热面清洁，防止炉膛严重结焦，提高传热效果，应定期对锅炉进行吹灰。

(2) 锅炉吹灰，须征得司炉同意后方可进行。吹灰时，要保持燃烧稳定，适当提高炉膛负压，加强对气压、气温的监视与调整。

(3) 吹灰时，负荷要在18MW以上。

2. 锅炉吹灰操作方法

(1) 全开吹灰进气电动门，调整吹灰进气调整门。

(2) 全开吹灰减温减压电动门，调整吹灰减温减压调整门。

(3) 维持吹灰压力1.5～3.5MPa，温度350℃。

(4) 全开吹灰疏水门，充分暖管、疏水后，待疏水温度升高到280℃以上时，疏水门自动关闭。

(5) 点击操作面板上的“程控”按钮和“进行”按钮，自动进行蒸汽吹灰，程序禁止两台及以上吹灰器同时进行吹灰工作。

(6) 若个别吹灰器损坏，可以在跳步面板上将其点红。程控吹灰时，将跳过该吹灰器，其他吹灰器仍按照程序进行吹灰。

(7) 吹灰结束后，关闭吹灰进汽门和进汽调整门。

(8) 关闭吹灰减温减压电动门和调整吹灰减温减压调整门。

(9) 发现吹灰器卡住，应立即将自动改为手动退出，同时严禁中断汽源，可适当降低吹灰压力(1.0MPa左右)，联系检修将其退出。

(10) 吹灰器的预热和顺序控制可以通过就地控制盘(LCP)来操作。

3. 吹灰程序

(1) 顺序1——完整的顺序。

1) 吹灰器暖管疏水。

2) 吹灰顺序按炉膛短吹11台，一级、二级过热器长吹5台，省煤器和烟气冷却器长吹5台。

3）吹灰完毕，系统保持压力，热备用状态。

（2）顺序2——炉膛吹灰。

1）吹灰器暖管疏水。

2）吹灰顺序炉膛短吹IR1～IR11。

3）吹灰完毕，系统保持压力，热备用状态。

（3）顺序3——一级、二级过热器吹灰。

1）吹灰器系统的预热。

2）吹灰顺序一级、二级过热器长吹IK1～IK5。

3）吹灰完毕，系统保持压力，热备用状态。

（4）顺序4——省煤器回程吹灰。

1）吹灰器系统的预热。

2）吹灰顺序省煤器长吹IKSL1～IKSL5。

3）吹灰完毕，系统保持压力，热备用状态。

4. 吹灰中断

（1）当没有进行吹灰时，吹灰器系统要保持压力以减少腐蚀的危险。这种模式称为“热备用模式”，并由就地操作盘来控制。

（2）操作人员可以随时中断正在进行的吹灰顺序。顺序的中断意味着工作吹灰器立即收缩回来，当所有的吹灰器都收缩回来后，将停运吹灰系统。

（3）如果锅炉汽包水位保护装置没有显示水位大于极限值，但引发了总燃料跳闸，作为保护连锁，自动给出中断命令。

（六）锅炉排污

1. 总则

锅炉汽水品质由化学取样分析，排污工作应根据化学人员的要求进行。

（1）连续排污。是排除炉内的悬浮物，以维持额定的炉水含盐量。

（2）定期排污。从下部联箱排除炉内的沉淀物，改善炉水品质。

2. 连续排污的操作

接到化学投入连续排污的通知后，开启甲、乙连排＃1门，根据化学要求调整＃2门的开度。

3. 定期排污的操作

（1）定期排污根据化学通知进行。

（2）检查各联箱排污一次、二次门在关闭位置，开启排污电动总门。

（3）逐个开启各联箱排污一次、二次门，各排污门排污时间为半分钟。

（4）依以上操作，各阀门排污完毕后，关闭排污总门。

（5）排污完毕后，应检查排污门的严密性。

4. 排污注意事项

（1）排污工作应在低负荷时进行，注意监视和及时调整水位。

（2）排污工作应征得司炉同意后方可进行。

（3）排污时，阀门开关要缓慢，开不动时不能强开，已损坏的排污门不准排污。不准开启两个以上的排污门同时排污。

(4) 锅炉发生事故时，应停止排污（满水事故除外）。

(5) 排污地点照明应良好，排污时配备好劳动保护设施。

四、锅炉机组停止运行

(一) 锅炉计划停运

1. 停炉前的准备

(1) 接到调度命令后，值长应提前将停炉时间通知锅炉。

(2) 锅炉值班员将停炉时间通知汽机、电气、热工、化学专责，并通知本炉各专责作好停炉准备。

(3) 停炉前将锅炉存在设备缺陷记录清楚。

(4) 锅炉大修或长期备用，停炉前应将料仓的燃料烧完。

(5) 若停炉备用，停炉前可适当储存部分燃料，以备点火时用，但一般保持低料位。

(6) 停炉前，冲洗水位计一次，并校验各水位表指示正确。

(7) 停炉前，检查燃油系统正常，油枪好用。

(8) 停炉前应通知热工人员解列水位保护，解列汽机跳闸保护，切除频率校正回路。

2. 滑参数停炉

(1) 从额定负荷降至零，需 2h 左右，其降压降温速度应根据滑参数停炉曲线进行，一般控制降压速度每分钟为 0.02～0.03MPa，每分钟最大不超过 0.05MPa；降温速度不超过 1.5℃/min。

(2) 在停炉过程中，应与电气和汽机加强联系，密切配合，以满足汽机对气温、气压的要求。

(3) 根据降压、降温速度，逐渐减少给料机和送风机出力，调整一次、二次风配比，根据负荷及燃烧情况，适当停止给料机运行。

(4) 负荷减至 80%以下时，汽机停高压加热器，逐步将高压空气预热器和高压烟气冷却器退出运行。

(5) 负荷减至 60%以下时，根据气温下降情况关小或解列减温器。解列给水自动，手动控制水位正常；解列锅炉主控自动，解列负荷自动，解列送风自动，手动降低负荷。

(6) 当缓冲料仓料位降至低料位以下时，应特别注意各给料机来料情况，根据负荷情况，给料机不来料时，停止给料机，关闭相应给料机出料挡板。停止给料机时，从两侧至中间顺序停止。及时调整关小前后墙二次风门，减少炉内风量。

(7) 给料机停止后，关闭相应给料机的逆止阀，关闭相应给料机的撒料风手动风门，关小相应二次风门，减少炉内风量，稳定燃烧。维持炉膛压力，维持氧量不超过 6%。

当给料机全部停止后，停止两台撒料风脉冲阀电机，关闭撒料风调整挡板。

(8) 当气压降至 2MPa，气温降至 260℃，负荷到零。发电机解列，汽机打闸。开启点火排气控制气压。

(9) 炉排上燃料完全燃尽后，锅炉熄火，关闭点火排汽。

(10) 维持炉膛负压－50～60Pa，通风 5～10min 后，停止送风机、吸风机，解列总连

锁开关。

(11) 通知化学，关闭锅炉加药、取样、连排门。保持水位+200mm，关闭给水门，开启省煤器再循环门。

(12) 炉排上灰渣全部清空后，停止炉排振动电机。

(13) 关闭除尘器挡板及旁路挡板，停止除尘器运行。停止除尘器除灰系统。

(14) 灰斗灰渣全部清空后，停止捞渣机运行。

(15) 停止低压循环回路运行。停止油泵运行。

3. 锅炉滑停中注意事项

(1) 滑停的速度和参数，应与汽机加强联系密切配合，互相协作，满足汽机的要求。

(2) 应有专人监视，调整水位。负荷过低时，应及时降低给水泵转速或切换启动旁路给水，严防缺满水事故发生。

(3) 滑停过程中应尽量保持给料机对称，防止烟温偏差；低负荷运行时加强燃烧调整，防止燃烧恶化。

(4) 滑停后期应特别注意：过热蒸汽的过热度，最低不低于50℃。

(5) 停炉后，仍保持锅炉水位，必要时进行补水，维持汽包水位。

(6) 锅炉机组滑停过程见表1-1-4。

表1-1-4 生物质直接燃烧振动炉排锅炉机组滑停过程

时间/min	气温/℃	气压/MPa	负荷/MW
0	535	9.2	25
20	510	8.5	22
20	480	8.0	20
20	460	7.5	18
20	420	7.0	15
20	400	6.5	12
20	380	5.5	8
20	360	4.5	5
20	330	4.0	2.5
20	310	3.5	1
20	260	2.5	熄火、停机

4. 正常停炉

(1) 锅炉采用正常定压停炉时，从满负荷至停炉需要1h，其降温速度为1℃/min。

(2) 停炉前，根据料位情况，提前停止供料系统。

(3) 报告值长减少负荷，根据负荷情况，逐渐减少给料机出力，或适当停止给料机。同时减少送风量，维持燃烧稳定。

(4) 当负荷降至80%以下时，汽机停高加，并逐步将高压空气预热器和高压烟气冷却器退出运行。

(5) 当负荷降至60%以下时，根据气温关小或解列减温器。解列给水自动，手动控制水位正常；解列锅炉主控自动，解列负荷自动，解列送风自动，手动降低负荷。

（6）当负荷降至40%以下时，应加快减负荷速度，尽量减少低负荷不稳定时间。

（7）当缓冲料仓料位降至低料位以下时，特别注意燃烧器来料情况，当料位降至零已无燃料时，停止给料机，关闭给料机出料挡板。停止给料机时，应从两侧至中间顺序停止。

（8）给料机停止后，关闭相应给料机的逆止阀，关闭相应给料机的撒料风手动风门，关小相应二次风门，减少炉内风量，稳定燃烧。维持炉膛压力，维持氧量不超过6%。

（9）当给料机全部停止后，停止两台撒料风脉冲阀电机，关闭撒料风调整挡板。

（10）负荷减至零，发电机解列，汽机打闸。开启点火排汽，控制主汽压力。

（11）炉排上燃料完全燃尽后，锅炉熄火。停止送风机，维持炉膛负压40～60Pa，通风5～10min，停止吸风机，解列总连锁开关。

（12）关闭点火排汽，关闭锅炉加药、取样、连排门。保持水位+200mm，关闭给水门，开启省煤器再循环门。

（13）炉排上灰渣全部清空后，停止炉排振动电机。

（14）关闭除尘器挡板及旁路挡板，旁路伴热。停止除尘器运行。停止除尘器除灰系统。

（15）灰斗灰渣全部清空后，停止捞渣机运行。

（16）停止低压循环回路运行。停止油泵运行。

（17）其他操作，按滑参数停炉规定进行。

5. 热备用停炉

锅炉停炉作热备用时，应按下列规定进行：

（1）停炉后，联系汽机适当开启电动主闸门前疏水门，当气压降至8MPa时，关闭疏水门，并监视气压缓慢下降。

（2）停炉后，上水至+200mm，停止上水，关闭进水门。开启省煤器再循环门。当水位降至−100mm，补水至正常水位。

（3）停炉备用应将所有风门、挡板及各人孔门、手孔门关闭严密，不进行通风冷却工作。

（二）锅炉紧急停运

紧急停炉包括需要紧急停炉的各种情况。如果可以维持运行，则将蒸汽放空，直到可以进行计划停炉。紧急停炉应立即开展以下工作：

（1）停止进料。

（2）停止送风机。

（3）停止炉排振动。

（4）关闭一次风的挡板。

（5）关闭二次风的挡板。

（6）打开上二次风的挡板。

（7）由点火排汽控制锅炉压力。

（8）如在执行吹灰工作，吹灰将中断。

（三）锅炉临时停运

如果停炉后要在短时间内要恢复运行，则应该使炉膛和烟道保温，从而尽量减少通风热损失。计划停炉后要关闭引风机的入口挡板。锅炉重新启动时必须进行吹扫，可以作为温炉进行启动。

五、锅炉事故处理

（一）紧急停炉

1. 紧急停炉的条件

(1) 锅炉满水。汽包就地水位计水位均超过最高可见水位或操作盘各水位表指示超过+240mm。

(2) 锅炉缺水。汽包就地水位计水位均低于最低可见水位或操作盘各水位表指示低于−160mm。

(3) 炉管爆破，不能保持锅炉正常水位。

(4) 承压部件漏气、漏水严重，危及人身及设备安全。

(5) 全部水位计及水位表损坏。

(6) 发生人身事故，不停炉不能抢救受伤者。

(7) 燃料在燃烧室后的烟道内燃烧，使排烟温度不正常升高。

(8) 锅炉达到 MFT 动作条件拒动。

2. 请示停炉的条件

(1) 汽包、联箱及连接焊口裂缝漏气、漏水。

(2) 过热器、省煤器、减温器、水冷壁泄漏。

(3) 过热蒸汽温度超过 550℃，管壁温度超过 560℃，经调整和降低负荷仍不能恢复正常。

(4) 锅炉给水、炉水或蒸汽品质严重低于标准，经处理仍未恢复正常。

(5) 锅炉严重结焦而难以维持运行。

(6) 单侧给料机故障不能及时恢复。

(7) 振动炉排发生故障停止振动短时不能恢复。

3. 紧急停炉的操作

(1) 按下紧急停炉按钮，使送风机跳闸，给料机跳闸，炉排振动停止。

(2) 一次风门、下二次风门联动关闭。

(3) 开启上二次风门。

(4) 开启点火排汽，调节锅炉压力。

(5) 如正在吹灰工作时吹灰器停止运行，退出吹灰工作。

（二）锅炉满水、缺水

1. 锅炉满水、缺水的原因

(1) 给水自动调节器失灵，给水调整装置故障或给水门严重泄漏。

(2) 水位表、蒸汽流量表、给水流量表指示不正确或仪表电源消失。

(3) 锅炉负荷增、减太快。

（4）给水压力突然升高或下降。

（5）水冷壁、省煤器、过热器管破裂。

（6）排污不当或排污门严重泄漏。

（7）运行人员疏忽大意，对水位监视不够，调整不及时或误操作。

（8）给水管路、给水泵发生故障。

2. 锅炉满水、缺水的判断

（1）对汽包水位计必须注意的事项。

1）汽包水位计水管或汽管堵塞，会引起水位计内水位的上升（汽管堵塞水位上升得快；水管堵塞水位逐渐上升）。

2）汽包水位计放水门漏，将引起水位计指示不准确。

（2）锅炉满水、缺水判断的操作步骤。在汽包水位计中看不到水位，用操作盘水位表又难以判明时，应立即停炉，并停止上水。停炉后利用汽包水位计按下列程序查明水位。

1）开启放水门，有水线下降，表示轻微满水。没有水线下降，将放水门关闭。

2）关闭气门，有水线上升，表示轻微缺水。没有水线上升，将水门关闭。

3）开启放水门，有水线下降，表示严重满水；没有水线下降，表示严重缺水。

4）判断完毕，将汽水门开启，放水门关闭，投入水位计。将判断结果向司炉及班长报告。

3. 锅炉满水现象及处理

（1）满水现象。

1）汽包就地水位计可见水线超过最高可见水位。

2）光字牌信号发出“水位高”的警报，所有水位计、水位表均指向正值。

3）给水流量大于蒸汽流量，其差值较正常增大。

4）满水严重时，过热蒸汽温度急剧下降，蒸汽管道内有冲击声，法兰向外冒汽、水。

5）蒸汽含盐量增大。

（2）满水的处理。

1）当锅炉的气压及给水压力正常，而汽包水位超过正常水位＋50mm 时，应采取下列措施：

a. 经核对证明水位表指示正确。

b. 若因给水自动调节器失灵而影响水位升高时，应解列自动，手动关小调整门，减少给水量。

c. 关闭备用给水管上的给水门。

2）汽包水位计表超过 120mm 时，应采取下列措施：

a. 继续关小给水门，减少给水量。

b. 开启事故放水或排污门进行放水。

c. 根据气温下降情况，解列减温水自动，关小或解列减温器。通知汽机开启有关疏水门。

3）所有汽包水位表指示均超过 240mm，延时 10s，锅炉 MFT。

4）锅炉因水位高致使锅炉 MFT 后，应做下列工作：

a. 停止锅炉进水。

b. 开启省煤器再循环门。

c. 加强锅炉放水，注意水位在汽包水位计中出现。汽包水位表指示＋20mm时，停止放水。

d. 消除满水故障及蒸汽管道疏水后，请示值长重新点火，尽快恢复机组的运行。

4. 锅炉缺水现象及处理

(1) 缺水现象。

1) 汽包就地水位计可见水位低于最低可见水位。

2) 光字牌信号发出“水位低”的警报，所有水位计、水位表均指向负值。

3) 给水流量小于蒸汽流量，其差值失常（水冷壁、过热器、省煤器破裂时，则现象相反）。

4) 缺水严重时，过热蒸汽温度升高。

5) 若给水泵故障引起缺水时，给水压力下降。

(2) 缺水的处理。

1) 当锅炉气压及给水压力正常，而汽包水位低于正常水位－50mm时，应采取下列措施：

a. 经核对证明水位表指示正确。

b. 若给水自动调节器失灵而影响水位降低时，应解列自动，手动开大调整门，增加给水流量。

c. 如用调整门不能增加给水时，则应投入备用给水管道，增加给水流量。

d. 若给水压力低引起水位低，应联系给水泵值班员，恢复给水压力。

e. 检查锅炉放水门的严密性及承压部件情况。

f. 停止排污及放水操作。

g. 汽包水位表指示低于－120mm时，应继续加强给水，仍不能维持正常水位时，报告值长，通知汽机，降低锅炉负荷。

2) 所有汽包水位计指示均低于－160mm时，延时2s，锅炉MFT。

3) 锅炉因水位低致使锅炉MFT后，应做下列工作：

a. 进行叫水，如有水线上升，联系加强给水，水位升至－100mm后，重新点火。

b. 经叫水无水线上升为严重缺水，严禁向锅炉进水，停炉冷却。经总工程师批准方可重新上水点火。

c. 关闭加药、取样、连续排污门。

(三) 水冷壁管爆破

1. 水冷壁管爆破的现象和处理

(1) 爆管现象。

1) 炉膛负压变正压至最大值。

2) 一次、二次风压增大；炉内有爆破响声；从人孔门及炉膛不严密处向外喷射烟雾。

3) 气温、气压及水位下降。

4) 给水流量大于蒸汽流量，其差值增大，给水压力下降。

5）锅炉燃烧不稳或造成灭火。

6）吸风机电流增加，排烟温度降低。

（2）水冷壁管爆破的处理。

1）发现水冷壁管爆破，应紧急停炉，但吸风机不停，维持炉膛负压。

2）向电气、汽机发出事故通知，并报告值长减除全部负荷。

3）关闭给水门，停止锅炉进水（省煤器再循环门不开）。

4）严禁打开看火门观看。

2. 水冷壁管爆破的原因

（1）给水质量不合格，化学监督不严，未按规定进行排污，使水冷壁管内结垢腐蚀。

（2）安装及检修时管子堵塞，使水循环不良，引起管子局部过热，产生鼓泡和裂纹。

（3）播料器运行不正常，燃烧器附近的水冷壁管防护不良，管子被燃料磨损。

（4）点火、停炉时使个别部分受热不均。

（5）管子安装不当，制造有缺陷，材料质量和焊接质量不符合标准。

（6）水冷壁联箱及汽包吊（支）架安装不正确，不能使管子、联箱和汽包均匀的膨胀。

（7）锅炉负荷过低，热负荷偏斜或排污量过大造成水循环破坏。

（8）吹灰器角度不正确或吹灰压力过高，使管壁减薄。

（四）过热器管爆破

1. 过热器管爆破的现象

（1）炉膛负压变正，吸风机电流增大。

（2）蒸汽流量不正常的小于给水流量。

（3）爆破严重时气压下降。

2. 过热器管爆破的处理

（1）能维持气压和水位时可短时间运行。

（2）爆破严重不能维持气压和水位时应紧急停炉（防止从爆破的过热器管中喷出蒸汽，吹损邻近的过热器管，避免扩大事故），但吸风机不停，维持炉膛负压。

3. 过热器管爆破的原因

（1）化学监督不严，汽水分离设备结构不良或存有缺陷，使蒸汽品质不良，在过热器管内结垢，检修时又未彻底清除，引起管壁温度升高。

（2）由于运行工况或煤种改变，引起蒸汽温度高而未及时调整处理，使过热器管温度超过极限而烧坏。

（3）点火、升压过程中，过热器通汽量不足而造成过热。

（4）燃烧不正常，火焰偏斜，致使过热器处的烟温升高。

（5）过热器安装不良，间隙未调整好使烟气流通不均。

（6）过热器管被飞灰磨损。

（7）金属材料不良，金属内部结构变坏。

（8）安装和检修时，焊接不良，使用焊条不合格。

（9）高温过热器的合金钢误用碳素钢管。

(10) 吹灰器角度不正确或吹灰压力过高，蒸汽吹损过热器管。

(11) 过热器管被杂物堵塞。

(12) 运行年久，管材蠕胀。

(五) 省煤器管爆破

1. 省煤器管爆破的现象

(1) 汽包水位计及各水位表指向负值，给水流量不正常的大于蒸汽流量。

(2) 光字牌发出“汽包水位低”信号。

(3) 省煤器烟道内有异常响声。

(4) 炉膛负压变正，维持炉膛负压时吸风机电流增大。

(5) 排烟温度降低；两侧烟温差值增大。

(6) 严重时从炉墙不严密处向外冒汽，下部烟道向外漏水。

(7) 飞灰湿度增大。

2. 省煤器管爆破的处理

(1) 省煤器管泄漏，能维持正常水位时报告值长减少故障炉负荷，并报告分场，请示总工程师决定停炉时间。

(2) 减少负荷后，经大量给水仍不能维持正常水位时，应立即停炉。停止锅炉上水(吸风机不停，省煤器再循环门不开)，并关闭所有放水门。

3. 省煤器管爆破的原因

(1) 给水质量不符合标准，使省煤器腐蚀。

(2) 锅炉机组正常运行时，给水温度变化过大，点火、升压过程中补水温度不当，使管子受到不正常的热应力。

(3) 错用管材或管材有缺陷及焊接质量不合格。

(4) 点火、停炉时未能及时开、关省煤器再循环门。

(5) 烟道内发生二次燃烧，提高了省煤器附近的炉烟温度。

(6) 省煤器管内结垢，未能及时清除，使管子过热。

(7) 省煤器管内被杂物堵塞影响水的畅通，使管子过热。

(8) 省煤器管被飞灰磨损。

(六) 高低压烟气冷却器爆破

1. 低压烟气冷却器爆破

(1) 低压烟气冷却器爆破现象。

1) 炉膛负压变正，炉膛压力投自动时，吸风机入口挡板增大后转数升高，电流增大。

2) 两侧烟温差值增大，排烟温度降低。

3) 低压水泵出口压力低且流量增大，光字牌发出“低压水泵压力低”信号，备用低压水泵联动。

4) 除氧器水位低，光字牌发出“除氧器水位低”信号。

5) 低压烟气冷却器烟道处有异常响声。

6) 飞灰变潮。

（2）低压烟气冷却器管爆破的处理。

1）低压烟气冷却器泄漏，应立即停止低压水泵运行，关闭出入口门及除氧器下水截门和回水截门，报告值长减少故障炉负荷，应密切监视排烟温度的变化，如排烟温度升至200℃，应紧急停炉。

2）请示专工和生产部主管决定停炉时间。

3）停炉后，开启烟道旁路，关闭布袋除尘器入口挡板。

4）吸风机可停止运行。

（3）低压烟气冷却器爆破的原因。

1）给水质量不符合标准，使管子腐蚀。

2）焊接质量不合格。

3）烟道内发生二次燃烧，提高了管子附近的烟气温度。

4）运行中低温空预器出口水温过低，管子长期低温腐蚀。

5）管内结垢，未能及时清除，使管子过热。

6）管内被杂物堵塞影响水的畅通，使管子过热。

7）管壁被飞灰磨损。低压烟气冷却器爆破。

2. 高压烟气冷却器爆破

（1）高压烟气冷却器爆破现象。

1）炉膛负压变正，炉膛压力投自动时，吸风机入口挡板增大后转数升高，电流增大。

2）给水压力压力下降，光字牌发出“给水压力低”信号，汽包水位投自动时，给水泵转数升高，严重时给水泵联动。

3）汽包水位下降，给水流量不正常，大于蒸汽流量。

4）两侧烟温差值增大，排烟温度降低。

5）高压烟气冷却器出口水温下降。

6）高压烟气冷却器烟道处有较大响声。

7）飞灰变潮。

（2）高压烟气冷却器管爆破的处理。

1）确认高压烟气冷却器管爆破，应立即紧急停炉。

2）停止给水泵，关闭给水电动门和旁路给水电动门。

3）开启烟道旁路，关闭布袋除尘器入口挡板。

4）保持吸风机运行，维持炉膛负压，严禁打开烟道检查孔和人孔门观看。

（3）高压烟气冷却器爆破的原因。

1）给水质量不符合标准，使管子腐蚀。

2）焊接质量不合格。

3）烟道内发生二次燃烧，提高了管子附近的烟气温度。

4）运行中保持高压烟气冷却器水流量较少，管子长期过热。

5）管内结垢，未能及时清除，使管子过热。

6）管内被杂物堵塞影响水的畅通，使管子过热。

7）管壁被飞灰磨损。

(七) 锅炉灭火

1. 锅炉灭火时现象

(1) 燃烧室负压增至最大，炉温急剧下降，燃烧室变暗。

(2) 蒸汽流量先升后降。

(3) 水位瞬间下降而后上升，蒸汽压力与蒸汽温度下降。

(4) 若锅炉 MFT 动作，汽机快速减负荷至 2MW。

2. 灭火原因

(1) 给料机断料后，未能及时发现和调整或误操作等。

(2) 自动装置失灵或调整幅度过大。

(3) 锅炉爆管。

3. 灭火处理

(1) 当锅炉灭火时，应立即停止给料机运行。关闭一次、二次风门，维持引风机的空转。

(2) 解列各自动装置。

(3) 保持锅炉水位略低于正常水位，一般为－100mm。

(4) 增大燃烧室负压，以排除燃烧室和烟道内的可燃物。

(5) 根据气温下降情况，关小减温水门或解列减温器，开启过热器疏水门。

(6) 当确认炉内无明火及可燃物后方可启动送风机对锅炉进行吹扫，重新点火。

(7) 如短时间不能消除故障，则应按正常停炉程序停炉。

(八) 炉前给料系统故障

1. 给料机断料

(1) 给料机断料的现象。

1) 炉温下降，气压下降，增加给料机转速后炉温和气压仍不见恢复。

2) 炉膛负压波动明显增大。

(2) 断料的原因。

1) 给料机卡死，电机空转。

2) 料仓的燃料太湿而产生堵塞现象。

3) 单侧料仓空仓或单侧输料机、配料机故障。

(3) 处理方法。

1) 立即开启仓壁振动器对落料管进行振打或更换扣险销。

2) 增加其他运行给料机转速或启动备用给料机，维持锅炉负荷。

3) 如长时间不能恢复，汇报值长降低负荷。

4) 若多个给料机同时断料或跳闸，建议暂时停炉，并尽快采取措施维修。

2. 配料机跳闸

(1) 配料机跳闸现象。

1) 配料机电流到零，事故喇叭发出音响，光字牌发出“配料机跳闸”信号。

2) 上游输料机及取料机跳闸，发出声光报警。

3) 缓冲料斗料位下降。

（2）配料机跳闸原因。

1）配料机电机故障。

2）配料机轴承损坏或螺旋装置故障卡死或断裂。

3）配料机堵塞。

（3）配料机跳闸处理。

1）将跳闸设备拉回停止位置，并汇报值长。

2）立即检查跳闸原因，联系检修处理。

3）如短时间不能立即恢复，汇报值长降低锅炉负荷至40%。

4）汇报专工，请示停炉。

3. 输料机跳闸

（1）输料机跳闸现象。

1）输料机电流到零，事故喇叭发出音响，光字牌发出“输料机跳闸”信号。

2）上游取料机跳闸，发出声光报警。

3）缓冲料斗料位下降。

（2）输料机跳闸原因。

1）输料机电机故障。

2）输料机轴承损坏或螺旋装置故障卡死或断裂。

3）输料机堵塞。

（3）输料机跳闸处理。

1）将跳闸设备拉回停止位置，并汇报值长。

2）立即检查跳闸原因，联系检修处理。

3）如短时间不能立即恢复，汇报值长降低锅炉负荷至40%。

4）汇报专工，请示停炉。

4. 取料机跳闸

（1）取料机跳闸现象。取料机电流到零，事故喇叭发出音响，光字牌发出“取料机跳闸”信号。

（2）取料机跳闸原因。

1）取料机电机故障。

2）取料机液压泵或盘车装置跳闸。

3）取料机轴承损坏或螺旋装置故障卡死。

（3）取料机跳闸处理。

1）将跳闸设备拉回停止位置，并汇报值长。

2）立即检查跳闸原因，联系检修处理。

3）如短时间不能立即恢复，汇报值长降低锅炉负荷至40%。

4）汇报专工，请示停炉。

（九）甩负荷

1. 甩负荷的现象

（1）电负荷的指示突然变小。

（2）蒸汽流量减少，压力急剧上升，光字牌发出“压力高”信号。

（3）水位瞬间下降，而后上升。

（4）甩负荷严重时，安全门动作。

（5）过热蒸汽温度升高。

（6）给水自动投入时，给水流量降低。

2. 甩负荷的处理

（1）解列给水自动，开点火排气门向空排汽。

（2）根据甩负荷的幅度，降低燃料量。

（3）关小相应二次风门，减少炉内送风量，保持适当的燃料和风的比例，维持燃烧稳定。

（4）气压超过安全门动作值，而安全门未动作时，应手动将安全门开启。

（5）安全门动作后，压力降到工作压力以下，而安全门不回座，并经强闭无效时，应派人关闭脉冲安全门来气门。

（6）电负荷甩到零，气压急剧升高，应采取下列措施。

1）压力超过9.6MPa并有继续上升趋势时，除开点火排气门外，可手动开启过热安全门。

2）如负荷长时间不能恢复时，可只维持最低燃烧运行，并注意燃烧情况，待压力回落后，关闭过热安全门。

3）根据汽包水位、蒸汽流量和给水流量的指示，保持汽包水位计略低于正常水位，以待增加负荷。

4）根据过热蒸汽温度降低情况，关小减温水或解列减温器。

5）甩负荷故障消除后，电气恢复电负荷应缓慢进行，以保持压力和气温的稳定。

3. 甩负荷的原因

（1）110kV线路运行中故障。

（2）发电机故障。

（3）汽轮机故障。

（十）厂用6kV电源中断

1. 厂用6kV电源中断现象

（1）操作盘上6kV及400V电压表到零。

（2）所有运行中的电动机DCS状态闪烁，事故喇叭发出音响，所有电流表指示到零。

（3）锅炉灭火，气温、气压、水位、流量下降。

（4）给水泵跳闸，给水压力降低。

（5）操作盘上热工、电气仪表失灵，电动闸门及挡板不能远方操作，各自动装置失灵，开度指示到零。

（6）安全门运行正常。

（7）灭火保护动作。

（8）所有工作照明灯熄灭，事故照明灯亮。

2. 厂用6kV电源中断处理

(1) 立即停止各给料机，速断进油快速阀，停止炉排振动电机；并将吸风机、送风机、取料机、配料机、输料机、捞渣机、输灰机、油泵、污水泵各开关拉回停止位置。

(2) 如投油枪助燃时，关闭油枪进油门。

(3) 解列所有自动装置。

(4) 根据气压，手动开启点火排气门或联系汽机开主蒸汽管道疏水门。

(5) 手动关闭给水门及减温水门，开启省煤器再循环门，用机械水位表或派人监视就地水位计。

(6) 手动关闭一次风、下二次风挡板，适当开启上二次风挡板及吸、送风机挡板。

(7) 关闭加药、取样门、连续排污门。当6kV电源不能及时恢复时按正常停炉处理。

3. 厂用6kV电源中断原因

(1) 厂用变压器或厂用母线故障。

(2) 电网系统故障，电缆故障，引起厂用电母线开关掉闸，备用电源自投不成功。

(十一) 厂用400V电源中断

1. 厂用400V电源中断现象

(1) 操作盘面400V电压监视表指示到零。

(2) 运行中所有低压转机设备如给料机、输料机、配料机、取料机、捞渣机、输灰机、油泵、炉排振动电机、空压机、污水泵跳闸，以上设备DCS状态闪烁，事故喇叭发出音响，电流到零。

(3) 灭火保护动作。

(4) 锅炉气压、气温、水位均急剧下降。

(5) 操作盘上所有热工、电气仪表、自动装置失灵。

(6) 电动闸门及挡板远方操作无效。

(7) 工作照明灯熄灭，事故照明灯亮。

2. 厂用400V电源中断处理

(1) 立即拉掉给料机电源。

(2) 立即手动关闭给水门及减温水门（根据机械水位表或汽包就地水位计监视水位)。

(3) 将跳闸转机设备开关拉回停止位置。

(4) 投油助燃时，停止油枪。

(5) 手动关闭一次风、下二次风挡板，适当开启上二次风及吸、送风机挡板，保持炉膛适当通风，维持炉膛负压，准备电源恢复后点火。

(6) 关闭加药、取样及连续排污门。

(7) 根据气压上升情况，手动开启点火排气门。

(8) 报告值长，要求迅速恢复电源，如不能及时恢复时，按正常停炉处理。

3. 厂用400V电源中断原因

(1) 低压厂用变压器或厂用母线故障。

(2) 电气故障或误操作，备用电源自投不成功。

（十二）操作直流电源中断

1. 操作直流电源中断现象

（1）所有转动设备DCS状态显示灰色，且DCS无法操作。

（2）操作盘上所有光字牌熄灭，不能发出信号和事故音响。

（3）事故按钮失灵。

（4）安全门DCS状态显示灰色，电气控制无效。

（5）所有电动闸门运行正常。

（6）吸、送风机液力偶合器无法操作。

（7）所有表计指示到零，自动调节失灵。

2. 操作直流电源中断处理

（1）严格监视气温、气压、流量和水位。

（2）立即报告值长稳定负荷，迅速恢复电源。

（3）若发现电机着火、冒烟或其他不正常现象，通知电气处理。

（十三）吸风机跳闸

1. 吸风机跳闸的现象

（1）事故喇叭发出音响，锅炉MFT。

（2）DCS画面吸风机状态闪烁，电流到零。

（3）气压、气温下降。

（4）炉膛负压变正至最大。

2. 吸风机跳闸的处理

（1）将跳闸设备开关拉回停止位置。

（2）关闭其入口挡板。

（3）如锅炉仍维持燃烧，关闭一次风、下二次风，适当开启上二次风。

（4）吸风机入口挡板，保持炉膛负压，等待恢复。

（5）汇报值长，联系电气、检修查找故障原因。

（十四）送风机跳闸

1. 送风机跳闸的现象

（1）事故喇叭发出音响，锅炉MFT。DCS画面送风机状态闪烁，电流到零。

（2）一次、二次风压降低。

（3）炉膛负压增大至最大。

（4）气压、气温下降。

（5）锅炉燃烧迅速减弱，若连锁投入，除吸风机外其他转动机械联动跳闸。

2. 送风机跳闸的处理

（1）将跳闸设备开关拉回停止位置。

（2）关闭其出口挡板。

（3）如锅炉仍维持燃烧，关闭一次风、下二次风，适当开启上二次风，保持炉膛负压，等待恢复。

（4）汇报值长，联系电气、检修查找故障原因。

（十五）尾部烟道二次燃烧

1. 尾部烟道二次燃烧现象

（1）尾部烟道烟气温度及排烟温度不正常的升高。

（2）炉膛及烟道负压剧烈变化。

（3）从吸风机轴封和烟道不严密处，向外冒烟或喷出火星。

（4）烟道防爆门爆破。

（5）过热器处的烟道二次燃烧气温不正常的升高。

（6）烟囱冒黑烟。

2. 尾部烟道二次燃烧原因

（1）燃烧调整不当，炉内过剩空气量偏小或过大，使未完全燃烧的燃料进入烟道。

（2）燃烧室负压过大，未燃尽的燃料带入烟道。

（3）低负荷运行时间过长，烟速过低，烟道内堆积大量未完全燃烧产物。

（4）点火时炉膛温度低，过早或过多的投入燃料，燃烧不完全。

（5）燃油时，油枪雾化不良，严重漏油或油枪头脱落，使燃油不能完全燃烧，造成尾部污染，未能及时处理。

3. 尾部烟道二次燃烧处理

（1）如发现烟气温度不正常的升高时，应首先查明原因，并校验仪表指示的准确性，然后根据情况，采取下列措施。

1）加强燃烧调整，消除不正常的燃烧方式。

2）对受热面进行吹灰。

（2）如燃料在烟道内发生燃烧，排烟温度升至200℃以上，应按下列规定进行处理：

1）立即停炉（省煤器、烟气冷却器须通水冷却）。

2）关闭风烟系统挡板和燃烧室、烟道各孔门，严禁通风。

3）开大蒸汽吹灰气门，使烟道充满蒸汽来灭火。

4）当排烟温度接近喷入的蒸汽温度，已稳定1h以上，方可打开检查门检查。

5）在确认无火焰后，可启动吸风机，逐渐开启其挡板，通风5～10h。

（十六）汽水管道故障

1. 蒸汽管道故障

（1）蒸汽管道有下列故障。

1）蒸汽管道爆破。

2）蒸汽管道发生冲击和震动。

3）螺丝断裂，法兰漏气。

（2）蒸汽管道水击的现象。

1）听到水击声和剧烈震动，严重时保温层脱落。

2）压力表指针剧烈摆动。

3）法兰盘漏气、漏水。

（3）蒸汽管道水击的处理。

1）当暖管发生水击时，应停止暖管。

2）加强蒸汽管道疏水，并检查管道的支、吊架。

3）由于满水引起水击时，应按满水事故处理。

（4）蒸汽管道爆破的现象。

1）蒸汽管道爆破处有剧烈的响声，同时保温层脱落。

2）蒸汽压力急剧下降。

3）爆破点在节流孔板前蒸汽流量指示降低，在节流孔板后蒸汽流量增加。

4）给水流量指示值增加。

5）水位瞬间上升，而后急剧下降。

2. 给水管道故障

（1）给水管道的故障如下。

1）给水管道震动。

2）齿型垫子损坏，三通弯头处沙眼漏水。

3）给水门调整门损坏，控制失灵，锁型螺丝脱落。

4）连接法兰损坏及给水管道爆破。

（2）给水管道故障的处理。

1）发现给水管道震动时，立即报告班长和司炉适当关小给水节流门，若不能消除时，则改用备用给水管道供水。

2）通过空气门放出空气，如震动仍不停止，则报告值长减少负荷。如因给水管道充压引起管道震动时，应联系汽机停止充压。待加强放水及排空气后，再重新充压。

3）报告分场派人检查给水管道各支（吊）架工作情况。

4）如给水压力变化大引起震动时，应联系汽机恢复。

5）如震动剧烈处理无效时，报告值长请示总工程师决定停炉时间。

6）当发现给水调整门失灵时，应立即解列给水自动改为手动进行处理。

7）当给水管道损坏危及人身设备安全时，应紧急停炉。

8）锅炉冷却上水过快，水温过高引起管道震动时，应关小上水门，降低水温至规定值。

（十七）DCS系统故障

（1）当部分操作员站出现故障时，应由可用操作员站继续承担机组监控任务，此时应停止重大操作，同时汇报值长，联系热工人员迅速排除故障，若故障无法排除，则应根据当时运行状况酌情处理。

（2）当全部故障员站出现故障时（所有上机位“黑屏”或“死机”）时，若主要后备监视仪表可用且暂时能够维持机组正常运行，应立即汇报值长，联系热工人员处理，并加强对气温、气压、汽包水位、负荷、凝汽器真空、轴向位移、差胀、轴承振动等后备仪表的监视，有一参数达到停机值应停机。如果故障短时不能消除或不能维持机组正常运行应立即停机、停炉。若无可靠的后备监视手段，也应停机、停炉。

（3）CS系统中的自动调节装置出现故障时，应立即切为手动控制，若手动控制再出现故障可就地进行操作维持运行，同时汇报值长，联系热工人员迅速处理。

（4）当热工电源故障造成全部操作员站重启（操作员站的电源指示灯先灭后亮）时，

运行人员应汇报值长，加强对气温、气压、汽包水位、负荷、凝汽器真空、轴向位移、差胀、轴承振动等后备仪表的监视，并联系热工人员到现场。在操作员站恢复过程中，当微机出现对话框应进行确认。操作员站恢复正常后，即可进行正常操作。

第二节　汽 轮 机 运 行

一、汽轮机组启动前的检查与试验

（一）汽轮机启动前的准备与检查

1. 启动前的准备

(1) 接值长准备启动汽轮机命令后，通知各岗位值班员。

(2) 值班员在启动前应对设备进行详细检查。确认安装检修工作已全部结束，设备和现场整洁，有关安全措施已恢复。

(3) 通知热工人员送上各保护电源及各仪表电源，投入各表记、表盘所有报警信号电源，保护定值应正确，热工电气连锁开关应在正确位置。

(4) 通知热控对 DEH 装置通电预热两小时，检查 DPU（分散处理单元）及 I/O（输入、输出接口）端口工作是否正常，开关量状态是否正常。

(5) 联系工程师站有关人员检查操作员站工作是否正常，包括通信、点状态等。

(6) 检查各阀门处于正确位置。

2. 启动前的检查

(1) 总体要求。

1) 向 DEH 系统供电，检查各功能模块的功能是否正常。

2) 检查 TST（汽机本体监测仪表系统）系统功能是否正常。

3) 检查集控室及就地仪表能否正常工作。

(2) 启动前的准备。

1) 向 DEH 供电，表盘和系统都应处于正常状态。

2) 再次检查润滑油系统，DEH 和 TSI 系统及盘车装置。

3) 在真空达到冲动转子所要求的数值（0.067MPa）之前，向轴封送汽。

4) 任何启动方式，均应控制下列指标：

a. 自动主气门壁温升速度不大于 3℃/min。

b. 汽缸壁温升速度不大于 4℃/min。

c. 调节级处上下缸壁温差不超过 50℃。

d. 汽缸壁温内外温差小于 80℃。

e. 法兰壁温内外温差小于 100℃。

f. 法兰与螺栓温差小于 30℃。

g. 相对差胀在 1～3mm 之间变化。

h. 启动时润滑油的油温不得低于 25℃；正常运行油温一般控制在 35～45℃之间。

3．启动前系统检查

（1）循环水系统检查。

1）进水池水位在允许的较高处，水质合格，进水拦污栅洁净。

2）下列阀门在开启位置：两侧凝汽器顶部放空气门；循环水进水联络＃1门、＃2门；发电机空气冷却器进水滤网前、后截门；冷油器进水滤网前、后截门；发电机冷却器组进水总门；冷油器顶部放空气门；＃1～＃3冷油器排水门；＃1～＃4空气冷却器进、排水门；胶球泵收球器放水门及放空气门；循环水泵入口水门；循环水泵密封水门；两侧循环水泵出口压力表一次门；两侧胶球收球网电动门；冷却塔上水旁路门；冷油器水侧放空气门。

3）下列阀门在关闭位置：甲、乙循环水泵出口门；凝汽器两侧排水门；进、排水管放水门；＃1～＃3冷油器进水门；发电机冷却器排水总门；胶球泵两侧入口手动蝶阀、电动蝶阀；胶球泵两侧出口手动蝶阀、电动蝶阀；胶球泵出口电动门；循环水化学加药门；收球器盖子上好发电机空气冷却器进水滤网旁路门、排污门；冷油器进水滤网旁路门、排污门；凝汽器前后水室放水门；冷却塔补水门；循环水排污门；＃1～＃4空气冷却器水侧放空气门。

（2）凝结水系统检查。

1）下列阀门在开启位置：凝结水泵出、入口门及盘根密封水门；轴封加热器出、入口门；轴封加热器旁路门稍开；＃1～＃3低加出、入口门；凝结水调整门及前、后截门；凝结水再循环调整门；凝结水至高加保护水门总门；高加保护电磁阀前、后截门；凝结水至抽气逆止门保护水总门；各抽气逆止门电磁阀前、后截门；＃3低加出口门后放水截门、调整门；化学取样门；凝结水至轴封系统减温水总门；凝结水至均压箱减温水调整门前、后截门；凝结水至后轴封管路减温水调整门前、后截门；凝结水至多级水封注水总门；凝结水至＃1低加水封、轴封加热器水封、逆止门回水水封注水门（水封注满水后关闭）；凝结水至管道疏水扩容器减温水前、后截门；凝结水至制冷加热站减温水前、后截门；凝汽器补水前、后截门；化学除盐水至汽机补水总门；凝结水事故放水手动截门。

2）下列阀门在关闭位置：凝结器热水井放水门；＃1～＃3低加旁路门；高加保护电磁阀旁路门及活塞上放水门；凝结水调整旁路门；凝结水至除氧器截门；各段抽气逆止门电磁阀旁路门；凝结水事故放水电动门；凝结水至均压箱减温水调整门、旁路门；凝结水至后轴封管路减温水调整门、旁路门；凝结水至管道疏水扩容器减温水调整门、旁路门；凝结水至锅炉冷态上水一次、二次门；凝结水至制冷加热站减温水调整门、旁路门；凝汽器补水旁路门、调整门；除氧器补水门。

（3）加热器疏水系统检查。

1）下列阀门在开启位置：＃3低加至＃2低加疏水阀前、后截门、汽侧阀门；＃2低加至＃1低加疏水阀前、后截门、汽侧阀门；＃1低加疏水器前、后截门、汽侧阀门；疏水泵出、入口门及密封水门；＃1、＃2高加危急放水手动截门、＃1、＃2高加疏水阀前、后截门、汽侧阀门；轴封加热器疏水至凝结器截门；＃1、＃2高加汽侧放水一次、二次门；＃1低加危急放水电动门。

2）下列阀门在关闭位置：＃1、＃2 高加疏水器旁路门；＃1、＃2 高加危急放水电动门；＃1、＃2 高加疏水管路放水门、高加疏水至除氧器截门；＃1 高加疏水至＃3 低加截门；＃1～＃3 低加危急放水管路放水门；＃1～＃3 低加疏水器旁路门；＃2、＃3 低加危急放水电动门。

（4）抽气及空气系统检查。

1）下列阀门在开启位置：凝汽器两侧空气门，待运行射水抽气器空气门、进水门；＃1、＃2 射水泵出、入口门；＃1、＃2 凝结水泵、疏水泵空气门；＃1～＃3 低压加热器空气出口门；＃3、＃2 加热器、＃2、＃1 加热器及＃1 加热器至凝结器空气门；真空破坏门；＃1、＃2 高加空气门。

2）下列阀门在关闭位置：＃2、＃3 低压加热器至空气母管门；备用射水抽气器空气门、进水门；射水池补水至正常水位关小补水门（保持有少量溢水）；射水池放水门排污 20min 后关闭。

（5）主蒸汽、抽汽及疏水系统检查。

1）下列阀门在开启位置：电动主闸门前疏水至高加危急疏水扩容器及排大气门；电动主闸门前疏水＃1～＃3 门；自动主气门阀壳、导管疏水门一次、二次门；防腐气门一次、二次门；汽缸、调速气门疏水一次、二次门；一至五段抽气逆止门前、后疏水门，六段抽气逆止门后疏水门，调整抽气逆止门前疏水门；＃1～＃3 低加进气门；管道疏水扩容器放水门、放气门；轴封进气调整门前、后截门，旁路门稍开；轴封联箱至前后轴封截门、轴封进汽联箱疏水至凝结器门；轴封风机出、入口门；抽汽管道逐级疏水管道门；轴封联箱溢流至凝结器前、后截门；三段抽汽至除氧器电动门；除氧器进气门。

2）下列阀门在关闭位置：电动主闸门及旁路门一次、二次门；气门漏气至除氧器门；＃1、＃2 高加进气门；各级液压式抽气逆止门；二段抽汽至除氧器门；供热抽汽电动门及其旁路门；管道疏水扩容器排污门；三段抽汽至轴封来气电动门、截门；轴封进汽轴封进气调整门；轴封备用汽源调整门；前、后截门、旁路门；除氧器再沸腾门；三段抽汽至除氧器调整旁路门、调整门及前、后截门；轴封联箱溢流至凝结器调整门及其旁路门；＃1～＃3 低加安全门；＃1、＃2 高加安全门；供热安全门。

（6）给水除氧系统检查。

1）下列阀门在开启位置：＃1、＃2 给水泵出口再循环门、＃1、＃2 高加入口门后放空气门；＃1、＃2 给水泵密封水门总门及＃1～＃4 密封水进、排水门；＃1、＃2 给水泵冷却水＃1～＃4 进、排水门；除氧器排氧门；除氧水箱放水门；除氧器进气调整门前、后疏水门；除氧器放水至有压放水母管门；除氧器进气门；给水泵再循环总门；除氧器进气调整门前、后截门；＃1、＃2 给水泵出口门前放空气门；＃1、＃2 给水泵泵体放水门；＃1、＃2 给水泵工作油冷油器进出油门、排水门；＃1、＃2 给水泵润滑油冷油器进出油门、排水门；＃1、＃2 给水泵电机冷却水排水门。

2）下列阀门在关闭位置：＃1、＃2 给水泵出、入口门；高加出、入口门；前、后放水门及放水总门；高加出、入口联成阀；高加注水门；＃1、＃2 高加水侧放水门；＃1、＃2 给水泵暖泵门；＃1、＃2 高加水侧安全门；除氧器进汽总门；再沸腾进气门；安全门放下回座良好；冷风给水总门、热风回水门；制冷加热站回水；除氧器进气旁路门；＃1、

＃2给水泵工作油冷油器进水门；＃1、＃2给水泵润滑油冷油器进水门；＃1、＃2给水泵电机冷却水进水门。

（7）油系统检查。

1）下列阀门在开启位置：各油泵出、入口油门；准备投运的冷油器出、入口油门；润滑油过滤器一侧运行；主油箱底部事故放油二次门；备用冷油器出口门；盘车油门；排烟风机出口挡板部分开启；补充油箱事故放油二次门。

2）下列阀门在关闭位置：油箱底部放油检查门（做好安全措施）；事故放油一次门；冷油器油侧放空气门；润滑油过滤器一侧备用；滤网放油门与放空气门；备用冷油器进油门；油箱至滤油机一次、二次门；滤油机回油一次、二次门；化学取样门；低位放油门；事故油管检漏门；排烟风机定期放油门；补充油箱下油门；补充油箱事故放油一次门；补充油箱放油管检漏门；主油箱补油门；补充油至主油箱补油门；补充油箱补油一次、二次门；滤油器两侧放空气门。

3）油箱油位应显示在最高油位，并进行油位报警试验。

（8）调速系统检查。

1）危急保安器在脱扣位置。

2）自动主气门放油门开启。

3）测转子弯曲度表投入。

4）DEH系统测试完毕，送电。

5）防火控制器在运行位置。

（9）其他准备工作。

1）联系水处理，向凝汽器补水至600mm。启动时润滑油的油温35～45℃（油温低可投油箱加热器提高温度）。

2）联系电气，送上各电动机及电动阀门电源；新蒸汽系统的电动主闸门，预先进行手动和电动开关检查。各电动阀、疏水阀门开关试验良好。

3）联系热工人员，送上工艺信号、仪表及保护电源；并将保护开关放在“断开”位置。

4）准备好开机用具：转速表、振动表、开机记录等，将所有现场仪表及保护装置一次门开启，联系热工人员开启二次门。

5）所有水泵、油泵轴承润滑油质符合要求，电机地脚螺栓紧固，联轴器安全罩齐全，出入口压力表齐全可用。

6）工作现场清洁整齐，地面平整，盖板牢固，逃生路线通畅。

（二）汽轮机的保护装置和连锁装置

1. 汽轮机保护装置

（1）超速保护。

1）DEH中设计了103%超速（OPC）和110%～112%机械超速跳闸。

2）103%超速保护：汽机任何情况下转速超过3090r/min时OPC电磁阀动作，所有调门立刻关闭，保持数秒或转速降低到3000r/min后重新打开。103%超速保护动作只关调门。

3）110%～112%机械超速跳闸保护：转速超过3300～3360r/min时，机械撞击子在离心力的作用下飞出，使保安系统动作，关闭主气门、调速气门，联关各段抽气逆止门。

（2）低油压保护。

1）调速油压低于1.5MPa时联起调速油泵。

2）润滑油压低于0.08MPa时发出报警信号；润滑油压低于0.055MPa时联交流润滑油泵；润滑油压低于0.04MPa时联直流润滑油泵；润滑油压低于0.02MPa时跳机；润滑油压低于0.015MPa时联跳盘车。

（3）轴向位移大保护。当轴向位移达－0.8mm或0.8mm时，发出报警信号；当轴向位移达－1.2mm或1.2mm时，保护动作，主气门、调速气门、抽气逆止门关闭。

（4）轴承温度高保护。轴承回油温度达65℃时，发出报警信号；轴承回油温度达75℃时，保护动作，主气门、调速气门、抽气逆止门关闭。

（5）差胀保护。当相对差胀达－1.1mm或3.0mm时，发出报警信号；当相对差胀达－1.5mm或3.5mm时，保护动作停机。

（6）低真空保护。当排汽真空低于－0.075MPa时，发出报警信号；当排汽真空低于－0.060MPa时，跳机。

（7）就地手打按钮。当出现异常情况时，手打停机按钮，泄掉附加安全油使危急遮断滑阀动作停机。

（8）发电机差动保护。当发电机内部发生故障时，发电机差动保护动作，汽机跳闸。

（9）轴承振动大保护。当轴承振动值达0.05mm时，发出报警信号；当轴承振动值达0.1mm时，保护动作。

（10）远方紧急停机按钮。当机组出现其他异常情况时，手击紧急停机按钮，关自动主气门和调速气门。

（11）发电机解列按钮。在危急情况下，由汽机运行人员实现机组解列。

（12）气压保护。并网后当主汽压力大于90%额定主汽压力时，投“低气压限制”，则该功能投入。

（13）轮机其他安全保护。

1）排汽安全门：排汽缸上部设有安全门一只。当排汽压力高于大气压时动作。

2）供热抽气安全门：抽气安全门2个，当抽气压力高于1.35MPa时动作。

2.汽轮机连锁装置

（1）当自动主气门关闭时，抽气液压逆止门关闭。

（2）发电机开关跳闸时，汽轮机跳机，锅炉MFT。

（3）锅炉灭火，快速减负荷至5MW。

（4）给水泵的连锁及保护。

1）给水泵润滑油压低于0.09MPa联动给水泵辅助油泵。

2）给水泵润滑油压低于0.05MPa联跳给水泵。

3）给水母管压力低于12.5MPa联动备用给水泵。

4）给水泵跳闸互为联动。

5）给水泵液力偶合器工作油回油温度高于88℃报警。

6）给水泵液力偶合器工作油回油温度低于45℃报警。

7）给水泵液力偶合器工作油回油温度高于130℃联跳给水泵。

8）给水泵液力偶合器工作油进油温度高于70℃报警。

9）给水泵液力偶合器润滑油回油温度高于65℃报警。

10）给水泵液力偶合器润滑油回油温度高于70℃联跳给水泵。

11）给水泵液力偶合器润滑油进油温度高于55℃报警。

12）给水泵液力偶合器轴承温度高于90℃报警。

13）给水泵液力偶合器润滑油压力高于0.35MPa联跳液力偶合器辅助油泵。

14）给水泵冷却水压力不小于0.2MPa。

（三）机组的试验

1. 凝结水泵联动试验

（1）检查凝结水泵入口门、空气门、盘根密封水门开启。

（2）轴承油质良好，油位1/2～2/3。

（3）操作开关及联动开关在断开位置，绿灯亮。

（4）启动一台凝结水泵，检查电动机及水泵正常，出口压力1.0MPa。慢开出口门用再循环调整电流100A左右，测听泵和电机的声音、振动正常后停泵。

（5）用同样的方法试验另一台凝结水泵，良好后投入联动开关。

（6）按运行泵事故按钮，运行泵跳闸，绿灯闪光，事故喇叭发出音响，跳闸信号发出；备用泵联动，红灯闪光。确认后复位信号。

（7）合上联动泵操作开关，断开跳闸泵操作开关。

（8）用同样的方法做另一台泵的联动试验。

2. 射水泵及射水抽气器空气门联动试验

射水泵及射水抽气器空气门联动试验方法与凝结水泵连锁试验相同。

3. 低油压试验

（1）试验条件。

1）油系统工作完毕，油质合格，润滑油温不低于35℃，调速油泵运行，润滑油压在0.0784～0.12MPa。

2）交、直流油泵空转正常。

3）盘车投入运行，汽轮机内部声音正常。

4）排烟机运行正常。

5）联系热工人员相关表计、工艺信号正常，DCS系统工作正常。

6）循环水系统投入。

（2）试验步骤。

1）联系热工人员将低油压保护投入，投入交、直流油泵连锁、盘车连锁开关及汽机保护总开关。

2）关闭交、直流润滑油泵出口门。

3）关闭润滑油压压力开关进油门，慢开压力开关放油门，检查润滑油压显示降低至0.08MPa时，发出“润滑油压低”报警信号；继续开压力开关放油门，润滑油压显示至

0.055MPa 时，交流油泵联动，并发出报警信号；继续开压力开关放油门，润滑油压显示至 0.04MPa 时，直流油泵联动，并发出报警信号。

4）检查 DEH 处于“自动”状态，挂闸，开启自动主气门、抽气逆止门。

5）利用仿真将调速气门打开 10%。

6）继续开压力开关放油门，润滑油压显示至 0.02MPa 时，“润滑油压低保护动作”信号发出，同时自动主气门、调速气门、抽气逆止门应关闭并发出信号。

7）继续开压力开关放油门，润滑油压显示至 0.015MPa 时，盘车自动跳闸，信号发出。

8）试验结束，关闭压力开关放油门，开启压力开关进油门，恢复油压信号，停止交流油泵、直流油泵，恢复原来运行方式。

9）大修后应做直流润滑油泵的全流容量试验，试验时要启动直流润滑油泵，停止交流润滑油泵，保持直流润滑油泵运行 30min。

10）运行中，只做油压低 0.055MPa，0.04MPa 联动交直流润滑油泵试验，试验时，应关闭交直流润滑油泵出口。

4. 真空严密性试验

（1）实验前应具备的条件。

1）试验时凝汽器真空必须大于－90kPa。

2）试验时负荷及其他运行状况稳定。

3）保持机组负荷不低于 80%额定负荷。

（2）试验方法。

1）记录试验前负荷、真空、及当地大气压力值。

2）关闭运行抽气器空气门。

3）每半分钟记录一次真空值，5min 后开启抽气器空气门恢复正常。

4）真空严密性标准为：真空下降率小于 0.13kPa/min（1mmHg/mim）则为优；小于 0.27kPa/min（2mmHg/mim）则为良；小于 0.4kPa/min（3mmHg/mim）则为合格。

（3）注意事项。试验过程中应严密监视凝汽器真空下降情况，当真空下降速度过快时，应立即恢复开启抽气器空气门，必要时投入备用抽气器运行，并汇报领导研究处理。

5. 主气门、调速气门严密性试验

（1）在下列情况下必须做此试验。

1）机组大修前后。

2）甩负荷试验前。

3）超速试验前。

4）主气门、调门解体检修后。

（2）试验条件及要求。

1）DEH 处于操作员“自动”状态。

2）机组解列，维持转速 3000r/min。

3）启动高压油泵，检查油压正常。

4）试验时尽量维持额定气压和正常真空，若气压达不到额定值，其合格转速按以下

公式修正：合格转速不大于1000×试验气压/额定气压。

5）主气压不得低于额定气压的50%。

6）高低压加热器停止运行。

7）试验中注意轴向位移、推力瓦温度和振动情况。

（3）试验方法。

1）调出DEH“其他控制”软操盘。

2）按“主气门严密”键，灯亮，检查高压主气门应关闭，调门不关。

3）转速降至合格转速以下，证明主气门严密性合格。

4）调出“其他控制”软操盘。

5）按“调门严密”键，灯亮，检查高中压调速气门应关闭，高压主气门不关。

6）转速降至合格转速以下，证明调门严密性合格。

7）手动停机，确认主气门调门关闭后，“挂闸”将机组转速升到3000r/min。

6. 轴向位移试验（开机前）

（1）试验条件。

1）调速油泵、盘车运行正常。

2）联系热工人员相关表计、工艺信号正常，DCS系统工作正常。

3）排烟机运行正常。

4）循环水或地下水系统投入。

（2）试验步骤。

1）投入轴向位移保护开关及汽机保护总开关。

2）检查DEH处于“自动”状态，按下“挂闸”按钮，开启自动主气门、抽气调节阀，利用仿真将调速气门开10%。

3）联系热工人员模拟轴向位移值，轴向位移指示为±0.8mm时发“轴向位置大”报警信号，+1.2mm时，DEH控制系统发出停机信号，使磁力断路器油门动作，安全油泄掉，关闭主气门、调速气门和回旋隔板。发出“轴向位移动作停机”信号。

4）试验结束，联系热工人员解除轴向位移大信号，解除轴向位移保护开关及汽轮机保护总开关。

5）正常运行中，联系热工人员用短接法做轴向位移大于0.8mm发信号报警试验，同时解除轴向位移保护开关。

7. 低真空保护试验

（1）试验条件。

1）联系热工人员到现场，检查高压调速油泵、供油泵运行正常，盘车装置正常，凝结水泵运行。

2）检查DEH处于“自动”状态，挂闸，开启自动主气门、抽气逆止门。

3）利用仿真将调速气门开10%。

（2）试验步骤。

1）联系热工人员投入低真空保护开关，“真空低”“真空低停机”信号发出，保护动作，自动主气门、调速气门、抽气调节阀均应关闭。

2）试验结束，解除凝汽器真空低保护开关及汽机保护总开关。

3）联系热工人员，确认真空低保护动作定值为60kPa。

（3）试验也可以在开机前真空抽到86.7kPa以上时进行，其试验步骤如下：

1）将主气门、抽气逆止门，调速气门打开。

2）真空大于86.7kPa时联系热工人员投入低真空保护开关，开启真空破坏门部分，真空降至75kPa“真空低”信号发出，继续开大真空破坏门，真空60kPa“真空低停机”信号发出，保护动作，自动主气门、调速气门、抽气逆止门均应关闭。

（4）运行中只做凝汽器真空低75kPa报警试验。

8. 抽气逆止门试验

（1）试验条件。

1）一台凝结水泵运行，抽气逆止门保护水母管压力不低于0.5MPa。

2）联系电气运行，电气工作结束。

3）抽气逆止门保护在断开位置。

（2）试验步骤。

1）联系检修，就地手动试验抽气逆止门正常。

2）远方开关抽气逆止门正常，声光信号正常。

3）手动启动阀，机组挂闸，自动主气门开启。

4）联系热工人员解除发电机解列信号，开启各段抽气逆止门，将＃1～＃6抽气逆止门连锁开关投入。

5）手动停机按钮，自动主气门关闭，各段抽气逆止门关闭并发出声光信号，断开逆止门连锁开关。

6）将机组挂闸后，开启各段抽气逆止门，声光信号消失，联系热工人员恢复发电机解列信号。

7）联系电气运行合上发电机油开关后，投入抽气逆止门连锁开关。

8）联系电气解列发电机，各段抽气逆止门关闭并发出声光信号。

9）试验正常断开抽气逆止门连锁开关，恢复原运行方式。

9. 定速后手打危急保安器试验

（1）自动主气门关至70mm。

（2）手打危急保安器，自动主气门、调速气门应迅速关闭，注意汽轮机转速应下降。

（3）手动启动阀，重新挂闸，自动主气门、调门开启（全开自动主气门）。恢复机组3000r/min。

10. ＃1、＃2危急保安器喷油试验

（1）＃1危急保安器喷油试验。

1）保持汽轮机3000r/min；机组各部正常。

2）逆时针转动操作滑阀，指向“NO1”位，注意“NO1喷油滑阀”顶起，确认危急保安器遮断杠杆离开＃1危急保安器，检查“NO1喷油滑阀”已顶起。

3）手按“NO1喷油滑阀”（小阀），＃1危急保安器飞锤压出发出“＃1危急保安器动作”声光信号，同时保安操纵箱上＃1滑阀指示灯亮。

4）松开“NO1喷油滑阀”（小阀），保安操纵箱上＃1滑阀指示灯灭后将操作滑阀放至中间位置销紧，喷油停止。

（2）＃2危急保安器喷油试验。操作方法同＃1危急保安器喷油试验，操作滑阀应指向“NO2”位。

1）确认机组运行正常，转速3000r/min稳定。

2）将超速试验滑阀指向“NO1”位置，危急保安器杠杆离开＃1危急保安器。

3）其他步骤同＃1危急保安器喷油试验。

11. 危机保安器超速试验

（1）在DEH控制系统下可进行103％超速试验、110％超速试验以及机械超速试验。

（2）下列情况应做超速试验：

1）大修后。

2）停机一个月后再启动。

3）危急保安器检修、调整过或运行中发生误动作。

（3）下列情况禁止做超速试验：

1）危急保安器未做手打和压出试验，或手打和压出试验不合格。

2）自动主气门或调速气门不严或卡涩。

3）调速系统不能维持空负荷运行。

4）汽轮机运行中轴承振动不合格或任意轴承温度高于规定值。

5）油质不合格。

（4）试验条件。

1）机组高速动平衡试验已进行。

2）汽缸温度不低于250℃，上下缸温差小于50℃。

3）高低压缸胀差正常。

4）轴承振动正常。

5）机组危急保安器喷油试验正常。

6）机组手打试验正常。

7）机组冷态启动时，超速试验应在带负荷（不小于5MW）连续运行3～4h发电机解列后进行。

8）轴向位移、润滑油压低保护投入。

9）集控室、CRT、车头转速表指示一致，各轴承就地振动表与CRT振动表指示一致。

12. OPC（103％）超速保护试验

（1）将抽汽回转隔板关闭20％，注意机组正常。

（2）DEH手操盘上的钥匙开关指向“试验”位置。

（3）点击CRT上的“超速试验”键。

（4）点击“103％”试验键，灯亮。

（5）转速目标值设为3100r/min，升速率为100r/min；点击“进行”键。

（6）当转速升至3090r/min时，OPC超速保护动作，OPC动作信号发出，调门关闭抽汽回转隔板全关；转速目标值自动定为 3000r/min，DEH 自动控制机组转速为 3000r/min。

（7）试验结束将手操盘上的钥匙开关指向“投入”位置，“103%”键上指示灯熄灭。

13. 机械超速试验

（1）＃1 危急保安器超速试验。

1）确认机组运行正常，转速 3000r/min 稳定。

2）将超速试验滑阀指向“NO2”位置，危急保安器杠杆离开＃2 危急保安器。

3）将 DEH 手操盘上的钥匙开关切至“试验”位置。

4）在 DEH 上调出“超速试验”画面。点击“超速保护试验”键，按下“机械超速”试验按钮，灯亮。

5）将转速目标值设定为 3390r/min，设定升速率为 100r/min，点击“进行”键，注意转速缓慢上升。

6）＃1 危急保安器应在机组转速 3300～3360r/min 范围内动作。自动主气门、调速气门迅速关闭，机组转速下降。记录动作转速。

7）在机组转速降至 3030r/min 以下后，重新恢复到 3000r/min。

（2）用同样的方法做＃2 危急保安器超速试验。

（3）试验完毕，将 DEH 手操盘上超速试验钥匙开关切至“投入”位置，“机械超速”键上的指示灯熄灭。将超速试验滑阀指向中间位置。

14. 联合超速试验

（1）确认机组运行正常，转速 3000r/min 稳定。检查超速试验滑阀指向中间位置。

（2）将 DEH 手操盘上的钥匙开关切至“试验”位置。

（3）在 DEH 上调出“超速试验”画面。

（4）点击“超速保护试验”键。

（5）按下“机械超速”试验按钮，灯亮。

（6）将转速目标值设定为 3390r/min，设定升速率为 100r/min。

（7）点击“进行”键，注意转速缓慢上升。

（8）危急保安器应在机组转速 3300～3330r/min 范围内动作。自动主气门、调速气门迅速关闭，机组转速下降。确认是哪一只飞锤动作，并记录动作转速。

（9）在机组转速降至 3000r/min 以下后，重新恢复到 3000r/min。

（10）将 DEH 手操盘上超速试验钥匙开关切至“投入”位置，“机械超速”键上的指示灯熄灭。

（11）在进行 110%超速试验时，如转速未达到 3300r/min 而机械超速保护先动作时，应停机由检修调整危机保安器动作转速在 3300r/min 以上，并先进行机械超速试验，两个危机保安器动作转速均大于 3300r/min。

（12）升速过程中，转速超过 3360r/min，危急保安器仍未动作时，立即打闸停机，汇报值长。

（13）升速过程中，严密监视各轴承振动、回油温度、推力瓦温度、轴向位移、高低压缸胀差不超值。

（14）机械超速试验进行三次，前两次动作转速之差小于18r/min，第三次与前两次平均动作转数之差小于30r/min为合格。

15. 排污泵和胶球泵试验

（1）排污泵启动后，检查出口压力、振动正常，良好后停止。

（2）排污泵做“自启停”试验正常后做备用。

（3）一台循环水泵运行后开胶球泵入口门，启动胶球泵开出口门记录出口压力，正常后停止。

16. 调速系统静态特性试验

该试验是为绘制调速系统静态特性曲线，求出调速系统的速度变动率，鉴定汽轮机调速系统的特性而进行的。

17. 空负荷试验

（1）发电机与系统解列，提升转速至3160r/min。

（2）缓慢关小电动门主闸门旁路门，降低转速，每降20r/min稳定一次，同时记录转速、油动机开度、调速气门凸轮转角、脉动油压，至调速气门全开为止。此时注意转速、调速及润滑油压。

（3）缓慢开大主蒸汽电动门旁路门，提升转速，每升20r/min稳定一次，同时记录上述数值，转速升至3160r/min为止。

（4）试验后，保持3000r/min运行；整个试验过程，降低或提升转速只能按一个方向进行，并维持气温、气压、真空稳定。

18. 带负荷试验

（1）发电机与系统并列后开始，负荷转为汽机调整。

（2）增加负荷，每增加2MW稳定一次，同时记录负荷、油动机开度、凝汽器真空、主蒸汽气压、主蒸汽气温、各调门后压力、调速气门凸轮转角、脉动油压，直到加至满负荷。

（3）减负荷，每减少2MW稳定一次，同时记录上述数字，负荷减到“0”。

（4）负荷增加只能按一个方向进行，并维持气压、气温、真空稳定。

19. 油开关跳机、发电机故障跳机保护试验

（1）联系电气人员合上发电机油开关；联系热工人员投入“油开关跳机”保护。

（2）开启启动油泵，挂闸，开启自动主气门。

（3）联系电气，由电气拉开油开关（在值长同意的情况下可按发电机解列按钮），检查危急保安器动作，自动主气门关闭，同时发出“油开关跳机”“自动主气门关闭”信号。

（4）联系电气解除发电机油开关跳机保护。

（5）“发电机故障跳机”保护试验方法同上。联系热工人员投入“发电机故障跳机”保护。由电气短接信号动作跳机。试验结束后，联系热工人员解除“发电机故障跳机”保护。

（6）试验结束后，停止启动油泵运行。

20. 高加保护试验

（1）试验条件。

1）一台凝结水泵运行。

2）热工检修工作完毕。

3）高加水侧已充水。

（2）试验步骤。

1）联系热工人员模拟高加水位信号，高加水位 1000mm 高加水位高信号发出，高加水位 1150mm，危急疏水电动门开启，水位 1450mm 高加保护动作高加解列，高加联成阀动作，同时一段、二段抽气逆止门关闭。

2）试验正常后，联系热工人员恢复水位信号，恢复原运行方式。

3）机组启动过程中校验方法（见汽轮机启动部分）。

21. 给水泵试验

（1）低油压跳给水泵试验条件。

1）检查给水泵各部完整良好，达到备用条件。

2）断开动力电源，将小车开关拖至“试验”位置，送上操作电源。

（2）＃1、＃2 给水泵润滑油压低保护试验。

1）投入＃1 给水泵辅助油泵运行，检查油压正常。

2）投入＃1 给水泵辅助油泵连锁，停止＃1 给水泵辅助油泵运行，当油压降至 0.09MPa，辅助油泵自启动。

3）启动＃1 给水泵运行，投入＃1 给水泵连锁。

4）解除＃1 给水泵辅助油泵连锁，停止辅助油泵运行，当油压降至 0.05MPa，＃1 给水泵掉闸。

5）用同样方法试验＃2 给水泵。

6）试验完毕，恢复正常。

（3）给水泵静态拉合闸试验。

1）调出给水泵控制画面，启动给水泵，观察给水泵应在运行状态。

2）调出给水泵控制画面，停止给水泵，观察给水泵应在停止状态。

3）调出给水泵控制画面，启动给水泵，按事故按钮断开给水泵，给水泵显示跳闸，并发出跳闸信号，复位信号。

4）试验完毕，恢复正常。

（4）给水泵静态互为联动试验。

1）调出给水泵控制画面，启动一台给水泵，将另一台给水泵置“备用”状态位置，若给水母管压力低信号在发出状态，联系热工人员解除。

2）按运行给水泵事故按钮，运行泵跳闸，备用泵联动，报警发出。

3）进行跳闸确认，用同样方法试验另一台泵。

4）操作完毕，恢复正常。

（5）给水泵低水压联动试验。

1）启动一台给水泵运行，投入另一台给水泵连锁。

2）由热工人员短接低水压 12.5MPa 信号，备用泵联动。

3）进行确认，恢复水压信号，停止联动泵运行。

4）用同样的方法试验另一台给水泵。

5）操作完毕，恢复正常。

22. 循环水泵静态联动试验

（1）试验条件。

1）循环水泵及循环水系统检修工作结束，现场无杂物。

2）检查循环水泵各部完整良好，水塔水位正常。

（2）试验步骤。

1）循环水泵进出口电动门、凝汽器排水电动门送上电源，进行开关试验良好后开启；凝汽器循环水侧充水。

2）断开循环水泵动力电源，将小车开关拖至“试验”位置，送上操作电源。

3）投入循环水泵出口门连锁。

4）启动甲循环水泵运行，其出口门联动开启。

5）投入循环水泵连锁。

6）按甲循环水泵事故按钮，甲循环水泵跳闸，出口门联动关闭；乙循环水泵联动，出口门联动开启。

7）进行跳闸确认后，按乙循环水泵事故按钮，乙循环水泵跳闸，出口门联动关闭；甲循环水泵联动，出口门联动开启。

8）进行跳闸确认后，解除循环水泵连锁，停止甲循环水泵运行，其出口门联动关闭。

9）试验结束，恢复正常。

23. 循环水泵带负荷联动试验

循环水泵带负荷联动试验方法与静态联动试验相同，只是同时送循环水泵工作电源。

24. 除氧器安全门校验

（1）试验在除氧器启动定压后进行。

（2）水位1500mm，压力0.5MPa，手动安全门灵活，回座严密。

（3）开启三段抽汽至除氧器调整门，缓慢升压。

（4）内部压力升至0.56～0.58MPa时，安全门应动作，关闭进气调整门和截门。

（5）压力下降，安全门回座严密后，恢复试验前状态。

（6）试验必须在班长监护下进行，做好人员分工。压力超过0.6MPa安全门不动作时，立即切断进汽，手动安全门放汽至正常压力，并向有关人员汇报。

二、汽轮机组的启动

（一）辅助设备的启动

1. 除氧器启动

（1）联系锅炉启动锅炉运行，疏好水后开启启动锅炉来气门，开启除氧器进气调整门两侧疏水门部分及进汽总门，稍开调整门，保持压力0.05MPa暖管。

（2）联系化学启动一台除盐水泵，开除氧器补水门冲洗20min后关小放水门，缓慢提高水位至1500mm。“除氧器水位低”信号消失。联系锅炉启动低压循环水泵打循环。

（3）缓慢开大进气门，至水温80～100℃，压力0.1MPa。

（4）水质合格后，关闭放水门，适当开启再沸腾气门提高水温。关闭启动锅炉来气及进气调整门两侧疏水门。

（5）水质合格后，继续提高水位。2200mm时“除氧器水箱水位高”信号发出；2300mm溢流阀自动开启；2400mm关闭主机三段抽气逆止门及电动门。试验正常后，将水位维持在1500mm左右，将给水泵充水。

2. 给水泵启动

（1）开启辅助油泵，检查偶合器润滑油压大于0.15MPa及水泵润滑油压达0.1MPa以上，各轴承回油正常，偶合器油位正常。

（2）调节开关投至0%；再循环节流门及总门开启，出口门开启。全关暖泵门。

（3）合上给水泵操作开关，记录定速时间，检查偶合器及给水泵润滑油压、各轴承振动、回油温度是否正常。

（4）“遥控”调节开关向给水管道充水，调整调节开关维持压力正常。

（5）联动开关在“断开”位置。

（6）偶合器油温高于45℃、润滑油温高于40℃投入偶合器及水泵冷油器。风温高于30℃投入电机冷却器运行。

（7）检查水泵各部正常，润滑油压升至0.3MPa以上时停启动油泵。

（8）通知化学投联胺运行。

3. 循环水泵启动

（1）检查水塔主水槽及分水槽内清洁无杂物，喷嘴无堵塞，主水槽、分水槽闸板全部提起。水塔水池内无杂物，回水挡污栅完整，无杂物。检查循环水进水池水位正常，开循环水泵泵体放空气门，开循环水泵入口门向泵内充水，循环水泵内充满水后关空气门。

（2）联系电气送电，检修后第一次启动前静态拉合闸试验及静态联动试验应良好。

（3）合上操作开关，注意空负荷电流，出口压力在0.3～0.35MPa。

（4）泵组振动、声音正常，轴窜不过大，轴承油环带油良好，水泵盘根不过热。

（5）开启循环水进水联络门，稍开循环水泵出口门向凝汽器充水，充满水后全开循环水泵出口门，关闭循环水顶部放空气门。

（6）手动开启两侧循环水排水门1～2圈后电动打开一部分，检查水塔分水槽及水池不应溢流。

（7）另一台循环水泵充满水后检查处于备用状态，投水泵及出口门联动开关在“连锁”位置。

4. 凝结水泵的启动

（1）检查凝结水泵再循环门在开启的位置，凝结水放水门在关闭位置，凝结水泵出口门在关闭位置。

（2）检查凝结水泵密封水、盘根冷却水畅通。

（3）凝结水泵充水，联动试验合格，启动一台凝结水泵运行。

（4）检查凝结水泵压力、声音、振动及电机电流正常后，缓慢开启凝结水泵出口门。

（5）节流凝结水再循环门，保持凝结水压力在1.0MPa以上。

（6）开启备用泵出口门，检查其出口逆止门正常，泵不倒转。

（7）投入凝结水泵连锁。

5. 油系统的启动

（1）启动前系统检查完毕。

（2）调速油泵、润滑油泵、直流油泵低油压连锁正常。

（3）主油箱油位在允许的最高位，油位计指示清晰。

（4）确认各油泵及排烟风机电机送电。

（5）确认油箱电加热器处于“手动”。

（6）上述条件满足后，分别试转事故油泵、交流润滑油泵及调速油泵，检查各泵指示灯，应正常，且有关参数应满足表1-2-1的要求。

表1-2-1　　事故油泵、交流润滑油泵和调速油泵应满足的参数

项　目	事故油泵	交流润滑油泵	调速油泵
出口油压/MPa	0.353	0.353	1.96
润滑油压/MPa	0.118	0.118	0.118

（7）检查系统无漏油，各油泵运行正常，维持交流润滑油泵运行。

（8）启运排烟风机运行，调整排烟机出口挡板维持主油箱负压－200～－250Pa。

（9）当油温达40℃时，投冷油器冷却水。

1）缓慢开启待运行冷油器进水门，水侧放空气门溢水后关闭空气门。

2）开启运行冷油器出水门，注意冷油器油压应大于水压。

3）保持油温在35～45℃之间。

6. 盘车装置的启动

（1）冲转前2h，必须保证连续盘车。

（2）机组在热态启动前必须处于连续盘车状态。

（3）盘车必须在润滑油系统正常运行后才能启动。

（4）盘车装置的启动。

1）逆时针旋转盘车手轮，同时拔出制动销，向工作位置拉动手杆，手杆到位后，启动盘车电机。

2）盘车启动后观察转子晃动不大于原始值0.02mm，倾听动静部分之间有无摩擦声，记录盘车电流。

3）投入润滑油压低保护。

7. 射水泵及抽气器的投入

（1）检查射水箱放水门关闭，水位正常。

（2）关闭真空破坏门。

（3）开启射水泵空气门及入口门向射水泵充水，空气门见水后关闭。

（4）调出射水泵操作画面，启动射水泵。

(5) 射水泵运转正常后开启一台射水抽气器进水门。

(6) 另一台射水泵充好水后开启出口门，投入射水泵连锁。

(二) 机组滑参数冷态启动

(1) 根据“阀门检查卡”，各阀门均处在相应位置，工业水系统运行正常。

(2) 投入抽气器抽真空，当真空达到0.04MPa左右通知锅炉点火。

(3) 当真空增长速度减慢时，开始向轴封送汽。

(4) 锅炉点火后，锅炉过热器的积水，新蒸汽管道的疏水以及蒸汽等都排入相应的疏水扩容器。

(5) 当蒸汽压力达到0.4MPa左右，温度高于调节级处汽缸或法兰金属温度50～85℃时，如果管道已无积水，就可以打开电动主闸门，自动主气门、逐渐开启调节气门。

(6) 当真空稳定保持在0.067MPa左右时冲动转子。

(7) 检查转子盘车装置自动退出，关闭疏凝门和电动主闸门前的疏水门。

(8) 主气门前蒸汽压力稳定在0.8MPa左右，气温高于调节级上缸金属温度50℃的过热蒸汽（约280℃），用调节气门控制转速。

(9) 主气门前蒸汽的升压速度一般取0.2～0.3MPa/min，升温速度一般取1～2.5℃/min。

(10) 在转速为500r/min时，进行下列检查：

1) 倾听机组内部有无金属摩擦声。

2) 检查机组各轴瓦的振动。

3) 检查凝汽器的真空。

4) 检查各轴瓦的油温及回油情况。

(11) 一切正常后，按100～150r/min的升速率提升转速。

(12) 转速升至1200～1400r/min，进行下面检查：检查所有的监控仪表均应正常。

(13) 检查完毕，差胀正常，锅炉则继续升温升压，直至达到汽轮机额定转速3000r/min。

(14) 当转速达到2800r/min时，主油泵出口油压正常，则可以进行主油泵和电动启动油泵的切换。

(15) 在转速达到3000r/min后，维持气温、气压的稳定，做超速试验和保护系统的其他试验，试验完成，暖机一段时间，热胀没问题，迅速并网。

(16) 并网后，当负荷达到额定负荷的5%左右时，锅炉气温、气压保持稳定进行低负荷暖机（20～30min）检查正常后，开始升负荷。

(17) 在升负荷过程中，或出现汽轮机胀差正值过大或机组振动增加，应控制主蒸汽升温升压，使机组在稳定的转速和稳定的负荷下暖机。

(18) 当汽轮机的负荷达到80%的额定负荷后，经检查正常后，主蒸汽可较快地升温升压至额定值，机组负荷也随之升至额定值。

(19) 滑参数启动过程中应密切监视下列数据：

1) 相对膨胀值控制在−1～3mm以内。

2）法兰金属温升速度控制在3～4℃/min。

3）保证汽缸左右法兰温差不超过10～15℃。

4）法兰内外壁温差不超过100℃。

5）螺栓温度低于法兰温度，最大不超过30℃。

6）调节级处上下缸壁温差不超过50℃。

（三）机组热状态启动

1. 机组热启动状态

下缸调节级处金属温度在150～300℃（温态启动）与300～400℃（热态启动）统称为热态启动。机组热启动过程如下：

（1）检查汽缸、各段抽气逆止门前疏水门在全开位置。

（2）新蒸汽机是过热状态且高于汽机调节级下缸金属温度50℃以上。

（3）转子热弯曲指示不超过0.03mm或转子轴颈晃动度小于允许值。

（4）调节级区域上下温差不得超过50℃。

（5）监视汽轮机相对膨胀，当相对膨胀超过－1mm时，应向前汽封送高温蒸汽。

（6）冲动转子前应把油温加热到机组正常运行油温38～42℃。

（7）开机前两小时，投入交流油泵及盘车装置连续运行。大轴弯曲不超过0.05mm，否则不准启动。

2. 机组热启动注意事项

（1）在凝结器抽真空前的操作与冷状态启动相同。

（2）向轴封送汽，启动主抽气器抽真空。保持轴封进汽压力在0.12MPa，轴封排汽负压－200～－300Pa，凝汽器真空80kPa以上。

（3）当主汽管暖管至400℃以上时，用主蒸汽电动门旁路门乙冲转。注意充分暖管疏水。一切正常，以150～200r/min的速度把转速提升到1200～1400r/min进行短暂的中速暖机（5～10min）并进行下列检查：检查所有的监控仪表，检查没问题，转速提到额定转速3000r/min，定速暖机15min左右。在3000r/min暖机时做全面检查。根据安排决定是否做超速试验后应使机组迅速并入电网。

（4）并网后进行低负荷暖机，一般取额定负荷3%～5%作为暖机负荷。低负荷暖机时间的长短主要取决于温态启动金属温度的初始值。

（5）选择0.3MW/min升负荷率将机组负荷均匀增加到额定负荷。

（6）热态启动应根据汽缸温度，适当加快升速或升负荷速度，直至下缸温度无明显下降时为止，以后的操作按冷状态启动时间掌握。

（7）启动中应经常监视机组振动、膨胀。

（四）机组极热态启动

1. 启动前的检查和准备

机组极热态启动前的检查和准备同机组热状态启动。

2. 启动冲转前必须达到的条件

（1）新蒸汽是过热状态且高于汽机调节级下缸温度。主蒸汽温度为：热态450℃，极热态460℃。

（2）转子热弯曲指示不超过0.03mm或转子轴颈晃动小于允许值。

（3）调节区域上下温差不得超过50℃。

（4）盘车装置的运行正常。

（5）先向轴封送汽，然后再抽真空。要求汽封母管压力0.123MPa，温度280～350℃。

（6）监视汽轮机相对膨胀，当相对膨胀超过－1mm时，应向前汽封送高温蒸汽。

（7）冲转前应把油温加热到机组正常运行油温38～42℃。

3. 转子在500r/min下应进行的检查

（1）倾听机组内部有无金属摩擦声。

（2）检查机组各轴瓦的振动。

（3）检查凝汽器的真空应满足冲转的要求。

（4）检查各轴瓦的油温及回油情况。

（5）当转速大于盘车转速时，盘车装置是否自动脱开。

4. 机组正常状态的检查

选择热态以200r/min升速率，极热态以300r/min升速率，迅速将转速提升到额定转速3000r/min。同时应监视机组过临界转速的振动。

5. 升速过程中应完成的各项工作

（1）检查所有的监控仪表应正常。

（2）主油泵和启动油泵切换已完成。

（3）检查润滑油系统。

6. 并网

（1）根据安排决定是否做超速试验后使机组迅速并入电网。

（2）并网后取3%～5%额定负荷作为低负荷暖机，因此时机组整个温度水平较高，如无问题，暖机时间可以适当缩短。

（3）升负荷率。

1）热态0.4MW/min。

2）极热态0.5MW/min将机组负荷均匀增加到额定值。

（五）额定参数启动

（1）DEH送电，各仪表正常，油位在最高位置，润滑油温大于25℃，转子弯曲不超过原始值0.02mm，主油箱油位高低报警试验合格，主油箱底部放水检查后关闭检查门。

（2）启动排烟机，保持主油箱负压在－200～－250Pa，做低油压联动试验合格后，投交流润滑油泵及盘车装置连续运行，投入低油压保护开关，检查油系统无泄露，各轴承回油正常。

（3）凝汽器补水至水位计3/4处，投入循环水系统，联系锅炉人员启动锅炉，除氧器暖管后启动，向给水系统充水，根据锅炉要求启动一台给水泵或凝结水泵向锅炉上水。

（4）主蒸汽电动门前暖管定压。

1）检查电动主闸门和旁路门关闭，保持0.5～0.6MPa低压暖管40min。

2）低压暖管到管壁温度接近于150℃后，进行升压暖管。联系锅炉人员以0.1MPa/min

升压，在1.5～4MPa时，以0.2MPa/min的速度升压，温升速率小于5℃的升压暖管。

3）当新蒸汽管道末端的蒸汽温度达到400℃以上时，可以使管道内的蒸汽升至全压。

（5）启动调速油泵，停止交流油泵，投交、直流油泵连锁保护。保持调速油压2.0±0.05MPa，做调速系统静态位置校对；抽气逆止门及轴向位移保护试验。试验完后，关闭自动主气门放油门。逆时针旋转启动阀，挂上危急保安器，使自动主气门全开。用DEH控制调速气门全开，开启回转隔板。

（6）做凝结水泵联动试验正常后，一台运行，一台备用，调整再循环使凝结水泵电流在100A左右。

（7）关主蒸汽防腐气门、主蒸汽电动门前排大气疏水门、前后轴封疏水门、#1～#3低加危急放水管放水门。

（8）投入高加水侧运行。

1）高压给水母管已充水。

2）开启高加给水联成阀。

3）开启#1、#2高加放空气门，稍开注水门，放空气门见水后关闭，高加注满水后关闭注水门，5min内高加内部压力不应有明显下降。关闭保护电磁阀，开注水门及活塞上放水启动阀，活塞升起，关闭注水门及活塞上放水启动阀。

4）投入高加保护开关。

（9）启动射水泵抽真空。

1）检查射水池水位在正常范围。

2）检查两台射水泵已充水，射水泵联动试验合格后启动一台射水泵运行，另一台做联动备用（必要时同时启动两台射水泵运行）。

3）开启待运行抽气器进水门及空气门，检查凝汽器真空逐渐抽起。

（10）冲转前15min向轴封送汽。

1）检查均压箱疏水门在开启状态，慢开均压箱进气调整门旁路门进行暖管，根据需要投入均压箱减温水。保持均压箱压力0.12MPa，温度150～260℃，投均压箱进气调整门“自动”，关小其旁路门。

2）开启前后轴封管疏水至地沟门，缓慢开启前后轴封进气门至全开，投入后轴封减温水“自动”。

3）开启轴加疏水多级水封注水门，满水后关闭，启动轴加风机，保持轴封排汽微负压。关闭均压箱疏水门，关闭前后轴封疏水门，均压箱溢气门投入自动。

（11）开启凝结水至控制水多级水封灌水门，满水后关闭，关闭供热抽汽和一段、二段抽气管道的逆止门。开启主汽阀壳、导气管和汽缸上的疏水阀。

（12）冲动转子条件。

1）主气压（8.83±0.49）MPa，主气温400℃以上。

2）油温不低于25℃，调速油压（2.0±0.05）MPa，润滑油压0.0784～0.12MPa。

3）凝汽器真空67kPa。

4）大轴弯曲值不超过原始值0.03mm。

5）盘车运行正常。

6）检查轴向位移保护、润滑油压低保护、振动大保护、差胀大保护已投入。

（13）冲动转子、升速、暖机。

1）解除测量大轴弯曲度表，全开自动主气门及调速气门。

2）全开主蒸汽电动门旁路一次门，稍开二次门冲动转子。转子冲动后立即关闭旁路二次门，检查盘车应自动脱开，倾听内部有无金属摩擦声音，检查机组各部轴瓦振动、油温和回油情况，注意转子不应静止。注意凝汽器真空。开启旁路乙门保持300～500r/min暖机，做全面检查。

3）升速暖机时间分配见表1-2-2。

表1-2-2　汽轮机升速暖机时间分配表

转速/(r/min)	时间/min	转速/(r/min)	时间/min
300～500	10	1200～2400	10
500～1200	10	2400	20～30
1200～1400	20～30	2400～3000	15

4）转速达到2800r/min后，切换为调门控制，全开电动主闸门，关闭其旁路一次、二次门。

5）下缸温度大于130℃，升速过临界；高于180℃定速。

（14）定速后联系锅炉做手打危急保安器试验，试验完毕，重新挂闸，恢复汽轮机3000r/min，停启动油泵。根据安排做压出和超速试验。

（15）转速在2800r/min以上，可逐渐关小启动油泵出口门，注意调速油压不低于1.7～1.9MPa。

（16）油温40℃投冷油器：稍开进水门，放尽空气后开大进水门，保持水压应低于油压，保持油温（40±5）℃。发电机入口风温35℃投发电机冷风器：开冷却器排水总门，保持发电机入口风温25～40℃。

（17）检查机组各部正常，下缸温度210℃，全开循环水甲、乙排水门，联系电气并列。

（18）机组并列后，投入以下保护：油开关跳闸，发电机故障，低真空保护。保持负荷0.9～1.5MW暖机。

（19）低负荷暖机时，经全面检查，机组一切正常，此时可以将机组负荷均匀增加。选择0.25MW/min升负荷率，由5%额定负荷提升到100%额定负荷。

（20）负荷5MW，开气门漏气至高脱门，关排大气门；开启导管疏水门。

（21）缸温度290℃以上时，关汽缸调速气门、导管疏水门。

（22）化学通知凝结水质合格后，切换凝结水流向除氧器。

1）开启除氧器凝结水来水截门，关闭凝结水母管放水电动门。

2）调整再循环电动门和凝结水调整门，保持热井水位正常。

（23）凝汽器保持低水位运行，投入凝结水泵连锁开关。

（24）供热安全门校验。

1）试验条件：汽轮机组电负荷14MW以上，除氧器及轴封汽源由启动锅炉提供，三段抽气汽源门关闭严密，检查压力调整器在“手动”位置，检查抽气逆止门前疏水门开启，将待校验安全门重锤放至末端。

2）手动设定抽汽控制目标压力1.2MPa，升压率0.1MPa/min，点击进行。

3）抽气压力升至1.2MPa，控制升压速度0.05MPa/min。压力达1.35MPa时，安全门应动作。动作后，按0.2MPa/min的速度降低抽气压力，直至安全门回座。记录动作压力和回座压力。如果压力升至1.35MPa，安全门不动作，应立即按0.1～0.2MPa/min的速度将抽汽压力降至0.9MPa。检修调整后再次进行试验。

4）升压过程中，加强汽轮机振动、轴向位移、监视段压力等监视。

(25）热负荷的投运。

1）热负荷的投运条件。

a. 调压器完好在“手动”。

b. 安全门试验正常。

2）主机供热抽气压力达0.5～0.6MPa时，开启机侧供热总门，检查供热抽气逆止门前疏水门开启，缓慢开两侧供热抽气电动门旁路门，暖管至供热系统。

3）有近至远，将供热母管各级冒气的疏水（无水）关闭。

4）电负荷14MW或供热抽气压力0.9MPa时，缓慢开启两侧抽气电动门，关闭旁路门控制供热母管升压速度0.05MPa/min，同时用调压器维持抽气压力不变。

5）供热抽气电动门前后压力相同时，全开供热抽气电动门。

6）调压器设定压力与实际压力偏差小于0.05MPa时，投入调压器“自动”，检查调速气门稳定。

(26）负荷20MW，启动疏水泵。

1）检查水泵及电动机运转正常，开出口门。

2）关闭＃1低加危急放水电动门。

3）全关＃3加热器空气门。

(27）负荷18～20MW，热水管已充水，启动高压加热器。

1）检查＃1、＃2加热器出口门强制手轮及汽侧放水门全开，投入水位计。

2）联系热工人员送高加保护电源，“高加切除”信号发出。

3）开启一段、二段抽气逆止门，开启逆止门前后疏水门，稍开＃1、＃2加热器进气门，保持0.1～0.2MPa暖管40min。

4）全开高压加热器保护水总门。

5）暖管10min后，开启注水门，钢管内部压力升至5.88MPa以上，加热器活塞升起，“高加切除”信号消失，关闭注水门。

6）暖管结束后，关闭汽侧放水门。

7）慢开进气门，保持＃1加热器0.7～0.9MPa，＃2加热器1～1.2MPa，出口温度逐渐升高，并注意水位。

8）开启＃2高压加热器疏水器出口门、＃1高加疏水器出口门及＃1高加至除氧器疏水门，注意水位应稳定在正常范围内。

9）关闭一、二段抽气逆止门前后疏水门。

10）在上述压力下运行60min后，开大＃1、＃2加热器进气门至＃1高压加热器进气门全开，＃2高压加热器保持压力2.5MPa左右，检查大盖不应泄漏。

（28）当负荷25MW、30MW时，记录监视段压力；25MW做真空严密性试验。

1）做好人员分工。

2）迅速关运行抽气器空气门。

3）每半分钟记录真空数值一次，共记5min。

4）开抽气器空气门。

5）注意事项。

a. 试验中真空下降总数不超过4kPa。

b. 试验中真空不得低于86.66kPa。

c. 平均每分钟真空下降不大于0.13kPa为优秀；不大于0.27kPa为良好；不大于0.4kPa为合格。

（29）三抽压力高于0.6MPa时，切换除氧器及轴封汽源为三段抽汽。

1）稍开三抽逆止门前后疏水。

2）开启三段抽气逆止门。

3）联系锅炉，慢开三段抽气电动门，同时慢关启动锅炉来气门，检查除氧器及轴封压力稳定。

4）电动门前后压差小于0.1MPa时，全开三段抽气电动门。

5）启动锅炉来气门全关后，联系锅炉停止启动锅炉运行，并开启启动锅炉来汽管道各疏水门。

6）关闭三段抽气逆止门前及门后疏水门。

（30）根据值长命令投三段抽汽供制冷加热站及辅助蒸汽用汽。

（31）机组额定参数启动中的注意事项。

1）严格控制主蒸汽温度、调整段及汽缸的温升率，平均每分钟分别不超过3℃、2℃、1℃。

2）开机记录，从冲转前10min开始，每10min记录一次至下缸温度290℃止。

3）当转子冲动后，盘车应自动脱开，否则应关闭电动主闸门旁路门一、二次门检查原因。

4）汽轮机遇到下列情况，不允许启动或投入运行。应设法查找原因进行解决，若无法解决时，应汇报领导。

a. 调速系统不能维持空负荷运行，甩去全部负荷时，转速超过危急保安器动作转速。

b. 自动主气门、调速气门、抽气逆止阀卡涩或不能关严。

c. 抽气逆止门动作失常。

d. 任一安全保护装置失常。

e. 交、直流油泵润滑系统故障、盘车装置工作失常。

f. 仪表失常使下列参数无法判断：转速、气压、气温、真空、脉动油压、主油泵入口油压、振动、冷油器出口油温、轴承回油温度、相对膨胀、仪表传感器及调节、保安系

统的压力开关。

g. 上、下缸温差超过50℃。

h. 汽轮机大轴弯曲超过原始值0.03mm。

i. 油质不符合标准，油位低于允许值，主油箱油温低于18℃。

j. 回热系统主要调节及控制装置失灵。

k. 汽轮机水冲击或进水。

l. 机组保温不完善。

m. DEH控制系统故障。

n. 机组启动、运行过程中，有指标超限。

o. 水汽品质不合格。

(32) 上下缸温差、法兰螺栓温差不超过50℃，轴向位移不超过0.8mm，相对膨胀在－1～3mm范围内。

(33) 1200r/min以下出现0.04mm的振动时，应立即停机查找原因；中速、高速暖机或带负荷时，振动超过0.05mm时，应降低转速或负荷暖机，查明原因，消除后再升速或加负荷。如不能消除，停机处理。

(34) 1500～1800r/min为机组临界转速，升速时应迅速通过100～150r/min，并监视轴承振动不超过0.10mm，否则应打闸停机，汇报领导研究处理。

(35) 启动中调整凝结水再循环及凝结水调整门，保持凝汽器水位在水位计的1/3左右。

(36) 调速油泵故障，转速在2800r/min以上时，可迅速升速维持油压，停止调速油泵。如转速在2000r/min以下时，应启动交流油泵停机。

(37) 启动应根据下缸温升率，加长或缩短暖机时间，使下缸温度平稳上升。

三、汽轮机组正常运行与调整

(一) 正常运行中机组参数的控制及调整

1. 运行过程中金属温度的规定

(1) 调节级处上下缸壁内外温度差小于50℃。

(2) 调节级处法兰内外壁温度差小于100℃。

(3) 汽缸左右法兰温度不超过10～15℃。

(4) 调节级处上下缸壁温度差不超过50℃。

(5) 螺栓温度低于法兰温度，最大不超过30℃。

2. 其他温度规定

(1) 汽轮机采用＃32或＃46号透平油。详见国家标准《涡轮机油》(GB/T 11120)。

(2) 在正常运行工况下，当环境温度为27℃时汽轮机保温层表面温度不应超过50℃。

(3) 凝结水过冷却度不超过2℃，凝汽器端差不超过10℃，凝结器两侧排水温差不超过2℃。

(4) ＃3加热器出口水温保持(150±5)℃，＃5加热器出口水温215～222℃。

3. 振动

(1) 控制系统频率在 (50±0.5)Hz 内，超出时应注意整个机组振动及内部声音的变化，注意各运转设备的出力变化。

(2) 运行中电动机及水泵的振动。

1) 3000r/min 的设备不超过 0.05mm。

2) 1500r/min 的设备不超过 0.07mm。

3) 500r/min 的设备不超过 0.10mm。

(3) 各轴承温度不超过 75℃。

(4) 电动机外壳温度不超过 70℃。

(5) 电动机定子温度不超过 100℃。

(6) 运行中不过电流，运行水泵、油泵盘根不过热，电动机及泵内无异音，备用泵组完整，入口门开启，轴承油位正常，盘根密封良好，电动机内无杂物，接地线良好，联动备用泵出口门全开。

4. 发电机滑环

发电机滑环冒火时，及时处理。

5. 汽轮机各监视段压力规定

汽轮机各监视段压力规定见表 1-2-3。

表 1-2-3　　　　汽轮机各监视段压力规定

监视段	调整段后	4 级后	7 级后	9 级后	12 级后	14 级后	16 级后
压力/MPa	7.4	3.05	1.56	1.16	0.47	0.21	−0.072

机组在纯凝汽工况运行时，新蒸汽进汽量不超过 135t/h。

6. 风温

发电机入口风温不超过 40℃，出口风温不超过 65℃，铁芯温度不超过 100℃超过时进行处理。

(二) 凝汽器半面清扫或检漏

(1) 联系值长降低负荷至 15～25MW。

(2) 关闭停止运行侧凝汽器空气门。

(3) 关闭循环水进水联络门及切换冷却器总门。

(4) 关闭停止运行侧进、出水门。开放水门及放空气门。

(5) 当停运侧进水压力降到“0”时，真空不得低于 86.66kPa，正常后，通知检修进行清扫。如果检漏，应由化学化验确定后进行。

(6) 拆开人孔盖时应注意真空变化，真空下降速率超出规定时，立即投入备用抽气器运行，并通知检修盖好人孔盖，汇报值长处理。

(7) 工作完毕，关放水门。

(8) 稍开停止侧出水门充水；见水后关小放空气门，化学化验凝结水水质合格后，全开出水门。

(9) 开停止侧进水门，关出水管放空气门。

(10) 开停止侧凝汽器空气门。

(11) 用同样的方法，进行另一侧的清扫或检漏。

(12) 汇报值长，凝汽器恢复正常运行。

(三) 运行中凝结水泵检修后的恢复

(1) 根据工作票，检修工作已结束。

(2) 开检修泵冷却水门、密封水门，盘根密封良好。

(3) 关运行泵空气门，运行应正常。

(4) 缓慢开检修泵空气门，稳定 5min。

(5) 开运行泵空气门。

(6) 缓慢开检修泵入口水门至全开。

(7) 通知电气送上检修泵电源。

(8) 启动检修泵，空负荷试验良好后停止。

(9) 开检修泵出口门，投入联动备用。

(四) 冷油器的切换

1. 冷油器投入

(1) 稍开入口油门及油侧上部放空气门充油，满油后关放空气门，全开入口油门。

(2) 稍开进水门充水，放空气门见水后关闭，开排水门。

(3) 慢开出口油门。

(4) 将冷油器出口油温调整到 (40±5)℃。

2. 冷油器停止

(1) 关进、排水门，开放空气门，将水压降到“0”。

(2) 关出口油门，注意调整运行冷油器的油温。

(3) 如检修时，关闭入口油门。

3. 注意事项

(1) 在任何情况下，不允许水压高于油压。

(2) 确认备用冷油器满油后，才准投入运行。

(3) 整个操作过程中，应严密监视润滑油压、油温、各轴承回油温度、油箱油位等，发现异常立即处理，汇报值长。

(五) 危急保安器定期喷油试验

1. ♯1 危急保安器喷油试验

(1) 保持汽轮机 3000r/min；机组各部正常。

(2) 逆时针转动操作滑阀，指向“NO1”位，注意“NO1 喷油滑阀”顶起，确认危急保安器遮断杠杆离开♯1 危急保安器，检查“NO1 喷油滑阀”已顶起。

(3) 手按“NO1 喷油滑阀”(小阀)，♯1 危急保安器飞锤压出发出“♯1 危急保安器动作”声光信号，同时保安操纵箱上♯1 滑阀指示灯亮。

(4) 松开“NO1 喷油滑阀”(小阀)，保安操纵箱上♯1 滑阀指示灯灭后将操作滑阀放至中间位置销紧，喷油停止。

2. ♯2 危急保安器喷油试验

试验♯2 危急保安器时，操作方法同♯1 危急保安器喷油试验，操作滑阀应指向“NO2”位。

(1) 确认机组运行正常，转速 3000r/min 稳定。

(2) 将超速试验滑阀指向“NO1”位置，危急保安器杠杆离开♯1 危急保安器。

(3) 其他步骤同♯1 危急保安器喷油试验。

(六) 凝结器胶球冲洗

1. 凝汽器胶球冲洗程序

(1) 检查胶球泵及系统是否正常。

(2) 关收球器放水门。

(3) 开胶球泵南侧入口门，收球器满水后，关放空气门。

(4) 将分离挡板搬至北侧。

(5) 启动胶球泵运行应正常。

(6) 开胶球泵南侧出口门。

(7) 顺时针将收球器搬至“冲洗”位置，运行 60min。

(8) 逆时针将收球器搬至“收球”位置，收球 10min。

(9) 开胶球泵北侧入口门，关南侧入口门。将分离挡板搬至南侧。

(10) 开胶球泵北侧出口门，关南侧出口门。

(11) 顺时针将收球器搬至“冲洗”位置，运行 60min。

(12) 逆时针将收球器搬至“收球”位置，收球 10min。

(13) 关胶球泵出口门，停止胶球泵、关入口门。

2. 收球

冲洗完后，开收球器放水门、放空气门，收球器内无压力后开盖查点胶球数。如不足200个应补至250个，上好收球器盖，如不足150个时，请示值长同意后，用下述方法收球：

(1) 胶球泵连续运行，收球器在“收球”位置。

(2) 全关进水联络门。

(3) 关收球侧进水门，全关后立即开启。

(4) 用同样的方法回收另一侧。

(七) 给水泵联动备用泵

(1) 出、入口门全开。再循环门全开。

(2) 泵体温度 120℃以上。

(3) 辅助油泵连续运行，油压不低于 0.12MPa，低油压联动开关投“连锁”位置。

(4) 水泵联动开关投在“连锁”位置，低水压联动开关在“投入”位置。

(5) 出口逆止门不严的规定。

1) 给水泵出口逆止门不严或卡涩，严禁投入运行和备用。

2) 出口门关闭，逆止门不严漏水时，严禁关闭水泵入口门。

3) 给水泵倒转时，严禁强行合闸启动。

4) 给水泵停止后开出口门时，如给水母管压力下降或水泵倒转，立即关出口门，汇

报值长和上级领导。

（八）除氧器运行中的调整

（1）调整应符合下列要求：

1）内部压力：(0.5±0.02)MPa。

2）水箱水位：1500～2000mm。

3）水箱水温：(158±0.2)℃。

4）给水含氧量不超过7μg/L。

（2）除氧器内部压力与饱和温度对照见表1-2-4。

表1-2-4　　除氧器内部压力与饱和温度对照表

除氧器内部压力/MPa	0.06	0.10	0.15	0.20	0.25	0.30
饱和温度/℃	112	119	126	132	138	142
除氧器内部压力/MPa	0.35	0.4	0.05	0.5	0.56	0.6
饱和温度/℃	147	151	155	158	161	164

四、汽轮机组停止运行

（一）额定参数停机

1. 停机前的检查

（1）试转电动启动油泵和交、直流润滑油泵使其处于备用状态。辅助油泵不正常，不允许停止汽轮机。

（2）盘车马达的空转试验应正常。

（3）确认主汽阀和调节阀，抽气逆止阀灵活，无卡涩现象。

（4）做轴封辅助汽源，除氧器备用汽源的暖管工作。

（5）确定热用户已另有汽源或不供汽不影响其他方面的工作，关闭供热电动门，关闭供热逆止门，开启回转隔板及供热电动门前疏水。

（6）做好必要的联系工作，包括主控制室、锅炉等部门联络信号试验。

2. 节流调节方法

额定参数停机往往用于临时停机，机组若计划停机后检修，采用喷嘴调节，该方式停机后金属温度较低，可缩短机组冷却时间。对于停机时间只有几个小时的情况，为了使停机后金属温度较高，有利于再次快速启动投运，通常采用节流调节方式。

3. 注意事项

（1）负荷25MW、30MW时，记录监视段压力，负荷25MW，做真空严密性试验。

（2）均匀负荷，减负荷速度主要取决金属温度下降速度和温差，金属的降温速度控制在1.5～2℃/min。为了保证这个降温速度，需以0.15～0.25MW/min的速度减负荷。每下降一定负荷后，必须停留一段时间，使汽缸和转子的温度均匀下降。

（3）密切监视相对差胀值，不能超过1mm。为防止汽轮机出现负差胀，尽量保证汽封供汽有足够的温度。如有必要，前轴封备有高温汽源，应投入高温汽源供汽。

4. 停运步骤

(1) 先减去40%额定负荷后停留30min，同时切断高压除氧器供汽，停止供热抽气，当供热抽气压力小于0.8MPa、流量到“0”时，关闭供热抽气电动门，稍开至凝汽器疏水门。

(2) 再减去20%的额定负荷后停留30min，20MW以下停止#1、#2高压加热器。

1) 联系锅炉，准备停#1、#2加热器。

2) 关#1、#2加热器进气门及#2～#1加热器、#1加热器至高压除氧器疏水门。高加旁路操作开关切至“关闭”位置。

3) 稍开汽侧放水门。

4) 开高加保护电磁阀旁路门，活塞上部压力升高至0.6MPa以上，活塞下落，“高加旁路动作”信号发出。

5) 打跳抽气逆止门，稍开逆止门前疏水门。

6) 关疏水门（若高加停止后做备用，则不关此门）。联系锅炉人员关#61门。

7) 若热水管放水，关闭高加保护来水总门。

8) 减负荷以1MW/min的速度进行，注意调速气门应均匀关小（在此情况下停一台循环水泵运行）。

9) 负荷减至18MW以下，关疏水泵出口门，停止疏水泵（正常运行中停泵，不关出口门），开启#1低加至凝结器直通门。

10) 保持热井水位，随负荷减少调整再循环门及#1加热器入口门。

(3) 负荷减至3MW，全开主蒸汽电动门旁路门甲、旁路门乙，全关主蒸汽电动门。

(4) 负荷减至“0”，检查调速气门凸轮角30°左右。联系热工人员断开“油开关停机”“发电机故障停机”保护。接到电气人员发来“发电机解列”信号后，恢复信号，注意汽轮机转速应稳定，防止超速。完成车间安排的试验项目。关#3加热器出口门。

(5) 自动主气门关至70mm，手打危急保安器，检查自动主气门、调速气门迅速关闭，各段抽气逆止门关闭，将逆止门控制开关切至“解列”位置。开始记录惰走时间（15～20min）。

(6) 启动交流油泵，检查润滑油压正常。关闭中压漏气和低压漏气。

(7) 关主蒸汽电动门旁路门甲、旁路门乙。

(8) 转速降至300r/min时，打开真空破坏阀破坏真空（如不停炉可不打开真空破坏阀），真空到零，停轴封供汽，停射水抽气器，停轴封抽气器进气门及汽平衡母管来气门。

(9) 转子静止立即投盘车装置连续运行，投入测大轴弯曲度表，大轴弯曲度不超过0.05mm，每小时按表格要求记录一次，在下缸温度200℃左右时，可以采用间歇盘车，每小时转动180°。下缸温度150℃，停止盘车、顶轴油泵和记录。盘车连续运行时，低油压联动开关及盘车联动开关必须在“投入”位置。在停盘车过8h后再停润滑油泵。

(10) 在停机后，确信主油箱内无油烟时，方可停排烟风机。

(11) 油温低于40℃时，停止冷油器，关闭进水门。发电机入口风温低于30℃时，停发电机和励磁机冷却器，关排水总门。

(12) 关闭#1～#3加热器疏水门，15min后检查加热器铜管是否泄漏。

(13) 停止抽气器15min后，断开凝结水泵联动开关，停止凝结水泵。

(14) 开主蒸汽电动门前、导管排大气疏水门及调速气门、汽缸疏水门。压力到“0”

开防腐气门。开启各段抽气逆止门前疏水门。

(15) 排汽温度50℃以下，停循环水泵，凝结器放水。

(二) 滑参数停机

1. 停机前准备工作

滑参数停机前的准备工作同额定参数停机。

2. 滑参数停机过程中要达到的条件

(1) 金属温度下降速度不要超过1.5℃/min。

(2) 滑停时新蒸汽的平均降压速度为0.02～0.03MPa/min，平均降温速度为1.2～1.5℃/min，在较高负荷时，温度、压力的下降速度较快；在较低负荷时，温度、压力下降速度将减慢。

(3) 滑停中新蒸汽温度的控制应始终保持有50℃的过热度，以保证蒸汽不致带水，过热度低于50℃时，应考虑开启凝疏门。

(4) 滑停过程中，调节气门逐渐全开，依靠主蒸汽参数的逐渐降低而渐渐减负荷，直至停机。

(5) 因为调节气门全开，机组解列后，大量低温蒸汽进入汽轮机，所以滑停过程中不得进行汽轮机超速试验。

(6) 若机组在额定工况下运行，滑停前先将负荷降低到80%～85%额定负荷，把新蒸汽的压力和温度控制在允许的较低程度，逐渐全开调节气门稳定运行一段时间。当金属温度降低，并且各部分金属温差减小后，开始滑停。

(7) 滑参数停机是分阶段进行的，在主蒸汽温度下降30℃左右时应稳定5～10min后再降温，目的是控制汽轮机的热膨胀和胀差。

(8) 当调节级后蒸汽温度降到低于汽缸调节级处法兰内壁金属温度30～50℃时应暂停降温，稳定运行一段时间以控制差胀。

(9) 主蒸汽先降温，当金属温差减小，蒸汽温度的过热度接近50℃时，开始降低压力，负荷也随着下降。降到下挡负荷停留一段时间，使汽轮机金属温差减小后，再降温、降压，这样一直降到较低负荷。

(10) 减负荷过程中应注意机组胀差的变化，当负胀差达到－1mm时，应停止减负荷。若负胀差继续增大，采取措施无效而影响要组安全时，应快速减负荷到零。

3. 当降到较低负荷后的两种停机方法

(1) 汽轮机打闸停机，同时锅炉熄火，发电机解列。汽缸金属温度一般都在250℃以上，停机后还必须投入盘车装置。

(2) 锅炉维持最低负荷燃烧后即熄火，汽轮机调速气门全开，利用锅炉余热将负荷带到零时发电机解列。汽轮机利用余汽继续空转，快到临界转速时，降低凝汽器真空，快速通过临界转速。在低转速即可打开防腐气门，让空气进入汽轮机，使汽缸金属温度进一步冷却，直到转子静止。这种停机方法可使汽缸金属温度降到150℃以下。

4. 其他注意事项

(1) 汽轮机空转后，交流润滑油泵应自动启动，否则应手动启动。同时应在不破坏真空的情况下记录转子的惰走时间（15～20min）。

（2）真空到零，停轴封供汽。

（3）在停机后，确信主油箱内无油烟时，方可停排烟风机。

（4）高压加热器和低压加热器在滑参数停机时最好随机滑停。

（三）故障停机的操作步骤

1. 操作步骤

（1）手打“危急停机”按钮打危急保安器，检查自动主气门、“手动停机”、各段抽气逆止门发出关闭信号。

（2）按紧急跳发电机按钮解列发电机，注意转速应下降。

（3）启动交流油泵。

（4）开真空破坏阀破坏真空。

（5）开凝结水再循环门，关凝结水调整门。

（6）关主蒸汽电动门。

（7）关一段、二段、三段抽气截门，关闭供热抽气电动门，切换轴封汽源为主蒸汽提供。

（8）其他操作按正常停机进行。

（9）汇报值长。

2. 注意事项

（1）不破坏真空停机时，不解列发电机，但发电机变电动机运行超过3min时，用事故按钮解列发电机。

（2）在降负荷，打闸停机期间应注意以下几点：

1）减负荷过程中应注意轴封及除氧器汽源的切换。

2）在减负荷过程中注意对疏水系统的控制：在30%额定负荷时打开低压段疏水；10%额定负荷时打开高压段疏水。

3）减负荷过程中，应密切监视机组振动，发生异常振动时应停止降温，降压，立即打闸停机。

4）在盘车时如有摩擦声或其他不正常情况时，应停止连续盘车而改为定时盘车。若有热弯曲时应用定期盘车的方式消除热弯曲后，再边续盘车4h以上。

5）停机后应严密监视并采取措施，防止冷气、冷水倒灌入汽缸引起大轴弯曲和汽缸变形。

6）调节汽阀、自动主汽阀的阀杆漏气，在机组降负荷中停止排向其他热力系统，应随着负荷的降低而切换为排大气运行。

第三节　电　气　运　行

一、发变组及配电设备投运前的检查、试验

（一）发电机投运前的检查、试验

1. 发电机启动前的检查

（1）检查第一、第二种工作票应全部收回并终结。

（2）检查各种短路接地线及接地刀闸开合状况，应该拉开，临时遮拦和标示牌等一切安全措施已全部拆除，恢复常设遮拦。

（3）对发电机及与发电机相连的一次回路进行详细的外部检查。检查的主要内容包括：发电机组各导线、开关及其插头、灭磁开关、电压互感器和电流互感器均应正常符合启动要求。发电机及其附属设备的隔离手车、开关均应在断开位置。

（4）对发电机的励磁系统及空气冷却器系统进行检查并确认其完好，空气冷却器冷却水畅通，空气冷却器无漏水和结露现象。

（5）发电机大轴接地碳刷接触良好。

（6）对发电机的滑环、接地碳刷进行检查并确认碳刷完好清洁且碳刷在刷握内活动自如，弹簧压力正常。

（7）检查微机保护装置及自动励磁装置外部情况良好，配电盘上表计及盘后接线、电流端子及保护压板位置应正确。

（8）检查轴承座绝缘垫片、油管法兰绝缘垫圈应完好。

（9）直流系统及通信系统正常。

（10）检查励磁屏励磁装置工作电源在合闸状态。

（11）发电机各部位均应清洁、引出线应无损伤，无影响发变组启动的物品。

（12）空气冷却器内清洁，照明充足，门须关好。

（13）开关、刀闸，调压用的电压互感器、避雷器、引出线等各部件良好。

（14）所有应正常投入的继电保护的压板均应投入并接触良好。

（15）发电机进出口风温度计应完好，灭火装置应正常。

2. 启机前应做以下试验

（1）测量发电机定子线圈绝缘并记入绝缘记录簿，在测量绝缘电阻前应确认发电机的出口开关及电压互感器一次手车、接地刀闸应断开，测量前应验电，测量后应放电。

（2）测量定子回路绝缘电阻采用2500V摇表，要求吸收比不小于1.3。但测量结果若降低到上次测量值的1/5～1/3时，应查明原因并将其消除。测量发电机励磁回路绝缘电阻（包括发电机转子），应用500V摇表，其励磁回路全部绝缘电阻值不应小于0.5MΩ。

（3）发电机一次回路上有拆线工作时，复役前需核对相位试验正确后方允许投入运行。

（4）发电机大修后或二次回路有变化时，应做继电保护跳闸试验。

（5）同期回路作业时，在并列前，应做同期检查实验。

（6）自动励磁调节装置增减正确，稳定平滑调节。

（7）手动励磁调节装置增减正确，稳定平滑调节。

（8）发电机并网开关与灭磁开关连锁试验。

（9）发电机开关跳闸联动主气门。

（10）汽机紧急停运发电机。

3. 发电机启动前的准备

（1）检查发电机测量PT、保护PT及励磁PT高压熔丝良好。

（2）将PT手车由试验位置转为工作位置，并合上二次空开。

(3) 将发电机保护柜上的二次空开合上，检查发电机保护运行。

(4) 将发电机励磁调节系统变为热备用状态。

(5) 合上发电机的出口刀闸。

(6) 合上主变刀闸。

(7) 合上主变中性点接地刀闸。

(8) 发电机启动前的准备工作完毕后应报告值长。

注意：发电机 PT 如新装或检修后投入运行，并列前必须核相。

(9) 经检查试验正常后向值长汇报，汽轮机可以启动。

(10) 值长应在发电机开机冲转前 1.5～2h 向电气主值下达“开机准备”命令，以利于值班人员有足够时间进行各项检查试验。值长必须在主值“发电机准备工作完毕，各项检查、试验良好，发电机可以冲转”的汇报后，方可下命令将发汽轮机冲转。

(11) 主值接到值长的开机准备命令后须将发电机与其附属设备的一切工作票收回，拆除安全措施，遮拦门关好，安排有关人员进行各项准备工作。

(二) 变压器在投运前的检查、试验

1. 变压器在投运前的检查

(1) 变压器本体清洁，卵石池中清洁无杂物。

(2) 储油柜的油色，油位正常，各蝶阀开闭位置正确。

(3) 变压器外壳接地良好，铁芯接地套管必须接地。

(4) 基础牢固，变压器牢固的固定在基础上。

(5) 防爆膜应完好，瓦斯继电器内无气体，油色清亮。

(6) 各部分的螺丝需紧固，套管应清洁完好无破损。

(7) 冷却器及其管道上净油器等蝶阀均打开。

(8) 温度计指示正确，冷却系统应启停正常。

(9) 各相分接开关指示位置应一致。

(10) 变压器引线对地和线间的间距合格，各导线接头应紧固良好，相位正确，标志明确。

(11) SF_6 断路器传动装置与连锁装置动作状况良好。

(12) 接地短路线应拆除。

(13) 防雷装置和消防设施的配备符合规程要求。

(14) 检查变压器带电侧中性点是否已可靠接地（冲击时应直接接地）。

(15) 检查各断路器保护装置整定值和动作灵敏度是否良好。

(16) 检查套管式电流互感器不带负荷的是否已短接，不允许开路运行。

(17) 查对保护装置是否可靠，系统电压不稳定时，适当调整保护系统的整定值，以便有效地保护变压器。

(18) 空载冲击合闸时，气体继电器信号接点应并入重瓦斯动作接点上（电源跳闸回路）。

(19) 新装或大修后的变压器以及长期停运的变压器在投运前应摇测其绝缘电阻，摇测时须记录变压器的油温及环境温度。测量的阻值不能低于过去同温度下测量值的 1/3，

而且吸收比应大于1.3，绝缘阻值不能低于每千伏1MΩ，如低于规定值应报告值长。

（20）测量项目：一次对地、二次对地；一次、二次之间的绝缘电阻。

（21）变压器在大修和事故检修换油后，应静止24h，等待消除油中的气泡后方可投入运行。

2. 变压器启动前的试验项目

（1）变压器绝缘油试验。

（2）变压器线圈及套管介质损失角测量。

（3）泄漏电流试验。

（4）工频耐压试验。

（5）测量变压器的直流电阻。

（6）检查所有分接头的变压比一致。

（7）检查变压器接线组别和极性。

（8）冲击合闸试验。

（9）有载装置试验。

（10）测量绕组连同套管一起的直流泄漏电流。

（11）检查相位。

（12）空载试验。

1）上述检查和试验项目符合要求时，方可进行空载试验。

2）变压器应由电源侧接入电压，因电源侧有保护装置，以便在异常情况下切断电源。

3）将过流保护时间限值整定到瞬时。

4）变压器接入电压后，由零徐徐上升至额定电压，保持20min，测量空载损耗和空载电流与出厂值比较。

（13）空载冲击合闸。

1）检查变压器接地点是否可靠接地。

2）断路器合闸时，三相同步时差不应大于0.01s。

3）冲击合闸电压值不超过额定值，合闸次数最多为5次。

（14）在冲击合闸时允许一次达到最高工作电压时，可不进行冲击合闸试验，视为合格。

（三）配电装置投运前的检查

1. 真空开关柜的检查

（1）锁扣操作是否正常。

（2）辅助开关操作是否正常。

（3）电气端子应紧固。

（4）电磁铁、电机和端子板上的电气连线是否牢固。

（5）储能电机皮带状况良好，没有裂缝或油迹，并张紧合适。

2. 110kV SF_6 开关的检查

（1）气体密度监视，应定期查看密度控制器，当低于0.43MPa时即属漏气，如继续下降，应查明原因后再补气。

（2）建议每年进行一次 SF_6 气体微量水分测试，运行中微水分值应小于 300mg/L（20℃）。

（3）经常检查断路器，机构传动部件，若有锈蚀和松动，应及时润滑和紧固，并查看分合闸指示牌换位置是否正常。

（4）检查电机绕组接触是否良好，分、合闸线圈是否受潮，辅助开关切换是否正常。

（5）机构内加热器低于 10℃时应开启，高于 10℃时应关闭。

（6）检查断路器瓷套无裂痕、无放电、无闪络痕迹。

（7）检查断路器周围环境清洁无杂物。

（8）检查 SF_6 断路器气体压力是否符合表 1-3-1 的规定。

表 1-3-1　　SF_6 断路器气体压力规定

每季度最低环境温度/℃	−20	−10	0	10	20	30
额定压力/MPa	0.375	0.394	0.412	0.431	0.45	0.469
闭锁压力/MPa	0.332	0.349	0.366	0.384	0.40	0.417

（9）110kV 的开关刀闸检修后的绝缘电阻值由检修人员提供，其绝缘阻值用 2500V 摇表测得，其值不得低于 300MΩ，辅助回路不能低于 2MΩ。

（10）新安装或检修后的开关应满足下列要求：

1）远方和就地拉合闸良好，位置指示正确。

2）继电保护及二次回路作业后，应做保护跳闸试验。

3）电气和机械闭锁装置应准确可靠。

4）有关临时安全措施应拆除。

3. 隔离手车送电前的准备

（1）检查工作全部终结，短路接地线全部拆除，标示牌，临时遮拦已收回，常设遮拦已恢复，设备及场地清洁，无遗留杂物。

（2）隔离手车触头应接触紧密，母线接头应严密，支架坚固可靠。

4. 互感器的检查

（1）外壳清洁，无遗留杂物，工作接地良好。

（2）套管无破损裂缝。

（3）接线牢固正确。

（4）绝缘电阻应合格：用 1000V 以上摇表测一次对地、一次对二次的绝缘电阻，其值应不低于 1MΩ/kV。用 500V 摇表测二次对地绝缘电阻，其值应不低于 0.5MΩ/kV。

（5）高压侧的熔丝是否完好，接触是否良好，有无短路现象。

5. 电抗器送电前的准备

（1）检查工作全部终结、短路、接地线全部拆除，标示牌、临时遮拦已收回，常设遮拦已恢复，设备及场地清洁，无遗留杂物。

（2）用 2500V 摇表测量绝缘电阻不得低于 1MΩ/kV。

（四）励磁装置投入前的检查

（1）发电机外部检查无异常，发电机滑环碳刷。大轴接地碳刷压簧压力正常，接触

良好。

(2) 检查励磁装置辅助冷却风扇运行良好。

(3) 检查励磁装置后部接线及插头无异常。

(4) 检查手动，自动调节开关，切换开关等操作元件操作灵活无卡涩。

(5) 检查自动给定电位器在最低位置。

(6) 检查灭磁开关和发电机出口开关连锁压板在投入位置。

(五) 继电保护投入前的检查

(1) 变动过或新安装的继电保护及自动装置投运前，图纸必须齐全，资料、定值及该装置的运行规程，应交给运行人员，没有校验的继电保护及自动装置，禁止投入运行。

(2) 需要新投入的保护及自动装置，由生产部主管负责下达定值通知单及图纸、资料和操作步骤，继电保护人员和运行班共同负责实施。

(3) 装置所属开关、刀闸、保险接触良好。

(4) 二次接线无松动放电现象，外皮无损伤。

(5) 运行中的设备在投入继电保护压板前，必须用高内阻（不小于2000Ω/V）电压表或万用表测定压板两端有无电压，确无电压方能投入。严禁用内阻电压表测量，防止误动作跳闸。

二、发变组启动并列

(一) 发电机励磁系统的投运

1. 励磁调节系统的调节方式

启机时由直流系统提供220V、40A的直流启动电流，正常运行时由励磁变经三相全波可控硅整流装置提供励磁电源，经过滑环碳刷送到发电机转子。

发电机采用武汉武大电力科技有限公司生产的TDWLT-01型AVR自动励磁调节装置，通过调节发电机的励磁实现发电机的电压调节、无功调节。

2. 励磁调节装置的投入步骤

(1) 合上励磁调节装置直流电源开关。

(2) 合上励磁调节装置交流电源开关。

(3) 合上励磁调节装置调节柜上风扇电源开关。

3. 励磁系统的投运

(1) 汽轮机转速在3000r/min时，发电机系统已转为热备用，具备并列条件。

(2) 将励磁选择开关置于自动状态。

(3) 检查整流输入小开关在合位。

(4) 合励磁调节装置机箱上交流电源开关、直流电源开关。

(5) 合上发电机灭磁开关。

(6) 按启动按钮，启动建压，观察发电机电压迅速建立。如发现电压异常升高或降低，应立即拉开灭磁开关通知检修。

(7) 检查发电机电压升至80%额定电压时，按增磁、减磁按钮调节发电机电压至额定。

4. 励磁调节装置功能

（1）具有4种调节方式：电压调节、电流调节、无功调节、功率调节。

1）电压调节：维持发电机机端电压恒定。

2）电流调节：维持发电机励磁电流恒定。

3）无功调节：实现无功功率反馈和恒无功运行。

4）功率因数调节：维持发电机功率因数恒定。

（2）具有PID、PD、PSS、EOC、NEOC等多种控制规律。

1）PID控制：电压调节基本控制规律。

2）PD控制：电流调节基本控制规律。

3）PSS控制：电力系统稳定控制。

4）EOC控制：电力系统线形最优励磁控制。

5）NEOC控制：电流系统非线形最优励磁控制。

（3）装置配有断线保护、过励限制、顶值限制、低励限制、欠励保护、V/F限制、误强励保护、空载过压保护。

1）断线保护：当励磁PT和仪表PT均断线时，调节器转入电流调节方式。

2）过励限制：在强行励磁或励磁过电流达到允许时间时，自动将励磁电流限定在额定值。

3）顶值限制：强行励磁时，自动将励磁电流限制在允许的励磁顶值电流范围。

4）低励限制：发电机进相运行时，根据$P-Q$曲线进行最低励磁限制。

5）欠励保护：发电机进相运行时，当进相深度超过低励限制值时，自动增加励磁电流。

6）V/F限制：根据机组频率限制发电机励磁电流，防止低频过励磁。

7）误强励保护：非正常强励时，发出报警信号，并自动切除故障通道。

8）空载过电压保护：空载状态下发电机电压过高（大于130%）时，自动调整给定电压，使发电机电压保持在额定值运行。

5. 励磁调节装置运行方式（两套调节装置互为备用的运行方式）

励磁调节装置由两套完全相同的通道组成（两套励磁调节装置）在这种运行方式下，数字式励磁调节器采用全双机系统，主机和备用机是两台相同的数字式励磁调节器，接收同样的信号，进行同样的运算。主机在线运行时，只有主机发出的触发脉冲有效。在运行中主机因任何原因发生故障时，应能立即实现备用机的自动切换，使备用机进入在线控制。在正常运行情况下主机和备用机之间应能实现人工手动切换。互为备用的两套调节器在运行过程中随时有可能互相切换运行，为满足平稳切换的要求，两套调节器应互相跟踪工作状况，即备用机跟踪在线运行的主机的工作状况，而哪一套调节器作为主机在线运行又是随时可能变化的。

正常运行时，A套运行，B套备用跟踪。励磁调节方式在自动（电压调节）方式，当励磁PT和仪表PT同时断线时自动转为手动（电流调节）方式。

（二）发电机启动

1. 发电机的启动

（1）发电机开始转动即认为已带电压，任何人不得在发电机和其他连接的设备上

工作。

（2）发电机转速达到500r/min时，应检查发电机，声音是否有异常。

（3）当汽机转速升至1500r/min时，电气值班人员应检查接地碳刷和滑环测量碳刷是否跳动、卡涩、接触不良等现象，发电机声音、振动是否正常。

（4）发电机转速升至2000r/min时，应检查发电机振动情况，在垂直、水平、轴向3个方向不大于0.025mm，轴承温度应正常，冷却系统无漏风。

（5）发电机转速达到3000r/min时，应检查发电机声音是否有异常。

2. 发电机升压的注意事项

当汽机转速升至3000r/min时，即可按下启动电源按钮，对发电机升压，当定子电压升至80%左右时，检查定子三相电压平衡、定子电流指示为零、接地电压指示为零，按增磁按钮继续升压至6.3kV左右时再次检查发电机定子电流、定子电压、接地电压。

升压过程中如出现下列现象应停机检查：

（1）三相定子电流表有指示。

（2）定子三相电压不平衡。

（3）空载励磁电压、励磁电流升至额定值，而定子电压小于额定值。

（4）升压过程中发电机差动保护动作。

（5）升压过程中发电机定子接地信号报警。

（6）升压过程中发电机内部发出焦味、冒烟。

3. 发电机与系统并列

（1）发电机与系统并列必须满足的条件。

1）发电机频率必须与系统频率接近一致，误差不超过±5%～±10%，以发电机频率稍高于电网频率为好。

2）发电机电压必须与系统电压接近一致，误差不超过±0.2%～±0.5%。

3）发电机相位必须与系统相位接近一致，相位差不超过±10°。

4）发电机相序必须与系统一致。

（2）发变组自动准同期并列操作。

1）检查发电机励磁调节柜、功率柜内各开关、把手确已在规定位置。

2）合励磁交流输入开关、灭磁开关，按下启动按钮，发电机定子电压自动升至80%的额定值。

3）检查绝缘监察电压表无指示，按增磁按钮手动升压至额定值。

4）合上同期装置开关。

5）将手、自动准同期控制开关切换至自动位置。

6）投入101开关同期开关。

7）等待合单能线101开关。

8）恢复单能线101开关红灯闪光。

9）将自动准同期开关切至解除位置。

10）按规定增加无功负荷，联系汽机接带有功负荷。

11）通知值长，发电机已与系统并列，对发电机各部位进行一次详细检查。

(3) 发现下列任一情况禁止将发电机并列。

1) 同步表针转动过快或有跳动现象。

2) 同步表在“0”位不动。

3) 汽机转速不稳定。

4) 同步表回路检修过，但未核相。

5) 发变组开关拒动。

6) 同步表与同步继电器动作不一致。

7) 同时进行两项以上的操作。

8) 同期表投入时间超过 15min。

9) 在所有的同期开关中存在多只操作把手。

(4) 发电机并列成功后，立即加负荷至 500kW，同时将无功增加至 300kvar，负荷从零增加至额定数值时，须有一定的时间过程，速度不能过快，其原因如下：

1) 汽轮机要有足够的时间适应负荷状况，以免叶片受过大的应力。

2) 发电机定子电流应逐渐升高，使绕组和铁芯膨胀量相差不致太大。

3) 负荷增加速度过大，即蒸汽量增加太快，锅炉的气压和水位很难保持正常，很容易引起汽水共存现象，以致打坏汽轮机叶片或使冷凝器漏水，引起真空下降等不良后果。

(5) 发电机并入系统后，发电机负荷应根据汽轮机情况缓慢接带。

1) 在热状态或事故情况下，负荷增加速度不受限制。

2) 发电机接带负荷过程中，必须严密监视发电机温度、声音、自动装置的工作情况，以及功率因数表、功率表、电压表、电流表的指示情况。

(三) 变压器的投运

1. 主变、启备变的投运

(1) 新装或变动过内、外接线的变压器并列前须核相。

(2) 变压器试送电从装有保护较完备的电源侧进行。主变应先送高压侧，后送低压侧。(试送时主变低压侧应有足够的安全距离)。

(3) 新装或大修后的变压器，在投运前应以额定电压对变压器进行冲击试验 3～5 次，每次冲击都要注意变压器电流、声音、温度等的变化情况，如发现异常及时报告值长和生产部主管。

(4) 新装、大修或滤油后的变压器，瓦斯保护应接于信号运行 24h 后再改为掉闸。

2. 厂变的投运

(1) 两台变压器并列条件。

1) 连接组别相同。

2) 短路电压相等，允许相差±10%。

3) 变比相同，允许相差±0.5%。

4) 容量比不小于 1∶3。

(2) 新装或变动过内、外接线的变压器并列前须核相。

(3) 变压器送电应从装有保护较完备的电源侧进行，厂变送电应先送 6kV 高压侧，后送 400V 低压侧。停电顺序与此相反。

（4）新装和大修后的变压器，在投运前应以额定电压对变压器进行冲击试验3～5次，每次冲击都要注意变压器的电流、声音、温度等的变化情况，如发现异常应及时报告值长及生产部主管。

（四）继电保护的投入

1. 一般规定和要求

（1）运行和备用中的设备，其保护必须投入运行，严禁没有保护的设备投入运行。紧急情况下经值长批准，可停用部分保护，但两种主保护不得同时停用。

（2）正常情况下，保护和自动装置的投入、退出及方式的切换，应用专用压板和开关进行，不得随意采用拆接二次线头和加装临时线的方法进行。

（3）一次设备停电，保护装置和二次回路无工作时，保护装置可不停用，但其启动或跳其他运行设备的出口压板应解除。

（4）投入保护装置的顺序为：先投入直流电源，后投入出口压板；停用保护装置的顺序与之相反。

（5）保护装置投入跳闸出口压板前，必须检查信号指示正常，工作后的保护装置还应用高内阻电压表以一端对地测量子电压的方法验证保护装置确实未给出跳闸或合闸脉冲。

（6）由调度管辖的保护及自动装置的投入、停止以及方式的改变，均应根据调度员命令进行。但因故障需要立即处理者，可先行处理，但事后应向调度作详细汇报。

（7）由调度管辖的保护及自动装置定值的变更应按保护定值单及调度命令执行，完毕后应立即与调度核对正确无误。

（8）电流二次回路切换时，应停用相应保护装置，严禁操作过程中CT开路。

（9）运行中的保护及自动装置的电流二次回路的测量与试验工作应在端子排上进行，应做好防止电流二次回路开路的措施，工作结束后恢复。

（10）当电流二次回路工作后，应由检修人员确认二次回路极性正确后，方可投入相应保护。

（11）直流系统接地，不允许用拉合直流电源的方法查找带有继电保护、微机保护、集成电路保护的直流支路接地点。

（12）禁止在运行中的保护及自动装置回路上进行检修工作（使用携带型仪表的测量工作除外）。

（13）继电保护及自动装置二次回路的检修与试验工作，应填写第一、第二种工作票和试验联系单，事故抢修经值长同意的除外。

（14）检修的保护及自动装置的电源及压板由检修人员根据工作需要自行投、停，对运行设备有影响的，必须经运行人员同意后并由运行人员操作完成，检修工作结束后由检修人员将保护恢复到检修前状态。

（15）在运行中继电保护或自动装置上进行振动性质的任何工作时，应办理第二种工作票，并做好防止保护和自动装置误动的措施。

（16）继电保护及自动装置的检修与试验工作，应配合主设备的停电进行。只有在下列情况下，经值长同意方可对不停电设备的继电保护及自动装置进行检查和调试：

1）有两种以上的保护。

2）已有临时保护代替。

3）已批准退出运行的保护及自动装置。

4）事故情况下的检查与试验。

（17）继电保护及自动装置检修、试验后或保护方式改变时，应由检修工作负责人将变动情况详细填写在检修交代本上，运行班长应确认交代正确、清楚、完全，签名后方可投入运行。

（18）保护及自动装置定值的变更，由生产部主管负责下达定值更改通知单（必要时附图纸），由检修人员进行。定值变更后运行值班员与检修人员再次核对定值正确。

（19）运行中的继电保护及自动装置由值班人员进行检查与维护，检修人员定期进行检查。

（20）继电保护装置停役时，值班人员应根据继保人员的要求，做好必要的安全措施，并向检修人员交代清楚邻近带电运行设备情况。继电保护工作结束后，值班人员应向检修工作人员问清变动情况，检查核对保护压板断开或投入位置是否符合运行方式的要求，并及时拆除有关二次回路的安全措施。

（21）继电保护盘的前后，都应有明显的设备名称，盘上的继电器标示牌、压板，端子等均应有明显的标志，投入运行前，应由继电保护人员负责写明。

（22）运行中发现继电保护装置有缺陷时，应做认真的分析研究，决定是否将有关保护停用，并通知继电保护人员前来处理。

（23）继电保护装置的运行，必须与运行方式相配合，当运行方式改变时，值班人员应在值长的指挥下，根据有关规定改变继电保护压板或通知继保人员更改定值，并做好记录。

（24）电气运行人员必须充分了解各种电压互感器二次供电范围及负荷性质。当发现电压断线信号后应立即采取措施，特别对装有低电压跳闸的回路，应先将其相应的压板切除，然后检查电压断线原因并消除之。

（25）当电压互感器在运行中，如有必要进行拉合二次空开，在拉开空开之前，应将有关保护压板取下，合上空开后应检查保护正常后，方可将有关保护压板放上。

（26）运行中的继电保护装置每班应检查一次，检查内容如下：

1）继电器罩子是否盖好，继电器外罩和玻璃有无破碎。

2）保护装置上清洁，无灰尘。

3）低电压继电器应无抖动，时间继电器的动触点在零位，信号继电器应无掉牌，继电器无脱轴。

4）保护装置所属的熔丝、空开，压板等位置应正确，信号或电源监视灯应指示正常。

5）无过热异味或异声等不正常现象。

6）继电器接点的位置是否正常，接点不应发黑或烧毛，线圈温度是否正常。

7）二次回路连接片位置符合运行方式要求。

8）运行中常充电的继电器（或组件）应在励磁状态，且无异声。

（27）运行设备的继电保护，应注意保持清洁，进行定期清扫，做继电器清洁工作时，

应注意防止继电保护误动作，要谨慎小心，对继电器不可撞击。

(28) 值班人员应经常监视直流系统绝缘良好，防止因直流系统绝缘电阻降低或直流接地造成保护装置误动作。

(29) 遇继电保护动作跳闸，值班人员应检查何种信号掉牌，并在第二人复查后复归掉牌，做好记录，同时检查该套保护启动组件接点位置，以免接点卡住未及时发现而造成试送不成，甚至误判断为永久性故障。

(30) 电气值班人员应了解各种继电保护及自动装置的结构，简单工作原理，使用方法、整定值，能根据继电保护动作情况，正确处理事故，能分析和处理继电保护装置的异常情况。

(31) 主控室至少有一套符合现场实际的继电保护及自动装置的原理图或展开图以及整定记录卡片或记录簿。

(32) 值班人员应按下列周期，对继电保护及自动装置进行外部检查。

1) 主控制室内的继电保护及自动装置，除交接班前的一般检查外，每班要进行一次详细检查。

2) 配电室内的继电保护装置，结合巡回检查进行。

3) 设备投运、继电保护及自动装置投入前后。

4) 继电保护及自动装置动作后。

(33) 运行中变动整定值或连接片位置时，值班长应向接班值班长现场交代，后者也应按值进行现场交接。直到各班都知晓为止。

(34) 设备经检修后复役时，应会同检修人员对继电保护和自动装置进行检查和动作试验。

(35) 在改变一次系统运行方式时，必须同时考虑到二次设备和保护装置的配合。

(36) 在运行中由于配合运行方式，须调整保护定值或改变其运行方式，下列情况由运行人员执行，其余则由继电保护专责人员执行。

1) 通过连接片，切换片或开关改变继电保护或自动装置的运行方式。

2) 继电器上事先已由继电保护专责人员标明定值标记者。

三、发变组及配电设备正常运行与调整

(一) 发电机的正常运行方式

1. 发电机运行参数

(1) 发电机为隐极式三相同步发电机，由汽轮机驱动。

(2) 本发电机的冷却介质温度为 20～40℃，冷却水进水温度不超过 33℃，主厂房运转层标高为 8m。

(3) 发电机转向从汽机端看为顺时针方向。

(4) 为防止有害机体的轴电压和轴电流，采用电刷接地装置，使发电机大轴有良好的接地。

(5) 要求强励顶值电压不小于 2 倍，强励时间不小于 10s，不大于 20s。

(6) 发电机的空气冷却器最大允许水压为 392kPa (试验水压)。

（7）整套机组能承受基本裂度7度，按8度地震设防。

2. 发电机的正常运行方式

（1）发电机电压正常变动范围为±5%U_e，最高运行电压不得超过10%U_e。此时若功率因数不变，发电机额定出力不变。发电机U_e降低5%时允许定子电流升高5%I_e，如果发电机电压连续降低，则定子电流升高最多不得超过10%I_e，事故情况下，为了调整系统电压，允许发电机电压在±10%范围内变化，此时转子电流不得超过额定值。

（2）发电机无功调整原则：按发电机$P-Q$曲线带满无功负荷为止。

（3）发电机各相电流之差不得超过额定值的10%，同时任一相电流不得超过额定值，否则应降低发电机出力至允许范围内。

（4）发电机频率正常应保持在（50±0.2）Hz范围内，当变化范围不超过（50±0.5）Hz时，发电机允许带额定容量运行。

（5）空冷发电机的进风温度最低以空冷器不结露为准。发电机进风温度最高不超过55℃。

（6）当发电机进风温度高于额定值时参照表1-3-2进行负荷调整。

表1-3-2　　发电机冷却进风温度超过额定值时进风温度与定子电流的关系

发电机进风温度	定子电流的变化	发电机进风温度	定子电流的变化
额定进风温度为40℃	定子电流较额定值降低	超过额定值45～50℃	0%
超过额定值40～45℃	5%	超过额定值50～55℃	0%

注　发电机冷却进风温度最高不允许超过55℃。

（7）当进风温度低于额定值时，每降低1℃，允许定子电流升高额定值的0.5%，此时转子电流允许有相应的增加，但不应超过定子和转子温度计限额。发电机进风温度低于30℃时，静、转子电流不允许再升高。

（8）发电机定子绕组温升不得超过80℃（电阻温度计法），定子铁芯的温升不得超过80℃（电阻温度计法），转子绕组的温升不得超过90℃（电阻法）。发电机定子绕组测温点有6个，发电机运行中各部位允许最高温度参见表1-3-3。

表1-3-3　　发电机运行中各部位允许最高温度

发电机部位	允许温升/℃	允许最高温度/℃	测温方式
定子绕组	80℃	120℃	埋置测温元件
定子铁芯	80℃	120℃	埋置测温元件
转子绕组	90℃	130℃	电阻法
轴承	40℃	80℃	温度计法
轴承出油温度		65℃	

注　我国环境温度规定为40℃。

（9）发电机各轴承振动不得超过0.025mm。

（10）发电机轴承的进油温度为35～45℃，轴瓦的温度不超过80℃、出油温度不超过65℃。

（11）发电机功率因数变动时，应使其定子和转子电流不超过当时进风温度下所允许

的数值，可连续运行。

(12) 发电机功率因数一般不超过迟相的0.95发出感性无功，当自动励磁装置投入运行时，在必要的情况下，一段时间允许在迟相0.95～1范围内运行。发电机在运行中，若功率因数低于额定值时，值班人员须调整励磁，使发电机出力尽量带到允许值。

(13) 发电机在正常运行方式时，励磁方式为自动励磁，当功率因数波动过大时，应改为手动励磁方式。

(二) 发电机运行中检查与调整

1. 发电机运行中的检查

(1) 发电机无过热现象。

(2) 检查发电机冷却器、发电机出入口风温，并核对两侧入口风温差，应符合规定。

(3) 发电机各部清洁，温度及声音正常。

(4) 轴承应清洁无过热，振动在允许范围，绝缘垫应清洁，轴承绝缘良好。

(5) 电压互感器各部清洁，无渗油、无异味。绝缘子无裂纹、无放电现象。

(6) 发电机引出线无放电及振动现象，引线套管支持端子清洁无裂纹，无破碎现象。

(7) 发电机电流互感器套管清洁无裂纹，无放电现象。

(8) 控制室及导出全部二次回路应整齐、清洁。

(9) 所有发电机仪表及发电机定子线圈、铁芯和出入口风温每小时查一次，并且每小时记录一次。

(10) 每班都要对发电机进行一次检查。

(11) 当外部故障排除后，应对发电机各部进行一次检查，当发电机异常运行时应加强监视与巡查。

2. 发电机风温

(1) 发电机的进风温度应经常保持在20～40℃。最低温度以冷却器不凝结水珠为准，最高温度不超过55℃。

(2) 发电机的出风温度不作规定，但进出风温差应在20～30℃为宜。温差显著增大时，则表明发电机冷却系统不正常，应分析原因，采取措施予以清除。

3. 发电机绝缘的监视

发电机励磁回路绝缘电阻值大于0.5MΩ时为合格，用直流电压表法测量时记录转子电流，进出风温度，定子温度。应该注意的是：转子两点接地保护投入时，禁止切换励磁回路的对地电压。

4. 定子绕组短时过电流能力

发电机定子绕组不发生有害变形能承受短时过电流的时间见表1-3-4。

表1-3-4　发电机定子绕组不发生有害变形能承受短时过电流的时间

过电流时间/s	10	30	60	120
额定电流/%	226	154	130	116

5. 转子绕组短时过电压能力

发电机转子绕组不发生有害变形能承受短时过电压的时间见表1-3-5。

表1-3-5　发电机转子绕组不发生有害变形能承受短时过电压的时间

过电压时间/s	10	30	60	120
额定励磁电压/%	208	146	125	112

6. 汽轮机主气门关闭

当汽轮机主气门关闭时，发电机在正常励磁工况下允许以电动机状态运行时间不少于3min。

7. 机内空气相对湿度

装有空气净化装置及防潮电加热器，能保证机内空气相对湿度小于50%。

8. 发电机在下列情况下保证额定出力

(1) 空气冷却器冷却水温度为33℃时，发电机的额定出力为减去励磁功率后的净出力。

(2) 转子超速：120%额定转速，发电机转子能承受时间为2min。

9. 空气冷却系统

(1) 空冷器停用后，机组允许带额定负荷的时间不小于30s。

(2) 发电机空气冷却器用冷却水工作水压为0.18MPa，工作温度不大于33℃。空气冷却器设计压力为0.4MPa。

(三) 变压器的正常运行规定

(1) 变压器在环境温度不超过35℃的条件下，可按铭牌规范运行。

(2) 变压器运行中的允许温度，应按上层油温来检查，变压器上层油温最高不超过90℃，变压器上层油温升不超过50℃，为防止变压器油劣化过速，上层油温一般不宜经常超过85℃。

(3) 变压器外加一次电压可以较额定电压高，但不得超过各分接头额定电压的105%，不论电压分接头在任何位置，如果所加一次电压不超过其相应额定值的5%，则变压器的二次侧可带额定电流。

(4) 主变无风扇运行的最高负荷不得超过额定负荷的66.7%。如遇到下列情况之一者，则需开冷却风扇运行。

1) 变压器的负荷超过额定值的66.7%。

2) 变压器上层油温已超过55℃。

(5) 油浸风冷变压器当冷却系统发生故障切除全部风扇时，变压器允许带额定负荷运行时间见表1-3-6。

表1-3-6　油浸风冷变压器冷却系统切除后允许带负荷运行时间

空气温度/℃	-10	0	+10	+20	+30	+40
允许运行时间/h	35	15	8	4	2	1

(6) 变压器三相负荷不平衡时，应监视最大电流相负荷不超过额定值。

(7) 低压厂变的中性线电流不得超过变压器的低压侧额定电流的25%。

(8) 变压器可以在正常过负荷和事故过负荷的情况下运行。正常过负荷可以经常使用，事故过负荷只允许在事故情况下，如运行中的若干台变压器中有一台损坏，而又无备用时，则其余变压器允许按事故过负荷运行使用。变压器存在较大的缺陷时，如冷却系统不正常、严重漏油、色谱分析异常等，不准过负荷运行。

(9) 全天满负荷运行的变压器不宜过负荷运行，变压器过负荷运行时加强巡视，检查冷却系统是否全部投入，是否运行正常。

(10) 变压器经过事故过负荷以后，应将事故过负荷大小和持续时间记录在记录簿内。

(11) 变压器的正常过负荷允许运行时间见表1-3-7。

表1-3-7　变压器的正常过负荷允许运行时间　单位：h：min

过负荷倍数	过负荷前上层油温升/℃					
	18	24	30	36	42	48
1.05	5：50	5：25	4：50	4：00	3：00	1：30
1.10	3：50	3：25	2：50	2：10	1：25	0：10
1.15	2：50	2：25	1：50	1：20	0：35	—
1.20	2：05	4：40	1：15	0：45	—	—
1.25	1：45	1：15	0：50	0：25	—	—
1.30	1：10	0：50	0：30	—	—	—
1.35	0：55	0：35	0：15	—	—	—
1.40	0：40	0：25	—	—	—	—
1.45	0：25	0：10	—	—	—	—
1.50	0：15	—	—	—	—	—

(12) 干式变压器有局部放电值低，耐雷电冲击能力强，抗短路能力强、抗开裂性能好、过负荷能力强、噪声低、损耗低等优点。

(13) 干式变压器所带的冷却风机为惯流式冷却风机。当风机不开时，变压器可在额定容量下连续运行。当风机连续运行时，可以提高变压器额定容量的20%～50%，此时负载损耗增加0.5～1.0倍，阻抗电压也增加0.2～0.5倍。本厂风机数量×功率（W）＝6×80，风机电源交流220V。

(14) 标准型干式变压器不带外壳，保护等级为IP00。变压器投入运行后，不允许接触变压器。为了防止意外触电或滴水造成的变压器故障，本厂装配了IP20防护等级的外壳，外壳可靠接地。

(15) 为了便于观测，每台干式厂变都配有一只温控器。温度控制器的3个PT100热敏电阻埋设在3个低压线圈上端部，随着温度变化，自动监测低压线圈温升，并可以发出控制信号。温控器在－10～55℃的环境温度中工作。工作电源是AC220V、50Hz，电源可自变压器取或另设外部电源。测量温度范围是0～220℃。输出信号的触点容量为AC220V、3A。温控器具备启停风机、超温报警、超温跳闸等功能，厂家就以上各功能所

对应的温度值设定见表1-3-8。

表1-3-8 干式变压器温控器各功能所对应的温度值

名　称	出厂设置温度/℃	设定调节范围/℃
风机关	80	60～100
风机开	100	80～120
报警	130	110～150
跳闸	150	130～170

(16) 变压器投运后，所带负荷应有少到多逐渐增加，并应检查有无异常现象。

(17) 变压器退出运行后如不受潮，一般即可重新投运。如在高温下变压器发生凝露现象，应经干燥处理并确保绝缘电阻大于500MΩ后才能投运。

(18) 主变无载分接开关的运行切换。

1) 本厂主变属无载调压：即分接开关的调整必须在停电并作好安全措施的条件下进行。且每次调整分接开关三相调节挡数必须一致。

2) 主变无载分接开关的工作原理：本分接开关是单相分接开关，靠触头片改变变压器线圈匝数，来改变变压器的电压。

3) 主变无载分接开关的手动操作方法：在操作前必须保证变压器的高低压侧均从网路中切除且做好安全措施的情况下，方可操作分接开关，其操作可在变压器箱盖上进行。先拧下螺栓，将罩拿下，再将手柄杆立起，握住手柄杆旋转，这样定位件就随着上下移动，每转动四周定位件指示灯就会移动一个分接位置，这样就达到了改变电压的目的。

4) 每次调整后须测量线圈直流电阻、电压变比，工作人员还应做记录，并进行分析无误后方可投入运行。

(19) 启备变有载分接开关带负荷切换的使用。

1) 电动调节。

a. 正常调分头交直流电源均投入，手柄应取下。

b. 按下调分头按钮时，灯应亮，此时应松开按钮，分头切换到相邻一级灯熄灭。

c. 切换后应检查传递器指示位置正确，勿在过桥位置。

d. 切换过程中失去电源，切换器停留在中间位置，应立即恢复电源，使其自动向增的方向回到相邻一级。

e. 若切换过程中机构卡住，信号灯熄灭，传递器不转。应立即断开电源，手动进行调整。

2) 手动操作。

a. 断开直流电源。

b. 将手动摇柄插入并卡住卧轴上的销子。

c. 启备变有载调压升压调节为顺时针，降压调节为逆时针，共分17级，每转动33周切换一级。

d. 启备变有载调压范围为(37±8×1.25%)kV，每级调节范围为1.25kV。

e. 切换后应检查传递器的位置指示正确。

3) 有载调压控制器每半年应检查调试一次(包括检查控制电缆的绝缘)及时排除故障，开关每切换2000次要检查一次。

（四）变压器运行中的检查

1. 变压器的正常检查项目

（1）声音、气味是否正常，油位、油色、温度是否正常。

（2）防爆膜是否完好，呼吸器内吸潮剂潮解不超过2/3。

（3）气体继电器内应充满油、无气体。

（4）冷却系统是否正常。

（5）接头是否紧固，有无发热，永久接地线有无松动断裂。

（6）卵石池内应清洁无杂物，基础无下沉。

2. 特殊巡视检查

（1）变压器发生内部故障后，应立即检查整体有无位移，外壳有何异常，是否喷油。

（2）大风时检查引线摆动是否过大，地上有关杂物应采取措施防止刮到设备上。

（3）雷雨冰雹时，应检查有无放电痕迹，瓷质部分有无破损，基础有无下沉，避雷器计数器有无动作。

（4）浓雾毛雨时，检查瓷质部分有无严重放电。

（5）下雪时检查设备积雪情况，接头落雪后是否立即融化。

（6）天气突然变冷时检查油位下降情况，引线是否过紧。

（7）过负荷时应检查温度变化情况，接头有无发热。

（8）人员应根据盘上的仪表监视变压器运行情况。每小时抄表一次，运行或热备用中的变压器每班至少巡查一次。对新安装或大修后投入运行的变压器以及特殊情况应根据需要增加巡查次数。

（五）配电装置的正常运行与维护

1. 系统的接线方式

（1）现有出线为#1发电机经#1发电机601刀闸、#1主变、#1主变101开关、#1主变101-1刀闸接至单县变110kV系统。

（2）发电机出线经#1发电机601刀闸、#1电抗器602开关与#1电抗器连接，#1电抗器经#1电抗器603开关连接厂用6kV母线。

（3）单城变电站35kV系统经起备变0301开关、起备变、起备变备0601开关连接至6kV母线，作为厂用6kV母线的备用电源。

（4）厂用6kV母线接有#1低厂变、#2低厂变、低备变、燃料变、化水变，分别通过#1低厂变变410开关、#2低厂变变420开关、低备变备400开关、化水变化430开关、燃料变燃440开关与400V厂用母线Ⅰ段、400kV厂用母线Ⅱ段、400kV厂用备用母线、400V燃料段、400kV化水段连接。

2. 系统的正常运行方式

（1）正常运行方式。#1发电机运行通过#1发电机机601刀闸、#1主变、#1主变101开关、#1主变101-1刀闸与单县变110kV系统并网。

（2）厂用电运行方式。

1）6kV厂用母线由#1电抗器从#1发电机出口受电，带#1炉吸风机、送风机及

＃1厂变、＃2厂变、化水变、燃料变、低备变、＃1、＃2给水泵等负荷。6kV厂用电系统设有备用电源快切装置。

2）6kV厂用母线备用电源由起备变来，DCS合6kVⅠ段的备用进线0601开关时必须确认工作进线603开关在分闸状态。

3）400VⅠ、Ⅱ段母线的A半段工作电源各取自＃1、＃2厂变。400V燃料段母线A半段工作电源取自燃料变。400V化水段母线A半段工作电源取自化水变。上述各厂用母线B半段连接400kV备用母线，备用电源取自低备变，并设有备用电源自投。各母线甲乙半段设置有联络刀闸，正常运行时联络刀闸在合位。各个厂用母线由工作电源供电，设有备用电源自投装置。

3. 110kV SF_6 断路器的一般规定

(1) SF_6 断路器不允许带负荷手动合闸。装有手动合闸机构者可以带负荷手动合闸。操作时应迅速果断。而手动跳闸只有在下列情况方可使用：

1）设备必须立即停止运行，而电动操作失灵者。

2）发生人身或设备重大事故需紧急停电者。

(2) SF_6 断路器中 SF_6 气体含水量，投入后一般每3个月复核一次，直至稳定。运行后每年检测含水量一次。SF_6 气体含微水量，运行中微水分值应小于300mg/L（20℃）。

(3) 正常运行中的检查。

1）开关附近无影响安全的杂物，开关分合位置指示正确。

2）开关触头接触良好，无发热现象。

3）套管无裂纹、无放电痕迹。

4）开关在遮断短路故障后，如有异常情况应联系检修人员检查。

5）内部无放电、异音。

6）引线接头牢固可靠，无过热现象。

7）检查 SF_6 开关的 SF_6 气体压力值，并与表核对。

4. 35kV、6kV手车式开关柜的运行

(1) 当开关柜安装完成后，检查开关室内及设备上无杂物，设备外观完好。

(2) 手车式开关的调整与使用。

6kV手车在试验位置与工作位置之间移动时，必须处于分闸状态，其操作机构处于脱扣状态。试验位置和工作位置都能可靠动作，且保证断路器处于工作位置时，接地开关不能闭合。

(3) 真空开关、抽屉式开关和熔丝式刀闸检查项目。

1）真空包无异常、限流熔丝完好安装正确。

2）瓷瓶及本体清洁、无破损、放电、过热现象。

3）接触紧固，无过热烧毛现象。

4）操作机构完好，分合闸指示与实际相符，无严重锈蚀漏雨现象。

5）灭弧罩完好。

5. 母线和隔离手车的运行

(1) 操作机构操作时，带动其中一极的一个瓷柱转动（90°），另一个瓷柱由交叉连杆

转动，同时反向转动（90°），于是闸刀便向一侧方向断开或闭合。另外两极则由该极的连杆联动，进行分、合闸。

（2）电磁锁的使用：当控制回路给出信号后，操作人员用食指掀压电磁锁的操作杆，锁内辅助接点导通，同时用拇指扳动操作杆上的上端压板，即能将锁舌拉出，实现解锁，这时操作人员用另一只手转动隔离开关机构手柄旋转180°，电磁锁的锁舌自动插进主轴上的锁板缺口内被卡块挡住，使机构手柄不能继续或往返动作，从而使它经分或合后的隔离开关，实现连锁防误操作的目的。

为了处理紧急情况，电磁锁正前部有一紧急解锁孔，万一发生电磁铁失去电源需打开锁舌时，只需将配用的特制钥匙插入孔内逆时针转动30°即可操作杆，实现解锁。

（3）对运行中的母线与闸刀的检查。

1）接头温度不得超过70℃。

2）母线不发生振动。

3）瓷瓶干净无破损。

（4）如发现母线或其接头温度高，应迅速采取措施，减少负荷，如已烧红，应倒换运行方式，停止其运行。

（5）回路中未装设开关时，可使用隔离手车进行下列操作：

1）电网无接地故障时，拉合电压互感器。

2）在无雷电活动时拉合避雷器。

3）拉合110kV及以下母线和直接连接在母线上的设备的电容电流。

4）电网无接地故障时，拉合变压器中性点接地刀闸。

5）与开关并联的旁路刀闸，当开关合好时，可以拉合开关的旁路电流。

6）拉合励磁电流不超过2A的空载变压器和电容电流不超过5A的空载线路。

7）电压在10kV及以下，电流不超过70A的环路均衡电流。

（6）操作隔离手车必须遵守电业安全操作规程，使用合格的安全用具。刀闸合闸后，必须检查接触良好。

（7）隔离手车拉不开，不可冲击强拉，应查明原因，消除缺陷后，再进行拉闸。

（8）严禁带负荷拉合隔离手车。

1）禁止解除手车与相应开关的连锁装置，以防误操作。

2）若误合上手车发生接地或短路，不许拉开该手车只有用开关切断电流后，才能再将手车拉开。

3）若误拉开手车，禁止再合上，只有用开关将电路切断后，才能再将手车合上。

4）送电操作时，先合电源侧，后合负荷侧，最后合开关，停电时，则相反。

（9）发现隔离手车过热，应报告主值值长，设法尽量减少其负荷电流。如隔离手车与母线连接，应尽可能停止使用。只有在不得已的情况下，当停用该手车会引起停电时，才允许暂时继续运行，但此时应设法减轻其发热，并每半小时检查一次，加强监视，如为出线侧手车，则可降低负荷，继续运行，但仍应加强监视。

（10）当开关室温度超过35℃时，应开启通风扇。

6. 低压配电装置的运行

（1）低压抽出式开关柜的抽屉单元有可靠的机械连锁机构，通过操作手柄控制，具有明显准确的合闸、试验、抽出和隔离位置。

（2）抽出式 MCC 柜操作注意事项。

1）抽屉底部机构应正确插入导向件后，才能向柜内推动，否则将会发生损坏抽屉或拉不来等现象。

2）8E/4 和 8E/2 抽屉面板上的符号标志和作用：从分断位置“0”到工作位置“1”的箭头表示为：先将操作手柄向里推进后再手柄从“0”旋转到“1”即可。返回时不须推进，只需将手柄从“1”旋向“0”，放手后，手柄自动弹出。

3）8～24E 抽屉面板上的符号标志和作用。当手柄达到工作位置时，机构对主开关解除闭锁，这时主开关可以分闸或合闸操作，但是当主开关合闸后，连锁机构的手柄不能操作。在符号标志的右下角右一塑料盖，这是门的解锁机构，操作过程如下：当抽屉在工作位置时，如果要开门，则先将小盖拔出，然后用螺丝刀插入孔中向下移动锁扣即可开门，开门后务必将塑料小盖盖上，否则将破坏原有的防护等级。

（六）继电保护的运行

1. 保护装置在运行中的检查和维护

（1）运行人员在交接班和巡视检查时，对保护和自动装置应做如下检查：

1）装置的外壳应清洁完整，无过热及振动情况。

2）装置的接线应牢固，插头插座接触良好。

3）保护压板的投退位置和信号装置指示正确。

4）室外端子箱内外清洁，关闭良好，接线良好，无受潮生锈现象。

（2）当系统和主设备发生事故异常时，值班人员应立即进行下列工作：

1）查明发出哪些保护动作信号。

2）查明哪些开关掉闸和自动合闸，哪些红灯、绿灯闪光。

3）查明保护装置动作是否正确。

4）将上述各种情况及时汇报值长，配合其他岗位人员正确处理事故，并及时、正确、完整地做好记录。

（3）差动瓦斯保护及汽机跳闸等重要保护动作后，必须经值主值和值长认可后方可恢复。

（4）当一次系统发生事故，保护拒动时，值班人员应手动掉闸。

（5）当发电机转子发生固定性一点接地时，值班人员应立即汇报值长及总工，投入转子两点接地保护。

（6）保护的整组试验由检修班人员进行，值班人员配合，定期联动试验由运行人员进行，发现问题通知电气检修班人员处理。

（7）值班人员应经常用鸡毛掸子或绝缘毛刷清扫保护及自动装置外壳，以保持清洁，但必须注意安全，以防误动而引起不必要的人身事故或设备事故。

2. 发变组的保护

（1）发变组保护概况见表 1－3－9。

表 1-3-9　　发变组保护概况

<table>
<tr><th>保护名称</th><th>变比（U、I）</th><th colspan="2">整定值</th><th>动作时间/s</th><th colspan="2">动作情况</th></tr>
<tr><td>单相定子接地保护（90%）</td><td>$(6/\sqrt{3})$kV/$(0.1/\sqrt{3})$kV</td><td colspan="2">20V</td><td>1.0</td><td colspan="2">发信号</td></tr>
<tr><td rowspan="3">失磁保护</td><td rowspan="3">$(6/\sqrt{3})$kV/$(0.1/\sqrt{3})$kV</td><td rowspan="3" colspan="2"></td><td>0</td><td>T1</td><td>全停</td></tr>
<tr><td>1.5</td><td>T2</td><td>全停</td></tr>
<tr><td>7.0</td><td>T3</td><td>全停</td></tr>
<tr><td rowspan="3">发电机复合电压闭锁过电流</td><td rowspan="2">$(6/\sqrt{3})$kV/$(0.1/\sqrt{3})$kV</td><td>低电压</td><td>60V</td><td rowspan="3">2.0</td><td rowspan="2">T1</td><td rowspan="2">发信号</td></tr>
<tr><td>负序电压</td><td>6V</td></tr>
<tr><td>4000A/5A</td><td>过流</td><td>6A</td><td>T2</td><td>全停</td></tr>
<tr><td>发变组纵联差动保护</td><td>4000A/5A</td><td colspan="2"></td><td></td><td colspan="2">全停</td></tr>
<tr><td>转子一点接地</td><td>—</td><td colspan="2">20kΩ</td><td>—</td><td colspan="2">发信号</td></tr>
<tr><td>转子两点接地</td><td>—</td><td colspan="2">—</td><td>1.0</td><td colspan="2">全停</td></tr>
<tr><td rowspan="2">对称过负荷</td><td rowspan="2">4000A/5A</td><td>定时限</td><td>5.0A</td><td>4.0</td><td rowspan="2" colspan="2">发信号</td></tr>
<tr><td>反时限</td><td>5.2A</td><td>0.1～72.0</td></tr>
<tr><td rowspan="2">横差保护</td><td rowspan="2">800A/5A</td><td>灵敏段</td><td>1.5A</td><td rowspan="2">0.1</td><td rowspan="2" colspan="2">全停</td></tr>
<tr><td>次灵敏段</td><td>4.3A</td></tr>
<tr><td>主变中性点间隙电压</td><td>$(110/\sqrt{3})$kV/$(0.1/\sqrt{3})$kV</td><td colspan="2"></td><td></td><td colspan="2">全停</td></tr>
<tr><td>励磁变速断</td><td>150A/5A</td><td colspan="2">6.87A</td><td>0</td><td colspan="2">全停</td></tr>
<tr><td>励磁变过流</td><td>150A/5A</td><td colspan="2">3.44A</td><td>0.5</td><td colspan="2">全停</td></tr>
<tr><td>主变油温</td><td></td><td colspan="2">—</td><td>—</td><td colspan="2">发信号</td></tr>
<tr><td>主变油位</td><td>—</td><td colspan="2">—</td><td>—</td><td colspan="2">发信号</td></tr>
<tr><td rowspan="2">主变气体保护</td><td rowspan="2">—</td><td rowspan="2" colspan="2">—</td><td rowspan="2">—</td><td>轻气体</td><td>发信号</td></tr>
<tr><td>重气体</td><td>全停</td></tr>
<tr><td>主变压力释放</td><td>—</td><td colspan="2">—</td><td>—</td><td colspan="2">发信号</td></tr>
<tr><td>主变高压侧相间过流</td><td>300A/5A</td><td colspan="2">4.4A</td><td>1.7</td><td colspan="2">全停</td></tr>
<tr><td>主变高压侧零序过流</td><td>300A/5A</td><td colspan="2">6.8A</td><td>1.0</td><td colspan="2">全停</td></tr>
<tr><td>主变高压侧间隙过流</td><td>100A/5A</td><td colspan="2"></td><td></td><td colspan="2">全停</td></tr>
<tr><td>主变高压侧间隙过压</td><td>$(110/\sqrt{3})$kV/$(0.1/\sqrt{3})$kV</td><td colspan="2"></td><td></td><td colspan="2"></td></tr>
<tr><td>主变过流启动冷却器</td><td>300A/5A</td><td colspan="2">2.2A</td><td>4.0</td><td colspan="2">启动冷却器</td></tr>
<tr><td>主变过负荷</td><td>300A/5A
$(110/\sqrt{3})$kV/$(0.1/\sqrt{3})$kV</td><td colspan="2">3.7A</td><td>4.0</td><td colspan="2">发信号</td></tr>
<tr><td>TV 断线</td><td>—</td><td colspan="2">—</td><td>—</td><td colspan="2">发信号</td></tr>
</table>

注　全停表示断开主变高压侧 101 开关，厂用电抗器 602 开关、6kV 工作进线 603 开关，灭磁开关，关闭主气门，发信号，启动厂用分支切换。

（2）发电机或主变保护运行时的注意事项。

1）发电机不允许无励磁运行、灭磁联跳压板应投入。

2）主变重瓦斯压板可投跳闸或信号。

3）转子二点接地保护动作跳闸。

（3）进行下列工作时应将重瓦斯保护切换片投至信号位置。

1）变压器运行中滤油或经滤油，换油处理后。

2）变压器运行中注油。

3）进行呼吸器畅通工作或更换吸湿剂。

（4）上述工作结束须将重瓦斯保护切换片投入跳闸位置，但应满足用高内阻电压表测量切换片两端无电压的条件。

3. 启备变保护

启备变保护概况见表 1-3-10。

表 1-3-10　　启备变保护概况

保护名称	整定值	动作时间/s	投/退情况	动作情况
差动	$6I_e$	0	投入	0301 开关/0601 开关跳闸
高压侧相间过流	2.2A	1.7	投入	0301 开关/0601 开关跳闸
高压侧过负荷	$1.05I_e$	4	投入	信号
高压侧接地	15V	0.2	投入	信号
低压侧接地	15V	0.2	投入	信号
过流闭锁调压	$1.00I_e$	4	投入	信号
低压侧相间过流Ⅰ段	13.4A	0.6	投入	0601 开关跳闸
低压侧相间过流Ⅱ段	4A	1.4	投入	0601 开关跳闸
差流越限	—	—	投入	—

4. 厂变保护装置及整定值

略。

5. 高压电动机保护

略。

6. 110kV 线路保护装置及其整定值

略。

7. 电抗器的保护及其整定值

略。

（七）直流系统的运行

1. 直流系统的正常运行

（1）直流母线由浮充硅整流装置和蓄电池供电。蓄电池组正常在浮充方式下运行。

（2）直流母线装设绝缘监测装置和监控装置，其装置开关 QK1 和 QK2 在合。

（3）正常运行时浮充硅整流装置电源取自厂用 400VPCⅠ段和Ⅱ段，充电机输入开关 QF1 和 QF2 在合，充电机输出开关 QF3 在合位置供直流母线运行。浮充硅整流装置与蓄

电池间联络开关 QK4 在分，蓄电池充放电开关 QF4 在合。

（4）直流母线上各路电源开关均应投入。

（5）直流系统的一般规定。

1）直流母线电压保持在 230～235V 之间。

2）直流系统对地绝缘电阻应用 500V 摇表测量，其值不小于 1MΩ，不允许测相间绝缘。不能用摇表测充电机的绝缘。

3）热工直流电源的停、送电由热工人员联系。

4）蓄电池充放电操作及维护，浮充硅装置的调整由检修负责。

5）充电模块，具有均衡充电、浮充电两种充电功能。

（6）蓄电池运行注意事项。

1）蓄电池避免阳光直射，远离热源和易产生明火的地方。

2）蓄电池可在环境温度为－15～45℃范围内正常工作，适宜工作温度为 5～45℃，蓄电池室内应配备必要的调温、通风设施，保持清洁、干燥。

3）蓄电池室地面应具有足够的承载能力。

4）蓄电池之间，蓄电池组之间及蓄电池组与直流屏之间连接应合理方便，电压降尽量小。不同容量、不同批次、不同性能的蓄电池组不能串联使用。

5）蓄电池组放充电活化由检修人员负责，电气运行人员负责操作和平时的巡视检查、试验及调整。

6）在蓄电池充电过程中，严禁明火靠近。在蓄电池上工作，最好使用绝缘工具，如使用金属工具，要特别注意防止造成短路。

7）蓄电池的标称电压为 2.0V，浮充运行时，环境温度在 25℃时，其浮充电压每只控制在 2.22～2.24V 范围内，其浮充电流控制在 0.25A 以内。当环境温度变化时，应适当调整浮充电压。

8）蓄电池组额定电压为 220V，浮充运行时，直流母线电压可允许高于额定电压的 3％～5％。

9）当直流母线电压低于（198±2）V 时，直流母线欠压报警。当直流母线电压高于（242±2）V 时，直流母线过压报警。

10）当直流系统接地绝缘低于允许值时，绝缘控制装置发接地报警信号，读出接地极性，找到接地回路号。

11）正常充电时，采用恒压限流充电法，浮充作用的蓄电池充电电压为单体 2.30～2.35V。循环使用的蓄电池，充电电压为单体电池 2.35～2.40V。初始充电电流一般不大于 $1I_{10}$（10h 率放电电流）（50A）。

12）充足电的判断，充电末期 3h 充电电流基本稳定。充电时间为 18～24h（非深放电时充电时间可缩短）。

13）蓄电池放电瞬间最大电流不大于 $20I_{10}$（1000A）连续最大放电电流不大于 $10I_{10}$（500A），正常放电电流不大于 $1I_{10}$（50A）。

14）补充充电，蓄电池在运输存放和安装过程中，会自动放电损耗一部分电量，因此，投入前应对蓄电池组进行补充充电。初始充电电流不大于 $1I_{10}$（50A），单体电池的充电电压为2.30V时充电时间为24h，单体电池的充电电压为2.35V时充电时间为12h。上述充电时间是指环境温度为20～30℃时，如果环境温度下降，则充电时间应适当增加，反之则适当缩短充电时间。

15）均衡充电，先按补充充电的方式方法和参数进行充电。结束后静置1h，然后再充电3h重复两次。有下列情形之一者，须进行均衡充电。

a. 浮充运行的蓄电池组中，有2只以上蓄电池浮充电压低于平均电压0.1V。

b. 再循环充放使用的蓄电池组中，充电后个别蓄电池电压低于2.10V。

c. 蓄电池放电后未及时充电。

d. 蓄电池搁置停用超过3个月。

2. UPS的运行

（1）为了不间断向重要负荷供电，本系统由3个电源向配电柜供电，即UPS主回路、蓄电池供电回路和旁路回路。正常运行时由主回路向UPS供电，即由主回路提供380V三相交流电源，经整流滤波后将纯净的直流送入逆变器，再转变为稳频稳压的工频交流电，经静态开关向负荷供电。当主回路发生故障时，逆变器利用直流不间断的对负荷供电。当过载、电压超限、逆变器发生故障或整流器意外停止工作而蓄电池放电至终止电压值时，交流输出开关在3ms内将负荷转换至旁路回路，由旁路供电，为了提高供电的可靠性，设置了具有先合后分功能的手动旁路开关，以保证在检修不停电电源时，不间断地向负荷供电。

（2）本厂UPS装置设置了三路电源：工作电源，交流旁路电源，直流电源。分别接自厂用400V母线Ⅰ段、厂用400V母线Ⅱ段、直流母线。正常情况下，UPS装置由工作电源供电，直流电源和旁路电源处于自动备用状态。

（3）正常运行模式下、电池运行模式下和旁路运行模式下，旁路开关Q050切换至AUTO位。当正常运行模式下工作电源故障后，Q050开关将自动切换至电池运行模式，向UPS供电。蓄电池放电至终止电压值时，Q050开关在将负荷转换至旁路运行模式，由旁路供电。

四、发变组解列及配电装置停运

（一）发变组解列的准备与操作

1. 发变组解列的准备

（1）发变组解列须按值长命令进行，并应提前填写好操作票，按操作票所列步骤进行操作。

（2）发变组解列前将厂用电源由运行机组倒至备用电源运行。

2. 解列操作步骤

（1）得到值长的命令。

（2）将有功负荷降至零。

（3）降无功接近于零。

（4）拉开主变101开关。

（5）按逆变灭磁按钮使发电机电压降至零。

(6) 拉开发电机灭磁开关。

(7) 拉开主变 101－1 刀闸。

(8) 操作完毕后，汇报值长。

3. 停机后工作

(1) 停机后对发电机、开关、刀闸进行全面检查，并摇测绝缘电阻，记录发电机定子和环境温度。

(2) 发电机正常运行时有功负荷减不到零时，禁止解列开关。

(二) 励磁装置退出运行操作原则

(1) 发电机事故情况下，发电机保护动作，灭磁开关跳闸，发电机自动灭磁。正常情况下，将发电机有功和无功降至零，拉开发电机出口开关，按逆变灭磁按钮使发电机电压降至零。拉开灭磁开关。

(2) 励磁调节装置的停电步骤。

1) 检查励磁交流输入开关在断。

2) 断开励磁调节装置功率柜上风扇电源开关。

3) 断开励磁调节装置交流电源开关。

4) 断开励磁调节装置直流电源开关。

(三) 配电装置的停运

1. 配电装置停运前的准备

(1) 申请停电已经得到上级领导的批准。

(2) 停电操作票已经准备好。

(3) 停电措施已经准备好。

2. SF_6 断路器的停运

(1) 检查气体密度控制器，当低于 0.43MPa 时禁止分闸。

(2) 检查停运操作票合格并符合实际情况。

(3) 按照操作票的要求远方或者就地断开断路器。

(4) 断开线路隔离开关。

(5) 检查相关表记已归零。

(6) 去现场检查设备已断开。

(7) 如果有相关检修应合接地刀闸或挂接地线。

3. 35kV、6kV 真空开关的停运

(1) 检查操作票符合要求。

(2) 检查开关储能指示灯亮。

(3) 按照操作票的要求远方或者就地断开断路器。

(4) 检查开关柜指示灯给绿色。

(5) 检查电流表归零。

(6) 断开控制回路空开。

(7) 将开关摇至试验位置，拔下二次插头。

(8) 如果检修将开关摇至仓外并合上接地刀闸。

4．400V 智能型万能开关的停运

（1）所需电源的倒送电已经结束。

（2）检查开关已储能。

（3）就地或者 DCS 断开断路器。

（4）检查开关指示断开状态。

（5）将开关摇至分离位置。

第二章　生物质发电机组维护

第一节　锅炉及其辅助设备维护

一、锅炉维护

(1) 锅炉运行中，每小时应对设备进行巡回检查一次，异常情况应增加设备检查次数。如发现有不正常情况，应查明原因，采取措施消除。若缺陷暂时不能处理，应通知检修负责人，并须加强监视，采取必要措施，防止发生事故。

(2) 锅炉设备的检查、试验及定期工作的项目、周期应按《设备定期轮换、试验与维护制度》执行。

(3) 运行人员须准时按规定的项目认真地抄表及填写有关的记录。

(4) 必须经常保持现场清洁，做到无杂物、无积灰、无积水、无油垢。

二、停炉后的冷却、保养

1. 停炉后的降压冷却

(1) 当锅炉还有压力，各辅机电源未断电时，各测量仪表及远方操作机构的电源均应投入，并有专人监视。

(2) 若料仓内仍储备有一定燃料时，应注意监视料仓温度；当料仓温度不正常升高时，应根据升温情况及时注入消防水。

(3) 停炉 10h 以内，应关闭所有人孔门，看火孔，检查孔及各烟道挡板，以免锅炉急剧冷却。

(4) 停炉 10h 后，开启除渣门、烟、风挡板进行自然通风，并放换水，之后每 2h 放换水一次。

(5) 停炉 16～18h，若需加速冷却，可启动吸风机，打开各人孔门、检查孔、看火孔进行通风。

(6) 在冷却过程中，应严格监视汽包壁温差不得超过 40℃，否则，应采取必要措施延长冷却、降压时间。

(7) 当压力降至 0.1～0.2MPa 时，开启锅炉空气门及点火排气门。

(8) 当压力降至 0.1MPa、汽包水侧温度低于 130℃时，可将炉水全部放掉。

(9) 当锅炉处于冷状态时，联系汽机将转动机械电源切断。

(10) 当锅炉热备用时，应紧闭所有孔门挡板，尽量减少气压的下降。

（11）当锅炉有缺陷，须加速冷却时，应由总工程师批准。

2．停炉后的保温

（1）锅炉采用热空气通风来实现锅炉保温，此时承压部件带压。烟道同时也进行保温。

（2）借助一个辅助蒸汽锅炉，使低压空气预热器循环回路和给水箱投运。

（3）必须打开引风机的入口挡板。

（4）除尘器可以在保温范围之内，也可以在保温范围之外。建议把除尘器包含在保温范围之内。

（5）送风机低速运行。

（6）关闭二次风、播料风及和上二次风的挡板。

（7）炉排风的挡板用来控制空气流量。设定的空气流量要能够保持第一级过热器出口烟道的温度（设定值大于110℃），以维持锅炉内的压力。

3．停炉后的保护

停炉后采用干保护法（余热烘干法）。干保护法适用于长期备用的锅炉，锅炉机组按滑参数停炉曲线降温降压；待锅炉熄火，汽机停机后，气压逐渐降至0.5～0.8MPa时，全开锅炉定期排污门、省煤器放水门，所有疏水门。待汽包压力降至0.1～0.2MPa时，开启所有空气门，严密关闭锅炉所有孔、门、风挡板。利用炉膛的余热将受热面内壁烘干。在锅炉降压过程中，严格控制汽包壁温差不超过40℃，备用中应保持锅炉排烟温度不低于120℃，不允许高于150℃。

4．停炉后的防冻

（1）冬季停炉后，必须监视锅炉房各部温度，对于室外设备，或温度在0℃以下时，必须对设备做好防冻工作。尤其对带汽、水的设备更应注意，以免冻坏设备。

（2）为防止停用的锅炉设备及露天设备结冰应采取下列措施：

1）关闭锅炉房的各部门窗，并加强室内的取暖，维持室温经常在10℃以上。

2）备用锅炉的各孔门及挡板应严密关闭，检修的锅炉，应有防止寒风侵入的措施。

3）如炉内有水，当炉水温度低于10℃时，应进行上水与放水，必要时，可将炉水全部放掉。

4）锅炉检修或长期备用，热工仪表导管有冻结的可能时，应通知热工人员将导管积水放净，或增加蒸汽伴热装置，运行中锅炉仪表导管在室外时，也应加装蒸汽伴热装置。

（3）轴承冷却水门应关小，使冷却水畅通。必要时，应将轴承及冷却水管中的积水排净。

5．停炉后的保养

（1）锅炉停运后保养。锅炉包括高压空气预热器—烟气冷却器系统。锅炉长期停运时（大约超过一周），锅炉系统必须放水，并吹入干燥空气以保持干燥。例如，干燥空气可以送到主汽阀前，通过疏放水阀和空气门排出。

（2）低压空气预热器—烟气冷却器系统停运后保养。如果给水系统放水，则低压空气预热器—烟气冷却器系统也必须放水，并通过吹送干燥空气以保持干燥。干燥空气可以引到给水箱，通过疏水阀和空气门排出。

（3）烟气系统停运后保养。锅炉长期停用时，必须将烟气系统的积灰清理干净。积灰

应该有吸湿性。烟道可以采用高压水清洗。炉膛内的受热面建议采用空气吹扫。这可以防止炉排上和下面的风箱积水。第二回程、第三回程及第四回程的清理可以采用空气吹扫或高压水冲洗。例如：利用低压空气预热器所产生的热空气对系统进行干燥。锅炉长期（超过一个月）停用时，应考虑采用干燥空气保护烟气系统。

（4）设备停运后保养。长期停用时，各种设备都可能需要保护。重新启动时，需要检查转动部件。电力设备和电动机通常也要跟随给予相应保护。

三、转动机械的维护

（1）每小时检查转动机械的运行情况。

1）应无异音和摩擦现象。

2）轴承油位计不漏油、指示正确，油位正常（不得超出上、下极限），油质合格。

3）轴承冷却水充足，排水管畅通。

4）轴承温度正常，振动、串轴不超过规定值。

5）安全遮拦完整，地脚螺丝牢固。

6）传动皮带完整，无跑偏及脱落现象。

（2）电动机接地线良好，地脚螺丝牢固，振动及温度在规定范围内。

（3）转动机械的主要安全限额。

1）滚动轴承温度不许超过80℃。

2）滑动轴承温度不许超过70℃。

3）润滑油温度不许超过60℃。

4）轴承振幅不许超过0.1mm。

5）串轴不大于2～4mm。

（4）转动机械轴承所使用的润滑油的标号和质量应符合要求。

四、气力除灰系统

（1）定期监视动力风机的压力和电流。该参数已由PLC系统实时监测，但操作运行人员必须定期观察其仪表和有关信号，防止长期脱岗，造成事故扩大。原则上每小时须观察3～5次有关仪表、参数及信号。由此可以判定系统是否处于正常运行状态。

（2）定期巡查落灰管道、除尘器下电动给料机。

1）巡查落灰管主要是确定落灰情况。一般采取用手试温度和敲击听声的方法检查。

2）系统投运初期，每小时巡查一次。系统运行24h后，每班巡查二次。

（3）定期巡查灰库除尘器。除尘器的巡查间隔，在启动初期，每两小时巡查一次；正常运行24h后，每班巡查二次。除尘器有故障（特别是鼓胀和外泄漏故障）时必须紧急停机。因此对它的巡查必须及时到位，防止事故扩大。

五、锅炉燃料给料系统

1. 检查油位

在减速电机投入运行以前，必须检查油位是否正确。对于由两个独立箱体连接而成的减速机应分别检查油位。通气阀必须在正确的位置上。

如果没有其他说明，初始润滑油是依照润滑油注油量表加注的。没有油位孔的减速机不需要检查油位。

（1）油位检查只能在减速机停止工作且油温冷却下来时进行。必须确保开关不会意外闭合。

（2）旋出相应的油位塞。

（3）最高油位应位于油位孔的底部。

（4）最低油位比油位孔底部边缘大约低10mm。

（5）如果油位塞的螺纹损坏，必须清理螺纹孔，更换新的涂抹Loctite242、Loxeal54-03螺纹密封胶的油位塞。

（6）油位塞上的密封垫损坏时必须更换。

（7）用正确的力矩将配有密封垫的油位塞拧紧。

（8）如果需要，用正确力矩重新安装带密封垫的放气阀。

（9）最后检查。先前卸下的放油塞等是否都已正确地拧回。

2. 检查减速电机

如果设备长时间不用，启动前需参看厂家工作标准中的“长期储存”。自扇冷却的电机，使用条件为环境温度－20～＋40℃，海拔不高于1000m。禁止在危险区域使用减速电机，除非该减速电机是专为该种环境设计的。

在试运行期间，需在最大负载下测试和检查减速机是否出现以下状况：

（1）异常的噪声如摩擦或切割的噪声。

（2）异常的颤动、摆动或其他移动。

（3）出现蒸汽或烟。

（4）漏油。

如果出现以上任一种情况，需切断电源并与厂家售后服务部门联系。

3. 维修保养时间间隔

锅炉燃料给料系统维修保养时间间隔和工作内容见表2-1-1。

表2-1-1　　锅炉燃料给料系统维修保养时间间隔和工作内容

时间间隔	工作内容
每周或每工作100h	（1）目测是否有漏油现象。 （2）检查减速机有无异常运转声音和（或）振动
每工作2500h 或至少6个月	（1）检查油位。 （2）除掉灰尘。 （3）检查联轴器（适用于安装IEC标准电机）。 （4）重新加润滑脂（适用于W接口和搅拌专用减速机上的VLⅡ和VLⅢ型）
每工作5000h，或最长一年	更换自动补油杯（适用于IEC接口）
每工作10000h，或最长不超过两年	更换润滑油
长期	整体检查，维修

4. 保养内容

(1) 检查是否漏油。

1) 减速机必须检查是否有漏油现象。在减速机的下方及箱体表面检查是否有油迹。必须着重检查油封、密封盖，端盖等箱体接合处。

2) 如果怀疑漏油，需先将减速机外表清理干净，在大约24h以后重新检查。如果确认减速机漏油，需立即进行维修。如果需要，需联系厂家售后服务部门。

(2) 检查运行噪声。如果齿轮产生异常运行噪声和（或）振动，这就预示着齿轮损坏，这时应该停机并做全面检查。

(3) 当减速机箱体上灰尘厚度超过5mm时需除灰尘

(4) 检查联轴器（适用于安装IEC标准电机）。如果联轴器显示仅有轻微磨损的迹象（极限值的25%），检查联轴器的时间间隔可以延长为双倍，也就是5000工作小时或是至少一年一次。

(5) 重复润滑（适用于W接口和搅拌专用减速机上的VLⅡ和VLⅢ型）。减速机W接口，搅拌专用设计VLⅡ和VLⅢ型配有重复润滑装置。外侧的滚动轴承可以通过润滑油嘴注入20～25g润滑脂重复润滑。推荐润滑脂为：Petamo GHY 133N。

(6) 更换IEC接口自动补油杯。

(7) 更换润滑油。根据不同的安装位置，减速机放油塞，油位塞和通气阀位置会有所不同（详见附录一安装位置表）。具体操作如下：

1) 在放油塞下放置一个接油盘。

2) 拧下油位塞和放油塞，小心高温润滑油烫伤。

3) 从减速机中排空所有的润滑油。

4) 如果油位塞和放油塞上的螺纹损坏，必须更换新的，并在拧入前涂密封胶，例如Loctite 242、Loxeal 54－03。如果密封垫损坏，必须更换新的。

5) 装好密封垫后将放油塞以正确力矩拧紧。

6) 用一个适当的填充设备，通过油位孔，添加同样的润滑油，直至油从油位孔中流出（也可通过放气孔或比油位孔位置更高的密封孔注入）。

7) 等候至少15min，然后检查油位。

8) 不允许用煤油或其他清洁剂冲洗减速机箱体，以防其残留在减速机箱体内。

9) 不同品种的润滑油不得混用。

(8) 减速装置的全面维修保养。必须完全拆开减速机，然后按下列步骤操作：

1) 清洁所有的齿轮部件。检查所有部件是否有损坏；更换所有损坏的部件；更换所有的滚动轴承；更换所有油封、密封盖、密封垫等；更换电机联轴器中的塑料和橡胶部件。

2) 电机。除去沉积灰尘，以免电机过热；拆下耐磨轴承，清洗，重新涂上润滑油；确认轴承支架的1/3涂满油脂，均匀涂布。注意：全面维修保养必须在专业车间用适当的设备由专业人员来执行。最好由产品制造商服务部门来执行。

第二节 汽轮机维护

一、汽轮机运行中的定期巡回检查

(1) 基本要求。按照规定正确记录表计指示，如某项参数超出规定，应及时调整或联系，使其恢复正常。如负荷、各监视段压力超出规定，高压伺服马达活塞上、下油压超过0.5MPa，应该减电负荷，使其不超过有关规定值。

(2) 气压为8.83MPa（±0.49MPa），气温为535℃（+10～−15℃），抽气压力为0.784～1.274MPa，抽气温度为260～295℃。

(3) 排气温度空负荷不超过120℃，带负荷不超过70℃。汽轮机允许在排汽温度不高于65℃下长期运行，排汽缸最高允许温度为75℃，排汽缸温度达到100℃时汽轮机跳闸。

(4) 轴向位移不超过0.8mm，推力瓦等温度不超过95℃，超过时应降低负荷；105℃发出报警信号。相对膨胀−3.0～−1.0mm；各轴颈振动不大于0.076mm；轴瓦振动不大于0.025mm。

(5) 调节保安系统油压1.96～2.05MPa；润滑油压0.0784～0.12MPa；巴氏合金温度、支撑轴瓦温度105℃以下；推力瓦温度100℃以下。任何一轴承回油温度突然升高2～3℃时，应查明原因迅速处理。

(6) 冷油器出口油温38～42℃，冷油器内水压不得超过油压。各轴承回油温度不超过50～55（65）℃，运行中，各轴承金属温度不得超过80℃。任何一个轴承回油温度突然升高2～3℃时，应查明原因迅速处理。

(7) 油箱油位应在正常位置。油位低时及时补油；运行时，排烟机工作使油箱维持在−200～−250Pa，轴承箱内负压应维持在−100～−200Pa。油箱负压不宜过高，否则易造成油中进水和吸粉尘。

二、给水泵的维护

(1) 给水泵电机电流：小于166A。

(2) 给水母管压力：12.5～15MPa。

(3) 润滑油压：0.1～0.25MPa。

(4) 滤清器前油压：0.22～0.275MPa。

(5) 滤清器后油压：0.14～0.175MPa。

(6) 主油箱油位：150～300mm。

(7) 偶合器油箱油位。静止：油窗最高位置；运行：油窗中间位置。

(8) 平衡盘与入口压力差不超过0.2MPa，给水泵串轴指示不超过0.08mm。

(9) 轴承振动：不大于0.05mm。

(10) 润滑冷油器出口温度：(40±5)℃；工作油冷油器出口油温：45～70℃。

(11) 给水泵偶合器出口油温（勺尖）：45～88℃。

(12) 给水泵偶合器入口油温：(70±5)℃。

（13）偶合器轴承温度：小于90℃。

（14）偶合器推力瓦温度：小于90℃。

（15）电动机入口风温：30～45℃。

（16）电动机出口风温：不大于70℃。

（17）电动机铁蕊温度：不大于75℃。

（18）水泵最高转速：2980r/min，调速范围20%～100%。

（19）偶合器振动：小于0.04mm。

（20）油温突然升高2～3℃应查找原因进行处理。并将情况汇报班长。

（21）油压突然下降。

1）油压下降至0.1MPa，应查明原因并启动辅助油泵维持运行，汇报班长。

2）滤清器后油压降至0.17MPa，立即查找原因，并投入启动油泵维持运行。滤清器滤网脏污可联系检修清理并汇报领导。

第三节　电　气　维　护

一、发电机碳刷维护

1. 发电机电刷维护规定

（1）每班检查维护机组碳刷、滑环两次。检查励磁回路绝缘情况两次。如果励磁回路有人工作则不得进行测量，工作完毕后应及时测量一次。

（2）按设备定期工作表定期进行滑环清扫。每月两次用电动吹风机对机组滑环进行吹扫，并用毛刷、白布对机组碳刷、滑环进行清扫。清扫应做到碳刷、滑环、电枢、刷架刷窝、隔板上无积粉，表面清洁。

（3）维护机组碳刷时，应根据碳刷磨损情况调整弹簧压力，以碳刷不发生火花、不过热、导电良好为准，使同一极各碳刷受力尽量均匀。

（4）正常运行时滑环和电枢的表面温度应保持在100℃以下，最高不允许超过120℃。

2. 运行中更换碳刷的要求

（1）在一个机组更换碳刷不得两人同时进行。进行更换时，应扣紧袖口，站在绝缘垫上，千万注意衣服和擦布不要被转动部分挂住，女同志头发必须盘在工作帽内。

（2）更换碳刷时所用工具应用绝缘物包好，避免造成接地短路。工作时不准同时接触两极或一处触及导体，另一处触及接地部分。

（3）当碳刷磨损剩余部分小于1/2原长度时，应进行更换。当碳刷由于震动、卡涩造成碳刷边缘剥落或其他原因使接触面失去1/5以上时，应进行更换。

（4）每次更换同一极的电刷不应超过两块，所更换电刷接触面应在70%以上。当处理碳刷卡涩、振动、冒火、过热、导电不良以及滑环和电枢超温等异常时，可连续进行更换碳刷，但应在新更换碳刷接触面积必须已达到100%且导电良好后方可继续更换。

（5）发电机碳刷类别与型号按标准规定使用。

3. 运行中滑环、整流子冒火时的检查处理的方法

（1）若冒火是因滑环和整流子表面脏引起的，应先用白布擦拭。如不见效，可在白布上蘸少量凡士林油来擦去油污。

（2）若冒火是因为滑环、整流子表面粗糙引起的，应用细玻璃砂纸打光表面，严禁用金刚砂纸或粗玻璃砂纸研磨。

（3）若电刷破裂或太短，电刷在刷握内产生摇摆和卡住，电刷研磨不良，弹簧压力不均、碳刷型号不一致，电刷位置不适当及质量不合格等，应具体分析予以处理。

（4）经以上检查处理，火花仍不消除，且出现火舌或滑环整流子表面发黑，应立即报告上级处理，若系整流子问题应倒备用励磁机运行。

（5）碳刷火花程度等级划分：

1）1 级——无火花。

2）$1\frac{1}{4}$级——小部分电刷有火花，大部分或全部电刷 1/4 下面有微弱火星。

3）$1\frac{1}{2}$级——大约全部电刷的一半有微弱的火花，并在额定负荷下整流子无烧焦痕迹。

4）2 级——大多数或全部电刷下大部分有火花，若经过长期运行，整流子表面上呈现黑色痕迹，且电刷上也有烧伤现象。

5）3 级——全部电刷下均有相当大的火花，并能造成整流子表面灼伤变黑，电刷烧焦损坏。因此，该级火花很危险。

1 级、$1\frac{1}{4}$级、$1\frac{1}{2}$级火花可连续运行。短时期过负荷和反向火花允许出现两级火花。3 级火花会造成严重故障，不允许发电机继续运行。

二、直流系统的检查维护

1. 蓄电池的检查维护

（1）蓄电池室内温度应在 0～40℃之间，照明通风要良好。

（2）定期检查蓄电池的外壳（蓄电池的清洁度、极柱及壳体是否正常），应保持蓄电池表面清洁干燥，若有灰尘可用柔软织物擦净，切勿用有机溶剂擦洗。

（3）定期检查连接线是否松动，如有松动应加以紧固。

（4）蓄电池充电要适当，过充电对蓄电池寿命不利。

（5）定期测量和记录蓄电池组的总电压、浮充电流，定期测量和记录各在线蓄电池的浮充电压及环境温度。

（6）蓄电池在储存、安装等各种状况下均应防止短路。

（7）使用 3 年后每年进行依次容量检查试验，必要时进行均衡充电。

2. 直流屏的检查维护

（1）屏内母线连接应良好，无过热松动，开关位置正确。

（2）各直流分支开关应在正确位置。

（3）直流系统无接地或绝缘不良现象。

（4）浮充电流应在规定范围内，其余表计、信号均应指示正确。

（5）整流、电磁元件等设备应清洁无灰尘、无过热异常现象。

三、110kV SF_6 高压开关的维护

（1）气体密度监视，应定期查看密度控制器，当低于 0.43MPa 时即属漏气，如继续下降，应查明原因后再补气。

（2）建议每年进行一次 SF_6 气体微量水分测试，运行中微水分值应小于 300mg/L（20℃）。

（3）经常检查断路器，机构传动部件，若有锈蚀和松动，应及时润滑和紧固，看分合闸指示牌换位置是否正常。

（4）机构每年必须检查一次，检查电机绕组接触是否良好，分合闸线圈是否受潮，辅助开关切换是否正常。

（5）机构内加热器低于 10℃时应开启，高于 10℃时应关闭。

四、干式变压器维护

1. 干式变压器运行前检查内容

（1）检查所有紧固件、连接件及线圈垫块是否松动，若发现松动应重新紧固。

（2）检查运输时拆除的附件是否已安装好，并检查变压器内部是否有异物存在。特别注意高低压线圈之间气道内有无金属物存在。

（3）检查风机、温控器以及其他辅助设备是否正常。

（4）拆除接地片（用 1000V 摇表试验）检查铁芯对地绝缘是否良好。

（5）检查变压器及铁芯是否已可靠接地，检查穿芯螺杆对地绝缘是否良好。

（6）测量高压、低压线圈直流电阻，确定各电气连接件接触良好，位置正确。

（7）检查线圈对地绝缘电阻，检查变压器三相电压调节连片在相同的正确位置。

（8）检查温控器的测温传感器是否已可靠插入低压侧铜排的测温点内。

（9）风机和温控器接线正确，并启动检查，显示正常运行。

（10）检查高压、低压进出线电缆和本体控制电缆与线圈距离是否符合要求 10kV 大于 125mm。

2. 干式变压器维护

（1）根据变压器安装场所的环境污染情况，定期停电，清除沉积于表面和气道中的灰尘污垢，特别要清洁变压器的绝缘子，绕组的顶部和底部，

（2）清除各导电部件的锈蚀，并对各紧固件连接片校紧。

（3）必须每年对变压器进行一次停电清扫。严禁使用水、稀释剂等清洗变压器。

五、真空断路器维护

1. 定期维护

正常运行的断路器应予定期维护，清除绝缘表面灰尘，所有摩擦部位应定期注入润滑油。

（1）每操作2000次，应检查各部螺钉有无松动，发现松动，应及时拧紧。

（2）定期检查辅助开关接点，发现烧损严重，应及时修理或更换。

（3）安装时及安装后真空灭弧室外壳不应受超过1000N的纵向力，也不应受到明显的拉应力和横向应力。

（4）安装和使用时，严禁用坚硬的物体（如工具）撞击真空灭弧室外壳。

2．临时维护

机构在运行时，有时会发现机构有急速的连续分合几次的跳跃现象，发生跳跃时应进行下列检查：

（1）检查掣子是否有卡涩现象，或掣子与环间隙末达到（2±0.5）mm要求，若超出此要求时，应卸下底座，取出铁芯，调整铁芯顶杆高度，使其达到间隙要求。

（2）检查合闸线圈是否被辅助开关过早切断合闸电源，如果是这样，应调整辅助开关的拉杆长度，使辅助开关触点在断路器动、静触头闭合之后断开。经拆卸、检修的操作机构应按安装、高度步骤检查，合格后方可投入运行。

（3）用工频耐压法检查真空灭弧室的真空度。方法为：将触头行程调整到（12±1）mm，在灭弧室上施加42kV工频耐压，持续1min。灭弧室内部应无持续放电现象，如有持续的放电现象，应更换灭弧室。

（4）检查触头烧损厚度，具体方法是：检查断路器导杆伸出导向板长度变化情况，如总变化量超过3mm，则表明真空灭弧室的电寿命到了，应更换真空灭弧室。

六、电缆的维护

定期清扫电缆沟，每3个月应对电缆沟、隧道、电缆井，电缆架检查一次。发现缺陷应根据情况作适当处理。维护内容如下：

（1）清扫电缆（随设备检修时同时进行）。

（2）检查电缆沟有无漏水、漏气、下沉、积水等。

（3）检查电缆头及电缆中间接头，电缆线路有无发热及漏油等。

（4）油漆电缆支架、电缆钢铠腐漆。

（5）设备停电检修时应对电缆测绝缘电阻。

1）1000V以下及1000V或500V摇表，测得数据不低于0.5MΩ。

2）6000V用2500V摇表测得数据不低于6MΩ。

（6）设备停电检修时，检查电缆终端头引出线与设备接触是否良好。

（7）建立巡查记录簿，将发现缺陷及时记载及时处理。

（8）检查电缆头有无发热及外力扭伤，电缆头有无渗油漏油现象。

（9）检查与设备连接处是否牢固，有无过热、电缆卡子固定是否牢固。

（10）定期检查电缆沟内无油污及易燃物品并定期检查防火措施。

（11）电缆标志齐全清楚，与实际相符。

（12）对热力管道接近及交叉的电缆应作好隔离热源措施。

（13）清理电缆沟时注意不要碰伤电缆保护层。

（14）电缆头相色应与母线相色对应并包扎好。

七、蓄电池维护检查

1. 维护要求

蓄电池应由专职或专责人负责维护，每季对蓄电池组进行一次充放电。每天对蓄电池进行一次检查。蓄电池组日常维护工作项目如下：

（1）清扫灰尘，保持室内清洁。

（2）及时检查不合格的“落后”电瓶。

（3）清除漏出的电解液。

（4）定期给连接端子涂凡士林油。

（5）定期进行蓄电池的充放电。

（6）充注电解液、蒸馏水。

（7）每日测量检查记下蓄电池的运行状态。

2. 蓄电池的检查项目

（1）室内温度应在10～30℃之间。

（2）通风照明装置完好，灯罩完整，地面干燥清洁。

（3）电解液不混浊，液面在标准线以上，极板无脱落。

（4）电瓶外壳应清洁，完整良好，无漏液现象。

（5）每块电瓶的电压及电解液比重（全测或抽测，注意典型电池的电压和比重）。

（6）电瓶连接处应无过热腐蚀现象，并涂有凡士林油。

（7）防酸隔爆与注液栓清洁，无污秽，且应拧紧。

第四节　辅　机　维　护

一、转动机械

转动机械的运行维护基本要求如下：

（1）现场及控制室照明充足，设备及系统管道等无泄漏。

（2）电机接地线良好，事故按钮完好无损、电流、电机温度、定子温度正常。

（3）轴承、变速箱不漏油，油位正常，油质良好，油环无脱落，黄油杯油量充足。

（4）转子盘根紧度适当滴水正常。

（5）冷却水畅通，压力正常，水中无杂质。

（6）轴承温度、振动和串轴不超过规定值。

（7）地脚螺丝紧固，安全罩和防雨罩完好牢固。

（8）检查各表计、指示灯、报警信号、闪光试验和事故音响、联锁及保护装置等均正常。

（9）油位低时，应及时加油至正常油位（1/2油位）。

（10）如轴承出现温度高，因缺油造成应及时加油。

（11）设备出现异常时应加强监视，做好事故预想，发现缺陷及时联系有关检修部门处理。

（12）按巡回检查制度检查设备，并做好记录。

二、电动机

电动机运行中检查和维护如下：

（1）电流表指示稳定，不超过允许值。

（2）电动机声音正常，振动、串轴不超过规定值，指示灯正常。

（3）电动机各部温度不超过规定值，无烟气、焦臭味以及过热现象。

（4）电动机外壳接地良好，底脚螺丝不松动、轴承无漏油，端盖封闭良好。

（5）电动机周围清洁无杂物。

（6）备用中的电动机检查与维护项目同于运行中的电动机，并按规定定期测量绝缘电阻。

三、燃料上料系统

（1）设备运行时要注意是否有异常声音。

（2）各部轴承温度是否正常。

（3）当设备运行时，不要行走、坐和靠在主体框架、框盖或给料机其他部位附近。

（4）当设备运行时，不要用手或脚触碰孔、槽等各种开口部位。

（5）注意下料速度是否均匀。如果下料速度不稳定应查明原因进行处理。

（6）料斗内的物料，必须是长度合格的物料，物料内不得混有石块、铁条、麻绳、塑料编织袋等杂物。硬物和编织袋之类的软物会挤在下料口上，使物料下不去，造成物料内压增高而损坏机器。

（7）可移动的小开关盒置于工作品台适当位置。工作人员在平台上巡视斗内物料及设备运转情况，发现异常情况立即停止。

（8）因某种情况，偶尔出现斗内物料不落，工作人员应用竹竿、木叉等工具及时捅落。

（9）电机启动、应检查转向是否与所示箭头转向一致。

（10）根据发电时对物料的需要量、从使用低速缓慢调节转速至需要转速。转速过低电机易发热，故不能调的过低。转速也不能调得过高，过高时物料过分受挤，内压增大，也会出现堵料、棚料现象。故转速应调在适用范围内。

四、袋式除尘器

1. 除尘器运行中的检查

（1）定期检查脉冲阀及各阀门的运行情况。

（2）进行手动/自动喷吹清灰，脉冲阀动作准确。发现脉冲阀工作不正常时应及时查明原因。

（3）检查除尘器本体烟道、各人孔门、防爆门应严密不漏风；卸灰系统应严密不漏风。

（4）监视检查除尘器的入口烟温、除尘器压差、清灰压力、料位指示应指示正常、超过设计值、过高或过低时应立即汇报值长并查明原因及时排除故障或采取相应紧急措施。

（5）正常运行时除尘器的压差不小于700Pa（可调）时喷吹清灰应启动，小于600Pa（可调）时喷吹清灰应停止。

（6）检查动力中心及控制室的电源开关柜的表计、信号灯应正确，设备无过热、异味等不正常现象。

2. 压气系统的检查

（1）空压机的正常维护按产品说明书进行。

（2）干燥机的正常维护按产品说明书进行。

（3）检查空压机出力是否正常。

（4）检查各阀门（供气阀、储气罐、油水分离器的泄水阀）开关自如。

（5）检查调压阀应正常调压，保证压力在设定值内可调。

（6）运行人员可通过DCS的监视系统随时查看压气系统的运行工况。

（7）运行中若单室压差由于压差取样器因灰尘堵管造成显示不稳定时（系统压力指示正常）可将压差取样器上部的排气口打开放气即可。

3. 脉冲喷吹系统的检查

（1）及时检查相应的电磁阀的状况，排除可能的线路不通、通道堵塞等故障。

（2）脉冲阀的工作情况及气包的压力，运行人员在系统正常运行时都可通过DCS系统的显示而监视。

（3）系统出现异常时，运行人员必须到现场查明原因。

（4）检查除灰系统应运行正常，管路排灰正常无堵灰现象。

（5）每天开启除尘器下方3m^3储气罐的排污阀进行检查，将水排净后关闭。

（6）定期开启脉冲阀气包的排水阀。

4. 袋式除尘系统的维护与保养

（1）袋式除尘器本体气包的工作压力为0.25～0.3MPa，气源为压缩空气，每周打开气包底部排污阀一次，排除气包内的污水、污物（现通过电磁阀自动/手动排水）。

（2）除尘器进出口挡板门开关动作灵活，无卡涩现象，脉冲阀动作及时准确。

（3）滤袋无泄漏、掉袋、破损情况。滤袋安装垂直，相邻滤袋无摩擦、碰撞现象。

（4）能进行手动、自动喷吹清灰。

（5）清灰前除尘器滤袋内外压差不大于700Pa；大于700Pa时启动清灰，小于600Pa时停止清灰。

（6）除尘器风量各室基本平衡，清灰后各室阻力基本相等。

（7）除尘器喷管安装牢固，喷嘴正对滤袋口中心，喷吹气流有力。

（8）清灰、卸灰期间应定期巡检全部脉冲阀和6个灰斗的卸灰阀的动作是否正常、清灰后阻力是否下降，如有问题及时通知检修。

（9）空压机各润滑点定期加油，定期检查滤网是否阻塞，脱油、脱水装置是否可靠，出力是否正常。

（10）在滤袋的材质和清灰方法已经确定的情况下，清灰频率对滤袋寿命的影响很大。因此，对不同负荷工况下，反吹清灰频率的整定以及空压机故障后可带负荷情况下进行试验，以确定最佳的袋除尘器的清灰频率。滤袋包装和储运过程中应避免受压和折曲，要防水、防曝晒，安装时轻拿轻放，防止碰伤。

五、除灰除渣系统

1. 例行维护

（1）随时监视电控屏（台）各信号反应是否正常。

（2）监视气路压力是否正常。

（3）巡视各运动件是否灵活，紧固件是否牢固，有无松、脱现象，并及时处理。

（4）对各加油部位、定期加注润滑油、脂。

（5）保持各仪表、设备各部位清洁，清理积灰，油污，特别对电控屏（台）、仪表，班前均应定期清擦。

（6）每次临时停机前，先关停锁气器（给料机）延时吹空管路余料。

2. 当设备久停不用时的维护

（1）自插板阀（流量阀）以下，含泵体及管道内余料需吹送干净，清理并干燥设备内部（特别在雨季或潮湿地区，更应注意）。

（2）用手将进气阀、插板阀（流量阀）等关闭并固定，压力表或压力变送控制器清理并加以保护。

（3）各机加工面，清理并加涂防锈涂料。

（4）各注油孔加注润滑油。

（5）给设备加盖防雨、防尘布罩。

（6）当设备重新启用时，应按整机调试前的要求重新检查调整。

六、螺杆式空压机

（1）经常检查空压机出口压力应大于柱塞泵的出口压力，电流稳定。

（2）运行20～30min时，应打开吹气阀进行吹扫。

（3）每间隔30min切换至另一个运行出口空气室进行补气。

（4）一级、二级排汽缸冷却水量充足，出口水温度不超过40℃，进口不超过30℃，排气温度不超过160℃。

七、供水泵

（1）经常抽查轴承温度，轴承箱内应装70%的钙基黄油，不得过多或过少，轴承升温一般不得比周围温度超过35℃，轴承的极限温度不得超过75℃（用手摸感到烫手），若超过应停车检查原因予以消除。

（2）注意功率是否突然增大或降低，流量扬程是否突然减少，如有应停泵检查。

（3）经常注意检查各部分螺丝是否因振动而松动，如松动应随时上紧。

（4）注意填料的冷却情况，填料的调整，不可太紧，液体呈滴状漏出为准。填料太紧

发热，消耗功率；填料太松，使水泵中液体漏损过多，降低效率。

（5）泵运转时注意有无杂音及泵内是否有剧烈的摩擦和撞击声，如有应停泵检查。

（6）检查进水、出水管路有无进气漏气现象。

（7）检查电机与水泵轴心线是否在同一直线上，以防转时振动。

（8）水泵在冬季使用，停车后应将水泵内和管道内的存水放尽以防冻裂。

八、真空滤油机系统

（1）真空泵工作时，应注意油标显示的油液情况（油液应在油标线上），真空油中水分较多时，应及时更换。初期真空泵磨合阶段最好每次使用后都及时更换真空泵油，以后则可延长更换期。

（2）运行过程中，每两小时定期放尽集水器内储水。

（3）当冷却器液位管上显示有凝结水时，须及时排出（关闭隔离阀，解除真空，然后打开冷却器下端的阀门，将凝结水放掉）。

（4）运行中随时注意检查真空分离器内油位及油泵自动启停情况是否正常，严防满油后被真空泵抽出而造成跑油。

（5）运行中随时注意泵及相应电机的运行噪声是否正常，如异常应立即排除。

（6）当油量不足时应停机，联系检修检查初滤芯、二级滤芯的堵塞情况并清洗或更换。

（7）如果有含水量较高时或者在处理过程中真空度过高，油在真空罐内容易形成大量泡沫，可短时打开填气阀待泡沫消除后重新关闭或者适当降低真空度。

（8）压力控制器出厂前预设在0.1MPa，如出口压力（扬程）过高或精滤芯堵塞都可能会使控制器动作而保护性停车，在此情况下可适当调高压力控制器动作值或清洗滤芯，但最高压力请勿超过0.2MPa，以免打坏滤芯或损坏设备。

（9）加热器内无油、有油但较长时间为流动时，不允许通电加热，当观察到真空罐液位计进出油达到平衡后方可加热，中途停机务必关闭加热器，以免发生事故。

（10）使用过程中应调整进、出油量以及真空度，让真空罐内液位能长时间保持在相对平衡状态，避免油泵、电磁阀频繁启停。

（11）避免在电磁阀、排油泵频繁启停的情况下启动加热器。

九、HPC－2聚结分离滤油机

（1）系统不适宜聚结太稠密、太脏和污染严重的油液，这样容易造成聚结滤芯污染和堵塞。

（2）系统不允许带有严重腐蚀性的油液经过聚结滤芯和油泵，避免损坏聚结滤芯和油泵。

（3）开机前检查进出油管接头处是否松动，严防在开机后喷油。

（4）运行中观察压力表指示针有无移动。如充油后指针无反应，说明表有问题，及时联系检修更换。

（5）运行中检查各部件处有无漏油现象。

（6）正常运行中应每 2h 左右检查一次集水槽存水情况。

（7）系统的压力报警器在压力过高超过额定值大于 0.3MPa 时压力报警并自动关闭进油泵。此时应停机查找原因，如阀门状态全部正常，及时联系检修排除故障。

（8）系统安装有压差报警器，当聚结滤芯被堵塞；压差报警器会报警提示并自动关闭进油泵。此时应停机查找原因，联系检修处理（由检修人员检查、清洗或更换滤芯）。

第三章　生物质发电机组检修

第一节　锅　炉　检　修

一、锅炉本体设备检修工艺

（一）汽包检修

1. 汽包检修准备工作

（1）停炉前做好膨胀指示器记录。

（2）拆下人孔门外保护罩。

（3）准备好胶皮及各种用具。

（4）接两只12V行灯。

（5）汽包检修的主要专用工具及备品：扳手、专用平板、水平皮管、刮刀、鼓风机、人孔门平面专用刮刀、铲刀、角尺和撬棒等。

2. 拆装汽包人孔门检修工艺

（1）停炉放水48h后，办理工作票，用专用扳手拆下人孔门螺栓，并将拆下的螺栓及垫圈作记号，以便顺利复位。

（2）在打开汽包人孔门时，车间检修主任或技术员、安全员以及化学人员应参加，工作时应有一人监护并做好记录，推开人孔门时必须戴手套，并应站在人孔门的一侧，以免烫伤，关人孔门时应贴封条。

（3）装通风机冷却，汽包内温度降至40℃以下，方可进入汽包内工作。

（4）打开人孔门后，首先由化学人员进入检查汽包结垢、腐蚀情况并检查内部装置完整情况，同时做好修前情况记录，严格检查进汽包人员随身所携带的物体，并予以登记，出汽包时必须全部带出。

（5）汽包内应有12V低压照明灯，进入汽包内工作前应将下降管用胶皮盖好，防止杂物落在管内。

（6）禁止在汽包上乱割乱焊，必要时应经有关领导批准后方可进行。

（7）汽包内工作完毕，须经3级验收后方可关闭人孔门。

（8）应做好汽包修后记录，以便与原记录对照。

3. 拆装汽包内部汽水分离装置检修工艺

（1）拆下的汽水分离设备和蒸汽清洗装置，应按左、右、前、后方向顺序编号，用毛刷、钢丝刷或用砂布将汽包内所有设备锈垢清除干净，将拆下的销子、螺丝等零星物件集

中放置。

(2) 用压缩空气吹通给水管、给水分配管、加药管、取样管、水位计连接管等各种管道（对不可拆卸的管道应用小榔头振击致通），将锈泥清理干净。

(3) 下降管管口十字挡板应加以包扎遮盖，并用橡胶板覆盖，防止工具、杂物落入管内。

(4) 工作结束离开汽包前，应关闭汽包人孔门，并贴封条。

4. 汽包水平及弯曲度的测量检修工艺

(1) 用拉钢丝法测量汽包的弯曲度。即：把细铁丝穿过汽包内部并拉紧，然后在汽包两端筒身封头焊缝处量出相等尺寸，固定好钢丝位置，在汽包中部所量尺寸之差，即为汽包的弯曲度。

(2) 用橡皮管两端接玻璃连通器测量汽包的水平度，皮管内应无空气存在，皮管不可折曲。

(3) 用钢板尺测量汽包的椭圆度。

5. 汽包人孔门平面的测量及研磨检修工艺

(1) 人孔门结合面应用水平刮刀铲刮干净，再用砂布打光、白布清洁。铲刮应按人孔门的圆周环向进行，不可铲出直槽，特别是平面肩胛倾角处不可有腐蚀斑点及直槽纹路，如发现腐蚀斑点既深又大时，应采取方法修补，将腐蚀点凿去，堆焊后再抚平（考虑到材料的焊接性能，应制定特殊的焊接措施）。汽包零件拆除搬运进出汽包人孔门应防止碰坏人孔门平面。

(2) 用研磨膏及刮刀配合进行刮研、研磨平整。

(3) 汽包人孔门平面的测量及研磨质量标准：用专用平板（应经校验）及塞尺进行环向检测，每一平面沿环向测量12～16点，并做好记录。

6. 汽包内外壁裂纹的检查

(1) 汽包内部裂纹应每次大修都做检查，外壁裂纹则每6年检查一次。

(2) 用着色法或超声波检查裂纹并做记录。

(3) 如发现汽包有超标裂纹要做焊补处理，应有详细的焊接措施并经总工批准，否则不准焊补。

(4) 筒体内外表面的凹陷和疤痕，当深度为3～4mm时应修磨到圆滑过渡。当深度大于4mm时，则应补焊并修磨。对于微小的表面裂纹和高度达到3mm的个别凸起部分应作修整。

7. 膨胀指示器的修正

(1) 停炉前做好指示记录。

(2) 停炉后膨胀指示器记录与停炉前进行比较。

(3) 水压试验前应作最后一次全面检查。

(4) 质量标准。

1) 指针顶端呈尖形，距平板1～2mm。

2) 装置正确、牢固。

3) 指示牌表面清洁，数字清楚。

8. 汽包吊架检查

（1）检查吊架下部承吊汽包部位与汽包接触情况。钢板点焊处脱焊情况应在拆去汽包保温时检查，一般在打磨检查汽包焊缝时检查。

（2）上下瓦形垫块应完整无损。

（3）轴销螺母应拧紧。

（4）吊架下部承吊部位应与汽包壁完全接触。

（5）钢板点焊处不应脱焊。

9. 大直径下降管管口检查

（1）在汽包内部装置拆除后进入汽包仔细检查。

（2）十字挡板焊接牢固。

（3）下降管管口不应有裂纹。

（二）水冷壁检修

1. 水冷壁检修准备工作

（1）准备好检修用测量工具，对口管夹及所需备品。

（2）准备足够数量的36V、220V临时固定电源。

（3）搭好所需的脚手架。

（4）电线绝缘良好，工作人员碰不着。

（5）脚手架经验收合格。

（6）水冷壁检修的专用工具及备品：对口夹钳、坡口机、ϕ25mm砂轮、电动磨光机。

2. 水冷壁管的防爆、防腐检查及监视段的抽查检查

（1）注意事项。

1）燃料室内温度超过60℃以上，不准入内检修及清理工作。

2）检修水冷壁管的胀粗和鼓包，每次大修中抽割热负荷较高的水冷壁管（称为监视管，位置与长度由锅炉和化学人员商定），并送化学测定结垢量。每次大修同时抽下新管和旧管（新管指上次大修抽换上的管段）供化学人员作垢量比较。

（2）对若干关键部位的检查。若干关键部位检查是指对炉排水冷壁壁厚及焊缝的检查；对落料出口水冷壁管冲刷情况的检查；对弯管壁厚及椭圆度的抽查和对运行时数大于10万小时的制造焊口的检查。要求焊缝合格，磨损度小于原壁厚的1/3。

（3）割管检修工艺。

1）切割鳍片时，不要割伤管子本身，气割时，要防止铁渣落入管内，切割点应避开刚性梁。

2）相邻两根管子的焊口应上下交叉，尽量避免将焊口布置在同一水平线上，管子开口应加木塞。

3）为确保安全运行，应采用氩弧焊打底，手工盖面的焊接工艺。

（4）新管子的检查。领用新管前必须核对质保书，严格遵守钢材领用手续，还需测量管径、壁厚，并进行金相鉴定。质量标准如下：

1）内外壁表面应光洁，没有划痕、裂纹及锈坑等。

2）管径允许偏差应小于管子公称直径的1%。

3）椭圆度应小于管子外径的1%。

4）壁厚偏差不得超过管壁厚的10%，必要时应进行强度校核。

5）超声波探伤应合格。

（5）管子的对口。可借助专用对口钳进行对口，避免错口及中心线偏差。除设计要求冷拉的焊口之外，不得强力对口，以免产生附加应力。点焊好的管子，不得随意敲打或搬动，以免产生裂纹。管子对口焊接质量标准如下：

1）管子对口平面偏斜值应不大于 D_w 的1%，错口不应超过壁厚的10%，且不大于1mm。

2）对口管子偏折度在焊口所在中心线上200mm内应小于1mm。

3）坡口为35°～40°，两对口管子壁厚差不得大于0.5mm，若两对口管子壁厚不一，焊接时外壁应对齐，其中管壁较厚的管子应打内坡口。

4）鳍片应用扁钢补焊好。

（6）水冷壁联箱手孔封头的切割检查。按锅炉和化学人员的要求进行。切割时应在原来的焊口上划线进行。封头切开后，应通知有关锅炉、化学人员及生产部检查联箱内部结垢情况。联箱封头修好坡口后，将联箱内的杂物、锈垢清理干净，然后再对口点焊（应采用氩弧焊打底，手工盖面工艺）。

不能立即焊接时，应加临时封头并贴封条保护，严禁杂物进入箱内。联箱不许有水垢及杂物，定期排污管应畅通。联箱手孔封头焊接时的对口应符合有关要求。

（7）检查膨胀部位的变形情况。检查膨胀部位的变形情况时，型垫与工字钢的接触面之间保留1mm间隙。

1）拉紧螺栓弧。

2）限位角钢无变形，并与槽钢间留有间隙。

3）膨胀位移的滑动面应清洁，活动部分应均匀裸露，不得有杂物阻碍或被水泥保温覆盖。

（8）上联、下联箱的外表检查。

1）在3～4个大修周期内分批对所有上、下联箱检查一遍，查时将联箱保温打开，检查有无弯曲及裂纹，特别要注意焊缝附近的联箱本体部位（弯曲检查可用拉钢丝法）。

2）详细检查联箱上的管座焊缝高度及有无裂纹和腐蚀。

3）检查上联箱的吊耳焊缝及销轴。

4）检查联箱上的膨胀指示针有无脱焊现象。

（9）下降管及汽水引出管的外表检查。

1）结合大修进行外表检查，根据日常运行具体情况抽查或全部检查。

2）下降管的吊架检查。

3）水冷壁下联箱及下降管下部膨胀指示器检修必须在水压试验前进行。

（三）过热器检修

1. 过热器检修准备工作

（1）根据设备缺陷及上次检修检查情况准备好检修用具及材料备品。

（2）工作区域温度降至60℃以下，经工作负责人许可，方能入内搭脚手架或清灰。

(3) 装设足够的110～220V固定照明，24～36V行灯，检查积灰情况。

(4) 过热器检修专用工具及备品有对口钳、电动坡口机、整屏专用工具＃10夹。

(5) 脚手架应搭设牢固，符合安规要求，安监部门检查验收合格后方可使用。

(6) 临时照明应安设牢固，不妨碍工作，电线绝缘应良好。

2. 清灰清焦

(1) 联系运行开启引风机，开启入口挡板，炉膛有足够负压，用压缩空气吹扫水平烟道积灰和尾部受热面积灰。

(2) 进入炉膛内清焦、清灰要注意安全，戴安全帽，防止上部落下焦块砸伤，扎好安全带，戴上披肩帽、防尘口罩、防护眼镜等劳保用品。

3. 过热器的防磨、防爆检查

(1) 用肉眼检查管子的弯曲、鼓泡、外伤、裂纹、磨损及腐蚀等情况，对易磨部位要认真仔细检查，并用测厚仪测量管壁厚度，做好记录。

(2) 对包覆过热器磨损发亮部位要用护板护好，或用耐火水泥抹好。

(3) 每次大小修应指定专人对热负荷较高易膨胀的蛇形管部位进行全面检查及测量。

(4) 用专用卡规或游标卡尺测量管子外径，并应确定监视段，测量前必须将管子外壁的灰垢及污物清除干净，并自左至右编号，测量时卡尺必须同管子垂直，读数准确，记录完整。

4. 过热器管的抽管

(1) 过热器的低温段抽管应同化学班商定位置尺寸。

(2) 屏式过热器的弯头抽查应同化学班、金属监督决定位置及尺寸。

(3) 对流过热器的抽管应由监督决定位置及尺寸。

(4) 脚手架应搭设牢固。

(5) 用钢锯切割管子，割下的管子应标明蒸汽、烟气的流向，并记录割管的位置及尺寸，送化学人员及金属监督人员鉴定分析。

(6) 必须恢复割管前可能拆去的过热器管紧固件和定距片。

5. 新管检查

(1) 领用的新管必须抽查质保书，并经金相光谱作最后确定，必要时应做超声波探伤，严格遵守钢材领用手续。

(2) 利用灯光、肉眼对管子外壁进行宏观检查。

(3) 用游标卡尺测量管子的椭圆度和管壁厚度偏差。

(4) 对新弯制焊接的过热器管应做通球试验。

6. 过热器反冲洗及紧固件检修

(1) 过热器反冲洗。

1) 大修水压试验后，根据检修运行情况决定是否进行过热器反冲洗。

2) 反冲洗由运行人员操作，并由化学人员控制反冲洗效果。

(2) 过热器紧固件及定距片检修工艺。

1) 蛇形管在高温条件下可能下坠变形，摇晃甚至碰撞，致使运行工作条件恶性化，必须对过热器的紧固件及定距片进行检修。

2）更换烧坏的梳型板、定距片及夹马。

3）更换上去的紧固件、定距片的材料应与原材料相同。

4）在用电焊切割旧夹马时应防止电焊打伤管子。

5）切不可将夹马与管子焊在一起。

6）固定管子的耐热钢紧固件应平直、无弯曲，夹马的位置和管间的间隙应正确，以确保管子的自由膨胀。

7）梳型板应完整无损，管子排列整齐，间距相同。

7. 过热器联箱的检查

（1）过热器联箱每隔6年打开保温作一次外部检查。

（2）根据化学专业特殊要求，选择适当联箱，割开封头或手孔，进行内壁检查。

（3）过热器联箱采用拉钢丝法测量其弯曲度。

（4）封头及手孔割开后应通知化学人员及有关监督人员检查联箱内部腐蚀等情况。

（5）封头及手孔修好坡口后，必须将箱内的杂物、氧化物及铁垢等清理干净，方可进行焊接，焊接时需用氩弧焊打底、手工盖面的焊接工艺。

（6）不能即时焊接时，要加装木堵并贴封条。

8. 减温器的检修

检查减温器的喷嘴有无阻塞、磨损等情况。用内窥镜检查减温器内壁有无裂纹等缺陷和文丘里管在集箱内部的固定情况，必要时可割开联箱封头检查。内部检查后，是否需要返修或更换，应按制造厂标准确定。

9. 过热器集箱热电偶插座的检修

热电偶插座返修时，应将原焊缝去除，对口应符合图纸要求。未复装前，开口处应加木堵并贴封条。丝口部分应用呆扳手适力扳紧。要求密封面应光洁无损，丝口干擦黑铅粉。垫子尺寸应适中，并退火至质地柔软。水压试验无渗漏。

10. 吊杆检查

检查吊杆受力是否均匀，有无外腐蚀及其他异常情况，并刷漆保养。

（四）省煤器、空气预热器和烟气冷却器检修

1. 省煤器、空气预热器和烟气冷却器检修项目、工艺方法及质量标准

（1）准备工作。根据设备缺陷记录和上次检修记录准备好工具和材料，备好行灯。

当检修区域温度降至60℃以下时，经工作负责人允许方可入内工作。

（2）省煤器、空气预热器和烟气冷却器管子外壁清扫及检查检修。

1）检查管外壁积灰情况并做好记录，清扫时从旁路省煤器、空气预热器和烟气冷却器自上而下进行。

2）吹扫前通知运行开启一台引风机，其挡板开度符合吹灰要求，用压缩空气吹扫省煤器、空气预热器和烟气冷却器管外壁积灰。

3）用卡尺测量省煤器、空气预热器和烟气冷却器管蠕胀情况并做好记录。

4）检查管子表面是否有重皮、腐蚀、变色、鼓包、裂纹等缺陷，必要时更换新管。

5）检查防磨罩、管夹是否有翻身、脱落、开焊等缺陷，检查两侧是否存在烟气走廊。

6）检查管排整齐情况，调整弯曲的管子。弯曲较大时可用气焊加热校直，但加热温度不得超过700℃，严重变形不易校直的应更换新管。

（3）省煤器、空气预热器和烟气冷却器管割换。

1）按化学要求切割省煤器、空气预热器和烟气冷却器进口侧蛇形管不小于200mm。

2）割下弯管要作详细的技术记录，包括部位、长度、烟气及水汽流向、焊接等情况。如不能及时焊接，应在开口处加木堵，并贴封条。

3）用钢锯锯下应抽换的管段，并加工出坡口。按实际需要配置管段，对口焊接，并校正。

4）新配置的管子需送金属试验鉴定，确定与原材料相符，然后送化学酸洗后方可施焊。

（4）省煤器、空气预热器和烟气冷却器联箱检查。

1）可根据化学人员要求割开联箱手孔盖检查。

2）切割时在原焊缝上画线进行，割开后通知化学、金属实验室及生产技术部检查并做好记录。

3）修好坡口，清理联箱内的锈垢及杂质。

4）割开封头不能及时焊接时，应加临时堵头并贴封条。

2. 省煤器、空气预热器和烟气冷却器管泄漏严重或爆破故障

（1）主要原因。

1）给水品质不良引起内部结垢，降低传热能力，管子烧坏。

2）给水品质不良引起内部腐蚀使管壁变薄。

3）焊口质量不好或管子质量不合格。

4）给水温度变化过大造成热疲劳裂纹（特别在焊接处）。

5）管子内部堵塞或个别管子短路引起给水分配不均，管子冷却不良。

（2）消除方法。

1）提高给水品质。

2）提高焊接质量，加强金属监督。

3）加强高加维护，保证高加投入率，维持给水温度在设计参数下运行。

4）将泄漏的管子临时短路后，在大修后必须全部恢复。

5）运行人员须注意监视省煤器、空气预热器和烟气冷却器运行情况，发现泄漏立即汇报，请示停炉，以免高压水吹坏附近管子，扩大设备事故。

3. 省煤器、空气预热器和烟气冷却器检修后验收

（1）验收项目。

1）割管抽查。

2）水压试验。

3）蛇形管测量抽查。

4）防磨检查。

（2）验收方法。

1）现场验收。

2）资料验收。

3）测量抽查验收。

（五）锅炉水压试验

1. 水压试验的准备、组织和试验步骤及要求

（1）水压试验的准备工作。

1）仔细清除受热面外表面的积灰和水垢并将准备检查部分的保温层拆除。

2）水压试验时至少应有两只经校验合格的压力表（其中一只必须为标准压力表并安装于汽包上），以便对照。在压力表试验压力刻度处划上临时红线，以示醒目。

3）准备好水压试验所需的除盐水，并按要求加防腐药液。

4）水压试验用水应有适当的水温，制造厂规定汽包外壁不得低于35℃，但不宜超过70℃。

5）所有开关阀门均应装上，现场运行人员检查各阀门，以确保位置正确。

6）锅炉放水管路应畅通无阻，以利试验完毕后放水。

7）水压试验前，应将安全阀暂时用卡板卡住。

8）准备必要的检查工具，如手电筒。

9）进水前应检查有关的膨胀系统，校正零位，并有专人负责记录膨胀指示器读数。

10）所有和水压试验有关的系统和设备的检查工作必须结束，并将工作票交运行班长。

（2）水压试验的组织。

1）水压试验由总工程师或由检修副总工程师指导，由锅炉检修车间负责进行，并由一人负责统一指挥。水压试验操作由运行负责，检修配合，由检修负责检查。

2）升压前应组织好检查人员，并明确分工负责范围和指定专人监视压力表指示。

3）水压试验时应有生技部、安监部人员在场及进行验收。

4）水压试验开始前应通知炉膛及烟道内工作的人员退出检修现场。

5）升压时应相互联系，发现异常情况应及时汇报总指挥。

（3）水压试验试验步骤及注意事项。

1）进水至空气门溢水一段时间后停止进水，关闭各空气门开始升压，升压时升压速度应控制如下：在9.8MPa以下时，每分钟不超过0.3MPa；在9.8MPa以上时，每分钟不超过0.2MPa。

2）压力升至汽包压力的10%时，暂停升压并作全面检查（包括膨胀指示器），无渗漏则继续升压。

3）在升压过程中若承压部件泄漏则应将压力释放，待放水作处理后，重做水压试验，当压力升至工作压力时关闭水门，记录5min内压力下降值，然后再微开进水门，保持工作压力，进行全面检查。

4）如需做超压力水压试验，则应在工作压力试验正常后继续升压至试验压力，保持20min，记录下降值，再降至工作压力维持不变，进行全面检查（在升压前应关闭水位计与汽包进连通管阀门）。

5）抽出安全阀压板，打开水位计与汽包连通管阀门。

6）注意事项：①压力升至1.52MPa时，停下来做检查；②工作压力为15.2MPa；③超压试验压力为1.25倍的工作压力，即19MPa。

2. 大修后水压试验技术措施

（1）目的：锅炉承压部件大修后必须进行水压试验，目的在于冷态下全面检查锅炉承压部件，如水冷壁、过热器、省煤器、空气预热器和烟气冷却器、汽包及有关汽水管道阀门的严密性。

（2）水压试验的准备和要求。

1）严格执行锅炉运行规程对水压试验的有关规定；

2）联系化学、汽机准备一定数量的除氧水，并将水加热至70～90℃。进入汽包的给水温度与汽包的金属壁温的差值不应超过40℃。升压时汽包外壁温度必须大于35℃，但也不宜超过70℃。

3）锅炉内受热面参加水压试验的汽水管道及阀门的检修工作应全部结束，热力工作票已注销，并进行一次全面检查。由运行专人负责上水操作。水位计、空气门应设专人监视。各部空气门、压力表连通门、水位计连通门均应开启，其他阀门应关闭严密。

4）以汽包就地压力表和汽包低置压力表为水压试验的压力依据，并校对无误。

5）联系汽机关闭电动主气门，开启该门后疏水门，关闭高加疏水门，并检查一级旁路门使其关闭严密。给水泵和启动水泵出口阀门关闭严密。

6）紧急放水门电源接通，开关灵活，放水管畅通。

7）准备好对讲机、直通电话等通信工具。

8）为了防止水压试验时安全阀动作，应将安全阀卡住。

（3）锅炉的上水及升压。

1）锅炉上水操作由运行负责。

2）锅炉上水可以用疏水泵从炉底加热进行，也可以用给水泵经省煤器、空气预热器和烟道。

3）当汽包水位升至－300mm时，停止原上水方式，改从过热器反冲洗或减温水上水。

4）当各空气门有水冒出时逐只关闭。

5）升压速度严格控制如下：①在压力9.8MPa以下时，每分钟不超过0.3MPa；②压力在9.8MPa以上时，每分钟不超过0.2MPa。

6）当压力升至1.52MPa时，停止升压，检修人员进行全面检查，无异常后可继续升压。

7）当压力升至工作压力15.2MPa，关闭进水门5min，并记录压力降，然后再微开进水门，保持工作压力进行全面检查。

8）如需做超压试验，则应在工作压力试验正常后继续升压至试验压力，保持5min，记录压力下降值，再降至工作压力，维持不变，进行全面检查。

（4）水压试验合格的标准。

1）当锅炉压力升到试验压力时，5min内降压不超过0.5MPa。

2）承压部件无明显的残余变形，无渗水。

（5）泄压。

1）水压试验结束后，应缓慢进行泄压，泄压时可用炉水取样门，泄压速度不大于0.5MPa/min。

2）压力降至0.2MPa时，开启空气门或向空排气门。

3）压力降至零时，开启所有疏水门，根据水质情况将水放至点火水位，放水时应用水冷壁下联箱排污门进行，通知汽机开启主蒸汽母管疏水门。

（六）炉架、平台扶梯、门类检修

1. 地基下沉的检查

（1）结合大修对地基下沉情况进行一次测量检查。

（2）取一个零米标高作为基准点，用水平仪或橡皮管水平尺测量每根立柱的标高点，从各立柱标高点之间的差额来分析地基下沉情况并做好记录。

（3）检查水泥地有无裂缝、破碎等现象。

（4）发现不均匀、应向维护部、生产部汇报。

（5）记录清楚、正确、齐全，水泥地无裂缝无破碎等现象，基础无下沉。

2. 主柱倾斜度的检查

大修时，检查主柱倾斜度。主柱倾斜度测量可顺前后左右两个方向用悬挂线锤的方法来进行。测量时一般应取方柱各端面的中心线做基准。做好记录。测量方法正确。记录清楚、齐全。

3. 炉顶钢架的外表检查

检查外表面锈蚀及裂纹情况。检查大横梁的焊缝。检查钢梁的弯曲、凹陷和扭转等变形。钢板不应有分层、重皮、凹坑、网裂等缺陷。焊缝应符合制造厂标准。不应有肉眼易见的弯曲、扭转等变形。

4. 过渡梁及悬吊螺栓的检查

大修时检查每根悬吊螺栓的松紧程度，并检查各吊耳的焊缝。过渡梁的水平度可用水平尺进行检查。悬吊螺栓受力均匀，不允许有松动现象。过渡梁总长度内弯曲应小于5mm，不能有肉眼易见的扭转变形。吊耳焊缝应符合制造厂标准。

5. 平台扶梯检修

因施工需要拆除平台扶梯的栏杆时，必须设置临时栏杆。工作结束后及时恢复。

检修中需割去护板时，必须先割除原焊点且切割整齐，不能任意刮割。工作结束后及时恢复原样。经检修后的平台扶梯，应重新油漆。

平台边框护板高度不低于100mm，20m以下平台栏杆高度不低于1050mm，20m以上平台栏杆高度不低于1200mm。高度超过1.5m的扶梯的斜度不应大于50°；当扶梯倾斜度为45°～50°时，脚踏板之间垂直距离不应超过200mm，扶梯宽度不应小于800mm。

栏杆、立柱应采用ϕ33.5mm～50mm的材料，栏杆横挡应采用ϕ16mm～33.5mm的材料。平台应有限额载荷标志，以防超载发生意外。平台花钢板与框架焊好后，凹凸不平度不应超过6mm。扶梯焊好后，允许的平面挠度为每米长度内不超过2mm，并且全长不超过5mm。

6. 新装平台扶梯

平台部分所用的扶梯在4m以上，允许省一个接头，拼接长度不小于500mm。花钢板允许拼接但焊缝应不影响美观。平台扶梯的所有部件在每一米长度内允许弯曲度不超过2mm，不允许有顺着纵向中心线的明显扭转。平台花钢板与框架焊好后，凹凸不平度不能超过6mm。扶梯焊接后，允许平面挠度为每米长度内不超过2mm，并且全长不超过5mm。

7. 门类检修

检查防爆门、人孔门、看火门接合平面的严密程度。防爆门盖用铁丝可靠吊起后，换上新石棉绳。修复后的防爆门、人孔门、看火门应用手来回拉动几次，以检查门类的灵活性。检查后，若发现防爆门、人孔门、看火门的内部耐火涂料有损坏时，应重新浇涂。如果门盖内壁的钢架损坏，应将直径6mm的耐热钢筋重新装置后浇涂（如果就地浇涂有困难，可拆卸门类铰销，平放在就近平台的安全可靠处作浇涂）。

人孔门、看火门、检查孔的固定螺栓不漏风（石棉绳应用水玻璃嵌牢于槽内）。

烧坏或损坏的人孔门、看火孔、检查孔应整修或换新。人孔门、看火门、检查门的门框与接合面错边应不大于1.5mm。铰销转动处应涂以二硫化钼。可调式防爆门安装后应按制造厂要求调整到规定的开启压力，如无规定时，可按工作压力加50mm水柱作为动作压力进行调整。

（七）炉墙检修

1. 平炉顶炉墙检修工艺方法与质量要求

（1）炉顶密封采用金属内护板全密封和新型保温耐火材料的双重密封结构。

（2）炉顶保温在施工过程中应注意，两层保温材料之间应涂刷高温黏结剂，陶瓷碳纤维毯必须压紧密实，且上下两层陶瓷碳纤维板之间应采用错缝、压缝结构。

（3）炉顶穿墙管和耐火材料接触的管子表面应涂抹沥青。

（4）炉顶与侧墙的密封为柔性密封，先将梳形弯板一端与水冷壁管、包覆管焊接，然后通过U形弯板和折边板最终与炉顶管连接，从而形成炉顶与侧墙的密封结构。在U形弯板内侧填充陶瓷碳纤维棉。

（5）炉顶上各种集箱及炉顶穿墙管束的保温采用复合氧化铝砖，先在管束、管排和集箱上铺设型号为1.2mm×18mm×50mm×2.1mm的不锈钢钢板网，然后铺设3层50mm厚的复合氧化铝砖，用接扎在不锈钢钢板网上的引出不锈铁丝和不锈钢六角网紧固保温材料，最后覆盖型号为1.6mm×20mm×20mm的镀锌铁丝网，并抹上30mm厚的高温抹面涂料。

（6）耐火塑料与耐火胶泥之间，硅酸铝耐火纤维板与耐火胶泥之间，硅酸铝耐火纤维板与硅酸铝纤维棉之间均需蘸以高温黏结剂，且硅酸铝耐火纤维板与板之间相互错缝、压缝。硅酸铝、耐火纤维棉应压紧压实。

（7）在炉顶穿墙管处的耐火混凝土墩子之间用硅酸铝耐火纤维棉填充并压紧压实，穿墙管和耐火材料接触的管子表面应涂抹沥青。

2. 门孔的密封

（1）水冷壁处的门孔周围采用密封罩壳，罩壳的上下边有梳形板与膜式水冷壁焊接，两侧用钢板与鳍片相焊，组成一矩形箱壳，箱壳内浇灌耐火混凝土和水泥珍珠岩，再将钢板覆盖在箱壳上进行密封焊接，最后把各种门类分别安装在相对的密封盒上。

(2) 包覆过热器处的检查门孔，周围也采用罩壳密封，不同的是因包覆管是光管，所以，两侧钢板与管子相焊接，其他同上。

(3) 炉室下部炉墙先按炉墙紧固装置焊上螺栓，然后浇灌水泥、珍珠岩（从管子中心线算起180厚）。在集箱和上管处，应先浇灌耐火混凝土，然后浇灌水泥珍珠岩，再铺设ϕ1.6mm×20mm×20mm铁丝网，并在螺丝上穿上压板，旋紧螺母并加以点焊，最后涂以20mm的抹面涂料。

3. 水冷壁和包覆过热器及斜烟道炉墙检修

(1) 炉室水冷壁采用了复合氧化铝砖（梳形）＋高温玻璃棉板的主体结构。

(2) 在炉紧固装置上焊上抓钉，作为紧固保温材料和六角网用，理直抓钉，开始安装保温材料即可。

(3) 安装复合氧化铝砖时，上下两层要错缝，然后在上面铺设两层65mm后的高温玻璃棉板，铺设保温材料时应从上到下，由两侧向中央靠拢，四周炉墙同时施工。保温材料安装时层与层之间都应采用压缝结构，错缝距离应大于100mm，在已铺好的保温材料接缝处应相挤压5～10mm，以利保温材料密实，边缘接缝处可用锋利薄刀割成所需要的形状尺寸，然后再挂六角网，沿炉墙面整片铺平，拉直绷紧，最后在每个抓钉上串上自锁压板，用专用工具将整个保温层压缩至210mm，再将抓钉折弯成90°，六角网的边缘切口应陷入保温材料中。

(八) 吹灰器的检修

1. 炉膛吹灰器的检修

(1) 检修前的准备工作。准备好必要的工具备品及材料。准备好起吊及照明设施。逐项检查，以确定有关系统已隔绝，剩汽、剩水均已放尽。确认电源已切断。

(2) 吹灰器本体拆卸。

1) 由电气人员拆去电动机线。

2) 拆除进汽法兰螺栓。

3) 用钢丝将吹灰器尾部吊平后，拆去固定于水冷壁炉墙上的接口法兰螺母。

4) 将吹灰器本体吊下，送至检修现场。

(3) 吹灰器的解体、清理及检修。

1) 拆去炉墙处连接法兰。

2) 拆去法兰后部调节螺母，卸下炉墙处连接法兰，检查护套烧损情况，护套烧损严重的应更换。

3) 拆除齿轮箱。

4) 拆下齿轮箱上的离合器盖和离合器，必要时使用拉马拆除。

5) 拆除本体上的罩壳。

6) 用手柄操作丝杆，以顺时针转动，使导向销位于轨道刚开始旋转的一点上。

7) 拆除齿轮箱上螺塞，把拧在离合器盖上的螺栓拆下，拧入螺纹轴并向外拉，直至撞销脱离电器盒中的拨叉。

8）以顺时针转动手柄，使齿轮箱脱离本体。

9）更换填料。拆下填料盖，全部拆除旧的填料组，彻底洁净填料腔，更换新填料。在新的填料上面涂一层薄薄的CLYDSPIN润滑剂并仔细推入。更换填料时，不能新旧填料混合使用。

10）拆去蒸汽阀。拆下连接销；拆下阀门与支座的连接螺栓；卸下蒸汽阀；检查阀芯吹损情况，阀芯应无吹损；检查阀芯密封面，并研磨光洁，阀芯密封面光洁，无裂纹，粗糙度达0.8；检查压紧弹簧是否失效。

11）把蒸汽管从套筒里抽出。

12）检查活塞环，若磨损严重或断裂，应更换。

13）检查颈圈、轴承圈，如发现有划痕或过分磨损，应更换。

14）检查套筒，根据其划痕、腐蚀程度来进行换掉。

15）检查壳体、蒸汽管，若磨损、划痕或腐蚀程度严重进行更换。

（4）齿轮箱的检修。

1）拆除电机、接轴器。拆下电机与接轴器、连接螺栓、销轴、垫片，使连接销与马达接轴器保持在一起，拆下电机；从齿轮箱上拆下电器盒组件，取出油脂处理掉；拆下接轴器套，轴承盖、垫片。

2）拆除蜗轮。用铜棒向上轻击蜗杆，拆下蜗杆、轴承、油封和接轴器；拆下前轴承座、轴承压盖、轴承等，取下蜗轮和含油轴承；拆下导向杆；拆下小齿轮，检查齿轮的啮合情况，齿轮应完整无损，啮合应良好；检查蜗杆、蜗轮，如严重磨损或损坏，需更换；检查所有轴承的情况，如果有严重磨损或损坏，需更换；清理干净齿轮箱组件内的各零件。

3）组装。按上述相反步骤装配齿轮箱，加注1kg壳牌A配方润滑脂；更换所有油封、耐火垫片，更换箱壳与接轴器套之间的垫片，其余垫片视磨损情况予以更换。

（5）吹灰器的组装、安装与调试。

1）吹灰器装配按与拆卸相反步骤进行。

2）在各润滑点加上指定的润滑油，组装后检查喷管伸缩的灵活性。喷管伸缩应灵活、无卡死现象。

3）将组装好的吹灰器平稳的套进壁箱，旋紧连接螺母，使之固定在炉壁上。

4）顺时针摇动手柄，将喷管伸入炉膛，以确认无异物相碰，同时调整好喷嘴与水冷壁管外壁的距离保持40mm。

5）安装好齿轮箱的离合器，联系电气接线，进行冷态试验。试转时应无异音，进汽阀启闭应正常。

2. 长伸缩式吹灰器检修

（1）检修前的准备工作同炉膛吹灰器。

（2）吹灰器本体拆卸同炉膛吹灰器。

（3）内管和外管的拆卸、检修。

1）拆下内管连接法兰上的螺母。

2）将内管连接法兰往前移，露出对开环，拆下对开环，将内管推离后端板。

3）拆下内管连接法兰上的垫片，将其报废。

4）将内管装拆工具装到内管凹槽内，并将内管推离行走填料箱。

5）拆下外管法兰上的螺母，弹簧垫圈和双头螺栓。

6）将吊索穿过大梁顶部的盖板孔，捆住内外管，并确保内管完全在外管的里面。

7）拆下外管上的垫片并报废。

8）慢慢拉紧支吊内外管的绳索。

9）移动外管直至外管法兰离开行走填料箱，然后将内外管向后端反方向移动，直至外管头部退出炉墙接口套管及前部托轮组。

10）放下内外管，退出大梁底部。倾角不要太大，以免内管从外管内滑出。

11）检查内管表面有无磨损或划痕，如磨损严重或划痕很深，应更换内管。

12）检查外管的弯曲度和腐蚀情况，如严重则更换。

（4）内外管的组装。组装程序与上述相反，安装内管时须重新更换一组柔性石墨填料。

（5）行走填料箱填料的调整。

1）填料调整之前，必须完全切断汽源和电源，并征得运行部门同意。

2）检查填料压盖连接双头螺栓两侧的填料压盖之间的距离，该距离应相同。

3）要调整填料的松紧，先拧松锁紧螺母，然后拧紧其下部螺母，每侧各 0.8mm。

4）拧紧锁紧螺母。

5）此时吹灰器可在工作条件下运行，如还有泄漏，则重复上述步骤，再拧紧螺母 0.8mm。

（6）行走填料箱填料的补充。填料总的调节量为 9.6mm，当调节到底时，则应加装一圈新的柔性石墨填料。

1）切断汽源、电源。

2）拆下填料压盖的锁紧螺母、双头螺栓，将填料压盖和内圈沿内管向后移。

3）将涂有 Clydspin 润滑脂的、由两个半圆组成的密封填料环放入填料室，并重新压上压圈。

4）重新装上填料后盖，双头螺栓、锁紧螺母等。

5）检查前后填料压盖之间的距离。

（7）拆除填料箱。

1）拆下内管。

2）拆下外管，并更换密封垫片。

3）拆除蒸汽阀，并更换密封垫片。

4）拆除填料箱。

（8）横轴的拆卸。

1）拆下链轮和旋转及移动端链轮组组件，擦去里面油脂。

2）拆下轴承壳，检查螺旋齿轮，如有明显磨损应更换。

3）拆下链轮，抽出横轴，更换油封。

4）按以上反向顺序组装横轴。

（9）主轴的装拆。

1）拆下油杯及垫片，松开锁紧螺母，拆下双头螺栓前压盖、压圈、挡圈和后压盖。

2）在主轴后端垫一木块，用榔头轻击至轴承，轴承壳脱离箱壳，更换轴承壳内的油封。

3）检查轴承和衬套，如划痕和磨损严重，予以更换。

4）在行走填料箱与内管在吹灰器后部完全就位后，更换新的柔性石墨填料。

5）按以上反向顺序安装主轴零部件。

（10）齿轮箱。齿轮箱箱壳由铸铁组成，内有二级蜗轮蜗杆。末级蜗杆的出轴上装有链轮，驱动链条及行走填料箱。末级蜗杆的顶端有一方榫，上面盖有铰链连接的端盖，打开端盖，装上手柄，就可以在紧急情况下手动操作。齿轮箱可使用多年不用检修，但运行相当长一段时间后，则有必要更换油封、轴承、蜗轮蜗杆。

（11）蒸汽阀更换填料（现场维护）。

1）切断汽源和电源，并征得运行部门同意。

2）将开阀机构与蒸汽阀分离。

3）拧下填料压盖上的两个螺栓。

4）将弹簧压缩工具上的两个螺柱拧入填料压盖并均匀拧紧，直至弹簧压盖和弹簧充分压缩，以便取出对开环。

5）释放弹簧压力，卸下弹簧压缩工具。

6）拆下弹簧压盖、弹簧，拆下填料衬套、填料室、垫片。

7）从填料室内取出柔性石墨填料，并彻底清洗填料室。

8）更换全套柔性石墨填料（一定要整套安装，共3圈）。

9）每个环上涂上 Clydspin 润滑脂，安装填料时小心不要损坏环的边缘。

10）装好填料后，再装上衬套、垫片（新的）、顶盖、螺栓。

11）装上弹簧、弹簧盖板。

12）装上弹簧压缩工具，压紧弹簧和弹簧盖板。

13）装上开环，松开并卸下弹簧压缩工具。

14）重新拧紧填料压盖组件上的螺栓。

15）重新装上开阀机构，并按铭牌设定阀门开度。

（12）拆卸蒸汽阀。

1）将开阀机构与蒸汽阀分离。

2）拧下蒸汽阀进汽法兰处的螺栓、螺母、垫圈。

3）拧下阀门出口处的螺母卸下蒸汽阀，整个阀门牌号重约 30kg；将阀门放到工作区。

4）更换填料（如上所述）。

5）取出阀杆，检查阀杆及阀瓣密封面磨损情况。若密封面磨损不严重，可进行少量的机械加工，并可用千分表在车床上校准阀杆，确保同心度。

6）检查阀座密封面有无磨损或损坏，如有明显的磨损或损坏，可进行少量的机械加工，予以恢复。

7）根据更换填料及拆卸阀杆、阀座的反向顺序依次复装。

8）将蒸汽阀装回到吹灰器，更换阀门出口处铜垫片。

9）蒸汽阀检修后装回到吹灰器前应进行水压试验，阀壳须进行压力为6MPa的强度试验。

10）重新接上阀门开关机构，并按铭牌说明设定阀门开度。

（13）开阀机构。阀门开关机构有一开阀杠杆，杠杆绕蒸汽阀盖上的支座旋转，杠杆通过拉杆头球面轴承与开阀拉杆连接，杠杆焊在轴上，轴的另一端带有方榫，上面装有凸轮。当行走填料箱向前运动时，填料箱上的撞销与凸轮啮合，引起轴和连杆的运动，行走填料箱继续前进，拉杆拉动阀杠杆，从而打开阀门使蒸汽流入。拧下内六角螺钉，将拉杆头球面轴承拧入或拧螺丝接头，即可调节阀门开度，阀门开度应调节到10mm。

（九）弯管工艺

管子的弯制法分热弯、冷弯和可控硅中频弯管等几种，常用的主要为热弯和冷弯两种。ϕ60mm以下的管子均可进行冷弯。冷弯一般可用手动或电动弯管机配置合适的胎具来进行，一般设计动胎轮使其半径较管子的弯曲半径小3～5mm，弯制时，还应过弯2°～3°，以此减缓钢材的弹性。冷弯管的弯制前后质量检查与热弯管相同。

二、锅炉辅机设备检修工艺

（一）锅炉辅机设备大小修项目

锅炉辅机设备大小修项目见表3-1-1～表3-1-4。

表3-1-1　风机大小修项目

类别	小　修	大　修	特　殊
内容	（1）修补磨损腐蚀的机壳、叶片、集流器。 （2）清洗检查轴承，测量各部间隙，更换润滑油。 （3）风机叶轮静平衡校验。 （4）对轮校中心。 （5）试运行	（1）更换叶轮。 （2）更换轴承。 （3）更换大轴。 （4）动平衡校验	（1）更换机壳。 （2）更换轴承座及台板。 （3）重大改进

表3-1-2　液力偶合器大小修项目

类别	小　修	大　修
内容	（1）检修油泵，清扫滤网。 （2）更换透平油，清扫机壳。 （3）外壳各表计，管路检修。 （4）对轮校中心	（1）全部解体检查更换轴承。 （2）检修大轴。 （3）泵轮及涡轮

表3-1-3　多级泵大小修项目

类别	小　修	大　修
内容	（1）检查轴承，清洗换油。 （2）更换盘根，检查轴封水管。 （3）紧固基础螺丝，校正中心。 （4）消除缺陷	（1）更换轴承。 （2）检修出入口阀门。 （3）检查或更换叶轮。 （4）检查测量轴的弯曲度及轴承装配情况。 （5）检修法兰及轴封水管。 （6）检查紧固基础螺丝对轮校中心

表 3-1-4　单级泵大小修项目

类别	小　修	大　修
内容	(1) 更换出口阀门盘根。 (2) 更换泵轴封盘根。 (3) 更换机械润滑油。 (4) 消缺维护	(1) 检修出口阀门，逆止阀及入口阀。 (2) 检修或更换泵轴及叶轮。 (3) 更换轴承及端盖。 (4) 更换水泵泵体。 (5) 对轮找中心

(二) 离心式风机部分检修

1. 风机常见故障及排除方法

风机常见故障及排除方法见表 3-1-5。

表 3-1-5　风机常见故障及排除方法

故障名称	原　因　分　析	排　除　方　法
机组振动	对轮找正不良或胶圈磨损过大	重新找正、更换胶圈
	轴承与上盖间隙过大	调整间隙
	地脚螺丝松动	上紧螺丝
	大轴弯曲	直轴或更换
	转子本身不平衡	找平衡
	转子磨损进灰或积灰	清灰焊补
	转子铆钉松动或断裂	更换铆钉
	转动部分与固定部分有摩擦	调整间隙
	转子紧固背帽松动	上紧背帽
	轴承内圈配合松动	更换大轴、轴承
轴承温度过高	润滑油不清洁、变质、油量过多或过少	更换合格的润滑油、油量适中
	轴承滚珠与跑道有麻点、裂纹等	更换轴承
	轴承本身间隙过大或过小	更换轴承
	轴承卡子磨损严重或损坏	更换卡子
	轴承内圈与轴松动	更换大轴、轴承
	轴承顶部间隙不合适	调整顶部间隙
	冷却水不通、不足或水温高	疏通冷却水、改水源
	机组长时间剧烈振动	消除振动
	机壳轴封漏风太大或轴承密封紧	调整间隙
电机电流过大	启动前风门未关闭	关闭风门
	对轮找正不良，皮圈过紧	找正，换皮圈
	受轴承振动影响	消除振动
	转子部分与固定部分摩擦	调整间隙
	电机本身有间隙	电机检修

2. 靠背轮找正

联轴器是电动机与机械设备相联结的一种装置，它有弹簧式、半固定式、固定式、齿式等各种形式。为使主动轴与从动轴工作同心，保证设备安全运行，就必须对靠背轮进行找正，见表 3－1－6。

表 3－1－6　　靠背轮找正工艺方法和质量标准

序号	工艺方法与注意事项	质量标准
1	首先将两对轮端面间隙调整好	6～10mm
2	将一平尺的棱边贴在两对轮的外圆柱面上，根据哪一边有缝隙而移动液力偶合器或电机（调整地脚垫片厚度或在平面上调整轴线方向）直到当对轮轮周上下左右四处检查端面间隙达彼此相等为止。注意，这一步为粗略找正，进行这一步时，液力偶合器或电机的地脚螺丝是松开的	
3	旋转两对轮使其处于原来相对位置，穿上两个靠背轮螺栓并拧紧，将百分表用磁性表座固定在靠背轮上，然后测量轴向间隙（面距 a_1、a_3）、径向间隙（圆距 b_1、b_3），如图所示	$\mid a_1-a_3\mid \leqslant 0.05$。 $\mid b_1-b_3\mid \leqslant 0.05$
4	先转动两轴使百分表处于正上方并调整至零位，然后顺次将两轴转至 90°、180°、270° 3 个位置并记录数据；从 270°角处的位置再转至 360°角处即原先的第一个位置，校正与第一次测量是否相等，否则应查明原因加以解决直到符合规定为止。轴向间隙也可用楔形塞尺在各应测量位置进行检查，确定如何移动液力偶合器或电动机，注意两对轮转动时一定要同步，并画线为准，按一定方向转动，禁止用大锤敲打对轮，盘动时要用专用工具，严禁用管钳转动对轮 。 注意：百分表及固定架必须固定好	
5	根据所测间隙数据，调整液力偶合器或电动机地脚下面的垫片和用加装在四角底脚附近的顶螺丝来推动。调整完毕后，应拧紧地脚螺栓，再进行第二次间隙测量，直到符合要求时为止	垫片数目不超过 3 块
6	将液力偶合器或电动机地脚螺丝对角紧好，并重新测量间隙符合标准后，拧好靠背轮螺栓并上好保护罩	

3. 转子找平衡

所有转子的重心，必须与其圆心相重合，重心如脱离圆心而偏向一边，则会产生转子的不平衡，运行中就会产生振动。为保证转动机械的安全运行，消除转子的振动，安装前对转子必须进行静平衡校验，转子找平衡方法和注意事项见表 3－1－7。

表 3-1-7　　转子找平衡方法和注意事项

步骤	方　法	注　意　事　项
准备	（1）轴应清洗干净，放在水平支架上。 （2）假轴与待找平衡的转子吊在支架上后，再用水平尺找平。 （3）准备秒表，天平（或小磅秤）和长度等于轴高的铁棍一条。 准备好试加铁快，粉笔、做好防风措施	
操作	（1）将转子分成八等分，并按顺序在等分点上编号 1、2、……、8。 （2）将施加重量顺次加到各等分点上，放到水平位置，依次测量 8 个不同的摆动周期并作记录绘制摆动曲线图，试加重量的大小无需精确计算的必要，足能使转子摆动但摆动不得超过 270°。 （3）计算应加重量，准确度精确到 0.1。 $应加重量=试加重量\times\frac{最大周期-最小周期}{最大周期+最小周期}$ 式中：周期单位为 s，重量单位为 g。 （4）将应加重量加于所在位置加好以后，转子在任何位置都能静止，若仍有摆动，要重测再找一次，直到平衡为止	（1）应加重量应扣除焊条重量。 （2）应设专人读表，按表与放松转子同时进行。 （3）要在室内进行并远离门窗，做好防风措施。 （4）试加重量应用螺丝固定，若用电焊要轻轻点住即可

（三）液力耦合器检修

1. 液力偶合器检修

液力耦合器检修周期：大修为 1 年，小修为 1～8 月。液力耦合器检修项目、工艺、注意事项和质量标准见表 3-1-8。

表 3-1-8　　液力偶合器检修项目、工艺、注意事项和质量标准

序号	项目	检修工艺及注意事项	质量标准
1	总体拆卸液力偶合器	（1）拆去外部管路系统及仪表盘并注意用破布将管口和丝头封好以免落入杂物和碰伤丝头。 （2）卸下电动执行器组件及导流管并注意轻拆轻放，导流管要树立放置以免造成弯曲。 （3）打开锁垫，取下压盖，用拉马和千斤顶拆下两端的联轴器和端盖，注意不得大锤敲击对轮，拆下的端盖应做好对应的标记。 （4）拆下紧固轴承座的螺栓，连接上下箱体的连接螺栓及 2 个圆柱销之后即可把箱盖取下，然后就可把转子组件及轴承座从箱体上取下。注意起吊转子时，应将钢丝绳挂正，使转子平起稳落	

续表

序号	项目	检修工艺及注意事项	质量标准
2	拆卸转子组件	(1) 拆去输出端轴承的圆螺母，制动垫圈，扒下轴承，注意拆卸轴承圆螺母时应用铜棒，大锤敲打。 (2) 用胀钳取下弹性卡环，用铜棒、大锤敲打背帽将轴承退出后，取下传动主齿轮。 (3) 将转子竖直吊起，放置在框架上，拆去输入轴与转动外壳的连接螺栓及柱销，取下输入轴。注意吊转子时应避免碰伤转动外壳及轴。 (4) 拆下压紧轴承的压盖盒和泵轮与转动外壳的连接螺丝，用拉马和千斤顶将泵轮连同轴承一起扒下，然后将轴承及其外套取下。注意在使用拉马时，应将两丝拧满，以免拉力过大损伤泵轮的丝母。 (5) 吊出涡轮及输出轴，使其与转动外壳分离，然后拆下涡轮与轴的连接螺栓、索垫，使涡轮与轴分开。注意在拆卸输出轴、泵轮、衬套转动外壳，涡轮及轴时，应做好相应的标记	
3	拆卸油泵组件	(1) 拆去油泵与入口滤网的连接法兰及紧固油泵的螺丝，取下油泵。 (2) 拆下油泵入口滤网和护板，清理滤网和箱体内的杂质	
4	检修组装转子	(1) 检查测量输出轴的各配合尺寸，注意输出轴各配合处表面应光洁，无碰痕、划痕和裂纹等缺陷。 (2) 检查涡轮，叶片及转动外壳有无变形，裂纹等缺陷，并用白布汽油清洗干净。涡轮的叶槽中和转动外壳上不得有杂质。 (3) 将输出轴与涡轮按对应标记装配在一起，拧紧螺丝，索好止动垫片，吊入转动外壳内。 (4) 检查测量清洗泵轮和衬套。 (5) 用吊环，钢丝绳将泵轮平稳吊至转动外壳上，放置垫片，拧紧螺帽。用开口销锁好，然后将衬套置入泵轮中并用螺丝固定好。注意在装配时应按做好对应标记进行，均匀用力拧紧螺母。 (6) 检查测量推力轴承、轴承滑道滚锥的表面应无划痕、麻点、锈斑等缺陷。 (7) 用铜棒、大锤将推力轴承装配在泵轮衬套内，并盖上压盖，拧紧螺丝，索好制动垫片。装配推力轴承时应注意推力轴承沿推力方向相背装置，并装配到位。 (8) 检查测量输入轴各配合尺寸，各配合表面应光洁无碰痕、划痕和裂纹等缺陷。 (9) 用深度游标卡尺测量推力轴在衬套内的深度和输入轴台面的高度（也可用压铅丝法）计算推力间隙。如果推力间隙过大，可在两推力轴承间加铜垫片，若推力间隙过小可在输入轴和衬套间加铜垫片，然后将输入轴装配到泵轮上，用铜棒轻轻打进定位销，拧紧螺丝，索好止动垫片，注意在装配输入轴时，应按对应标记。 (10) 检查测量传动齿轮和轴承。注意主齿轮各齿应完好，其受力面不得有明显磨痕、麻点等缺陷。轴承滑道，滚珠应无划痕、麻点、锈斑等缺陷。 (11) 先将键装入输入轴的键槽中，再装配传动齿轮，拧紧螺帽，加热轴承，加热温度为 80～110℃，不得超过 120℃。把轴承装配在输入轴上，索紧轴用弹性卡环。 (12) 转子组装完毕后，应做静平衡校验：将转子水平放置在滚刀架上，转动可在任意位置停住，即转子静态平衡，否则须做静平衡试验，其试验方法与风机找静平衡方法相似	推力间隙：0.10～0.20mm。 轴承内径：$\phi100^{+0}_{-0.025}$。 外径：$\phi190^{+0}_{-0.03}$。 游隙：0.06～0.15mm，不大于0.20mm。 键两侧紧力位移为 0.03～0.05mm 时，顶端应有 0.10～0.20mm 间隙

续表

序号	项目	检修工艺及注意事项	质量标准
5	总体组装液力偶合器	（1）检查测量轴承座及轴承。轴承各配合表面应完好清洁，无明显磨痕，轴承滑道，滚珠应无划痕起皮麻点锈斑等缺陷。 （2）吊起转子，倒立放置在框架上，先将轴承装配到转动外壳内，吊起轴承座，将轴承装配好，再将轴承装配到轴承座内。装配时，应用铜棒轻轻敲击，到位后拧紧背帽，锁好止动垫片。 （3）水平吊起转子，平稳吊入箱体内，吊装箱体上盖，打进定位销，拧紧连接螺栓和轴承座端面螺栓。注意在吊装转子时避免发生碰撞，观察齿轮啮合情况，并在各结合面上涂抹密封胶。 （4）用深度千分尺测量液力偶合器两端的间隙，调整两端盖上的青壳纸垫子，使轴向间隙在允许范围内。 （5）在端盖的结合面上涂抹密封胶，然后将两端盖装置在箱体上，均匀拧紧螺丝。两端轴封密封圈紧缩弹簧要有足够的紧力，组装时应防止紧锁弹簧脱落，注意对应位置。 （6）测量联轴器，将键放置键槽中，吊起联轴器用枕木撞击就位后，紧上压盖，索好止动垫片。注意检查联轴器的轮周面应光洁无损，禁止使用大锤直接敲击联轴器	轴承座与144配合处内径：$\phi340^{+0.029}_{+0.007}$，与3528配合处内径：$\phi300^{+0.016}_{+0.036}$。 140/144轴承内径：$\phi200/\phi220^{+0}_{-0.03}$，外径：$\phi340^{+0}_{-004}$。 游隙：0.03～0.06mm，不大于0.25mm。 3528轴承内径：$\phi140^{+0}_{-0.025}$，外径：$\phi300^{+0}_{-0.035}$。 游隙：0.03～0.06mm，不大于0.20mm。 输入侧端盖轴向间隙为：－0.01～0.03mm。 输出侧端盖轴向间隙为：－0.03～0.05mm。 密封圈型号：$\phi135\times3.55$。 键槽配合，两侧紧力位移：0.03～0.05mm；顶部间隙：0.20～0.40mm。 联轴器孔径：$\phi85_{0}^{+0.04}$
6	组装调节导流器和仪表管	（1）用汽油清洗导向套和导流管，在轴承座的出油管口侧装置2个型橡胶密封圈，然后将导向套和导流管组合装到轴承座上，并拧紧螺丝，接上排油管和调节执行器。 （2）接通润滑油管和温度表的热电偶。注意在紧固各油管前应检查是否畅通，紧固螺帽时不得用力过大，以免滑丝	

2. 液力偶合器试运转

液力偶合器试运转质量标准见表3-1-9。

表3-1-9　　液力偶合器试运转质量标准

序号	项目	质量标准
1	注油	（1）开车前须先通过偶合器侧面的注油口向油箱内注入＃32透平油使油面至油位的最上线。 （2）当第一次启动运转平稳后要及时检查油位，当油位低于最下限时应再向偶合器补充油至规定油位。 （3）应注意不得使油位高于规定油位，否则造成搅油发热
2	试运转	（1）试车前必须全面检查各连接螺栓，管路各接头确认牢固可靠，各仪表完好油位正常。 （2）启动油系统中的阀门，均应开启到最大位置。 （3）先手动和电动操纵执行器动作几次，检查运转是否灵活可靠，确认正常后要使导流管处于最低速状态。 （4）分别盘动偶合器的前后联轴器，确认无卡涩和转动灵活后才能启动。 （5）试运转启动后应注意油泵上油情况，若启动30s后仍不上油，应及时停车检查原因，待排除故障后再启动。 （6）启动完成后可缓慢调节输出转速至最高

续表

序号	项目	质量标准
3	正常运转	(1) 正常运转前启动也应按试运转的检查项目进行检查。 (2) 电机启动后即可按照要求操纵电动执行器进行正常运转。 (3) 运行中各仪表的指示范围： 1) 油泵出口压力：0.1～0.35MPa； 2) 偶合器入口压力：0.01～0.03MPa； 3) 油泵出口油温：88℃；超过88℃应报警； 4) 偶合器入口油温：小于50℃。 (4) 运转中应及时注意油温的变化，当油温高于88℃时应调节冷却水量使油温降低。 (5) 油泵出口油压会随着出口滤网的阻塞而逐渐增加，一般当压力超过0.25MPa时就应清洗滤网

3. 液力偶合器常见故障及排除方法

液力偶合器常见故障、原因和排除方法见表3-1-10。

表3-1-10　液力偶合器常见故障、原因和排除方法

序号	常见故障	主要原因	排除方法
1	油泵不上油、油压太低、油压不稳	(1) 油泵损坏。 (2) 油泵调压阀失灵或调整不好。 (3) 油泵吸油管路密封不严，有空气进入。 (4) 油泵进油滤网堵塞。 (5) 油位太低，油泵吸空。 (6) 油压表损坏。 (7) 管路堵塞	(1) 修复或更换油泵。 (2) 重新调整调压阀使压力正常或更换调压阀。 (3) 拧紧各螺栓，使油管路密封。 (4) 清洗油泵进油滤网。 (5) 加油至规定油位。 (6) 更换压力表。 (7) 清洗管路
2	油温过高	(1) 冷却器堵塞，或冷却水量不足。 (2) 偶合器超负荷工作。 (3) 油位过高，使转子搅油发热	(1) 清洗冷却器，加大冷却水量。 (2) 检查排除超荷原因。 (3) 放油或改变输出轴转速，使油面至规定油位
3	轴端漏油	(1) 弹性联轴器旋转引起真空效应将油吸出。 (2) 皮碗密封圈唇面不平。 (3) 密封处轴面有划痕	(1) 用罩将联轴器与端面隔开。 (2) 换密封圈。 (3) 磨光
4	箱体振动	(1) 安装精度过低。 (2) 基础刚性不足。 (3) 柱销弹性连接螺栓的橡胶圈损坏。 (4) 地脚螺栓松动。 (5) 联轴器中心不正	(1) 按检修规程重新校正。 (2) 加固或重作基础。 (3) 更换橡胶圈。 (4) 拧紧地脚螺栓。 (5) 重新校对中心

(四) 螺杆式空气压缩机检修

螺杆式空气压缩机故障情形、原因和处理方法见表3-1-11。

表3-1-11　　螺杆式空气压缩机故障情形、原因和处理方法

序号	故障情形	可能发生原因	故障处理方法
1	无法启动（电气故障灯亮）	（1）保险丝烧毁。 （2）保护继电器动作。 （3）启动继电器故障。 （4）启动按钮接触不良。 （5）电压太低。 （6）电动机故障。 （7）机体故障。 （8）欠相保护继电器动作	（1）请电气人员检修更换。 （2）请电气人员检修更换。 （3）请电气人员检修更换。 （4）请电气人员检修更换。 （5）请电气人员检修更换。 （6）请电气人员检修更换。 （7）手动机体，若无法转动时，请联络复盛公司服务单位。 （8）检查电源线及各接点
2	运转电流高，压缩机自行跳闸（电气故障灯亮）	（1）电压太低。 （2）排气压力太高。 （3）冷却液规格不正确。 （4）油细分离器堵塞（冷却液压力高）。 （5）压缩机本体故障。 （6）电路接点接触不良	（1）请电气人员检修更换。 （2）检查压力表，入超过设定压力，调整压力开关。 （3）检查液号，更换液品。 （4）更换油细分离器。 （5）手动机体，若无法转动时，请联络复盛公司服务单位。 （6）检修
3	运转电流高低于正常值	（1）空气消耗量太大（压力在设定值以下运转）。 （2）空气过滤器堵塞。 （3）进气阀动作不良（卡住不动作）。 （4）容调阀调整不当。 （5）压力设定不当	（1）检查消耗量，必要时增加压缩机。 （2）清洁或更换。 （3）拆卸清洗并加注润滑油脂。 （4）重新设定调整。 （5）重新调整设定压力
4	排气温度低于正常值（低于70℃）	（1）环境温度低。 （2）排气温度表不正确。 （3）热控制阀故障。 （4）冷却液流量过大	（1）减少冷却器之散热面积。 （2）更换排气温度表。 （3）更换热控制阀。 （4）在液路加限流接头
5	排气温度高，空压机自行跳闸，排气高温指示灯亮（超过设定值100℃）	（1）冷却液不足。 （2）环境温度高。 （3）油冷却器堵塞。 （4）冷却液规格不正确。 （5）热控制阀故障。 （6）空气滤清器不清洁。 （7）油过滤器堵塞。 （8）冷却风扇故障。 （9）风冷冷却器风道阻塞。 （10）温度开关故障。 （11）冷却液混用	（1）检查液面若低于“L”时请停车加液至“H”。 （2）增加排风降低室温。 （3）可能油冷却器阻塞，拆下用药剂清洗之。 （4）检查液号，更换液品。 （5）检查冷却液是否经过油冷却器冷却，若无则更换热控制阀。 （6）以低压空气清洁空气滤清器。 （7）更换油过滤器。 （8）更换冷却风扇。 （9）用低压空气清洁冷却器。 （10）更换温度开关。 （11）冲洗，更换正确冷却液

续表

项目	故障情形	可能发生原因	故障处理方法
6	空气中含液分高，冷却液添加周期减短，无负荷时滤清器冒烟	（1）液面太高。 （2）回油管限流孔阻塞。 （3）排气压力。 （4）油细分离器破损。 （5）压力维持阀弹簧疲劳	（1）检查液面并排放至“H”与“L”之间。 （2）拆卸清洗。 （3）提高排气压力（调整压力开关至设定值）。 （4）更换新品。 （5）更换弹簧
7	无法全载运转	（1）控制器或变频器设定。 （2）换向电磁阀故障。 （3）延时继电器故障。 （4）进气阀动作不良。 （5）压力维持阀动作不良。 （6）控制管路泄漏。 （7）泄放电磁阀动作不良。 （8）梭动阀动作不良	（1）更换新品。 （2）更换新品。 （3）请电气人员检修更换。 （4）拆卸清洗后加注润滑油脂。 （5）拆卸后检查阀座及止回阀片是否磨损，如磨损更换。 （6）检查泄漏位置并锁紧。 （7）检查线路及阀本身，甚至更换。 （8）检修或更换
8	无法空车，空车时表压力仍保持工作压力或继续上升，安全阀动作	（1）压力传感器或控制器。 （2）进气阀动作不良。 （3）泄放电磁阀失效（线圈烧损）。 （4）气量调节膜片破损。 （5）泄放量过小。 （6）电脑故障	（1）检修，必要时更换。 （2）拆卸清洗后加注润滑油脂。 （3）检修，必要时更换。 （4）检修更换。 （5）更改限流接头。 （6）更换
9	压缩机风量低于正常值	（1）进气过滤器堵塞。 （2）进气阀动作不良。 （3）压力维持阀动作不良。 （4）油细分离器堵塞。 （5）泄放电磁阀泄漏。 （6）容调阀调整不当	（1）清洁或更换。 （2）拆卸清洗后加注润滑油脂。 （3）拆卸后检查阀座及止回阀片是否磨损，如磨损更换如弹簧疲劳更换之。 （4）检修，必要时更换。 （5）检修，必要时更换。 （6）重新调整容调压力
10	空重车频繁	（1）管路泄漏。 （2）压力开关压差太小。 （3）空气消耗量不稳定。 （4）压力维持阀阀芯密封不严，弹簧疲劳	（1）检查泄漏位置并锁紧。 （2）重新设定（一般压差为0.2MPa）。 （3）增减储气罐容量。 （4）检修或更换阀芯，弹簧
11	停机时液雾从空气过滤器冒出	（1）重车停机。 （2）电气线路错误。 （3）压力维持阀泄漏。 （4）泄放阀未泄放。 （5）油细分离器破损	（1）检查进气阀是否卡住，如卡住，拆卸清洁后加润滑油脂。 （2）请电气人员检修更换。 （3）检修，必要时更换。 （4）检查泄放阀，必要时更换。 （5）更换

（五）烟风管道伸缩节检修

（1）烟风管道检修项目、工艺方法及注意事项见表3-1-12。

表 3-1-12　　烟风管道检修项目、工艺方法及注意事项

序号	检修项目	工艺方法及注意事项
1	检修前准备工作	（1）停炉前应对烟、风管道作防振和防漏检查，并把振动和泄漏部位记录下来。 （2）检查前搭设的脚手架应验收合格后方能投用
2	烟风管道检修	（1）各振动部位应采取可靠的加固措施。 （2）检查撑筋和烟道连接部位，钢板拉裂和脱焊处应做焊接处理。 （3）检查烟道撑筋的磨损情况，磨损严重的应予更换。 （4）检查料管（特别是弯头部分）的磨损情况，磨损严重的应焊接处理或更换。 （5）检查烟风管道（特别是烟道）的腐蚀情况。 （6）按不同情况，对有缺陷的烟道应作挖补处理。所有焊缝部位焊后作渗油试验，以确保无泄漏。烟道保温应在焊好保温钩钉并检查渗漏试验后进行。 （7）检查钢烟道与水泥烟道接界处的结合情况。 （8）烟道支架不应与烟道焊接，以利于膨胀。 （9）烟道、风管道法兰及人孔门螺栓的孔应采用机械加工，不得用气割割孔。 （10）各人孔门及法兰用石棉绳作垫料时应沿螺栓内侧绕成波浪形。衬垫两面应涂以水玻璃或白铅油。所用衬垫均不允许伸入管道内，以防积灰积粉。 （11）检查烟风管道支吊架及其附件，烟风管道在大面积更换后进行严密试验。试验时，送风机和排粉机均不许超过额定参数

（2）伸缩节检修项目、工艺方法及注意事项、质量标准见表 3-1-13。

表 3-1-13　　伸缩节检修项目、工艺方法及注意事项、质量标准

序号	检修项目	工艺方法及注意事项	质量标准
1	检修前准备工作	停炉前应对泄漏情况做仔细检查，并做好记录	
2	伸缩节检修	（1）检查伸缩节有无磨损、积灰情况，磨损严重的应予更换。更换时，所有焊缝部位焊后应作渗油试验，以确保不泄漏。 （2）更换伸缩节时应按图纸规定进行冷拉并应注意到伸缩节内密封铁板的焊接位置应为介质的流入方向侧，不得将两边都焊牢。 （3）更换伸缩节时禁止强力对口。拉并应注意到伸缩节内密封铁板的焊接位置应为介质的流入方向侧，不得将两边都焊牢。 （4）更换伸缩节时禁止强力对口	

续表

序号	检修项目	工艺方法及注意事项	质量标准
3	检查挡板磨损情况	(1) 检查挡板磨损情况，其密封部位有少量磨损时应做修补，磨损超限时则应更换。 (2) 检查小轴、中心座下孔及法兰的磨损情况，磨损严重的应予更换	(1) 挡板厚度磨损量大于原厚度的1/2时应予更换。 (2) 挡板四周磨损达挡板面积的1/5时，应予更换。 (3) 一次风挡板关闭应严密。小轴磨损量达原直径的1/5时应予更换
4	检查小轴与挡板连接情况	检查小轴与挡板连接螺栓是否松动或脱落，小轴与挡板连接时必须加弹簧垫圈	小轴与挡板连接螺栓应完整并无松动现象
5	检查挡板开关情况及传动装置并更换填料	(1) 检查挡板开关是否灵活及实际开度与指示是否相符。 (2) 检查传动装置是否完好。 (3) 更换小轴处密封填料。 (4) 更换挡板与烟风管道连接法兰处的石棉绳	(1) 挡板开关应灵活，指示应正确。 (2) 传动装置应完好。 (3) 法兰螺栓应完好，拧紧。 (4) 法兰螺栓应完整，拧紧

（六）扩容器检修

扩容器检修项目、工艺方法及质量标准见表3-1-14。

表3-1-14　　扩容器检修项目、工艺方法及质量标准

序号	检修项目	工艺方法及注意事项	质量标准
1	对定排及事故放水切向筒壁测厚	采用测厚仪检测	腐蚀度符合金属监督要求
2	筒体内壁检查		不应有冲刷变形
3	外壁焊缝检查		符合金属监督要求
4	水压试验	设备总装后进行试验，进入系统后进行试验	试验压力1.65MPa
5	筒体纵焊缝、环焊缝检查	采用X射线，检查长度为焊缝总长度的20%	符合金属监督要求
6	筒体内外壁刷漆	内壁涂一层汽包漆，外壁涂一层防锈漆，一层灰漆	

（七）各类泵检修

1. 多级离心泵检修

多级泵检修周期：大修为8～12个月，小修为3～5个月。多级离心泵检修工艺及质量标准见表3-1-15。

表3-1-15　　多级离心泵检修工艺及质量标准

序号	项目	检修工艺及注意事项	质量标准
1	准备工作	(1) 运行时全面检查振动、温度、漏水漏油情况，并做好记录。 (2) 检查轴承运行情况，用听棒探听是否有异音。 (3) 视情确定主要检修项目，准备工具材料、备品	

续表

序号	项目	检修工艺及注意事项	质 量 标 准
2	水泵解体	(1) 拆下对轮保护罩，对轮螺丝，并放到指定地点。 (2) 测量对轮中心圆面，端面偏差及对轮面距，并做好记录，注意轴上叶轮之间的原有调整垫片应测量，并做好记录。 (3) 用专用工具将对轮卸下放好，严禁用手锤直接敲打对轮，注意对磨损超过规定范围的密封环应更换。 (4) 拆泵进出口法兰及平衡室进水管。 (5) 拆下填料压盖。并扣出填料。 (6) 拆卸轴承座螺丝，取下轴承座及轴承。 (7) 测量平衡盘轴向调整间隙并做好记录。 (8) 拆下平衡盘固定螺丝，取下平衡盘，盘根套及承磨环。 (9) 测量泵轴的原始窜动量，并做好记录。 (10) 卸下泵体穿杠螺丝及出口，地脚螺丝。 (11) 从泵出口端开始，顺次取下各级叶轮、导叶及泵轴，并按顺序放好。 (12) 若叶轮结垢严重，不易拆卸时，可用汽油浸透，并用铜棒轻轻振动或稍微加热后（小于100℃）取下，禁止硬撬硬打。 (13) 用汽油清洗各零件，清理刮净泵壳结合面	
3	检修泵轴	(1) 用砂纸将泵轴打磨光，放在V形铁上，用百分表测量轴的弯曲度。 (2) 检查测量轴的椭圆度圆锥度及粗糙度。 (3) 检查轴上螺丝及键槽	轴颈的椭圆度、圆锥度不超过0.05。 粗糙度不大于3.2，表面无麻点、沟槽等缺陷。 键槽与键配合不松动。 顶部应当有0.10～0.15mm间隙，两侧无间隙，螺丝完好
4	轴承	(1) 检查滚珠、珠架及滑道。 (2) 用压铅丝法测量轴承游隙及配合间隙。 (3) 更换轴承时应用专用工具均匀施力于轴承内圈（与轴配合时）或外圈上（于轴承座配合时），不允许将力加到滚珠上	轴承与滑道无麻点、变形、裂纹、分层等缺陷。 游隙为0.01～0.02mm。 轴承内孔与轴配合紧力位移为0～0.02mm，轴承外圈与轴承室内孔配合间隙为0.02～0.03mm，轴承与压盖轴向紧力位移为0.02～0.03mm
5	泵壳叶轮及轴套检修	(1) 检查导叶水槽内部磨损及结垢情况。 (2) 检查泵体密封环和叶轮密封的磨损量。 (3) 检查叶轮后幅板，叶片的磨损及断裂。 (4) 检查叶轮、轴孔及键槽的腐蚀磨损情况	导叶应光滑无结垢。 叶轮幅板，叶片磨损至原厚度的一半应更换。 叶轮轴套应无断裂和破损
6	检修平衡装置	(1) 检查测量平衡盘承磨环的磨损量，做好记录。 (2) 平衡盘、承磨环磨损小于1.5表面粗糙时，可进行车削修复，否则更换	承磨环密封面无径向沟槽，表面平整光滑圆周应能均匀接触。 平衡环、承磨环应固定牢固，螺丝无断裂松动
7	检修联轴器	(1) 检查联轴器及孔的磨损情况。 (2) 检查联轴器螺丝及橡胶圈的磨损量	弹性橡胶圈的磨损小于1mm

续表

序号	项目	检修工艺及注意事项	质量标准
8	组装准备	(1) 清理轴与叶轮，轴套平衡盘各结合面。 (2) 将轴置于两个V形铁上，装上进水侧第一轴套。 (3) 由第一级开始逐级组装叶轮至平衡盘，并紧固平衡盘。 (4) 测量记录叶轮出水槽相互之间的中心距及末级中心至平衡盘密封面距离。 (5) 测量泵壳导叶水槽中心距并调整误差。 (6) 在车床或V形铁上用百分表找出叶轮，轴套平衡盘的径向晃动（依轴承轴颈为基础）	轴与叶轮孔配合间隙为0.03～0.05mm。 轴套两平面应平行并与轴线垂直，其不平行度不大于0.12mm，车削加工应一次车出。 各叶轮出水槽中心应与导叶中心对正，其误差不大于1mm
9	组装泵体	(1) 将第一级泵壳固定于基础上，装吸入侧轴套及第一级叶轮于轴上，并穿入泵壳，装前轴承座应装入轴承。 (2) 在泵壳结合凸肩上套上垫子，组装第二级泵壳，再装第二级叶轮，依次装至末级泵壳，垫子表面要涂抹铅油。 (3) 亦装每一级泵壳与地面间打入楔木垫牢。 (4) 穿入泵壳螺栓并紧固。 (5) 在保证叶轮出口流道与导叶入口流道中心重合的基础上，安装平衡盘并调整间隙。 (6) 上轴承座、轴承、并固定涂以润滑油。 (7) 泵体就位后，紧固地脚螺丝。 (8) 连接出口短管法兰，平衡室及回水管。 (9) 装上对轮，扳动轮子应轮动灵活，不得有摩擦声和松紧不均匀现象，否则应查找原因进行处理。 (10) 装配填料时，填料压盖要求填料接口采45°角搭接，相邻两层的接口错开120°～180°，水封环应对准进水孔，压盖螺丝应均匀拧紧，但不能压得过紧，以防盘根发热	泵壳结合面垫子应完好，其厚度为0.50～0.75mm。 泵壳螺栓应对称拧紧，其各螺栓紧力均匀牢固，应盘车检查灵活，转动时用力均匀。 叶轮入口端面与密封环端面间隙为3～5mm。 径向间隙为0.50～0.60mm。叶轮出水流道与导叶流道应严格对正中心。 联轴器孔与轴配合间隙为0～0.02mm。轴向窜动间隙为1～2mm，平衡盘轴向间隙为0.10～0.20mm
10	对轮找正	方法同风机找正	

2. 单级离心泵检修

单级泵检修周期：大修周期为8～12个月；小修周期为3～5个月。单级离心泵检修工艺及质量标准见表3-1-16。

表3-1-16　　单级泵检修工艺及质量标准

序号	项目	检修工艺及注意事项	质量标准
1	准备工作	(1) 运行时，全面检查其振动、压力、温度、漏水、漏油情况，做好记录。 (2) 用听棒探听轴承运行情况。 (3) 视情况确定主要检修项目，备好工具、材料、备件	

续表

序号	项目	检修工艺及注意事项	质 量 标 准
2	水泵解体	（1）拆保护罩及联轴器螺丝。 （2）测量对轮中心，做记录。 （3）用专用工具卸下联轴器，禁止用手锤敲打对轮。 （4）拆除入口短节。 （5）拆去泵盖螺丝，取下泵盖。 （6）拆卸叶轮背帽，取下叶轮。 （7）卸填料压盖螺丝，取出压盖填料。 （8）拆卸轴承箱端盖。 （9）用手锤垫铜棒法，将泵轴由泵壳端沿托架打出。 （10）清洗各零件	
3	检修泵轴	（1）检查测量轴颈处的椭圆度、圆锥度、粗糙度、轴的弯曲度。 （2）检查轴上螺丝及键槽	轴颈处的椭圆度、圆锥度不大于0.05，轴弯曲度不大于0.040轴颈处应无毛刺、麻点、沟槽，其粗糙度小于轴上键槽应无滚键现象。 若严重松动大于0.5mm时重新开槽，新旧槽应移位180°
4	轴承检修	（1）检查轴承滚珠及滑道。 （2）用压铅丝法测量轴承游隙。 （3）更换轴承时应用手锤铜棒均匀敲击轴承内圈（与轴配合时），或外圈上（与轴承箱配合时）不允许将力直接加到滚珠上	轴承滑道不得有麻点、变形、裂纹、分层等缺陷。 游隙：0.01～0.02mm，超过0.20mm时更换
5	检修泵壳叶轮	（1）检查导叶流道内部磨损及结垢情况。 （2）检查泵体密封环和叶轮密封环的磨损量。 （3）检查叶轮前后幅板、叶片腐蚀及磨损。 （4）检查叶轮，轴孔及键槽的腐蚀磨损情况	导叶流道内无结垢。 叶轮幅板、叶片磨损至原厚度一半应更换。 叶轮、背帽索垫应完好
6	检修联轴器组件	（1）检查联轴器及配合孔的磨损情况。 （2）检查联轴器螺丝及胶圈的磨损量	联轴器应完整，无裂纹、凹坑等缺陷。 弹性胶圈的磨损不超1mm
7	水泵组装	（1）组装主轴轴承及支承套。 （2）将主轴部件从联轴器侧依次穿入轴承箱，端盖，填料压盖，泵体并找正位置，紧固轴承箱两端端盖。 （3）将键、叶轮、止动垫圈装于轴上，并用背帽紧好。 （4）组装填料密封装置。 （5）组装后转动联轴器应无摩擦，转动灵活。 （6）对轮找中心方法同多级泵	轴承与轴配合间隙：－0.008～0.035mm。 轴承与轴承室的配合间隙：0.01～0.04mm。 叶轮口径的径向间隙：0.06～0.36mm。 轴与叶轮孔配合：0～0.037mm。 联轴器与轴配合：0～0.037mm

3. 水泵故障原因及排除方法

水泵故障原因及排除方法见表3-1-17。

表 3-1-17　　水泵故障原因及排除方法

故障项目	故障原因	排除方法
水泵不上水，压力表、真空表剧烈跳动	泵未注满水，入口管道漏气	注满水，消除漏气
水泵不上水，但高真空度	底阀没有打开或堵塞，吸水管阻力大，吸程太高	检查底阀情况，更换吸水管，降低吸水高度
有出口压力指示，水泵仍不上水	出水管阻力大，旋转方向不对，叶轮堵塞，水泵转数不够	检查或缩短水管，检查电机，取下水管清洗叶轮，增加水泵轴的转数
流量低于设计流量	水泵堵塞，密封环磨损过多或转数不足	清洗水泵及管子，更换密封环，增加水泵的转数
填料室发热，水泵消耗功率过大	填料压盖太紧，填料室发热，叶轮磨损，水泵供水量增加	放松填料压盖，更换叶轮，增加出水管阻力来降低流量
水泵内部声音反常，水泵不上水	吸水管阻力过大，吸水高度过大，在吸水处有空气渗入，所输送液体温度过高	检查水泵及水管，检查底阀，减少吸水高度，拧紧堵塞漏气处，降低液体温度或减少吸水高度
水泵振动	泵轴与电机轴线不在一中心线上	把水泵和电机的轴中心线对准找正
轴承过热	轴承缺油，泵轴与电机轴不在一条中心线上	注油，把轴中心线对准或清洗轴承体

三、锅炉管阀设备检修工艺

（一）安全阀检修

1. 锅筒上主安全阀检修

（1）检修周期：大修为 3 年，小修为 6 个月。

（2）检修项目、工艺方法、注意事项及质量标准见表 3-1-18。

表 3-1-18　　锅筒上主安全阀检修项目、工艺方法、注意事项及质量标准

序号	检修项目	工艺方法及注意事项	质量标准
1	准备工作及整只安全阀拆下	（1）逐项检查以确定锅炉压力已降至零并已无汽水。 （2）备好起吊工具，并拴好钢丝绳和链条葫芦，准备起吊。 （3）做好相对记号和有关记录，防止装错，装反。 （4）拆下排气管阀兰螺丝和支架。 （5）用手锯锯断疏水管，并打好坡口，封闭好管口。 （6）拆下主安全阀下端法兰的紧固螺丝，吊出安全阀。 （7）将拆下的螺栓用火油清洗，校松，配对，并抽二根螺栓送金属试验室做试验。 （8）用铁皮盖好集箱法兰并加封，以免杂物落入集汽箱内。 （9）准备好备件和专用工具	螺栓应无裂纹、变形、损伤等缺陷，硬度值应在规定范围内，内部应无损伤（探伤试验）。 集箱内应清洁无异物

续表

序号	检修项目	工艺方法及注意事项	质量标准
2	安全阀解体	（1）提升装置的拆卸。卸下叉架销、叉架，阀帽、阀杆螺母开口销和阀杆螺母。 （2）环整定的记录。卸下喷嘴环锁紧螺钉，检查喷嘴环的位置，将它向右旋转（逆时针），记录转过的齿槽数，直至与阀瓣座接触。导向环应向右旋转（逆时针）直至喷射管顶部，记录转过的齿槽数。 （3）保持弹簧压缩量的拆卸。如果阀门是进行维修但不重新进行试验，则原来的整定压力可用厂家提供的专用液压千斤顶来保持。 1）测量弹簧下部垫圈的底面至阀盖法兰顶面的距离并记录此尺寸，切割三段比所记录的尺寸长 1/8in（3.175mm）的圆钢（直径为 25.4mm）。 2）安装液压千斤顶隔距圈，将千斤顶放在隔距圈上。 3）用 Never－Seez 公司生产的 Never－Seez 润滑剂或 Dow Corning 公司生产的干膜 321 润滑剂润滑阀杆螺纹，将阀杆接头拧到阀杆上，直到它与千斤顶上平面接触。 4）连接手动液压泵与软管。 5）用手动液压泵向千斤顶加压，驱动活塞，将弹簧下部垫圈提升并压缩弹簧。 6）在弹簧被压缩后，阀杆被提升 1/8in（3.175mm）时，将 3 块垫块放到弹簧下部垫圈的下面。 7）泄掉千斤顶压力，卸下阀杆接头，移去千斤顶与隔距圈。 8）拆下导向环和喷嘴环的锁紧螺钉松开阀盖螺栓螺母。 9）安装阀杆螺母，从阀体中小心吊出阀门上的部件。 10）放倒阀门上部部件，使阀杆处于水平位置。 11）拆下阀杆螺母，小心地将各内部部件从弹簧与阀盖中抽出。 （4）不保持弹簧压缩量的拆卸：如果阀门是进行完全拆卸，不保持弹簧压缩，采用以下程序。 1）测量从调节螺栓顶部到阀盖机加工面的距离并记录，作为重新组装的依据。 2）松开调节螺栓锁紧螺母和调节螺栓。放松弹簧。 3）松开并拆下阀盖螺栓螺母。 4）将阀门上部部件从阀体中垂直吊出。 5）放倒阀门上部部件，使阀杆处于水平位置。 6）拆下阀杆螺母，小心地将各内部部件从弹簧与阀盖中抽出	所有部件无变形损伤，做好标记，妥善放置。 使用千斤顶时，注意千斤顶活塞上的第二道凹槽不能高于外壳的顶面。 将阀门上的部件吊出时不允许有摇摆运动，否则损伤密封面

续表

序号	检修项目	工艺方法及注意事项	质量标准
3	安全阀修理	(1) 检查。清理检查盘形弹簧、阀杆、阀瓣、阀座、喷射管等是否变形、腐蚀或损伤，根据情况进行研磨修复或更换。 (2) 清洗各部件。 (3) 研磨方法。 1) 研磨时绝不可以让研磨块连续转动，应来回移动，特别注意阀座保持平整。进行较大程度研磨时，可在研磨块上放置研磨砂或砂纸。 2) 阀瓣与喷嘴用同样方法研磨，当所有刻痕消失后，把杂物清理干净，再对密封面进行抛光研磨	弹簧应完整无损、平直。 阀杆丝口应完好无损、无滑牙。 内部部件应用柔软的纱布擦拭，浸泡在热碱溶液或相应的溶液中清洗。 绝不可以把阀瓣对着喷嘴研磨。 应用制造商提供的研磨块和研磨料
4	安全阀装配	所有部件检查清理结束，并清洗干净后，可以进行重新装配，顺序如下： (1) 留意喷嘴环高于喷嘴密封面，在阀门全部装配好之前，不要拧上喷嘴环固定螺栓。 (2) 检查导向凸缘下的表面清洁程度，以便和导槽紧密结合。 (3) 确保阀杆的导向面和支撑面均用纱布进行过擦拭清洁。 (4) 在阀瓣装入阀座之后检查它是否能活动，不能让开口销子卡住。 (5) 当阀杆垂直正放，阀瓣座向下时，阀瓣座在阀杆上能够自由转动。 (6) 把阀瓣座和阀杆总成全部插入导座后把导座放入阀体，不要拧紧导向环固定螺栓。 (7) 把阀盖放回原位，在拧紧螺帽前，细微地检查转动弹簧阀杆应自由转动。 (8) 把弹簧压缩到拆卸前相同的量，在此基础上稍做调整，确保用调节螺栓锁紧螺帽。 (9) 为了调节喷嘴环，在下面一个固定螺钉孔中插入旋具或类似工具。向右转动喷嘴环，使之向上，直到与阀瓣座接触，然后转动向下，直到拆卸前做的标记位置。 (10) 把导向环回复到拆卸前做下的标记位置。 (11) 把所有的固定螺栓及锁紧螺母紧固，然后安装阀杆螺帽以及上抬机构	装配过程保持部件的清洁完整
5	安全阀压力整定	(1) 在线整定。使用制造商提供的液压在线整定装置（HSPD），由专业人员进行操作。 (2) 系统压力下热态整定。 1) 松开调节螺栓锁紧螺母。 2) 如果在规定压力下起跳，需要增大阀门的整定压力，可以通过左旋（顺时针）调节螺栓来实现。 3) 如果阀门在规定压力下不起跳，则应通过右旋（逆时针）调节螺栓来降低整定压力。 4) 每次调节结束，都要把调节螺栓锁紧螺母锁紧，把提升装置安装上去	

续表

序号	检修项目	工艺方法及注意事项	质量标准
6	水压试验	随同锅炉本体一起进行水压试验	泵水压力应按部颁规程规定。 法兰结合面及阀芯均无泄漏

2. 高温高压截止阀设备检修

(1) 检修周期：大修3年，小修6个月。

(2) 检修项目、检修工艺、注意事项及质量标准见表3-1-19。

表3-1-19　高温高压截止阀检修项目、检修工艺、注意事项及质量标准

序号	检修项目	检修工艺及注意事项	质量标准
1	检修前的准备工作	(1) 准备好工具和材料、备品。 (2) 管道内应无剩水、剩汽（可打开疏水阀证实）。 (3) 切断操作电源，拆去传动装置电源线。 (4) 拆除阀壳保温	
2	拆除传动装置	(1) 将传动装置切换到手动位置，开启阀门。 (2) 拆除阀盖与传动装置的连接螺栓。 (3) 吊下传动装置	
3	拆卸阀盖	(1) 用专用扳手松开阀盖与阀体的紧固螺母。 (2) 用链条葫芦将阀盖从阀体内吊出来。 (3) 取出阀体内的齿形垫。 (4) 检查螺丝、螺母是否完整，并清洗干净	丝口应完整无缺、无裂纹损伤，抽查其中二根做硬度试验，其值必须在规定范围内
4	检修阀壳、阀座	(1) 清理检查阀壳。 (2) 检查阀体与阀盖接合面。 (3) 用专用平板对接合面进行研磨。 (4) 用专用平板对阀座密封面进行研磨。 1) 粗磨：将放上＃0～＃2粗砂皮的平板放在阀座密封面上，用垂直均匀的力压住平板作单向旋转。 2) 细磨：用＃0～＃00细砂皮对阀座进行研磨，方法同粗磨。 3) 精磨：用＃000砂皮加上少量机油对阀座进行研磨	壳体应完整无缺，无裂纹等缺陷。 接合面应光亮整洁、无沟槽、伤痕。 消除麻点、凹坑、丝痕。 达到光亮一致、平整。 密封面无裂纹
5	拆下阀杆、阀芯	(1) 旋松导向板的螺钉。 (2) 松开格兰螺母。 (3) 将阀杆向关闭方向旋转，使阀杆与阀杆螺母脱扣。 (4) 用紫铜棒将阀敲出阀盖。 (5) 拆开阀芯的止退垫圈。 (6) 旋出阀瓣盖，拿出阀杆与垫块。 (7) 拆卸时应防止损坏丝口	

续表

序号	检修项目	检修工艺及注意事项	质量标准
6	拆卸和检修滚珠轴承、阀杆螺母	(1) 将阀杆螺母下部的锁紧螺母和紧圈旋出来。 (2) 取出阀杆螺母和单向推力球轴承。 (3) 检查阀杆螺母丝口有无缺牙、磨损，连接块是否损坏。 (4) 清洗、检查滚珠轴承。 (5) 清理检查锁紧螺母，检查紧圈丝口损坏情况	丝口无缺牙、磨损，连接块完整无损。 轴承座表面光洁无损，无锈蚀。钢珠完整无缺，转动应灵活
7	检修阀盖、阀杆和阀芯	(1) 清理检查阀盖，检查法兰处有无裂纹，并用专用平板将放齿形垫平面研磨光洁。 (2) 将填料箱内的填料全部清理干净并取出填料座。 (3) 清理检查填料箱，并将其内壁打磨光洁。 (4) 清理检查填料盖、填料座及压板。 (5) 清理检查格兰螺丝及螺母的丝口。 (6) 清理检查阀杆，用砂皮打磨光洁，测量其弯曲度并检查其顶端圆弧磨损情况。 (7) 清理检查阀芯压盖、阀芯的丝口及阀芯垫块。 (8) 检查阀芯密封面，并研磨光洁。 (9) 清理检查导向板	阀盖无裂纹，齿形垫平面应平整、光洁、无裂纹及丝痕。 填料箱内壁应无腐蚀、吹损。 填料盖、座外圆椭圆度不超过其外圆直径的 2.5%。压板弯曲应小于全长的 2%，并无严重锈蚀。 丝口无锈蚀、完整无缺、无滑牙，螺丝、螺母配合良好。 阀杆弯曲度小于 0.1～0.15mm/m，丝口完好、无磨损，顶部圆弧良好。 丝口应完好，且配合良好；阀芯垫块应完整无损。 阀芯密封面应光洁、无裂纹及丝痕，粗糙度应达 0.1。 导向槽应无变形
8	清理检修传动装置	传动装置各部件清理检查	各部件表面无裂纹、无严重磨损
9	复装	(1) 将上下轴承、阀杆螺母放入阀盖内，旋上紧圈和锁紧螺母。复装时，轴承内应加润滑油脂，且使阀杆螺母转动灵活。 (2) 将垫片放入阀芯内，随之放入阀杆和止退垫片，旋紧阀瓣盖，并锁紧止退垫。 (3) 将阀杆套入阀盖内，并将填料座、填料盖、压盖和导向板套入阀杆，然后旋入阀杆螺母内。 (4) 将涂有汽包漆的齿形垫放在阀体结合面上然后装上阀盖，旋上涂有二硫化钼混合脂的螺母，并加以紧固。安装时，阀盖凸面一定要放入阀体的凹面内；紧螺母时阀门应微开，以防阀芯受损。此外，应对角紧法兰螺丝，以保持四周间隙均匀。 (5) 将高压填料填入填料箱内，并旋紧格兰螺母。 (6) 将检修好的传动装置吊到阀盖上，并装上螺丝，旋紧螺母。 (7) 将导向板固定在阀杆上，然后将阀门关闭	阀杆扒头与阀芯内孔间隙为 0.20～0.40mm，阀杆在阀芯内转动应灵活，上下松动 0.05mm。 阀杆与填料座间隙为 0.1～0.15mm，阀杆与填料盖间隙大于 0.30mm。 阀杆与阀盖汽封间隙为 1～1.5mm。 成型填料应光洁、无损，接头应成 45°，交错 120°放置

续表

序号	检修项目	检修工艺及注意事项	质量标准
10	电动装置校验	(1) 联系电气人员装好马达，进行试转。 (2) 调整开向、关向的行程限止开关。 (3) 调整完毕后，试开关2～3次	马达与传动装置无异声。 控制按钮的开关方向和阀门的开关方向应一致。限位位置、开度指示均正确无误。 开关灵活、无轧、卡现象
11	水压试验	(1) 阀门割下检修时，应单独进行水压试验。 (2) 阀门就地检修后，随同锅炉本体一起进行水压试验	各接合、焊口均无泄漏现象

3. 电动闸阀检修

(1) 检修周期：大修4年，小修6个月。

(2) 检修项目、工艺方法、注意事项及质量标准见表3-1-20。

表3-1-20　　高压电动闸阀检修项目、工艺方法及质量标准

序号	检修项目	施工方法及注意事项	质量标准
1	修前准备工作	(1) 准备好检修工具及材料、备品。 (2) 需用检修的阀门应预先和系统解列，泄压至"零"，并放尽剩水	
2	拆卸传动装置	(1) 通知有关电气人员拆掉传动装置电源线。 (2) 拆掉传动装置法兰与杠架法兰的连接螺丝。 (3) 用葫芦把传动装置吊离阀门	
3	拆卸框架	(1) 旋去框架与阀壳的连接螺母。 (2) 旋去阀盖的压紧螺母。 (3) 将阀杆螺母向关闭方向旋转至与阀杆丝口脱扣。 (4) 取出框架	
4	取出阀盖	(1) 用铜棒和大锤将阀盖击沉1～2mm。 (2) 将冲头放入阀体的4只小孔内（没有小孔的，将冲头放入四合环的小孔内），冲出四合环，并取出。 (3) 用链条葫芦将阀盖吊出阀体，拆下填料盖及压板。 (4) 取出垫圈及密封环	
5	拿出阀芯	将阀芯连同阀杆一起拉出阀座，然后再将阀杆从阀芯中取出来。拆卸时，应防止阀芯掉下或碰撞	
6	检修框架	(1) 旋出框架上部紧圈的固定螺丝。 (2) 旋出紧圈。 (3) 取出阀杆螺母及止推轴承。 (4) 清理框架，检查其有无损伤，并用砂皮将与阀座接触处打磨光洁。 (5) 清理检查上部丝口和紧圈丝口。 (6) 清洗止推轴承，并检查弹夹和弹子有无磨损	框架应无裂纹，与阀座接触处椭圆度应不大于0.5mm。 丝口应完整无损、无滑牙。 内外钢圈、弹夹与弹子应完整无损、无变形

续表

序号	检修项目	施工方法及注意事项	质量标准
7	检修阀盖	（1）拆出与杠架的紧固螺丝。 （2）挖去填料箱内的填料，取出填料座。 （3）清理打磨填料箱内壁及填料座。 （4）用砂皮打磨阀盖与密封圈的接合面。 （5）清理检查填料压紧螺丝、填料盖及压板。 （6）清理打磨填料压紧螺丝的销子，使填料螺丝在阀盖上活动灵活	填料座应光洁、无变形。 接合面无丝痕。 丝口应完好，填料盖无严重腐蚀变形，压板弯曲度应不大于全长的2%
8	检修阀杆、阀芯、四合环及垫圈	（1）清理打磨阀杆并检查是否有弯曲变形、锈蚀与吹损等现象。检查顶端圆弧、丝口磨损情况。 （2）检查阀芯吹损情况及扒头损坏变形情况并对阀芯密封面进行研磨，若不符合要求，则上车床加工。 （3）将四合环、垫圈打磨光洁。 （4）将钢制密封圈打磨光洁，并检查与阀盖接合面处的损坏情况	阀杆弯曲度不大于0.05mm/m，丝口应无磨损、缺牙。顶部圆弧 R＝180mm。 密封面应无裂纹、沟槽，粗糙度达0.8，扒头无变形，应无锈蚀。 密封圈应光洁、无变形，椭圆度小于0.10mm。接合面应光洁、无丝痕，角度应为37°
9	检修阀座	（1）拆出阀座与阀壳的紧固螺丝。 （2）清理阀座并检查其损坏情况。 （3）用专用平板对阀座密封面进行研磨。 （4）将阀座内壁打磨光洁	阀座密封面应无裂纹，粗糙度达0.8。 阀座内壁应无严重丝痕
10	阀芯、阀座镶配	用红丹粉涂在研磨好的阀瓣上并放入阀座内，以视其镶配情况	阀座、阀芯密封面接触带应连续、均匀，接触部分应达密封面宽度的2/3以上
11	装复	（1）将阀芯套入阀杆的扒头内，并放入阀座。 （2）将阀杆套入阀盖并放入阀体内。 （3）放入密封环、垫圈和四合环。 （4）将填料座、填料压盖、压板套入阀杆内。 （5）将止推轴承放入框架上端，然后放入阀杆螺母，再将另一只止推轴承放入框架下端，并旋上紧圈及固定螺丝。 （6）将框架旋入阀杆内，直至框架凸面全部进入阀壳内为止。 （7）装上框架和阀壳的紧固螺栓，并旋紧螺母。 （8）旋上阀盖的拉紧螺丝，并旋紧螺母，将阀盖拉至最高位置。 （9）将高压填料加入填料箱内，并旋紧格兰螺母。 （10）将检修好的电动传动机构吊至框架上，并旋紧法兰连接螺丝。 （11）在电气人员的配合下，调正阀门开关方向的行程极限开关，并试开、试关2～3次	阀杆与阀盖汽封间隙应为0.3～0.5mm。 阀盖与阀壳间隙应为1～1.3mm。 密封环与阀壳间隙应为0.15～0.2mm。 垫圈与阀盖间隙应为0.25～0.45mm。 四合环之间的距离应均匀。 四合环与阀壳槽间隙应为0.3～0.5mm。 内格兰与阀杆间隙为0.2～0.25mm，内格兰与填料室间隙为0.22～0.40mm。外格兰与阀杆间隙应为0.35～0.5mm，外格兰与填料室间隙应为0.22～0.40mm。 阀杆螺母在框架内转动应灵活。 四周应均匀旋紧。 填料搭口应为45°并交错放置。 阀门开关应灵活无轧住现象，方向应正确，开度指示良好
12	水压试验	（1）割下的阀检修完毕后，应单独进行水压试验。 （2）阀门就地检修后，随同锅炉本体一起进行水压试验	试验压力以锅炉试验压力为准。 各接合面、密封面应无泄漏

(二) 阀用电动执行机构的检修

(1) 检修周期：大修为3年，小修为6个月。

(2) 检修项目、检修工艺、注意事项及质量标准见表3-1-21。

表3-1-21　　阀用电动执行机构检修工艺及质量标准

序号	检修项目	检修工艺及注意事项	质量标准
1	拆卸清理	(1) 拆开电气接线及极限力矩和拆除电动机连接螺栓。取下电动机，拉出电动机齿轮，电动机送电气检查。 (2) 拆除顶盖，旋出操纵套上弹簧支头螺钉，取出操纵套清理检查。 (3) 取出冲击手轮及冲击爪清理检查。 (4) 用内六角扳手旋出变位套螺钉，取出变位套清理检查。 (5) 拆除箱盖上螺栓，取下箱盖滚珠轴承。 (6) 旋出碰盘前螺帽，取下碰盘，旋出调整螺帽，取出弹簧过荷弹簧垫片。 (7) 旋出轴压盖螺栓，取出轴承压盖、滚锥轴承。 (8) 拆除拉杆和制动轮处一只支头螺钉，抽出拉杆挡板及蜗杆，进行清理检查。 (9) 取下钢珠制轮过力矩齿轮、垫片及滚锥承，进行清理检查。 (10) 取出蜗轮、蜗轮爪、推力轴承，进行清理检查。 (11) 拆去过桥齿轮，取出轴、轴齿轮、滚珠轴承，进行清理检查。 (12) 清洗检查滚锥轴承、滚珠轴承、平面推力轴承。 (13) 清洗检查齿轮箱及密封面	操纵套圆整无毛刺，弹簧螺钉上弹簧弹性良好。 冲击爪圆整，冲击凸肩上无磨损、无锈蚀、螺纹无毛刺反牙。变位套螺旋柄无涨口反边、圆整、无锈蚀。 蜗杆不弯曲，无磨变形齿纹，无毛刺。拉杆不弯曲磨损。 过力矩齿轮无磨损变形，钢珠光滑圆整。 蜗轮无磨损裂纹，齿轮啮合面1/2以上，无毛刺，蜗轮爪凸肩无磨损。轴圆整不弯曲，无磨损，齿轮无磨损毛刺。 轴承内无污垢，弹子滚珠圆整无碎裂，弹道无缺口，弹夹不松动。 齿轮罩清洁无污垢油垢，轴承支承部位无磨损。 调整件按拆时测量长度校正
2	组装	(1) 蜗杆靠电动机侧放上滚锥轴承，穿入箱壳内后，在另一侧放入滚锥轴承、压盖，旋紧螺栓。 (2) 在电动机侧放入过力矩齿轮制动轮，钢珠，把拉杆及挡板穿入蜗杆中，旋好拉杆和制动轮处的支头螺钉。 (3) 装上过负荷弹簧，盖上弹簧座，旋好螺钉，在拉杆上旋上调整螺帽、碰盘螺钉。 (4) 装入滚珠轴承、推力轴承、轴及轴齿轮后装入过桥齿轮螺母。 (5) 装上蜗轮轮爪，放上滚珠轴承，加入二硫化钼、混合脂、垫片，装上箱盖，旋紧螺栓。 (6) 装入变位套，旋上内六角螺钉，装入冲击爪、冲击手轮、操纵套，盖上顶盖。 (7) 装上极限罩壳，电动机和电源线。 校验上下极限及力矩保护	

（三）高温高压管道及零部件的检修

1. 零部件的检修和要求

（1）腐蚀情况的检查。当拆开或割开管道的承压部件（如法兰、阀门、孔板等）后，检修人员应详细检查其内壁及有关部分的腐蚀情况，严重的必须更换。

（2）调换部件和管子时，必须进行光谱分析等，以防用错材料。如无制造厂的“质保书”，则必须做化学分析，以鉴定其材质。

（3）对承受高温高压的合金钢螺丝（如25Cr2Mo1V等），应会同有关部门一起进行监督。

（4）工作温度不小于450℃、工作压力不小于5.88MPa的主蒸汽机管应设置监察段。此外，还应装设蠕胀测点，定期进行测量。

（5）管道膨胀情况的检查。对膨胀指示器，带导向的滑动、滚动支架以及带弹簧的吊架，均应定期核对检查，发现异常情况应及时汇报并采取措施消除。

（6）支吊架的检查。

1）导向支架的滑动支架的滑动应干净，各活动零件（滚珠、托辊等）与其支承件的接触应良好。

2）对于弹簧支吊架，应检查弹簧压缩程度，如有过松、过紧的情况，应作调整，对已发生永久变形的弹簧，则应更换。

3）安装一般吊架和弹簧吊架时，吊架上的螺栓孔和弹簧垫孔应稍大于拉杆的直径，但相差不应超过3mm，否则必须加垫圈。

（7）安装弹簧支吊架时，对弹簧有如下要求：

1）弹簧表面不应有裂纹、沟槽、分层等缺陷。

2）弹簧工作圈数的偏差不应超过半圈。

3）弹簧尺寸的公差应符合图纸的要求。

4）在自由状态时，弹簧各圈之间的距离应相等，其偏差不得大于公称尺寸的10%。

5）弹簧支承面与弹簧中心线垂直，其偏差不得超过弹簧自由高度的2%。

6）全压缩变形试验：将弹簧各圈压缩至互相接触并保持5min，其永久变形值应不超过原高度的2%。如超过规定数值，应做第二次试验，且永久变形应不超过原高度的1%；但二次试验后永久变形值的总和不得超过原高度的3%。

（8）工作载荷压缩试验。使弹簧处于承受工作荷载的工况下，此时其压缩度应符合设计规定。对弹簧圆钢直径不大于10mm的弹簧，压缩度偏差值应在－8%～20%的范围内，对弹簧圆钢直径大于10mm的弹簧，压缩度偏差值应在－8%～15%的范围内。

2. 高温高压蒸汽管道蠕胀测点及监察段的若干要求

（1）为了监视主蒸汽管在高温高压下长期运行后所产生的蠕胀和金相组织、机械性能等变化，按部颁的金属技术监督规程规定：在工作温度不小于450℃、工作压力不小于5.88MPa的蒸汽管道上要求装设蠕胀测点，并设置监察段。

（2）蠕胀测点的制作、安装、调整和监察段的设置：

1）将主蒸汽管4等分，然后分别在4个等分点焊上测点，测量对角二测点之距离并

做好记录（应有专人负责测量）。

2）为了保证蠕胀测量的准确，蠕胀点处必须设置活动保温，活动保温外层温度应符合法规的要求。

3）锅炉运行一段时间后，由金属试验室重新计算主蒸汽管的应力最集中点，并在该部位安装蠕胀测点。

4）为了监视主蒸汽管的组织、性能等变化，须在锅炉出口最近一段直管上设一长度不小于5m的直管段，以做主蒸汽管的监察段。监察段管子应与主蒸汽管材质相同，并用同批管子制成，如图3-1-1所示。

对于新钢种，应在锅炉投入运行三年后开始切取试样。一般运行时间累计达3万～4万h，监察段进行第一次割管；若情况正常，则可到10万h再割管一次。具体切割法见图3-1-1（标注尺寸以焊缝中心为基准）。第一次可切取A段，以后可依次切取B段、C段及D段。补焊上去的管子材料应与原管子材料的钢号相同（最好是同批管材）。

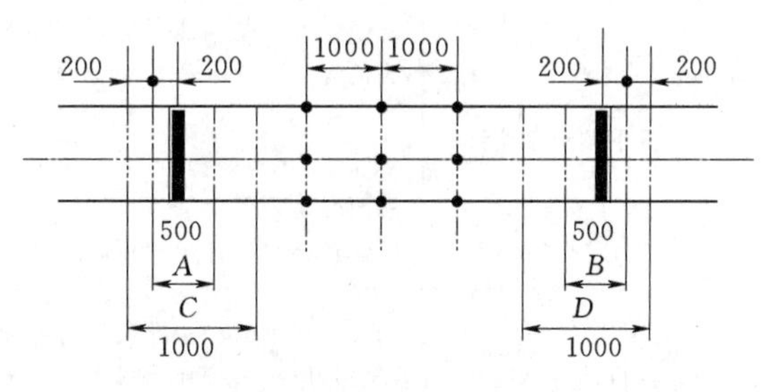

图3-1-1　监察段示意图（单位：mm）

（3）主蒸汽管的蠕变测量计算。蠕变测量后应及时进行计算。若计算结果为：蠕变速度$C \leqslant 1 \times 10^{-7}$mm/(mm·h)，则属正常。当蠕变速度出现异常情况时，必须加强检查并申请寿命评估。

对于蠕变测量周期的要求为：

当蠕变速度$C \leqslant 1 \times 10^{-7}$mm/(mm·h)，每次大修测量。

当蠕变速度$C = 2 \times 10^{-7} \sim 5 \times 10^{-7}$mm/(mm·h)，每次大小修均应测量。

当蠕变速度$C = 6 \times 10^{-7} \sim 9 \times 10^{-7}$mm/(mm·h)，3个月测量一次。

3. 全面的材质鉴定会工作

（1）主蒸汽管的强度计算。

（2）主蒸汽管的运行工况，包括温度、压力和异常运行情况的全部资料。

（3）主蒸汽管历年切割段的试验资料和蠕变测量资料。

（4）主蒸汽管监察段原始、历年和本次割和材料试验资料。

4. 监察段试验项目

（1）化学成分分析。

（2）组织、结构检查及碳化物成分分析。

（3）金相分析。

（4）室温机械性能试验：σ_b、σ_3、δ_5、ψ、a_k值、冷弯等。

（5）高温机械性能试验。必要时进行持久强度和蠕变强度试验。注意：安装前，安装单位应在监察段两端切长300～500mm各一段，作为原始段。移交给生产单位。

（四）水位计检修

（1）水位计检修周期：1年。

（2）检修项目、检修工艺、注意事项及质量标准见表3-1-22。

表3-1-22　　水位计检修项目、检修工艺及注意事项

序号	检修项目	检修工艺及注意事项	质量标准
1	准备工作	（1）准备好检修工具，材料和备品。 （2）办理完开工工作后即可开始工作。 （3）开启水位计疏水阀，方净剩水。 （4）水位计照明停电。 （5）取下防护罩	
2	拆下整组水位计	（1）拆下整组水位计本体与汽、水截门连接法兰螺栓，取下水位计本体，并将法兰口贴上封条。 （2）如果水位计与汽、水截门为焊接阀门应视情况是否需要割下。 （3）将水位计运到检修现场	
3	水位计解体	（1）拆下云母片外压板的螺母取下外板。 （2）取出云母片、垫片和玻璃板。 （3）取下水位计螺栓并进行清洗检查	螺栓无裂纹、无滑牙、丝扣完好
4	各部件检修	（1）取下高压石棉垫。 （2）检查压板与水位计结合面有无裂纹、麻点和沟槽，并进行清理研磨。 （3）更换云母片和高压石棉垫片	压板平整无裂纹、麻点和沟槽等缺陷。 云母片清晰透明，总厚度在1.2～1.7mm之间
5	水位计复装	（1）首先将水位计本体与汽、水阀门连接。 （2）把准备好的高压石棉垫和云母片放在水位计框架内再压上压板。 （3）旋上压板螺母并用力矩扳手有顺序的试紧螺丝，即从中间向两侧交错进行	压板与云母片、石棉垫接触均匀，螺丝紧力适当
6	测量水位计中心与汽包中心相对位置	（1）每次大修必须校对一次。 （2）用玻璃管和橡皮管装水，测量汽包中心与水位计中心的高度差并进行校正	汽包中心与水位计中心的水位线高度一致
7	水位水压试验	一般情况下水位计不参加水压试验，有特殊要求时可参加工作压力试验，但不允许参加超压试验	水压试验无渗水、滴水现象
8	玻璃的破损	（1）螺栓紧固不匀。 （2）玻璃表面有缺陷。 （3）玻璃由于刚化在内部产生各方面大小不同的力能够保持平衡，当存在缺陷而产生小裂纹时，一瞬间平衡力被破坏，玻璃粉碎	窗玻璃、衬垫、云母要全部换下来

（五）高温高压调节阀检修

（1）检修周期：大修4年，小修6个月。

（2）检修项目、施工方法、注意事项及质量标准见表3-1-23。

表 3-1-23　　高温高压调节阀检修工艺及注意事项

序号	检修项目	施工方法及注意事项	质量标准
1	检修前的准备工作	(1) 准备好必要的工具备品、材料。 (2) 准备好起吊设备及照明设施。 (3) 应逐项检查以确证有关系统已隔绝且管道内压力已降至零，剩汽、剩水均已放尽。 (4) 已办理好工作票	
2	拆卸变速箱及阀盖符件等	(1) 松开变速箱与连接结盘螺母，将变速箱吊起放在指定位置。 (2) 松开阀盖螺母，吊下阀盖和框架放在指定位置。 (3) 松开限位器与导向器螺母，并取下用砂布打磨光洁。 (4) 松开填料螺母。 (5) 将阀杆旋出，注意不能碰伤阀瓣	
3	拆卸底盖和阀座	(1) 用专用扳手松开底盖螺母，取下底盖。 (2) 用专用扳手松开阀座拉紧螺母，取出阀座，注意不要将阀座碰伤或使其变形	
4	检修阀盖	(1) 挖去填料，取出填料座。 (2) 清理并打磨填料箱内壁及填料座。 (3) 清理并打磨阀盖和阀体的接合面	填料箱内壁应光洁，填料座应光洁无伤痕，其椭圆度应小于 0.05mm。接合面应无伤痕、麻点，粗糙度达 1.6
5	检修阀杆与阀套、阀瓣	(1) 清理检查阀杆，用砂纸打磨光洁，测量其弯曲度，并检查其丝口。 (2) 清理打磨阀套，并测量其椭圆度。 (3) 用专用平板对阀瓣密封面进行研磨	阀杆弯曲度小于 0.1～0.15mm，丝口完好，无磨损，且配合良好。 阀套光洁无伤痕，其椭圆度应小于 0.05mm。 密封面应无麻点、沟槽、裂纹；密封面应平整光洁，粗糙度达 1.6
6	检修阀体及底盖	(1) 打磨阀体与其他部件密封的接合面。接合面有麻点，沟槽等时应用专用平板研磨。 (2) 清理打磨底盖结合面	结合面无伤痕、麻点、沟槽，粗糙度达 1.6
7	清理检查螺丝、螺母、填料压盖、压板等	(1) 用柴油清洗所有的螺丝、螺母、格兰螺丝。 (2) 清理打磨压盖、压板，并检查其变形、腐蚀情况	所有螺丝丝口应完好。 内腐蚀应小于 1mm，压板弯曲应小于 1mm,压盖光洁
8	装复前的测量工作	(1) 用压缩空气吹清阀座内杂质。 (2) 测量阀体与阀套的间隙。 (3) 测量阀套与阀瓣的间隙。 (4) 测量阀盖与阀瓣的间隙。 (5) 测量填料座与阀盖、阀杆的间隙。 (6) 测量填料盖与阀盖杆的间隙	阀体与阀套间隙为 0.2mm。 阀套与阀瓣间隙为 0.1～0.15mm。 阀盖与阀瓣间隙为 0.1～0.15mm。 填料座与阀盖、阀杆的间隙均为 0.1～0.15mm。 阀杆与填料盖间隙应为 0.1～0.15mm。 填料盖与阀盖间隙为 0.15mm

续表

序号	检修项目	施工方法及注意事项	质量标准
9	装复	（1）将阀座装入阀体内，拉紧螺杆涂二硫化钼，放好垫圈用专用扳手旋紧螺母。注意安装时O形圈应安装到位。 （2）将涂在二硫化钼的垫片放在底盖上，旋上底盖的连接螺母并均匀旋紧。 （3）将阀瓣阀杆组合件套上阀套，穿入阀盖依次套上填料座、填料、填料盖、压板、导向指示器、限位器、旋入阀杆丝母。 （4）将垫片涂二硫化钼后放在阀体上结合面，把组装好的阀盖吊起，装在阀体上，旋紧连接螺母，安装时，阀盖凸面一定要放入阀体的凹面内；安装时阀门应在开启位置，以防阀瓣受损。此外，应对角紧法兰螺丝，但不能一次紧好，应反复数次均匀拧紧。 （5）将高压填料加入填料箱内，并旋紧格兰螺母。 （6）将检修好的变速箱吊至连盘上，并旋紧格兰螺母。 （7）将导向指示器固定在阀杆上，将限位器固定	O形圈应无损，无裂纹，完整均匀。 垫片应引入阀体底部凹槽内，法兰四周部隙应保持均匀。 连接螺丝涂匀二硫化钼，法兰间隙应均匀。 盘根接头应成45°，交错角度为120°。 石墨盘根光滑无损。压板与阀杆四周间隙应相等
10	电动装置校验	（1）联系电气人员装好电机，进行试转。 （2）调整开向，关向的行程限止开关。 （3）调整完毕后，试开关2～3次	开关灵活

四、锅炉燃料设备检修工艺

（一）给料系统检修

1. 检修工艺及质量标准

轴承是螺旋给料机的关键部件，它承受着转子的径向和轴向载荷，限制转子径向和轴向的运动位置，保证了螺旋给料机的安全运行。滚动轴承的构造：滚动轴承由外圈、内圈、滚动体（滚柱、滚珠、滚锥、滚针）保持架等组成。滚动轴承常见的故障：脱皮剥落、轴承磨损、过热变色、裂纹破碎等。

（1）轴承检查。

1）首先用汽油将轴承清洗干净，检查其表面的光洁程度，以及有无裂纹、绣蚀、脱皮等缺陷。

2）检查滚珠（柱）及滑道、不得有裂纹、麻坑、起皮、锈斑、碰痕等现象，对于轻微的斑痕、锈斑可用金相砂纸打磨，有明显的裂纹和麻坑应更换。

3）检查卡子应完整无裂纹变形，检查卡子的松动情况，当卡子颈向磨损超过1/2时应更换。

4）轴承自身间隙测量。可用塞尺或铅丝放入滚动体与内外圈之间，盘动转子，使滚

动体滚过塞尺或铅丝，其塞尺或被压扁的铅丝的厚度即为轴承的自身间隙。选用铅丝的直径等于1.5～2倍的被测间隙，最少测量3个等分点，压出的铅丝应测量最薄处，3点的平均值为轴承的自身间隙。

（2）转子与大轴的检修。检查大轴、叶片表面有无裂纹、弯曲等缺陷，大轴不允许有径向裂纹，超过标准时，应直轴或更换。对于大轴上有配合的轴颈，要在更换轴承时测量。检查转子叶片有无局部磨穿，焊缝有无砂眼、裂纹及虚焊，对磨损严重部位进行有关金属测量。其厚度大于原来的一半且普遍磨薄时应更换新转子。无论焊补或挖补，应尽量使每片重量均衡，否则，应另找平衡。更换新转子时，除对上述检查外，还要求转子作静平衡校验，要测量轴孔、轴颈，看其配合公差是否符合要求，不符合要求时应修复后再组装。

（3）调节挡板检修。检查挡板有无脱落、变形、磨损等。

（4）对轮检修。在对轮拆卸之前，做好对轮相对位置的记号，最后测量以下面距之差和圆距之差，并作记录（为消除振动提出依据）。用专用工具拆下对轮螺丝，检查螺丝应完整、滑顺、不得有裂纹，脱扣断扣，取出螺丝、螺母时应注意不要损坏螺纹。对轮应完整无裂纹，对不重要处的轻微裂纹允许焊补，焊后应找平衡。复装对轮时，键与键槽的配合两侧不得有间隙，顶部一般应有0.1～0.4mm的间隙。

2. 螺旋给料机试运行

（1）开车前，必须对各润滑点检查，是否有足够的润滑脂，连接螺栓必须紧固。

（2）机器在启动前先盘动螺旋轴，检查其与其他零件有无碰撞现象。

（3）给料机初始给料时，应逐步增加给料速度直至达到要求输送量，给料应均匀，否则会造成物料的积塞，驱动装置的过载，甚至设备损坏。

（4）被输送物料内不得混入坚硬的大块物料，它会引起螺旋轴卡死而损坏给料机。

（5）在机器运转时，如发现不正常的振动或响声时，应立即停止给料，带壳体内物料排尽后，立即停止电动机，停车检查，排除故障后，才能继续运转，遇紧急情况先停电动机后，在开车前必须清除机内物料，空载启动。

（6）运转时不可进行修理及清理工作，严禁打开各种小门。

（7）在使用中经常检视给料机各部件的工作状态，注意各紧固件是否松动，如果发现机件松动，则应立即拧紧螺钉，使之重新紧固。

（8）减速机的润滑严格按减速机使用说明书进行；驱动装置链条每周用油壶或油刷加油一次；各种滚动轴承每两年清洗更换润滑脂一次。

（二）布袋除尘器检修

1. 检修前的准备工作

（1）根据除尘器的高度和最大起重件准备起重设备。

（2）熟悉有关图纸和安装说明，要按说明进行设备组装和安装。安装精度必须在规定的公差之内，要满足图样上规定的公差。

（3）根据所有设定的基准点和设备通过基准点东西。南北线来确定设备的中心位置，高度及其方位。

（4）如基础已经完成可将上述基准（线）移到基础的某一处作为辅助基准点使用。但

是设定辅助基准点（线）所使用的工具之类，应在使用前检查其准确性。

（5）设备安装前，要在各基准面上，正确地标出中心线和高度基准线。做标记时要用的经纬仪，钢卷尺和钢丝线等，求出与前项基准线的距离和高度，并做记录，如果基础尺寸与图样中尺寸相差很大，则必须修正基础和设备的基础孔。

（6）垫铁的放置。

1）基础上放置垫铁处应铲平。

2）垫铁的高度不应小于30mm，以利于二次灌浆。

3）每组垫铁的块数愈少愈好，一般不应超过3块。

4）垫铁应放平，与底座间应紧密贴合，压紧后用手锤敲打，不得有松动现象。

（7）地脚螺栓。

1）地脚螺栓的规格尺寸，应符合设计要求，并应将螺栓上的油漆。铁锈和油污等清除干净。

2）地脚螺栓为化学胶固螺栓，放进基础孔内应垂直，化学螺栓的固接按提供化学固作说明剂操作。

2. 搬运框架

（1）运到现场，要用吊车从汽车上吊运包装框架的铁架子，铁架子的4个角上焊有用于吊装的钩子。

（2）吊铁架子过程中，不可与工地上的栏杆和其他铁架之类的物件相碰撞，导致铁架变形，铁架子的变形直接会导致框架的变形。在摆放铁架子的地面要平整，不可有凸起物或凹陷的地方，保证铁架子放在地面时，不会因地面的不平而导致铁架子的变形。

（3）一个工程发运的11只铁架子不可重叠放置，要一只一只的放在地面上。

（4）工人搬运框架时，不可站在框架上踩踏，致使框架的变形。

（5）框架在吊到除尘器上安装过程中，不能与栏杆和铁架之类的物件相碰撞，而导致框架的变形，特别是框架的卡盘和接口处不能碰撞。

3. 框架安装和拆装

（1）先将下节底盖一端放在花板孔的滤袋内，在下节框架卡盘的负极离花板孔500mm左右时，一人双手握住下节框架本体，另一人握住中节框架本体，将带卡盘的正极的一端放在下节框架卡盘的负极上，保证卡盘正极的3个凸起物与卡盘负极的3个凹槽相互配合，使卡盘的正负极平面相互平行，下节的框架保持不动，中节框架向顺时针方向旋转90°，直至固定，没有松动。

（2）安装时不可两个平面不平行，只有两个或一个凸起物对在凹槽内，中节就开始顺时针方向旋转，这样不能将框架固定住，还会导致卡盘正极变形。

（3）在安装上节框架时和安装中节的程序一样。

（4）在拆卸框架时：同样是一人固定中节框架，另一人拿框架的上节，向逆时针方向旋转，再拿出框架。用同样的方法再拆下节和中节。

4. 筒体组装

筒体组装前应检查，如有变形要矫正，筒体和灰斗组装原则上是先在地面平台分段组装，然后再进行吊装。筒体主要焊缝应进行煤油渗漏检验，不得有煤油渗漏。

除尘器各个密封面必须确保无泄漏。净气室的密封板必须保证安装正确，确保空气无法泄漏入净气室。

5. 旋转喷吹装置的检修

(1) 喷吹装置－脉冲空气分配器（PAD）的检修。

1）喷吹系统（PAD）与花板的中心必须重合，偏差不超过 5mm。

2）花板组装前必须保证平面度。其平面度偏差不大于花板长度的 2/1000，花板孔中心位置偏差小于 1.5mm。

3）花板和喷吹系统安装后平整度要求不超过花板直径的 2/1000mm。

4）花板孔和喷嘴保证同心，偏差不超过±10mm。调整完毕后须将内六角螺栓用力拧紧。

5）净气室组装角度须将脉冲空气管路进口朝向压力泵组装位置。

6）净气室电缆须从穿线横梁进入喷吹盒内，穿线横梁朝向中心烟道。

7）喷吹管路压力传感器 TM2 的位置须高于进气胶管，防止冷凝水进入传感器，损坏设备。

8）严禁非专业人员调节 PAD 内元件，包括电磁阀、气缸及传感器等。

9）顶部喷吹机构与盒盖应该一一对应，编码尾部须一致。

10）顶部喷吹机构盒内传感器、电磁阀与端子排之间的接线，须使用螺栓固定，螺栓和垫片存放在接线盒内。

11）顶部喷吹电机接线须使用星形接法。

12）顶部喷吹电机减速机的旋臂中心必须与喷吹机构中心重合。

13）顶部喷吹盒侧板位置须确保：站在开盖方向，螺栓连接的侧板在喷吹盒的两侧。

14）顶部喷吹盒盖须确保安装在盒座的中心位置。合叶须设置定位销，确保喷吹盒盖定位会移动。盒盖与盒体连接的轴，在盒体外侧的螺母应焊接在盒体上。

15）各个法兰密封面必须保证无泄漏，尤其注意净气室顶部密封板与净气室之间的密封。

16）喷吹系统底部保温护板使用螺栓固定，其上的保温棉必须充满填实，密封面使用密封胶和密封条密封，两块保温护板之间使用压条和密封胶密封。

17）各喷吹管路通畅无堵塞、各螺栓拧紧，法兰、密封无泄露，接线正确无误。

(2) 花板的检修。花板设置在进风口之上、净气室之下，花板与筒体用螺栓连接后找正，花板与筒体间的焊接严格按要求检修，没有要求焊接的地方不应焊接，要求焊接的地方一定要气密。花板检修后其平面度应保证达到 2/1000。

(3) 滤袋和袋笼的拆装。

1）滤袋的组装应在除尘器全部组装工作完成后（包括保温防腐工作）最后进行，先拆除喷吹装置再组装滤袋。如为旧系统，应确保使用过的滤袋/滤袋框架组件已经从花板孔处拆除并移走。

2）组装人员应着装干练，衣服口袋要求干净，不能携带香烟、火柴、打火机、钥匙、小刀等物件，以免不慎掉入布袋中。如果滤袋中掉入杂物必须第一时间取出，不得隐瞒。不许穿带铁钉或硬质鞋底的鞋进行组装。组装人员尽量要固定，岗位要固定，责任明确，每人对自己组装的滤袋负责。

3）组装环境要求：花板需清扫干净，不允许有铁锈等杂物。花板孔内边严禁出现毛刺，以免造成对滤袋的划伤。组装现场照明光线需足够，现场不准存放与组装有关的器械、杂物等。确保板孔内边洁净，如粉尘出现在花板孔内，则袋口不能适当地密封。

4）滤袋组装过程中，禁止吸烟，本体严禁任何形式、任何部位的电焊和切割工作，断电情况下严禁使用打火机、火柴等取火照明，每天组装工作结束后要清点安装工具，以免遗漏掉入滤袋中损坏滤袋。

5）确保滤袋框架没有弯曲、损坏或有粗糙表面。

6）确保滤袋框架底部牢固地组装好。

7）开启装有滤袋组装袖套的包箱，取出滤袋组装袖套。这些袖套是布管，两端均是开口，而一端缝有金属圈。袖套是用来保护滤袋表面以防滤袋插入花板孔时被损坏。

8）把袖套插入花板孔中并让金属圈放在花板上。

9）把滤袋从包装箱中取出后，必须立即安装到花板孔中，不可以预先把滤袋取出放置一旁。

（4）组装滤袋。

1）组装滤袋要求：建议由两个人组装，一个人将布袋纵向折叠送入花板孔，同时最后一次检查滤袋情况，避免有不符合要求的滤袋装入除尘器，另一个人抓住并打开成卷的滤袋。

2）用手紧握滤袋开口一端的同时保持滤袋其余部分折起，并将折叠的滤袋部分推入袖套中以穿过花板。在滤袋折叠部分的花板之下打开后，放开滤袋的顶部，让槽形垫弹簧圈架在花板上的袖套上。

3）让滤袋本身的重量缓缓固定位置，抓住袖套的金属圈从滤袋顶部抽出袖套。将袖套组装于旁边的花板孔内。

4）以双手紧握槽形垫弹簧圈（不需把滤袋拉起），双手把弹簧环圈往里压使之成C形。在保持弹簧环圈成C形的同时，放置沟槽形弹簧圈隆起的一边到最近的花板孔边。一手握着已装嵌好的隆起的C形弹簧环圈的一边，另一只手把隆起的C形固定在花板边。

5）一手固定隆起的C弹簧环圈的一边位置，另一只手慢慢地让弹簧环圈的另一边伸展张开。将弹簧环圈的槽恰好嵌入花板孔内。

6）如果当弹簧环圈完全伸展开时不能够听到“啪”的声响，以一手的拇指把弹簧环圈向板口内边推去，使弹簧环圈的槽恰好嵌入花板孔内边。

7）一般情况下就该能够听到“啪”的声响。否则，便将弹簧环圈从另一位置再屈曲成C形。提起弹簧环圈高于花板，然后再重复以上组装步骤。

8）滤袋组装完毕后随即安装袋笼，防止组装人员直接踩在滤袋的钢圈上。组装袋笼前，再一次仔细检查袋笼外观情况，严禁存在有毛刺、断筋、弯曲、表面粗糙、节与节连接不牢固等可对滤袋造成损坏的笼架投入组装。

9）将滤袋框架组装到滤袋中。在组装时，一定要注意将框架对准滤袋中心缓慢地放入滤袋中，如遇阻力较大时，则须往上拉回一些，然后再轻轻放下，若依然阻力较大，则

重复操作，直至能轻松放下。防止框架边角划伤滤袋，严禁使框架撞击滤袋。

10）确保滤袋密封垫能很好地与花板孔面密封。

11）组装滤袋框架定位器或紧固部件，确定滤袋/滤袋框架密封垫在恰当的压力下工作。

12）滤袋组装时，由于滤袋长度较长且间隙小，所以要确保骨架的垂直度，防止在组装过程中滤袋因碰撞产生袋底磨损。

13）滤袋组装及检查：每组装完一条滤袋，要检查结合缝是否密封，密封位置是否正确。并从布斗从下往上查看是否垂直，如发现有滤袋底部相互或与除尘器壳体碰触以及其他不正确的形式时，要做好记录及时在专人指导下调直。

14）组装结束后的花板要用帆布逐渐盖住（或直接用包装纸箱），以免杂物落入滤袋中。喷吹管安装时亦要盖住花板，防止损坏及掉入杂物。

15）组装时要特别注意：喷吹管孔、文丘里喷嘴、袋笼、滤袋、花板五部件中心要一致，其偏差小于2mm。

16）各检查门和连接法兰均应装有高温密封垫。检查门密封垫应黏结牢固，密封垫搭界处斜接或叠接，不允许有缝隙，以免漏风造成布袋局部结露等。

17）组装喷吹管道时，管道内应吹扫除去铁锈等杂物，防止吹入滤袋造成对滤袋的损坏。

18）滤袋的组装时间应为安装滤袋、荧光粉检漏、预涂灰3项工作所需的时间，完成后就可直接进行点火运行，中间间隔时间越短越好，以保护滤袋不受损坏。

19）拆卸与组装相反。

20）滤袋和袋笼必须在其他所有检修工作完成之后进行。

（5）袋笼的组装必须依照如下顺序和原则进行。

1）尽量避免袋笼在组装中发生碰撞和变形。严禁袋笼在组装完毕后互相碰撞。

2）首先组装净气室横梁下方的袋笼，其次再组装与横梁不干涉的袋笼。

3）组装净气室横梁下方的袋笼时，袋笼的组装顺序从沿筒壁向中心，同时以横梁为中心交错组装。袋笼在插入花板时需要倾斜进入，沿序号顺序组装。

4）袋笼三段组合时必须将卡盘卡死锁紧，禁止袋笼松动。

5）袋笼的拆卸程序与组装相反，按照如下顺序拆卸：横梁不干涉的→与横梁干涉且靠近筒壁（交错拆卸）→与横梁干涉且靠近中心。布袋和袋笼在组装完毕后须进行适当调整和检查，保证布袋之间不接触，间距大于35mm以上。

6）严禁袋笼在组装完毕后互相碰撞、禁止袋笼松动布袋之间不接触，袋笼组装完毕确保袋笼无破损。

6. 袋式除尘器滤袋的荧光粉检漏

（1）在主风机以设计风量一半运行，清灰系统停止运行的条件下，将荧光粉投入除尘器的进风管道的开口处。

（2）荧光粉的投入口位置应距离除尘器进风口约8m以外为合适，否则应考虑将荧光粉从除尘器的灰斗出口或灰斗检修门处投入。

（3）荧光粉投入除尘器后，风机应至少保持运行20min以上，以确保荧光粉均匀地分布在除尘器的各个分室的滤袋上。

(4) 荧光粉投入完毕后，关闭主风机，并打开除尘器的净气室门，用荧光灯（紫外线灯），仔细地检测清洁室内的花板接缝处，滤袋与花板的接口点等。检测时，周围环境亮度越暗越能有助于泄漏检测工作的进行。

7. 滤袋预涂层操作步骤

(1) 预涂层应在燃烧或生产工艺开始之前，先切断并停止清灰系统，打开除尘器的进风口阀门（包括各个滤袋室的进风口及出风口阀门）。

(2) 启动风机逐步增加除尘器的气流量，直至达到设计风量，并记录每个室的滤袋内外阻力。

(3) 在除尘器总进风管道的开口处（通常是烟气测试口）投入干燥无油的预涂粉。

(4) 投入预涂粉，直至滤袋内外阻力增加 12～25mm 水柱或其投粉量达到每平方米过滤面积用粉量 250g。按 4900m^2 过滤面积计算约需投粉 1225kg。

(5) 投入预涂粉后，系统运行到正常设计参数，随后开启除尘器的清灰系统，除尘器进入正常操作运行。

8. 清灰系统

(1) 清灰状态。从操作控制面板上可以手动进行除尘器清灰测试。用户可以通过经由DCS 或监视屏的两组信号来自动选择下述清灰方式：

1) 在线清灰方式。

2) 检测方式（仅限于检修）。在定压差清灰方式中，当压差值（可调整和编程）达到高设定值时，系统开始清灰，在低于另一低设定值时结束。

(2) 清灰系统控制。使用压差传感器测量除尘器的阻力。信号经由输入模块依照操作状态传送至 PLC。清灰系统阻力有 4 个状态点：①清灰开始值为 1500Pa；②清灰停止值为 1200Pa；③除尘器高阻力报警值为 1700Pa；④除尘器实效阻力值为 2000Pa。

(3) 主要设备。

1) 喷吹系统（PAD）。进行清灰喷吹的设备，布置在筒体净气室内。

2) 除尘器筒体。包含筒体进出口，顶部防雨棚、底部控制室及附属平台楼梯等。

3) 除尘器烟道。从锅炉出口至引风机入口的烟道，包含膨胀节、风门及附属钢架平台等设备。

4) 除尘控制柜。包含 PAD 控制柜（进口）和就地控制柜（国产）。

5) 系统就地设置的二次元件。为实现除尘器各设备的控制和监测而设置的二次电气元件，包含接近开关、料位计、温度传感器、压力传感器、压力变送器、热电偶等。

(4) 检修基本要求。

1) 准备工作。

a. 使用合适的工具。

b. 对适当的强制性的及自动的安全程序做不断检查。

c. 确保在操作设备前所有必需的防护设施到位。

d. 在维修工作前适当地将供电和供气分开。

e. 工作前得到允许。

f. 检修人员在开展检修工作前先阅读各设备的有关资料。

g. 在对设备进行检修前必须先取得操作许可。

2）安全措施。

a. 设备在进行检修前必须使用隔离开关以断开电源、气源来确保工作安全，并且竖立有人在设备上检修的警示牌。

b. 所有检修人员必须熟悉设备都可能会在没有警告的前提下自动启动，因此在检修和移走警示牌前必须采取必要的措施确保安全的工作环境。

c. 为检修的需要将设备移至更低的位置上就必须要使用被批准、有生产许可的提升机械。比如说卸灰设备的检修在移动时使用吊车。

d. 为检修的需要将设备移至更低的位置时，必须保证设备停留在安全的地点。在设备放置到地面上时要保证地面的整洁，从起重机械上吊运时确保人员安全。

e. 在检修工作前必须降低压缩空气管里的压力或关闭挡板门。

f. 整台除尘器被设计用来收集粉尘，检修人员可以通过除尘器上的检修门来进行检查。

g. 在常规运转中用电设备上的所有的保护设施和警示牌都放置在适当的位置。可能的话维护工作应该在设备不运转，而且与系统分离的情况下完成。在进行维护工作时，警示牌应该放置在显著的位置，提醒别人，预防危险，特别是在设备重新启动而维护工作仍在进行时，必须确保安全才能进行检查。

h. 除尘器上部分设备是需要使用压缩空气的，在进行检修工作前必须确保低压缩空气管里的压力正常，或关闭进气上游的挡板门和排水挡板。检修人员在处理与压缩空气有关的设备时必须格外小心，避免错误操作带来的危害。

i. 除尘器上必须有适当的保护措施以保护检修操作检修人员不会受到高温的伤害。

j. 为了到达除尘器上的某些区域，设备专门布置有楼梯和平台到达那里。确认检修人员在进入除尘器前是处于完全通风的状态，也要求一个人进入除尘器进行检修工作时在同区域最少有另一个人陪伴。

3）初始日/周检修。在除尘器初运行的30d内要每天记录设备阻力。在设备阻力发生变化时有助于我们发现不利的运行状态。由平顶山飞翔公司提供的差压传感器可以测量粉尘层和滤袋织物造成的阻力。在初运行过后，设备阻力将达到一个比较稳定的范围内，大概在1000～1500Pa。除尘器清灰周期由控制柜通过压差（1200～1700Pa）进行自动控制。在读取压力时不必考虑清灰脉冲气体穿透滤袋而造成瞬间阻力过低。每周需要对爪式压力泵进口过滤器进行2次检查和清扫。注意：喷吹间隔在试运转时设定主要依靠喷吹气源的压力和保证最佳清灰效果。

4）月检修。每月打开检修门对滤袋进行一次检查，任何松动或破袋必须被更换避免对除尘器造成损害。要对爪式压力泵和滤袋进行检查，还要对灰斗下面的卸灰设施进行检查。对PAD中心与花板中心的对中度进行检查，如超过允许偏差，必须进行调整。注意：在进入筒体进行检修前必须确保筒体里的脉冲喷吹已经关闭。

5）半年检修。在每次的检修计划和每6个月的检修中应该检查连接除尘器的进出口管道里的积灰情况，并且还要检查以下提到的状况：

a. 检查滤袋上的接缝和缝纫处有无任何磨损和损坏。

b. 检查内部钢结构件有无任何磨损和腐蚀，如果有结构件的厚度因为腐蚀、磨损等原因比设计厚度有明显的减少，那么需要加强或支持结构。

c. 检查所有的连接处有无气体或粉尘的泄漏。

d. 检查除尘器内部有无水气凝结和积灰的现象。

e. 检查所有的用电设备是否正常运行。

f. 检查在控制面板的操作下喷吹挡板是否能正常脉冲喷吹。

g. 检查所有安全和警示标志是否完整、合格和可靠。

（5）更换滤袋程序。滤袋的更换/检查必须注意完整的安全程序。在进行滤袋的更换/检查工作时必须停止除尘器的运行，保证筒体里有良好的通风条件并在进入筒体前确保没有任何有害气体。在打开筒体上的检修门前也要检查灰斗里没有任何有害气体。为避免在更换滤袋时吸入附着在袋上的粉尘，建议可采取如下方法处理：将废弃的滤袋装入塑料袋中。

1）为设备编制代码，在对其进行检修时针对代码取得“生产允许”。

2）穿好防护服，戴好防尘面罩、安全帽、手套等，并确保在检修门周围有足够的塑料袋。

3）在检修除尘器时在隔离开关上设立警告牌，警关闭灰斗进口挡板门并附上警示牌。

4）由通向净气室的平台进行检修时，确保通往净气室中的喷吹管的上筒体检修门全开并安全。

5）检查上筒体内部的大气质量。

6）在卸下喷吹管前先取下尾端的连接螺栓，在松开端部的螺纹接头，然后将整体喷吹管抬出上筒体，并在空地上将其摆放好。

7）取出袋笼。由于袋笼是分节的，所以可以节省上筒体的高度空间。注意：小心不要损害或者扭曲袋笼。

a. 将滤袋从孔板上松开并让其坠落到灰斗中。

b. 允许 6 条滤袋坠落到灰斗中，用 2min 的时间让扬起的粉尘沉降。

c. 打开灰斗检修门而且检查内在的大气质量。到达灰斗后打开检修门，拉出一条滤袋并将其装入到门口的塑料袋中，可以保证滤袋上的粉尘不会对外界环境造成污染，塑料袋也不会接触到布满粉尘的灰斗。在滤袋离检修门口太远、伸手够不着时，使用铁棒，不需要钻进灰斗内部去取任何东西。

d. 确保在进行上述行动的时候能有安稳的立足点。

e. 将塑料袋口扎紧运至地面上等待清运。

8）在组装前对滤袋进行检查，看其是否在运输、储存、操作过程中有任何损害。袋笼必须保证没有破损、毛刺。

9）将滤袋先把尾端从孔板口甩下去，再慢慢放下滤筒直到袋口贴近孔板口。

10）将袋口的弹片先折成半月状并贴紧孔板口。

11）松开弹片后其自然恢复成原状，此时袋口的弹片紧紧地卡在孔板口上，滤袋上的槽口与孔板之间没有任何间隙，密封严实。

12）将整体式的袋笼插入，保证袋笼口合适地坐在滤袋口顶部。注意：袋笼因为上筒体的高度限制分为三节，先将下面的一节放入滤袋中，露出上端的300～600mm使上面的一节的下部与其咬合，再整体向下。

13）直到滤袋和袋笼全部安装到位。

14）重新安装喷吹管，确保管上的喷吹孔中心与滤袋孔中心在一条重垂线上。

15）关闭好上筒体检修门保证密封效果，没有人员或物品遗留在里面。

16）关闭灰斗上的检修门保证安全。

17）取消除尘器隔离，撤走警示牌。

18）取消“生产允许”。

（6）清灰周期调节。清灰时间、清灰周期和喷吹间隔都可以根据滤袋的材质按照客户的要求进行调节。如果不恰当使用，设备阻力过高还会影响滤袋的使用寿命。因此，要适当地设置在不同的工况清灰过程中的各项参数。当必须进行最频繁的喷吹时，表明滤袋需要进行更换。

（7）常见问题及解决办法见表3-1-24～表3-1-27。

表3-1-24　　高设备阻力问题及解决办法

引起原因	解决办法
不正确的清灰操作	检查接线，设置喷吹时间和间隔。请根据工程师的建议对喷吹间隔进行调整
压缩空气量不足	检查压缩空气气源，保证压力0.7MPa，管路有无泄露
喷吹机构故障	检查喷吹机构是否运行正常，喷嘴是否对准花板孔中心
卸灰装置漏风	回转卸灰挡板、插板挡板等的漏风都会使滤料的清灰减弱。势必增加滤袋阻力，引起滤袋破损及喷吹空气的减少
结露	筒体内湿度太高的话会造成糊袋使阻力升高。关闭风机运行清灰装置，设置定时器对滤袋进行清灰。如果结露反复出现的话，最好每次对筒体先预热再清除，这个过程在15～30min。外保温也可以防止水蒸气凝结。水蒸气可能由管道的漏缝、烟气气流本身和压缩空气所带来
静电	在很少情况下除尘器内部的静电也可能造成高设备阻力。在不引起水蒸气凝结的前提下提高筒体内的湿度。滤袋接地良好也能起作用
除尘器超负荷运行	风量过大或含尘浓度过高都可能造成高设备阻力。检查风机转速、系统设计、过滤器和节风挡板的开关位置。还应该使用流量计测量除尘器内波动的气流流量确保风量和含尘浓度在设计范围之内

表3-1-25　　可以看见粉尘逸出问题及解决办法

引起原因	解决办法
错误的安装方式或破袋	检查滤袋上有无孔洞或裂缝。更换破损的滤袋。可能的话重新缝好
滤袋上附着粉尘层太少	该问题的出现可能由于喷吹太频繁导致清灰过量。检查滤袋阻力是否最少1000Pa。如果最小值都稳定在100Pa左右则可以考虑延长清灰周期（没有工程师的建议不要调整清灰周期）

续表

引起原因	解　决　办　法
超细粉尘	脉冲喷吹除尘器收集的细微颗粒是烟气气流流经滤袋时被拦截下来的。滤袋的织物纤维中肯定是会有微细的孔洞存在的，而精炼后的超细粉尘会很容易的穿越小它。可以增加织物的经纬线或缩小纤维直径以减少孔洞的大小
温度过高	某些潮湿的蒸汽随着温度或压力的变化可能变成气体状态，而滤料并不能直接收集呈气体状态的微细颗粒。检查操作中的温度和压力达到正确状态。可以考虑在滤料中添加能吸收气体的物质

表 3-1-26　　不能完全收尘问题及解决办法

引起原因	解　决　办　法
风机转速不合适	不合适的风机转速意味着除尘系统的压头和流量都得不到保证，做适当的处理调整风机转速
除尘器阻力高	见前面所述
漏风	在管道、检修门、卸灰设施，除尘器壳体等处都有可能出现漏风的现象。针对不同的情况使用不同的防漏方法
烟气流通不顺畅	堵塞的管道、不完全开启的挡板都可能减少烟气流量。应采用必要的手段保证除尘系统的设计风量
管道尺寸过小	管道尺寸过小可能导致管道阻力太高而风机根本提供不了那么高的压头，管道尺寸的确定必须参考设计参数和风机的选型

表 3-1-27　　滤袋问题及解决办法

引起原因	解　决　办　法
温度过高	运行时温度不允许超过最大设计温度
湿度	湿度过高可能造成糊袋。湿度过高时粉尘层会不断地加厚并粘在滤袋上。引入干燥的空气让湿的粉尘层变干然后关闭风机对除尘器进行清灰。如果此法不奏效可重新安装新的滤袋
滤袋材质	每种滤袋材质的确定都要选择滤料的物理化学性质与烟气气流里的化学成分和温度相匹配
灰斗里的粉尘太多	灰斗里的粉尘堆积得太高会增加滤袋磨损的机会。堆积的粉尘可能是由于卸灰系统故障没有及时清运粉尘或灰斗内部产生结露造成的，后者通过在灰斗内加装带隔离设施的加热器来解决
滤袋过滤面磨损严重	如果滤袋的干净面出现了大量粉尘说明过滤面磨损严重。原因是滤袋已破损，或者是没有正确安装滤袋，也可能是孔板密封不严。将净气侧的粉尘清除干净，更换滤袋，在这之前不要再向滤袋送风

第二节　汽 轮 机 检 修

一、汽轮机设备检修项目工作内容

（一）标准检修项目工作内容

（1）进行全面的检查、清扫、测量和修理。

(2) 消除设备和系统的缺陷。

(3) 进行定期的试验和鉴定，更换需要定期更换的零部件。

(二) 特殊检修项目工作内容

特殊检修项目是指标准检修项目以外的项目，通常是技术复杂、工作量大、工期长，耗器材多，费用高以及系统或设备结构有重大改变的项目。

(三) 小修工作内容

小修是两次大修之间的检修。对大修后设备技术性能起基础和提高作用，是对大修项目的进一步补充。小修项目内容如下：

(1) 消除运行中发现的设备缺陷。

(2) 重点检查易磨，易损部件，及需要进行处理或必要的清扫和试验。

(3) 大修前的一次小修，应做好全面检查，并核实大修项目。

二、汽轮机检修项目

(一) 汽缸检修项目

1. 标准项目

(1) 检查汽缸及喷嘴有无裂纹，冲刷、损伤及结合面漏气痕迹等缺陷，必要时处理。清扫检查汽缸螺栓、疏水孔、压力表孔及温度计套管等。

(2) 清扫检查隔板套、隔板、静叶片有无裂纹、损伤变形等缺陷，必要时处理。

(3) 检查滑销。

(4) 修补汽缸保温层。

(5) 测量上下汽缸结合面间隙及纵横向水平。

(6) 测量调正隔板套及隔板的洼窝中心。

(7) 测量隔板弯曲。

(8) 检查汽室连接螺栓，必要时更换。

(9) 更换两个以上的压汽缸螺栓。

2. 特殊项目

(1) 检查台板松动和二次灌浆。

(2) 解体下汽缸及吊前轴承座，检查滑销系统或调整汽缸水平。

(3) 检查汽缸外壁裂纹及焊补汽缸裂纹。

(4) 更换喷嘴、隔板。

(5) 修刮汽缸结合面。

(6) 更换汽缸大部分保温层。

(7) 机组全面喷漆。

(二) 汽封检修项目

1. 标准项目

(1) 清扫、检查高低压轴封、隔板汽封、测量间隙，必要时对汽封梳齿、汽封块、弹簧等进行修理、调整及少量更换。

(2) 汽封间隙调整。

2. 特殊项目

（1）更换汽封一般在20%以上。

（2）更换轴封、外壳。

（三）转子检修项目

1. 标准项目

（1）检查主轴、叶轮、平衡盘、轴封套、轴颈、推力盘、对轮的磨损、松动及裂纹等情况，测量通流部分间隙，轴颈扬度及找正转子的对轮中心，进行叶片，叶根，叶轮键槽探伤。

（2）清扫检查叶片、拉筋、复环、铆钉、硬质合金片等有无结垢，腐蚀、松动、断裂、脱焊及损伤等缺陷，必要时处理。

（3）检查轴颈椭圆度及转子弯曲，测量叶轮对轮、推力盘的瓢偏度。

2. 特殊项目

（1）直轴。

（2）叶片调整，重装或更换叶片及取叶片样品绘图。

（3）拆装或更换叶轮，平衡盘，更换推力盘，轴封套，对轮及对轮铰孔，修刮平面。

（4）修理研磨推力盘及轴颈。

（四）轴承检修项目

1. 标准项目

（1）检查主轴推力轴承及油挡等有无磨损、钨金脱胎、裂纹等缺陷，以及轴瓦球面、垫铁的情况，测量轴承及油挡的间隙，紧力，必要时进行修刮，调整或焊补。

（2）清扫轴承箱。

（3）更换必要的油挡片。

（4）修刮轴瓦球面及垫铁的接触面。

2. 特殊项目

（1）修刮轴承座及台板或进行灌浆加固基础。

（2）更换主轴承，推力轴承或重浇钨金。

（五）盘车装置标准检修项目

检查和测量齿轮、蜗轮、轴承、导向滑套等部件的磨损情况，必要时修理。

（六）调速系统标准检修项目

（1）清洗检查调速系统的所有部件（启动阀、喷油试验阀、手动停机阀、复位阀、油动机、危急保安器及危急保安器错油门、自动主气门、调速气门等调节保护装置及试验装置等）的磨损情况，并测量间隙和尺寸，必要时修理和更换零件。

（2）调速系统简易特性试验及调整工作。

（3）调速系统全面性的特性试验及调整工作。

（七）油系统检修项目

1. 标准项目

（1）清扫、检查主油泵、交直流电动油泵、高压启动油泵、注油器、冷油器、油箱、滤油器、滤油网，测量有关部件的间隙和尺寸，冷油器试水，必要时修理及更换零件。

（2）循环过滤透平油。

（3）清扫、检查排油烟机、油管路、油门等，必要时修理及更换零件。

2. 特殊项目

冷油器更换大量铜管（一般在10%以上）。

（八）气门、水门及汽水管道检修项目

1. 标准项目

（1）检查主气门、电动主闸门、抽气门（逆止门）等重要阀门无裂纹、冲蚀、松动等缺陷，根据情况进行研磨、修理或更换零件和水压试验。

（2）检查、检修空气门、滤水器、减温减压器等，根据情况更换法兰垫、盘根和研磨阀门。

（3）检查管道支吊架，膨胀指示器进行必要的调整。

（4）检查不常操作的，不易泄漏的阀门。

（5）修理调整电动气门、水门的传动装置。

（6）检查主蒸汽管法兰结合情况，重点检查内壁冲蚀情况。

2. 特殊项目

（1）更换主气门、电动主闸门及处理技术复杂的严重缺陷。

（2）更换主蒸汽、给水管道的管段，三通、弯头等。

（3）大量更换其他管道。

（4）检查及处理主蒸汽管道及给水管道焊口。

（九）凝汽器检修项目

1. 标准项目

（1）清洗凝汽钢管，检查真空系统和水侧的严密性及部件情况清除泄漏缺陷，堵塞或更换少量损坏的钢管。

（2）检修凝汽器水位计等附件。

（3）根据需要抽取钢管进行分析检查。

（4）凝汽器水室刷漆。

（5）检查凝汽器喉部伸缩或支座弹簧。

2. 特殊项目

（1）更换20%以上凝汽器铜管。

（2）酸洗凝汽器、涂膜。

（十）抽气器标准检修项目

清洗、检查射水抽气器喷嘴，扩散管及其他附件，更换已磨损零件。

（十一）加热器及疏水系统检修项目

（1）标准检修项目：修理加热器汽水系统及附件（水位计、水位调整器、保护装置系统、汽水阀门等），必要时更换（杜绝无水位运行）。

（2）特殊项目：更换大量（一般为10%以上）加热器管子。

（十二）水泵检修项目

（1）标准检修项目：解体情况、检查凝结水泵、疏水泵、给水泵、循环水泵、工业

泵，修理或更换已磨损的零件，更换叶轮、导叶等。

（2）特殊检修项目：给水泵、循环水泵、凝结水泵改造、更换（改造或更换低效水泵）。

（十三）除氧器检修项目

1．标准检修项目

（1）解体检查水位计、汽水调整门、安全门及有关汽水阀门等，消除缺陷和做水压试验。

（2）解体水箱，除氧塔及其内部装置有无冲刷、腐蚀、堵塞、损坏等缺陷，必要时修理或更换。

（3）按化学监督要求进行除氧器内部刷漆工作。

2．特殊检修项目

处理除氧器水箱大量焊缝和裂纹（改造或更换低效除氧器）。

（十四）其他标准检修项目

根据设备情况需要增加的项目。

三、汽轮机检修工艺管理

（一）一般工艺要求

（1）设备、零部件的外观检查。

1）零部件是否变形、错位。

2）是否有裂纹、龟裂、断裂。

3）有无机械磨损、损伤、毛刺。

4）检查汽蚀、斑纹、麻坑。

5）是否有堵塞、卡涩。

6）其他可见缺陷。

（2）零部件的清洁。

1）用煤油、汽油或其他溶剂清除零部件内外表面的浮锈、油泥、黏附物、沉积物。

2）除去沉积物、硬结物；除去浮起的防护涂层及结合面纸垫或密封涂料。

3）修去毛刺，打磨光滑。

4）清洗油孔、油道、疏水孔道。

5）消除卡涩。

（3）不得用棉纱、有毛的布擦抹油系统、调速系统内件或各主轴承及各通油腔内表面。

（4）调速油系统零部件清洗后，必须等煤油、汽油完全挥发才能装配，以免降低透平油的闪点。

（5）油系统零部件要逐件用小麦面粉团仔细粘净，并淋以本机所用透平油才能装复，以防生锈和装入时擦伤滑动面。

（6）用过的面粉团不得任意放置，特别注意不得放置在孔口上面，防止面粉团发酵后流入管内，造成清理困难。

(7) 各防磨零件淬火部位（如各种杠杆刀口等）附近的修整不能用砂轮机，而应使用油石，以防退火。

(8) 组装联系杆上固定件锥孔的锥度方向一致。锥销装入冲紧后大端应有露头1～2mm，小端齐或略陷。更换锥销时必须按原件锥度车制，不得手工制作，亦不得任意改为直销或开口销。

(9) 相对活动的部件（如油门活塞与油门套筒）在装配其盖板或限位件时，应边装边同时活动，不能硬装硬紧，装后要进行活动部件的全行程、全方位活动检查。

(10) 各止动螺钉，螺钉装时注意不错扣，不松动。螺钉头一般不突出主体平面。勿忘螺钉上紧后，修去螺孔口缘的毛刺。

(11) 轴类检修一般应测量其弯曲度，测量弯曲度装夹时应将两端部位径向跳动校正至零，然后选择测量位置。

(12) 键与轴及轴套的配合，必须符合设计数值，键与键槽配合面无腐蚀、损坏，必须根据情况修理或更换零件。

(13) 运行中损坏变形或配合不符合要求的零件必须更换。

(14) 轴上套装的叶轮、齿轮、对轮等零件如对瓢偏度有要求者，应在复位状况下进行测量。

(15) 弹簧的检查。

1) 有无歪扭变形、绕距是否均匀。

2) 压缩弹簧两端面与中心线是否垂直。

3) 拉伸弹簧挂钩是否变形。

4) 钢丝有无锈蚀、裂纹。

5) 测量其刚度，与设计数值相对照。

6) 测量其弹性，与设计数值相对照。

7) 压缩弹簧的端面与中心线不相垂直，可在砂轮机上磨平，但注意勿使弹簧退火。

8) 弹簧如出现裂纹、变形，或弹性变化，应按其严重程度考虑更换与否。

(二) 设备的拆装和保管

(1) 设备的拆装顺序及注意事项应按有关规程执行。施工者在完全了解设备的构造以后，对于一些无技术联系的施工顺序可以变更；但工艺规程中有明确规定的施工顺序，注意事项，工艺方法等应严格遵守，以免造成人身或设备事故。

(2) 每个部件解体前，要防止其中介质（包括汽、水、油）余压、余热、余量伤人和污损设备，油系统设备余油要仔细承接，不使滴在保温层上或地面上。不慎滴在地面上的油要立即擦净。若不慎滴在保温上，则应在检修工作结束后，将保温彻底更换。

(3) 每个部位解体前要检查其相对位置的记号。注意记号是否有重复或错乱，错误记号应予铲除。原来未打记号，可以添加。

(4) 拆卸有弹簧作用的盖板、法兰、应换装专用加长螺丝对称均匀放松。加长螺丝的个数视弹力大小而定，加长螺丝的可调长度应大于弹簧自由长度减去安装长度，有关规程有相应规定的螺丝长度不得随意变更。

(5) 拆装螺丝应选用适当的扳手，使用活动扳手开度应保持合适，以防螺丝滑角。

(6) 有止口定位或重量较大的法兰或盖板一般有顶起螺孔，松开连接螺丝后应用顶起螺丝对称均匀顶起。

(7) 一般法兰在松开连接螺丝后，可轻轻敲击振松或使用螺丝刀撬开，只可在避开螺孔的位置轻轻撬开。

(8) 从轴上拆卸过渡配合的零件应使用拉马类工具或套筒冲出工具。拉出或冲出轴上的滚动轴承时，应着力于内圈。静配合的钢质或其他韧性金属材料外套装零件，可用火焰加热后拆卸，但加热温度应均匀，一般应控制在150℃以下，不得将淬火零件局部退火。生铁零件，不适于热拆热装。

(9) 从孔内拆出另一种动配合或较第一种配合为紧的零件，或套筒冲出工具。不可单边冲击；不可损伤内孔壁或内缘。除非对孔体采用破坏性拆卸时，一般不用加热孔体的方法。

(10) 零件结合面如因锈死不便拆卸，可用柴油或煤油浸泡一段时间后再行拆卸。

(11) 零件或轴从孔中拉出之前，应将轴径之滑动表面清洗干净，打磨光滑，淋以透平油，以防中途卡涩。

(12) 内部有活塞、套筒或其他有配合要求的组合部件或设备，尽管其壳体较厚，不可横向夹持，以防壳体变形，改变配合性质。

(13) 部件的紧固零件或销钉解体后尽量按原位置浮套在主体上，不能浮套于主体上的螺丝，应按原套成对组合，分部件保管，以防混乱。

(14) 零部件拆下后留下的孔洞，半边法兰等应进行可靠的包扎、堵塞或加闷板。包扎用布质材料，堵头和闷板可用木质或金属材料，不可用无一定形状的软性材料（如棉纱头、布头）做堵头，堵头必须明显露出，不可隐入孔口内部。

(15) 设备解体、清洗、检修过程中，零件应按部件分开，有秩序地排列，放置在木垫、胶垫、塑料布、白布、专用架上或油盆内，不可直接置于地面或铁板上。

(16) 零件清洗后，其加工表面应有防锈措施，对于油系统部件可涂本机所用透平油，汽水系统零件可擦黑铅粉。但这只是在干燥条件下的短期防锈措施。

(17) 零件有镜面结合面时，则除了直接清洗、检修、研磨的时间外，其余时间均应用白绸包扎，细心存放。

(18) 细长或薄壳零件在清洗、检修以及静置过程中都要注意防止变形。

(19) 大修中列入检修项目的每一个部件或设备，原则上应全面解体清洗、检查、测量、鉴定和修理。但为防止解体中导致误操作和减少不必要的工作量，应避免大拆大换造成人力和物力的浪费。下列类型零部件一般为不常拆零件。

1) 静配合零件中明确固定的零件，例如汽机转子上固定零件，主气门、调速气门套。

2) 过渡配合零件如调速系统各油门套筒，装于轴上的滚动轴承等。

3) 可导致损伤或现场条件很难装复、不卸也能清洗和检查的零件。

(20) 零件拆下后待修或待装时必须放入上锁的专用箱或专用架内保管，细小零件应放在按部套专用的零件盆内和盒内。

(21) 零件组装前应该对准记号。按记号和解体记录进行组装，但装前勿忘检查孔口，管道中的堵头或异物是否已取出。

(22) 两零部件间用法兰组合，其间如有垫子，组装前必须核对垫子厚度大小及形状，注意垫子放置正确，不可因错位而遮盖其间的主流道，或细小口径的回油、润滑、排汽等孔道。

(23) 设备零部件、管道等的法兰，其垫子制作应遵守如下原则：

1) 垫子上的内开孔应大于通道口径，使垫子不遮住通道口。

2) 垫子外径应略小于法兰止口直径1～1.5mm。

3) 无止口法兰，垫子外径等于法兰结合面外径或靠近螺丝使之定位。

4) 生铁或厚度较薄的法兰，其垫子必须垫满，防止紧螺丝后法兰变形或崩裂。

(24) 盖板、法兰的螺丝要对称均匀收紧，有止口配合要求的盖板、法兰、应注意；同一法兰平面是否张口；垫子是否压偏；螺丝螺纹长度不够而形成虚紧等。要防止过紧而造成法兰变形、崩裂、螺丝滑丝等情况。

(25) 向轴上套装配合精度较高零件，可在轴上涂上润滑油，用套筒顶住内圆缓缓冲入，向轴上套装过渡配合以上紧度的零件时，可将零件在油中加热至第三种动配合以上间隙再行套入。具有锥度的配合，不得加热套装。

(26) 向孔中套装吊件，一般不采用加热母体部件的办法。如母体部件结构简单，对变形要求不高，在经过周密考虑以后也可采用加热套装的工艺方法。

(27) 组装好的部件，外露孔口、外露零部件如有防尘要求，应予以局部包扎或整体包扎。

(28) 进行汽缸保温，回装化装板，清理检修现场。

第三节　化学设备检修

一、化学设备检修的基本规定

(一) 设备解体方法及注意事项

(1) 解体前必须了解设备内部结构、设备性能及设备日常运行中存在的问题。

(2) 学习该设备检修工艺，并做好记录。

(3) 准备好合适的工器具。

(4) 准备好易损的备品备件，进口设备必须有备品。

(5) 拆卸前要注意打标记，以防止装时错乱，记号要打在侧面，不要打在工作面上。

(6) 拆下的零部件要放在胶皮上，并根据要求进行遮盖防尘和防止碰伤。对相关的接口要用布进行封堵以防止杂物进入。

(7) 在容易生锈的地方要涂上油脂。

(8) 难以拆卸的连接件，需要加热或必须用专用工具拆除时，进行敲击时，应使用铜棒或其他软质材料，不许用铁锤直接击打。

(9) 轴径上的锈斑蚀点，可用细纱布打光后再涂上油脂。

(10) 对不同的材质及使用性质的不同，采用不同的清洗液（如机油、煤油清洗，漆片用酒精，氢系统用四氯化碳等），清洗时要用毛刷，根据精度的不同在清洗后用布或棉纱擦洗。滚动轴承严禁用棉纱。

（11）清洗后的零部件应放在纸或白布上，暂不能装配时要注意保管和防尘。

（二）螺栓的拆卸

（1）常用螺丝的种类有：加销子的防脱螺帽用螺丝、防震须用弹簧垫圈螺丝、双头螺柱、平帽螺丝、半圆头螺丝、地脚螺丝、膨胀螺丝、沉头螺丝、圆头内六角螺丝、紧固螺丝等。

（2）拆卸螺丝时，要注意设备的运行性质，按照防松、防震、防冲击的不同要求进行拆卸。一般是先解除止动件，再拆除螺帽。

（三）键的拆装

（1）键与轴、孔均为过渡配合，一般不会太松也不太紧，由于其形状不同，其拆卸方法也不同，一般要求以不损坏部件为原则。

（2）键与键槽在加工与制作时应符合标准，与轴的配合应有0.01～0.02mm的紧力；

（3）严禁用锤击法拆卸。

（四）机体盖的拆卸

（1）揭盖前要做好标记。

（2）要用顶丝均匀顶开，或用专用工具拆卸。

（3）有起吊螺丝或起吊孔的要用合格的起重工具平衡重力后起吊，应防止受力不均和脱落。

（4）对垫片要进行测量并做好记录。

（5）结合面要放在等高的木块或胶皮上。

（6）严禁用扁铲打开机盖。

（五）滚动轴承的拆装

1. 修前准备工作

（1）备好擦拭及润滑材料。

（2）备好专用压力机及各种工器具。

（3）准备好轴承备品。

2. 不可分离型轴承的拆卸

（1）轴承与轴为紧配合，与机座孔为较松配合，可将轴承和轴一起拆除。

（2）用压力机或其他专用工具拆卸，从轴上拆除。

（3）拆卸时垫片应抵住轴承内圈。

3. 可分离型轴承的拆卸

（1）可分离轴承，内圈与轴为紧配合，外圈与座孔为较松配合，可将轴与内圈一起取出。

（2）采用压力机或其他拆卸工具将内圈从轴上拆除；凡是紧配合的轴承套圈，不论内圈还是外圈，在没有必要拆卸时，应该任其在原来的位置上，不必要的拆卸会大大增加轴承损坏的可能性。

（3）圆锥滚子轴承和圆柱滚子轴承外圈为较紧配合，拆卸时可将轴、轴承内圈及滚动体一起拆出。

（4）采用压力机或其他拆卸工具将外圈拆除，轴承上的任何部位都不允许用手锤直接锤击；

（六）联轴器的检修

1. 检修工作程序

（1）办理工作票，使设备停止运行，并采取制动措施。

（2）将电动机与设备分离，分别将设备拆除。

（3）采用专用液压扒子将靠背轮及键拆下。

（4）清理、检查、修理靠背轮及键。

（5）组装。

2. 技术要求及质量标准

（1）靠背轮应完好无损，无毛刺、无卷边。

（2）端面应平整，圆周应光滑，无凹坑现象。

（3）弹性圆柱销联轴节其角向位移应小于40°，径向位移一般为0.14～0.20mm，端面间隙应在1.0～1.5mm之间。

（4）爪型弹性联轴节，安装时允许径向位移0.3mm。

（七）键槽修复工艺

（1）轴与轮上的键槽，只损坏其中的一个时可将磨损的键槽用锉刀铣或刨进行修复加宽。

（2）重新配置阶梯形键。

（3）当轴与轮上的键槽全损坏了，如轴的强度允许时，可采用同时放大槽宽，重新配置大尺寸键。

（八）螺纹修复工艺

（1）螺钉、螺栓或螺母损坏（如螺纹滑丝、头部损坏、杆部拉展）时，通常更换新件。

（2）在零部件上的螺栓孔，由于加工和使用不当，造成滑丝或螺纹剥落时，可将螺孔钻大，攻大尺寸的新螺纹，重新配置螺栓。

（3）如损坏的螺纹孔，不允许采用特殊或大尺寸螺栓时，可将螺栓孔钻更大些，配置螺塞，在螺塞上钻孔攻原规格螺纹。

（4）螺丝的止退方法。

1）叠加螺帽止退法。

2）加销子（圆柱销或开口销）止退法。

3）弹簧垫片止退法。

4）止退垫片止退法。

5）轴颈垫止退法。

6）螺柱丝破坏止退法。

7）化学粘接止退法。

（九）孔的修复工艺

（1）铸件箱体上孔磨损，可采用扩孔、铰孔后，镶套方法进行修复。

（2）套和箱体可采用静配合或过渡配合连接。

（3）加用骑缝螺钉予以固定。

(十)铸件裂纹修复工艺

由于铸件受到冲击或突然事故造成铸件裂纹或断裂，如更换不便或时间上不允许，可采用加固法或扣合法进行修理。处理工艺如下：

(1) 修时应在裂纹尽头钻孔，消除应力集中，以免裂纹继续发展。

(2) 如继续受冲击，只能在短期内可维持工作，应迅速更换新件。

(3) 如裂纹是在受力处，就不能采用它。

(十一)轴断裂修理工艺

(1) 轴折断后，保留的轴和接触的一对端面应车削平，并打出焊接坡口。

(2) 两侧轴的端面攻制出需要的螺纹丝。

(3) 用螺栓连接后，再进行焊接。

(4) 最后加工接轴的外表面达需要尺寸。

(5) 如需保留原来的长度尺寸，可重新按需要加工一段新轴，再采用以上办法进行连接。

(十二)轴的矫直工艺

1. 测量与计算

(1) 将需测的轴放在制作好的或专用测量轴的工具上。

(2) 将轴的端面分成6～8份，并做好标记。

(3) 将轴的长度分成需要测得几段，每段轴上装上百分表。

(4) 将轴转动一周，并将各段上的各数值记录好。

(5) 作轴各段向位图。

(6) 按分得各点绘制轴不直度偏差图。

2. 鉴定轴的材料与缺陷

(1) 查阅轴的设计资料。

(2) 做硬度试验。

(3) 做元素分析。

(4) 在最大弯曲处用放大镜检查缺陷或做金相分析。

二、管道、法兰、弯管的检修及设备防腐

(一)管道的安装与检修

1. 管道的组成和分类

管道是由管子、阀门、管道附件按图组装连接而成的。管道按设计压力 P 分为低压管道（$P \leqslant 1.6$MPa）、中压管道（8MPa $\geqslant P > 1.6$MPa）和高压管道（$P > 8$MPa）。

2. 一般管道的安装

(1) 管道安装前应检查管子无裂纹，无显著的腐蚀坑等缺陷。

(2) 管子内不得存有杂物，衬胶、衬塑管道，安装时应目测检查有无碰击损坏，必要时需用电火花检查。

(3) 一般较大直径的管子要检查其椭圆度，如大于 DN150 的管子，椭圆度之差为5mm。

(4) 管道安装一般要求外观上横平竖直、排列均匀、整齐、各吊架牢固。

(5) 不同材质的管道并行敷设时，其施工顺序为：金属管、涂覆钢管、衬胶管、玻璃钢管、塑料管。

(6) 物料管道一般按介质流动方向敷设成0.01的坡度，以便停止工作时能使物料放尽。

(7) 在管道中应尽量少使用弯头，以减少管道的阻力。

(8) 管头、法兰等与设备要自然连接，不得有任何强力作用。

(9) 蒸汽管道和热水管道要考虑管道的热膨胀补偿，按规定采取补偿措施。

(10) 管道的敷设应按规定装设必要的支架和吊架，并能保证管道的自由伸缩。玻璃钢管、塑料管用支吊架固定时，在金属卡箍与管子之间应加装橡胶垫。

(11) 管道上安装的取样管要安装在便于操作的地方；排气管要安装在管道最高处；放水管要安装在管道最低处。

(12) 对蒸汽管道、热水管道和防冻管道均应设有良好的保温层。

(13) 管道安装完毕后，可采用泵进行严密性水压试验，试验压力为最高工作压力的1.25倍，保持5min无泄漏为合格。

(14) 管道投入运行前，应按要求进行水冲洗工作，直到排水干净为止。

(15) 为了区别各种类型的管路，管道安装完之后应在管边外表面或保温层外表面涂刷防腐漆，其颜色按电力工业部颁发标准。

(16) 管道安装完之后，还应在油漆表面上刷上指示介质流动方向的箭头。

(二) 中压、低压管道法兰检修

(1) 法兰标准化，使用时可根据管子的公标直径和介质的工作压力及设计要求进行选择。

(2) 安装法兰时，须使法兰密封面与管子中心线垂直，其偏差不得大于法兰盘凸台外径的0.5%，并不得超过2mm，插入法兰内的管子端部至法兰密封面的距离应为管壁厚度的1.3～1.5倍。

(3) 螺栓头之平面与法兰盘背面的接触面应平整，避免螺栓着力不均，造成附加压力。法兰的螺栓紧固后，露出螺丝扣不宜过长，一般以2～3mm为宜。

(4) 在安装前应核对与法兰连接的设备法兰或阀门法兰的连接尺寸是否相符，其凹凸面是否吻合。

(5) 法兰安装前，应对法兰密封面及密封垫片进行外观检查，金属垫片用平尺目测接触情况，不应有影响密封性能的缺陷。

(6) 法兰凸台的高度应大于凹面的深度，凹凸面圆径应匹配。

(7) 法兰找正时应保持法兰之间的间隙与接合面的平行与同心，其偏差不应大于法兰外径的1.5/1000，且不大于2mm，不得用强制紧螺栓的方法消除法兰对口歪斜。

(8) 法兰平面应与管子轴线垂直，平焊法兰的内侧角焊不应漏焊，且焊后焊缝不应高于接合面。

(9) 拧法兰连接螺栓时，要对称，均匀地进行，严禁先拧紧一侧再拧紧另一侧。另外要求螺母要在法兰的同一侧面上。

(10) 压力的管道法兰不得拆卸，酸、碱管道法兰拆卸时，必须先将管内的存酸、存碱冲洗干净后再拆卸。

(11) 法兰的垫片材质应根据管道输送的介质及垫片材料的特性因素来确定，在一对法兰中间不允许安装斜面垫片。

(三) 弯管检修

1. 弯管工艺分类

弯管分为冷弯、热弯两种。冷弯包括：手动、电动弯管。热弯包括：加热炉、气焊炬加热、中频弯管机。

2. 管子弯制的一般规定

(1) 弯制管子弯头时，一般应选用管壁厚度带有正公差的管子，弯曲半径应符合设计要求。当设计无明确规定时，弯曲半径可取不小于管子外径的3.5倍。

(2) 不锈钢管宜冷弯，塑料管不能冷弯，钢管可冷弯或热弯。

(3) 弯管所用的填充砂子应采用耐热性能良好的海砂或河砂，砂子应干净，不允许含有泥土和可燃杂物，使用前必须烘干，填砂时应均匀捣实。

(4) 管子加热时，升温应缓慢、均匀，保证管子热透，并防止过烧和渗碳，管子的加热温度不得超过1050℃，其最低温度碳素钢管为700℃，合成钢管为800℃。

(5) 直径38mm以下手动弯管机，根据直径选模具一般过弯3～5个，用以补偿回弹量。

(6) 管子弯制后其管壁表面不允许有裂纹、分层、过烧等缺陷，弯曲的角度要准确，横截面中没有显著的椭圆变形，即在同一截面测得的最大外径和最小外径之差与公称直径之比，对中低管来说不超过7%。

(四) 设备防腐

1. 化水设备和管件内表面的防腐材料

化水设备和管件内表面的防腐材料主要是采用橡胶和玻璃钢作衬里材料，外壁用涂料涂于金属的表面，使金属与腐蚀介质隔开，或者直接用耐腐蚀的聚氯乙烯和不锈钢材料来达到防腐目的。

2. 设备防腐工艺

(1) 橡胶衬里分类。衬里橡胶根据配方不同，分硬橡胶、半硬橡胶、软橡胶，软橡胶具有高弹性，能经受较大的变形，虽然膨胀系数比硬橡胶大，但由于弹性好，故其永久变形小，可适用于温度变化大，有冲击振动，要求机械性能好的场合，缺点是耐蚀性差，与金属的附着力差。硬橡胶化学稳定性高，耐热性能好，抗老化好，以及对气体抗渗透性能均较好，所以一般适用于介质腐蚀性强，而温度变化不大，无磨损和冲击的场合。

(2) 橡胶衬里的质量检查。

1) 外观质量用肉眼观察的方法，检查衬里表面有无突起气泡、裂纹及接头不牢等缺陷。

2) 衬胶层结构情况用木制小锤敲击的方法以检查衬胶层有无脱层现象，当敲击发出清脆悦耳的金属声，则证明无脱层，如发出沙哑声，则证明有脱层现象。

3) 橡胶里微孔的检查，可用电火花检验器检验衬里的缺陷，当电刷沿橡胶层表面移动时，在有缺陷的地方就产生剧烈的火花，并在放电以后，缺陷处留下白色薄膜，则可判定衬胶质量不良，如无火花产生，则说明致密性良好。

(3) 橡胶衬里的质量标准。

1) 衬里成品形状，尺寸符合设计图纸要求。

2) 受压和真空设备，管道和管件须切削加工的衬胶制品以及运转设备的转动部件，其衬胶层均不允许有脱层现象。

3) 常压设备其衬胶层允许有凸起皮现象，但每处胶层面不得大于 20mm²，凸起高度不得大于 2mm。

4) 常压管道、管件允许有不破的气泡，每处面积不大于 1cm²，凸起高度不大于 2mm，气泡总面积不大于管道管件总面积的 1%。

5) 衬层表面允许有凹陷和深度不超过 0.5mm 的外伤，粗糙、夹物以及在形成滚压时产生的印痕。

6) 法兰边沿有翻边封面处不允许有脱层现象。

7) 衬胶制品必须用电火花仪全面检查，不得产生剧烈火花。

8) 衬胶层厚度检查，各测点厚度允许误差应为规定厚度的－10%～15%之内。

9) 受压设备水压试验保持 10min，真空容器按规定进行抽真空试验，真空时间 1h，检查无缺陷、泄漏。

3. 橡胶工艺的常见缺陷及修补方法

(1) 常见的缺陷有：橡胶与金属脱开，橡胶和橡胶间脱层，胶层鼓泡，胶面龟裂或有针孔，胶合缝不严等。

(2) 修补方法。修补时，先将鼓泡、脱层、裂纹等损坏部位的衬里铲去，直到衬里层无松动为止，周围加工成 30°的坡口，双层衬里应处理成阶梯形在去除时周围 50～100mm 内应处理干净，基层应突出金属光泽，用原胶进行修补时，将周围边和金属刷 3 次相应的胶浆，分别干燥后，把修补的胶片刷 2～3 次胶浆粘贴修补处，并用烙铁压贴严密。选用环化橡胶修补针孔、龟裂和接缝等缺陷处，将开口处扩大并打磨干净，用汽油擦洗后再涂刷环化胶浆，等胶浆干燥后，把环化胶片熔化，将其填满修补位置，冷却凝固后再用烙铁烫平或用砂布打磨平整即可。

（五）玻璃钢防腐工艺

1. 玻璃钢特性

玻璃钢是一种非金属防腐材料，它有耐腐蚀，强度高，易成型等优点，可根据不同的方法，如手糊法、模压法、缠绕法等，在一定条件下（温度、压力）制成防腐性强的物品。目前用在防腐中的主要有环氧玻璃钢、酚醛玻璃钢、聚酯玻璃钢、呋喃玻璃钢等，根据防腐设备的不同性能和要求，在施工中可选用涂刷表层法、贴玻璃丝布法、调和铸石粉或胶末等法，也可将 3 种方法混合使用。

2. 工艺方法

(1) 玻璃钢的施工方法，可分为手糊法、模压法、缠绕法，其中手糊法较简单，而且操作方便，它不需要专用设备。

(2) 施工前必须检查原材料的规格和质量是否符合要求，如酚醛树脂储藏过久，黏度较大时就不宜使用。

(3) 施工现场，应有防尘和防水设施，温度以 20～30℃为宜，湿度不大于 80%，如温度在10℃以下时，应用蒸气间接加热保温，但不得用明火。

（4）若玻璃丝布为石蜡型浸润时，需进行加热脱蜡处理，并保持干净严防受潮。

（5）根据设备大小，不同形状、裁剪料块，备好工具。同时根据工作速度决定每次的配料量。

（6）将裁剪好的布料放入盛有配好树脂的盘内，使树脂将玻璃丝布充分浸透，然后再进行贴衬。

（7）为防止贴衬过程中树脂流淌，在贴衬前需将布料上的树脂挤出至不流淌为宜。

（8）贴衬工作，应从一端开始逐步粘贴，以便赶尽布料下的空气，防止在布料下面留有气泡。

（9）小型设备可以固化一层、再贴一层，大型设备可同时贴衬2～3层，但每层料块的接缝要错开。

（10）表面固化后为防止产生气孔应在表面均匀地刷1～2层树脂，以保证表面光滑。

（11）凡有人孔、法兰等处，贴衬时应翻边，并压平，以保证结合后严密不漏。

3. 注意事项

（1）根据介质要求，严格按规定配方配制树脂。

（2）配料应在现场随配随用。

（3）每加入一种配料都必须搅拌均匀后，方可加入第二种料。

（4）一般加入固化剂后，应在30min内用完，若树脂黏度不利施工，可加入适量稀释剂，但需注意，不使其流淌。

（5）如温度低，可先加热，使其变稀（酚醛树脂不可加热），再按配方及其程序进行配料，但经预热的树脂必须待温度降至30～40℃以下，才能加入固化剂，否则树脂将凝固无法施工。

（6）不允许在玻璃钢衬里的物件上进行焊接、敲击。

（7）工作场所必须通风良好，严禁现场明火作业，杜绝火种并严禁吸烟。

（8）工作人员必须戴防毒面具，胶皮手套和防护眼镜，如使用过氧化环乙酮，不允许机械研磨，不得与萘酸钴直接混合，以免引起爆炸。

三、阀门的检修

（一）闸板阀的检修工艺

闸板阀是由阀体、阀杆、阀盖、闸板、密封填料及驱动装置等部件组成。

（1）将阀门从系统上解列下来，运至检修现场。

（2）用刷子清理干净阀门外部污垢，做好阀盖与阀体的位置标记。

（3）将阀门平置于地面上，松开阀盖与阀座连接螺栓。

（4）将手轮、阀杆、阀座及闸板一起从阀体上取出。

（5）拆除闸板卡子，取下闸板。将镶有铜环一侧结合面向上，做好标记且平放好。

（6）松开阀盖上的压兰螺栓，使阀杆不受盘根的挤压。

（7）按顺时针方向旋转手轮，使阀杆与阀杆螺母脱离。

（8）取下盘根压兰，将盘根从填料盒内取出。

(9) 检查清理所有零部件，确信完好无损，方可组装。

(10) 以拆卸逆顺序进行组装。

(二) 高压截止阀的检修工艺

高压截止阀由阀体、阀盖、阀杆、阀芯、齿形垫片，填料装置及手轮等部件组成。

(1) 将阀门从系统上解列，运至检修现场。

(2) 解体前应做好标记，以便顺利组装。

(3) 拆除阀盖与阀体连接螺栓，将阀芯、阀杆、阀盖及手轮一起从阀体内取出。

(4) 松开盘根压兰螺栓，按顺时针旋转，取下阀杆。

(5) 拆除阀芯。

(6) 取出盘根压兰，将盘根从填料盒内取出。

(7) 清理检查所有零部件，确信完好无损时方可进行组装。

(8) 以拆卸相反顺序进行组装。

(三) 衬胶隔膜阀的检修工艺

隔膜阀由阀体、阀盖、隔膜、阀瓣、丝杆及手轮组成。

(1) 将阀门从系统上解列，运至检修现场。

(2) 解体前应做好标记，以便顺利组装。

(3) 解体：隔膜片逆时针旋转，从阀瓣上退出；顺时针旋转手轮，退出阀杆阀瓣；拆下销钉，使阀杆阀瓣分开，拆下手轮锁母，退出手轮，取除螺母、阀杆、轴承。

(4) 逐件清洗，阀座密封出现沟槽，凹陷在 0.5mm 以上，用锉削方法；阀门衬胶层裂纹深度达 2mm 时，重新衬胶或更换；隔膜片老化，裂纹深度达 2mm 以上或膜片铜钉松动，更换。

(5) 清理检查所有零部件，确信完好无损时方可进行组装。

(6) 以拆卸相反顺序进行组装。

(四) 蝶阀的检修工艺

(1) 蝶阀主要有阀体、阀瓣、阀杆、O 形密封圈、压环及盘根等组成。目前使用的主要有低压衬胶蝶阀和中压不锈钢蝶阀。气动蝶门是靠气动装置带换手柄来达到蝶门启闭，当接通气源后，压缩空气推动气动传动装置的叶片作 90°摆动，并通过叶片轴带动蝶阀芯轴及蝶门，达到启闭的目的。

(2) 蝶阀检修的主要项目。

1) 检查橡胶衬套及 O 形密封圈的老化程度及是否有损伤，根据具体情况予以更换。

2) 检查蝶阀密封面的严密性。

3) 压环、轴，蝶门无腐蚀、变形，且完好无损。

4) 蝶阀装配，作启闭旋转，不得有卡涩现象。

(3) 气动装置的检修与调整。

1) 检查气动装置各密封件老化、损伤情况，并酌情予以更换。

2) 检查气缸、摆动叶片，应无损伤，划沟，结合严密，输出轴无变形。

3) 蝶阀检修装配后应按要求进行密封性试验和气动装置出力试验，气动装置的供气压力应符合要求，蝶阀的开关时间，单程可控制在 2.5～10s 范围内。

4）带气动换向阀的装置，调整行程时间可旋动针型阀，旋进针型阀开关时间缩短，旋出针型阀开关时间加长，在接通气源后，扳动进气阀手柄至“开”“关”位置，蝶形阀自行开关。

四、离心泵与计量泵的检修

（一）单级单吸式离心泵检修

1. IS型单级单吸离心泵的拆卸顺序

（1）拆下对轮安全护罩，并在对轮的相对位置做好标记（对轮如螺丝连接应拆开对轮连接螺丝）。

（2）拧下油室放油堵头，放尽旧油。

（3）将泵进口门与泵进口端盖间的连接件拆开。拆除压力表将泵连接短管法兰螺丝拆下。

（4）卸下电机地脚螺丝，分开联轴器，泵与电机分离。

（5）卸下泵盖与泵体的连接螺栓，用两端顶丝将泵盖顶出配合止口，拆下托架地脚螺栓，从泵座上吊下泵盖与托架并支撑平稳。

（6）泵四脚垫片要分别捆在一起，并记好原来位置以便组装时复原。

（7）敲开叶轮螺母锁片，用专用扳手，拧下叶轮螺母，取下叶轮及键，取下端盖。无端盖的应直接松开泵壳螺丝取下泵壳，要保护好结合面，并测量旧垫片厚度做好记录。

（8）填料密封装置的泵应松开轴封压兰，取出盘根，移出水封环。拆开前后轴承端盖及油挡，测量纸垫片厚度记录并取下后轴承端盖及油挡。

（9）用紫铜棒顶住轴头轻轻锤击，将轴与轴承一并从泵一侧抽出（如泵前后轴承大小不同，泵轴应从轴承大的一侧抽出）取下水封环，压兰及前轴承端盖。

（10）用专用工具取下联轴器及键。

（11）泵的安装顺序可按拆卸顺序的相反步骤进行。

2. 泵轴及叶轮的测量方法

（1）测量轴的弯曲，首先在轴上选定几个测点，将V形铁放置在平板上当支架，把轴放在V形铁槽内。将千分表座放置在平板上，调整千分表对正轴的测定点，转动轴，逐点测量，记录各测点的数字，测划出轴上各点弯曲示意图。通过轴的测量，就可以准确地进行校正，对直径较细（25mm以下）的轴可以用木锤敲打校正，但必须在轴的敲击处垫铜板，避免损坏轴的光洁面，较粗的轴要采用局部加热直轴法或内应力松弛直轴法。

（2）叶轮偏差测量。叶轮装在轴上，用千分表指向叶轮加工面，把叶轮转动一周，（不能使轴转动），就可以观察到千分表读数差值。一般直径300mm以下的叶轮偏差数值不超过0.2mm。若偏差过大，首先应该设法调整轴和叶轮孔的装配关系，（研磨或加垫子）无法调整时，可以采用车床加工叶轮的方法进行调整。

（二）化学计量泵的检修

1. 计量泵驱动部分的拆卸工艺

（1）断开电机电源，拆开盖板。

(2) 排尽泵体中的油。

(3) 拆下填料压盖，将压盖向十字头方向移动，并放松柱塞接头。

(4) 卸下润滑脂加注接头，泵体连接螺栓，将泵头从泵体上拆下。

(5) 将冲程设定在20%，转动蜗轮直至连杆成水平，放松连杆的设定螺钉，从曲柄连杆上拆下压力轴承。

(6) 放松滑块螺母，从滑块上拆下滑块设定螺钉。

(7) 从泵头一侧慢慢拆下十字头，注意不要遗失十字头滑槽内的滑块，同时注意不要损坏十字头油封。

2. 计量泵齿轮架的拆卸工艺

(1) 断开电机电源，排尽泵体中的油。

(2) 松开连杆设定螺钉，从曲柄上拆下压力轴承。

(3) 松开和拆下电机和电机安装端面。

(4) 将冲程调节到0%，用扳手拆下轴承调节圈（要松开轴承调节圈和轴颈圈需进行局部加热）。

(5) 将齿轮架支撑定位，用扳手拆下电机一侧的轴颈圈，轻击轴颈圈上的滚珠轴承盖，拆下油封。

(6) 从泵体内取出蜗轮轴，用与电机一侧一样的方法来拆第二个轴颈圈，从轴颈圈上取出轴承盖。

(7) 从泵体中吊出齿轮架。

(8) 反时针放置冲程调节螺杆，并从泵体中取出，如果齿轮架在原位，在拆下冲程调节螺杆前，先将两个螺钉向后退出，而后两个导向件向两侧退出。

3. 计量泵的组装及注意事项

(1) 清洗后的零部件经验收合格后，按拆卸的逆顺序进行组装。

(2) 组装时按照检修质量标准调整好各部间隙。

(3) 安装开口填料时，须将开口交错90°，填料腔一端预留6mm，以便安装垫圈和密封压盖。

(4) 为确保齿轮啮合和轴承到位，通过转动蜗轮直到轴承调节圈适当密封。在轴承盖定位后，将轴承调节圈退半圈，保留蜗轮滚动间隙0.0038mm。

(5) 为了确保密封无泄漏，每次拆止回阀时应使用新的O形圈和弹簧垫圈。

(6) 入口和止回阀组件并不相同，应确认正确的组件，以免安装错误。

五、风机的检修

（一）除碳风机检修

1. 除碳风机的拆卸、组装工序

(1) 拆下集流器螺丝。

(2) 松开叶轮轴头锁紧螺母及固定垫圈，取下叶轮（取下前可喷松动剂浸泡几分钟，用铜棒振动几下使之松动，然后取下）。

(3) 松开电动机的地脚螺栓，把电机连轴一起吊下。

(4) 取下蜗壳的连接螺栓，随后托住蜗壳取下。

组装顺序：全部机件经检测和清洗后，即可以按拆卸的相反顺序进行组装。

2. 除碳风机的检修项目

(1) 解体所有机件，进行全面检查、清扫和修理。

(2) 检查风叶的平衡情况及叶片的完好情况，对磨损和松动的部位进行修补和紧固。

(3) 检查蜗壳是否有变形，锈蚀现象，清理内部附着物，涂以新漆。

(4) 检查风机轴是否平直，有无磨损现象和变形。

(二) 罗茨风机检修

1. 罗茨风机拆卸、组装顺序

(1) 拆下联轴器及进排风管件。

(2) 拧下齿轮箱底部油堵，将齿轮箱内油放掉。

(3) 拧下齿轮箱与后墙板的连接螺栓，取下齿轮箱。

(4) 拧下主从动轴端的六角螺帽，将齿轮组件及甩油盘等取下。

(5) 拧下前墙板上主从动轴承座上的压紧螺栓，取下前轴承压盖。

(6) 拧下后墙板上主从动轴承座上的压紧螺栓，取下后轴承压盖，并拧下压紧后轴承的圆螺母。

(7) 用后轴承座上的顶丝，将前后轴承座拆下，取出滚珠轴承和滚柱轴承。

(8) 拧下前后墙板与机壳的连接螺栓，将前后挡板和O形密封圈取下。

(9) 将从动轴、主动轴从机壳内取出。

(10) 拆卸主从动轴的四个轴封组件，取出骨架油封，密封衬套和密封外套。

(11) 拆下齿轮圈上的压紧螺栓和定位销，将齿轮圈和轮毂拆开。(如果齿轮圈未损坏，不必将齿轮圈与轮毂拆开)。

(12) 拆下的零件要做好标记，并进行测量、分类存放，做好原始记录。

组装顺序：全部零件经检测和清洗后，按拆卸相反顺序组装。

2. 罗茨风机的检修项目

(1) 检查机壳，墙板及齿轮箱内外表面，有无摩擦痕迹和裂纹，对于裂纹可采用电焊补焊。

(2) 检查测量转子的晃动度，应站小于0.05mm。

(3) 检查转子是否有裂纹，修复后的转子应作静平衡试验。

(4) 检查传动齿轮是否有毛刺、裂纹、断齿等缺陷。

第四节　电气设备检修

一、汽轮发电机检修

1. 检修周期

大修每4年1次；小修每4～8个月1次。

2. 发电机检修项目、工艺方法、注意事项和质量标准

发电机检修项目、工艺方法、注意事项和质量标准见表3-4-1。

表 3-4-1　　发电机检修项目、工艺方法、注意事项和质量标准

序号	项　　目	工艺方法及注意事项	质 量 标 准
一	发电机解体		
1	拆下发电机大小端盖及刷架	（1）拆下的螺丝等应放在专用工具袋内，以利于装复。 （2）拆端盖螺丝应注意检查螺丝无发热，滑牙现象。 （3）端盖，端部底座等处检查有无油污、金属粉末、绝缘磨损粉末及零部件落下等异常情况。 （4）检查大小端盖风挡，导风圈等应完整	无磨损与裂纹
2	测量定、转子间隙后抽转子	（1）抽转子前测量定子间隙应在发电机两端分四等份进行。 （2）抽转子。利用行车与倒链抽转子，在转子向励端移动一定距离后，在转子的汽轮机端接上假轴，把励磁机端的发电机后轴承座挂在转子轴径上，尽量保持两端的平衡。假轴应有足够的刚度和强度。当转子抽出一半时，应派专人进入定子膛（须穿软底鞋和专用服装）护送转子抽出定子。转子在起吊及安装过程中应注意以下几点：①转子起吊时护环，轴径和励磁机联轴器等处不得作为着力点，并注意钢丝绳不能与风扇、集电环触及，轴径在起吊前应包扎好。②抽转子时应防止转子风扇和钢丝绳碰伤定子铁芯线棒端部。③转子抽出后，发电机定子应加篷布罩以防止外人进入，并做好保卫工作	在装假轴、重新绑扎钢丝绳时，要支撑于转子上（支撑处须垫软物以防轴碰伤），不得支撑在大护环上
二	发电机定子		
1	铁芯检查	（1）进入铁芯检查时，必须穿无纽扣连衣衫，衣袋中无杂物，穿软底鞋并在定子膛内垫橡皮垫。带入定子内的工具要进行登记检查（检查工具有否缺陷，在使用中有否工具零件跌落于定子内的隐患），带入前及带出后各检查一次。当心碰伤端部线圈，千万不可有金属遗留于定子内。 （2）对于松散硅钢片，则用无水酒精、四氯化碳或汽油清洗油垢等脏物。 （3）按实际情况配做环氧玻璃胶木板，胶木板侧面要搓毛，然后涂上环氧树脂后插入松动部位，外表涂环氧绝缘漆。 （4）对镶嵌假齿胶木板妥善固定。 （5）铁芯中如发现绝缘磨损粉末等异物，要查明原因，铁芯如有反边毛刺等情况，要去毛修光。 （6）铁芯如有短路则应去毛后，凿开垫入天然云母片或0.2mm厚玻璃胶木板，表面涂环氧绝缘漆（严重的可用酸洗法）	（1）两端的阶梯状铁齿应压紧表面无红粉或黄粉。铁齿无断片，表面漆无局部过热现象。 （2）铁芯无碰伤擦毛（即毛边毛刺凹凸点）及短路情况。 （3）铁芯内无油垢、金属物遗留物。 （4）铁芯两侧压卷夹紧杆及螺母应紧固，压卷无局部过热、裂纹等现象

续表

序号	项　　目	工艺方法及注意事项	质 量 标 准
2	槽楔及通风槽检查	(1) 用半磅小锤敲击槽楔表面有哑壳声即表示松动，直线部分超过 1/3 长度者，要敲出在槽楔下面垫以半导体垫条后，重新敲紧。 (2) 凡新机投入运行或新线棒更换后的第一次大修，应敲紧槽楔一次。 (3) 槽楔敲紧后，在两端关门槽楔处要用脱蜡玻璃丝带扎紧，并涂环氧绝缘漆。 (4) 通风槽闭眼严重的用胶木条撑开，环氧固定。 (5) 通风槽应用清洁干燥的压缩空气逐一进行吹灰	(1) 槽楔应紧固，无黄粉及过热现象。 (2) 表面应清洁，无油垢等脏物。 (3) 用锤敲击时直线部分有哑壳的槽楔长度不应超过 1/3 槽长。 (4) 关门槽楔正齿挡应紧。 (5) 通风槽应畅通无灰尘油垢及异物等局部堵塞情况
3	线棒检查	(1) 线棒表面绝缘应无损伤。如有，则应包扎处理好。 (2) 疑点出要分析和鉴定。 (3) 测温元件检查。 (4) 定子被一相加电压，其他两相接地用槽放电法或线棒表面电位法测量检查定子线棒是否嵌紧。 (5) 用 0.3mm 厚的半导体垫条塞紧。 (6) 用眼看手摸法检查线圈端部鼻子外的绑扎是否牢固，如有松动应用新涤玻绳或少纬玻璃丝带重新绑扎，并刷环氧固化	(1) 线棒出槽口处防晕层应良好，无白色粉末等电晕放电现象。 (2) 从通风沟中观察线棒绝缘应无变色，发胖、松动、磨损现象。 (3) 对运行中测温元件电位较高或黄粉较严重的线槽，应用槽放电法或表面电位法检测，表面电位应不大于 10V。 (4) 线棒与铁芯两侧间隙在 0.3mm 以上，长度在 80mm 以上者需进行处理。 (5) 表面无油垢，以免损失防晕层。 (6) 端部鼻子处的绑扎绳应牢固，无移位
4	槽口垫块检查	(1) 垫块和线圈表面如有磨损，须清理后，包扎新绝缘。 (2) 垫块如位移松动，则必须用适形材料垫紧。 (3) 扎 0.3mm 玻璃丝带，包扎后刷 6101＋650 (1：1) 环氧漆固化	(1) 垫块应无位移松动。 (2) 绑扎带应紧固。 (3) 线棒表面无黄粉等磨损现象
5	端部压板螺钉检查	(1) 螺杆、螺母、垫卷开口销等固件均应为非磁性材料。端部压板螺钉以做过加固工艺者每次大修要做一般检查。 (2) 用力矩扳手将螺母及螺杆扳紧。螺母 10kg·m，螺杆 15kg·m。 (3) 加固工艺附件。 (4) 检查开口销	(1) 螺帽开口销和垫卷紧配锁牢。 (2) 螺杆和螺母吻合处不松动。 (3) 螺纹及压板不松动。 (4) 开口销不松动不磨损
6	端部压板下 R 型垫块检查	(1) 用眼看手摇法来检查，如松动应进行加固垫实。 (2) 线圈 R 处如磨损则应加包绝缘后涂防晕漆	(1) 垫块无位移，稍高于压板。 (2) 线圈 R 处无磨损。 (3) 接触面应无黄粉

续表

序号	项　　目	工艺方法及注意事项	质 量 标 准
7	端部线棒连接检查	（1）用眼看手摇法来检查，如位移松动，则加垫适形材料等后用少纬玻璃丝带扎紧，环氧固化。 （2）磨损处加包绝缘。 （3）如有油垢，可用四氯化碳或甲苯清揩	（1）扎带无位移松动。 （2）连接线与支架固定良好，无磨损及黄粉。 （3）端线棒与连接线应清洁无油垢
8	胶木支架及螺钉检查	（1）打 ϕ8.5mm 孔用 8mm 反磁不锈钢（或铜）螺杆并紧。然后将二螺母用玻璃丝带对扎并刷环氧漆固化，最后用环氧螺母封住。 （2）用力矩扳手以 147N・m（15kgf・m）扳紧或用 12 寸扳手扳紧	（1）胶木支架不应有裂纹。 （2）青铜支架与机壁不应有间隙。 （3）支架螺钉应无发热、变色、松动
9	装复前对机座和端盖检查	（1）用清洁刀口布清揩视察窗的有机玻璃，并检查其是否良好。 （2）检查视察窗栏杆的固定螺丝应有防震措施，以防运行中螺帽落下，螺帽应采用非磁性材料。 （3）挡风圈的螺丝原为搭牙螺丝，应有防止松动措施，必要时可改为对穿螺丝	（1）视察窗的有机玻璃应清洁，无裂纹，密封圈橡皮良好。 （2）视察窗栏杆的螺丝应紧固，防爆门完好。 （3）大小端盖内外应清洁无裂纹。风挡导风圈等应完整无磨损。 （4）检漏计元件应清洁，绝缘电阻应大于 10MΩ。 （5）空气冷却器上面及风道小室应清洁无漏风，油漆完整
10	定子线圈各部吹灰清扫，必要时喷覆盖漆	（1）定子线圈各部用 0.3～0.5MPa 的压缩空气吹灰。用酒精或汽油清洗油垢。 （2）在覆盖漆脱落严重时，应喷涂铁红盖漆	喷漆应均匀
11	测温元件检查	（1）在机座测线板处测量，对质量不合格元件拆开接线柱单独检测，对不合格测温元件剔除更换。 （2）测绝缘电阻用 250V 兆欧表	（1）测温元件直流电阻应正常。 （2）绝缘电阻要大于 1MΩ，元件无接地现象
12	进行预防性试验	按有关预防性试验规程进行	试验合格
三	发电机转子		
1	检查清扫转子两端大小护环并进行探伤	（1）外观检查大护环与转子，大护环与中心环，以及小护环等各个嵌装配合面的接处有否粉末，锈斑和过热现象。 （2）用＃0 细砂皮打光磨亮小护环的止口，并用 5 倍放大镜查看有否裂纹。 （3）用塞尺测量大护环与本体之间的轴向配合间隙和 2 只小护环拼接头处的轴向间隙，并做好记录，同时查对上次大修时的记录，以判断有否位移。 （4）用＃0 细砂布打光磨亮大小护环表面，并进行金属探伤检查。 （5）外观检查大护环上的平衡块有否位移	在大小护环中心环等各嵌装配合面的结合处应无粉末，锈斑和过热现象；小护环上的止口及附近应无裂纹；小护环不应发生轴向位移

续表

序号	项　　目	工艺方法及注意事项	质 量 标 准
2	检查清扫两端风扇轴颈，平衡块固定情况，并对风叶进行探伤检查	（1）检查风叶的装配角度是否一致。如使用万能角尺等方法。 （2）用小木锤轻轻敲击叶片，并仔细听其音质的好坏，以判断叶片机械性能有否变损。 （3）用塞尺测量叶片根部与风扇座之间的装配间隙。 （4）用力矩扳手（25～30kg・m）检查固定叶片的螺丝是否牢固可靠。 （5）用去漆剂清除风扇环的止口和风扇座漆层，然后用5倍放大镜检查有否裂纹，并涂保护漆。 （6）检查风扇环的平衡块有否位移，螺丝有否松动。 （7）风扇叶片探伤，并涂保护漆	（1）风扇叶片的装配角度应基本一致，其允许误差不应超过±5mm。 （2）叶片的音质应清脆无哑壳声。 （3）叶片根部与风座之间的装配间隙应不小于1mm。 （4）风扇叶片的固定螺丝应不松动，牢固可靠。 （5）风扇环的止口及风扇座应无裂纹。 （6）风扇环上的平衡块用样冲眼锁住，无位移，固定可靠。 （7）叶片应无夹灰和裂纹
3	检查清扫转子本体	（1）外观检查月亮槽两端槽口有否毛刺、裂纹及倒角有R。 （2）外观检查转子槽楔有否松动及位移，槽楔与大齿的接触面上有否过热灼伤的痕迹。若有灼伤则应研究分析和及时处理。 （3）检查转子本体平衡螺丝是否长处过多，若发现过长，应及时调换	（1）槽二端口处应无裂纹毛刺：应有R倒角。 （2）转子槽楔用样冲眼锁住，槽楔与大齿接触面上无灼伤和过热痕迹。 （3）固定平衡块用螺丝不应过长，应使用内六角螺丝固定
4	检查清理滑环，必要时进行磨削	（1）以手摇和外观相结合，检查滑环引线的斜楔是否松动，引线绝缘，滑环同轴之间的绝缘是否正常。 （2）在运行中电刷跳动滑环发热，则必须抓住检修机会，利用盘车用磁性千分表检查滑环有否椭圆，如有椭圆度超过允许值时应进行车旋或磨削加工。 （3）用深度游标尺测量滑环上螺丝槽的深度，并做好实测记录。 （4）用干燥的压缩空气（0.1～0.2MPa）吹扫附着于滑环附近的灰及碳粉，然后用汽油洗刷干净。 （5）用万用表测量滑环对地绝缘电阻。 （6）在冷态下，用双臂电桥（或其他方法）测量激磁绕组的直流电阻，并将其折算到20℃时之值，与出厂及历次检修的阻值作比较分析。测量转子铁芯温度应选用酒精温度计。 （7）交流阻抗试验，试验电压从110～40V每降落10V读取电流和功率一次。与出厂及历次检修时的交流阻抗作比较分析	（1）滑环引出线固定可靠，引出线绝缘滑环二侧及附近绝缘层不发生龟裂剥落，滑环旁侧围绕轴包缠的玻璃丝带绝缘层无损伤。 （2）椭圆度不大于0.5mm，滑环应无过热现象。 （3）螺旋槽深度不应低于2mm。 （4）滑环应光洁，无油垢。 （5）滑环对地绝缘电阻最低不低于2000Ω。 （6）直流电阻数值与出厂及历次检修值应相仿，但不得超过2%。滑环与引线之间的接触电阻：镀银接头时应不大于10μΩ，镀锡接头应不大于50μΩ。 （7）交流阻抗值与出厂及历次检修之值应相仿，无明显变化
5	转子整体吹灰清扫喷漆	（1）用压缩空气对转子整体吹灰。 （2）用汽油清揩转子，并喷漆	

续表

序号	项　目	工艺方法及注意事项	质 量 标 准
6	测量励磁回路绝缘电阻		
四	发电机复装		
1	定子线圈铁芯检查		应无异物，油垢
2	转子线圈铁芯清扫检查		应无异物
3	穿发电机转子	穿转子程序与抽转子相反向进行，其工艺标准及注意事项相同，但如果穿转子时发生定子碰擦，损坏端部绕组及铁芯等情况时，则应重新抽出转子进行检查和修理	
4	找中心	由汽机人员进行	
5	滑环刷架的检修调试安装	（1）解体刷架，检查刷架对地绝缘电阻。 （2）用干燥的压缩空气吹扫。 （3）用汽油清洗刷架、刷握、恒压弹簧、螺丝和固定刷握的压板等。 （4）检查刷握和恒压弹簧的质量，有否裂纹灼伤和发热变色。 （5）用刀口布清洁刷架防护罩，并用牙膏研磨有机玻璃。 （6）检查防护罩橡皮条有否老化脱出，必要时更新。 （7）检查电刷规格型号，检查电刷接触面好坏，和刷辫有否断股，接头是否搪锡。 （8）滑环刷架装复就位。 1）用塞尺测量刷架风罩与滑环风扇之间的间隙，调整垫片厚度。 2）调整刷架在转子轴向与滑坏之间相对位置。 （9）安装刷握。 1）检查固定螺丝有否滑牙，必要时全部换新螺丝。 2）调整刷握与滑环之间的距离，然后将刷握牢固固定。 （10）安装电刷和恒压弹簧。 1）检查固定电刷接头片部位是否清洁，螺丝有否滑牙，防止滑环电刷与滑环刷架连接处接触不良。 2）调整电刷与刷握装配间隙，防止运行中电刷发生膨胀轧刹。 3）用细号木砂纸研磨电刷接触面，砂纸贴紧滑环并顺滑，转动方向抖动砂纸，并吹灰。 4）检查恒压弹簧安装是否正确	（1）恒压弹簧不得混用，压力应均匀，不允许有过热退火现象。 （2）有机玻璃应透明，澄亮。 （3）刷架橡皮嵌条完整，无老化现象。 （4）电刷的规格型号一致，牌号与制造厂设计一致，无混用现象发生，电刷镜面良好，刷辫应无断股，接种良好，接头片应无搪锡，且无假焊现象。 （5）刷架的固定螺丝不应滑牙。 （6）刷握与滑环之间的距离为2～4mm。 （7）固定电刷接头片的部位应清洁，固定螺丝不应滑牙。 （8）电刷在刷握内的活动间隙为0.1mm，上下活动无卡死现象。电刷与滑环的接触面为80％以上
6	滑环刷架接线	在运行中负性集电环由于存在阳极蒸发和阴极粉化现象，磨损程度比正极性集电环大。如果不注意适时改变两只集电环的正负极性接线，久而久之将会出现负极性滑环的磨损过大，而影响使用寿命	为了均衡两只集电环的磨损量，一定要在运行适当时间后调换两集电环的正负极性接线

续表

序号	项　目	工艺方法及注意事项	质 量 标 准
7	复装发电机大小端盖，调整风挡间隙	（1）装大盖时应注意防止碰伤线圈端部及料网管。 （2）测量定子转子间隙，测量时应在发电机二端四等份进行。 （3）装大端盖前须详细检查定子内确无异物后才能进行	（1）装端盖前测量定转子。间隙应不大于±5%（平均值）。 （2）端盖应清洁，全部螺丝应紧固。 （3）测量端盖与风叶的间隙应四周均匀，且大于1.5mm。 （4）测量端盖与发电机轴向间隙，应四周均匀且大于0.5mm
8	发电机修后试验	根据有关试验规程由高压试验进行	试验合格
9	发电机接引线	外观检查拆前接头有否发热现象	应清洁完整无松动，过热现象，接触面应涂凡士林油
五	发电机附件		
1	发电机空气冷却器清洗泵压	（1）应大于冷却管内径2～4mm的圆毛刷及尼龙刷进行。 （2）如有个别铜管漏水，可将其两端用紫铜塞堵死管口。 （3）散热片有严重生锈腐蚀时，应设法清除。 （4）检修完毕进行0.3MPa/0.5h水压试验	（1）每台堵管达20%时，应更换新冷却器。 （2）无渗漏水现象
2	冷风室的检修	（1）冷风室墙壁无裂纹透风现象，保证空气干燥。 （2）冷风室的门应关闭严密，漏风应消除。 （3）冷风室地面应干燥，清洁。如有积水污物，要及时清除，以免发电机受潮	（1）透视玻璃明亮，消音过滤网完整。 （2）无积水，污物，清洁干燥照明完好明亮

3. 发电机特殊项目检修工艺方法

发电机定子部分和转子部分检修项目、工艺方法、注意事项和质量标准见表3-4-2和表3-4-3。

表3-4-2　　发电机定子部分检修项目、工艺方法、注意事项和质量标准

序号	项　目	工艺方法及注意事项	质 量 标 准
1	部分更换线棒	（1）将与须更换线棒有关的端部压板进行编号后拆除。 （2）敲出有关线棒的槽楔，敲时注意当心损坏线棒，不许用尖锐的工具来分离槽楔以防损伤线棒绝缘。 （3）取出故障线棒。 （4）对嵌进的线棒趁热将端部用无纬或少纬玻璃丝带与绑环和相邻线棒绑紧，在关门槽楔敲好后，尚须用脱蜡玻璃丝带扎紧。 （5）按预防性试验规程，合格后，将以上绑带涂环氧漆固化。 （6）用2Ag-45银焊条及焊粉气焊，将接头焊好，焊前必须将接头清理干净。 （7）按照原来拆下的端部垫块和压板的编号进行装复及固定。 （8）取出线棒到槽底时，注意不可杷线棒弄弯。 （9）压线棒到槽底时，注意槽口易损伤线棒，须特别小心。 （10）敲槽楔时须注意，不要搓动硅钢片尖角。焊接头前应将接头清理干净，不应烧损相邻线棒	（1）备用线棒嵌入槽内前部颁绝缘预防性试验规程进行耐压试验。 （2）备用线棒必须热状态嵌入，在嵌入柄内后，应按部颁预防性试验规程进行耐压。 （3）鼻端处绝缘须用0.17mm厚的黑玻璃丝漆布带半迭包12层，隔相处多包2层，最外包一层0.1mm厚无碱玻璃丝带并涂环氧固化。在修理过程中，使用火焊时应不烧损相邻线棒

续表

序号	项　目	工艺方法及注意事项	质 量 标 准
2	定子铁芯轻度烧伤及局部短路处理	（1）清理前，严格执行先在铁芯故障处附近做好安全措施，如铺好橡皮垫等，以防处理时将溶渣铁屑等嵌入通风沟内。进入定子膛人员，必须穿无纽扣连衫衣，袋中无杂物，穿软底鞋，带入定子内工具必须进行登记及检查有否缺损。 （2）清理故障处铁芯溶渣，铲除烧熔的硅钢片粘连块，用凿子将不能再用的硅钢片全部清理干净。 （3）待故障处铁芯熔渣清除后，用手提砂轮打磨。直至能初步看出硅钢片的螺纹，然后用尖针拉出较明显的螺纹，必要时可敲去有关槽 楔及通风处的工字钢。 （4）将故障处的硅钢片用专用工具将硅钢片撑开，清理毛刺，然后用一根直径4mm塑料管接到医用注射针头上，针头塞进被撑开的硅钢片间。把1611硅钢片漆喷在硅钢片上同时将热吹风进行加热以便将漆融入，且将天然云母剥成0.05～0.07mm厚，每隔2～3片硅钢片塞一张。 （5）对于不宜撑开之处，可用棉花醮1%稀硫酸揩拭，一直揩至硅钢片缝隙清晰为止，然后再用稀氨水进行清揩。 （6）打进工字钢，夹紧硅钢片，同时用热吹风烘燥处理。 （7）修整云母高出之处，并做铁芯试验。 （8）铁芯试验合格后，用环氧树脂胶合剂将烧损处补平。 （9）用吸铁石清理定子铁芯，最后再用压缩空气清吹每个通风沟，并用面粉团清理定子内各个角落。 （10）必须做好防铁屑熔渣等遗留于铁芯内的措施。 （11）进入定子内的人员，衣袋内应无金属物。 （12）带入定子内的工具在带入前后各详细检查一次，有否残缺部分留在定子内	（1）铁芯通风孔应清洁无异物。 （2）铁芯应紧固无松动黄粉现象。 （3）铁芯应无局部发热之处。 （4）故障处经修理后无毛刺。 （5）须经铁芯试验合格
3	定子线棒轻度损伤修补	环氧粉云母线棒在敲槽楔时，如表面有敲伤和碰伤，则在伤痕处先用无水酒精，四氯化碳或甲苯将伤痕处清洗干净，然后把伤痕处绝缘二边削成倾斜形，同时把6101环氧树脂和650固化剂以1：1（重量比）拌和均匀成胶状，涂于削成斜面处，并用天然云母片紧紧插入两侧，再用热风来吹绝缘合剂，待此合剂将快干时，在其上面再盖一层1mm厚的天然云母片，如能包扎则更好，最后在其上面涂一层低阻半导体漆（槽内线棒涂的低阻半导体漆为A38-1）	修补后满足部颁试验标准进行耐压要求
4	加装定子测温元件	加装元件须向电机厂购买特殊测温元件，其尺寸25mm×30mm，以便能放于该处，其安装步骤如下： （1）先用屏蔽线与测温元件引线焊牢，元件引线不宜过长，以免放不进。 （2）用二片0.2mm厚的玻璃布板，将测温元件用环氧胶于此两片玻璃丝布板之间，引线所垫环氧使与元件一样厚度，以减少元件引线根部断脱的可能性。 （3）将胶合好的测温元件放于上下层线棒直线部分之间，并用环氧胶将上下层线棒的两侧封好，以防风将其散热，同时用玻璃丝带把该处上下层线棒一起包扎，并涂环氧漆固化。 （4）将测温元件引出线穿入元件引出线穿入元件端子板椿头并将屏蔽线绑扎牢固，接上椿头后，应再测一次直流电阻及绝缘电阻	
5	铁耗试验	此项试验不属常规测试，试验约13500Gs、90min，每15min测一次湿度	铁齿等局部发热情况，折合10000Gs时温差不大于15℃，温升不大于25℃

续表

序号	项　目	工艺方法及注意事项	质 量 标 准
6	测线棒表面对地电位	此项试验不属常规测试范围。 （1）每相敲一槽楔。 （2）一相通电（相电压），另二相接地测线棒表面对地电位，偏大处塞半导体垫片，注入低电阻漆及敲紧槽楔	用高阻电压表每槽沿轴向测若干点，一般不大于10V

表3-4-3　发电机转子部分检修项目、工艺方法、注意事项和质量标准

序号	项　目	工艺方法及注意事项	质 量 标 准
1	车、磨滑环外圆	车旋和磨光滑环外圆，一般可在停机后机组尚未进行解体，油泵未停时进行。或者检查全部结束，油系统已经恢复时执行。 （1）在现场利用盘车，以线速度300～350m/s，进刀量为0.25～0.4mm，车旋前应正同心度。 （2）磨光滑环表面（磨旋或手工打磨）。 （3）清扫铁屑，再用干燥的压缩空气吹扫。用汽油或酒精洗净油垢。 （4）用万用表测量绝缘电阻	（1）加工精度偏心度不得大于0.015～0.02mm。 （2）一般要求外圆车出即可。滑环粗糙度为0.8～0.4。 （3）绝缘电阻不应小于2000Ω
2	更换新滑环	（1）拆除滑环内侧引出线附近的绑扎麻绳和绝缘定向带，拆除时及时记录材料规格和绝缘层厚度，为恢复工作积累数据，确保检修质量。 （2）作标记和拆引下引出线余楔上的固定螺丝，把余楔打出。 （3）检查引出线接头叠片有否过热变色，片间夹灰情况等。 （4）防火措施。材料为石棉制品。 （5）用氧乙炔焰（或柴油枪）沿滑环外径同向均匀加热至220～250℃，用拉脚工具将联轴器风扇、滑环等先后向外拉出。拆下的联轴器滑环风扇，应保温，平放待用。 （6）待冷态后检查滑环风扇。 （7）待检查引出线的绝缘上是否有过热，破损现象。并用万用表检查绝缘电阻。如有引出线绝缘的修补工作，则在修补处沿轴向切成斜面，吹净灰屑，填充环氧填料后用粉云母带搭接半叠包数层，再半叠包一层聚酯薄膜和无碱玻璃丝带，外涂环氧绝缘漆，自干（或烘干）。 （8）检查引出线在胶木管拼接处的固定及密封性能。 （9）加工新滑环。左旋右旋各一次。 1）牌号：35SiMN（或50MN）。 2）尺寸：应符合设计要求。 3）硬度：HB250-300。 （10）加工滑环下环氧玻璃丝绝缘筒（数量2只）和楔（各2只）并应首先核对图纸，然后按图纸要求，核对加工尺寸。 （11）安装绝缘套筒，内侧和外侧滑环。待冷却后再装滑环风扇和联轴器。方法如下： 1）用0.5MPa干燥的压缩空气吹扫滑环部位及附近的灰尘。安装上述零部件的顺序和方法为拆卸时的反工艺，防热措施，加热温度限额和部位同拆滑环时相同。 2）用500V摇表检查2只滑环分别对地和2只滑环相互间绝缘电阻。 （12）发电机侧应为右螺纹，励磁机侧应为左螺纹。 （13）将斜楔插入滑环椭圆孔中，然后拧入固定斜楔的螺丝，必要时填塞环氧填料防止斜楔松动。 （14）用汽油（或酒精）擦洗引出线接头。必要时用＃0细砂皮磨亮，并恢复引出线和滑环的连接螺丝，固紧并翻起保险垫片。 （15）用双臂电桥检查滑环出线之间的接触电阻。 （16）在二滑环的内外侧均清洗干净并涂绝缘漆，然后包云母定向带，涂环氧绝缘漆自干（或烘干）。 （17）检验滑环、联轴器套装偏度，并做转子动平衡试验	（1）确定滑环调换的依据：螺旋槽基本磨平，已低于2mm，电刷跳动滑环发热；耐磨性显著下降滑环发热；滑环实际尺寸小于名义尺寸20mm以上，机械强度减弱。 （2）标记应清晰。 （3）接线片应无过热变色，固定可靠不松，叠片之间无氧化物。 （4）应无损伤及过热变色；引出线绝缘电阻应不小于2000Ω。绝缘应无破损过热。 （5）应符合设计尺寸。 （6）滑环对地及相互之间的绝缘电阻应不小于10MΩ。 （7）斜楔应牢固不松动。 （8）引出线接头片镀层应清洁光滑，平整。 （9）镀锡应不大于50μΩ。 （10）应恢复到拆前相等水平

续表

序号	项目	工艺方法及注意事项	质量标准
3	转子风扇叶片测静频	(1) 用小锤敲击铝叶片，由测频仪测取静频率的变动是否在失振范围内。 (2) 如果叶片频率变动在共振范围内，则更换新叶片	要求10条筋的风扇叶片应避开的频率为850～1150Hz，12条筋的风扇叶片应避开的频率为1020～1380Hz
4	检查中心环花鼓筒和不锈钢拐脚	(1) 用钢印做好拆卸大护环的定位标记。 1) 大护环与转子本体的定位标记。 2) 大护环与中心环配合定位标记。 (2) 拆悬持式结构的大护环，其一端与转子本体配合，并由齿相互扣住而另一端是悬空的中心环相配合。 1) 先敲出上周向固定大护环的定位销并放好待用。如果拆出的定位销变形，则应加工备品。 2) 准备好防热材料：石棉制品（布或绳）蘸水塞入铁芯出槽口的间隙中，中心环的孔中，以及火焰可能蹿入的部位。防热工作要做深入，严防损坏绝缘。 3) 拆大护环的防热措施要做到万无一失。 (3) 安装好拆拉工具后，用气枪6根（或氧乙炔焰柴油枪）沿大护环表面止口加热至220～250℃时，用小铁锤轻轻敲击大护环止口，当发出哑壳声音时，用钢丝绳及行车将大护环向转子的相反方向准确地转动一个齿距，然后用拉脚将大护环向外拉，当脱离止口时，用夹具夹紧，取下护环。大护环拆下后要及时保温放平，以防局部变形，造成损失。 (4) 在热态下，沿轴向测量绝缘瓦块外径。并做好测量部位记号，以便恢复绝缘时重新测量，减少盲目性。 1) 如果大护环拆下后绝缘物松动，则要用粗铅丝扎一道箍后再测量外径。并做书面记录以备参考。 2) 为了获得比较正确的数据，最好使用外径千分卡。 (5) 拆除大护环下绝缘衬垫与隔板、垫块等。 1) 作相对固定位置的标记记号。 2) 取出定位销，同时按图样加工备用定位销。 3) 依次取下绝缘衬垫和隔板，且要妥善保管。 (6) 检查端部绕组有无变形、位移、发热、变色，绝缘磨损以及不锈钢拐角有否异常等可疑痕迹。如有绝缘磨损，则相对应位置上的隔离垫块应放大尺寸。至少要垫至相对活动的间隙消除。拐脚有可疑缺陷，应该调换消除。 (7) 检查匝间短路。如果通过交流阻抗激磁绕组有匝间短路，且匝间短路发生在端部的上层（或层间），可将其相互垫开（材料：环氧玻璃丝板薄片、醇酸云母板、天然云母板均可），涂绝缘漆，并进行包扎。 (8) 用0.05MPa干燥的压缩空气吹扫端部绕组之间的灰尘。检查各匝绕组之间有否异物，并配装异形垫块，垫稳定、坚固，以防运行和启动停机过程中因离心力的作用使端部绕组产生滑移和变形。检查端部绑扎是否牢固可靠。 (9) 核对标记位置，装复端部绝缘瓦块。用粗铅丝打抱箍，恢复定位销。	(1) 各处标记均清晰，可靠，且汽励二侧要有区别。 (2) 要有提供可查的测量部位。 (3) 要有提供可查记的记录。 (4) 标记要牢固，醒目。 (5) 端部绕组应无变形，位移，发热变色，绝缘磨损。 (6) 转子激磁绕组应无匝间（或层间）短路，绝缘完好。 (7) 端部绕组的绑扎应牢固不松。 (8) 定位销应打入磁极中心的垫块上。 (9) 绝缘瓦块构成的绝缘衬筒，其外径应略小于大护环内径，两者之差不得大于1mm。

续表

序号	项　目	工艺方法及注意事项	质 量 标 准
4	检查中心环花鼓筒和不锈钢拐脚	（10）用外径千分尺卡测量绝缘瓦的直径。测量部位同本项目序（4）。 （11）清理并检查大护环、中心环、转子本体、花鼓筒各接合面、止口有否缺陷。必要时用超声波（或着色）检查裂纹。 （12）套装大护环。 1）在套装过程中，如撞击护环端面，应垫紫铜梗。切切不可直接撞击，当搭上止口后，应尽量利用拉角工具对称使力，徐徐拉入拉足。 2）用氧气乙炔焰（或柴油枪）均匀加热大护环止口及外圆表面，当达到220～250℃时，在行车的密切配合下，迅速地把大护环向转子本体套足。并十分准确地转动一个齿距。 3）用塞尺片检查大护环与本体之间的间隙记录并与拆前进行对比之。 4）保温待冷却后，拆除套装用工具夹。 （13）将固定大护环用的轴向定位销敲紧，然后用洋冲眼可靠地锁住。 （14）测量绝缘电阻。 （15）检查交流阻抗。 （16）交流耐压试验	（10）大护环、中心环、花鼓筒和转子本体接合面上应无毛刺、锈斑漆膜和小裂纹。 （11）大护环与本体的套装标记应对准，轴向间隙应均匀，不得有任何偏斜现象。 （12）固定大护环用的定位销插入正确，并应可靠

二、变压器检修

1. 主变压器设备检修

（1）检修周期。大修周期根据预防性试验及运行情况确定，一般在投入运行后的5年内和以后每隔10年大修一次。小修周期每年规定1～2次。

（2）检修项目、工艺方法、注意事项、质量标准见表3-4-4。

表3-4-4　　变压器检修项目、工艺方法、注意事项和质量标准

序号	项　目	工艺方法及注意事项	质 量 标 准
1	吊罩（或吊芯）	（1）大修开工后，先将变压器油放至上铁轭（没过线圈，油面在套管孔以下，不妨碍拆卸套管），然后拆卸引线、套管、油枕、散热器等附件，对于吊芯式的变压器大盖螺丝松开。 （2）变压器吊罩（芯）前，应做好铁芯防潮防尘，防骤雨措施。联系气象台做好天气预报工作。在雨、雪、雾和潮湿天气（相对湿度在75%以上）不宜进行工作。 （3）当变压器铁芯温度稍高于周围空气温度时，即可开始放油吊罩（芯）或器内检查。若变压器铁芯低于周围空气温度时，则应采取相应措施提高变压器铁芯温度。当用外部能量加热时，铁芯温度应高出周围温度10℃。	允许的铁芯与空气接触时间：空气相对湿度不超过65%时为16h，空气相对湿度不超过75%时为12h。如果铁芯温度至少比空气温度高出3～5℃，则铁芯在空气中允许停留的时间可延长1～2倍

续表

序号	项　目	工艺方法及注意事项	质 量 标 准
1	吊罩（或吊芯）	（4）铁芯检修过程，应尽量缩短铁芯在空气中暴露的时间，在一切准备就绪后，要吊罩（芯）前，方可将变压器油放尽，然后吊起钟罩（芯）。在起吊时，每根吊绳与铅垂线夹角应不大于30°，起吊用的吊绊受力均匀，吊绳不得与钟罩或上盖的零件碰击抗劲。变压器从放油开始计算，铁芯与空气接触时间不应超过规定值。 （5）吊罩（芯）前，放油的速度越快越好，1～2h内将油箱中的油全部放完，在检查铁芯的同时，还需要进行绝缘油的过滤，以防其击穿电压值降低。 （6）吊罩（芯）要有统一指挥，四周设专人监视，先试吊无问题后再起吊，起吊一定要平稳，严防碰伤绝缘，钟罩起吊一高度后，慢慢担放在枕木上	允许的铁芯与空气接触时间：空气相对湿度不超过65%时为16h，空气相对湿度不超过75%时为12h。如果铁芯温度至少比空气温度高出3～5℃则芯子在空气中允许停留的时间可延长1～2倍
2	铁芯检修	（1）检查硅钢片的压紧程度，铁轭与铁芯对缝出有无歪斜、变形、短裂等，局部有无过热短路现象，绝缘漆是否完整，接地线是否良好，不应有两点接地现象。 （2）铁芯油道有无油泥等，是否畅通，油道衬条工字钢应无松动。 （3）所有的穿芯螺丝紧固，用1000V/2500V的摇表测量穿芯螺丝与铁芯，以及铁扼与铁扼夹件之间的绝缘电阻（应拆开接地片）其值不得低于最初测得的绝缘电阻的50%。 （4）各部螺丝应紧固，并应有防止松动措施，木质螺丝应无损坏，放松绑扎应完	（1）严格遵守规定进行工作。 （2）穿芯螺丝应作交流1000V或直流2500V的耐压实验，历时1min无闪络击穿现象
3	线圈检查	（1）线圈所有绝缘垫块，衬条应无松动，线圈与铁扼之间的绝缘纸板围屏应完整无破裂牢固，无位移。 （2）线圈饼应排列整齐，间隙均匀，压紧顶丝应紧顶压环。用垂直螺杆压紧线圈者其每个螺帽或压钉应均匀受力，保持各侧的压紧程度一致；止回螺帽应拧紧，线圈表面清洁无油泥，油路畅通，对导向冷却线圈专用导油管应密封良好。 （3）线圈绝缘层完整，表面无过热，无变色、脆裂或击穿等缺陷，高、低压线圈无位移，用眼观察绝缘层老化情况分为四级：一级（绝缘良好）：绝缘层柔韧而有弹性，颜色淡而鲜，用手按压无长久变形	线圈绝缘良好，无过热，无变色绝缘层软韧围绕而有弹性
4	有载调压装置检修	（1）RS9型有载分接开关由电动机构MZ4装置控制驱动，可以实现就地操作和远方操作。 （2）变压器小修时应检查电动操作机构和运输盒中的转动部分及时补充润滑油脂。 （3）切换开关可以在其他部分不动的情况下单独进行检修	操作机构灵活无卡涩。各弹簧无变形松弛现象

续表

序号	项　目	工艺方法及注意事项	质 量 标 准
5	切换开关检修	（1）变压器停电后，将油位稍低于变压器观察孔，同时单独将切换开关中的油放空（经抽油管），并记录下开关所用位置。 （2）将分接开关顶盖拆下。 （3）拆下切换开关与绝缘护筒之间的7根软连接（松开切筒侧的螺丝）。 （4）拆除固定螺母（松开3根固定螺杆顶端的M12螺母不要将钢管上的大螺母扳掉）。 （5）提出切换开关，并注意不要碰伤下面的电阻器。 （6）检查切换开关侧主传动开关拐臂并逐个观察定住触头的伸缩动作。 （7）调整触头伸缩量步骤。 1）拆除连接软线，取下调节垫圈。 2）调节圈反过来后复装。 3）在检查切换开关的同时应用干净变压器油冲洗开关的护筒。 （8）复装时应注意拐臂位置在拆卸时位置，安装时应注意：拐臂位置必须与护筒底部拐臂方向一致，当操动机构显示位置为单数时，拐臂应在顺时针方面一侧，否则相反。 当拐臂方向一致时，护筒中的3个长螺杆应正对切换开关的3个钢管。 （9）复装后应测量变压器的变比或直流电阻，其数值与拆前一致并注油。 （10）变压器吊钟罩时，应按下列步骤拆装调压装置： 1）将油放至低于齿轮盒200mm以上。 2）记好分接开关的位置。 3）拆开齿轮盒正上方变压器油箱视察孔，用绳子（或布带）将绝缘轴拴住，并注意其正好为扁平位置。 4）拆下固定齿轮盒的螺栓，取下齿轮盒，取出绝缘轴。 5）拆开分接开关的顶盖，拆除绝缘筒外密封用压板和密封件，然后吊罩。 6）复装顺序相反，对切换装置应单独注油。 （11）铁芯线圈及调压装置检修完后，在放钟罩前经专人对铁芯、线圈、油箱复查合格后，用合格的变压器油进行冲洗，冲洗用油从箱底部放净。冲洗用油要预先加热，冲洗完毕后立即吊钟罩，注油淹没铁芯上部为止，放钟罩时要平稳，以免擦伤器身	（1）主触头应无烧灼痕迹。 （2）护筒应清洁无油污。 （3）复装后保证齿轮咬合正常，绝缘完好，密封压板和密封件性能良好。 （4）放钟罩（芯）前应检查铁芯、线圈、油箱清理干净，清点工器具，确定线圈、铁芯、油箱内确无遗漏物件
6	套管不解体检修	（1）清扫擦拭套管外部，除去油污积灰。 （2）检查套管的法兰铁件应完好无裂纹破损，无脱漆生锈、腐蚀，螺丝紧固受力均匀。如为浇装式套管填料无脱落损伤。 （3）套管各接合处密封良好，变压器引出线及接线端子检查清扫，螺丝紧固。 （4）充油式套管，其油位计完好，指示正确（温度为15～20℃时油面达到油位总高的1/2～2/3）取油样化验符合规定要求，中间法兰小套管引线接地良好	（1）瓷套光滑无垢，无破损裂纹，瓷裙无损伤、脱落，无闪络痕迹。 （2）接合处无漏油现象，变压器引出线及接线端子清洁无油污、锈蚀现象。接触良好无过热现象。 （3）用油泵在套管内部形成1.47×10^5Pa（$1.5kgf/cm^2$）的压力，维持30min，无渗漏现象

续表

序号	项目	工艺方法及注意事项	质量标准
7	套管解体检修	(1) 充油油纸电容式套管，起吊时必须用中间法兰上的吊环进行起吊，每个吊环应受力均匀，并且应在套管上部用绳子把瓷套管和吊绳拢在一起，以防瓷套游动和翻转，起吊前应将瓷套用2～3mm厚的胶皮等物保护好，以免起吊碰伤瓷套，拆下来的瓷套要垂直防在专用架上，不得水平放置。 (2) 安装60kV及以上套管时，应将引线拉直，不能使引线有拧劲和打弯现象。 (3) 充油油纸电容式套管安装完后，应使引线根部锥形进入套管管下端的均压球内。 (4) 拆卸40kV及以下瓷套管时，应有防止导电杆滑落进变压器油箱内的措施，如是螺杆式套管其内部绝缘管应保持在变压器油中。若在空气中存放，暴露时间要符合规程要求。在安装上瓷套时应将导电杆上的定位销插在瓷套下端的定位槽内，以防安装过程中瓷套转动。拧紧导电杆上端螺母时用力应缓慢均匀，以防损坏瓷件。 (5) 110kV油纸电容式套管每3年取一次油样，对油做简化色谱微水分析。 (6) 套管的拆卸。 1) 拆前做好记号。 2) 放油至铁芯上铁扼油面淹没过线圈。 3) 利用套管上的4只吊环承受重量，每个吊环应力均匀，在瓷瓶上部绑好软性绳索（尼龙绳），用倒链钩住保持套管平衡起升，待钢丝绳绷直后，拆掉套管上部的导电头，圆柱销及定位螺母，在引出线接头上孔内穿一根长铁丝，(用#10～#12铁丝）向上拉紧。 4) 拆除套管法兰与大盖连接螺丝，先活动后，再徐徐起吊套管，起吊时要扶正，以免碰坏下瓷套。起吊的同时将引出线缓缓顺下（这时要防止引线卡住受力）待完全出箱后将套管放在支架上，并做好稳固措施，不准水平置放。 (7) 套管的复装。 1) 清理升高座上法兰更换新胶垫。 2) 对套管再次进行全面检查，起吊套管，清理下瓷套和中间法兰将#10～#20铁丝穿如黄铜管内作拉线。 3) 将套管对准升高座上法兰，把铁丝穿入引线接头的空内绑扎牢靠。将引线丝头连同引线拉入套管中心黄铜管内。 4) 徐徐落下套管，按拆前标记回装，同时拉出引线。 5) 紧固套管中间法兰螺丝。 6) 引线接头用销子定位于头部结构上，复装接线端子，套管在安装时，穿引线的工作应有专人负责，穿引线的过程中防止有卡滞现象。 7) 其他按拆卸时的相反程序进行，并保证各零部件的检修质量	

续表

序号	项　目	工艺方法及注意事项	质 量 标 准
8	油箱及顶盖检修	(1) 清洗油箱顶盖内外，如有缺陷需进行除锈、涂漆、补焊。 (2) 外壳表面如有凹陷不平的地方应平整，如有砂眼，焊缝渗漏油应补焊，补焊好后焊口补刷漆。 (3) 检修油箱顶部及各部法兰（如高、中、低压套管、中性点套管、瓦斯继电器、防爆筒、冷却油管道、净油器、散热器等处法兰）应接触紧密无渗油现象。如法兰耐油胶垫不合格或损坏者应更换合格品。 (4) 铭牌及编号牌表面清洁平整，瓷釉无脱落，参数齐全，字迹清楚	(1) 油箱内外应清洁完整无油垢，无脱漆脱焊锈蚀现象。 (2) 外壳表面平整，无砂眼，焊口无渗漏油现象。 (3) 各处密封良好无渗漏现象
9	净油器及呼吸器检修	(1) 关闭净油器上下部阀门，从下部放油螺丝放尽变压器油，拆开下部法兰，放尽用过的硅胶，然后清理净油器内部及连管内部，并用清洁的变压器油进行冲洗好后装好。 (2) 硅胶装入前必须进行干燥。干燥方法：将合格的硅胶（粒度为3～7mm粗孔硅胶），放入烘箱内保持温度在140℃里连续烘焙8h，或者300℃的温度下干燥2h即可使用，加热要均匀，在干燥中要定时对硅胶进行搅拌，烘焙过的硅胶应立即放如密封的容器内，以防再受潮。硅胶装用量为变压器总油量的1%。 (3) 已经干燥好的硅胶在装入净油器前，还要用清洁干燥的变压器油洗涤。或将干燥好的硅胶先装入净油器，后用变压器油箱内的油进行洗涤，其方法如下：先打开上部阀门，然后从下部放油螺丝放出部分变压器油和碎渣，直到放出的油洁净为止，关闭上部阀门，拧紧放油螺丝，打开下部阀门，从下部向净油器注油。并打开上部放油螺丝排出空气。至油注满后密封放气螺丝，再开放净油器上部阀门，投入运行。 (4) 更换呼吸器的硅胶，硅胶装入前也应进行干燥（硅胶粒度大小3～7mm）并且下罩（油碗）内密封用的变压器油应适量	(1) 净油器内部应干净无杂物。 (2) 硅胶应清清无尘土杂质，硅胶碎屑
10	气体继电器检修	(1) 移位后的变压器在就位时，应使其顶盖沿瓦斯继电器方向有1%～1.5%的升高坡度。 (2) 气体继电器两端的连接管，应以变压器顶盖为准，保持有2%～4%的升高坡度，油管上的油门应装在油枕与瓦斯继电器之间。 (3) 安装时注意气体继电器的方向不要装反，其两侧法兰及其他部件密封严密不的有渗漏现象	(1) 新就位的变压器顶盖沿瓦斯继电器方向有1%～1.5%的升高坡度。 (2) 气体继电器两侧法兰及其他密封部分应严密无渗漏象
11	阀门、取样门、放气螺丝检修	检修所有阀门、取样门及放气螺丝，使其开关正确，关闭严密无渗漏油现象	

续表

序号	项　目	工艺方法及注意事项	质 量 标 准
12	油枕的检修	(1) 检查清洗油枕的内部和外部内部都应干净，无残存油垢，外表面应清洁无脱漆锈蚀现象。端盖焊缝等处应无渗漏油现象，否则应进行处理。 (2) 油标牢固，不渗漏油。玻璃完好，洁净透明，油面满监视线应准确（+40℃、+20℃、-30℃）清晰。 (3) 油箱与油枕连管畅通。 (4) 检查油枕的集污器是否有油污，若不干净则清洗干净。 (5) 如是隔膜密封式，必须对油枕内的胶囊进行检查，应无老化、破裂现象；开口应畅通，悬挂部位应牢固可靠，胶囊用 0.01～0.02MPa 的空气压力做严密实验，应严密良好。 (6) 油枕内的胶囊随机组大修，进行检查清理，压力实验。 (7) 气体继电器油管路与油枕连接头部分应有高出油枕底部内表面 10～20mm	油标完好，无渗漏现象，油位指示正常
13	温度计检修	指示正确，表面无裂纹封垫应严密，接线端子牢固，引线绝缘良好无老化腐蚀。蛇皮管温度计用的套管应完整	
14	主变风冷却器检查	(1) 轴流风机的检修，定期检查电动机磨损及润滑情况。如叶轮进行检修，必须校验静平衡。 (2) 清理全部冷却器管组，一般 1～2 年用压缩空气强吹 1 次，除去管件积累的灰砂、屑片等堵塞风道的杂物及污垢。 (3) 一般 1～2 年对冷却器进行除锈排污和喷漆 1 次。 (4) 对渗漏处检修以防油路短，影响冷却效果，复装时应密封严密	
15	散热器检查	(1) 外表检查完整。 (2) 散热器的严密性试验。 1) 在冷却管里通进压缩空气，散热器放到水槽里面（水面淹过散热器，但不宜太深，）压缩空气在 1.47×10^5～2.45×10^5Pa（1.5～2.5kgf/cm^2）时，观察各焊缝有无气泡现象，以判断严密性。 2) 用油泵把变压器油压到散热器冷却管内试验，油压在 1.47×10^5～2.45×10^5Pa（1.5～2.5kgf/cm^2），试验油温度保持 30℃以上，加到规定油压后的延续时间不得少于 30min，检查散热器的严密性。 3) 用合格的热变压器油冲洗内部连续冲洗 2～3 次	
16	风扇的检查	(1) 检查风扇电动机转动方向是否正确、灵活、平衡，是否有上下振动情况，否则应进行处理（如更换轴承或轴承涂润滑油或风扇等部件）。固定螺丝要固定无松动现象，引线无损坏。 (2) 检查风扇叶片是否完整，有无变形，检查连接是否牢固。检查叶片的性能是否符合规定。 (3) 风扇顶端的球形压紧螺帽应牢固可靠，无甩掉现象。 (4) 电动机接线盒和电动机端盖应严密不漏水。 (5) 测量电动机绝缘电阻，如受潮应按电动机干燥进行干燥	

续表

序号	项 目	工艺方法及注意事项	质 量 标 准
17	密封检查	变压器的密封注油。 变压器顶盖钟罩散热器、套管、升高座、检修面板顶盖或钟上的各部件及油枕，以及防爆筒各连接部分均采用耐油橡胶垫，密封要求如下： (1) 最好使用没有接头的耐油胶垫，必须使用接头垫时采用搭接法。搭接工作在使用前10h制作，将搭接端刻成坡口，用锉刀打毛均匀涂抹胶水，待风干到稍微沾手时，用力压和在一起，接头用钉绳（ϕ0.5mm的尼龙绳或铜线）沿搭接长度，缝钉确保连接可靠。 (2) 安装时要保持胶垫放置平整不弯曲，法兰若有挡圈，应使胶垫与挡圈、胶垫与螺孔之间的距离尽量保持均匀并略为靠近螺孔。胶垫接头应放在法兰的直线部分，而且位于两个压紧螺栓之间，然后上紧螺丝。在上螺丝过程中，应用下述方法进行：两个连接法兰（如箱盖、钟罩等较大的法兰）的螺孔对正，插进螺杆用手戴上螺帽。对箱盖或钟罩法兰，由3～4人同时进行拧紧螺帽的工作，事先规定好拧紧螺体的顺序和圈数，拧紧螺帽要用力均匀，沿着一个方向，分遍逐渐拧紧，不能先拧紧一边再去拧紧另一边。在拧第1～3遍时。每次拧1/3～1/2圈，以后每次拧1/6～1/4圈，直到把胶垫压缩到原来厚度的70%左右为止。 (3) 对变压器本体及附件上的放油和放气塞，利用螺纹连接的方法清洗螺纹的脏物，用环形胶垫作密封。 (4) 未经鉴定合格的橡胶垫不准使用，其鉴定方法如下： 1) 将试棒放入100℃变压器油中浸泡48h。试棒重量变化应符合要求。 2) 耐油橡胶垫可用下表的技术性能鉴定。 (5) 变压器外壳、油枕、散热器的严密性试验，以及密封垫的检查，应在规定的压力下试验15min。 1) 管形和平形外壳者，用79.99kPa压力油柱。 2) 缩形和散热形外壳者，压力用油柱加压的方法，是在油枕上连接一根油管和一个漏斗并装满油。试验时必须将油枕和呼吸孔堵塞。 3) 用绝缘油检查电力变压器及附件严密性时，油的性能、持续时间、检查压力及油温等因素之间关系比较复杂，目前也可以根据实践经验进行选择。检查外壳和衬垫的严密情况后，须检查油枕和变压器外的连通情况，以确定连接油管是否完好。其方法是将灌满变压器油枕的油经下部油门放出，低到油位线为止	(1) 搭接时搭接长度大于胶带厚度的4倍左右，搭接段厚度要比其他部位大1～2mm。 (2) 环形胶垫内径比螺杆直径小1～2mm，套装到螺杆根部紧固螺纹，使胶环压缩30%左右。 (3) 试棒重量增加值不得超过原重量的2.6%，表面不得发黏，如超过上述规定，可继续浸泡96h，其重量增加值不得超过原重量的6.6%。 (4) 外壳密封良好，在相应压力下，历时15min应无渗漏

续表

序号	项　目	工艺方法及注意事项	质 量 标 准
18	注油检查	（1）过滤或更换不合格的变压器油，变压器油过滤前，应取样进行化学分析，在注入变压油前及注入变压器油后均匀静止24h，方可取样进行耐压试验。 （2）主变压器在注油前，先将油箱和冷却器之间的蝶阀以及继电器联管处的蝶阀关闭，防爆筒的玻璃板或绝缘板拆除，用相当厚的玻璃代替，然后抽真空到400～430mm水银柱，2h后，再从油箱下部油门缓慢地注变压器油，要经过4h后把油注满（注油到离油箱顶部很近为止）。注满后保持原真空12h。 （3）变压器真空注满油后保持原真空度到规定时间，解除真空，把连接冷却器和瓦斯继电器的蝶阀打开，缓慢地继续向油箱内注油（从油枕或从防爆筒注油），一直把油注到所需要油标油面为止，并静止24h，可做预防性试验；在静止期间应多次打开变压器以及附件上的所有放气塞反复放气，直到没有气冒出为合格。 （4）带胶囊的变压器，在真空时，应将油枕和油箱分离开来，以防损坏胶囊和油枕，真空注油后，使油箱和油枕联通，通过油枕顶部的加油管注油（注油开始应先将加油管路的气体排除），直至油枕顶部放气孔溢油（即油枕满油），关闭加油管上蝶阀，将油枕顶部的放气螺丝拧紧，再由油箱的下部放油，使油面降至所要求的油位	（1）变压器油所做化学分析及耐压试验的结果应符合质量标准。 （2）主变压器注油不能少于4h，抽真空到400～430mm水银柱

2. 变压器的干燥

（1）变压器大修后，经过绝缘鉴定，如线圈已受潮，则在投入运行前必须进行干燥。

（2）变压器芯在油中进行有控制的干燥。将变压器油加热注入变压器内，并淹没铁芯进行过滤。在进行这种轻度干燥时应定时测量绝缘的性能，当温度在70～80℃后至少应经过24h，测定绝缘的性能符合要求时，干燥即可终止。在油内进行有控制的轻度干燥时间不应超过48h，如果在此时间内，绝缘性能不能达到要求，则变压器应进行无油干燥。

（3）在变压器外壳内的真空干燥法。

1）干燥前，从外壳内放出剩余的油（带散热器或拆下全部散热器），并将余油擦净。将变压器铁芯吊入壳内（或扣上钟罩），严密地封好顶盖（封好钟罩）。为了监视油温在芯子上装设热电偶或电阻温度计。

2）在变压器外壳上附加保温材料（石棉或玻璃布），在保温材料上用绝缘材料缠绕通交流电流的磁化线圈。线圈缠绕到变压器外壳全高的40%～60%（由下算起），且绕在外壳下部的线圈要比绕在中部的密一些。线圈可以绕成单相或三相的。

3）通电后，当外壳的温度达到85～100℃时，真空要达到2kPa，此后按0.67kPa/h均匀地提高真空，直至极限为止，再进行干燥。铁芯、线圈温度不得超过95～100℃，外壳温度不得超过115～120℃，温度由磁化线圈电源的接通或断开来调节。每小时定期打开外壳下部空气通路一次，并测量绝缘电阻值。变压器在干燥过程中，绝缘电阻开始降落，以后又开始上升，如连续6h内绝缘电阻基本保稳定，无凝结水产生，即可认为干燥完毕。

4）干燥完毕后，外壳内温稳度降到80℃时，在真空状态下向变压器，注入干燥而清洁的油，直到铁芯上部为止，此后如果有必要时，再进行吊芯检查。

（4）在变压器外壳内不抽真空干燥法。

1）在变压器外壳附以保温材料（石棉或玻璃布），上面缠以磁化线圈通以交流电流来加热外壳。

2）当采用自然通风时，可在外壳顶盖上装一个2～2.5m高的管子，以形成自然通风，当采用风机通风时，可将风机装在变压器的顶盖上。

3）进入外壳的空气可以用电炉加热，也可以用铁损加热法，进风口应在变压器放油门处，用铁损加热时，可在放油门外接上一段管子，其上绕以磁化线圈作成。

4）在干燥期间，外壳内的热空气保持在105℃左右，为了加速干燥，应周期性地将变压器的温度降到50～60℃，而后又升到原来的温度。

5）每小时定期测量绝缘电阻值。变压器在干燥过程中，绝缘电阻开始降落，以后又重新上升，如连续6h绝缘电阻保持稳定，无凝结水产生，则可以认为干燥完毕。

参 考 文 献

［1］ 刘圣勇，等．生物质燃烧装备理论与实践［M］．北京：科学出版社，2016.

［2］ 孙立，张晓东．生物质发电产业化技术［M］．北京：化学工业出版社，2011.

［3］ 宋景慧，湛志刚，马晓茜，等．生物质燃烧发电技术［M］．北京：中国电力出版社，2013.

［4］ 孙风平．生物质锅炉燃烧技术及案例［M］．北京：中国电力出版社，2014.

［5］ 袁振宏，吴创之，马隆龙，等．生物质能利用原理与技术［M］．北京：化学工业出版社，2016.

［6］ 刘志斌．低碳经济下生物质发电产业发展与对策研究——基于河北等省的调研［M］．北京：知识产权出版社，2016.

［7］ 田宜水．可再生能源离网发电实用技术问答丛书：生物质发电［M］．北京：化学工业出版社，2010.

［8］ 赵宗锋．生物质发电实用培训教材［M］．北京：中国电力出版社，2012.

［9］ 檀勤良．生物质能发电环境效益分析及其燃料供应模式［M］．北京：石油工业出版社，2014.

［10］ 国家能源局．DL/T 5474—2013 生物质发电工程建设预算项目划分导则［S］．北京：中国计划出版社，2013.

［11］ 刘晓，李永玲，生物质发电技术［M］．北京：中国电力出版社，2015.

［12］ 孙立，张晓东，等．生物质发电产业化技术［M］．北京：化学工业出版社，2011.

［13］ 李大中．生物质发电技术与系统［M］．北京：中国电力出版社，2014.

［14］ NB/T 34012—2013 生物质锅炉用水冷振动炉排技术条件［M］．北京：中国电力出版社，2013.

［15］ NB/T 42031—2014 生物质能锅炉炉前螺旋给料装置技术条件［S］．北京：中国电力出版社，2014.

［16］ 国家能源局．NB/T 42030—2014 生物质循环流化床锅炉技术条件［S］．北京：中国电力出版社，2014.

［17］ 国家能源局．NB/T 34035—2016 小型生物质锅炉技术条件［S］．北京：中国电力出版社，2016.

［18］ 国家能源局．NB/T 34036—2016 小型生物质锅炉试验方法［S］．北京：中国电力出版社，2016.

［19］ 中华人民共和国工业和信息化部．JB/T 11886—2014 生物质燃烧发电锅炉烟气袋式除尘器［S］．北京：机械工业出版社，2015.